배관 핸드북

Buried Pipe Design

THIRD EDITION

A. P. Moser | Steven Folkman 공저

K water 박한영 | 신동훈 | 신언호 공역

McGraw Hill Education

홍릉과학출판사

The McGraw-Hill companies

Buried Pipe Design, 3rd edition.

1 2 3 4 5 6 7 8 9 10 HR 20 10

Original : Buried Pipe Design, 3rd edition.
By A.P.Moser and Steven Folkman
ISBN 978-0-07-147689-8

This book is exclusively distributed in Hongrung Publishing Company.

When ordering this title, please use ISBN 978-89-7283-864-7

Printed in Korea

머리말

배관의 역사는 기원전 1000년 고대 이집트 유적에서 목관을 이용한 이후 본격적인 발전은 산업혁명이 시작된 18세기 말경으로 추정되나 우리나라는 2차 세계대전 후 산업화가 시작되면서 밸브와 함께 시작되어 이제 약 70년이 된 것으로 추정된다. 그러나 2010년 현재 배관에 대한 국문 도서들이 전무하여 기술자 및 설계자들이 이 분야에 대한 이론 접근이 쉽지 않아 실무에 적용하는데 한계가 있어 왔다. 따라서 필자는 이러한 한계를 극복하기 위해 매설배관에 대해서는 McGraw Hill에서 발간한 Buried Pipe Design과 노출배관에 대해서는 Butterworth Heinemann에서 발간한 Pumping Station Design을 토대로 본서를 발간하게 되었다.

본서에서는 배관의 특성에 따라 강성배관(석면-시멘트배관, 점토배관, 콘크리트배관), 연성배관(강관, 덕타일주철관), 그리고 플라스틱배관으로 구분하여 매설되었을 때 배관에 작용하는 내부 및 외부하중을 고려하여 배관을 설계하는 방법, 배관 내부 진공에 의한 파괴여부를 검토할 수 있는 이론식은 물론 각 배관 종류와 관련된 최근 국제 standard들을 제공한다. 또한 독자들의 이해를 돕기 위해 풍부한 예제를 삽입하였다.

GNP 2만 달러 진입을 눈앞에 두고 있는 현 시점에서 본서가 한국 국민 총 생산규모에 부합되도록 배관 관련 기술자들의 기술력을 향상시키고 더 나아가 우리나라 배관산업의 고부가가치 창출을 위한 밑거름이 되기를 기대하며 본서가 발간되기까지 도와주신 수공 선후배님, 직장동료 및 홍릉과학출판사 관계자들께 감사드립니다.

끝으로 외고에 다니면서 마음고생이 큰 사랑하는 딸 정연이, 지금은 아빠보다 키가 훨씬 커 버린 아들 정민이, 그리고 아이들 뒷바라지 하느라 불철주야 바쁘게 생활하는 사랑하는 진희수에게 고마운 마음을 이 한 권의 책에 담아 보냅니다.

2010년 4월

역자 박한영 씀

차례

Chapter 01

소개

지하 관거(conduit)는 문명의 시작부터 인간 삶의 수준을 개선하기 위해 사용되어왔다. 고대 문명으로부터 이와 같은 지하수로의 잔재들은 유럽, 아시아, 그리고 중앙 및 남아메리카에서 발견되었다. 이러한 초기 토목 구조물들은 엔지니어링의 예술 표본으로 인용되기도 한다. 예술이던 과학이던 기술자와 과학자들은 이러한 초기 상하수도 프로젝트에 경탄을 금치 못하고 있다.

오늘날 지하 관거는 오수관로, 배수관로, 상수관로, 가스관로, 전화 및 전력선, 지하철 터널, 그리고 냉난방 관로와 같이 다용한 용도로 사용되고 있다. 이제는 오늘날 건축 및 교량 설계에서의 정밀도와 견줄 수 있을 정도로 지하 관거 설계시 기술 과학을 사용하는 것이 가능하다. 1900년 초기 Anson Marston은 매설 관거에 작용하는 흙하중(earth load) 계산법을 개발하였으며, 이 방법을 Marston 하중이론이라 한다. 다양한 설치 조건에서 배관의 지지 강도를 예측하는데 이 Marston 하중이론을 사용한다. Martson 동료인 M. G. Spangler는 신축배관 설계를 위한 이론을 개발하였을 뿐만 아니라 많은 실험과 연구를 수행하여 설계 과정에서 사용할 수 있는 실험 자료들을 제시하였다. 전산기에 유한 요소기법과 정교한 흙 모델이 합쳐져서 전문기술자들이 더욱 정밀한 설계를 위한 도구로 사용할 수 있게 되었다.

현대 사회에서 지하 기반시설은 필수불가결하다. 지상에 구조물을 짓기 전 지반에 구조물을 지어야 하는 것은 불변의 진리이다. 도시에서의 상수도용 지하 관망은 동맥의 역할을 하고, 오수 시스템은 폐기물을 수송하는 정맥으로서의 역할을 한다. 주방, 관개 및 소방용수를 공급하는 관망 시스템은 도시 활력의 근원이다. 도시에 사는 대부분의 사람들은 용수공급이 중단될 때까지 이러한 용수공급 시스템을 당연한 것으로 받아들이고 있으며, 때에 따라서는 인식조차 못하는 경우도 있다. 오늘날 도시인들은 수준 높은 용수를 요구하고 있다. 충분한 품질을 보장하기 위해서 오염물질이 유입되지 않도록 관망 시스템을 설계 및 건설해야 한다. 오수 발생지에서는 오수를 차집하여 매설 관거를 통해 하수처리장으로 이송하고 있다. 하수처리 기준 및 제한은 더욱 엄격해지고 처리비용은 상승하고 있다. 이러한 엄격한 처리기준으로 인해 지하수 또는 지표수가 오수 시스템으로 유입되는 것이 중대한 사안으로 부각되고 있다. 과거에는 오수배관 접합부는 견고하지 않아 외부로부터 유입이 가능하였으나 오늘날에는 견고한 고무링 접합부 또는 시멘트 접합부를 의무적으로 사용한다.

미국에서는 도시 또는 도외지에서 사용이 금지된 정화조 탱크와 분뇨 구덩이(cesspool)가 광범위하게 사용되고 있는데 이러한 정화조 탱크와 분뇨 구덩이는 오직 도심으로부터 멀리 떨어진 시골에서만 보건국의 인가를 받아 사용할 수 있다. 오늘날 더욱 많은 오수 시스템들이 설치되고 있으며, 이 때문에 관로 시스템의 품질에 대한 요구가 증가하고 있다. 높은 품질의 용수공급과 누수가 없는 위생 오수배관이 필요하여 높은 품질의 배관 재질 및 적정하게 설치할 수 있는 정밀 설계에 대한 요구가 증가하고 있다. 오래되고 기능이 저하된 관거는 빈번하게 파손되고, 그로 인한 상당한 자산손실은 막대한 비용 지불, 불편함 초래, 그리고 공공의 안녕에 대한 위협을 초래하고 있다. 사고와 비용을 최소화하기 위해서는 기능이 저하된 관거를 재생 또는 대체해야 하나 도심 지역에서 오래된 배관을 제거하고 신관을 설치하기 위한 굴착은 매우 어렵고 막대한 비용이 든다. 개착식 트렌치를 이용하기가 극도로 어려운 조건에서는 재-라이닝 및 마이크로터널이 실용적인 대안이 될 수 있다.

1.1 토질 역학 (Soil Mechanics)

매설 관로 설계시 다양한 매개변수들을 고려해야 하나 설계시 배관을 둘러싸고 있는 주변 흙의 특성 또는 배관 재질 특성을 간과해서는 안 된다. 흙은 사람에 따라 다른 의미를 갖는다. 기술자에게 흙은 기반암을 제외한 모든 흙 재료들을 뜻한다. 흙을 구성하고 있는 고체입자들은 '암석의 풍화'라 불리는 물리적, 화학적 작용의 산물로 구성된다. 베딩은 구조물의 밑부분과 접촉하고 있는 기초의 상부를 뜻하며, 구조물의 크기나 형태에 따라 편평하거나 임의의 형상을 갖는다.

역사적으로 흙은 도로, 항만, 댐 및 기타 시설의 건설재료로 사용되어 왔다. 오수, 암거(culvert), 터널, 그리고 다른 지하 관거의 경우 흙은 구조물이 놓이는 재료뿐 아니라 지지와 하중-전달 재료로 매우 중요하다. 주변 흙은 표면 및 중력하중을 구조물과 주변으로 전달한다. 토질 역학 및 흙-구조물 상호작용에 대해 많은 문헌들이 발표되었다. 흙의 종류, 밀도, 함수비, 그리고 설치 깊이들과 같은 변수들은 공통적으로 고려할 사항들이다. 유한요소해석법을 사용하려면 수학적 흙 모델의 입력 자료로서 많은 특성들이 필요하다. 이러한 토질 특성들은 통상적으로 3축 전단시험(triaxial shear test)으로부터 결정된다.

미국 고속도로 및 교통협회(AASHTO, American Association of State Highway and Transportation Officials)와 미국시험 및 재료학회(ASTM, American Society for Testing and Materials)는 흙 분류, 다양한 흙 특성의 결정을 위한 표준시험법을 제시하고 있다. 건설산업에서는 다양한 흙 분류의 방법 중 통일분류시스템(USCS, Unified Soil classification System)이 가장 널리 사용되고 있다. 이 시스템과 관련된 상세한 내용들은 교과서 또는 토질공학 매뉴얼에서 찾아볼 수 있다.

흙은 물리적, 화학적 구조면에서 다르나, 다음과 같이 다섯 가지로 분류할 수 있다.

- 자갈(gravel) : 각 입자(grain)의 직경은 2~75mm로 다르고 통상적으로 외관이 둥글다.
- 모래(sand) : 작은 암석과 광석 파편들로서 직경이 2mm 이하이다.
- 실트(silt) : 미세한 입자로서 외관은 부드럽고 가루 모양이다.
- 점토(clay) : 매우 미세한 조직을 갖는 점토는 건조되면 매우 견고하게 되고, 습기가 있으면 점성을 갖게 된다.
- 유기물 : 토탄 덩어리(土炭, peat)

때로는 특정 지반에 배관을 설치할 때 배관의 구조 성능 향상에 미치는 영향에 따라 흙을 분류한다. 이와 같은 분류법에 따른 하나의 예제는 ASTM D2321 "Standard Practice for Underground Installation of Flexible Thermoplastic Sewer Pipe"에서 볼 수 있다.

프로젝트 관리자는 설정된 관로노선에 따라 토질 특성을 조사해야 한다. 조사 자료를 이용하여 필요한 트렌치 형상을 결정하고, 배관 주변에 포설될 흙의 유입여부를 결정한다. 통상적으로 설계단계에서 흙의 종류, 밀도 및 함수비와 같은 흙 파라메타들을 고려한다. 흙의 강성계수는 매우 중요한 토질 특성으로 배관-흙 시스템 성능에 매우 중요한 인자이다. 따라서 통상적으로 흙의 밀도는 배관 시스템 설계에서 특히 중요하다.

어느 설계에서나 경제성은 항상 주된 고려 대상이다. 기술자는 상당한 밀도를 갖는 상태로 동 위치에 포설해야 할 콩자갈(pea gravel)과 같은 선별 재료들을 반입하는 비용을 다짐(compaction) 비용과 비교해야 한다. 배관 시스템의 경우 양호한 입도의 각진 조립질 재료를 다짐하면 최상의 구조 지지물이 되나 항상 필요한 것은 아니다. 뒷채움(backfill) 재료를 선정할 때 설계자는 토피 두께, 지하수면(water table) 깊이, 배관 재질, 사용 가능한 다짐 방법 등을 고려해야 한다.

1.2 재료 강도

오늘날 강성(stiff) 콘크리트로부터 신축성 있는 가소성 플라스틱과 같이 다양한 배관 재료들이 판매되고 있다. 배관재료 선정시에는 고유 강도, 경도, 내부식성, 중량, 유연성, 그리고 결합의 편의성 등을 고려한다.

배관은 의도된 기능을 수행하기 충분한 강도와 강성도를 구비해야 한다. 또한 배관은 설계 수명만큼 지속할 수 있는 내구성을 구비해야 한다. 여기에서 인용한 "강도(强度, strength)"는 응력에 저항하는 능력을 의미한다. 내부 압력, 흙 하중, 활 하중(live load), 부등침하(differential settlement), 그리고 종방향 휨과 같은 하중에 의해 관거 내 응력이 발생한다. "강성도(剛性度, stiffness)"는 처짐(deflection)에 저항하는 재료의 능력을 말한다. 강성도는 배관 재료의 탄성계수 및 배관 두께의 횡단면적의 이차 모멘트와 직접적인 관련이 있다. 내구성(durability)이란 시간에 따른 환경 영향에 저항하는 능력의 정도를 말한다. 내부식성 및 내마모성은 내구성의 요소들이다.

통상적으로 배관 재질들은 강성 또는 연성(flexible, 軟性 또는 可撓性) 두 개의 범주 중 하나로 구분된다. 연성배관은 구조적인 응력손실 없이 최소한 2% 처지는 배관으로 정의된다. 이러한 판단기준을 만족시키지 못하는 재질들은 통상적으로 강성배관으로 간주한다. 특수한 배관은 연성도 아니고 강성도 아닐 수 있으나 현재 설계 기준은 연성 관거 또는 강성 관거 개념에 기초하므로 이 두 특성 사이에 있는 배관은 그렇게 중요하지 않다. 다음 장에서 이 중요한 주제를 상세히 기술하기로 하며 그림 1.1을 참조하라. 여기서 연성(軟性) 또는 가요성(可撓性)은 단위 하중에 대해 재료의 휘어지기 쉬운 성질을 말한다.

통상적으로 콘크리트와 점토 배관들은 강성으로 고려되는 배관재질이다. 강관 및 플라스틱 배관들은 통상적으로 연성으로 간주된다. 각 형식의 배관은 설계 기술자가 반드시 고려해야 할 1개 이상의 성능한계를 갖는다. 강성배관의 경우 통상적으로 내부 압력과 외부 하중이 조합된 결과에 기인한 벽 응력에 저항하는 강도가 결정적인 요소

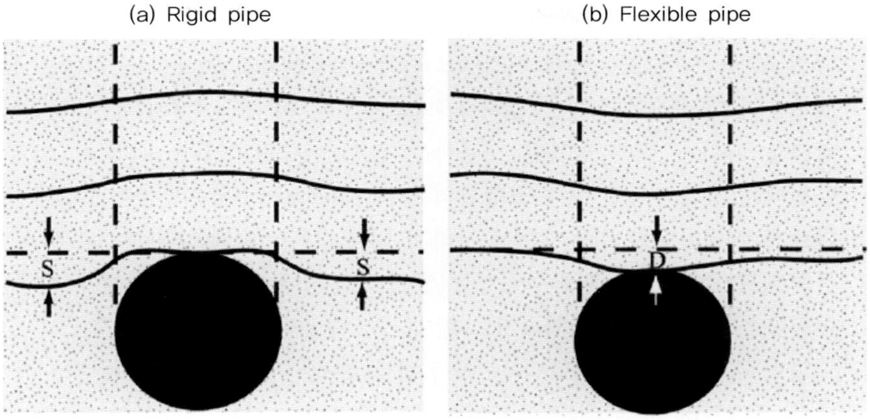

그림 1.1 흙 침하 영향 (a)강성배관, (b)연성배관. S=뒤채움의 침하, D=토압으로 인한 연성배관의 연직 처짐

가 된다. 연성배관의 경우 링(ring) 처짐과 잠재적인 좌굴(buckling)에 대한 저항에 있어 강성도가 중요할 수 있다. 각 배관 제작자 또는 산업체는 특정 생산품의 특성들을 확립하기 위해 모든 방법을 동원하며 설계 기술자들은 이러한 매개변수들을 쉽게 취득할 수 있다. 높은 강도를 갖는 제품에 대한 수요에 부응하여 강-보강 콘크리트 및 유리-보강 열경화성 플라스틱과 같은 보강된 제품들이 탄생하였다. 이와 같은 제품의 경우 균열(cracking)을 방지하기 위한 변형률(strain) 한계와 같은 성능한계를 갖는다. PVC 배관과 같은 열가소성 플라스틱 배관의 경우 장기간 정수압(hydrostatic) 설계 후프응력의 항으로 강도를 측정한다. 따라서 모든 제품들이 모두 같은 방법으로 설계되어 설치될 수는 없다는 것을 알 수 있다. 기술자는 반드시 다양한 배관 제품의 설계 기준을 숙지하고 어디서 적합한 설계 매개변수들을 얻을 수 있는지 알아야 한다.

1.3 Pipe Hydraulics

배관 내 유체 유동 연구 분야는 종종 수리학(hydraulics)으로 불린다. 상하수도 시스템 설계자는 배관 수리학 지식이 필요하다.

배관 내 유동은 통상적으로 배관이 충만하여 유동하는 시스템인 압력 유동(pressure

flow)과 배관이 충만하지 않은 채로 유동하는 개수로(open channel) 유동으로 분류된다. 상수도 시스템은 압력 시스템으로 항상 충만하여 유동하는 것으로 간주되는 반면 대부분의 하수도 시스템은 개수로 시스템이다. 하수도 시스템에서 예외사항은 하수에 압력을 가하기 위해 펌프를 사용하는 압력 하수관로이다. 위생 또는 우수 하수에서 발견되는 상대적으로 작은 고형물의 농축(concentration)은 물이 수리학적으로 상당히 다르게 거동하도록 만들기는 충분하지 않다. 물론 설계기술자는 위생 하수관 내 고형물의 침전 가능성과 황화수소가스 생성 가능성에 대해서 인지해야 하나 본 서에서는 이러한 고려사항들을 제외하기로 한다.

압력 유동 또는 개수로 유동 모두에서 유체는 마찰저항을 갖는다. 이 저항은 배관 내부 표면처리 또는 배관 조도의 함수로서 수두손실을 초래한다. 내부 표면이 매끄러울수록 유동은 양호하게 된다. 배관 내 유동을 설명하기 위해 많은 이론 및 경험 공식들이 개발되어 왔다. 대부분 유동 문제의 해는 실험으로부터 유도된 계수들을 필요로 하며 이 계수들을 경험 공식과 조합하여 사용한다. 압력 유동의 경우 Hazen-Williams 공식이 광범위하게 사용된다. 더욱 이론에 기초한 공식은 Darcy와 Weisbach의 공식이다. 개수로 유동의 경우 통상적으로 매닝(Manning) 공식을 사용한다. 이 공식들은 유량의 함수로서 수두손실을 계산하는데 사용된다.

1.4 상수도 시스템

상수도 시스템은 지역사회의 생명선이다. 상수도 시스템은 밸브, 피팅, 추력억제공, 펌프, 저수지, 그리고 배관 및 다른 부속품들로 구성된다. 때로는 상수도 시스템은 송수와 급수 시스템 두 부분으로 나누어진다. 송수 시스템은 공급원으로부터 급수 시스템으로 물을 수송하는 시스템으로 송수관로는 교차되는 부분이 거의 없다. 따라서 이와 같은 송수관로 내부에서 유동은 상대적으로 작은 부정류를 갖는 유사 정상유동상태로 간주한다. 통상적으로 이와 같은 관로의 토피두께는 상당히 얇다. 설계시 가장 중요하게 고려할 사항은 내부 압력이고, 그 외 길이방향 응력, 링(ring) 처짐, 좌굴, 그리고 추력 억제 등을 고려해야 한다.

많은 접속부, 루프 등을 포함한 급수관망 시스템이 다수의 수요자들에게 물을 분배하며, 급수관망 시스템 압력설계시 잠재적인 수충격을 고려하여 상당한 서지 허용을 포함하는 것을 제외하면 송수관로와 유사한 방법으로 설계된다. 또한 길이방향 휨(bending)과 부등침하(differential settlement)를 방지하기 위해서는 배관, 피팅, 그리고 접속부 주변 뒷채움 설계시 많은 주의를 요한다. 급수 시스템은 교차된 배관 관망으로 구성된다. 그러한 시스템의 수리학적 해석은 대부분 수계산으로는 거의 불가능하지만 디지털 전산기를 사용한 프로그램으로 쉽게 할 수 있다.

1.5 하수도 시스템

하수도 시스템은 차집 시스템과 처리 시스템으로 구성된다. 본 서에서는 오직 차집 부분에 대해서만 기술하기로 한다. 대부분의 경우 위생하수관로와 우수관로가 독립적인 분류식을 사용하나 북미 일부 지역에서는 합류식 하수관거를 사용하고 있다. 현대 기술자들은 이러한 합류식 하수관거의 단점을 인지하고 있으며 더 이상 합류식 하수관거가 설계되지 않지만 불행하게도 많은 합류식 하수관거들이 전 세계적으로 사용되고 있으며 아직도 미국 일부 지역에서도 존재한다.

일부 위생하수는 압력배관(하수 주 배관)이나 대부분은 중력유동배관이다. 통상적으로 위생하수배관은 지하에서 하수를 차집하므로 상당히 깊게 매설되며 이로 인해 높은 토압(soil pressure)이 배관에 작용한다. 이 토압에 저항하기 위해 배관 강도와 배관 강성도가 설계시 매우 중요한 매개변수가 된다. 또한 흙 뒷채움, 포설 및 다짐들도 중요한 설계인자이다. 지하수면 이하에 배관을 설치해야 하는 경우에는 배수를 고려하는 것은 물론 트렌치 폭이 넓어져야 한다. 이와 같은 시스템의 경우 외부 물질이 배관 내로 유입되는 것을 방지하기 위해 배관 접합이 용이하고 수밀한 조인트를 갖도록 한다. 흙-배관(soil-pipe) 시스템은 흙 하중을 지지할 수 있도록 설계되고 건설해야 한다. 배관 재질은 황화수소를 포함한 흙 및 하수와 관련하여 화학적으로 불활성(inert)이어야 한다. 배관 내부는 상대적으로 매끄러워 유체 유동을 방해하지 않도록 해야 한다.

우수하수 설계조건들은 위생하수 설계조건들과 같이 엄격하지는 않다. 통상적으로 우수하수 배관은 깊게 매설되지 않는다. 외부에서 유입 또는 내부에서 외부로 유출을 허용하므로 우수하수의 접합시스템에 대한 요구사항들은 매우 엄격하지 않다. 따라서 우수하수 배관의 경우 느슨한 연결부 시스템을 허용한다. 하수 시스템의 설계수명은 최소 100년 이상이어야 한다.

1.6 가치설계 (Design for Value)

배관 시스템은 발생하는 응력에 저항할 수 있도록 충분한 강도, 상대적으로 매끄러운 벽, 타이트한 접속 시스템을 가져야 하며, 흙 및 물과 관련하여 화학적으로 다소 불활성이어야 한다. 임의의 연장된 기간에서도 성능을 발휘할 수 있도록 배관 시스템을 설계해야 한다. 이와 같은 시스템의 경우 통상적인 설계수명은 최소 50년이 되어야 하나 50년은 충분히 길지 않다. 정부나 개인 투자자는 모든 매설배관을 50년 주기로 교체할 여유가 없으므로 설계수명은 최소 100년으로 고려해야 한다. 배관 제작사는 그들 제품들은 제작상 결점이 없다고 보장하나, 배관 벽은 주어진 기간 동안 성능을 발휘할 것이라고 보장하지는 못한다. 이러한 이유로 배관이 설치된 후 배관수명은 배관 재질의 함수가 아닌 배관이 처해진 환경과 하중 조건의 함수가 된다. 모든 요소들을 평가하고 예측된 설계수명을 갖도록 설계를 명확하게 하는 것은 설계기술자의 책임이다. 시스템의 비용은 초기 비용이 아니라 반드시 배관 수명에 기초하여야 한다.

대부분의 배관 시스템 계약자들은 최저가 입찰자가 된다. 통상적으로 계약자들은 미래 유지관리 또는 시스템의 수명을 고려하지 않고 초기 비용이 적은 배관 재질 및 건설방법을 제시한다. 심지어 소유자에게도 가장 적은 초기 비용이 지배적인 요소가 된다. 그러나 소유자와 설계자는 가치에 기준을 둔 설계를 고수해야 한다. 설계자의 경우 경제성은 항상 고려해야 할 중요한 사항이다. 경제성 평가시 초기비용 이외 연간 유지관리 및 시스템 수명도 반드시 고려해야 한다.

초기 비용은 배관 재질, 트렌칭(trenching), 선별된 뒷채움, 다짐, 현장 개선 및 복원, 그리고 엔지니어링 및 검사 등을 포함할 수 있다. 배관 비용은 배관 재질 및 배관 직경과 관계가 있으며 직경은 설계 유량 및 배관 조도에 의해 결정된다. 즉, 배관 내부 조도가 양호한 배관을 선택하면 작은 직경을 사용할 수 있다. 연간 유지관리 비용은 청소, 보수, 그리고 침식, 부식에 기인한 교체 등을 포함한다. 수명은 직접적으로 내구성과 관련되며 가혹한 하중 조건, 부식, 침식, 그리고 다른 형태의 환경 악화 등에 영향을 받는다. 관로 설치 설계시 유해한 요소들을 최소화 하는 것이 중요하다.

중요한 점은 배관의 오랜 기간 동안 존속 여부가 아니라 설계된 기간 동안 기능의 발휘 여부이다. 통상적으로 습기가 있는 점토질 흙에서 금속은 부식하고, 황화수소 하수 가스가 존재하면 부식 속도가 가속된다. 콘크리트 형식의 구조물들도 황화수소와 이것으로 생성된 황산에 의해 공격을 받는다. 임의의 용도 및 설치 조건에 대해 배관 제품을 선정할 때는 시스템의 수명에 환경적 영향들을 반드시 고려해야 하며, 그 가치를 염두에 두고 시스템을 설계한다.

[참고문헌]

1. American Society for Testing and Materials. *Standard Practice for Underground Installation of Flexible Thermoplastic Sewer Pipe, D 2321*. Pennsylvania, Philadelphia: ASTM.
2. The Asphalt Institute. 1997. Soils Manual MS-10(reprinted). 5d ed. Lexington, Kentucky: Asphalt Institute.

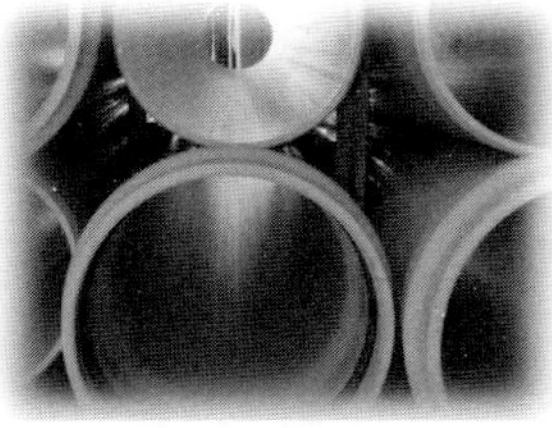

Chapter 02 외부 하중

매설배관에는 그 배관을 둘러싸고 있는 흙에 의해 하중이 가해지게 된다. 본 장에서는 이 하중을 계산하기 위한 방법들에 대해 기술하기로 한다. 매설배관에 작용하는 하중을 계산하기 위한 Marston 이론은 물론 이러한 하중에 영향을 미치는 다양한 요소들에 대해 기술하기로 한다. 지하배관들은 터널 내에 위치하거나, 고속도로 하부에, 철도 하부에, 그리고 공항 하부에 매설되며, 이 경우 배관에 가해지는 하중을 결정하는 방법에 대해 기술한다.

2.1 토압 (Soil Pressure)

1900년 초기부터 흙 구조 상호작용에 대한 주제는 기술자의 관심거리가 되어 왔다. 1902년 올즈모빌(Oldsmobile)로 인해 구식자동차의 대량생산이 가능하였고, 따라서 도로를 개선할 필요성이 즉각적으로 대두되었다. 점토 및 콘크리트 배수 토관(土管)을 이용한 도로 배수를 위한 많은 프로젝트가 시작되었으나 한 가지 중요한 문제가 있었다. 이 매설 배수관에 작용하는 흙 하중을 결정하는 합리적인 방법이 존재하지 않아 많은 관로 사고가 발생하였던 것이다.

흙에 매설된 관에 작용하는 하중은 배관 구조와 배관을 둘러싸고 있는 흙의 강성도 특성에 의해 결정된다. 이는, 구조물에 작용하는 토압은 처짐(deflection)을 발생시키고, 역으로 처짐은 토압을 발생시키는 정역학적으로 쉽게 결정할 수 없는 문제가 된다.

강성배관(예를 들어 콘크리트 또는 점토 배관)을 설계할 때 통상적으로 배관은 주로 흙 및 차량으로 발생되는 연직 압력에 의해 주로 영향을 받고 수평으로 작용하는 압력은 존재하지 않거나 무시할 수 있다고 가정한다. 연성배관의 경우, 연직 하중은 배관의 처짐을 초래하고 다음에는 수평 지지 토압을 야기한다. 만일 수평 토압과 연직 토압이 거의 유사하게 되면 배관 둘레의 하중은 정수압 하중에 근접하게 된다. 따라서 배관 벽에서의 응력은 주로 주면방향(후프) 압축 응력들이고, 따라서 깊게 매설된 배관에서는 좌굴이 발생한다.

2.1.1 강성배관

Marston 하중 이론 미국 Iowa 주립대학 엔지니어링 학장이었던 Anson Marston은 매설배관에 작용하는 하중을 결정하는 문제를 조사하였다. 1913년 Marston은 원서 "The Theory of Loads on Pipes in Ditches and Tests of Cement and Clay Drain Tile and Sewer Pipe"를 발간하였다. 이러한 노력은 매설배관에 작용하는 흙 하중 계산을 위한 방법의 시초가 되었다. 이제 이 공식은 전 세계에 걸쳐 Marston 하중 공식으로 인정받게 되었다. 최근에는 환경 개선 및 보호에 대한 요구증가와 건설비용의 상승으로 인해 흙 구조 상호작용 현상에 대한 우리의 지식을 상당히 향상시킨 조사들이 이루어졌으나 이러한 지식의 많은 부분들은 아직도 실제 설계에 적용되지 않고 있으며 아직도 많은 질문에 대해 해답이 주어지지 않고 있다.

트렌치 조건 Marston 하중 이론은 그림 2.1과 같이 배관에 하중으로 작용하는 트렌치 내 흙의 프리즘 개념에 기초한다. Marston은 "트렌치 관거란 교란되지 않는 흙속에서 굴착된 상대적으로 좁은 디치(ditch)"로 정의하였다. 뒷채움과 배관의 침하는 트렌치의 양 측면에서 전단력 또는 마찰력을 발생시킨다고 Marston은 추론하였다. 또한 점착력(cohesion)이 형성되기까지는 상당한 시간이 흘러야 하고, 점착력이 없는 경우 배관에 최대하중이 작용하므로 Marston은 점착력을 무시할 수 있다고 가정하였다.

그림 2.1에서 임의 미분 체적 요소 $B_d(1)dh$의 상부에서 연직 압력 V는 요소 $V+dV$의 바닥에서 상부방향으로 작용하는 연직력에 의해 평형을 이룬다. 체적요소는 폭 B_d, 높이 dh, 그리고 배관 및 트렌치의 축방향 단위길이이다. 요소 부분의 중량은 체적과 단위중량의 곱으로 다음과 같이 나타낼 수 있다.

$$w = B_d(dh)(1)\gamma$$

여기서 $B_d(dh)(1)$은 요소의 체적이고 γ는 밀도(density)이다.

깊이 h에 있는 요소의 측면에 작용하는 측압 P_L은 다음과 같다.

$$P_L = \frac{\text{주동 단위 측압}}{\text{연직 단위 압력}} \times (\text{연직 단위 압력})$$

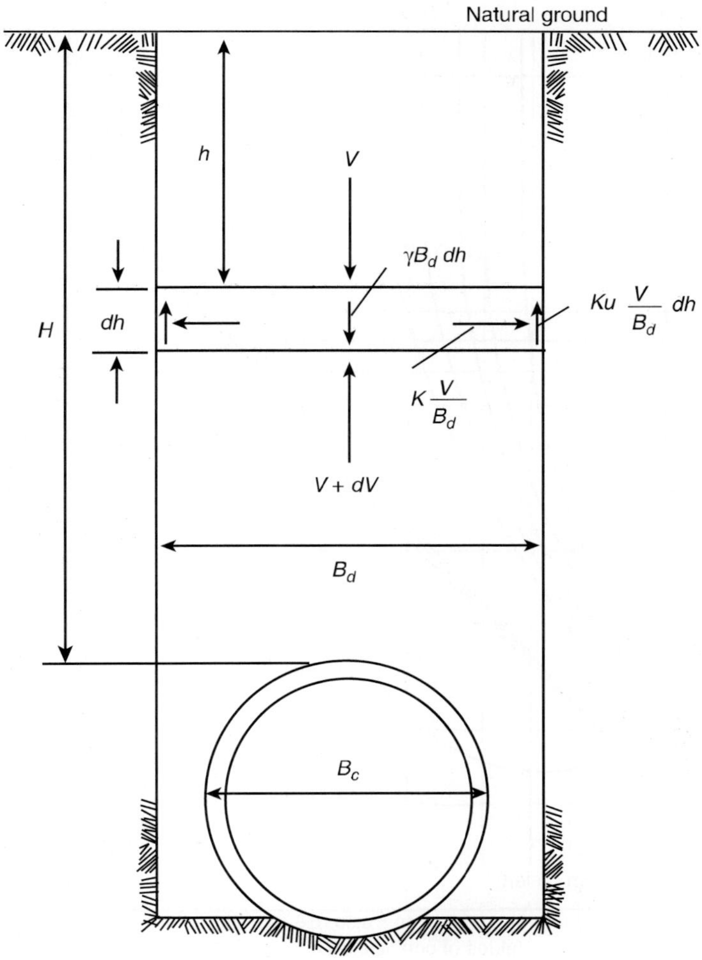

그림 2.1 매설배관에 대한 Marston 이론 배경.

W_d = 단위길이당 관거에 작용하는 하중(lb/ft)
γ = 뒷채움 단위중량(lb/ft^3)
V = 뒷채움에서 수평면에 작용하는 연직 압력(lb/ft)
B_c = 관거의 외경(ft)
B_d = 관거의 상단부에서 디치의 수평폭(ft)
H = 관거 상단부 토피(ft)
h = 자연지반으로부터 뒷채움 수평면까지 거리(ft)
V = 뒷채움에서 수평면에 작용하는 연직 압력(lb/ft)
C_d = 디치 관거의 하중계수
μ = $\tan\psi$ = 뒷채움 내부마찰계수
μ' = $\tan\psi$ = 뒷채움과 디치 측면 사이 마찰계수
K = 연직 단위압력에 대한 주동단위측압(active lateral unit pressure) 비

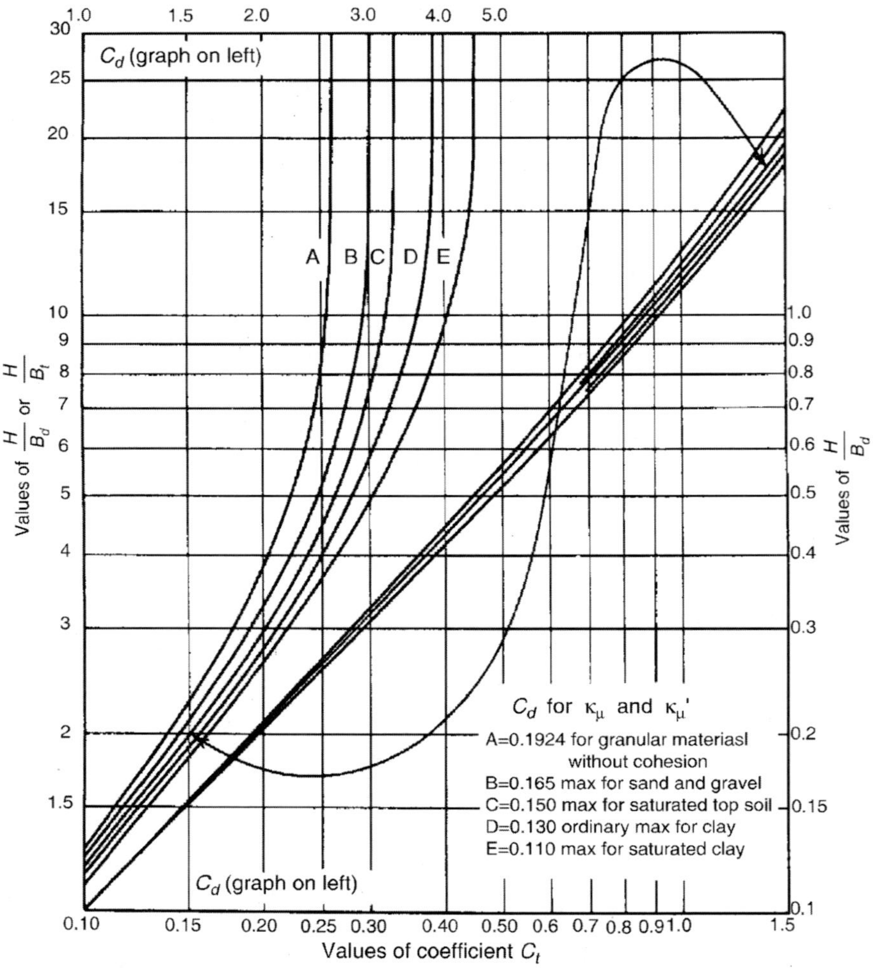

그림 2.2 트렌치 내에 완벽하게 매설된 관거에 작용하는 흙 하중 도해

또는

$$P_L = K(\text{Rankine의 토압 계수}) \times \frac{V}{B_d}$$

이러한 측압에 의해 야기되는 미소 요소 dh의 측면에 작용하는 단위길이당 전단력 F_s는

$$F_s = K\left(\frac{V}{B_d}\right)\mu'(dh)$$

여기서 μ' =마찰계수이다. 요소에 작용하는 연직방향 힘의 합을 0으로 설정한다.

$$F_v = 0$$

또는 상방향 연직력들은 하방향 연직력들과 동등하다. 따라서 평형을 이루기 위해 바닥에서의 연직력과 측면에서 전단력의 합은 상부에서 연직력과 요소 중량의 합과 동일해야 한다. 따라서

$$(V + dV) + 2K\mu' \frac{V}{B_d} dh = V + \gamma B_d dh$$

상기 식으로부터 차원상 길이당 힘을 다음과 같이 표현할 수 있다.

$$\frac{dV}{dh} = \left(\gamma B_d - \frac{2K\mu' V}{B_d}\right) \qquad 2.1$$

미분방정식 2.1의 해는 다음과 같다.

$$V = \frac{\gamma B_d^2}{2K\mu'}\left[1 - e^{-2K\mu'(h/B_d)}\right] \qquad 2.2$$

$h = H$로 대체하면 관거의 상단 높이에서 전체 연직 압력을 구할 수 있다. 관거에 작용하는 연직 하중 V의 크기는 배관과 흙의 상대적인 압축성(강성도)에 의해 결정된다. 강성배관(점토, 콘크리트, 배관 두께가 두꺼운 주철관 등)의 경우 측면 채움(sidefill)은 배관에 비해 매우 압축성이 크므로 배관은 실제적으로 모든 하중 V를 부담한다. 연성배관의 경우 배관은 측면 채움 흙보다 덜 강하기 때문에 부담하는 하중은 상당히 적게 된다(그림 2.3 참조). 디치 관거에 작용하는 최대 하중은 공식 2.2와 같다(단, $h = H$로 대체). 계산의 단순화를 위해 하중계수 C_d를 다음과 같이 정의한다.

$$C_d = \frac{1 - e^{-2K\mu'(H/B_d)}}{2K\mu'} \qquad 2.3$$

이제 디치 내 강성 관거에 작용하는 하중을 다음과 같이 나타낼 수 있다.

$$W_d = C_d \gamma B_d^2 \qquad 2.4$$

여기서 $K\mu'$는 채움(fill) 재료의 내부 마찰계수의 함수이고, 여러 가지 흙에 대해서 이 $K\mu'$ 값에 정의된 공식 2.3의 C_d를 그림 2.2의 $H/B_d - C_d$ 그래프와 같이 나타낼

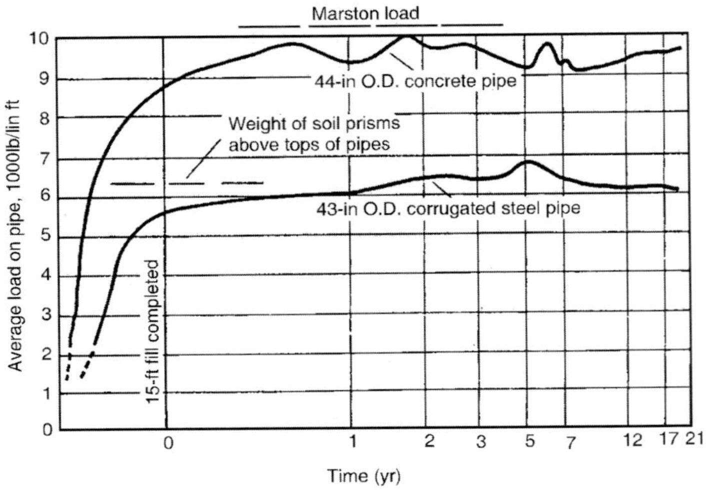

그림 2.3 21년간 측정된 연성 및 강성배관에 작용하는 측정된 하중

표 2.1 흙의 종류에 따른 특성

흙의 종류	단위중량, γ lb/ft^3	랜킨 토압비 (Rankine's ratio) K	마찰계수 μ
부분적으로 다짐된 습기찬(damp) 상단부 흙	90	0.33	0.50
포화된 상단부 흙	110	0.37	0.40
부분적으로 다짐된 습기찬 점토	100	0.37	0.40
포화된 점토	120	0.37	0.30
건조(dry) 모래	100	0.33	0.50
습윤(wet) 모래	120	0.33	0.50

Rankine 토압비는 흙의 수평 압력/연직 압력 비
마찰계수는 트렌치 측면

수 있다. K, μ 및 μ' 값들은 Marston의 실험으로 결정된 것이며, 대표적인 수치들은 표 2.1과 같다.

예제 2.1

건조 모래에서 굴착된 디치 내에 설치되는 고 강성배관에 작용하는 최대하중을 계산하라. 단, 배관 외경은 18인치, 트렌치 폭은 42인치, 매설깊이는 8ft, 그리고 흙의 단위중량은 $120lb/ft^3$이다.

1. C_d 결정. 표 2.1로부터 건조모래의 경우 $K\mu = K\mu' = 0.33 \times 0.5 = 0.165$

$$\frac{H}{B_d} = \frac{8\,\text{ft}}{42\text{인치}} \times \frac{12\text{인치}}{1\,\text{ft}} = 2.29$$

그림 2.2로부터 $C_d = 1.6$

2. 공식 2.4로부터 하중을 계산한다.

$$W_d = C_d \gamma B_d^2 = 1.6 \times 120 \times \left(\frac{42}{12}\right)^2 = 2352\,\text{lb/ft}$$

제방조건(embankment condition) 모든 배관이 트렌치 내 디치에 설치되는 것은 아니다. 따라서 제방 내부의 매설배관 문제를 다룰 필요가 있다. 제방은 배관 상부가 자연지반(natural ground)보다 높은 곳에 있다. Marston은 이러한 설치 형식을 정 돌출(positive projection) 관거라 정의하였다. 대표적인 예는 철도와 고속도로 암거(culvert)이다. 그림 2.4는 Marston이 제안한 2개의 정 돌출 관거의 경우를 보여준다. Case I에서는 배관 측면의 흙이 배관 상부의 흙보다 더 많이 침하한다. Case II에서는 배관 상부의 흙이 배관 측면의 흙보다 더 많이 침하한다. Marston은 Case I을 돌출 조건이라 불렀고, 그림 2.4에서 정의된 것과 같이 정(+)의 침하비 r_{sd}로 설명하였다.

$$r_{sd} = \frac{(S_m + S_g) - (S_f + d_c)}{S_m}$$

이 경우 전단력은 하방향으로 작용하고 매설배관에는 더욱 큰 하중이 작용하게 된다. Case II는 디치 조건이라 불리며 부(negative) 침하비 r_{sd}로 특징 지울 수 있다. 이 경우 전단력은 상방향으로 작용하며 배관에 작용하는 하중이 감소하게 된다.

정 돌출 관거와 관련하여 Marston은 전단력이 0이 되는 배관 상부 수평면의 존재를 결정하였으며, 이 면을 동등 침하면(plane of equal settlement)이라 부른다. 이 면의 상부에서 흙의 내부 및 외부 프리즘(prism)은 동등하게 침하한다. 동등 침하면이 실제로 발생하면(제방 사이에 위치한다) 미완성 돌출 또는 미완성 디치 조건이라 하며, 만일 동등 침하면이 가상이면(전단력은 제방의 상부까지 확장된다) 완성 디치 또는 완성 돌출 조건이라 한다.

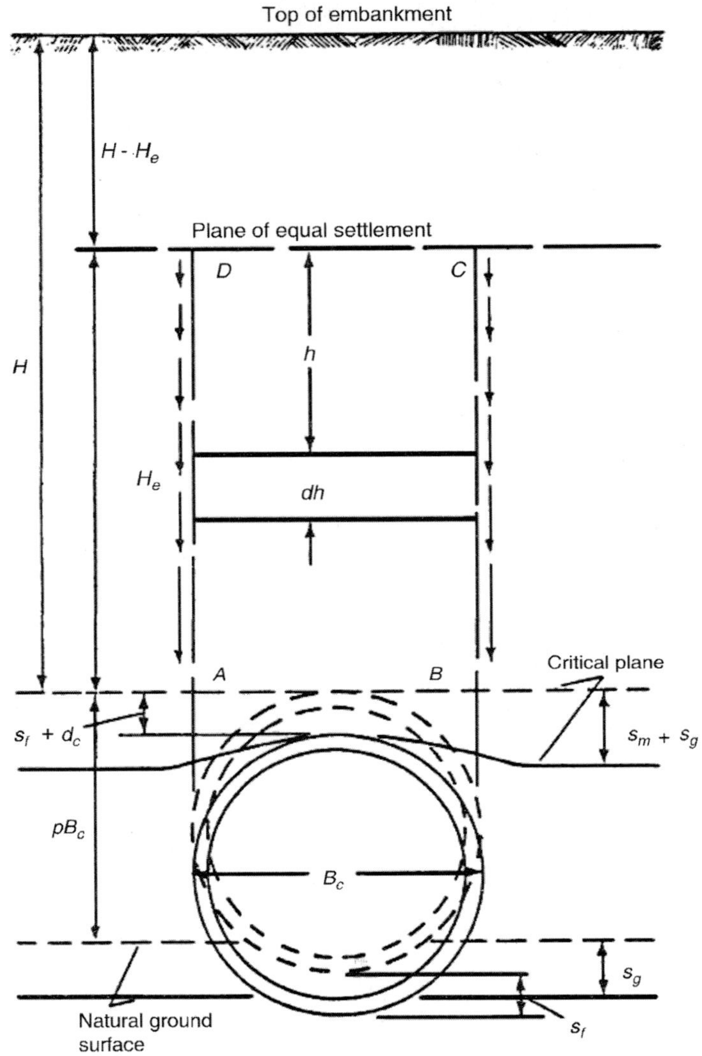

(a)

그림 2.4 정 돌출 관거의 비교 (a)돌출 조건, (b)디치 조건

S_m = 배관 측면에서 흙의 압축

S_g = 배관 측면에서 자연지반의 침하

S_f = 배관 하부 지반 침하

d_c = 배관 상단부의 처짐

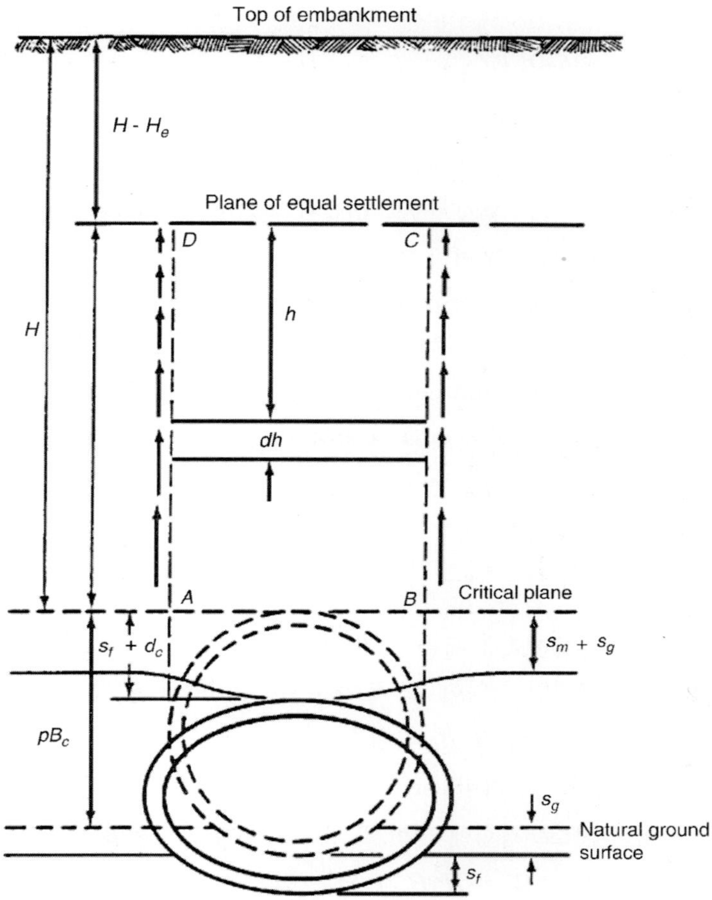

(b)

그림 2.4 (계속)

상기에 기술한 모든 매개변수들은 배관에 작용하는 하중에 영향을 미치며, 정 돌출(제방) 관거를 위한 Marston의 하중 공식에서 사용된다.

$$W_c = C_c \gamma B_c^2 \tag{2.5}$$

여기서

$$C_c = \frac{e^{\pm 2K\mu(H/B_c)} - 1}{\pm 2K\mu} \tag{2.6}$$

또는

$$C_c = \frac{e^{\pm 2K\mu(H/B_c)} - 1}{\pm 2K\mu} + \left(\frac{H}{B_c} - \frac{H_e}{B_c}\right)e^{\pm 2K\mu(H_e/B_c)} \tag{2.7}$$

공식 2.6은 완성 조건에 대한 공식이고 완성 디치의 경우 – 부호를, 완성 돌출 조건의 경우 + 부호를 적용한다. 공식 2.7은 미완성 조건의 경우 사용하며, 미완성 디치의 경우 – 부호를, 미완성 돌출 조건의 경우 + 부호를 적용하며 H_e는 동등 침하면의 높이이다. $H_e = H$인 경우 공식 2.7의 미완성 경우는 완성 경우가 되며 C_c를 구하기 위해 공식 2.6을 사용한다.

상기 공식들이 어렵고 힘들지만 최대한 단순화된 공식이고 그래프 형태로 작성되어 많이 사용되고 있다. C_c 수치는 배관 직경에 대한 토피두께의 비, 침하비와 돌출비(projection ratio)의 곱, Rankine 토압계수, 그리고 마찰계수의 함수이다.

$$C_c = f\left(\frac{H}{B_c},\ r_{sd}p,\ K,\ \mu\right)$$

$K\mu$ 곱의 수치는 통상적으로 돌출 조건의 경우 0.19, 디치 조건의 경우 0.13을 취한다. 그림 2.5는 대표적인 다양한 H/B_c와 $r_{sd}p$ 수치에서 C_c를 보여준다. 표 2.2는 다양한 $r_{sd}p$와 $K\mu$ 수치에서 H/B_c의 함수로서 C_c 공식의 결과수치를 보여준다.

불가능하지는 않더라도 침하비(settlement ratio) r_{sd}를 실험적으로 직접 관찰하여 결정하는 것은 어려우므로 경험에 의한 표 2.3의 수치를 사용할 수 있다. $r_{sd}p = 0$인 경우 $C_c = H/B_c$ 그리고 $W_c = H\gamma B_c$가 되는 점을 유의해야 하며, 이때 W_c는 프리

표 2.2 H/B_c의 함수로서 C_c 수치

미완성 돌출 조건 $K\mu = 0.19$		미완성 디치 조건 $K\mu = 0.13$	
$r_{sd}p$	공 식	$r_{sd}p$	공 식
+0.1	$C_c = 1.23H/B_c - 0.02$	−0.1	$C_c = 0.82H/B_c + 0.05$
+0.3	$C_c = 1.39H/B_c - 0.05$	−0.3	$C_c = 0.69H/B_c + 0.11$
+0.5	$C_c = 1.50H/B_c - 0.07$	−0.5	$C_c = 0.61H/B_c + 0.20$
+0.7	$C_c = 1.59H/B_c - 0.09$	−0.7	$C_c = 0.55H/B_c + 0.25$
+1.0	$C_c = 1.69H/B_c - 0.12$	−1.0	$C_c = 0.47H/B_c + 0.40$
+2.0	$C_c = 1.93H/B_c - 0.17$		

출처 : Reprinted from Spangler and Handy, Soil Engineering, 4th ed., Harper & Row, 1982, by permission of the publisher.

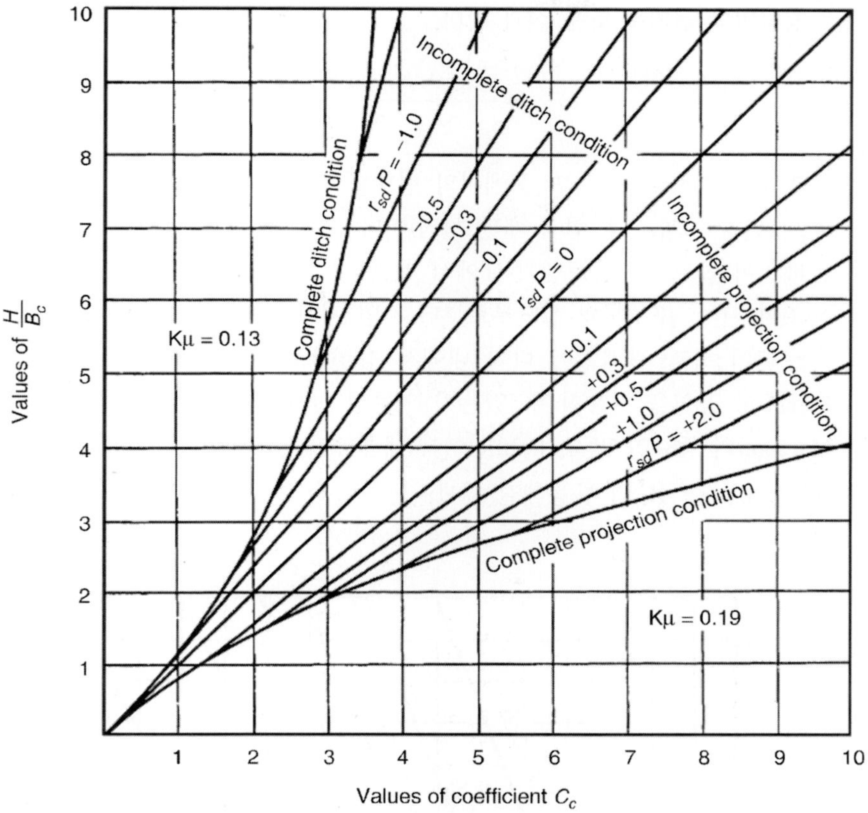

그림 2.5 정 돌출 관거의 C_c 계수 선도

즘 하중(즉, 배관 상부 흙 프리즘의 중량)이다. $r_{sd} = 0$이면 임계면(critical plane)이라 불리는 배관의 상단부에서 평면은 관거의 상단부와 동일한 크기로 침하한다(그림 2.4 참조).

표 2.3 침하비 설계 수치

조 건	침하비 r_{sd}
암반이나 항복하지 않는 흙 기초 위의 강성 컬버트	+1.0
보통 흙 기초 위의 강성 기초	+0.5~+0.8
인접 원지반에 대해 항복하는 기초 재료 위의 강성 기초	0~+0.5
측면채움이 불량하게 다져진 연성 컬버트	−0.4~0
측면채움이 양호하게 다져진 연성 컬버트	−0.2~+0.8

출처 : Spangler and Handy저, Soil Engineering, 4th ed., Harper & Row, 1982, 출판사 허가 득

침하비의 정의는 다음 식과 같다.

$$r_{sd} = \frac{(S_m + S_g) - (S_f + d_c)}{S_m} \tag{2.8}$$

임계면 침하= S_m(측면 흙에서의 변형률)+ S_g(지반 침하)이다. 배관 상단부의 침하 = S_f(관거 침하)+ d_c(연직 배관 처짐)이다. 만일 $S_m + S_g = S_f + d_c$이면 $r_{sd} = 0$이다.

배관이 좁고, 얇은 트렌치 내에서 배관 상부가 자연 지반 인근에 설치되면 돌출비 p는 0이 된다. 구조물의 상단부로부터 자연 지반 표면까지의 거리는 pB_c로 나타낸다.

트렌치 폭과 관계없이 디치 내에서 강성배관에 작용하는 흙 하중을 구하기 위해 Marston 공식을 사용할 수 있는지 의문이 발생한다. 이 질문에 대한 해답은 1932년 Marston의 동료인 W. J. Schlick[21]이 제공하였다. Schlick는 디치 관거 하중 W_d가 돌출 관거 하중 W_c와 동등해질 때까지는 W_d를 구하기 위한 Marston 공식 2.4를 사용

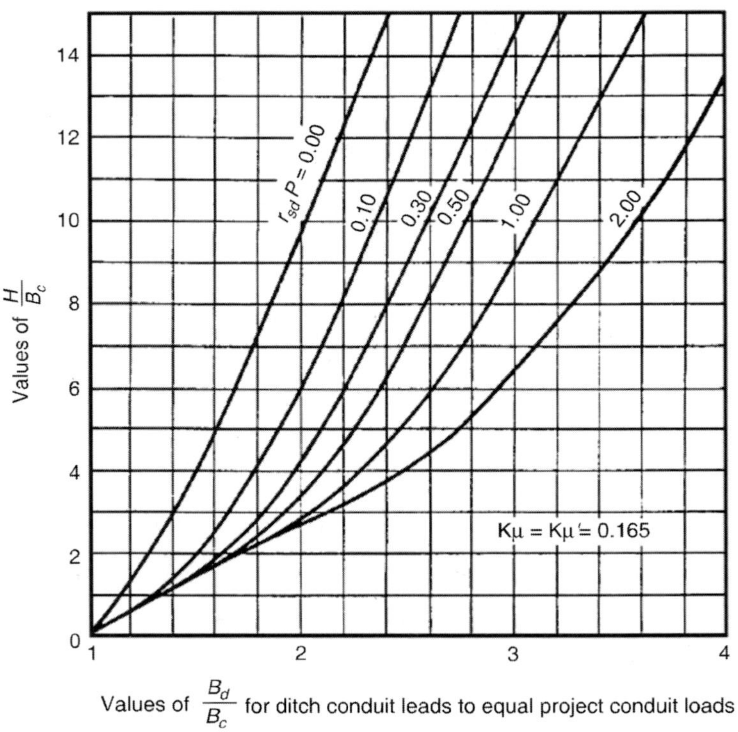

그림 2.6 변위 폭 비(transition–width ratio) 곡선

할 수 있다는 것을 발견하였다. 즉, 디치 하중이 제방 하중과 동등해질 때까지는 트렌치 폭이 증가하면 공식 2.4에 따라 하중은 지속하여 증가한다. 이 지점에 도달하면 공식 2.5를 사용하여 올바른 하중을 계산해야 한다. 이러한 점이 발생하는 트렌치 폭을 변이 폭(transition width)이라 부른다. 그림 2.6은 변이 폭을 나타내는 B_d/B_c를 구할 수 있는 H/B_c와 $r_{sd}p$ 수치 그래프를 보여준다. 즉, $W_c = W_d$이다. 통상적으로 변이 폭을 결정하기 위해 $r_{sd}p$ 수치를 0.5로 사용할 것을 권장한다. B_d/B_c를 계산시

- 그림 2.6보다 크면 W_d 사용
- 그림 2.6보다 작으면 W_c 사용
- 그림 2.6과 동등하면 $W_c = W_d$

예제 2.2

6ft 깊이에 매설되는 12인치 배관의 변이 폭을 구하라.

해답

$$\frac{H}{B_c} = \frac{6\,\text{ft}}{12\text{in}} \times \frac{12\text{in}}{1\,\text{ft}} = 6$$

그림 2.6으로부터 $r_{sd}p = 0.5$

$$\frac{B_d}{B_c} = 2.35$$

$$B_d(transition) = 2.35B_c = 2.35(1\,\text{ft}) = 2.35\,\text{ft}$$

터널 건설(tunnel construction) 터널 내 또는 교란되지 않은 지반을 관통시키기 위해 잭으로 가압되는 배관에 작용하는 흙 하중을 결정하기 위해 Marston 이론을 적용한 Marston의 터널 하중 공식은 다음과 같다.

$$W_t = C_t B_t(\gamma B_t - 2C) \qquad 2.9$$

여기서 W_t는 배관에 작용하는 단위길이당 하중으로서 단위는 lb/ft, γ은 단위중량이다. 하중계수 C_t는 C_d와 동일한 방법으로 구할 수 있다(그림 2.2 참조). B_t는 최대 터널 폭이고 잭으로 배관을 밀어 넣을 때 B_t는 배관 외경이 된다. 계수 C는 점착계수(cohesion factor)라 불리며 무차원으로 단위 면적당 힘으로 lb/ft^{2}이다.

공식 2.3을 사용하여 C_d는 물론 C_t를 계산할 수 있다. 이 공식은 H/B 수치가 크면 $1/(2K\mu')$ 한계 수치에 근접하는 것을 보여준다. 따라서 매우 깊은 터널의 경우 $1/(2K\mu')$ 수치를 사용하여 C_t를 구한 후 하중을 대략적으로 구할 수 있다.

터널 내부에 또는 교란되지 않는 지반을 관통시키기 위해 잭을 사용하는 배관에 작용하는 하중을 구하기 위한 이론은 트렌치 내부 배관에 작용하는 하중을 구하기 위한 이론과 동일한 것을 쉽게 알 수 있다. 터널 하중은 흙 점착력 때문에 다소 적을 수 있다. 또한 공식 2.9로부터 하중을 결정함에 있어 C가 매우 중요하다는 것을 알 수 있다. 불행하게도 유사한 흙의 경우에도 계수 C값의 범위가 넓다. 실험실에서 교란되지 않은 샘플을 갖고 C값을 결정할 수 있다. 흙의 포화(saturation) 가능성을 고려하여 설계시 보수적인 C값을 사용해야 한다. 설계시 실험실에서 결정된 값의 1/3을 사용할 것을 권장한다. WPCF(Water Pollution Control Federation) 매뉴얼 시행령 FD-5는 신뢰성 있는 실험실 자료를 구할 수 없거나 또는 그와 같은 실험이 비현실적인 경우 표 2.4에 주어진 수치들을 사용할 것을 권장한다. 계절별 동결(frost) 및 포화로 인한 강도의 손실 또는 균열이 발생할 수 있는 영역에서는 이 계수들을 0으로 취할 것을 권장한다. 계수 $\gamma B_t - 2C$는 (-)가 될 수 없으므로 반드시 $2C$는 γB_t보다 작아야 한다.

2.1.2 연성배관 (Flexible pipe)

연성배관은 배관의 유연성에 기인한 흙-하중-전달(carrying) 능력으로부터 유래되었다. 흙 하중이 작용하면 배관은 처지는 경향이 있으므로 배관 측면에 수동 토압에 의한 지지력을 발생시킨다. 동시에 링 처짐(ring deflection)으로 발생하는 아칭 작용(arching action)으로 배관 상부에 작용하는 연직 흙 하중을 주변 흙에 전달하여 연직

표 2.4 점착계수 C의 권장 안전 수치

재 료	C 수치	
	kPa	lb/ft^2
매우 부드러운 점토	2	40
중간 점토	12	250
딱딱한 점토	50	1000
무겁운 건조 모래	0	0
실트질 모래	5	100
고밀도 모래	15	300

흙 하중의 대부분을 경감시킨다. 연성배관–흙 시스템의 효과적인 강도는 상당히 크다. 예를 들어 미국 유타대학에서 수행한 실험으로부터 3300lb/ft의 3점 지지(Three edge bearing) 강도를 갖는 클래스 C 베딩(bedding)에 매설된 강성배관은 약 5000lb/ft의 흙 하중에서 배관 벽 파열(fracture)에 의해 파손되는 것을 보여준다. 그러나 동일한 흙 조건 및 하중에서 PVC 하수 배관은 오직 5%의 처짐만이 발생하였으며 이 수치는 PVC 배관의 손상을 야기시키는 처짐보다 상당히 적다. 따라서 강성배관은 파손되었으나 연성배관은 성공적으로 기능을 수행하였고, 아직도 4 이상의 안전율을 갖는다. 물론 평판(flat–plate) 또는 3–지점 하중에서 강성배관은 연성배관보다 상당히 큰 하중을 지지할 것이다.

Marston 하중 이론 배관과 측면 채움이 동일한 강성도를 갖는 특수한 경우 단순히 폭을 기초로 배관에 비례하는 하중 V의 크기를 구할 수 있다. 이는 배관과 배관 측면의 흙이 동일한 강성도를 갖게 되면 하중 V는 그림 2.7과 같이 균일하게 분포되는 것을 의미한다. 단순 비례로 하중은 다음과 같이 된다.

$$W_c = \frac{W_d B_c}{B_d} = \frac{C_d \gamma B_d^2 B_c}{B_d}$$

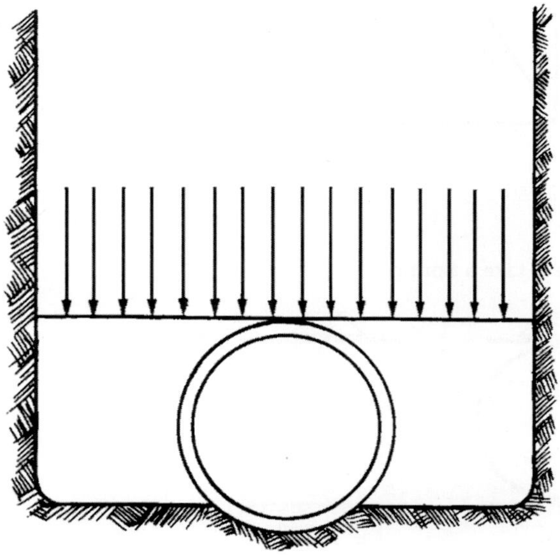

그림 2.7 연성배관의 경우 Marston 이론에 따른 하중 비례

또는

$$W_c = C_d \gamma B_c B_d \tag{2.10}$$

배관 강성도 vs 흙 압축성 Marston과 Spangler의 관찰 결과 연성배관에 작용하는 하중은 강성배관에 작용하는 하중에 비해 상당히 적은 것으로 나타났으며(그림 2.3 참조), 하중의 크기 차이는 다소 충격적이다. 다음 추론은 지반에서 연성배관이 처질 때 무슨 일이 일어나는지 이해하는데 도움을 준다. 그림 2.8과 같이 스프링 상부에 중량을 올려놓는다고 가정하면 스프링 강성도 때문에 처짐에 대항하여 스프링은 변형된다. 하중과 처짐 관계를 작도하면 이 상관관계는 스프링의 탄성한도까지는 선형적으로 변화한다. 그림 2.9와 같이 연성배관에 하중을 작용시키면 배관 또한 처지고, 배관의 강성도 때문에 처짐에 저항한다. 흙도 마찬가지로 흙 강성도 때문에 이동 또는 처짐에 저항하는 비선형 스프링으로 간주할 수 있다.

배관 측면 흙과 비교하여 강한 배관을 강성 스프링으로, 흙을 더욱 유연한 스프링

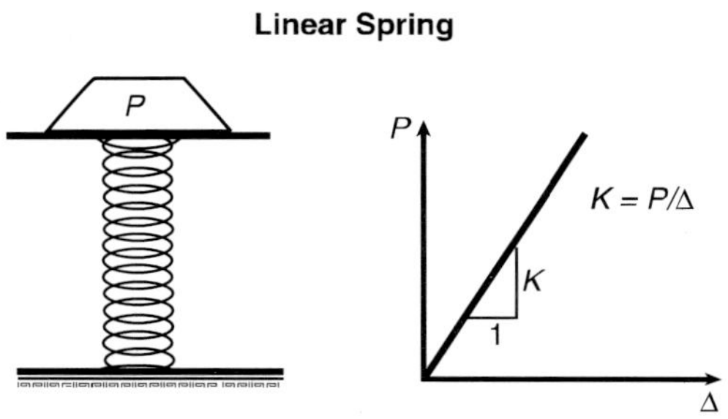

그림 2.8 선형 스프링 그래프

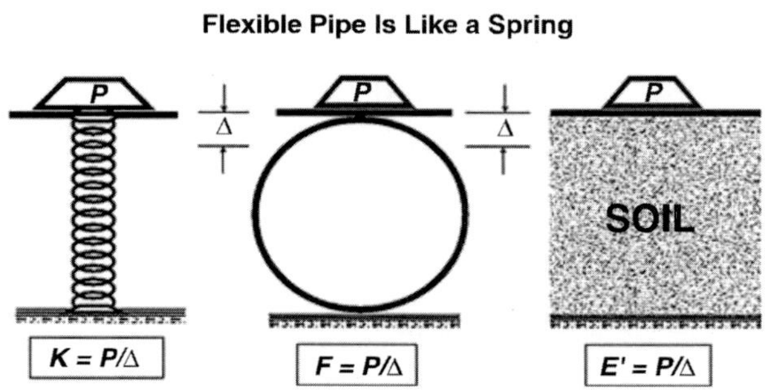

그림 2.9 스프링, 배관, 흙 그래프

으로 나타낸 흙 속의 강성배관인 그림 2.10a와 같은 스프링 시스템에 하중 또는 중량을 작용시켜 상사성을 추론하면 흙은 변형(deform)하고 배관은 하중의 대부분을 담당하는 것을 쉽게 가시화할 수 있다. 상황이 반전되어 그림 2.10b와 같이 흙을 나타내는 상당히 강한 2개 스프링 사이에 배관을 나타내는 연성 스프링을 위치시키면 하중이 작용하면서 배관은 처지고 흙은 대부분의 하중을 담당하는 것을 가시화할 수 있다.

연성배관을 흙 속에 매설하면 그림 2.11과 같이 배관과 흙은 하중에 저항하는 하나의 시스템으로 동작한다. 시스템은 정역학적으로 부정정이다. 즉, 배관의 처짐은 배관에 작용하는 하중의 함수이나 배관에 작용하는 하중은 처짐의 함수가 된다. 배관이 유연하면 배관에 작용하는 하중이 감소하는 이른바 아칭(arching) 현상이 발생한다. 그러나 연성배관의 전체적인 성능은 그림 2.12와 같이 소위 아칭에 의해 영향을 받지만 배관 측면에서 처짐에 저항하는 흙에 의해서도 영향을 받는다.

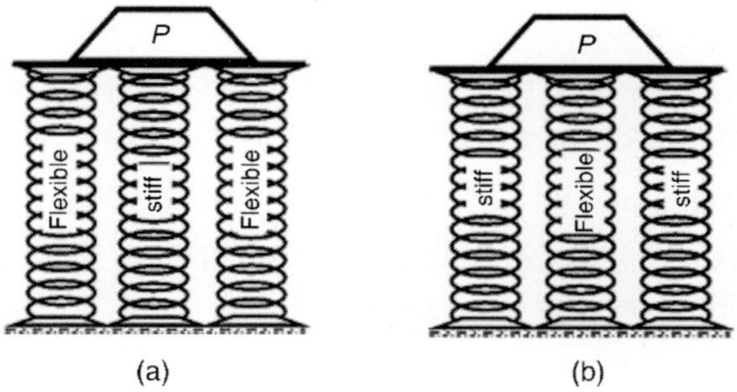

그림 2.10 연성 및 강성 스프링 조합 동작

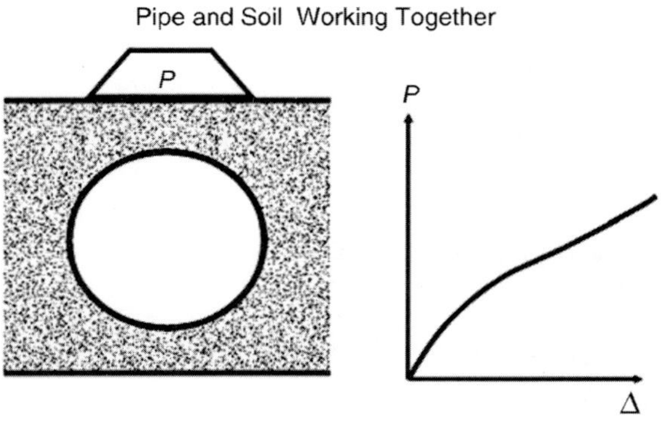

그림 2.11 시스템으로서 동작하는 배관 및 흙의 그래프

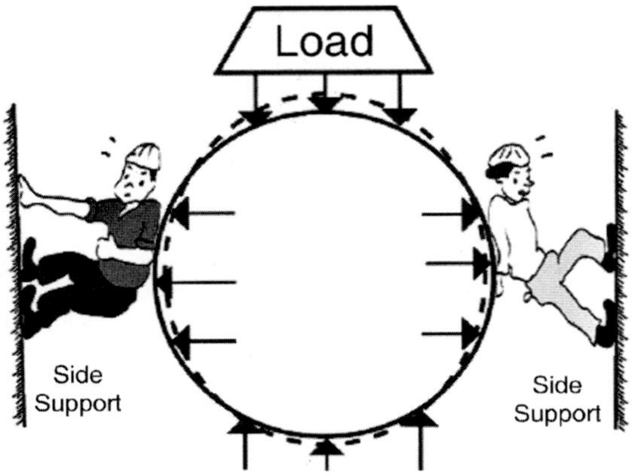

그림 2.12 연성배관의 성능에서 측면채움의 영향

공식 2.10은 연성배관의 Marston–Spangler 하중 공식이라 알려져 왔다. 그러나 이 공식을 만들 때 중앙 흙 프리즘의 아래 방향 이동에 대해 저항하는 흙 마찰 가정을 사용하였다는 것과 단순히 배관이 유연하다고 하여 이 공식을 사용하는 것은 안 된다는 점을 유의해야 한다. Marston 공식 2.4 및 2.10에 의해 강성배관 및 연성배관에 작용하는 예측된 최대 하중은 순간적으로 발생하는 것이 아니다. 또한 일정 기간 동안 발생하지 않을 수도 있다. 특별한 경우에는 초기 하중이 Marston에 의해 예측된 최대 하중보다 20~25% 적을 수도 있고 장기하중이 예측된 하중보다 클 수 있다.

예제 2.3

예제 2.1의 경우 배관과 배관 측면 흙이 대략 동일한 강성도를 가질 경우 하중은?

해답

공식 2.10으로부터

$$W_c = C_d \gamma B_c B_d = 1.6 \times 120\left(\frac{42}{12}\right)\left(\frac{18}{12}\right) = 1008\text{lb/ft}$$

프리즘 하중(prism load) 다시 한 번 공식 2.4는 최대하중 조건을 나타내고, 공식 2.10은 최소하중 조건을 나타낸다. 최대하중은 강성배관에 작용하는 하중이므로 연성

배관의 경우 최대하중은 항상 상당히 크고 최소하중은 상당히 작다. 실제 하중은 최대와 최소하중 사이에 위치할 것이다.

연성배관을 위한 좀 더 현실적인 설계하중은 배관 상부 흙의 연직 프리즘의 중량인 프리즘 하중이다. 또한 흙 속 마찰력의 방향에 따라 감소가 결정되므로 실제 트렌치 조건에 따라 연성 관거에 작용하는 상당한 하중 감소여부가 결정된다. 연성 관거에 작용하는 유효한 하중은 Marston 공식으로 예측한 최소 수치와 프리즘 하중 사이에 위치하는 것을 연구 자료를 통해 알 수 있었다. 장기 관점에서 하중은 프리즘 하중에 근접할 수 있다. 따라서 연성 관거에 작용하는 유효 하중을 계산하길 원하면 설계관점에서 프리즘 하중을 사용하길 바란다. 프리즘 또는 제방 하중은 다음 공식으로 나타낼 수 있다(그림 2.13 참조).

$$P = \gamma H \tag{2.11}$$

여기서 P : 깊이 H에서 흙의 중량에 기인한 압력
γ : 흙의 단위중량
H : 토압이 요구되는 깊이

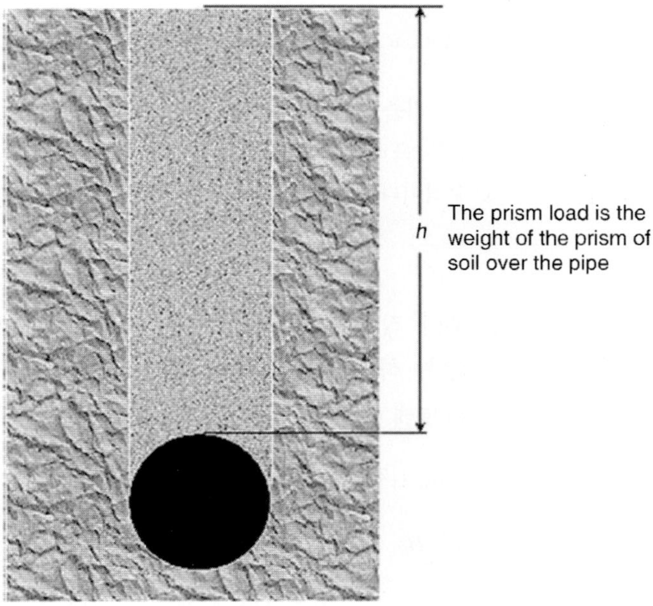

그림 2.13 배관에 작용하는 프리즘 하중

예제 2.4

외경 8인치 연성배관이 폭 24인치 트렌치에 상부 10ft 점토로 매설되어 설치된다고 가정한다. 흙의 단위중량이 120lb/ft^3일 때 배관에 작용하는 하중은?

해답

Marston 하중의 경우 공식 2.10으로부터 최소하중은 다음과 같다.

$$W_d = C_d \gamma B_c B_d = 2.8 \times 120 \times \frac{2}{3} \times 2 = 448\text{lb/ft}$$

여기서 C_d : 2.8(그림 2.2로부터 $H/B_t = 10/2 = 5, K\mu' = 0.165$인 경우)
γ : 120lb/ft^3
B_d : 트렌치 폭 2ft
B_c : 배관 외경 8인치=2/3ft

프리즘 하중의 경우 공식 2.11로부터

$$P = \gamma H = 120 \times 10 = 1200\text{lb/ft}^2$$

lb/ft 단위로 하중을 구하기 위해 상기 수치에 배관 외경을 곱한다.

$$P = 1200 \times \frac{2}{3} = 800\text{lb/ft}$$

본 예제에서 Marston 하중은 프리즘 하중의 56%로서 설계관점에서 보수적이지 않다. 재차 강조컨대 연성 관거의 경우 프리즘 하중 이론은 현실적인 최대하중 추정을 위해 사용해야 하며, 이는 약간 보수적이다.

트렌치 조건 트렌치 내 연성배관에 작용하는 하중을 구하기 위한 Marston-Spangler 공식은 공식 2.10과 같이 주어진다. 하중계수 C_d는 그림 2.2로부터 구할 수 있다. 어느 조건에서 프리즘 하중과 디치(트렌치) 하중이 동일하게 되는지 궁금해 할 수 있다.

$$P = \gamma H \quad (\text{lb/ft}^2) \quad \text{프리즘 하중}$$

$$W_d = C_d \gamma B_c B_d \quad \text{Marston 하중}$$

프리즘 하중을 B_c로 곱하여 Marston 하중과 동등하게 설정하면

$$PB_c = \gamma HB_c \Rightarrow W_d = C_d \gamma B_d B_c$$

상기 식으로부터

$$C_d = \frac{H}{B_d}$$

따라서 프리즘 하중은 Marston-Spangler 트렌치 하중의 특별한 경우에 해당된다. 그림 2.2에서 $C_d = H/B_d$는 45° 직선으로 작도된다. 프리즘 하중의 장점들 중 하나는 트렌치 폭과 관계가 없다는 것이다.

제방 조건 제방 내 연성배관에 작용하는 하중은 Marston-Spangler 공식 2.5를 이용하여 계산할 수 있다.

$$W_c = C_c \gamma B_c^2$$

상기 공식은 트렌치가 포함되지 않기 때문에 트렌치 폭 항을 포함하지 않는다. 아래 식과 같이 이 하중을 프리즘 하중과 동일하게 설정하면 흥미롭다.

$$\text{프리즘 하중} \times B_c = P \times B_c = \gamma HB_c$$

$$\text{Marston embankment 하중}\; W_c = C_c \gamma B_c^2$$

두 하중들을 등치시키면

$$\gamma HB_c = C_c \gamma B_c^2$$

또는

$$C_c = \frac{H}{B_c}$$

그리고 그림 2.5로부터 C_c를 결정할 수 있다. $r_{sd}p = 0$인 경우 상기 공식은 그림 2.5에서 45° 직선으로 작도되며 이 경우 제방의 경우 프리즘 하중은 Marston 하중과 동일하게 된다.

터널 載荷(tunnel loading) 지지를 못 받는 터널 내 위치하는 연성배관에 작용하는 하중을 다루는 문서화된 자료들은 거의 없다. 그러나 수동적 측면 지지(passive side support)의 경우 연성배관은 하중-전달 용량의 많은 부분을 부담하게 되므로 반드시 지지력을 제공하거나 또는 배관 측면이 터널의 측면에 의해 지지될 때까지 배관은 처지는 경향이 있다.

교란되지 않은 지반 내부로 연성배관을 잭킹(jacking)할 때 배관에 작용하는 하중은 프리즘 하중 공식 2.9 또는 2.11을 사용하여 계산할 수 있다.

$$B_t = B_c$$

$$W_t = C_t B_t(\gamma B_t - 2C) \qquad 2.9$$

$$W_p = PB_t = \gamma HB_t \qquad 2.11$$

이 경우 마찰뿐만 아니라 흙의 점착력도 무시하기 때문에 프리즘 하중은 매우 보수적이 된다. 만일 $C_t = H/B_t$이고, 점착계수 $C = 0$인 경우 하중을 계산하는 두 방법은 동일한 결과를 나타낸다.

2.2 길이방향 載荷 (Longitudinal loading)

수년간에 걸쳐 관찰한 결과 이상적인 조건하에서 오직 연직 흙 하중(earth loading)으로 인해 특정 형식의 배관 파손이 발생한 사실을 보여준다. 어떤 방법으로든 배관 내에서 축방향 휨 응력을 발생시키는 다른 힘들이 존재한다. 이러한 힘들은 클 수도, 변화가 클 수도, 국한될 수도, 그리고 임의 신뢰성을 갖고 정량적 해석이 안 될 수도 있다. 관로 내에서 빔 작용(beam action) 또는 축방향 휨의 주된 원인들 중 일부는 다음과 같다.

- 불균일 베딩 지지
- 부등 침하
- 지진 또는 동결 융기(frost heave)와 같은 외부 힘으로 인한 지반 이동

2.2.1 불균등 베딩 지지 (Nonuniform bedding support)

불안정한 기초(foundation) 재료, 과도한 굴착과 불균일한 다짐에 기인한 부등침하,

수로 내부로의 지반 침식 또는 누수가 발생하는 하수거에 의해 발생할 수 있는 침식(undermining)에 의해 불균일 베딩이 발생할 수 있다. 일반적으로 암거의 매설에 있어서 기초는 암거에 작용하는 뒷채움 무게와 활 하중에 의해서 발생한 압력을 암거 하부의 지층에 전달하며, 연약지반상에 암거를 매설하는 경우 부등침하에 의한 암거 파손을 막아준다.

연성 관거의 장점들 중 하나는 응력 집중으로부터 변형 및 이동할 수 있는 능력을 갖고 있다는 것이다. 또한 플렉시블 조인트를 사용하여 배관이 이러한 힘들에 순응하여 파열 위험을 감소시킬 수 있다. 이러한 장점은 우수한 기술력과 적합한 설치와 결합하면 연성배관의 축방향 휨으로 인한 배관 파손의 원인을 사실상 제거할 수 있다. 그림 2.14, 2.15 및 2.16에서 보여주는 예제들은 발생할 수 있는 휨 모멘트의 크기를 보여준다.

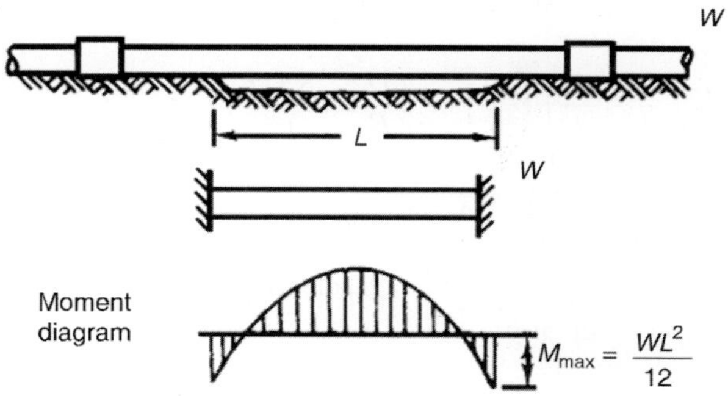

그림 2.14 관거의 길이방향 굽힘

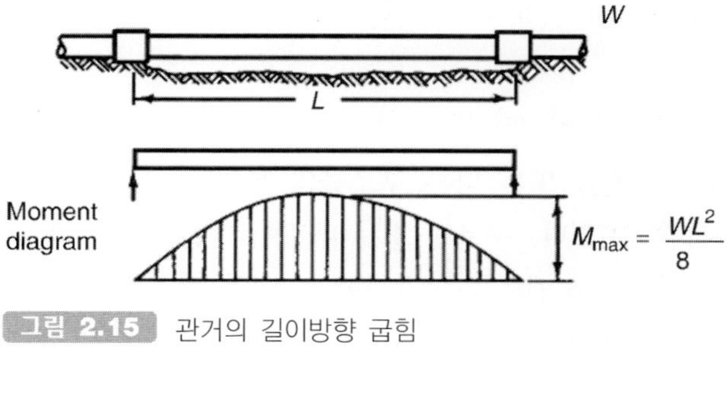

그림 2.15 관거의 길이방향 굽힘

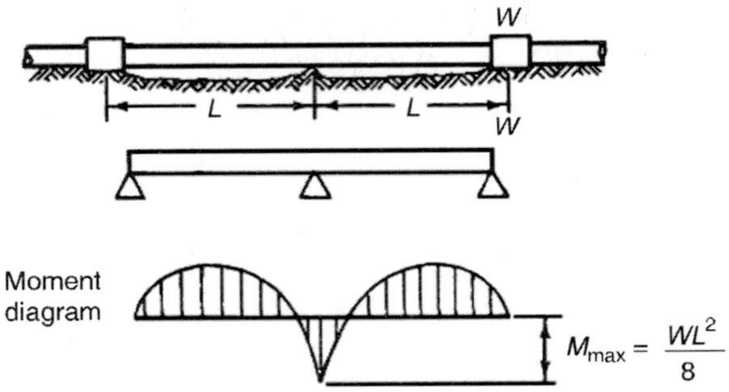

그림 2.16 관거의 길이방향 굽힘

수평면에서 긴 배관의 축방향 휨으로 발생된 휨 모멘트로 인해 연직 링 처짐 $\Delta y/D$이 발생한다. Reissner[20]는 이 분야에서 연구를 확장하였고, 긴 압력배관의 순수 휨에 대한 연구 결과 다음 공식을 유도하였다.

$$\frac{\Delta y}{D} = \frac{1}{16}\left(\frac{D}{t}\right)^2\left(\frac{D}{R}\right)^2 \qquad \frac{D}{R} \approx \frac{8SD}{L^2} \tag{2.12}$$

여기서 D : 공칭 배관 직경
t : 배관 두께
R : 길이방향으로 처진 배관의 곡률반경
$\Delta y/D$: 링 처짐

비록 Reissner는 공식 유도과정에서 내부 압력을 포함시켰으나 그림 2.17에서와 같이 비압력배관이 링 처짐에 더욱 중요하므로 공식 2.12에서는 내부 압력을 생략하였다. 이러한 형식의 휨은 배관이 모서리 부근에서 굽혀질 때 빈번히 발생한다.

2.2.2 부등침하 (Differential settlement)

배관이 견고하게 연결된 맨홀 또는 다른 구조물의 부등침하는 높은 휨 모멘트뿐만 아니라 전단력도 야기시킬 수 있다. 구조물 또는 배관이 다른 구조물과 관련하여 측면으로 이동할 때 이러한 힘들과 모멘트들은 발생한다. 이와 같이 야기된 응력들을 정량적으로 평가하는 것은 쉽지 않다. 설계시, 그리고 건설시 부등침하를 방지하거나 최소화할 수 있도록 노력을 기울여야 한다. 이러한 노력의 일환으로 기초의 적정한 준비와 다짐, 그리고 구조물과 연결되는 배관을 위한 베딩 재질 선정을 들 수 있다.

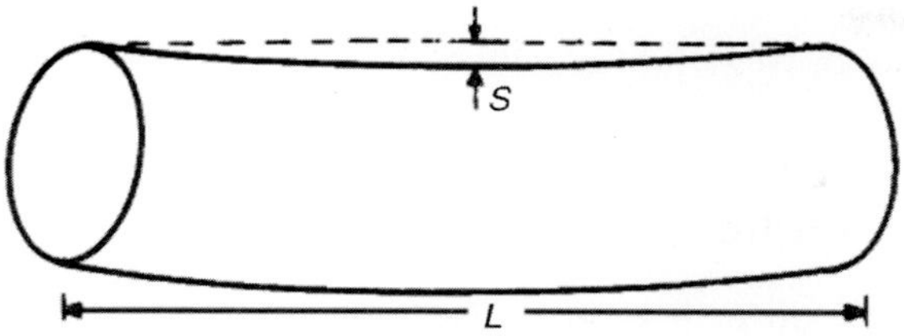

$$\frac{\Delta y}{D} = \frac{1}{16}\left(\frac{D}{t}\right)^2 \left(\frac{D}{R}\right)^2 \qquad \frac{D}{R} \approx \frac{8SD}{L^2}$$

Example : rpm pipe D/t = 60, L = 20ft, D = 24in

S	ΔyD
2in	1.2%
3in	2.7%
4in	4.8%

Longitudinal bending

Buckling radius of curvature R_b

$$R_b = \frac{D}{1.12\ t/D}$$

그림 2.17 축방향 굽힘에 기인한 링 처짐

2.2.3 지반 이동 (Ground movement)

어떤 종류의 흙(대부분 팽창성 점토)들은 함수비에 의해 영향을 받으며, 이와 같은 습기 변화로 인해 계절별로 상승 또는 저하하게 된다. 이에 대한 좋은 대처 방안은 배관이 그와 같은 흙에 직접적으로 매설되지 않도록 하는 것이다. 그럼에도 불구하고 인접 흙에 의한 지반 이동(shifting)은 배관에 영향을 미친다. 통상적으로 이러한 이동들은 상대적으로 적으나 배관 성능에 악영향을 미칠 수 있을 정도로 클 수도 있다.

강성배관의 경우 이와 같은 악영향을 완화시키기 위해 연성(flexible) 조인트와 함께 짧은 관을 사용한다. 연성배관은 배관 고유의 유연성이 있어서 구조물에 응력 손실 없이 구조물 이동에 적응할 수 있다. 이 경우 길이방향 및 직경방향 유연성 모두 중요하다.

또한 조수(tidal water)도 지반 이동을 야기시킬 수 있다. 이러한 이동은 상기에서 기술한 것과 같이 설계할 수 있다.

2.3 차량 하중 (Wheel load, 動荷重, Live loads)

2.3.1 Boussinesq solution

여기에서 활 하중은 정적(static) 또는 유사-정적(quasi-static) 표면 하중을 의미한다. 매설 관거는 지상 수송 차량으로 발생된 표면 하중을 받게 된다. 프랑스 수학자 Boussinesq는 반무한 탄성체 내에서 이 표면에 작용하는 점 하중(point load)에 의한 응력 분포를 계산하였다. 이 계산에서 실제와는 확실히 다르지만 흙을 탄성체의 균질(homogeneous), 등방성(isotropic)인 것으로 가정하였다. 그러나 실험결과 Boussinesq의 표준공식을 적합하게 적용하면 흙에서도 충분히 양호한 결과를 얻을 수 있다는 것을 확인하였다.

그림 2.18은 Boussinesq 공식으로 계산한 매설 깊이의 함수로 매설배관의 표면하중과 측정에 의해 확인된 표면 하중의 비율을 보여준다.

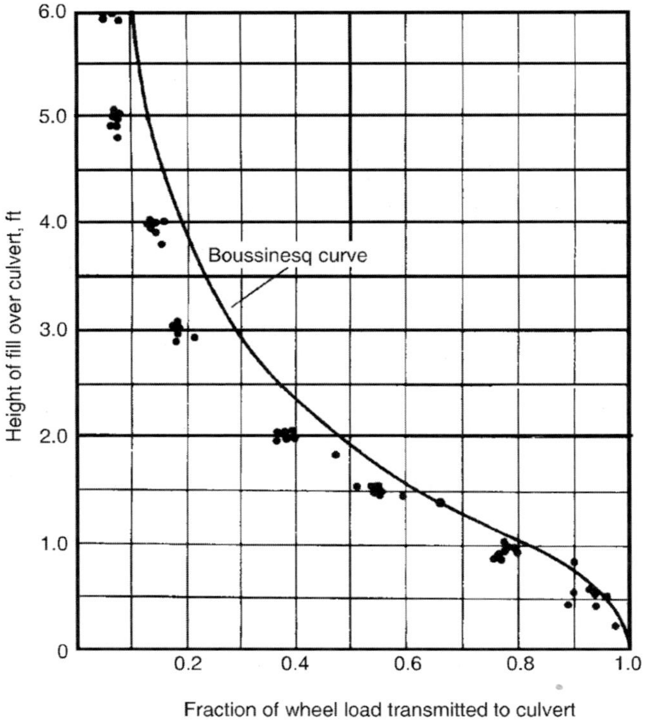

그림 2.18 매설 깊이에 따른 표면 활 하중의 분포

Hall과 Newmark[12]는 하중 계수 C를 얻기 위해 Boussinesq 공식을 적분하였으며 이 공식으로부터 트럭 바퀴와 같은 집중하중을 계산하기 위해 다음 형태의 공식을 유도하였다.

$$W_{sc} = \frac{C_s P F'}{L} \tag{2.13}$$

여기서 W_{sc} : 배관에 작용하는 단위길이당 하중(lb/ft)
P : 집중 하중(lb)
F' : 충격 계수(표 2.5 참조)
L : 관거의 유효 길이 3 ft 이내(ft)
C_s : $B_c/(2H)$와 $L/(2H)$의 함수인 하중 계수
H : 배관 상단부로부터 지반표면까지의 높이(ft)
B_c : 배관 직경(ft)

C_s를 구하기 위해 Newmark가 전개한 적분을 사용하여 분포(distributed)된 하중을 다음 식으로 계산할 수 있다.

$$W_{sd} = C_s p F' B_c \tag{2.14}$$

상기 식에서 새로운 항 p는 분포 하중의 강도를 나타내며 단위는 lb/ft^{2}이다. 하중 계수 C_s는 $D/(2H)$와 $M/(2H)$의 함수이고, 여기서 D와 M은 분포 하중이 작용하는 면적의 폭과 길이이다. 충격(impact) 계수 F' 수치는 표 2.5로부터, 하중계수 C_s는 표 2.6으로부터 결정할 수 있다.

표 2.5 토피두께-충격 계수 F'

토피두께(ft)	설치 표면 조건			
	고속도로	철도	활주로	Taxiways, aprons, hards, run-up pads
0~1	1.50	1.75	1.00	1.50
1~2	1.35	*	1.00	†
2~3	1.15	*	1.00	†
3 이상	1.00	*	1.00	†

* AREA(American Railway Engineering Association) 자료 참조
† FAA(Federal Aviation Administration) 자료 참조
출처 : Reprinted from Uni-Bell Handbook[26] by permission

■ 표 2.6 ■ 관거 상부 연직으로 중심에 작용하는 집중 및 분포 하중이 중첩되는 경우 하

$M/(2H)$ 또는 $B/(2H)$	$M/(2H)$ 또는 $L/(2H)$					
	0.1	0.2	0.3	0.4	0.5	0.6
0.100	0.019	0.037	0.053	0.067	0.079	0.089
0.037		0.072	0.103	0.131	0.155	0.174
0.053		0.103	0.149	0.190	0.224	0.252
0.400	0.067	0.131	0.190	0.241	0.284	0.320
0.500	0.079	0.155	0.224	0.284	0.336	0.379
0.600	0.089	0.174	0.252	0.320	0.379	0.428
0.700	0.097	0.189	0.274	0.349	0.414	0.467
0.800	0.103	0.202	0.292	0.373	0.441	0.499
0.900	0.108	0.211	0.306	0.391	0.463	0.524
1.000	0.112	0.219	0.318	0.405	0.481	0.544
1.200	0.117	0.229	0.333	0.425	0.505	0.572
1.500	0.121	0.238	0.345	0.440	0.525	0.596
2.000	0.124	0.244	0.355	0.454	0.540	0.613

* 연직 응력을 구하기 위한 Boussinesq 공식의 Hall-Newmark 적분 해에 대한 영향계수
출처 : Gravity Sanitary Sewer Design and Construction, manuals & Reports on Engineering Practice, No. 60, American Society of Civil Engineering, and Manual of Practice, No. FD-5, Water Pollution Control Federation, 1982, p. 190. Reprinted by permission

2.3.2 고속도로 및 철도 하중

그림 2.19는 H-20 활 하중, 프리즘 흙 하중, 그리고 이 두 하중의 합을 그래프로 보여준다. 20톤 트럭이 고속도로 주행시 고속도로 하부에 매설된 배관에 작용하는 하중을 모의하기 위해 H-20 하중을 사용한다. 그림 2.19는 차량의 동적 영향을 고려하여 50% 충격 계수를 포함한다.

그림 2.20은 E-80 활 하중, 프리즘 흙 하중, 그리고 이 두 하중의 합을 그래프로 보여준다. 철도 하중을 나타내기 위해 E-80 하중을 사용하며 50% 충격 계수를 포함한다.

H-20 하중은 임의 하나의 지점과 이 지점으로부터 72인치 거리에 위치한 지점에 18×20인치 두 면적에 두 개의 16,000lb 집중하중이 작용하는 것을 의미한다. 그림 2.19로부터 최소 전체 하중은 약 5ft 토피두께에서 발생한다는 사실에 유의해야 한다. 또한 활 하중은 얇은 깊이를 제외하고 배관 성능에 별 영향을 미치지 않는다는 것을 그림 2.19로부터 분명히 알 수 있다. 따라서 고속도로 하부에 배관 설치시 토피두께를 충분히 크게 해야 한다.

중 계수 C_s*(계속)

$M/(2H)$ 또는 $L/(2H)$							
0.7	0.8	0.9	1	1.2	1.5	2	5.0
0.097	0.103	0.108	0.112	0.117	0.121	0.124	0.128
0.189	0.202	0.211	0.219	0.229	0.238	0.244	0.248
0.274	0.292	0.306	0.318	0.333	0.345	0.355	0.360
0.349	0.373	0.391	0.405	0.425	0.440	0.454	0.460
0.414	0.441	0.463	0.481	0.505	0.525	0.540	0.548
0.467	0.499	0.524	0.544	0.572	0.596	0.613	0.624
0.511	0.546	0.584	0.597	0.628	0.650	0.674	0.688
0.546	0.584	0.615	0.639	0.674	0.703	0.725	0.740
0.574	0.615	0.647	0.673	0.711	0.742	0.766	0.784
0.597	0.639	0.673	0.701	0.740	0.774	0.800	0.816
0.628	0.674	0.711	0.740	0.783	0.820	0.849	0.868
0.650	0.703	0.742	0.774	0.820	0.861	0.894	0.916
0.674	0.725	0.766	0.800	0.849	0.894	0.930	0.956

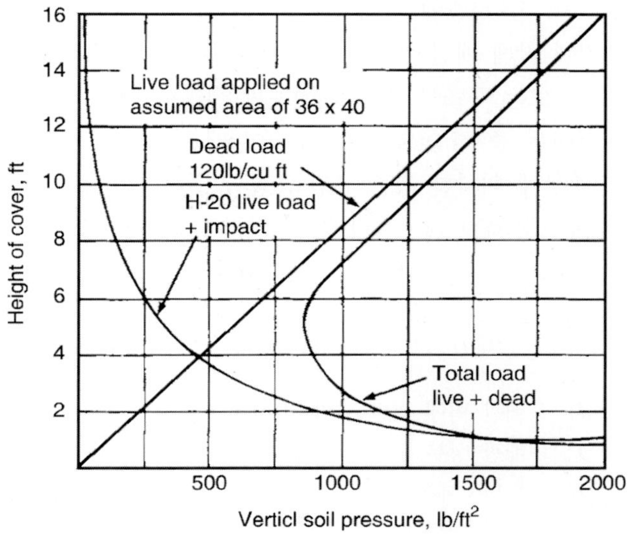

그림 2.19 약 1.5m(5ft)에서 조합된 H-20 활 하중 및 사 하중이 최소이다. 활 하중은 305mm(1ft) 포장을 통해 작용한다.

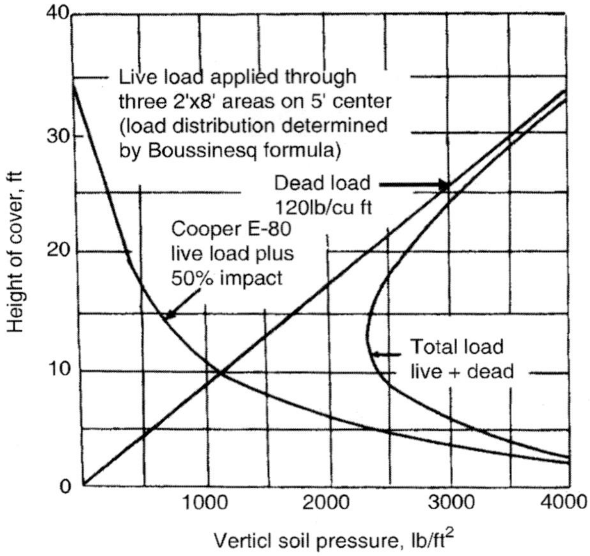

그림 2.20 Cooper E-80 활 하중

활 하중이 충격형식 하중이면 정적 표면 하중의 두 배까지 될 수 있다. 그러나 실용적인 관점에서 통상적으로 충격 계수는 1.5 이하가 된다. 극단적으로 얇은 토피에서 연성배관은 처질 수 있고, 활 하중에 의해 리바운드(rebound)될 수 있다. 표면 파손을 방지하기 위해 철도 밑에 얇게 매설되는 경우 각별한 주의가 필요하다.

고속도로 차량, 철도, 또는 구조물 밑에 매설배관 설계시 배관 상부 최소깊이를 제공하여 흙 표면에 작용하는 중 하중(heavy loads)이 배관에 미치는 영향을 제어할 수 있다. 실제로 배관 직상부에 위치한 집중 표면 하중 P_s로부터 배관 벽에 작용하는 압력 P_p는 토피두께 H의 자승으로 감소한다.[8]

$$P_p = \frac{3P_s}{2\pi H^2 \left[1 + (d_s/H)^2\right]^{5/2}}$$

여기서 P_p : 배관 벽에 전달된 압력(lb/in^2)
P_s : 배관 상부 표면에 작용하는 집중 하중(lb)
H : 토피두께(in)
d_s : 배관으로부터 표면 하중이 작용하는 선까지의 편차(in)

물공급 배관의 표면 하중(surface load)에 대한 설계는 AWWA C101(주철관), AWWA

표 2.7 유리섬유관의 최소 토피두께 깊이(AWWA M45-1996)

조 건	최소 토피두께(인치)
모래가 15% 미세입자가 75% 이하인 파쇄암과 자갈을 갖는 고 강성도 흙(흙 강성도 범주 SCI)에 AASHTO-20 활 하중	24
저 강성도 흙(SC 2~4)에 AASHTO-20 활 하중	36
다짐을 위해 hydrohammer 사용	48
기타 조건	기술자 판단

주의 : H-20 하중은 20ton 트럭 하중에 상응하는 하중이 하나는 배관 상부에 다른 하나는 72인치 떨어진 곳에 집중된 두 개의 16,000lb 하중으로 가정한다.

C150, C151 및 C600(덕타일주철관), AWWA M11(강관), AWWA M45(유리섬유관), 그리고 AWWA M23, C605 및 C900(PVC)에 제공되었다. 기술자들은 상기 모든 경우에서 수요량을 계산하고, 배관 응력 및 용량을 계산하기 위한 처짐 한계를 계산하는 흙 및 표면 하중 공식에 기초하여 토피두께를 결정한다. 유리섬유관의 경우 최소 토피두께는 AWWA M45에 제공되었다(표 2.7 참조).

압력이 낮은 곳에 D/t 비율이 큰 매설배관의 경우 Handbook of Steel Drainage and Highway Construction Products(America Iron 및 Steel Institute)을 적용하여 토피두께를 구할 수 있다. 이 경우 표면 활 하중에 대한 최소 토피두께는 경험에 기초하여 확립되었다. 명시된 최소 토피두께는 고속도로 관거의 경우 $D/8$, 철도 관거의 경우 $D/4 \sim D/5$이나 12인치보다는 커야 한다. 공사기간 동안 중장비 차량에 대비해서는 이 보다 큰 토피두께가 필요하다.

불균일 도로에서 차륜의 충격과 같이 표면 하중이 충격성인 경우 표면 하중에 충격계수를 더하여야 한다. 가스 및 유체 관로의 경우 통상적으로 배관의 보호막 설치나 상세 설계 대신에 최소 토피두께를 사용한다. 덕타일주철관 가스 관로의 경우 최소 토피두께는 AWWA C150 규정을 따른다.

2.3.3 항공 하중

현대 공항에 대한 설계 활 하중은 상당히 클 수 있다. 공항(airport)의 경우 아직까지 설계시 고려하지 않았던 항공기 바퀴 하중에 대해 고려해야 한다. 표 2.8은 180,000lb 쌍발탄뎀 기어장치의 항공기 적재 활 하중을 보여준다.

활주로 포장도로 아래 매설된 배관에 작용하는 활 하중 설계에서 충격 계수 1.0을 적용한다. 이는 항공기가 착륙할 때 항공기 날개에 의해 하중이 부분적으로 작용하기 때문이다. 표 2.5에서와 같이 유도로(taxiway), 에이프론 등과 같은 곳에서는 충격 계수가 필요할 수 있다. 설계 기술자는 미국 연방 항공관리국(Federal Aviation Administration)으로부터 최근 유효 자료들을 취득하도록 노력해야 한다.

2.3.4 최소 토피두께

그림 2.19는 매설배관에 작용하는 연직 압력에 대한 AISI 그래프를 복사한 것이다(Handbook of Steel Drainage and Highway Construction Products[2]). 토피두께가 감소하면 매설배관에 작용하는 활 하중 압력은 증가한다. 토피두께의 최소 수치가 존재한다. 만일 토피두께가 최소보다 적으면 표면 활 하중은 배관에 손상을 줄 수 있지만, 사 하중(흙 자중)의 경우 오직 흙의 중량만이 작용하므로 손상 발생 여부가 불분명하다. 여기서는 강성 및 연성(flexible) 링의 경우에 대해 기술한다.

단, 습한 점착력 흙과 같은 불량한 흙에서 차량의 기동이 불가능하므로 비점착성 흙만을 고려하기로 하며 앞으로 사용될 기호들은 다음과 같다.

A : 배관 단위길이당 배관 벽의 단면적

표 2.8 활 하중

배관에 전달되는 활 하중, lb/ft*				배관에 전달되는 활 하중, lb/in*			
토피두께, ft	고속도로 H-20†	철도 E-80*	공항‡	토피두께, ft	고속도로 H-20†	철도 E-80*	공항‡
1	12.50	–	–	14	§	4.17	3.06
2	5.56	26.39	13.14	16	§	3.47	2.29
3	4.17	23.61	12.28	18	§	2.78	1.91
4	2.78	18.40	11.27	20	§	2.08	1.53
5	1.74	16.67	10.09	22	§	1.91	1.14
6	1.39	15.63	8.79	24	§	1.74	1.05
7	1.22	12.15	7.85	26	§	1.39	§
8	0.69	11.11	6.93	28	§	1.04	§
10	§	7.64	6.09	30	§	0.69	§
12	§	5.56	4.76	35	§	§	§
				40	§	§	§

* 80,000 lb/ft 철도 하중+충격 모의
† 20ton 트럭 교통+충격 모의
‡ 26인치 간격과 66인치 두께 타이어+충격을 갖는 180,000lb dual-tandem gear assembly
§ 무시할 수 있는 활 하중 영향
출처 : Reprinted from *Uni-Bell Handbook*[26] by permission

c : 배관 벽 단면적의 중립표면으로부터 가장 먼 섬유까지의 거리
D : 배관 평균직경
E : 배관 탄성계수
H' : 설치된 토피두께(그림 2.24 참조)
I : 배관 단위길이당 배관 벽 단면적의 도심 관성모멘트
M : 링 변형에 기인한 관벽에서의 모멘트
P : 사각 면적에 분포된 표면 하중에 기인한 배관 상단부 고도에서 연직 토압
r : 배관의 평균 반지름
S : 배관 벽의 압축 강도
T : 링에서 원주방향 추력
W : 표면 하중의 중량
γ : 흙 단위중량
ρ : 조립질(granular) 채움재료(embedment)의 표준 프록터(standard Proctor, AASHTO T-99, ASTM D 698) 기준 흙 밀도
σ_y : 배관의 항복응력
σ : 링 압축응력

사 하중(dead load) 배관이 토압 변화에 저항할 수 없으면 비점착성(cohesionless) 토피두께는 최소가 된다. 이 개념을 그림 2.21에 나타내었으며 배관 상단부에서 압력은 γH이나 어깨(shoulder) 압력은 이 보다 크다. 만일 배관이 압력 차이에 저항하지 못하면 어깨 쐐기(wedge)는 배관 반대 방향으로 미끄러져 링을 변형시켜 상단부 쐐기를 부양시킨다. 배관 붕괴(collapse)는 재앙이다. 만일 배관이 강(취성)하면 붕괴는 파열(fragmentation) 형태로 발생한다. 만일 배관이 유연하면 흙 쐐기의 평형공식으로부터 최소 토피두께의 수치를 계산할 수 있다. 시험에 의해 확인된 분석에 기초하여 대표적인 조립질 뒷채움의 경우 최소 토피두께는 약 $H = D/10$이다. 때로는 완벽한 연성(flexible) 링의 경우에 허용할 수 있는 최소 토피두께로 $H = D/6$로 명시되기도 한다. 사실 배관은 링 강성도를 갖고 있어 사 하중 붕괴에 저항할 수 있다.

각뿔대/원뿔대 흙 응력(pyramid/cone soil stress) 매설배관에 작용하는 활 하중 압력을 계산하는 Boussinesq와 Newmark 공식은 흙을 탄성체로 가정한 것에 기초하였으나 최소 토피두께 해석에는 이러한 가정을 적용하지 않는다. 최소 토피두께보다 적

은 곳에 작용하는 표면 하중으로 인해 흙 각뿔대(쐐기형 흙 각뿔대) 또는 흙 원뿔대(끝이 잘린 흙 원뿔대)가 관통하여(jacked through) 배관을 손상시킨다. 그림 2.22는 잘린 각뿔대와 원뿔대를 보여준다. 만일 하중이 작용하는 표면적이 원형이면 원뿔대가 관통하고, 사각형이면 각뿔대가 관통한다. 예리한 모서리가 형성되지 않기 때문에

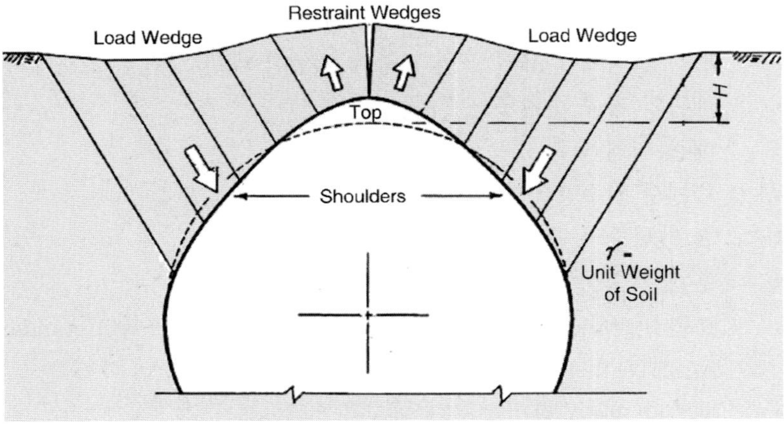

그림 2.21 최소 사 하중 토피아래 연성배관의 붕괴 과정에서 하중 쐐기(load wedge)는 링을 향해 진행하고 구속 쐐기(restraint wedge)는 부양된다.

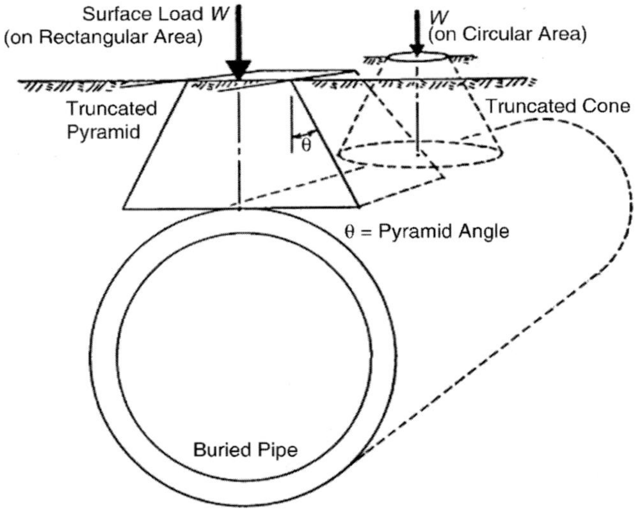

그림 2.22 최소 토피를 위한 지반응력 모델은 관통시 경사 θ에서 전단면(shear plane)을 보여주는 원뿔대 및 각뿔대의 자유물체도이다.

각뿔대는 완전하지 못하다. 그럼에도 불구하고 보수적인 각뿔대 경사 θ를 사용하여 해석할 수 있다. 이중 바퀴 타이어 자국은 사각형에 가깝다.

그림 2.23은 폭 B와 길이 L인 사각 면적(tire print)에 작용하는 표면 활 하중 W를 보여준다. 만일 조립질 흙을 관통하여 배관에 손상을 줄 수 있을 정도로 하중 W가 충분히 크면 반드시 흙 속에서 전단면(shear plane)이 형성되고 흙은 하중 W를 지지하는 기초인 끝이 잘린 꼴의(쐐기) 각뿔대로 분리된다.

배관에 작용하는 전체 하중은 표면 하중 W와 각뿔대 흙 중량의 합이 된다. 흙의 중량은 관통(punch)하기에 충분한 표면 하중에 비해 작기 때문에 무시된다. 배관에 작용하는 연직 토압은 하중 W를 각뿔대의 바닥 면적으로 나눈 것이다. 연직면과 전단면(shear plane)을 형성하는 각을 각뿔대 각 $\theta = 45^\circ - \varphi/2$이라 하며, 여기서 φ는 흙의 마찰각이다. 비점착성 흙을 대상으로 한 시험결과로부터 각뿔대 각은 대략 35°이고, 따라서 $\tan\theta = 0.5$가 되고, 바닥 면적은 대략 $(B+H)(L+H)$가 된다. 일반적인 설치의 경우 정밀도는 정당화될 수 있을 정도로 양호하고 분석결과는 다소 보수적으로 나타난다. 흙을 관통하여 배관에 작용하는 압력은 각뿔대 바닥에서 다음과 같이 나타낼 수 있다.

$$P = \frac{W}{(B+H)(L+H)} \qquad 2.15$$

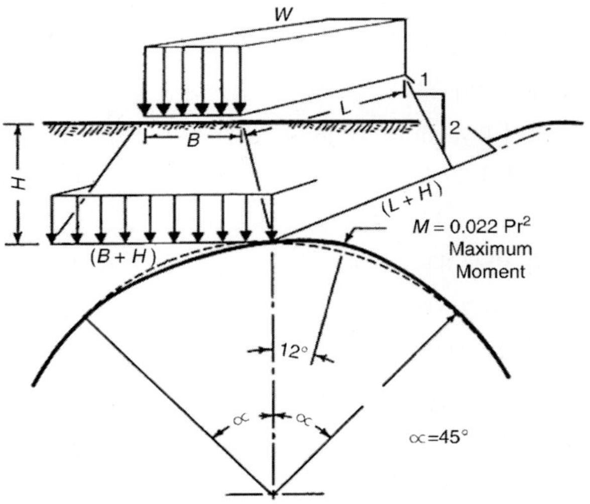

그림 2.23 접근하는 wheel 하중 W에 의한 최소 토피 H를 통해 절단된 각뿔대. 전단면은 1:2 경사에서 형성된다. 전형적인 α 각은 45° 이하이다. 압력은 대략 $P = W/[(B+H)(L+H)]$가 된다.

견고한 표면에서 H-20 이중-바퀴(dual-wheel) 타이어 압력이 7MPa인 경우 $B=$ 180mm(7인치), $L=$560mm(22인치)가 된다.

활 하중(live load) 최소 토피 두께는 표면 하중 W을 알고, 항복점에서 역전(inversion) 또는 링 압축과 같은 임의 성능한계가 주어진 경우 관에 대한 허용 압력 P가 산정되어 진다면 공식 2.15에 의해 H를 구할 수 있다. 허용 압력 P는 반드시 링 압축강도, 링 강성도, 그리고 하중의 임계위치(critical location)를 포함해야 한다.

최소 토피두께 해석에서 예상하지 않았던 문제는 토피두께에 대한 정의이다. 포장 고속도로의 경우 토피두께의 높이는 활 하중 통과 동안 일정하게 유지된다. 그러나 건설 기간에 무거운 하중은 그림 2.24와 같이 홈(rut)을 남긴다. 사실 성공적인 하중의 통과는 홈의 깊이를 증가시킬 수 있다. 만일 통과량이 증가하면서 홈 깊이가 더 이상 증가하지 않는 한계(limit)에 도달하면 배관-흙 시스템은 안정적(stable)이다. 그러나 표면 하중의 통과에 따라 홈의 깊이가 계속하여 증가하면 배관은 역전 과정(process of inversion)에 놓이게 된다. 형식과 상관없이 극한 손상이 발생하면 성능한계를 초과하게 된다. 최소 토피두께(H_{min})는 배관-흙 시스템에서 표면 하중 W가 여러 번 통과시 안정하게 남아 있는 최소한의 토피두께로 정의된다. 배관에 작용하는 압력을 구하기 위한 공식 2.15에서 사용되는 토피두께는 홈이 최대 깊이에 도달한 후 H가 된다.

강성배관의 경우 파괴는 배관의 분열(fracture)과 파열(fragmentation) 형태로 발생한다. 임계 하중은 그림 2.22에서와 같이 배관 상부에 대칭적으로 위치하거나 또는 발생 빈도가 적지만 그림 2.23에서와 같이 접근시 발생할 수 있다. 연성(flexible) 배관의 경우 파손은 그림 2.23에서와 같이 활 하중이 접근하면서 역전 형태로 발생한다. 각뿔대 바닥면적의 선도 모서리(leading edge)는 배관의 정점부(crown)에 위치한다. 입상 토피두께의 관측결과 역전 각도는 $\alpha=30\sim40°$이나 보수적으로 $\alpha=45°$로 가정한다.

해석시 활 하중으로 인해 발생하는 최대모멘트를 평가할 필요가 있으며, 흙 쐐기(wedge)의 중량은 활 하중과 비교하여 적으므로 사 하중은 무시한다. 쐐기들 사이 그리고 배관과 흙 사이에서의 전단력은 무시한다. 그림 2.25에서와 같이 붕괴(collapse) 아치의 양쪽 끝에 링이 고정된다. 연직토압 P는 연성(flexible) 링에 작용하는 반경방향 P가 된다. 반발력, 최대모멘트 M, 그리고 추력 T를 구하기 위해 Castigliano 공식을 사용한다. 최대모멘트 M은 공식을 0으로 설정하여 구할 수 있다. 만일 벽 파쇄(crushing)가 결정적이면 추력 T를 사용하는 것이 타당하다. 원주방향 응력에 관심이

있으면

$$\sigma = \frac{T}{A} + \frac{M_c}{I} \quad \text{탄성한도} \tag{2.16}$$

추력항 T/A는 통상적으로 모멘트항에 비교하여 상당히 작으므로 무시할 수 있다.

$T = \gamma Hr$은 정점부의 우측에 작용하는 토피두께의 자중(weight)에 의한 원주방향 추력이다. 성능제한은 소성 힌징(hinging)에서 발생하는 역전이 될 가능성이 크다. 그림 2.25에서 보는 것과 같이 힌징이 진행되면서 4개의 힌지가 발생하고, three-link 메카니즘으로 분리된다. 평배관(plain pipe)과 파형배관(corrugate pipe)의 경우 소성 힌징에서의 모멘트는 항복강도에서의 탄성 모멘트의 약 3/2배가 된다. 따라서 원주방향응력은

$$\sigma = \frac{2M_c}{3I} \quad \text{소성 힌징} \tag{2.17}$$

활 하중 토압은 정점부(점 A) 좌측 45°에 작용하는 일정한 반경방향 압력 P이다. Castigliano 공식으로부터 정점부 A의 오른쪽으로 약 12° 지점인 최소 곡률반경점에

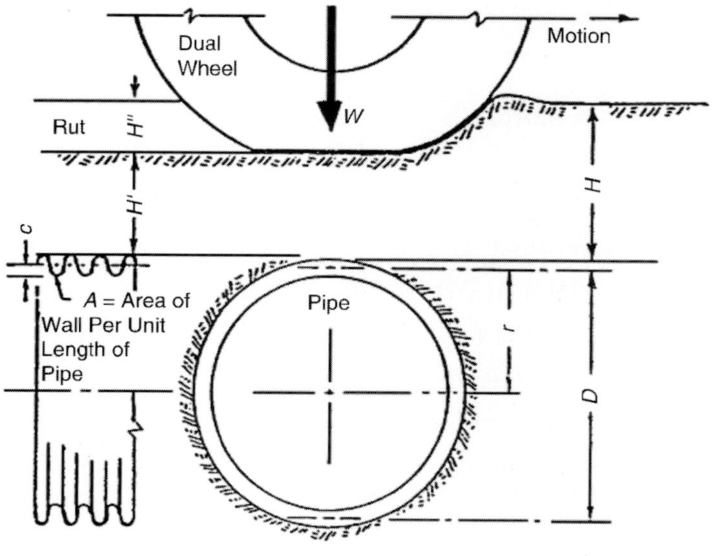

그림 2.24 느슨한 흙속에 매설된 배관 상부를 통과하는 표면차륜하중의 개략도

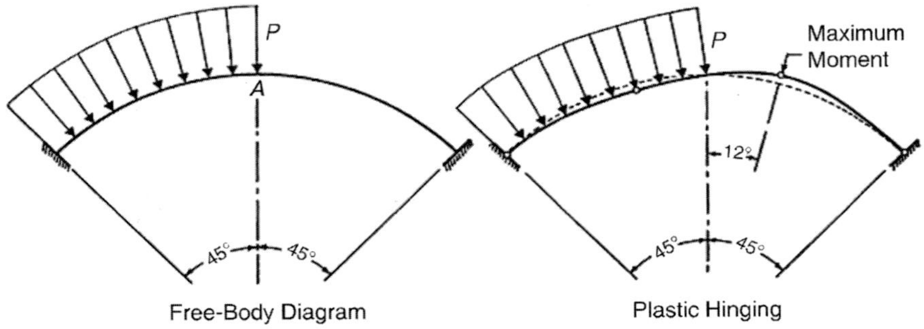

그림 2.25 최소토피 H를 갖는 배관에 접근하는 표면 하중 W에 기인한 최대 모멘트를 구하기 위한 inversion 아치의 자유물체도. 네 개의 잠재적 소성 힌지들의 위치는 원으로 표시하였다. 힌징은 최대 모멘트 위치에서 시작한다.

서 최대모멘트가 발생하며 다음 식으로 나타낼 수 있다.

$$M = 0.022Pr^2$$

배관 설계시 굴곡방향(flexural) 항복응력 σ_f을 기초로 할 경우 필요한 최소 단면계수는 다음과 같다.

$$\frac{I}{c} = 0.022Pr^2\frac{s_f}{\sigma_f} \quad \text{탄성(elastic)한계} \qquad 2.18$$

$$\frac{I}{c} = 0.015Pr^2\frac{s_f}{\sigma_f} \quad \text{소성(plastic) 한계} \qquad 2.19$$

여기서 s_f는 안전계수, I/c는 필요한 배관 단위길이당 배관 벽 단면계수로서 평배관의 경우 $I/c = t^2/6$이다. 파형 금속배관의 경우 수치들은 표로부터 구할 수 있으며, 다른 배관들은 계산하여 구할 수 있다. 시험결과 상기 공식들은 보수적인 것으로 나타났다. 통상적으로 안전계수가 1.5이면 충분하고 고속도로 암거의 경우 2 이상이 될 필요가 없다. M과 T가 기저이고, 배관 내 접착된(bonded) 라이닝의 경우에서와 같이 응력 또는 변형률이 중요할 때는 공식 2.16으로부터 최대 응력을 구할 수 있다. 그리고 흙 중량은 무시할 수 있으므로 공식 2.18과 2.19에서 H는 나타나지 않는다.

예제 2.5

내경 460mm인 파형 폴리에틸렌(polyethylene) 배관 상부 조립토의 최소 토피두께를 구하라. 폴리에틸렌은 HDPE(high-density polyethylene)이다. 토피두께는 85% 밀도(ASSHTO T-99, ASTM D698)로 다져진다. 급격한 역전에서 HDPE의 항복강도는 21MPa(3ksi)이다. 표면 하중은 고속도로 트럭 이중 바퀴(dual wheel)이고 타이어 자국 면적은 180mm(7인치)×560mm(22인치)이다.

해답

해결 절차는 공식 2.15로부터 P를 구하여 공식 2.18에 대입하고 460mm HDPE 배관의 r 및 I/c 등의 수치를 대입한 결과식은 다음과 같이 이차식이 되고 토피두께에 따른 하중 W는 다음과 같다.

$$(H+14.5\text{in})^2 = 56.25\text{in}^2 + 25\,W\text{in}^2/\text{kip}$$

W, kN(kisp)	25(5.5)	31(7)	48(9)	71(16)
H, mm(in)	−15(−0.6)	18(0.7)	58(2.3)	175(6.9)

W : 70kN dual-wheel 하중(16kips=H-20 하중)
H : 홈이 파진 토피두께-표면 포장 없음

하중들이 정적이지 않고 동적이므로 안전율 2.0을 취한다. 어떤 시방서에서는 최소 토피두께로서 1ft의 조립토 뒷채움을 다짐 시공해야 한다. W=25에서 마이너스 H=−15mm는 경하중이어서 토피두께가 필요없다는 것을 의미한다. 물론 홈이 파지는 것을 고려하고, 표면 자갈이 배관에 압입자국(denting)이 남는 것을 방지하며, 파형의 파쇄(crushing)를 방지하기 위해 충분한 토피두께를 제공해야 한다. 본 예제는 현장 시험에 의해 확인되었다. 610mm(24in) HDPE 배관의 유사한 해석도 거의 동일한 것으로 나타났으며 분명하게 제작사들은 두 규격 배관에 대해 동일한 특성을 제공하였다. 610mm(24in) 파형 HDPE 배관의 설치 기술들은 거의 동일하다.

Flotation(부양) 물이 있는 흙에 배관을 매설하면 빈 배관이 부양하므로 이를 방지하기 위한 최소 토피두께는 약 $H=D/2$이 되어야 한다. 그러나 흙의 액상화를 방지하기 위해 흙의 밀도는 임계 밀도보다 커야 한다. 통상적으로 시방서에는 안전율을 고려하여 최소 토피두께를 $H=D$로 명시한다.

강성배관 표면 하중을 받는 매설 강성배관의 경우 두 개의 성능 제한은 길이방향 파열과 손상된 벨 마우스(broken bell)이다. 원주방향 파열이 발생할 수 있으나 빈번하지는 않다. 원주방향 파열은 단순 지지되는 빔(beam)의 중간 경간(midspan)에 작용하는 무거운 하중으로 인해 배관의 중간 길이에서 발생한다.

길이방향 파열(fracture) 수직 압력 P가 링 강도를 초과하면 길이방향 파열이 발생한다. 통상적으로 최악의 경우는 표면 하중이 그림 2.22에서와 같이 배관 직상부에 위치하는 것이다. 최소 토피두께 H는 관통하는 각뿔대 또는 원뿔대에 기초한다. 길이방향 파열은 12시와 6시 그리고 9시 및 3시 방향에서 발생하지만, 배관의 붕괴는 아니다. 많은 중력 유동배관들은 균열이 발생해도 주변 흙은 링을 거의 원형으로 유지하여 기능을 수행하기 때문에 길이방향 파열이 발생해도 붕괴로 간주할 수 없다. 그러나 압력배관으로 사용하는 일부 강성배관의 경우 길이방향 파열은 허용되지 않는다. 강성 베딩에 배관을 설치하면 12시 방향 또는 6시 방향에서 길이방향으로 실균열이 가끔 발생한다. 엄선된 흙으로 다짐한 채움재료(embedment)의 경우 표면 차량(wheel) 하중에 의해, 또는 배관 상부의 첫 번째 토층을 배관에 직접적으로 다질 때 12시 방향에 균열이 발생할 수 있다. 측면 채움(sidefill)을 다짐하는 것은 사려 깊은 행동이나 배관 상단부에서 배관 직경 높이만큼의 첫 번째 층은 다짐을 하지 않아야 한다. 많은 매설 강성배관의 경우 길이방향 균열은 성능한계가 아니다. 양호한 채움재료는 굴곡(flexure)이 아닌 링 형상의 압축을 받도록 하는 형상으로 배관을 유지하는 것이다. 몰탈을 사용하지 않는 벽돌 하수구에서도 동일한 방법으로 수행한다. 벽돌 하수구는 구조적인 역할을 수행하는 것이지 누수방지가 아니다.

수직 압력은 $P = P_l + P_d$이고 여기서 활 하중 압력 P_l은 각뿔대/원뿔대 이론에 의해 구할 수 있다. 최소 토피두께 해석에서 사 하중 압력 P_d는 무시할 수 있다. 활 하중 압력 P_l은 토피두께 H의 함수이다. 최소 토피두께는 $P_{cr} = P_l$로 등치시켜 구할 수 있으며, 여기서 임계압력 P_{cr}은 베딩 및 배관 등급의 함수이다. 각 등급에 대한 수치들은 문헌상에 나타나 있다.

Broken bells 배관 단면이 빔으로 거동할 때 손상된 벨 마우스(broken bell)가 성능한계의 신호로 나타날 수 있다. 무거운 활 하중 및 최소 토피두께 아래에서 강성배관은 헌치(haunch) 아래 지지가 필요하다. 만약 흙이 의도적으로 헌치 아래 위치하지 않으면 그림 2.26과 같이 공간이 남게 된다. 채움재료 안식각이 $\varphi' = 40°$이면 공극은 외경(Outside Diameter) 1/2보다 넓게 된다(0.643OD). 배관에 작용하는 활 하중은 배관을 균열시키거나 배관을 베딩 내부로 밀어 배관 상단부를 아래 방향으로 이동시킬 수 있다. 헌치 아래 안식각에서 느슨한(loose) 흙은 저항을 거의 제공하지 못한다. 그림 2.27과 같이 배관 단면이 아래 방향으로 처지면서 배관 말단부에서 반작용을 갖는 단순 지지되는 빔이 되며 바로 이 반작용 Q가 벨을 깨뜨린다. 점토 배관과 비보강 콘크리트 배관들은 인장강도가 낮아 매우 취약하다. 최대 인장강도는 스프링 라인(spring line) 근방 벨에 존재한다. 한 번 배관이 깨지면 그림 2.27에서와 같이 직경크기의 길이로 파편(shard)이 형성된다. 빔의 작용을 하는 배관 단면에 작용하는 표면 하중에 의해 발생한 반발력 Q를 벨이 지지할 수 있는 Q와 등치시켜 대략적인 해석을 수행할 수 있다.

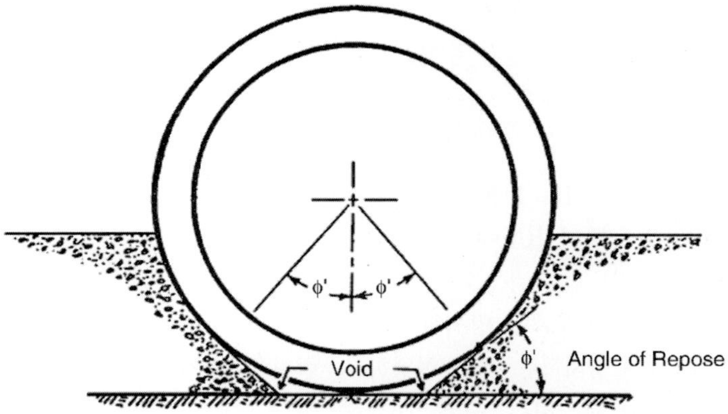

그림 2.26 헌치 밑에 흙이 없을 때 공식이 형성되는 것을 보여주는 강성배관 단면

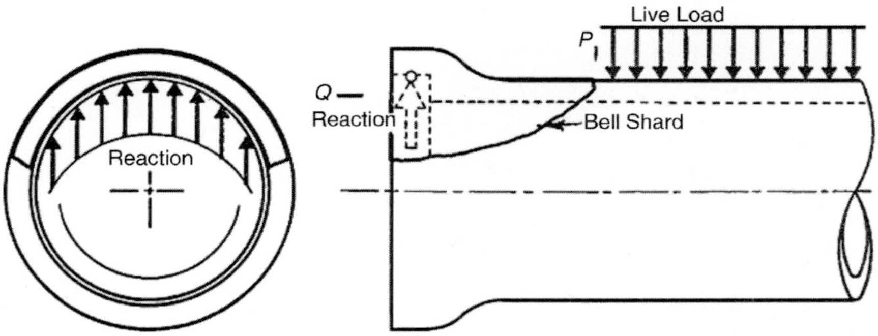

그림 2.27 활 하중을 받는 강성배관 단면의 벨 말단부, 그러나 단순히 지지되는 빔으로서 역할을 한다. 말단부에서 반력 Q는 인접배관 단면에 의해 제공된다.

예제 2.6

비보강(nonreinforced) 콘크리트 배관, 내경 ID=380mm(15in), 벨-스피곳(bell and spigot), C-14, 등급 3 배관을 우수 배관으로 사용하고자 한다. 외경은 OD=480mm (19in)이다. 깨진 부분이 벨일 경우 최소 토피두께 H는 얼마인가? 비보강 배관의 길이 L=2.4m(8ft)이다. 벨의 얇은 부분의 단면적은 $A=3230\text{mm}^2(5\text{in}^2)$으로 가정한다. 스프링 라인에서 인장강도는 $\sigma = Q/(2A)$이고 최대 $Q=2A\sigma_f$, 여기서 σ_f는 콘크리트의 인장강도이다. 깨진 부위에서의 반발력 $Q=2A\sigma_f=44.5\text{kN}(10\text{kips})$이다. 그러나 Q는 표면 활 하중 W에 의해 발생한 배관에 작용하는 압력 P_l에 대한 반발력이다. 관통원뿔대 해석으로부터 $P_l=4W/[\pi(32\text{in}+H)^2]$이다. 안전을 고려하여 W가 중간 경간에 작용한다고 가정하면 반발력 $Q=0.5P(OD)(32\text{in}+H)$이 되며, 이 식에 $P=Pl$와 $Q=2A\sigma_f$ 수치를 대입하면 다음 식을 얻을 수 있다.

$$\frac{W(OD)}{\pi(32\text{in}+H)}=A\sigma_f \qquad 2.20$$

공식 2.20으로부터 최소 토피두께는 $H=724\text{mm}(28.5\text{in})$이다. 이 해석에서 배관 단면은 단순 지지되는 빔이다(흙에 의해 지지되지 않는다). 최소 토피두께는 724mm이고 이 수치는 상한치이다.

양호한 베딩 및 채움재료를 명시하고, 건설 중장비의 충격 하중을 고려하여 최소 토피두께 0.9m(3ft)를 명시하는 것이 현명하다. 헌치 밑에 뒷채움 재료를 넣고 다지기 위해 배관 상단부에서 동작하는 J-봉강(bar)과 함께 인력으로 흙 이랑(windrow)을 헌치 밑으로 뒷채움하고, 헌치 밑으로 워터 제트로 이랑을 플러싱하거나, 또는 기계 다짐기를 사용한다. 일부 설치자는 흙 시멘트 또는 슬러리를 헌치 밑에 주입한다. 슬럼프(slump)는 약 10인치가 되어야 하고 강도는 약 100lb/in^2 정도로 낮아야 한다.

예제 2.7

예제 2.6에서 단순 지지 빔의 바닥에서 길이방향 최대인장응력 $\sigma=M_c/I$에 기초할 때 최소토피두께 H는?

중간 경간에서 등분포하중 w로 가정하면 $M=wL^2/8$이고, 여기서 w는 빔의 단위길이당 하중으로서 $w=P(OD)=4W/[\pi(32\text{in}+H)^2]$, $I/c=(\pi/32)[(OD)^4-(ID)^4]/OD$이

다. 만일 인장강도가 $\sigma_f = 7\text{MPa}(1\text{ksi})$이면 공식 $\sigma_f = M/(I/c)$에 수치들을 대입하면 $H = 665\,\text{mm}$가 된다. 깨진 벨에 의한 파괴가 약간 더 결정적이다.

상사(Similitude) 엔지니어링이란 기본적으로 비용, 위험, 안전 등을 고려하여 설계하고 해석하는 것이다. 본 절에서 고려하는 설계대상은 매설배관이고, 해석은 성능을 예측하는 모델로서 수학적 모델을 사용하면 성능예측을 쉽게 수행할 수 있다. 성능은 성능한계를 초과하지 않아야 한다. 복잡한 배관–흙 상호작용의 경우 실질적인 소축척(small–scale) 모델이 좋으나 가장 신뢰할 수 있는 모델은 실물크기(full–scale)이다. 설치할 매설배관마다 현척 연구를 수행하는 것은 비현실적이므로 빈번하게 수학적 모델들을 작성하여 원형 성능을 예측한다. 원형 성능을 예측하기 위해 모델을 원형과 관계지울 수 있는 일련의 원리들을 상사라 부른다. 상사는 수학적, 소축척, 그리고 원형 등 모든 모델에 적용할 수 있다. 상사를 이루기 위해서 기본적으로 3단계 절차가 존재한다.

1. 기본 변수(F.V : Fundamental variables)들은 현상에 영향을 미치는 모든 변수들이다. 모든 FV들은 유일하게 상호 의존적이어야 한다. 그러나 FV의 부분집합은 유일하게 상호 의존적이면 안 된다. 예를 들어 더욱 복잡한 현상에서 힘은 질량과 가속도의 곱이기 때문에 힘, 질량, 그리고 중력가속도를 기본 변수들로 모두 사용할 수 없다. 현상 조사시 상기 3개의 기본 변수들 중 오직 2개를 사용한다.
2. 기본 차원(B.D : Basic Dimension)들은 FV를 구성할 수 있는 차원들이다. 매설배관의 경우 기본 차원들은 통상적으로 힘 F, 거리 L, 그리고 때로는 시간 T와 온도이다.
3. π항은 다음 3개 요구사항들을 만족시키는 FV 조합이다.
   (a) π항의 수량은 최소한 FV 수량에서 BD 수량을 뺀 것이어야 한다.
   (b) π항은 모두 무차원이어야 한다.
   (c) π항의 subset은 상호 의존적이지 않아야 한다. 각 π항이 다른 π항에 포함되지 않은 기본 변수들을 포함하면 이러한 조건들을 만족시킨다.

π항을 작성한 후 반드시 다시 검토해야 한다.

예제 2.8

배관 상단부에 압입자국을 남기지 않고 매설된 연성(flexible) 배관을 통과할 수 있는 최대 차량(wheel) 하중 W를 조사하기 위해 일련의 π항을 작성하라. 그래프 모델을 위해 그림 2.28, 흙의 탄성계수 E' 결정을 위한 실험실 시험은 그림 2.29를 참조한다. W를 구하기 위해 필요한 기본변수와 기본차원은 다음 표와 같다.

FV	BD
W = 차량(wheel) 하중	F
EI = 배관 벽 강성도	FL
H = 토피두께	L
P = 모든 압력	FL^{-2}
D = 배관 직경	L
E' = 흙의 탄성 계수	FL^{-2}
γ = 흙 단위중량	FL^{-3}

7FV − 2BD = 5 π항 필요

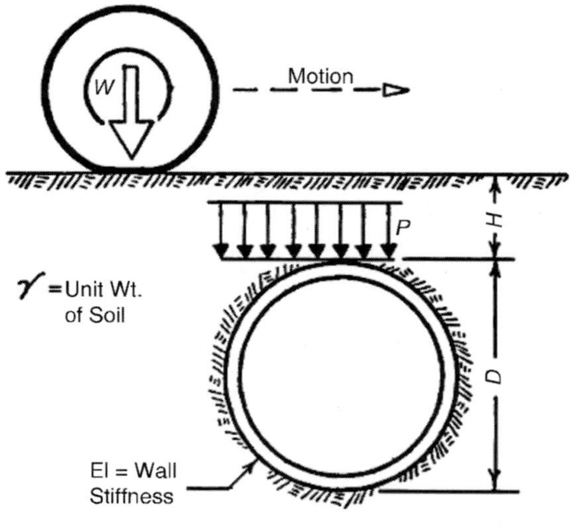

그림 2.28 배관 상부에 깊은 자국(dent)을 발생시키는 매설 연성배관 상부를 통과하는 차륜 하중을 평가하기 위한 물리적 모델의 개략도

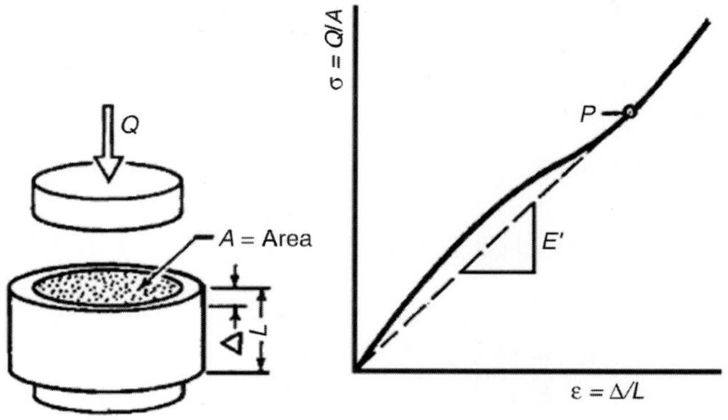

그림 2.29 구속된 압축 흙 시험

π항의 3개 요구사항들을 만족시키기 위한 시도는 다음과 같다. 무차원 π항이 되기 위해서는

π_1 $(W/E'D^2)$

π_2 (EI/D^3P)

π_3 (H/D)

π_4 (P/E')

π_5 $(\gamma D/E')$

상기 5개의 일련의 π항들이 유일하게 가능한 집합은 아니다. 현상 조사시 편의를 위해 상기 집합과는 다른 집합을 작성할 수 있다. 이 π항의 경우 최대 차량 하중은 다음 수학 함수로서 나타낼 수 있다.

$$\pi_1 = f(\pi_2, \pi_3, \pi_4, \pi_5) \qquad 2.21$$

이 π의 함수적인 상관관계를 구할 필요가 있다. 실험자료를 이용하여 최적 그래프 공식을 작성할 수 있는 원형 연구는 다른 선택사항이다. 만일 소축척 모델 연구를 사용해야 한다면 공식 2.21은 모델 및 원형의 성능 모두를 기술해야 한다. 따라서 공식 2.21의 우항에 상응하는 π항들이 모델 및 원형 모두에 동등하도록 모델을 설계해야 한다. π항들은 무차원이며, 규격 또는 차원에 대해 의식하지 않아도 되므로 소축척 모델에서도 상사법칙을 적용할 수 있다. 만일 아래 첨자 m이 모델을 나타내면 모델을 설계하기 위해 설계 조건들(DC : Design Condition)은 $(\pi_m)_2 = (\pi)_2$와 같다.

1. $(EI/D^3)_m = (EI/PD^3)$
2. $(H/D)_m = (H/D)$
3. $(P/E')_m = (P/E')$
4. $(\gamma D/E')_m = (\gamma D/E')$

원형과 모델의 비를 나타내기 위해 아래첨자 r를 사용하면 각 설계조건은 다음에 의거하여 만족시킬 수 있다.

1. $(EI)_r = P_r(D_r)^3$ 여기서 D_r은 길이 축척비이고, P_r은 압력비
2. $(H_r)_m = (D_r)$ 기하학적 상사
3. $(P_r) = (E_r')$
4. $(\gamma_{r'}) = (E_r')/(D_r)$

흙은 복합재료이기 때문에 동일한 흙으로 모델 및 원형 모두 한 방법으로 다짐할 수 있으며 $E'_r = 1$과 $\gamma_r = 1$이 된다. 그러나 설계 조건 3과 4를 만족시킬 수 없다. 설계조건 3으로부터 $P_r = 1$이 된다. 따라서 모든 압력들 P는 반드시 원형의 상응점들에 해당되는 모델의 점들에서 동일해야 한다. 예를 들어 타이어 압력은 모델과 원형에서 동일해야 한다. 토압은 반드시 모델과 원형 내 상응하는 깊이에서 동일해야 하나 흙이 동일한 단위중량을 갖게 되면 소축척 모델의 경우 불가능하게 된다. 이에 대한 대책은 팔 길이가 큰 원심모형시험기에서 원심력과 중력으로 모델 내에서 흙의 유효 단위중량을 증가시키도록 모델시험을 하는 것이다. 다른 방법은 모델 흙의 유효 단위중량을 증가시키기 위해 모델(흙이 포화되는 경우 공기 또는 물)을 통해 아래 방향으로 침투압을 가하는 것이다. 최소토피두께 연구시 흙의 단위중량의 영향은 무시하므로 설계조건 4를 무시한다. 모델 시험으로부터 매설된 배관이 움푹 패일 때 중량 W를 관측할 수 있다.

예측 공식(PE : Prediction Equation)은 공식 2.21 좌항의 π항으로 다음과 같다.

$$(W/E'D^2) = (W/E'D^2)_m$$

$E'_r = 1$이면 예측 공식은 다음과 같다.

$$W = W_m(D_r)^2$$

여기서 D_r은 모델에 대한 원형 길이 축척비이다. 만일 길이 축척비가 5(원형 : 모델 = 5 : 1)이면 원형 매설배관이 움푹 패이는 하중 W는 모형 배관이 움푹 패이는 하중 W_m의 25배가 된다.

현상 기술을 위한 수학 공식을 작성하기 위해서는 π_3를 상수로 유지하여 $\pi_1 = f(\pi_2)$, 그리고 π_2를 상수로 유지하며 $\pi_1 = f(\pi_3)$인 자료의 그래프를 제공하기 위해서 충분한 시험을 수행해야 한다. 자료 점들을 통과하는 최적합(best-fit) 그래프로부터 $\pi_1 = f(\pi_2, \pi_3)$ 조합 공식을 작성할 수 있으며 이 식은 수학적 모델 공식이 된다.

사실 사 하중을 무시하고 타이어 압력이 모델과 원형에서 동일하면 설계 조건 3은 만족된다. 따라서 수학적 모델은 단순히 $\pi_1 = f(\pi_2)$의 최적합 그래프 공식이 되며 원래 기본 변수의 항으로 작성될 수 있다.

2.4 흙의 함몰 (Soil subsidence)

일반적으로 매설배관은 양호한 지반을 따라 다짐된 트렌치 내에 설치된다. 이러한 예방대책으로 인해 흙은 변형되지 않을 것이고, 따라서 설계시 흙의 변형을 고려하지 않아도 된다. 그러나 자연 지반에서는 실제로 함몰(subsidence)이 발생할 가능성이 존재하거나, 함몰이 발생한 적이 있으면 매설 관로 노선의 무결성(無缺性, integrity)을 평가하기 위해 분석이 필요하다. 지반 변위는 흙 스프링으로 또는 지층 형상을 따라 하나의 빔으로서 배관을 직접 변형시켜 매설배관에 작용시키면 이때 응력 또는 변형률을 계산할 수 있다. 빌딩이 침하하면서 매설배관과 빌딩 관통 배관 사이에서 발생할 수 있는 것과 같이 직선 매설배관이 길이방향으로 인장되는 단순한 경우에 배관 말단부에서 부과되는 축 방향 응력은 다음과 같다.

$$\sigma = \sqrt{\frac{2Ef\Delta}{A}} \qquad 2.21$$

여기서 E : 배관의 탄성계수(lb/in^2)
Δ : 배관 길이방향으로 인장하는 빌딩의 변위(in)
A : 배관 벽 단면적(in^2)
f : 배관-흙의 길이방향 마찰(lb/in)

특별한 경우 설계자는 변형된 형상을 기초로 변형률 평가를 선호한다. 그러나 흙 함몰로 인한 영구 변형률을 명시하는 일치된 기준은 존재하지 않는다.

2.5 온도상승에 기인한 하중

매설 관로는 주변 흙의 온도와 상당한 차이가 발생하지 않는 조건에서 운영된다. 이 경우 배관과 흙 사이에 부등 팽창이나 수축은 거의 발생하지 않고, 따라서 열역학을 고려한 설계 해석은 필요하지 않다. 그러나 유체가 뜨겁거나 차가울 경우 배관은 주변 흙에 의해 구속되므로 응력들이 발생한다.[9] 직선 관로 긴 분절의 길이방향 응력은 다음과 같다.

$$S_L = E\alpha(T_2 - T_1) - \nu S_h \qquad 2.22$$

여기서 S_L : 길이방향 압축 응력(lb/in^2)
E : 배관의 탄성계수(lb/in^2)
α : 열팽창계수(1/°F)
T_2 : 최대운영온도(°F)
T_1 : 설치온도(°F)
ν : 프와송 비
S_h : 유체 압력에 기인한 후프응력(lb/in^2)

벤드 및 티와 같이 방향 변화가 발생하는 곳에서 흙과 배관의 상대 마찰은 배관의 확장을 방지하기에 충분하지 않을 수 있다. 흙에 대한 배관 이동의 결과로서 배관은 길이방향 응력 S_L은 물론 휨 응력을 받게 되며, 이 경우 다음 두 방법 중 하나로 열에 의한 휨 응력을 설명할 수 있다.

1. ASME B31.1의 부록 VII에 제공된 공식들 사용
2. 온도 상승이 적용된 배관-흙 스프링 모델. 이러한 계산을 수행하기 위해 PC-기반 전산기 코드가 개발되었다.

2.6 지진 하중

특정 위험 지역에서는 지진으로 인한 대규모 지반 변위로 관로를 황폐화시킬 수 있다. 이러한 위험 지역들은 단층대(fault zone)나 흙 전단면과 같이 큰 변위차가 발생하는 영역, 또는 배관이 구조물로 유입되는 변이(transition) 지역들이다. 또한 특정 흙은 지진시 진동으로 액상화되어 매설 관로가 상승하거나 부상하는 경향이 있다. 대부분의 매설 연성 관로는 지진에도 생존할 수 있다. 플렉시블 조인트를 사용한 연성 배관 재질일수록 배관이 파열되지 않고 지반 변위에 적응할 수 있도록 되어 있다. 실제로 지진 하중을 고려한 매설배관의 설계는 중요한 관로에만 적용한다. 배관 설계시 지진이 발생하는 지역에서는 소화용수를 공급하거나, 유해물질 또는 가스와 같은 화기성 물질의 누출이 절대 금지되는 기본 기능을 수행하기 위해 지진 설계를 고려한다. 지난 20년 동안 지진이 발생한 지점에서 매설배관의 거동에 대한 많은 자료들을 수집하여 분석한 결과의 내용을 요약하면 다음과 같다.

1. 1930년 이후 완전-용입 쉴드(full-penetration shielded) 아크 용접 및 엄격한 용접 검사를 수행하여 매설된 관로는 그 기능을 잘 수행하고 있다.
2. 용접이 아닌 미케니컬 조인트로 연결한 세크먼트식 시공에서는 대규모 지진에서 손상이 발생하였다.
3. 지진파의 일시적인 통과보다 흙의 파괴(액상화, 랜드 슬라이딩, 단층 이동)에 의해 더 많은 파괴가 발생하였다.
4. 저장탱크의 지지물이 손상(슬라이딩, 파열, 좌굴 또는 지반 침하)되어 이에 연결된 매설배관의 파괴가 야기되었다.
5. 덕타일 재질(강, 최근의 PVC 및 HDPE)로 구성된 매설배관은 그 성능을 잘 수행하고 있다.

설계기준 작성시 긍정적인 특성을 강조하고, 파괴를 초래하는 부정적인 특성들을 피하기 위해 상기와 같은 기록들을 이해하는 것은 중요하다.

지진은 파의 통과(일시적인 지반 변형)와 영구적인 지반 변형의 두 방법이 매설배관의 보존성에 영향을 미칠 수 있다.

2.6.1 지진파 통과

지반 내부로 지진파가 통과하면 매설배관에서 압축, 인장, 그리고 휨 변형을 발생시킨다. 매설 관로의 내진 성능에 대한 광범위한 연구결과는 파 통과 하나로는 아크 용접 강관 또는 폴리에틸린 배관을 파괴시키지 않는 것 같다고 밝히고 있다.[19] 산소아세틸렌 용접 또는 미케니컬 조인트로 연결된 매설배관은 오래 될수록 지진파 통과로 인한 일시적 지진의 지반 변위에 더욱 민감하다. 매설배관에 미치는 지진파의 영향을 분석하는 기법이 있다(ASCE). 이 분석은 다양한 복잡성 수준에 따라 수행된다.

가장 단순한 경우에서 배관 변형률을 흙 변형률과 동일하게 설정하고 변형률 한계(strain limit)와 비교한다. 변형률 한계값은 표준화되어 있지 않다. 배관 벽의 주름(wrinkling)을 방지하기 위한 압축 변형률 한계는 $0.4t/D$ 또는 $2.42(t/D)^{1.6}$ 수준으로 제안되었다.[27] 1970년에 Hall과 Newmark[12]는 1~2%의 변형률 한계를 제안하였다. 최근의 강 배관 시공시의 인장 변형률 한계로 3~6%가 사용되어 왔다.

보다 상세한 해석에서는 배관 주변의 흙을 3차원 스프링으로 모델링한다. 스프링 모델에 흙의 변형률이 적용되고, 축방향 응력 및 휨 응력들이 계산되며 허용값과 비교된다. 이 경우 해결해야 할 점은 응력공식(그리고 응력집중계수)과 허용응력을 선택하는 것이다. Bandyopadhyay[9]는 집중되지 않은 응력 한계 S_y(ISO/DIS 13623)와 탄성적으로 집중된 응력 한계 $2S_y$를 제안하였다. 스프링 모델에 흙 변형률을 가하기 위한 지름길로서 내진 문제를 열팽창 문제로서 접근할 수 있다. 즉, 흙의 변형률을 등가온도 상승으로 변환하여 배관에 적용하는 것이다.[10] 더욱 상세하게 분석하기 위해서 배관과 흙의 유한요소모델을 사용한다. 매설배관과 관련하여 지진파를 여러 투사각도로 적용하며 이 경우 판단기준으로 변형률 또는 소성 응력을 사용한다.

지진 발생, 지반의 응답 및 배관의 거동과 관련된 많은 불확실성이라는 관점에서 볼 때 불확실성들을 고려하여 설계가 안전한지 보장하기 위해 최적 추정치 근방에서 주요 매개변수들이 변화하는 것을 살펴볼 수 있는 민감도 분석을 수행할 필요가 있다.

2.6.2 영구 지반 변형

지진으로 인한 지반 변형에는 경사진 지표면의 측방유동(lateral spread)과 단층선(fault line)에서의 부등 변위 등이 있다. 이상적으로는 이러한 지진의 위험을 방지할 수 있도록 매설배관의 노선을 결정하는 것이지만 불가능할 때는 다음 단계와 같이 설계시 추정된 지반 거동의 영향을 고려해야 한다.[15]

첫 번째 단계는, 지진 위험도, 또는 설계 기본 지진을 확립하고, 이에 상응하는 지반 변위를 예측하는 것이다.

두 번째 단계는, 다음과 같이 매설배관의 성능 요구사항을 확립하는 것이다.

1. 배관은 서비스 가능한 상태로 유지 및 검사 장비의 통과가 가능해야 한다.
2. 필요시 유체를 수송하기 위해 개방하거나 또는 위험 물질을 차단하기 위해 밸브를 설치하여 배관이 운전 가능한 상태로 유지할 필요가 있다.
3. 지진 발생 후 운전 상태를 유지할 필요없이 유체를 배관 내에 보유할 필요가 있다.

상기 성능 요구조건에 기초하여 허용응력 또는 변형률 한계를 결정한다.

세 번째 단계는, 추정된 지반거동에 대한 배관의 응답, 그리고 결과적으로 매설배관에 작용하는 인장력, 휨, 그리고 압축 하중을 분석한다. 변형이 적은 범위까지는 수계산으로 쉽게 분석이 가능하다. 변형이 큰 경우에는 흙-배관 상호작용의 유한요소해석으로 완벽한 계산을 수행해야 한다. 최종적으로 계산된 응력 또는 변형률을 지진시 배관에 요구되는 성능에 기초하여 초기에 설정한 허용한계와 비교해야 한다.

매설배관과 관련된 지진하중 및 변형에 대한 설계는 배관-흙 상호작용 모델의 정확도는 물론 흙의 특성과 예측된 지반 변위의 정확도에 따라 결정된다. 통상적으로 문제를 제한하기 위해서는 입력 변수와 모델에 대한 다양한 변화를 검토할 필요가 있다. 그리고 (1) 분석에 사용된 배관 특성과 지반의 범위 결정시, (2) 적은 변위(displacement)의 경우 선형적이거나 또는 큰 변위의 경우 비선형적일 수 있는 매개변수의 분석시 비용이 발생한다. 따라서 매설배관에 대한 내진설계 여부는 비용-편익 검토 후 결정해야 한다.

2.7 동상 載荷 (Frost loading)

수시간 동안 대기 동결(frost) 조건이 지속되면 얇은 흙속의 수분이 결빙되면서 얼음층 또는 얼음렌즈가 형성된다. 결빙이 아래 방향으로 침투하면 추가적으로 모세관을 통해 주변 흙의 물을 결빙시켜 주변 흙을 건조하게 만든다. 이로 인해서 모세관 작용으로 동상층 이하로부터 수분이 적은 지역으로 지하수가 유입된다. 또한 이 물은 결빙층에 도달하면서 결빙되고, 이러한 과정은 평형에 도달할 때까지 계속된다. 현존하는 얼음층 아래에서 얼음의 결빙으로 얼음이 성장(체적 증가)하여 팽창하기 때문에

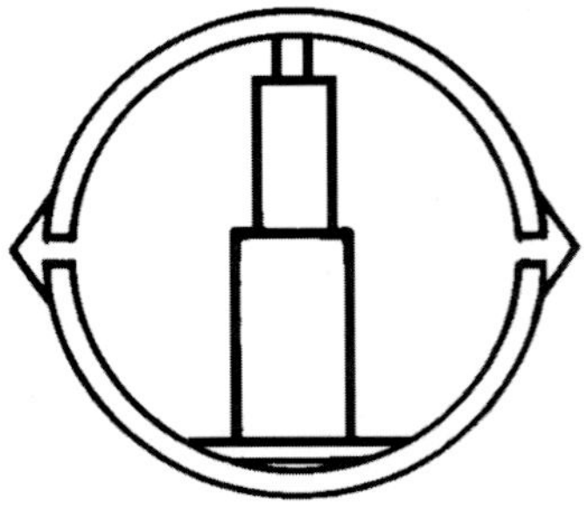

그림 2.30 지지 로드셀을 갖는 분리된 배관

압력이 형성된다.

이 팽창압력은 매설배관에 작용하는 수직 하중을 상당히 증가시킬 수 있는 것으로 확인되었다. W. Harry Smith(AWWA Journal, Dec. 1975)가 제출한 논문에서 얼음이 가장 깊숙이 침투하면 수직하중은 거의 2배가 되는 것으로 발표하였다. 이 연구에서 시험 배관은 항복하지 않도록(nonyielding) 설정되었다.

시험 배관은 그림 2.30과 같이 길이방향으로 두 조각으로 분리되었고, 로드 셀(load cell)을 두 조각 사이 배관 내부에 위치시켰다. 로드 셀의 최대 처짐은 0.003인치였다. 시험 배관은 극도의 강성배관으로 모의시험하였다. 이러한 강성(rigidity)에 기인하여 하중 증가는 상당히 확대되었다. 여기에서 전술한 스프링 상사를 적용할 수 있다. 이 경우 시험 배관을 매우 강한 스프링으로, 측면 흙 채움을 유연한 스프링으로 나타내었으며, 강한 스프링이 대부분의 하중을 부담하였다.

연성배관의 경우 결빙 침투에 기인한 하중 증가의 발표는 많지 않다. 예를 들어 PVC와 같은 플라스틱 배관들은 구조적인 응력감소 없이는 처짐량의 증가가 적다. 통상적으로 동결심도(frost line) 아래 1ft 또는 2ft에 배관을 설치하도록 설계한다. 동상작용(frost action)은 강성배관에 작용하는 하중을 증가시킬 수 있다는 것을 설계 기술자는 인지해야 한다.

2.8 팽창성 흙에 기인한 하중

2.2절 "길이방향 載荷(longitudinal loading)"에서 발생 가능한 지반 변위와 관련하

여 팽창성 흙에 대해 간략히 언급한 바 있다. 주로 벤토나이트 점토와 같은 특정 흙은 함수비의 함수로서 심각하게 팽창 및 수축한다. 결빙이 토압을 증가시킬 수 있는 것과 같이 흙의 팽창은 토압을 증가시킬 수 있다. 이러한 압력 상승은 팽창에 직접적으로 기인하고 구속(confinement)의 함수이다. 이런 성질의 흙이 비항복(nonyielding) 표면들 사이에 억제되면 극단적으로 높은 압력을 초래할 수 있다. 그러나 설계시 매설배관 주변에 그와 같은 흙은 직접적으로 포설하도록 허용하지는 않기 때문에 매설관거에서 발생할 수 있는 팽창 압력과 관련된 자료들은 충분하지 않다. 또한 중력 하수도의 경우 구배를 유지하기 위해 통상적으로 배관 밑으로 함수비가 변화하는 깊이까지는 팽창성 흙 재료들을 제거하도록 설계한다. 팽창성 흙은 잠재적인 문제를 야기한다는 것을 설계 기술자는 인지해야 한다. 설계시 기술자는 적합한 조치를 취해 팽창성 흙의 악영향을 완화시키기 위해 지반공학기술자에게 자문을 구해야 한다.

2.9 부양 (Flotation)

매설배관 및 매설 탱크들은 지하수면(water table) 이하에 빈번하게 위치한다. 토피두께가 크면 부양을 방지할 수 있지만 토피 두께가 얇은 경우에는 배관 부양을 방지하기 위해 구속물(holddown), 중량물 등이 필요하다. 배관 상부의 보강 콘크리트 포장은 부양에 대한 저항에 도움을 준다. 구속물은 콘크리트 슬래브 또는 데드맨(deadmen, 땅속에 매설된 배관을 고정시킬 때 사용하는 고정물)과 같은 앵커가 필요하다. 지하수면이 문제될 때 굴착 바닥에서 흙은 수분이 많아 콘크리트 슬래브를 작업단(platform)으로 사용할 수 있다. 일부에서는 2개의 길이방향 데드맨은 충분한 앵커가 될 수 있다. 앵커에 배관 또는 탱크를 고정시키기 위해 스트랩(strap)을 사용한다.

2.9.1 흙 쐐기 (Soil wedge)

입상의 채움재료를 넣고 다지면 그림 2.31과 같이 부양하는 배관은 반드시 흙 쐐기를 들어올린다. 만일 배관의 부력이 배관 중량과 흙 쐐기의 유효 중량을 초과하면 그 차이를 앵커사용으로 반드시 배관을 구속해야 한다.

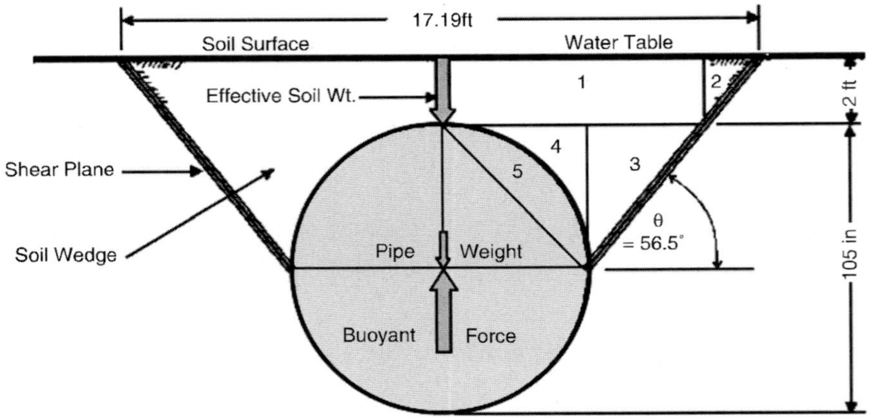

그림 2.31 지반 표면에서 지하수면(water table)을 갖는 105인치 직경 매설배관의 개략도. 개략도는 수직력인 부양력, 유효 흙 저항력, 배관 중량을 보여준다. 배관은 빈 상태이다.

예제 2.9

2ft 토피두께로 대구경 강관을 매설한다고 가정한다. 만일 지하수면이 지반 표면 상부 이상으로 상승할 때 배관이 빈 경우 앵커가 필요한가? 단, 강관 및 흙에 관한 자료는 다음과 같다.

강관

강관 직경 : 105인치

강관 중량 : 580lb/ft

흙

$\gamma_d = 110\text{lb/ft}^3$	: 흙의 건조 단위중량
$e = 0.52$	: 공극비
$\gamma_b = \gamma_d - \dfrac{\gamma_w}{1+e} = 69.0\text{lb/ft}^3$	: 흙의 유효 단위중량
$\varphi = 23^\circ$	: 실험실 시험결과로부터 구한 흙의 내부
$\theta_f = 56.5^\circ$	: 흙의 미끄럼(slip) 각 $= 45^\circ + \dfrac{\varphi}{2}$
$H = 2.0\text{ft}$	: 토피두께
$G = \dfrac{(1+e)110}{62.4} = 2.68$	: 흙 입자의 비중(여기서 62.4는 물의 비중)

대부분 흙의 비중은 2.65~2.7 범위이다.

배관의 부양 여부를 계산하기 위해 먼저 배관 단위길이 ft당 흙 쐐기의 체적을 구한다. 이는 흙 쐐기의 단면적으로 다음과 같다(그림 2.31 참조).

$$\text{전체 단면적 } A = 2(A_1 + A_2 + A_3 + A_4)$$

$$A_1 = hR + \frac{hR}{\tan\theta}$$

$$A_2 = \frac{1}{2}hb_2 = \frac{1}{2}\frac{hh}{\tan\theta} = \frac{1}{2}\frac{h^2}{\tan\theta}$$

$$A_3 = \frac{1}{2}\frac{R^2}{\tan\theta}$$

$$A_4 = \frac{1}{2}R^2 - A_5 = 0.215R^2$$

$$A_5 = \frac{1}{2}\pi R^2 - \frac{1}{2}R^2 = R^2\left(\frac{1}{4}\pi - \frac{1}{2}\right) = 0.285R^2$$

따라서

$$\text{전체 면적 } A = 2\left[hR + 0.215R^2 + \frac{1}{2}\frac{(h+R)^2}{\tan\theta}\right]$$

$$= 2\left[2\times 4.375 + 0.215\times 4.375^2 + \frac{1}{2}\frac{(2+4.375)^2}{\tan 56.5\eta}\right] = 52.63$$

순수 하방향으로 작용하는 힘

$$\triangle W = W_w - W_s - W_p = 3.752 - 3.631 - 0.580 = -0.459\text{kip/ft}$$

여기서 $W_w = 3.752\text{kips/ft}$: 탱크의 단위길이당 상방향 부양력. 이는 단위길이당 배관에 의해 배제되는 물의 중량이다.

$\pi R^2(\gamma_w) = \pi(52.5/12)^2(62.4) = 3750\text{lb/ft} = 3.752\text{kip/ft}$

$W_s = 3.631\text{kips/ft}$: 각도 $\theta_f = 45° + \varphi/2$에서 단위길이당 상부 유효 흙 쐐기 중량(ballast)

$W_s = A\gamma_b = 52.63 \times 69 = 3631\text{lb/ft}$

$W_p = 0.580\text{kip/ft}$: 강관 배관의 중량

$\triangle W = -0.459\text{kip/ft}$: 순수 하방향으로 작용하는 힘

따라서 가정한 것과 같이 17.19ft 흙 쐐기가 형성되면 배관은 부양하지 않는다. 그러나 시험결과는 탱크 인근 면들(plane)이 탱크의 근처에서 잘 형성(established)되었지만, 지반 표면에서는 잘 형성되지 않았다는 것을 보여준다. 사실, 면은 17.19ft보다 적은 폭으로 지반 표면을 파손하는 스파이럴 실린더 형상에 가깝다. 설계시 안전계수는 최

소 2.0을 취하여야 한다. 즉, 아래 방향으로 작용하는 힘(흙 및 배관)은 상방향으로 작용하는 부양력의 최소 2배가 되어야 한다.

2.9.2 액상화

흙의 액상화 가능성이 존재하면 부양이 문제될 수 있으므로 많은 사항들을 고려해야 한다. 만일 흙이 포화되어 있고 진동을 받으면 흙의 밀도가 수정된 프록터(proctor) 밀도(AASHTO T-180)의 80% 이하인 경우 흙은 액상화될 수 있다. 지진 활동의 결과로 진동이 발생할 수 있다. 만일 흙이 지반 높이까지 완전히 포화되고 배관이 비게 되면, 부양에 대한 저항이 거의 없고 빈 배관은 액상화된 흙을 통과해 상승할 것이다.

액상화의 개념은 다음과 같다. 무거운 모래를 1/4 갤런들이 용기의 상단부까지 채우고, 물을 상단부까지 조심스럽게 채운다. 뚜껑을 닫은 다음 흙-물 혼합체를 흔든다. 뚜껑을 제거하고 용기를 거꾸로 세우면 액상화된 흙은 빠져 나갈 것이다. 이러한 과정을 반복하되 이번에는 모래를 여러 층으로 조심스럽게 다진다. 밀도는 수정된 프록터 밀도의 80% 이상이어야 한다. 다시 말해 공극비는 임계 공극비보다 반드시 적어야 한다. 용기를 다짐 모래로 완벽하게 채운 후 다시 용기의 상단부까지 물로 조심스럽게 채운다. 뚜껑을 닫은 후 흔든다. 뚜껑을 제거하고 용기를 거꾸로 세우면 모래는 액상화되지 않았기 때문에 적은 모래는 용기 안에 머문다.

원형 배관이 빈 상태에서 채움재료가 액상화되면 그림 2.32에서 보는 것과 같이 링

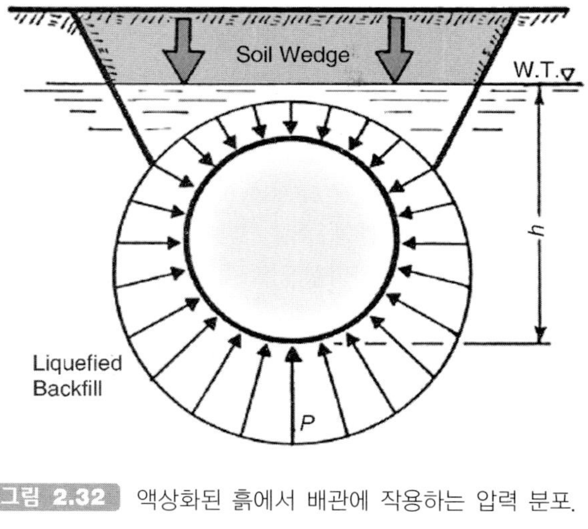

그림 2.32 액상화된 흙에서 배관에 작용하는 압력 분포. 바닥에서 좌굴이 가능하다.

은 정수압(hydrostatic pressure)을 받게 된다. 만일 어떤 방법으로 부양을 방지할 수 있다면 다음 전통적인 좌굴공식에 따라 바닥으로부터 급작스러운 붕괴(collapse)를 발생시킬 수 있다.

$$\frac{Pr^3}{EI} = 3 \text{ 또는 } h = \left(\frac{E}{4\gamma}\right)\left(\frac{t}{r}\right)^3 \text{ 평 배관}$$

예제 2.10

채움재료가 무거워 액상화 되고 재해적인 링 붕괴를 야기시킬 수 있는 조건이 되기 위한 강관의 바닥으로부터 상부 지하수면의 높이는?

강관 $D = 105\text{in}$

$t = 0.5\text{in}$

$\frac{r}{t} = 105$

$E = 30 \times 10^6 \text{lb/in}^2$

흙 $\gamma_d = 125\text{lb/ft}^3$: 포화

$h =$ 인버트(증분) 상부 지하수면 높이

$P = \gamma h$

상기 데이터들을 식에 대입하면

$$h = \left(\frac{E}{4\gamma}\right)\left(\frac{t}{r}\right)^3 = \frac{30 \times 10^6}{4(125/1728)} 0.00952^3 = 89.6\text{in} = 7.46\,\text{ft}$$

배관 직경은 8.75ft이므로 물은 배관 상단부에 미치지 않는다. 따라서 지하수면이 채움재료 내부까지 상승할 수 있으면 헌치 아래 흙 및 채움재료 흙의 밀도를 높이는 것이 중요하다. 만일 흙이 액상화하지 않으면 흙은 배관에 대한 지지를 제공하고 좌굴을 방지한다. 좌굴공식은 다음과 같다.

$$P_{cr} = \gamma h = 1.15\sqrt{P_b E'}$$

$$P_b = \frac{2E}{1-\nu^2}\left(\frac{t}{D}\right)^3$$

여기서 $P_b = (2E/1-\nu^2)(t/D)^3$

$P_{cr} = \gamma h$

E' = 흙 탄성계수
E = 배관 탄성계수
ν = 배관 포와송의 비

2.9.3 흙의 지지력 (Bearing)

흙의 지지력이 너무 낮게 되면 지하수면 아래 빈 배관은 흙을 통과하여 상승할 수 있다. 이러한 현상은 부양에 저항하는 흙 쐐기보다 더 치명적일 수 있다.

예제 2.11

예제 2.9에서 흙이 불량하여 지지력이 오직 300lb/ft^2 정도인 경우 흙의 저항력은?

$$W_s = \frac{105}{12(\text{탱크직경})} \times 300\text{lb/ft}^2 = 2.625\text{kips/ft}$$

여기서 $W_w = 3.752\text{kips/ft}$: 탱크의 단위길이당 상방향 부력
$W_s = 2.625\text{kips/ft}$: 유효 지지력
$W_p = 0.580\text{kip/ft}$: 강관 중량

순수 상방향으로 작용하는 힘

$$\Delta W = W_w - W_s - W_p = 3.752 - 2.625 - 0.580 = +0.547\text{kip/ft}$$

위의 식은 낮은 지지력 때문에 배관이 흙을 통과해 상승한 것을 의미한다. 이를 방지하기 위해서 반드시 큰 지지력을 갖는 양질토를 사용하거나 또는 배관이 비지 않도록 해야 한다.

2.9.4 내부 진공

배관 내부가 진공인 경우 진공을 (+) 외부 압력으로 처리하고 좌굴 해석을 수행하기 전에 작용하고 있는 외부 수압력에 이 진공 압력을 더한다. 내부 진공 또는 외부의 토압으로 인해 발생하는 성능한계는 링의 역전(ring inversion)이다. 통상적으로 채움재료는 전체 붕괴를 방지한다. 임계 진공 p는 곡률반경에 민감하고, 링 처짐은 임계 진공을 감소시킨다. 처진 원형배관의 수직곡률반경 r_y는 처지지 않은 원형배관의 곡

률 반경 r보다 크기 때문에 링 강성도 EI/r_y^3은 EI/r^3보다 작게 되어 원형 링보다 처진 링은 적은 진공에서 붕괴된다.

[참고문헌]

1. *Autopipe Pipe Stress Analysis* [software manual], App. D. Walnut Creek, Calif.: Rebis, 1999.
2. American Iron and Steel Institute. 1971. *Handbook of Steel Drainage and Highway Construction Products*, 5th ed. Chicago.
3. American Railway Engineering Association. *Manual of Recommended Practice*, REA Spec 1-4-28. Chicago.
4. American Society of Civil Engineers. 1984. *Guidelines for the Seismic Design of Oil and Gas Pipeline Systems*. New York.
5. American Society of Civil Engineers. 1984. *Structural Analysis and Design of Nuclear Plant Facilities*.
6. American Society of Civil Engineers and Water Pollution Control Federation. 1982. *Gravity Sanitary Sewer Design and Construction*. New York.
7. American Water Works Association. *Thickness Design of Ductile Iron Pipe*, AWWA C150-96. Denver.
8. Antaki, G. A. 1997. A Review of Methods for the Analysis of Buried Pressure Piping. *Welding Research Council Bulletin* 425. New York.
9. Bandyopadhyay, K., et al. 1995. *Seismic Design and Evaluation Guidelines for the Department of Energy High-Level Waste Storage Tanks and Appurtenances*, BNL-52361.
10. Federal Emergency Management Agency. 1992. *Earthquake Resistant Construction of Gas and Liquid Fuel Pipeline Systems Serving, or Regulated by, the Federal Government*, FEMA-233. Washington, D.C.
11. Goodling, E. C. 1983. Buried Piping—.An Analysis Procedure Update. *ASME PVP*.
12. Hall, W. J., and N. M. Newmark. 1977. Seismic Design Criteria for Pipelines Facilities. In *Proceedings of the Conference on the Current State of Knowledge of Lifeline Earthquake Engineering*. American Society of Civil Engineers. New York.
13. Honegger, D. G. 1997. Evaluating Pipeline Performance for Earthquake Induced Lateral Spread Ground Movement. *ASME PVP*.
14. ISO/DIS 13623, draft, 1998.
15. Marston, Anson, and A. O. Anderson. 1913. The Theory of Loads on Pipes in Ditches and Tests of Cement and Clay Drain Tile and Sewer Pipe. *Bulletin* 31. Ames: Iowa Engineering Experiment Station.
16. Moser, A. P., R. K. Watkins, and O. K. Shupe. 1976. Design and Performance of PVC Pipes Subjected to External Soil Pressure. Logan: Buried Structures Laboratory, Utah State University.
17. Newmark, N. M. 1942. Influence Charts for Computation of Stresses in Elastic Foundations. *Bulletin* 338. University of Illinois: Engineering Experiment Station.
18. O'Rourke, M. J., and J. Liu. 1998. Seismic Loading Behavior of Buried Pipelines. *ASME PVP*.

19. Piping Systems Institute. 1980. Course Notebook. Logan: Utah State University.
20. Reissner, E. 1959. On Final Bending of Pressurized Tubes. *Journal of Applied Mechanics (Trans. ASME)*. September, pp. 386-92.
21. Schlick, W. J. 1932. Loads on Pipe in Wide Ditches. *Bulletin* 108. Iowa State Engineering Experiment Station.
22. Spangler, M. G. 1941. The Structural Design of Flexible Pipe Culverts. *Bulletin* 153. Ames: Iowa Engineering Experiment Station.
23. Spangler, M. G., and R. L. Handy. 1982. *Soil Engineering*, 4th ed., New York: Harper & Row.
24. Stephens, D. R., et al. 1991. *Pipeline Monitoring—imit State Criteria*, Batelle Report NG-18 no. 188 for AGA.
25. Terzaghi, K., and R. B. Beck. 1967. *Soil Mechanics in Engineering Practice*. Wiley.
26. Uni-Bell PVC Pipe Association. 1982. *Handbook of PVC Pipe Design and Construction*. Dallas.
27. Watkins, R. K., and L. R. Anderson. 2000. *Structural Mechanics of Buried Pipes*. New York: CRC Press.
28. Watkins, R. K., and A. P. Moser. 1971. Response of Corrugated Steel Pipe to External Soil Pressures. *Highway Research Record*, 373:88-12.
29. Watkins, R. K., and A. P. Moser. 1998. Soil and Surface Loads on Buried Pipes Including Minimum Cover Requirements. *ASME PVP*, 360.

Chapter 03 중력유동배관 설계

본 장에서는 매설된 중력유동배관을 설치하기 위한 설계 방법들에 대해서 기술하기로 한다. 흙 종류와 배관 채움재료 및 뒷채움에 사용되는 흙에 대해 기술한다. 설계 방법들은 강성배관 설계와 압력배관 설계로 크게 분류된다. 배관의 성능한계들을 제시하고 권장되는 안전계수들을 검토하기로 한다.

매설배관 시스템의 설계를 위한 유한요소법은 상대적으로 신기술이다. 시간이 지남에 따라 이와 같은 강력한 도구의 사용은 더욱 증가하고 있다. 본 장에서는 유한요소법에 대해서도 상세히 기술하기로 한다.

3.1 흙

기술자들은 흙의 밀도(다짐) 및 종류가 매설배관 성능에 영향을 미친다는 사실을 오래 전부터 인식하여 왔다. 흙 외피(envelope)라 불리우는 배관 주변을 둘러싸는 배관-영역 뒷채움이 가장 중요하다. 채움재료 흙에 대한 소개와 간략한 논의를 다루었다. 본 장에서는 흙의 분류 및 흙-배관 상호작용에 대해 추가적인 정보를 제공한다.

3.1.1 흙의 분류

Arthur Casagrande 교수는 1940년대 초반에 도로와 항공분야를 위한 흙 분류 시스템을 제안하였다. 오늘날 미국공병단 및 미국 개척국을 포함한 많은 그룹 및 기관들이 통일토질분류시스템(USCS : Unified Soil Classification System)이라 불리는 이 시스템을 사용하고 있다. ASTM(American Society for Testing and Materials)은 USCS를 “공사 목적의 흙 분류법(Classification of Soil for Engineering Purposes)”

로 개정하여 D2487로 명명하고 있다.

USCS는 거동에 영향을 거의 미치지 않는 세립분이 포함된 흙 조직의 특성에 기초하고 있다. 세립분이 거동에 영향을 미치는 흙의 경우 흙 분류는 소성(plasticity)-압축성(compressibility) 특성에 기초를 두고, 소성 도표를 작성하여 소성-압축성 특성을 평가한다. 찍힌 점들의 위치는 분류 정보를 나타낸다. 다음 특성들이 흙의 분류와 식별의 기본이다. 여기서 소성(plasticity)이란 탄성한도 이상 응력을 가하면 응력을 제거해도 변형이 원상으로 되돌아오지 않는 성질을 말한다.

1. 자갈, 모래, 그리고 세립자[0.75mm(no. 200) 체를 통과하는 부분]의 퍼센트
2. 입도 분포 곡선의 형상(그림 3.1 참조)
3. 소성 및 압축성 특성(그림 3.2 참조)

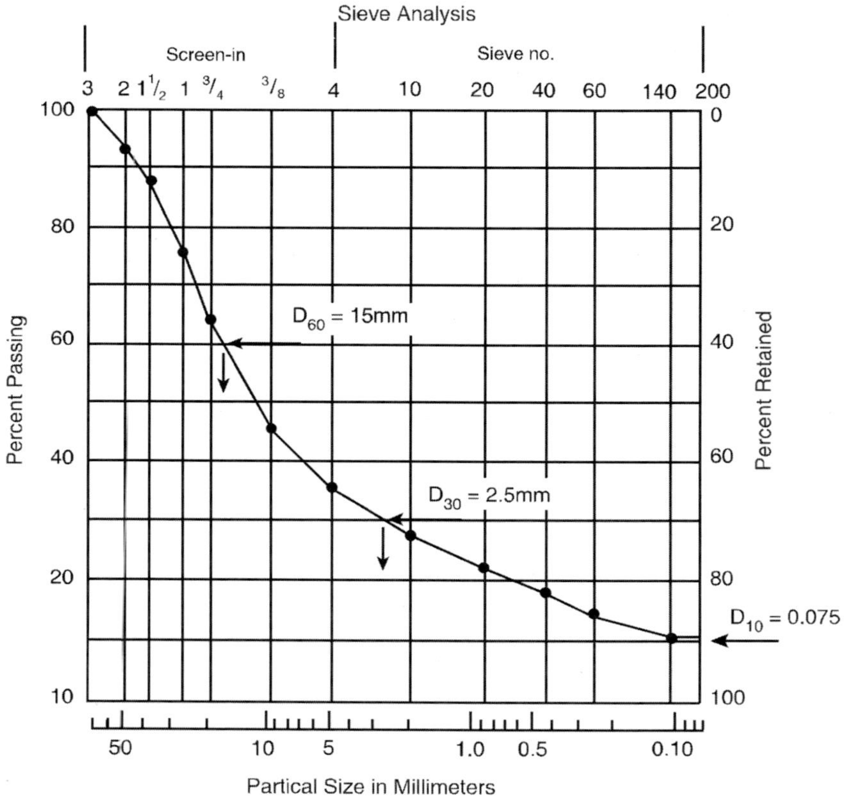

그림 3.1 특정 흙의 경우 입도분포곡선

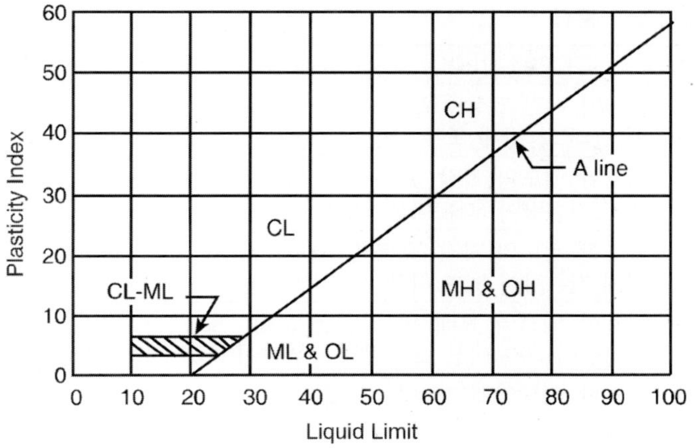

그림 3.2 소성도표(plasticity chart)

흙에는 그 흙의 주된 특성을 나타내기 위한 설명용 기호와 문자 기호가 부여된다(ASTM D2487 또는 토질역학 문헌 참조).

여기에 열거한 채움재료 재료들은 USCS에 따라 정의된 흙의 종류와 다수의 가공재료를 포함한다. ASTM D2321 "연성 열소성배관의 지하시공법(Underground Installation of Flexible Thermoplastic Sewer Pipe)"은 채움재료들을 5개로 분류하였다. USCS 명명법 및 분류들을 표 3.1에 나타내었다.

클래스 I은 산호(coral), 슬래그(slag), 신더(cinder), 파쇄된 조개껍질, 그리고 파쇄된 돌과 같은 지역적인 중요성을 갖는 채움재료를 포함하는 6~40mm($\frac{1}{4}$~$1\frac{1}{2}$인치) 각진 돌로 구성된다. 이 규격 범위에서 공극비가 높은 클래스 I 재료는 배관 설치동안 트렌치의 배수에 사용하기에 적합하다. 따라서 클래스 I 재료는 트렌치 벽과 바닥으로부터 세립분이 빠져나가거나 다른 채움재료들이 클래스 I 재료 내부로 이동하여 배관 지지력이 손실되지 않을 장소로 사용이 제한된다. 그러나 세립 재료들의 이동이 우려되는 경우, 클래스 I 재료의 최소 입도 범위를 6mm 이하로 감소시켜야 하며 공극크기를 제한하기 위해 입도(gradation)를 적합하게 설계해야 한다.

클래스 II는 통상적으로 조립의 비점착성(noncohesive), 습윤하거나 또는 건조된 세립분 함량이 적은 다양한 등급의 모래와 자갈을 포함한 최대 입경이 40mm인 조립질 모래와 자갈로 구성된다. 흙의 종류 GW, GP, SW, 그리고 SP가 이 등급에 포함된다.

표 3.1 성토재료의 분류

흙 클래스	흙 형식	재료 분류 설명
클래스 I 흙*	—	조제된 각진 입상재료, 직경 6~40mm, 쇄석 또는 암, 파쇄된 산호, 파쇄된 슬래그, 광재 또는 깨진 조개껍데기 등의 지역적 중요성이 있는 재료
클래스 II 흙†	GW	양호한 입도의 자갈 및 자갈-모래 혼합물, 세립분이 적거나 없는 것, 4번체 잔류량이 50% 이상, 200번체 잔류량이 95% 이상, 깨끗한 것
	GP	불량한 입도의 자갈 및 자갈-모래 혼합물, 세립분이 적거나 없는 것, 4번체 잔류량이 50% 이상, 200번체 잔류량이 95% 이상, 깨끗한 것
	SW	양호한 입도의 모래 및 자갈질 모래, 세립분이 적거나 없는 것, 4번체 통과량이 50% 이상, 200번체 잔류량이 95% 이상, 깨끗한 것
	SP	불량한 입도의 모래 및 자갈질 모래, 세립분이 적거나 없는 것, 4번체 통과량이 50% 이상, 200번체 잔류량이 95% 이상, 깨끗한 것
클래스 III 흙‡	GM	실트질 자갈, 자갈-모래-실트 혼합물, 4번체 잔류량이 50% 내외, 200번체 잔류량이 50% 이상
	GC	점토질 자갈, 자갈-모래-점토 혼합물, 4번체 잔류량이 50% 내외, 200번체 잔류량이 50% 이상
	SM	실트질 모래, 모래-실트 혼합물, 4번체 통과량이 50% 이상, 200번체 잔류량이 50% 이상
	SC	점토질 모래, 모래-점토 혼합물, 4번체 통과량이 50% 이상, 200번체 잔류량이 50% 이상
클래스 IV 흙	ML	비유기물 실트, 매우 세립의 모래, 암부스러기(debris), 실트 또는 점토질의 세립 모래, 액성한계 50% 이하, 200번체 통과량 50% 이상
	CL	저~중간 소성의 비유기질 점토, 자갈질 점토, 모래질 점토, 묽은 점토, 액성한계 50% 이하, 200번체 통과량 50% 이상
	MH	비유기질 실트, 운모나 규조토질의 세립 모래 또는 실트, 탄성있는 실트, 액성한계 50% 이상, 200번체 통과량 50% 이상
	CH	고소성의 비유기질 점토, 진한 점토, 액성한계 50% 이상, 200번체 통과량 50% 이상
클래스 V 흙	OL	저소성의 유기질 실트 및 유기질의 실트 점토, 액성한계 50% 이하, 200번체 통과량 50% 이상
	OH	중~고소성의 유기질 점토, 액성한계 50% 이상, 200번체 통과량 50% 이상
	PT	피트, 유기물퇴비 및 기타 고유기질 흙

* ASTM D 2487에서는 클래스 I 재료로 정의된 흙을 정의하지 않는다.
† ASTM D 2487에 따라 #200 체(sieve)에서 5% 이하 통과
‡ ASTM D 2487에 따라 #200 체에서 12% 이상 통과. #200을 5~12% 통과하는 흙은 경계선 분류에 해당된다. 즉, GP-GC.
출처 : ASTM 제공

깨끗한 모래와 자갈 또는 미세입자와의 경계선에 있는 모래와 자갈들은 이 분류에 포함되어야 한다. 세립분이 5% 이상 12% 이하인 조립토는 반드시 클래스 II에 포함되어야 한다(그러나 ASTM D2487과 USCS에서는 무시되었다). 클래스 II 재료의 입도는 이 재료를 느슨하게(loosely) 포설하며 배관-지지 강도와 밀도에 영향을 미친다. 재료가 트렌치 굴착토가 아니고 외부로부터 반입되는 경우에는 클래스 II 등급 재료가 배관지지, 기초 및 채움재료의 안정성에 매우 중요할 수 있다. 균등입도(uniformly graded) 또는 결손입도(gap-graded)의 재료는 양호한 등급(well-graded) 재료와 달리 트렌치 벽 및 바닥으로부터 세립의 원지반 재료들이 공극틈새 내부로 빠져나가는 것을 허용하여 지지력 손실이 발생할 수 있다.

클래스 III은 미세 모래, 모래-점토 혼합체, 그리고 자갈-점토 혼합체를 포함하여 미세모래 및 점토질(점토로 채워진) 자갈로 구성된다. GM, GC, SM, 그리고 SC가 이 클래스에 해당된다.

클래스 IV는 비유기질 점토와 넓은 범위의 소성 및 액성한계(liquid limit)를 갖는 실트를 포함하여 실트, 실트성 점토, 그리고 점토로 구성된다. ML, CL, MH, 그리고 CH가 이 클래스에 해당된다. 현장에서는 적정 함수비 조정에 어려움이 있기 때문에, 설계시 클래스 IV 흙 재료의 다짐 방법 및 정도의 선정에 있어 주의를 기울여야 한다. 중간 이상의 소성과 50% 이상 액성한계를 갖는 일부 클래스 IV 재료는 습하게 되면 강도가 감소하므로 지하수, 우수, 관로 시스템으로부터 유출에 의해 베딩, 헌칭(haunching), 그리고 배관 채움재료가 포화되지 않는 건조 지역의 초기 뒷채움 용도로 사용해야 한다. 또한 중간 이하의 소성과 50% 이하 액성한계를 갖는 클래스 IV 흙(CL, ML, CL-ML)은 설계 및 설치시 함수비 제어에 주의를 요하나 반드시 건조 지역에서만 사용할 필요는 없다.

클래스 V는 동상토, 암부스러기(debris), 직경이 40mm 이하인 암(rock), 그리고 다른 외부 재료를 함유하는 흙은 물론 유기물 흙 OL, OH, 그리고 PT를 포함한다. 이 재료들은 베딩, 헌칭, 또는 초기 뒷채움으로 권장되지 않는다.

3.1.2 흙-배관 상호작용

매설배관 설계의 기본적인 목표는 최소 비용으로 전체적인 성능을 충분히 보장하는 것이다. 전체 성능은 구조물의 성능뿐만 아니라 서비스 수명을 포함한다. 최소 비용 분석은 생애주기 유지관리를 포함한 모든 비용을 고려해야 한다.

통상적으로 초기 비용은 배관 재료비용과 건설비용으로 세부 분류된다. 각각의 배관 제품들은 다양한 강도와 강성도 특성이 있고, 매설 깊이와 현장 토질에 따라 다른 채움재료와 포설 기법이 필요하다. 전체 생애 비용을 고려하면 최소의 초기비용 또는 건설비용만이 최선책은 아니다. 흙-배관 상호작용은 배관 특성과 채움재료 흙의 성질 함수로서 배관 성능은 물론 전체 시스템 비용에 영향을 미친다. 설계 기술자는 설치 설계 및 생애주기 평가시 흙-배관 상호작용에 대해서 반드시 고려해야 한다.

흙-배관 시스템은 여전히 미해결 상태이다. 이는 흙과 배관 사이 접촉면(interface) 압력은 정역학(statics) 하나로 계산할 수 없고 반드시 흙과 배관 모두의 강성도 특성을 고려해야 한다는 것을 의미한다. 흙 강성도에 대한 배관 강성도 비 PS/E'는 관거에 부과되는 하중의 크기를 결정한다. 예를 들어 동일하거나 유사한 조건으로 설치된 강성배관은 연성배관보다 상당히 큰 하중을 부담한다.

배관 영역 내에 위치하는 흙은 반드시 명시된 밀도를 유지할 수 있는 능력을 갖추어야 한다. 또한 응력 집중을 방지하기 위해 흙을 배관 둘레에 균등하게 뒷채움 및 다짐하여야 한다.

흙의 종류, 소요 밀도, 매설깊이, 배관 강성도, 그리고 배관 강도와 같은 시스템 매개변수들에 따라 다양한 포설 방법들을 사용할 수 있다. 최소의 노력으로 원하는 밀도를 얻을 수 있는 방법들은 표 3.2와 같다.

최소 다짐 노력으로 특정하게 제작된 재료들을 느슨하게 덤핑(dumping)하여 포설할 수 있다. 이러한 재료들은 반드시 파쇄된 산호, 쇄석(crushed stone) 또는 파쇄암, 파쇄 조개껍질, 파쇄 슬래그, 또는 최대 규격이 40mm인 신더와 같이 각진 입상(granular) 형태가 되어야 한다. 배관 헌치 아래 이러한 재료들을 적합하게 포설할 수 있도록 주의를 기울여야 한다.

GW, GP, SW, SP, GW-GP, 그리고 SW-SP와 같은 5% 이하의 세립분을 함유하는 조립토에서는 포화 또는 진동다짐으로 최대 밀도를 얻을 수 있다. 내부 진동을 사용할 경우 연속적인 리프트(lift) 또는 뒷채움의 높이는 진동기(vibrator)의 침투 길이로 제한해야 한다. 표면 진동기를 사용할 경우 반드시 150~300mm 리프트로 뒷채움을

표 3.2 베딩 계수

베딩 클래스	하중 계수
A	2.8~3.4
B	1.9
C	1.5
D	1.1

해야 한다. 또한 인력 다짐(hand tamping) 또는 원하는 상대 밀도를 얻기 위해 제공된 다른 방법으로 이 재료들을 다짐할 수 있다.

흙이 깨끗하고 세립분 함량이 5~12% 정도인 GW-GM, SW-SM, GW-GC, SW-SC, GP-GM, SP-SM, GP-GC, 그리고 SP-SC 등의 이중기호가 붙는 조립토는 필요한 밀도를 얻기 위해 인력 또는 기계 다짐(tamping), 포화 또는 진동, 또는 다른 방법들로 다짐해야 한다.

GM, GC, SM, SC, 그리고 GM-SM과 같이 그룹 내 임의 경계선에서와 같이 세립분이 12% 이상인 조립토는 반드시 인력 또는 기계 다지기로 다짐해야 한다. 뒷채움은 반드시 100~150mm 리프트로 해야 한다. MH, CH, ML, CL, SC-CL, SM -ML, 그리고 ML-CL과 같은 세립토는 반드시 100~150mm 리프트로 인력 또는 기계 다짐해야 한다.

3.1.3 채움재료 (Embedment)

흙은 흙-배관 상호작용 시스템의 중요한 요소이고, 실제로 하중을 지지하는 구조물의 한 부분이다. 매설배관 구조물 평가에서 사용할 수 있는 대략적인 기본적인 방법은 다음과 같다.

1. 일반적으로 트렌치의 폭은 오직 배관을 배열하고 채움재료를 포설하기에 충분한 측면 공간을 가져야 하나 가능한 폭이 좁아야 한다. 배관의 헌치 영역 내로 흙을 포설하고 다짐하기에 어려움이 있을 정도로 트렌치가 좁으면 안 된다.
2. 흙의 아칭작용(arching action)은 하중 지지에 도움이 된다. 흙은 석조물 아치와 같은 역할을 한다. 흙은 압축에 의해 구속되므로 시멘트가 불필요하며 흙은 배관을 보호한다. 측면 채움도 흙 아치를 형성하므로 흙 아치를 생성하기 위해 반드시 배관 상부까지 다짐하여야 한다. 베딩은 흙 아치에 대해 받침대(abutment) 역할을 하므로 반드시 베딩을 다짐해야 한다.
3. 만일 기계 다짐을 해야 한다면 반드시 배관 양쪽 측면에서 1ft 이하 리프트로 교대로 다짐하여 다짐 표면들이 동일한 높이가 되도록 해야 한다. 배관 직상단부 흙은 직접적으로 다짐해서는 안 된다. 배관 직상단부 다짐은 하중집중을 초래하고 최악의 Marston 하중을 초래한다.
4. 원지반을 최소로 교란시키는 것이 양호한 매설배관 설치방법이다. 배관을 삽입할 수 있는 정확한 배관 외경의 크기를 갖는 터널 시공시 교란이 최소가 된다. 삽입되는 배관보다 약간 큰 구경(bore)을 갖는 마이크로터널링을 성공적으로 사

용할 수 있다.

5. 포화된 지반에서는 대부분 배관들이 침몰(sink)하는 것보다 부양하는 경향이 있다.
6. 뒷채움에서 반드시 모든 공극을 제거해야 한다. 공극은 배관에 좋지 않은 응력 집중을 유발하고 배관 헌치 아래로 유동하는 지하수의 수로가 될 수 있다. 반드시 채움재료는 배관과 완전히 접촉해야 한다.
7. 흙이 배관을 위한 구조적 지지력을 제공할 수 있도록 보장하기 위해 가장 중요한 흙의 특성은 흙 밀도이며, 그 중요성은 아무리 강조해도 지나치지 않는다. 실제 실험에서 느슨한 실트질 모래 내 매설된 직경 3ft 연성(flexible) 배관의 헌치 아래 흙을 단순히 스톰핑(stomping)하면 링 처짐이 약 1/2로 감소하는 것을 보여주었다. 많은 흙의 경우 단순히 기계 다짐에 의해 필요한 밀도를 얻을 수 있다. 콩 자갈과 같은 정선된 채움재료의 경우 단순히 자갈을 배관과 접촉할 수 있도록 제자리에 이동시키는 것으로도 다짐을 얻을 수 있다. 입상형태의 파쇄석은 이상적인 지지를 제공하나 배관과 접촉시키려고 헌치 아래로 돌을 이동시키기 위해 가끔 진동 또는 다짐이 필요하다.

지하수면 아래에서 흙의 밀도는 매우 중요하다. 임계 공극비보다 큰 공극비를 갖는 흙에 물이 추가되면 흙 입자들의 상대적인 이동을 유발하고 흙 입자들의 체적을 감소시키는 "shake down"하는 경향이 있다. 저밀도의 흙이 포화되면 체적은 감소하고 남아 있는 공극은 응력을 지지할 수 없는 비압축성 물에 의해 채워진다. 지반은 액상화되고 배관은 붕괴될 수 있다. 흙의 초기밀도가 임계밀도(임계보다 적은 공극비)보다 큰 경우 흙이 교란(진동)되면 체적이 증가되려 하나 구속되어 증가되지 않는다. 많은 흙의 경우 임계 밀도는 상당히 높고 표준 프록터 밀도의 약 88~92% 정도가 된다.

3.1.4 다짐 기법

채움재료 선정 콩 자갈 및 쇄석과 같이 엄격하게 등급 매겨진 정선된 흙의 밀도는 임계밀도보다 크다. 유일한 요구사항은 채움재료와 배관 사이 친밀한 접촉을 제공하기 위해 실제로 배관, 특히 헌치 아래로 흙을 이동시켜야 한다는 것이다.

기계 다짐 흙을 리프트(또는 층)로 기계 다짐하는 것은 흙의 밀도를 높이는 효과적인 한 방법이다. 기계 다짐기는 롤링, 짓이김(kneading), 가압, 충격, 진동, 또는 이들을 임의로 조합하여 흙의 밀도를 높인다. 기계 다짐기와 최적 리프트 높이 및 최적 함수비 등에 관한 설명서가 제공되고 있다. 다양한 흙에서 다양한 다짐기의 효율들에 대해 연구해 왔다. 대부분의 경우 시방 밀도 얻는 것을 확인하기 위해 밀도 시험이 필요하다. 다짐기, 로우더(loader), 스크레이퍼 등과 같은 중장비는 특히 연성 구조물과 같은 구조물 인근에서 사용하면 배관의 오정렬(misalignment), 처짐, 그리고 큰 응력들이 발생할 수 있으므로 중장비의 사용을 금지해야 한다.

진동(vibration) 각 층(lift)마다 진동판(vibroplate)과 진동 롤러로 진동하여 저밀도 흙을 다짐할 수 있다. 배관 자체를 진동시켜서 일부 채움재료를 다짐할 수 있다. 충분한 물을 가해 콘크리트 혼합물과 같은 점도를 형성시킬 수 있으면 배관 주위 채움재료를 포설할 때 콘크리트 진동기를 사용하는 것이 효과적이다. 계약자는 콘크리트 진동기를 사용하여 측면 채움의 한 층을 포화시켜 침하시킬 수 있지만, 이는 흙을 포설시키는 것이지 다짐을 하는 것이 아니다. 포화된 흙은 비압축성이므로 다짐을 할 수 없으나 다짐을 하려면 흙의 배수가 자유로워야 한다. 또한 진동 후 흙의 배수가 완료되고 흙의 강도가 형성될 때까지 배관 상단부는 무하중 상태를 유지해야 한다. 만일 흙의 배수가 자유롭지 못하면 흙 입자들은 유동하게 되고 부력을 받는 상태로 침하되어 폰딩(ponding)과 동일한 현상을 초래한다. 콘크리트 골재(모래, 자갈 등)를 제어하는 것과 같이 흙의 입도도 반드시 제어해야 하며, 골재도 반드시 방지한다.

Flooding(ponding) 배관의 스프링 라인까지 배수가 자유로운 흙 한 층(lift)을 포설한 후에는 흙에 물을 가해주어야 한다. 통상적으로 구조물의 상단부까지 두 번째 리프트를 포설하며 흙 리프트가 포화될 수 있도록 충분한 물을 공급해야 한다. 반드시 흙은 자연 배수되어 침전되어야 한다. 이 때의 다짐 미케니즘은 흙을 다짐하는 하향 침투(seepage) 응력이다. 가수(加水)에 의해 흙은 공극내부 및 배관의 헌치 아래로 쓸려 들어간다. 단, 배관이 배열을 이탈하여 부양되지 않도록 해야 한다. 이 방법은 최소한의 효과가 있는 다짐 방법이다.

Jetting Jetting으로 임계 밀도보다 높은 밀도를 얻을 수 있다. 대형 매설 구조물 주변 흙을 다질 때 이 기법은 특히 매력적이다. 흙을 3~5ft, 또는 대구경 배관의 스프링 라인(중간 높이)까지 큰 리프트로 뒷채움한다. 물 호스에 연결된 직경 1인치, 5ft 또는 6ft 길이의 스팅어(stinger) 배관을 수직 아래 방향으로 리프트의 바닥 근처까지 삽입한다. 만일 흙이 배수가 자유로워 즉각적으로 배수되면 고압 워터 제트는 흙의 밀도를 임계 밀도보다 크게 만든다. 제트 주입은 수피트 간격의 격자상으로 한다. 비점착성 흙이 5~6ft 리프트인 경우 5ft 격자를 성공적으로 사용하여 왔다. 트랙터에

갱 제트(gangjet)를 장착할 수 있다. 스프링 라인까지 측면 채움의 리프트 내부에 갱 제트를 삽입할 수 있다. 제트를 철거한 후 남는 구멍들을 메우기 위해 스팅어 배관을 진동한다. 상단부까지 두 번째 리프트를 동일한 방법으로 제트한다. 모래 내부에서 이 제팅은 양호하게 작동한다. 배관 주위 흙에 제팅한 후 배수가 되어 흙의 강도가 형성될 때까지 진동하면서 무하중(배관 상단부 흙) 상태를 유지해야 한다. 제팅을 하기 전에 배관 상단부에 수피트 높이의 흙이 위치하면 배관에 과도한 처짐 및 파괴가 발생하는 것으로 보고되었다. 이와 같은 경우 제팅은 흙을 붕괴시키거나 배관 주변을 액상화하여 배관의 지지력이 없어지며, 배관을 지지하는 흙의 아칭을 붕괴시킨다. 어떤 다짐 공법이든 배관에 상재하중이 작용하기 전에 배관영역이 소요의 다짐밀도를 확보하도록 하는 것은 절대적인 기본이다.

플러싱(flushing) 고압 워터 제트를 사용하여 흙을 배관 주위로 플러싱하여 밀어 넣으면 임계보다 큰 흙의 밀도를 얻을 수 있다. 흙 쓸림(slide)이 일어나기 전까지 고압 워터 제트는 트렌치 제방 상부 흙 이랑의 내부 경사로 흐르는 유동역할을 한다. 제트에 의한 이 흙 쓸림은 공극을 메우기에 충분한 에너지를 갖고 배관에 대해 자리를 잡을 수 있다. 흙 평형을 유지하기 위해 이랑(windrow)들을 양측에 동시에 추가할 수 있다. 물론 최선의 다짐을 위해 반드시 신속하게 배수시켜야 한다.

슬러리 및 유동성 채움(slurry and flowable fill) 특정 상황에서 헌치 하부에 지지력을 보장하기 위한 최선의 방법은 유동성 채움(흙 시멘트 또는 슬러리)이다. 배관을 마운드(mound)에 배열한 후 배관의 한쪽 측면 헌치 영역에 유동성 채움을 실시한다. 부양 깊이보다 큰 깊이까지 유동성 채움이 필요하면 여러 리프트로 유동성 채움을 수행한다. 배관의 다른 측면까지 유동성 채움을 수행하면 완전 접촉이 보장된다. 유동성 채움은 과도하게 수축되어서는 안 된다. 일부 기관은 압축강도 200lb/in^{2}을 명시하나 응력 집중을 감소시키고 후속적인 굴착을 용이하게 하기 위해 강도는 이보다 적어야 한다(40lb/in^2). 권장 슬럼프는 약 10인치이다.

고속 충격(high-velocity impact) 충분한 높이에서의 낙하, 송풍(blowing), 투석(slinging) 등으로 흙 다짐을 수행할 수 있다. 만일 채움재료를 "숏크리트"공법으로 채우거나 또는 건조 흙을 송풍 또는 투석하면 보다 좋은 다짐 제어를 할 수 있다.

3.2 트렌치 폭

강성배관의 경우 트렌치 폭을 좁게 유지한다. 배관에 작용하는 Marston 하중은 트렌치 벽의 마찰 저항에 의해 감소된 트렌치 내 뒷채움 중량이다. 트렌치 폭이 좁을수록 배관에 작용하는 하중은 작게 된다. 배관은 하중을 지지하기에 충분한 정도로 강해야 한다. 트렌치 폭은 배관을 배열하고 배관과 트렌치 벽 사이 채움재료를 위치시키기에 충분한 정도로만 넓을 필요가 있다. 만일 링의 처짐이 과도하거나 또는 표면 하중이 통과할 때 배관의 최소 토피두께보다 적으면 배관 측면에서 흙이 활동(slip)할 수 있다. 링 역전은 전조현상이다. 만일 흙의 액상화 가능성이 존재하면 채움재료 밀도는 임계 밀도보다 커야 하며, 이 경우 90% 표준 밀도(AASHTO T-99 또는 ASTM D698)가 사용된다. 저밀도의 포화된 흙에서는 진동에 의해 액상화가 발생할 수 있다. 채움재료의 품질에 따라 흙 다짐의 필요여부가 결정된다. 예를 들어 자갈은 밀도가 90% 이상이 된다. 지하수 유동에 의해 흙 입자들이 유출되어 채움재료가 손실되지 않도록 해야 한다. Spangler는 연성 링이 측면 채움토의 지지력에 의해 결정되는 것을 관측하였다. 그의 관측으로부터 만일 불량한 지반에서 트렌치를 굴착하면 트렌치 벽은 충분한 수평 지지력을 제공할 수 없다는 것을 추리할 수 있다. 이에 대한 처방으로 특히 불량한 원지반 흙에서는 트렌치 폭이 더욱 넓어야 하는 것으로 보이지만 안정성 측면과 경험 모두 폭이 넓은 트렌치가 정당화되는 경우는 거의 없다는 것을 보여준다.

이론적으로 처짐량(5% 이하)이 적은 경우 채움재료는 수평 강도가 거의 필요하지 않게 된다. 양호한 측면 채움 흙은 안전의 여유를 더해준다. 그림 3.3은 배관 압력이 측면 채움토의 강도 σ_x를 초과하지 않는 한 미소 정육면체 흙 요소 B의 평형 상태를 나타낸 것이며, 안정하려면 $P_x < \sigma_x = K\sigma_y$가 되어야 한다.

배관이 원형을 유지하는 한 불량한 원지반 흙 속에 설치된 배관은 트렌치 벽으로부터 측면 지지에 거의 의존하지 않으므로 트렌치는 강성 및 연성배관 모두 각 측면에서 배관 직경의 절반보다 넓을 필요가 없다. 만일 연성배관의 링 처짐이 5% 이상이 되면 링 처짐의 영향을 무시할 수 있다. 강성배관에서 P_d는 Marston 하중이다.[24] 연성배관에서 P_d는 프리즘 하중 γH에 더 가깝다.[41,42]

토피두께 H는 트렌치 폭 해석관련 변수가 아니다. 흙 하중이 증가하면서 배관에 작용하는 압력은 증가하나 측면 채움토의 강도는 직접 비례하여 증가한다.

연성배관의 경우 필요한 트렌치 폭을 위한 경험법칙

1. 흙 포설을 적절하게 하기 위해서는 트렌치 폭이 충분히 넓어야 한다.
2. 불량한 흙에서는 최소 측면 채움 폭은 배관으로부터 트렌치 벽까지, 또는 제방 내에서 배관으로부터 채움재료의 이랑 경사까지 배관 직경의 절반인 $D/2$이 되도록 규정한다.
3. 양호한 흙에서는 채움재료가 충분한 밀도를 가질 경우 측면 채움 폭은 이보다 작을 수 있다.

채움재료 고려사항

- 토피두께가 최소 토피두께보다 작은 경우 배관 상단부에 작용하는 차량(wheel) 하중
- 배관 상부의 지하수면, 그리고 배관 내 진공
- 채움재료 외부로의 흙 입자들의 유출
- 트렌치 쉴드(shield) 또는 쉬트 파일링에 의해 남겨진 공극
- 배관 인근 중장비

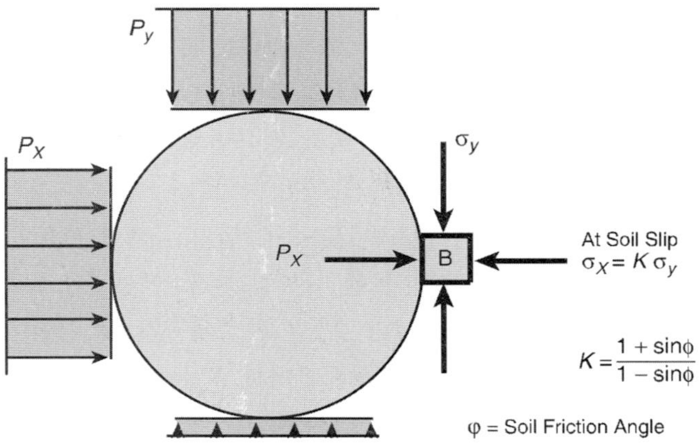

그림 3.3 미소 흙 정육면체 B

3.2.1 차량(wheel) 하중

2.3.4절 "최소 토피두께"절을 참조한다. 측면 채움토의 강도는 활 하중을 받는 배관을 지지해야 한다. 그러나 다져진 조립질 흙의 최소 토피두께는 HS-20 이중 바퀴(dual wheel)의 경우 약 $H=1$ft, 스크레이퍼(scraper)의 단일 바퀴(single wheel)의 경우 약 $H=3$ft이다. 몰탈 라이닝된 대구경 강관 제작사들은 최소 토피두께에 안전여유로 1.5ft를 더할 것을 권장한다. 따라서 권장된 최소 토피두께는 HS-20 이중 바퀴의 경우 약 $H=2.5$ft, 스크레이퍼의 단일 바퀴의 경우 약 $H=4.5$ft이다. 토피두께가 최소 토피두께보다 클 경우 차량 하중 압력은 $P_l = W/(2H^2)$보다 작게 된다. 차량 하중을 지지할 수 없을 정도로 측면 채움재료가 불량하면 트렌치 폭은 매우 중요하게 된다.

3.2.2 지하수면(Water table)

2.9절 "부양(flotation)"절을 참조한다. 지하수면이 배관 상부에 위치하면 측면 채움토의 강도의 유효(부력) 강도는 $\sigma_x = K\sigma_y$가 되고 유효 연직 토압은 $(\sigma_y)_{eff} = \sigma_y - u$가 되며, 여기서 u는 간극수압으로 $u = \gamma_w h$가 되며, γ_w는 물의 단위중량, h는 배관 스프링 라인 상부 지하수면의 높이이다. 해석시 배관이 뜨는 경향이 있으면 P는 배관 상단부에 작용하는 토압보다 배관 바닥에 작용하는 정수압(부력) $P=\gamma_w(h+r)$이 된다.

3.2.3 흙 입자 이동

흙 입자의 크기와 관련하여, 그리고 흙 입자의 이동 가능성에 대해서 ASTM D2321에는 몇 개의 규정이 있다. 일반적으로 세립의 흙 재료를 헌칭 및 초기 뒷채움에 사용할 경우에는 기초 및 베딩에 입도가 불량한 조립질(coarse) 재료를 사용하지 않는다. 이 재료를 사용할 경우 미세입자 재료들은 조립질 재료 내부로 이동할 수 있고, 배관 지지력도 손실될 수 있기 때문이다. 또한 지하수 유동은 트렌치 벽의 미세입자를 조립 입자의 채움재료 내부로 쓸어 갈 수 있다.

차량(wheel) 하중과 지반 진동(earth tremor)은 채움재료의 미세입자를 조립 입자들인 트렌치 벽의 흙 내부로 밀어 넣을 수 있다. 반대로 미세입자가 트렌치 벽으로부터 채움재료 내부로 이동하면 트렌치 벽은 침하할 수 있으나 배관은 영향을 받지 않는다. 만일 채움재료 입자들이 트렌치 벽 내부로 이동하면 측면 채움의 지지가 이동하게 되어 약간의 링 처짐을 수용할 수 있다. 이와 같은 현상은 오직 트렌치 벽 흙이 충분히 느슨(loose)하거나, 또는 소성이 충분하여 채움재료 입자들이 내부로 이동할 수 있는 경우에만 발생한다. 흙 입자의 이동은 드문 경우이나 반드시 고려해야 한다. 이에 대한 대처방안은 (1) 지하수 유동으로 이동하는 입자들을 거를 수 있는 충분한 미세입자를 갖는 채움재료, (2) 트렌치 라이너(liner), 특수한 환경에서는 지오텍스(geotextile) 라이너가 필요하다.

3.2.4 채움재료에서 공극

헌치 아래쪽에 파이핑(piping, 지하수의 유동로)이 발생하는 것을 피하기 위해서는 흙을 배관과 완전 접촉시켜야 한다. 채움재료가 유동성 채움인 경우 공극들을 피해야 하며, 유동성 채움은 헌치 아래에 흙을 포설하기에 트렌치 폭이 너무 좁은 경우 좋은 아이디어이다. 트렌치 박스와 쉬트 파일은 파일 또는 쉴드의 팁(tip)이 배관 스프링 라인보다 높게 설계해야 한다. 제대로 설계하여 사용하면 쉬트 파일링 또는 트렌치 쉴드의 철거에 의해 남는 공극은 배관 성능에 영향을 미치지 않는다.

3.2.5 중장비 (Heavy equipment)

매설 구조물이 본질적으로 강도가 낮거나 무거운 다짐기가 변형시킬 수 있을 정도로 유연하면 구조물 인근에서는 가벼운 다짐기를 사용한다. 무거운 다짐기는 구조물 수평으로부터 $45^\circ+\phi/2$보다 적은 각도의 경사면 바깥쪽에 있어야 한다. 구조물의 상부에는 최소 토피고 보다 두꺼운 H가 필요하다. 건설중장비 영역은 통상적으로 2ft 또는 $D/2$ 둘 중 큰 것으로 명시된다. 대규모 구조물은 운영자에게 강도에 대해 잘못된 환상을 심어줄 수 있다는 것을 명심해야 한다. 구조물은 채움재료가 제자리를 잡은 후 구조물의 강도 및 안정성을 얻을 수 있다. 흙을 포설하는 동안 구조물은 높은 측면 채움 압력에 저항할 수 없기 때문에 "구조물이 없을 때 사면붕괴가 발생하지 않도록 하기 위해서 중장비를 측면 채움의 가장자리로부터의 거리를 얼마로 유지할 것인가?" 생각하면 경험 또는 접선면(tangent plane) 개념으로부터 해답을 구할 수 있다. 통상적으로 45° 접선면을 명시하고 안전한계로 $45^\circ+\phi/2$를 적용한다. 다양한 장비의 형식과 중량을 고려하여 제2장에서 제안된 방법들로 최소 토피두께 H_{min}를 결정할 수 있다. 경험법칙으로 H-20 트럭 하중, D8 트랙터의 경우 최소 토피두께는 3ft 이상이어야 한다. 스크레이퍼와 슈퍼-다짐기의 경우 토피두께는 5ft 이상이어야 한다.

3.3 강성배관 해석

3.3.1 3-지점 지지 강도 (Three-edge bearing strength)

ASTM 시방서(specification)에 따르면 강성 비압력배관은 다음과 같이 4가지 형식으로 되어 있다. ASTM C428은 석면-시멘트 배관, ASTM C700은 유리화된(vitrified, 점토를 고온으로 구워서 굳힌) 점토 배관을 2개의 강도 등급으로 규정하고 있다. ASTM C14는 비보강 콘크리트 비압력배관, ASTM C76은 보강 콘크리트 비압력배관에 대해 다루고 있으며, 소위 D 하중 강도에 의해 규정된다. D 하중은 3-지점 지지 강도를 직경으로 나눈 것이다. 비압력 용도로 외부 하중에 저항하기 위해서 다양한 강성배관 형식을 설계하기 위해 직면하는 설치 조건은 물론 유효한 배관의 강도에 대한 지식이 필요하다.

실험실에서 3-지점 지지 시험(그림 3.4 시험 개요도 참조)으로 강성배관의 강도를 시험한다. 특정 배관 제품을 위한 시험 방법은 각 ASTM 규정에 상세히 기술되었다. 3-지점 지지 강도는 시험 배관 시편의 파쇄(crushing) 또는 임계 균열을 발생시키기 위해 필요한 단위길이당 하중(통상적으로 lb/in)이다. 이 강도는 시험 기계에서 붕괴가 발생하는 하중이지 지반 내에서 붕괴를 발생하는 하중은 아니다.

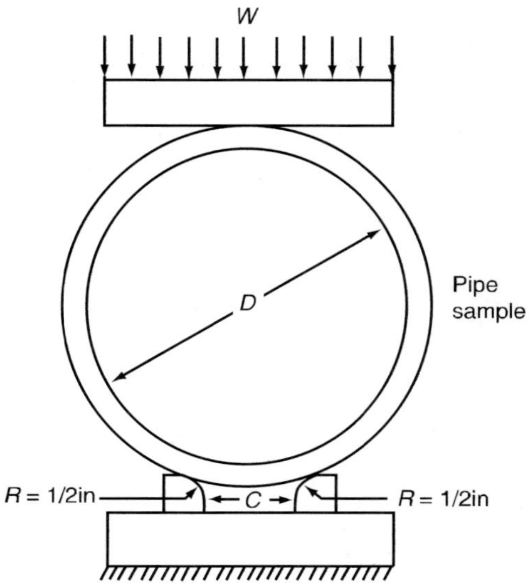

그림 3.4 3-지점 지지

3.3.2 베딩 계수와 분류

제2장에서 강성배관의 경우 Marston 공식 $W_d = C_d \gamma B_d^2$을 사용하여 흙 하중을 계산할 수 있다는 것을 알았다. 일반적으로 붕괴를 야기시키는 Marston 하중은 3-지점 지지 강도보다 크며 배관의 베딩 방법에 따라 결정된다.

붕괴를 발생시키는 Marston 하중은 현장 강도(field strength)라 부른다. 배관 붕괴는 배관 베딩에 따라 결정되므로 현장 강도와 3-지점 지지 강도의 비를 나타내는 "베딩 계수(bedding factor)"라는 용어를 사용한다. 베딩 계수 용어는 Marston이 사용하였으며 때로는 하중 계수(load factor)라 불린다. 두 용어들은 동일한 매개변수를 인용하며 상호 변환하여 사용할 수 있다.

$$\text{베딩 계수} = \frac{\text{현장 강도}}{\text{3-지점 지지 강도}} \qquad 3.1$$

베딩 형식(또는 클래스)은 그림 3.5와 같고, 상응하는 베딩 계수(또는 하중계수)들은 표 3.2에 나타내었다.

3.3.3 설치 설계

다음과 같은 방법으로 공식 3.1을 사용하여 3-지점 지지 강도를 계산할 수 있다.

$$\text{3-지점 지지 강도} = \frac{\text{현장 강도}}{\text{베딩 계수}} \qquad 3.2$$

현장 강도는 현장에서 붕괴를 발생시키는 Marston 하중이다. 대부분 기술자들과 시방서는 설계시 안전 계수를 요구한다. 따라서 요구되는 3-지점 지지 강도는 다음과 같다.

$$\text{요구되는 3-지점 지지 강도} = \frac{\text{설계부하} \times \text{안전 계수}}{\text{베딩 계수}} \qquad 3.3$$

적합한 배관 분류 또는 배관강도선정 설계 절차는 개략적으로 다음과 같다.

1. 흙 하중 결정
2. 활 하중 결정
3. 베딩 요구사항 선정
4. 하중계수 결정

5. 안전율 적용
6. 적정 배관 강도 선정

다음 예제는 위의 6개 설계 절차의 사용, 그리고 적합한 강성배관 선정시 기본적인 원리를 예증하나 배관 재료 설계[즉, 규정된 파쇄(crush) 강도를 만족시키는데 필요한 재료(보강 강, 석면 섬유, 시멘트 등)의 양은 포함되지 않는다]에 대해서는 기술하지 않는다.

ASTM은 최소 파쇄(crush) 강도를 명시하고 있으므로 설계를 시작하기 위해 이 강도를 사용하기로 한다.

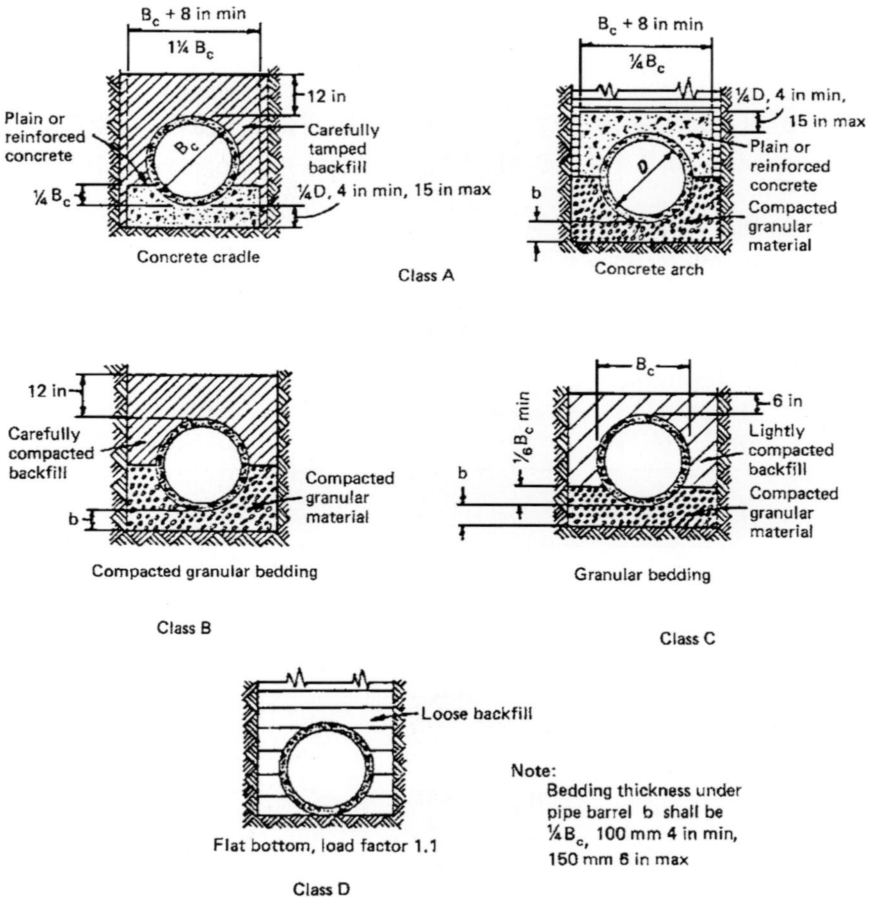

그림 3.5 강성 하수배관을 위한 베딩 클래스

예제 3.1

직경 15인치 위생 하수관로를 모래로 이루어진 원지반의 14ft 깊이에 설치하기로 한다. 만일 트렌치 폭이 3.0ft일 경우 이에 적합한 배관 베딩 클래스는?

1. 흙 하중 결정

$$\frac{H}{B_d} = \frac{14}{3} = 4.67$$

$$k\mu = 0.165 \text{ 모래}$$

그림 2.2로부터 $C_d = 2.4$ 따라서 식 2.4로부터

$$W_d = C_d \gamma B_d^2 = 2.4 \times 120 \times 3.0^2 = 2592 \text{lb/ft}$$

2. H-20 고속도로 하중으로 가정하고 활 하중을 결정한다. 그림 2.19(표 2.8)로부터 14ft 토피두께의 경우 활 하중은 무시할 수 있다는 것을 알 수 있다.

3. 베딩 선정, 경제성 및 실용성 판단이 필요하다. 그림 3.5로부터 클래스 B, C, D를 비교한다(그림 3.5 참조).

4. 표 3.2로부터 하중계수를 결정한다.

클래스 B	BF=1.9
클래스 C	BF=1.5
클래스 D	BF=1.1

5. 안전율 적용

콘크리트(ACPA)	SF=1.25~1.5
보강 콘크리트(ACPA)	SF=1.0(0.01인치 균열에 기초)
점토(CPI)	SF=1.0~1.5
석면 시멘트(ACPPA)	SF=1.0~1.5

6. 배관강도 선정

$$W_{3-\text{지점}} = W_c \times \frac{SF}{BF} = 2592\frac{SF}{BF}$$

$$W_{Dload} = W_c \times \frac{SF}{BF} \times \frac{1}{D} = \frac{W_c}{D}\frac{SF}{BF} = 2074\frac{SF}{BF}$$

SF=1.5인 경우 최소 요구 강도

베딩 클래스	3-지점(lb/ft)	D 하중(lb/ft)/ft
B	2046	1637
C	2592	2074
D	3535	2828

배관과 베딩 비용의 경제성을 포함한 상세한 검토 내용을 기초하여 상기 표에서 주어진 이상의 강도를 갖는 클래스를 선정한다.

예제 3.2

예제 3.1에서 배관 상단부에 3.0ft 트렌치 폭을 유지할 수 없어 변이(transition) 트렌치 폭에 도달하는 경우 W_{3-edge}와 W_{Dload}를 결정하라.

1. 변이 폭 결정

$$\frac{H}{B_c} = \frac{14}{15/12} = 11.20$$

$r_{sd}P = 0.5$인 경우 그림 2.6으로부터 $B_d/B_c = 2.9$ 여기서 B_d는 변이 폭

$$B_{d\ \mathrm{transition}} = \frac{B_d}{B_c} B_c = 2.9 \times \frac{15}{12} = 3.6\,\mathrm{ft}$$

2. 흙 하중 결정

$$\frac{H}{B_d} = \frac{14}{3.6} = 3.9$$

$k\mu = 0.192$ 입상

그림 2.2로부터 $C_d = 2.0$ 따라서

$$W_d = C_d \gamma B_d^2 = 2.0 \times 120 \times 3.6^2 = 3110\,\mathrm{lb/ft}$$

또 다른 방법으로

$$\frac{H}{B_c} = \frac{14}{(15/12)} = 11.20$$

$$r_{sd}P = 0.5$$

표 2.2로부터

$$C_c = \frac{1.5H}{B_c} - 0.07 = 16.73 \approx 16.7$$

$$W_c = C_c \gamma B_c^2 = 16.7 \times 120 \times 1.25^2 = 3131 \mathrm{lb/ft}$$

변이 폭에서 $W_c \approx W_d$이므로

$$W_{3-\text{지점}} = 3131 \frac{SF}{BF}$$

$$W_{Dload} = 2505 \frac{SF}{BF}$$

SF=1.5인 경우 최소 요구 강도

베딩 클래스	3-지점(lb/ft)	D 하중(lb/ft)/ft
B	2472	1977
C	3131	2505
D	4270	3416

3.4 연성배관 해석

3.4.1 설치 설계

연성 관거의 설치 설계 또는 해석시 가장 기본적으로 사용되는 매개변수 3개는 다음과 같다.

1. 하중(매설 깊이)
2. 배관 영역에서 흙의 강성도
3. 배관 강성도

배관의 설계하중은 제2장에서 기술한 프리즘 하중 이론을 사용하여 쉽게 계산할 수 있다. 이 하중은 단순히 흙의 단위중량과 토피두께의 곱이다. 연구결과 장기적 관점에서 연성배관에 작용하는 하중은 프리즘 하중에 접근하는 것으로 밝혀졌다. 따라서 설계시 이 하중을 사용하려면 반드시 단위 처짐 지연(deflection lag) 계수를 사용해야 한다.

흙의 강성도는 통상적으로 E'(유효응력으로 표시되는 흙의 탄성계수, lb/in^2)의 항으로 표현한다. 흙의 탄성계수 E'는 밀도, 종류, 그리고 함수비 같은 흙 특성의 함수이다. 흙 밀도는 흙의 강성도에 영향을 미치는 가장 중요한 매개변수인 것이 경험으로부터 밝혀졌다.

연성배관의 경우 통상적으로 파쇄(crush) 강도보다 배관 강성도가 배관 재료 특성을 제어한다. 다음과 같이 다양한 매개변수의 항으로 배관 강성도를 표현할 수 있다.

배관 강성도 용어

$$\text{강성도 계수(Stiffness factor)} = EI \tag{3.3a}$$

$$\text{링의 강성도(Ring stiffness)} = \frac{EI}{r^3} \quad \text{때로는} \quad \frac{EI}{D^3} \tag{3.3b}$$

$$\text{배관의 강성도(Pipe stiffness)} = \frac{F}{\Delta y} = 6.7\frac{EI}{r^3} \tag{3.3c}$$

여기서 E : 탄성계수(lb/in^2)
I : 배관 단위길이당 단면 관성모멘트($in^4/in = in^3$)
r : 배관 평균 반지름(in)
D : 배관 평균 직경(in)
F : 단위길이당 힘(lb/in)
Δy : 연직 처짐량(in)

가장 많이 사용하는 항목은 배관 강성도 $F/\Delta y$이다. 임의 배관 제품의 $F/\Delta y$는 실험실에서 평행 판 載荷(parallel-plate loading) 시험에 의해 쉽게 결정할 수 있다. 이 시험에서 배관 샘플을 시험기계 내부 두 개의 수평 평행 판 사이에 위치시킨다. 압축하중을 가하여 수직 처짐 Δy가 직경 5%에 도달할 때까지 하중을 증가시킨다. $F/\Delta y$의 대표적인 단위는 lb/in^2으로 $F/\Delta y$는 탄성계수 E와 동일한 단위를 갖는다.

요약하면 연성배관 해석시 사용되는 가장 중요한 3개의 매개변수들은 (1) 하중, (2) 흙의 강성도, 그리고 (3) 배관 강성도이다. 상기 3개의 매개변수들을 사용하지 않는 임의 설계 방법은 완전하지 못하다.

연성배관의 경우 적정한 설치 설계에 의해 제어해야 할 연직방향 처짐은 가변적이다. 이 처짐은 상기에 기술된 3개 매개변수의 함수이다.

3.4.2 Spangler의 Iowa 공식

Anson Marston 제자들 중 한 사람인 M. G. Spangler는 연성배관의 경우 매설배관에 작용하는 하중을 계산하는 Marston 이론만으로는 충분하지 않다는 것을 관찰하였다. 강성배관과 비교하여 연성배관은 고유의 강성도를 거의 제공하지 못하나 흙에 매설되면 놀랄만하게 성능을 수행한다고 주목하였다. 연직 흙 하중을 지지하는 연성배관의 주요 능력은 (1) 배관 주변으로 하중의 재분산, (2) 배관 측면이 주변 흙에 대해 외부로 이동하면서 야기되는 수동토압으로부터 유래된다. 연성배관 설계를 위한 기본 개념은 링의 처짐이며 Spangler는 충분한 연성배관의 설계 절차를 결정하기 위해 연성배관의 거동을 연구할 것을 제안하였으며, 그의 연구 및 실험으로부터 Iowa 공식을 유도하여 1941년 발표하였다.[42]

Spangler는 Marston의 하중이론을 적용하고 이 하중은 배관 상단부 면(plane)에서 균등하게 분포한다고 가정하여 배관 처짐에 미치는 주변 흙의 영향을 구체화하였다. 또한 베딩 각도에 따라 바닥 부분의 상부를 균등 압력으로 가정하였다. 측면에서 수평토압 h는 흙 내부로의 배관 처짐에 비례한다고 가정하였다. 그림 3.6에서 비례상수

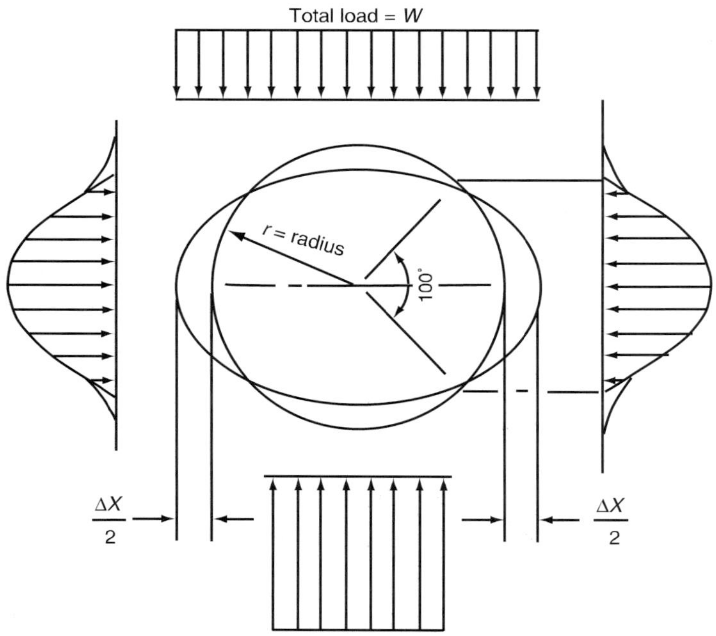

그림 3.6 매설배관의 처짐을 구하기 위한 Iowa 공식의 Spangler 유도

를 정의하였고 이 상수를 "흙의 수동저항계수(modulus of passive resistance of the soil)"라 부른다. 추정하건데 임의 흙에서 이 계수는 하나의 상수이고 단순한 실험실 시험으로 측정할 수 있다. Spangler는 해석을 통해 다음과 같은 Iowa 공식을 유도하였다.

$$\triangle x = \frac{D_L K W_c r^3}{EI + 0.061 e r^4} \qquad 3.4$$

여기서 D_L : 처짐 지연 계수
K : 베딩 상수
W_c : 배관 단위길이당 Marston 하중(lb/in)
r : 배관 평균 반지름(in)
E : 배관 재료의 탄성계수(lb/in^2)
I : 단위길이당 배관 벽의 관성모멘트(in^4/in=in^3)
$e = \frac{2h}{\Delta X}$: 측면 채움의 수동 저항 계수[lb/(in)^2(in)]
$\triangle x$: 수평 처짐 또는 직경 변화(in)

만일 3개 경험 상수 K, D_L, e를 알면, 공식 3.4를 사용하여 매설배관의 처짐량을 예측할 수 있다. 베딩 상수 K는 배관 하부 베딩으로부터 유래된 하중력에 반대 방향의 같은 크기의 반발력에 대한 매설 연성배관의 응답을 나타낸다. 베딩 상수는 설치 시 베딩 각도와 폭에 따라 변화한다. 그림 3.7에 베딩 각도를 나타내었다. 표 3.3에 베딩 각도에 종속되는 베딩 계수 K를 열거하였다. Spangler가 1941년에 발표한 이론에 의해 이 계수들을 결정하였으며 일반적으로 $K = 0.1$로 가정한다.

Spangler의 대학원생 Reynold K. Watkins는 1958년 모델 연구로 수동저항계수를 조사하였고 Iowa 공식을 차원적으로 조사하였다.[52] 해석 결과 차원이 실제 계수의 차

표 3.3 베딩 상수 K 수치

베딩 각, degree	K
0	0.110
30	0.108
45	0.105
60	0.102
90	0.096
120	0.090
180	0.083

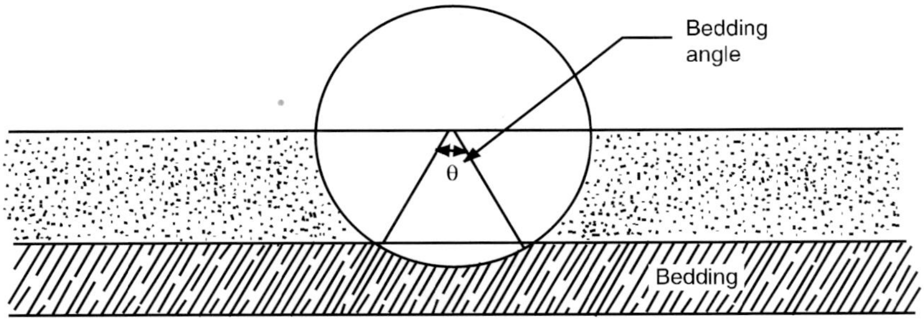

그림 3.7 베딩 각도

원이 아니면 e는 흙의 실제 특성이 될 수 없다는 결론에 도달하였다. Watkins은 다른 흙 매개변수인 흙 반발계수(modulus of soil reaction) $E' = er$를 정의하였다. 결과적으로 수정된 Iowa 공식이라 불리는 새로운 공식을 제안하였다.

이 공식을 또한 Spangler 공식 또는 Iowa 공식이라 부르며 다음과 같다.

$$\triangle x = \frac{D_L K W_c r^3}{EI + 0.061 E' r^3} \qquad 3.5$$

Watkins의 연구결과로부터 두 개의 특이한 관측결과들을 얻을 수 있다. (1) 모델이 직접적으로 링의 처짐량을 주기 때문에 모델시험으로 E'를 평가하는 것은 거의 의미가 없다. (2) 링의 처짐량만이 유일한 성능한계가 아닐 수 있다.

Iowa 공식에서 처짐량을 계산하기 위해 필요한 다른 매개변수는 처짐 지연 계수 D_L이다. Spangler는 흙을 포함하는 모든 엔지니어링 시스템과 같이 흙-배관 시스템에서 배관 설치 후 시간 경과에 따라 배관의 측면에서 흙의 압밀(soil consolidation)이 계속되는 것을 인지하였다. 그의 경험으로부터 처짐량이 40년에 걸쳐 최대 30%까지 증가할 수 있다는 것을 보여주었다. 이러한 이유로 그는 보수적인 설계를 위해 처짐 지연 계수 1.5를 권장한다. 그러나 연성배관의 경우 Spangler가 제안한 하중은 Marston 하중인 점을 상기하여야 한다. 대부분의 하수도 배관 설치의 경우 프리즘 하중은 최소 Marston 하중의 1.5배 이상이다(제2장 배관에 작용하는 흙 하중 참조). 만일 설계시 프리즘 하중을 사용하면 반드시 설계 처짐 지연 계수 $D_L = 1.0$을 사용해야 한다.

흙의 탄성계수 E' 해석 수정된 Iowa 공식에서 나머지 매개변수는 흙의 탄성계수 E'이다. Spangler의 Iowa 공식은 탄성 배관과 탄성 지반에 기초하여 링의 처짐량을 예측한다. 토질 기술자였던 Spangler는 흙의 수동저항계수라 불리는 흙의 수평 탄성계수

E'를 포함하였다. 사실 수평수동저항은 $K\sigma_y$이며, 여기서 $K=(1+\sin\phi)/(1-\sin\phi)$이다. 흙의 활동면(soil slip plane)은 45°가 아니라 $45° - \phi/2$에서 발생한다.

궁극적으로 충분히 큰 하중에서는 일반적인 흙의 전단(soil shear)이 발생한다. Mohr원 해석(Mohr's circle analysis)에서 수평 흙 저항은 $K\sigma_y$이다. 따라서 흙의 활동면은 수평으로부터 $45° - \phi/2$에서 발생하며 이 해석은 보수적이다. 흙의 마찰각 ϕ는 상수가 아니고 토피두께와 링의 처짐량에 따라 변화한다. 제어된 시험에서 흙의 활동면은 그림 3.8과 같이 연성(flexible) 링의 모래 채움재료에서 관측되었다.

흙의 탄성계수 E'는 토피두께에 따라 변화할 수 있다. 흙의 구속 압축시험(오이도미터시험)에서 하중이 증가하면서 응력-변화율(하중-처짐량) 곡선의 기울기가 증가한다. 즉, 하중-처짐량 곡선은 상부 요면(concave)이다. 따라서 하중 또는 깊이에 따라 곡선의 기울기가 증가한다. 흙에 매설된 배관은 동일한 방법으로 수행한다고 제안되어왔다. 따라서 E'는 깊이(구속의 정도, degree of confinement)에 따라 증가해야 한다. 만일 이것이 사실이면 매설배관의 하중-처짐량 곡선의 기울기는 토피두께에 따라 증가해야 하고, 하중-처짐량 곡선은 상부 요면이 되어야 하며 이는 쇄석과 같은 오직 선정된 채움에서만 사실이다. 다른 흙에서는 하중-처짐량 곡선은 아래로 요면이고 통상적으로 배관 영역에서 흙 다짐 때문에 발생하는 선행압밀(preconsolidation)의 함수인 knee를 갖는다.

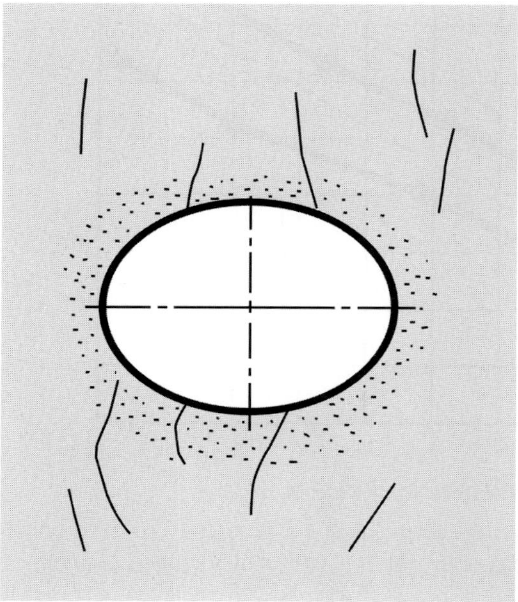

그림 3.8 85% 표준 프록터 밀도로 다짐된 모래 제방에서 흙의 활동면

흙에 매설된 배관은 구속 압축시험과 같지는 않다. 배관은 효과적으로 흙 속에 하나의 구멍을 발생시키고 그에 따라 압력 집중을 발생시킨다. 연성배관의 경우에 흙은 구속되지 않으나 배관과 함께 처져 실제로 배관 표면에서 미끄러질 수 있다. 흙은 탄성이 아니므로 인장력을 취할 수 없다(흙은 배관에 부착되지 않는다). 처짐의 순수 효과는 흙 속의 미소 전단면(micro shear plane) 형성이다. 전단면을 따라 움직이는 파괴 중 흙 때문에 흙의 유효 탄성계수는 감소한다.

그림 3.9와 3.10은 연성배관인 강관과 PE 배관의 하중-처짐량 곡선이다. 이 그림들로부터 곡선들은 아래 요면이고, 이는 흙 내부에서의 미소 전단 파괴 때문에 흙의 탄성계수가 감소하는 것을 의미한다. 또한 흙의 선행압밀(preconsolidation)로 인한 곡선들의 굴곡을 볼 수 있다.

E'를 측정하려는 많은 연구 노력이 있었으나 성공하지 못하였다. 가장 효과적인 방법은 설치 조건들을 이미 알고 있는 매설배관의 처짐량을 측정한 후 Iowa 공식을 사용하여 역산을 통해 E'의 유효 수치를 결정하는 것이다. 역산시에는 하중, 베딩 계수, 그리고 처짐 지연 계수를 가정할 필요가 있다. 이때 가정치에 일관성이 없으면 보고된 E'값들의 편차가 발생한다.

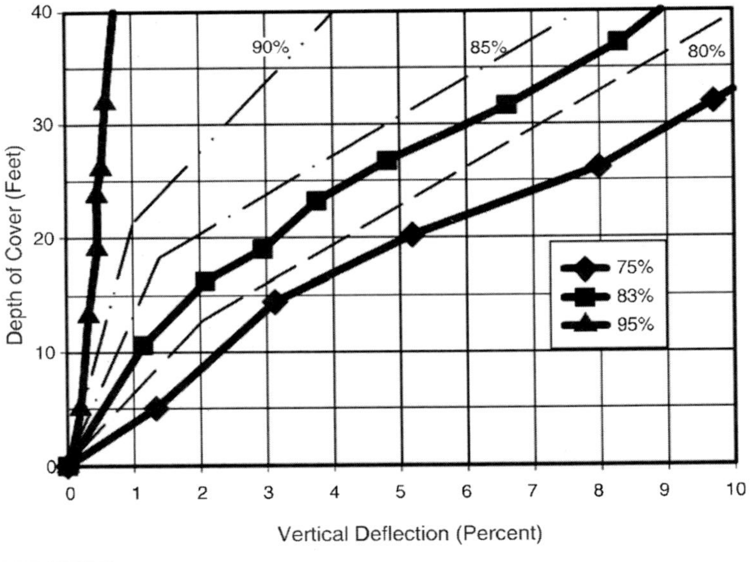

그림 3.9 여러 흙 밀도에서 60인치 HDPE 배관의 연직 처짐 곡선. 실선은 실제 시험자료이고 점선은 중간 밀도의 경우 추정된 곡선이다. 대부분의 경우 곡선은 아래 요면(concave)이다. 95% 곡선은 직선으로 추정할 수 있다. 모든 곡선들은 bilinear로 추정할 수 있다.

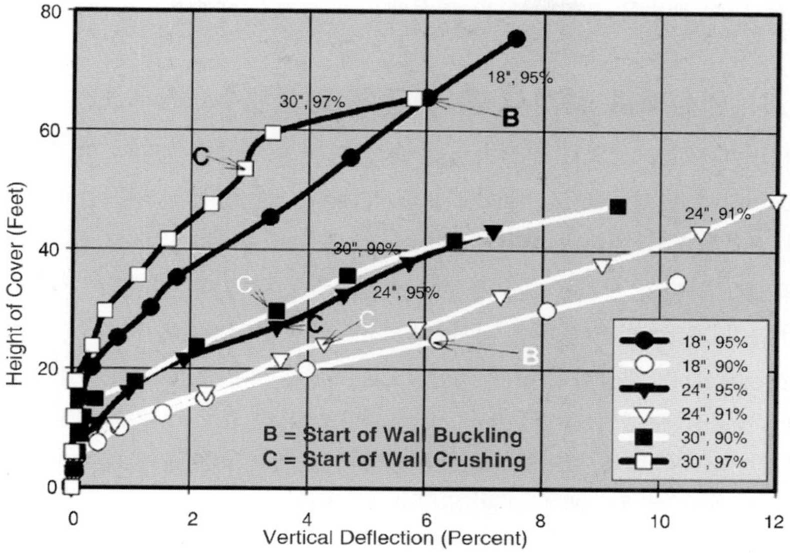

그림 3.10 강관에서 6개 하중-처짐 시험의 경우 연직 처짐. 곡선들은 아래로 요면(concave)이고, 흙의 선행압밀에 해당하는 knee를 갖는다.

미국 개척국의 Amster K. Howard는 E'값에 관한 정보를 얻으려고 시도하였다.[11] Howard는 다양한 흙 종류와 밀도에서 평균 E'값 표를 작성하기 위해 실험실과 현장 시험으로부터 얻은 자료들을 사용하였다(표 3.4 참조). 그는 E', K, 그리고 W_c에 값을 할당하여 이론적인 처짐량을 계산하기 위해 Iowa 공식을 사용하였으며, 이 이론적인 처짐량을 실제 관측된 수치들과 비교하였다. Howard는 표 3.4의 E'값 및 베딩 상수 $K = 0.1$로 가정하고 프리즘 흙 하중을 사용하였을 때 ±2% 처짐량 이내에서 이론 및 측정 결과들을 서로 관련시킬 수 있었다. 이는 만일 표 3.4를 사용하여 이론적인 처짐량이 약 5%이면, 측정된 처짐량은 3~7%가 될 수 있다는 것을 의미한다. Howard는 그의 계산에서 처짐 지연 계수 $D_L = 1.5$를 사용하였다고 보고하였으나 전술한 것과 같이 프리즘 하중을 사용하였다면 올바르게 수정하기 위해서 지연 계수 $D_L = 1.0$를 사용해야 한다.

임의 경우에서 처짐 지연 계수 $D_L = 1.0$과 프리즘 하중을 사용하면 표 3.4에서 자료들은 미국 Utah 대학교에서 20년 이상 수행한 실험실 및 현장 시험에서 얻은 값들과 일치한다. Howard의 연구 자료 대부분은 직경 24인치 이상인 강관 및 보강-플라스틱 몰탈 배관을 갖고 수행한 것이지만 이 자료들은 Iowa 처짐 공식의 이해를 돕기 때문에 PVC 배관을 포함한 모든 연성배관의 설계자들에게 유효한 정보들을 제공한다.

3.4.3 연성배관 설계시 흙의 구속 탄성계수(constrained soil modulus)

매설 연성배관 설계시 전통적으로 흙의 반발 탄성계수 E'를 사용하여 흙의 강성도를 모델하여 왔다. E'은 매설배관의 처짐량을 예측하기 위한 Iowa 공식 입력자료로서 반경험적인 매개변수이다. 대안으로 일차원 구속 계수 M_s를 사용하는 것이다. E'와 M_s 사이의 상관관계는 문헌에 기술되었으며, 일부 연구자들은 매개변수들은 상호 변환이 가능하다고 결론을 내렸다. Duncan은 탄성계수에 대한 쌍곡선 모델(hyperbolic model)을 개발하여 유한 요소 프로그램에 사용되는 M_s의 설계 값들을 유도하였다. 쌍곡선 모델의 개발로[5,38,39] 매설배관의 유한 요소 해석에 비선형 토질 모델이 성공적으로 사용되게 되었다. 따라서 쌍곡선 모델은 매설배관 해석에 사용되는 대부분의 유한 요소 프로그램에 탑재되어 있다. 대표적인 프로그램으로는 CANDE와 PIPE5이다.

Spangler가 제안한 Iowa 공식은 배관 상단부 상부에 위치한 흙에 기인한 배관의 수평 직경에서의 변화를 예측한다. Watkins와 Spangler는[52] 단위길이 면적당 힘의 단위를 갖는 흙의 반력계수 E' 사용을 제안하였다. 후에 Watkins, Spangler, 그리고 다른 사람들은 연직 및 수평 처짐량이 적은 경우 거의 동일하다는 것과 배관 성능과 관련하여 연직 처짐이 더 양호한 예측자인 것을 보여주었다. 일부 학자에 의해 비난을 받아왔지만 Iowa 공식은 처짐량을 계산하기 위한 단순화된 방법으로 잘 알려져 왔다.

많은 연성배관 설치에서 측정된 연직 처짐량으로부터 역-계산된 표 3.4에서 Howard의 E'값들은 보수적이다. Howard는 역-계산을 하기 위해 베딩 계수와 지연 계수를 가정해야 했다. 일부 학자는 토피두께에 따라 증가하는 흙의 반력계수를 제안하였으나 Howard는 E'와 채움(fill) 깊이 사이 상관관계를 발견하지 못하였다. Howard가 사용한 자료들은 50ft 토피두께로 제한되므로 E'값은 50ft 이상 토피두께에 유효하지 않다.

전술한 것과 같이 많은 연구자들이 흙의 반력계수 E'와 시험으로부터 구한 정확한 흙의 특성 값들을 관련시키기 위해 노력해왔다. 이러한 노력의 일환으로 가장 광범위하게 사용하였던 매개변수는 구속 계수 M_s이고, 이 계수는 그림 3.11과 같이 세 방향의 변형률 중 두 방향의 변형률이 구속($\epsilon_x = \epsilon_y = 0$)되어 있을 때의 흙의 강성도이다.

3차원 조건에서 σ_z에 대한 후크법칙은 다음과 같다.

$$\sigma_z = \frac{E}{1+\nu}\left[\epsilon_z + \frac{\nu}{1-2\nu}(\epsilon_x + \epsilon_y + \epsilon_z)\right]$$

여기서 E는 흙의 탄성계수(영계수)이고 ν는 포와송의 비이다.

표 3.4 흙의 반발 계수 E'의 평균값(연성배관의 초기 처짐의 경우)

흙의 종류-배관 베딩 재료 (통일토질분류법 USCS*)	베딩 다짐정도에 따른 E', lb/ft^2			
	덤핑	저, 〈85% 프록터다짐도 〈40% 상대밀도	중, 85–95% 프록터다짐도 40–70% 상대밀도	고, 〉95% 프록터다짐도 〉70% 상대밀도
세립토 (LL〈50)[†] 중~고소성 토 CH, MH, CH-MH	가용한 데이터 없음. 자격을 갖춘 지반기술자와 상의할 것. 그렇지 않으면 E' =0를 사용			
세립토 (LL〈50) 중~비소성 토 CL, ML, ML-CL (조립자가 25% 이하일 것)	50	200	400	1000
세립토 (LL〈50) 중~비소성 토 CL, ML, ML-CL (조립자가 25% 이하일 것) 세립분이 있는 조립토 GM, GC, SM SC (세립분이 12% 이상일 것)	100	400	1000	2000
세립분이 적거나 없는 조립토 GW, GP, SW, SP[‡] (세립분이 12% 이하일 것)	200	1000	2000	3000
쇄석	1000	3000	3000	3000
처짐율 정도[§]	±2	±2	±1	±0.5

* ASTM D 2487, USBR E-3

† LL=liquid limit(액성한계)

‡ 또는 이 심볼의 하나로 시작하는 임의 경계 흙(즉, GM-GC, GC-SC)

§ ±1 % 정확도인 경우 예측된 처짐량이 3%이면 실제 처짐량은 2~4%

주의 : 50ft(15m) 이하의 채움의 경우 적용할 수 있는 수치. 표는 임의 안전계수를 포함하지 않는다. 초기 처짐만을 예측하기 위해 사용하는 경우 장기 처짐을 구하기 위해 반드시 적합한 처짐 지연 계수를 적용해야 한다. 만일 베딩이 두 다짐 범주 사이 경계선에 위치하면 낮은 E', 또는 두 수치의 평균치를 선택한다. 약 12,500ft·lb/ft^3(598,000J/m^3)(ASTM D 698, AASHTO T-99, USBR E-11)을 사용한 시험 표준 실험실 최대 건조 밀도에 기초한 % 프록터. 1lb/in^2=6.9kN/m^2

출처 : Amster K. Howard(1977), "Modulus of Soil Reaction(E') Values for Buried flexible Pipe," J. Geotech. Eng. Div., ASCE, January 1977, pp. 33-43.

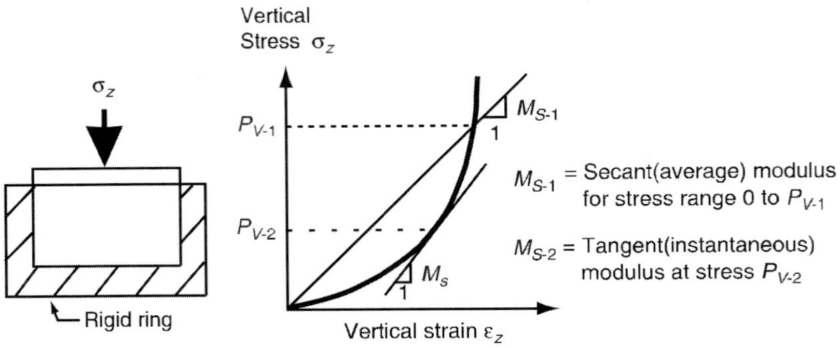

그림 3.11 구속된 압축시험 개략도

그림 3.11과 같이 x와 y 방향이 구속된 압축조건에서는 ϵ_x와 ϵ_y가 0이 되므로 상기 후크의 법칙은 다음 형태가 된다.

$$\sigma_z = \left[\frac{E_s(1-\nu)}{(1+\nu)(1-2\nu)}\right]\epsilon_z$$

[ ] 안의 항목은 유효계수로서 구속압축계수 M_s로서 다음 식과 같이 흙 영계수 E_s와 포와송의 비 ν의 함수이다.

$$M_s = \frac{E_s(1-\nu)}{(1+\nu)(1-2\nu)} \qquad 3.6$$

여기서 M_s : 흙의 구속압축계수
E_s : 흙의 영계수(MPa, lb/in^2)
ν : 흙의 포와송비

전형적으로 M_s값은 응력-변형 곡선의 원점과 배관 옆쪽의 자유장에 해당하는 흙의 응력을 나타내는 곡선상 응력 수준에서 할선 경사(secant modulus)로 계산된다(그림 3.11에서 평균 계수).

Krizek와 그의 동료들은 M_s는 $0.7\sim1.5E_s$로 변화할 수 있다는 것을 보고하였으며 Hartley와 Duncan[9] 그리고 McGrath[26]은 $E' = M_s$를 제안하였다. 균질한 흙 속에 매설되는 배관을 위한 탄성 모델로서 Burns와 Richard[3]는 지반 내부에서 흙 거동의 가장 대표적인 특성치로 구속계수를 사용하였다. 매설배관 설치를 목적으로 하는 설계 모델의 정밀도는 대략적인 관계가 수용될 수 있을 정도로 충분히 낮다.

쌍곡선 모델로부터 직접적으로 구속계수를 유도할 수 있다. 탄성 재료의 거동을 정의하기 위해 두 개의 상수들이 필요하다. 쌍곡선 모델은 영계수와 체적계수를 매개변수들로 사용한다. E와 ν 항으로 구성된 체적계수 K는 다음과 같다.

$$K = \frac{E}{3(1-2\nu)}$$

K와 E를 알면 ν를 다음과 같이 계산할 수 있다.

$$\nu = \frac{1}{2} - \frac{E}{6K}$$

따라서 쌍곡선 모델을 위한 E와 K값을 알면 구속계수를 계산할 수 있다.

McGrath[26]는 흙의 강성도 매개변수로 사용하기 위해 M_s의 설계수치를 제시하였으며, E'을 사용하는 다른 설계 공식들과 매설배관의 처짐량을 구하기 위한 Iowa 공식에서 이 설계 수치의 사용을 제안하였다. 제안된 할선계수들을 표 3.5에 열거하였다.

3.4.4 처짐 지연(Deflection lag) 및 크리프(Creep)

최대 부과된 하중이 현실화된 후 매설된 연성배관이 지속적으로 처지는 시간의 길이는 제한된다. 이 시간은 배관 영역에서 흙 밀도의 함수이다. 배관 측면에서 흙의 밀도가 높으면 배관이 처짐을 지속하는 시간이 짧아지고 하중에 반응하는 전체 처짐량은 적어질 것이다. 반대로 흙의 밀도가 낮으면 크리프 시간은 길어지고 결과적으로 크리프에 기인한 처짐량은 커진다.

표 3.5 흙의 구속계수 M_s 권장 설계값

응력 수준, kPa	흙의 종류 및 다짐 조건, MPa								
	SW95	SW90	SW85	ML95	ML90	ML85	CL95	CL90	CL85
7	13.8	8.8	3.2	9.8	4.6	2.5	3.7	1.8	0.9
35	17.9	10.3	3.6	11.5	5.1	2.7	4.3	2.2	1.2
69	20.7	11.2	3.9	12.2	5.2	2.8	4.8	2.4	1.4
138	23.8	12.4	4.5	13.0	5.4	3.0	5.1	2.7	1.6
275	29.3	14.5	5.7	14.4	6.2	3.5	5.6	3.2	2.0
413	34.5	17.2	6.9	15.9	7.1	4.1	6.2	3.6	2.4

1MPa=145lb/in^2

트렌치 하중이 최대에 도달한 후 배관 주변의 흙이 고밀도화(densification) 되는 과정에 있는 한 배관-흙 시스템은 지속하여 처진다. 채움재료가 하중을 지지하기 위해 필요한 밀도에 도달하면 배관의 처짐이 지속되지 않을 것이다.

매설배관에 작용하는 전 하중(full load)은 최종 뒷채움을 높은 밀도로 다짐하지 않는 한 설치 후 곧바로 도달하지 않으며, 매설배관에 작용하는 하중 증가는 주로 시간에 종속되는 처짐에 영향을 받는다. 그러나 연성배관의 경우 장기(long-term) 하중은 프리즘 하중을 초과하지 않으므로 설계시 프리즘 하중을 사용하면 트렌치 강화와 시간 종속 처짐에 따른 시간-종속 하중의 증가를 효과적으로 보상한다. 따라서 프리즘 하중에 기초하여 처짐량을 계산할 때 처짐 지연 계수 $D_L = 1.0$ 사용해야 한다.

통상적으로 크리프(creep)는 배관 재료와 관련된 것으로 재료가 일정한 하중을 받고 있을 때 시간에 따른 지속적인 변형으로 정의된다. 대부분 플라스틱은 크리프 특성을 갖는다. 온도가 상승하면서 임의 하중에서 크리프율은 증가하고, 또한 응력이 증가하면 주어진 온도에서 크리프율은 증가한다. 또한 크리프하는 재료들은 응력이완(relaxation)에 의해 영향을 받는다. 응력이완은 일정한 변형으로 고정된 재료 내부에서 시간의 경과와 더불어 응력이 차츰 감소하는 현상으로 크리프 현상과 함께 발생한다. 그림 3.12는 고정된 일정 변형 조건에서 PVC 배관 샘플의 응력이완곡선을 보여주며, 시간 경과에 따라 PVC 배관의 응력이 이완되는 것을 알 수 있다.

그림 3.13은 매설 PVC 배관의 경우 장기 자료를 보여준다. 시험기간 동안 일정하게 고정된 흙 하중을 가하여 발생되는 장기 처짐 시험들을 미국 유타대학에서 수행하였

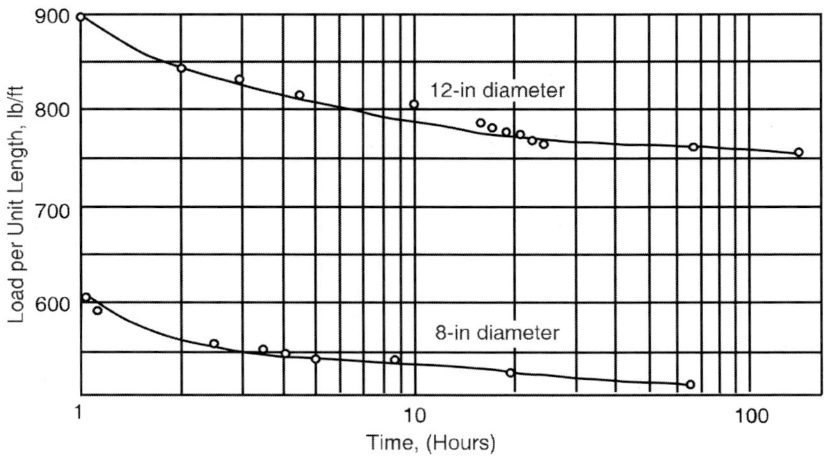

그림 3.12 응력이완곡선

다. PVC 배관 재료의 크리프 특성은 처짐 지연에 거의 영향을 미치지 않았으나 밀도와 같은 토질 특성은 미치는 영향이 큰 것으로 나타났다.

온도가 장기 거동에 미치는 영향을 결정하기 위해 수행한 매설된 PVC 배관의 온도-제어 시험자료들은 그림 3.14와 같으며 시험절차는 다음과 같다. 시험할 배관을 로드 셀에 위치시키고 흙 속에 매입한 후 규정된 프록터 밀도의 %로 다짐한다. 배관의 초기 연직 처짐량이 원하는 값에 도달할 때까지 흙에 작용하는 하중을 증가시킨다. 목표값에서 하중과 온도를 일정하게 고정하여 시험한 후에 시간 의존성의 처짐량을 구하게 된다. 시작 처짐량은 다소 독단적으로 이들 시험들 중 4개 시험을 약 4.75% 처짐량에서 시작하였고, 2개 시험은 9~9.5% 처짐량 사이에서 시작하였다. 이러한 처짐량을 발생시키기 위해 필요한 하중들은 각 경우마다 다르다.

시험한 온도 범위에서 배관의 처짐이 평형 상태에 도달하면 시간이 경과하여도 더 이상 처지지 않음에 유의해야 한다. 이와 같이 흙의 밀도는 한계 처짐량과 이에 도달하는데 필요한 시간에 큰 영향을 미친다. 그러나 동일한 흙 밀도를 갖고 다른 온도에서 시험한 결과인 그림 3.14로부터 다음과 같은 흥미로운 사실들을 알 수 있다.

1. 높은 온도의 경우 배관의 유효 강성도가 낮기 때문에 평형 처짐량은 다소 크다.
2. 흙-배관 시스템은 평형에 도달하기까지 보다 신속한 비율로 상호작용하기 때문에 온도가 높은 경우 평형 도달시간은 짧아진다.

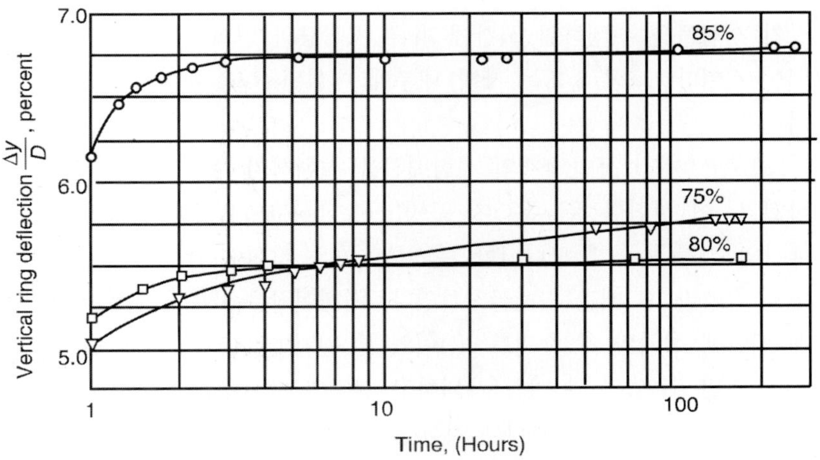

그림 3.13 PVC 배관 creep 반응

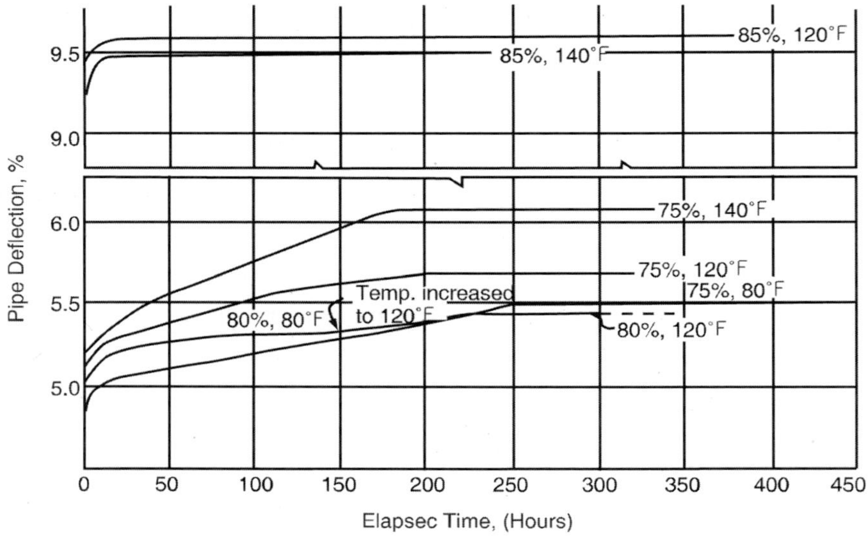

그림 3.14 온도 제어 토조시험에서 시간 처짐 곡선

위에 기술한 장기간 시험들은 시험토조(soil cell)에서 수행되었다. 재하면(loading plane)은 배관 상단부 약 30인치 정도이기 때문에 시험토조 내부의 배관에 가해지는 하중은 거의 순간적이다. 이러한 방법은 트렌치 또는 제방 조건에서도 상당한 장점들이 있다. 트렌치와 제방 내부에서는 전체하중(full-load)이 배관에 도달하는데 상당한 시간(수개월 그리고 수년으로 보고되었음)이 소요된다. 트렌치 그리고 제방 내부에서 장기 시험들을 수행하면 시간에 따른 처짐량의 변화는 하중 증가와 흙의 고밀도화에 의한 것이다. 그림 3.15는 제방 내부에 매설된 PVC 배관의 장기 처짐량 곡선들을 보여준다.

1975년 9개월 동안 4개의 시험배관을 설치하기 위해 토피두께 22ft로 제방을 건설하였고, 이 시험현장은 두더지 구멍(mole hole)으로 알려졌으며 14년 동안 매설 PVC 배관의 성능을 쉽게 모니터할 수 있는 좋은 기회를 제공하였다. 1989년 가을까지 시험을 수행한 후 배관들을 굴착하였다. 시험현장은 18%의 실트(silt)가 섞인 세립질 모래 지반에 설치된 자갈 피트(pit)이었다. 원지반 흙은 습기에 민감하고 포화되면 지반은 붕괴될 수 있다. 건기를 제외하고 현장의 배관은 봄에는 지하수면 아래 위치하고, 여름 및 겨울철 대부분에서는 지하수면 상부에 위치하였다.

배관들은 2개의 다른 PVC 혼합물로 제작되었다. 시험에 사용된 배관들은 ASTM D1784에 따른 12364B 셀(cell) 클래스로서 중량 기준 100에 대해 30~100의 탄산칼슘

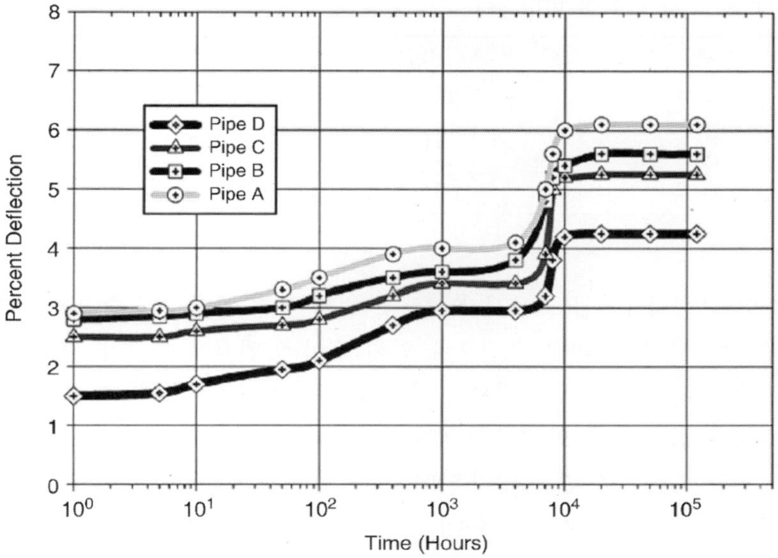

그림 3.15 10인치 직경 PVC 하수배관의 처짐-시간 곡선

충진재가 포함되어 있다. 다른 2개의 샘플들은 비중 1.2인 PVC 재질이다. 시험 배관의 기본 제원 및 특성은 표 3.6과 3.7과 같으며 비교하기 위해 비충진(unfilled), un-foamed PVC 셀 클래스 12454B의 대표적인 특성들을 표 3.6에 나타내었다.

장기 처짐 자료(long-term deflection data) 14년 동안 취득한 지반 내에서의 연직 처짐량 데이터를 그림 3.15에 나타내었다. 설치 후 40일(960시간)까지 안정된 처짐이 지속되었으며, 지하수면이 처음 배관 영역 베딩 수위에 도달하는 순간까지 일정하게

표 3.6 배관 샘플의 기본 특성

합성물 (compound)	셀(cell) 클래스*	배관 강성도, lb/in^2	두께, in	SDR, OD/t_{min}	E, lb/in^2	비중
충진(filled)	12364B	45–50	0.327–0.331‡	39–41	630,000	1.62
Foamed	Exp.†	32–36	0.381–0.417	31–32	218,000	1.2
비충진 / unfoamed	12454B	46min.	0.320	35	400,000	1.4

* Per ASTM D 1784
† Experimental(not classified)
‡ 동일한 배관 강성도에서도 t_{min}는 다르게 나타났다.

■ 표 3.7 ■ 시험 배관의 파라메타

배관	$F/\Delta y$, lb/in^2	흙 밀도(% 표준, 프록터)
A	34	82
B	45	83
C	38	85
D	50	87

유지하였다. 설치 150일(3600시간) 후 첫 번째 봄철 동안 지하수면이 배관 높이 상부로 상승하였다. 이 지하수 조건으로 인해 흙이 압밀되어 하중이 증가하였으며, 봄철 동안 모든 배관 샘플들의 처짐량이 다소 급속하게 증가하였다. 새로운 안정적인 처짐 또는 평형 처짐 수준은 약 400일(9600시간)에 도달하였다. 14년 시험 기간 동안 지하수면은 연간 기준으로 변동을 지속하였으나 이러한 지속적인 지하수면의 변동은 배관 영역의 초기 포화로 인해 처짐에 미치는 영향이 아주 작은 것으로 나타났다.

배관 주변의 흙은 실트질의 미세 모래로서 이러한 흙의 경우 임계수치보다 적은 공극비를 보장하기 위해 92% 이상의 표준 프록터 밀도가 필요하다. 설치된 밀도는 92% 이하이어서 임계 수치보다 공극비가 컸다. 따라서 지하수면이 배관 영역으로 상승할 때 흙의 압밀이 발생하여 배관 처짐량을 증가시킨 것이다. 이는 지하수면 이하에 배관을 설치하는 경우, 밀도가 공극비의 임계값 이하인 경우에는 추가적인 처짐량 제어를 할 수 있다는 것을 의미한다. 시험현장 지역에서 시험기간 동안 작은 지진이 발생하였고, 따라서 그림 3.15는 지하수면과 지진 등이 포함된 처짐량 결과이다.

현장 제방에서 측정된 시간에 따른 처짐량 변화가 토조시험에서 측정된 것보다 크다. 이러한 시간의존적 처짐은 제방시험 동안 증가하는 하중에 기인하는 반면, 토조시험에서는 배관 직 상부에 흙 하중이 가해지고 일정하게 유지된다. 그림 3.15 곡선으로 연결되는 평형 처짐량은 토조 내부에서 유사한 배관을 동일한 토압, 동일한 초기 밀도, 그리고 지하수면 조건으로 시험하면 동일한 결과를 얻을 수 있다.

매설 샘플의 사후평가 현장에서 굴착한 배관 샘플들을 육안 검사하였을 때 균열, 잔금(crazing), 또는 다른 폴리머 손상은 없었으며, 각 샘플의 비중, 배관 강성도, 그리고 벽 두께를 측정한 결과는 표 3.8과 같다. 주목할 만한 것은 foamed 샘플의 경우 초기 배관 강성도는 34~38lb/in^{2}이었으나, 14년 후에는 36~40lb/in^{2}로 변화하였다는 것이다. 충진 배관 샘플은 초기 45~50lb/in^{2}이었으나, 14년 후에는 44~49lb/in^{2}로 측정되었다. 이러한 작은 변화는 아마도 예측된 실험 오차 범위 이내이고, 시험기간에

■ 표 3.8 ■ 제방 배관 샘플의 사후 굴착 특성

배관 샘플 명칭	합성물형식	두께 평균, 인치	비중	배관* 강성도, lb/in^2	60% 플래트닝
A	Foamed	0.381	1.2	36.8	No 균열
B	충진	0.327	1.6	44.0	No 균열
C	Foamed	0.417	1.2	40.5	No 균열
D	충진	0.331	1.6	49.0	No 균열

* ASTM D 2412에 따른 배관 강성도 사후 평가

걸쳐 발생한 배관의 처짐에 대한 저항 용량이 변화하지 않았다는 것을 의미한다.

이러한 배관들의 연성(延性, ductility)을 결정하기 위해 D3034, F789, F798, F784 등에 기술된 60% 처짐 시험을 수행하였으며 각 샘플은 균열을 발생하지 않고 처짐 수준을 유지하였다.

두더지 구멍(mole hole) 추가 자료 상기 배관들을 굴착한 후 동일한 위치에 제방 내부에 22ft 토피두께로 새로운 4개 PVC 배관들을 설치하여 1989년 10월 20일 완공하였으며 다음 7년 동안 처짐량을 모니터하였다. 설치 후 2년 동안은 상당히 건기였으며, 이 기간 동안 지하수는 배관 영역으로 상승하지 않았다. 1991~1992년 겨울은 상당히 습기가 많았다. 1992년 봄 산악 융설 기간 동안 지하수는 30개월 동안 지반 내부에 위치한 배관 상부로 상승하였고 배관 영역 지반을 포화시켰다.

지반내 연직 처짐량 데이터를 그림 3.16에 나타내었다. 약 10개월 후 처짐은 대부분 안정되고, 20개월 후에는 전체적으로 안정된다. 실트질 모래의 경우 한계 밀도는 표준 프록터 밀도의 92% 정도이다. 따라서 88% 밀도에 설치된 배관은 지반이 포화되어 더욱 조밀하게 되며 밀도가 증가하게 된다. 펌핑된 자갈 내부에 설치되었던 2개 배관들은 처짐이 약간 증가한 것을 보여주었으며, 이는 물이 자갈 입자들의 윤활유 역할을 하여 약간의 고밀도화가 이루어진 것을 의미한다. 실트질 모래에 설치되어 표준 프록터 밀도의 93%로 다짐된 배관은 처짐량의 증가가 거의 없었다. 이는 처짐 제어와 관련하여 임계 밀도보다 높게 다짐된 흙 속에 배관을 설치해야 한다는 것을 의미한다.

약 32개월 후 새로운 안정 또는 평형 처짐량 수준에 도달하였다. 지하수면은 나머지 시험 기간 동안 연간 기준으로 지속적인 변화가 있었다. 이와 같은 지하수면의 지속적인 변화가 처짐에 미치는 영향은 거의 측정할 수 없는 수준이었다.

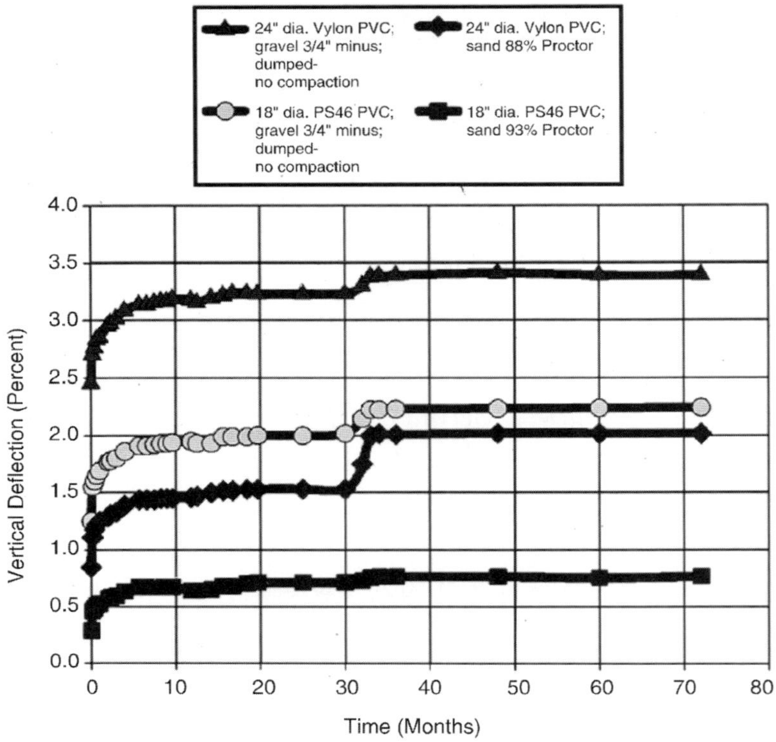

그림 3.16 22ft 토피로 설치된 배관들의 제방자료

이 시험 장소는 도시 발전의 희생자가 되었다. 설치 30개월 후 이 지역은 토지구획에 편입되었으며, 액세스(access) 배관은 철거되었고, 지금은 토피두께가 22ft인 배관들 위에 집들이 들어서 있다.

주변 흙이 계속해서 압밀되는 동안에는 임의 매설 연성배관(강관, 섬유유리, 또는 플라스틱)은 처짐이 지속될 것이라는 광범위한 연구들이 되어 왔다. 따라서 전술한 것과 같이 배관 재료의 크리프 특성은 흙 내부에 매설되면 연성배관의 장기처짐 거동에 거의 영향을 미치지 않고, 대부분의 경우 처짐 지연 계수 $D_L = 1.5$는 시간-종속 하중 증가와 배관 영역 내 흙의 압밀(consolidation)에 기인한 장기 영향을 부수적으로 설명한다. 대안으로 예상되는 프리즘 하중과 $D_L = 1.0$에 기초하여 배관을 설계할 수 있다.

PVC와 강 시험용 토조의 내부에서 일정한 하중을 받는 배관의 시간-처짐량 곡선을 그림 3.17에 나타내었다. 강과 PVC 2개의 배관들은 재료가 완전히 다르나 동일한 배

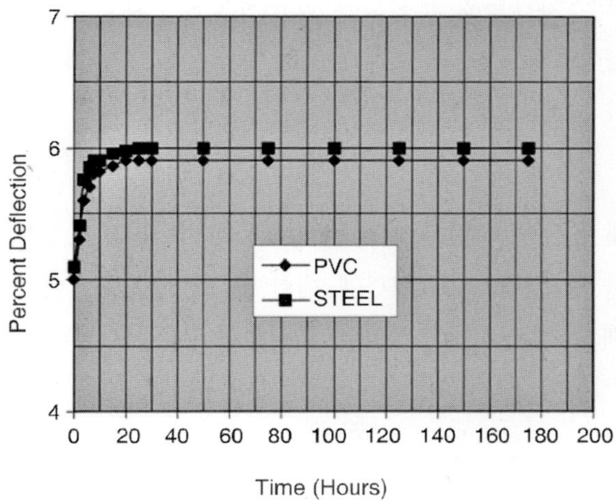

그림 3.17 동일한 배관 강성도($F/\Delta y$=46lb/in^2) 및 85% 표준 프록터 밀도로 다짐된 실트질 모래 흙 속에 동일한 방법으로 설치된 강관 및 PVC 배관의 처짐

관 강성도($F/\Delta y = 6.7EI/r^3 = 46\text{lb/in}^2$)를 갖는다. 두 배관들은 동일한 밀도(표준 프록터 밀도 85%)로 다짐된 흙의 내부에 설치된다. 이러한 일정-하중 시험의 경우 평형은 약 25시간이 걸린다. 배관의 기본 재료 특성은 배관 전체 성능과 아무 관련이 없다는 것을 보여준다. 예를 들어 PVC는 강 보다 상당히 높은 비율로 크리프하나, 이 크리프 특성의 차이는 성능에 아무런 영향을 미치지 않는다. 또한 강의 탄성계수는 PVC 탄성계수의 75배이다. 매설배관의 성능에 영향을 미치는 가장 중요한 두 가지 특성은 첫째는 흙의 밀도이고, 둘째는 배관 강성도이다.

매우 단순한 용어로 흙의 강성도는 주로 흙 밀도의 함수이고, 흙과 배관의 강성도는 부과된 하중을 지지하기 위해 함께 작용한다. 따라서 이 두 개는 전체 배관 성능에 직접적으로 기여한다.

3.4.5 Watkins의 흙-변형률 이론

Spangler와 Watkins는 수정된 Iowa 공식을 변화시킨 여러 식들을 제안하였다. 다음과 같이 단순한 개념으로 이 모든 공식들을 나타낼 수 있다.

$$\text{처짐량} = \frac{\text{하중}}{\text{배관 강성도} + \text{상수} \times \text{흙의 강성도}} \qquad 3.7$$

많은 시험들로부터 얻은 자료들을 분석하여 Watkins는 무차원 비율 형태로 Iowa 공식을 다음과 같이 작성하였다.

$$\frac{\Delta y}{D} = \frac{PR_s}{E_s A R_s + B} \qquad 3.8$$

여기서 $P(\text{lb/in}^2)$는 배관 높이 상단부에 작용하는 공칭 수직 압력, 그리고 R_s는 강성도 비이다. R_s는 배관 링 강성도 EI/D^3에 대한 흙 강성도 E_s 비$\left[E_s/(EI/D^3)\right]$로서 배관은 물론 흙, 재료들의 모든 특성들을 포함한다. 일정한 단면적의 강성체 배관 벽의 경우 $I = t^3/12$이므로

$$R_s = 12\frac{E_s D^3}{Et^3}$$

여기서 E_s : 1차원 압밀(consolidation) 시험에서 미지의 하중에서 흙의 응력-변형률 곡선의 기울기로서 $= P/\epsilon$

ϵ : 흙의 연직 변형률

A, B : Iowa 공식의 D_L, K와 같은 항들을 포함하는 경험 상수

공식 3.8을 변형시키면 다음과 같이 작성할 수 있다.

$$\frac{\Delta y}{D\epsilon} = \frac{R_s}{AR_s + B} \qquad 3.9$$

상기 형식의 공식은 2개의 무차원 변수인 링의 처짐 비율 $\Delta y/D\epsilon$와 강성도 비율 R_s사이의 단순한 상관관계를 나타낸다. 그림 3.18은 링 처짐량 예측시 사용할 수 있는 설계 곡선을 나타낸다. 이 곡선은 유럽과 미국에서 경험 자료는 물론 현재 이론 자료에 근거한다.

대부분의 연성배관 설치시 권장 측면 채움과 비교하여 배관들은 상대적으로 유연하여 배관은 흙을 따라 내려가고, 처짐 비율은 1에 근접한다. 통상적으로 강성도 비율 R_s는 300 이상으로 그림 3.18의 오른쪽에 위치한다. 통상적으로 R_s가 300 이상이더라도 보수적으로 $(\Delta y/D)\epsilon = 1$로 가정하므로 링의 처짐은 다음과 같이 된다.

$$\frac{\Delta y}{D} = \epsilon \qquad 3.10$$

이는 측면 채움 침하만큼 연성배관이 처진다는 것을 증명한다. 그림 3.19에서와 같이 채움에서 흙의 연직방향 변형률은 흙의 압축성과 공칭 하중(nominal load)에 따라

결정된다. 그림 3.20에서의 곡선들은 흙의 연직방향 변형률과 연직토압과의 관계를 나타낸다.

이제 흙의 변형률을 사용하여 배관의 처짐량을 쉽게 예측할 수 있다. 흙의 변형률에 대한 배관 처짐량의 비는 그림 3.18로부터 결정할 수 있으며 통상적으로 대부분 연성배관 설치의 경우 1이 된다. 배관에 작용하는 하중은 프리즘(제방) 하중 이론을 이용하여 계산할 수 있고, 그림 3.20으로부터 흙의 변형률을 결정할 수 있다.

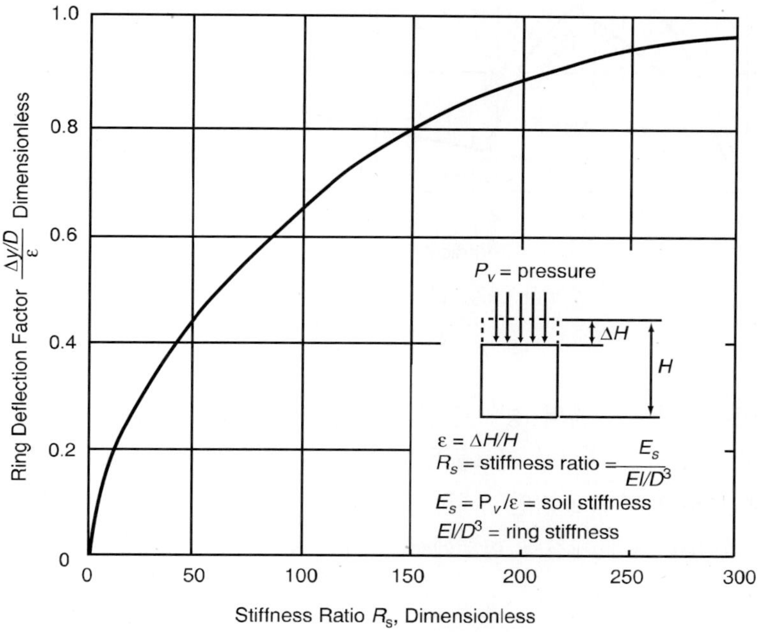

그림 3.18 강성도비의 함수로서 링 처짐 계수(무차원)

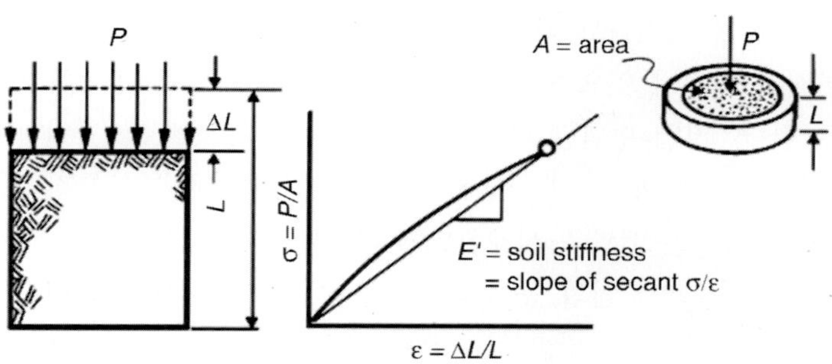

그림 3.19 현장 또는 시험실로부터 응력-변형 압축자료의 수단으로 흙의 침하를 예측하기 위한 개념

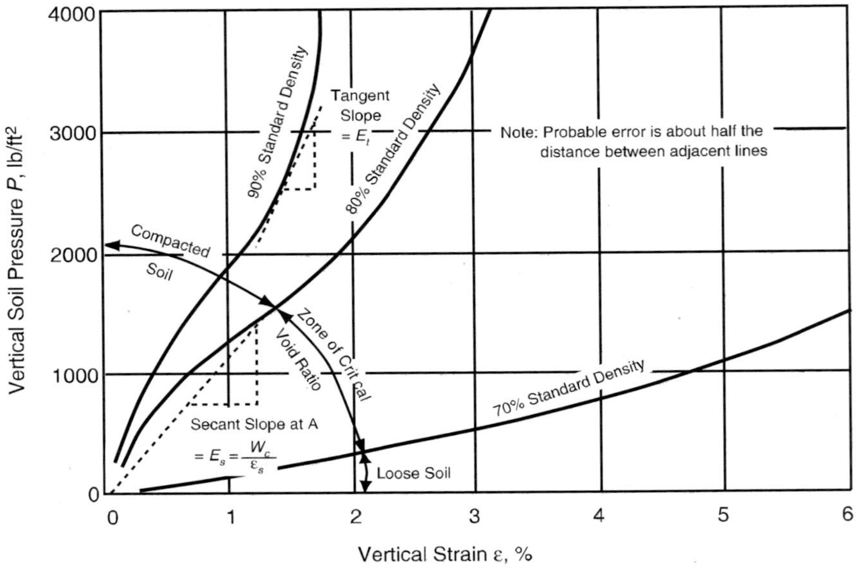

그림 3.20 실제 실험으로부터 전형적인 트렌치 뒤채움(점토 제외)을 위한 연직 응력-변형 자료의 작도

채움재료로 사용할 흙의 경우 일련의 단순한 실험실 시험을 수행하여 그림 3.20에서 보여주는 것들과 유사한 자료들을 생성할 수 있다. 그러나 그림 3.20에 주어진 자료들은 대부분 흙의 대표적인 수치이고 설계시 사용할 수 있다는 것이 경험으로 입증되었다. 따라서 배관 처짐량 한계에서 흙의 밀도가 가장 중요한 매개변수인 것은 명백해진다.

3.4.6 경험적 방법

프리즘 하중 이론을 제외하고 하중 및 처짐량을 결정하기 위해 지금까지 토론한 각 방법들은 이론적인 배경이 있으며, 모든 방법이 미지의 상수를 결정하기 위해 실험적 조사를 필요로 한다. 지난 수년간 파괴가 발생할 때까지 모델 또는 원형 배관을 시험하고 배관의 전체 성능을 연구하는 단계까지 기술이 발전해왔다. 특정 토피두께를 갖고 제방 내부에 설치하는 배관을 설계한다고 가정해보자. 배관을 설치하지 않으면 아칭이 발생하지 않고 따라서 임의 높이에서 토압 즉, 그 깊이에서 프리즘 이론 하중을 쉽게 계산할 수 있다. 양호한 연성(軟性, flexibility)배관을 설치하면 배관에 작용하는 정적 압력은 프리즘 하중 압력보다 크지 않다. 실제 압력을 계산하려고 수년 동안 연구자들이 노력하였으나 성공하지 못하였다. 예를 들어 시험용 토조와 같이 배관을 프리즘 하중 조건으로 설치하면 실제 정적 압력을 계산할 필요없이 변형을 모니터할 수 있다.

미국 유타대학에서 Reynold K. Wakins 감독하에, 그리고 미국 개척국 연구실험실에서 Amster K. Howard 감독하에 성공적으로 이러한 절차를 사용하여 왔다. 흙-배관 시스템 설계 및 전체 성능 예측시 이러한 방법으로 취득한 자료들을 직접 사용할 수 있다. 실제 시험으로 좌굴, 과도한 처짐, 그리고 배관 벽 파쇄 가능성을 평가한다. 이러한 방법 사용에 있어 흙-배관 상호작용 현상을 설명하려는 시도는 불필요하고, 판단에 기초하여 최종 결과를 예측할 필요가 없다.

예를 들어 시험결과 연성(flexible)배관의 상부 25ft(7.6m)에서 임의 흙다짐일 때 배관이 3% 처지는 것을 보여주며, 다른 모든 방법에서 흙다짐이 제대로 작동하면 배관에 작용하는 실제 하중과 흙의 탄성계수를 이론적으로 구할 수 있다. 따라서 충분한 실험적 시험 자료들을 사용하면 기저인 안전계수를 이용하여 배관 설치를 설계할 수 있다. 이러한 자료 수집에 있어 실제 실행에서 사용되는 유사한 방법으로 배관을 설치하고, 성능 수준을 초과할 때까지 토피두께를 증가시킨다. 이러한 절차를 여러 번 반복하여 신뢰성 있는 배관의 성능-채움 높이 곡선을 작성한다. 배관 성능은 토피두께의 함수로서 직접적으로 결정되므로 이러한 실험적 곡선 또는 자료를 사용하면 실제 토압을 결정할 필요가 없다. 처짐 미케니즘 고찰에 동등하게 접근하는 양호한 실험적 방법들은 다음과 같다.

- 실제 현장 설치의 연구
- 배관 성능한계를 초과하는 토조 내부에서 충분히 큰 토피두께의 모의

현장에서 발견되는 베딩 조건과 다양한 설치조건에서의 설계 자료를 확립하는 문제를 방지하기 위해 다음 설계 기초들을 선택하여 왔다.

- 임계조건으로 제방조건을 선택한다. 제방조건 이외 결과들은 보수적이다.
- 장기 처짐량 수치들을 분석하여 시간 지연 또는 제방의 침하를 포함시킨다.

이 시스템의 추가된 장점은 단일 시험으로 링의 처짐을 결정할 뿐만 아니라 링 파쇄, 변형, 그리고 배관 벽 좌굴과 같은 성능한계들을 분석할 수 있다는 것이다. 이와 같은 자료의 사용은 가장 신뢰성 있는 설계 방법으로 고려될 수 있으며 유효할 때 권장된다. 실험자료들에서 결정된 배관 제품들 중 일부는 다음과 같다.

- 석면-시멘트 배관(AC : Asbestos-cement pipe)

- 파형 강관
- 덕타일주철관
- 섬유유리-보강 플라스틱배관(Fiber glass-reinforced plastic pipe)
- 폴리에틸렌 배관(PE)
- Polyvinyl chloride(PVC) 배관
- 보강-플라스틱 몰탈(Reinforced-plastic mortar) 배관
- 강관(Steel pipe CMC-CML)

ASTM D3034에 근거하여 제작되는 최소 배관 강성도가 46lb/in^{2}인 PVC 하수도 배관을 위한 상당한 자료들이 이용되며 미국 유타대학 매설 구조물 실험실(buried structures laboratory)에 있는 연구원들이 자료들을 편집하여 왔다. 흙의 종류, 밀도, 그리고 토피두께에 따라 많은 측정 결과들을 표 3.9와 같은 범주로 구분한다. 표 3.9에 나타낸 처짐은 명시된 조건에서 발생한 가장 큰 처짐량을 나타낸다. 설계 기술자들에게 다

표 3.9 PVC(SDR 35) 배관의 장기 처짐(%)*†

ASTM 채움재료 재료분류‡	밀도(프록터) AASHTO T-99, %	토피두께, ft													
		3	5	8	10	12	14	16	18	20	22	24	26	28	30
클래스 I 가공된 각진 입상재료		0.2	0.3	0.4	0.5	0.6	0.7	0.9	1.0	1.1	1.2	1.3	1.4	1.5	1.6
클래스 II 깨끗한 모래 및 자갈	90	0.2	0.3	0.5	0.7	0.8	0.9	1.1	1.2	1.3	1.4	1.6	1.7	1.8	2.0
	80	0.9	1.4	2.3	3.2	3.6	4.1	5.0	5.5	6.0	6.4	7.3	7.7	8.2	9.1
클래스 III 미세입자를 갖는 모래 및 자갈	90	0.2	0.4	0.6	0.8	0.9	1.1	1.2	1.4	1.6	1.7	1.9	2.1	2.2	2.83
	85	0.7	0.9	1.7	2.2	2.6	3.0	3.5	3.9	4.3	4.8	5.2	5.6	6.0	6.5
	75	1.1	1.8	2.9	3.8	4.5	5.5	6.8	8.5	9.9	11.3	12.7	14.1	15.5	16.8
	65	1.3	2.4	3.6	4.7	5.5	6.8	8.5	9.6	11.4	13.0	14.5	16.0	17.3	18.0
클래스 IV 실트 및 점토	85	0.65	0.9	1.7	2.2	2.6	3.0	3.5	3.9	4.3	4.8	5.2	5.6	6.0	6.5
	75	1.3	2.3	3.3	4.3	5.0	6.5	7.8	9.5	10.6	12.2	13.5	15.0	16.3	17.0
	65	1.3	2.4	3.6	4.7	5.5	8.0	10.5	12.5	15.0	17.6	20.0	22.0	24.0	26.0

* 명시된 조건으로 설치된 임의 배관은 명시된 것 이상으로 처지지 않은 것을 시험자료는 나타낸다. 즉, 명시된 밀도를 얻을 수 있으면 배관은 명시된 수치보다 적게 처진다.

† 열거된 처짐은 오직 흙 하중에 의해 야기된 것이고 초기 비원형도(out-of-roundness)를 포함하지 않는다.

‡ 채움재료 분류는 ASTM D2321의 Underground Installation of Flexible Thermoplastic Sewer Pipe에 따른 것이다.

출처 : 유타대학 보고서로부터 얻은 자료

양한 선택사항을 제공하기 위해 이러한 방법으로 자료들을 나타내었으나 대부분의 경우에서 이 자료들을 사용하면 여러 기술적 해답을 얻을 수 있다.

예를 들어 원지반 흙이 클래스 IV의 점토인 곳에 최소 배관 강성도가 46lb/in^{2}인 PVC 하수도 배관(ASTM D3034 DR35)을 설치하고자 한다. 관로의 90%는 20ft 깊이로 매설된다. 기술자는 7.5% 처짐량을 설계 한계로 선정하였다. 표 3.9에 따라 원지반의 IV 재료는 표준 프록터의 75%로 다짐하면 14ft 이하 토피두께를 갖는 관로에 사용할 수 있다. 따라서 처짐량을 7.5% 이하로 보장할 수 있다. 그러나 지하수 조건들은 다짐을 어렵게, 또는 불가능하게 만들 수 있으며, 결과적으로 흙 강도의 감소를 초래할 수 있다. 이런 경우 처짐량을 7.5%로 제한하기 위해 적합한 채움재료 절차를 갖고 클래스 I, II, 또는 III 재료를 외부로부터 반입하여 사용한다. 유효성, 용이성, 그리고 비용에 기초하여 채움재료를 선정한다. 관로의 깊은 부분의 경우 85%로 다짐한 클래스 III 재료, 80%로 다짐한 클래스 II, 또는 다짐없이 클래스 I 재료를 성공적으로 사용할 수 있다.

3.5 배관 설계 규정

지금까지 배관설치를 위한 설계 방법들을 토론해 왔으나 성능 규정(performance criteria) 없이 설계는 유효할 수 없다. 통상적으로 필요한 성능과 명시된 제품의 용량에 기초하여 설계 기술자가 성능 규정을 확립한다. 제품의 용량에 도달하거나 초과하면 성능한계에 도달하였다고 말한다. 각 배관제품에는 하나 이상의 성능한계가 제시된다. 각 제품의 성능한계들은 제품 수명을 포함한 설계 기능에 방해가 되는 조건들을 방지하기 위해 만들어지는 것들이다.

3.5.1 성능한계

다른 대부분의 구조물과 같이 매설배관의 경우 성능한계들은 응력, 변형, 처짐, 또는 좌굴과 직접적으로 관련된다. 응력, 변형, 처짐, 그리고 좌굴들은 독립적이라는 것을 암시하는 것은 아니나 주의를 해야 할 편리한 매개변수일 뿐이다. 특정 제품의 경우 다른 한계들이 항상 먼저 발생하기 때문에 특정 성능제한들을 고려하지 않는다.

다음은 설계시 고려할 성능한계 목록이고, 토압에 대한 가능한 응답들로 생각할 수 있다.

- 배관 벽 파쇄(응력)
- 배관 벽 좌굴
- 역 곡률[reversal of curvature(처짐)]
- 과도한 처짐(overdeflection)
- 변형률 한계
- 길이방향 응력
- 전단 하중
- 피로(fatigue)
- 박리(delamination)

배관 벽 파쇄(wall crushing) 배관 벽 파쇄는 연성(延性, ductile) 제품의 경우 국부 항복(localized yielding), 취성 재료의 경우 균열 파괴 조건을 기술하기 위해 사용하는 용어이다. 여기서 연성이란 물체가 탄성한도를 넘는 힘에 의해 파괴되지 않고 길게 늘어나는 소성적(塑性的)으로 변형하는 성질을 말하는 것으로 연성(軟性, flexible)과는 다르다. 관 벽에서 응력이 항복 강도 또는 배관 재료의 극한 강도에 도달하면 이 성능한계에 도달한다. 주로 링의 압축응력으로 인해 이러한 성능한계에 도달한다(그림 3.21 참조).

$$\text{링 압축} = \frac{P_v D}{2A} \quad 3.11$$

여기서 P_v : 연직토압
D : 직경
A : 단위길이당 단면적

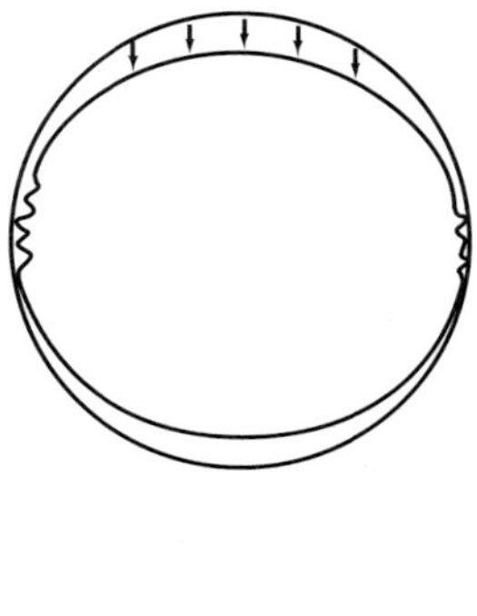

그림 3.21 3시 및 9시 위치에서 벽 파쇄(crushing)

그러나 배관 벽 파쇄는 휨 응력에 의해서도 영향을 받을 수 있다.

$$휨\ 응력 = \frac{Mt/2}{I} \tag{3.12}$$

여기서 M : 단위길이당 휨 모멘트
t : 관 두께
I : 단위길이당 단면 관성 모멘트

대부분의 "강성" 또는 취성 배관 제품들의 경우 배관 벽 파쇄가 주된 성능한계 또는 설계기초이다. 또한 토피두께가 크고, 높게 다짐된 뒷채움 내부에 강한(stiffer) 연성(flexible) 배관을 설치하면 토피두께가 매우 큰 경우 이 성능한계에 도달할 수 있다. 링 압축 응력을 항복 또는 극한 강도와 비교하여 이 성능한계를 신속하게 확인할 수 있다.

배관 벽 좌굴(wall buckling) 좌굴은 강도 성능한계가 아니나, 불충분한 강성도 때문에 발생할 수 있다. 좌굴 현상은 내부 진공, 외부 정수압, 또는 다짐된 흙 내부에서의 큰 토압을 받는 연성배관 설계시 주된 검토대상이다(그림 3.22 참조).

배관이 유연할수록 배관 벽은 좌굴 저항에 대해 불안정하게 된다. 균일한 외부 압력을 받아 평탄한 응력을 받는 원형의 경우 임계 좌굴 압력은 다음과 같다.

$$P_{cr} = \frac{3EI}{R^3} \tag{3.13}$$

평면 변형률 조건하의 긴 튜브의 경우 상기 식의 E를 다음 식으로 대체해야 하고

$$E = \frac{E}{1-\nu^2}$$

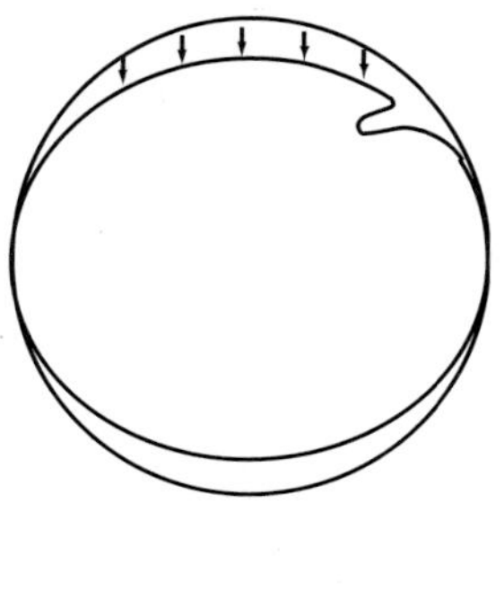

그림 3.22 부분 벽 좌굴(buckling)

또한 I를 다음 식으로 대체한다.

$$I = \frac{t^3}{12} \times 1$$

따라서 식 3.13은 다음과 같이 된다.

$$P_{cr} = \frac{Et^3}{4(1-\nu^2)R^3} \tag{3.14}$$

비탄성 영역(현저한 항복점을 갖는 재료)에서 좌굴의 경우 항복점 σ_y항으로 임계 좌굴 압력을 다음과 같이 나타낼 수 있다.

$$P_{cr} = \frac{t}{R}\left(\frac{\sigma_y}{1+4\sigma_y R^2/(Et^2)}\right) \tag{3.15}$$

배관 두께가 작아지면서 상기 식의 한계수치는 다음과 같이 된다.

$$\frac{Et^3}{4R^3}$$

상기 식은 식 3.14의 수치보다 작다. 사실 모든 경우에서 식 3.15는 다음 식보다 작거나 또는 항복점 강도에 상응하는 압력보다 작다.

$$\frac{\sigma_y t}{R}$$

상기 식은 전단 강도가 0인 재료 속에서 수면 아래에 있는 배관과 같이 정수압(hydrostatic)을 받는 조건에만 적용할 수 있다. 따라서 상기 식을 사용하여 도강(river crossing)에 사용된 배관, 기다란 일직선 배관, 포화된 지반 내부에 매설되는 배관, 또는 내부 진공을 받는 일직선 관로의 좌굴 저항을 확인할 수 있다. 그러나 이 해석법은 관거의 초기 타원형(ellipticity)을 포함하지 않는다.

대부분의 관거는 상당한 전단 저항을 갖는 흙 재료 내부에 매설된다. 탄성 재료 내부의 실린더 좌굴 문제에 대한 정확하고 엄격한 해답을 구하기 위해서는 약간의 고도의 수학을 필요로 하고, 흙의 성능을 예측할 수 없으므로 정확한 해답을 보장할 수 없다. Meyerhof와 Baike는 매설된 원형 관거 내 임계 좌굴을 계산하는 다음 공식을 전개하였다.[25]

$$P_{cr} = \frac{2}{R}\sqrt{\frac{KEI}{1-\nu^2}} \qquad 3.16$$

만일 지반반력계수(subgrade modulus) K를 흙의 강성도 E'/R로 대체하면 다음과 같다.

$$P_{cr} = 2\sqrt{\frac{E'}{1-\nu^2}\left(\frac{EI}{R^3}\right)} \qquad 3.17$$

공식 3.16과 3.17에서 초기의 비원형도(out-of-roundness)를 무시하였으나, 비원형도를 고려하면 P_{cr}은 30% 이하로 감소되는 것으로 추정된다. 결과적으로 연성 관거의 설계시 좌굴에 저항하기 위해 안전계수 2와 함께 상기 공식을 사용할 것을 권장한다. 북유럽에서는 상기 공식의 임계좌굴 압력을 다음과 같이 다시 작성하였다.

$$P_{cr} = 1.15\sqrt{P_b E'} \qquad P_b = \frac{2E}{1-\nu^2}\left(\frac{t}{D}\right)^3 \qquad 3.18$$

시험결과 강관의 경우 상기 공식은 상당히 정확한 반면 플라스틱 배관 또는 섬유유리-보강 플라스틱 배관의 경우 상기 공식들은 보수적인 것으로 나타났다. 그러나 대부분의 플라스틱 배관의 경우 예측된 좌굴 압력은 보수적인 점을 감안하여 설계시 상기 공식들 중 하나를 반드시 사용해야 한다.

좌굴에 대한 더욱 정확한 방법은 다음과 같다:

외부 하중의 합계는 허용 좌굴 압력 이하이어야 한다. 다음 식으로 허용 좌굴 압력 q_a을 결정할 수 있다.

$$q_a = \frac{1}{FS}\left(32R_w B' E' \frac{EI}{D^3}\right)^{1/2}$$

여기서 q_a : 허용 좌굴 압력(lb/in^2)

FS : 설계 계수(2.5 for $h/D \geq 2$, 3.0 for $h/D < 2$)

h : 배관 상부 지반 표면 높이(in)

D : 배관 직경(in)

R_w : 물 부력 계수$\left(1 - \frac{0.33h_w}{h} \quad 0 \leq h_w \leq h\right)$

h_w : 배관 상단부 수표면 높이(in)

B' : 탄성 지지의 실험 계수(무차원)

1966년 Luscher는 다음과 같이 계수 B' 식을 발표하였다.

$$B' = \frac{4(h^2 + Dh)}{(1+\nu)\left[(2h+D)^2 + D^2(1-2\nu)\right]}$$

흙의 경우 계수 B'는 포아송비에 약간 종속되나 이 영향은 그림 3.23에서 보는 것과 같이 작다. 포아송비가 1/2일 경우 상기 식은 다음 식과 같이 단순화되나 이 공식은 계수 B'를 계산하기 위해 사용하며 보수적이다.

$$B' = \frac{4(h^2 + Dh)}{1.5(2h+D)^2}$$

대표적인 배관 설치시의 좌굴 통상적인 배관 설치시 다음 공식을 사용하여 외부 하중을 결정한다.

$$\gamma_w h_w + R_w \frac{W_c}{D} + P_v \le q_a$$

여기서 h_w : 관거 상부 물의 높이(in)
γ_w : 물의 비중(0.0361lb/in^3)

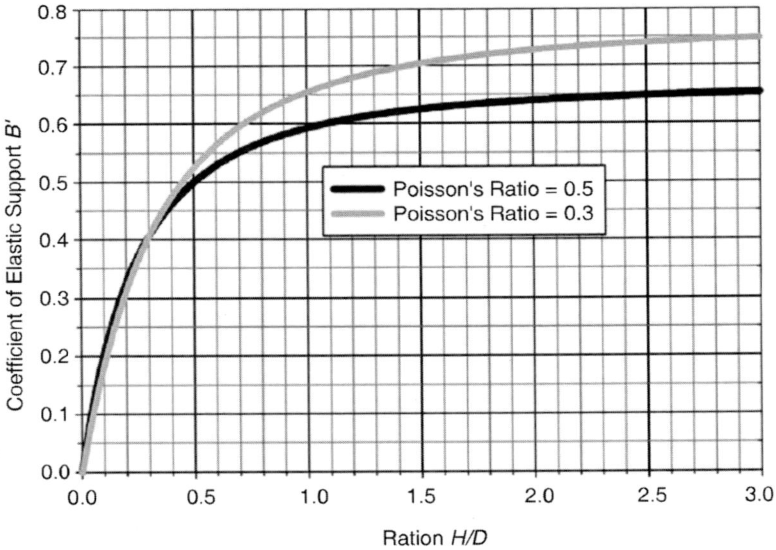

그림 3.23 H/D의 함수로서 계수 B', 여기서 H는 배관 상단부 토피이고 D는 직경이다.

P_v : 내부 진공 압력(lb/in^2)
W_c : 배관에 작용하는 길이당 연직 흙 하중(lb/in)

일부 상황에서는 활 하중도 고려하는 것이 적합할 수 있다. 그러나 활 하중과 일시적인 내부 진공을 동시에 고려할 필요는 없으나 만일 활 하중을 고려해야 한다면 허용 좌굴 압력의 요구조건은 다음과 같으며, 여기서 W_L은 관거에 작용하는 활 하중(lb/in)이다.

$$\gamma_w h_w + R_w \frac{W_c}{D} + \frac{W_L}{D} \leq q_a$$

대구경 배관을 고려할 때 특히 조심해야 한다. 상기 공식들은 배관 주변 외부 압력(또는 내부 진공)이 기본적으로 일정하다고 가정하였으나 지하수면 아래 매우 큰 배관이 얇게 매설되면 이러한 조건은 만족시키지 못하고, 이 경우 정수압은 배관 상단부와 바닥에 걸쳐 상당히 다르게 된다.

과도한 처짐(overdeflection) 연성(flexible) 배관, 그리고 반강성(semirigid) 또는 반연성(semiflexible) 배관의 경우 처짐은 하나의 설계 매개변수이나 강성배관의 경우에는 거의 고려하지 않는다.

연성배관 제품은 그림 3.24와 같이 처짐량의 설계한계를 갖는다. 이 설계한계는 성능한계가 아니나 안전계수와 함께 성능한계에 기초를 둔다. 예를 들어 그림 PVC 배관은 약 30% 처짐 때까지 3.25와 같은 역곡률을 시작하지 않으므로 7.5%의 설계 처짐의 경우 안전계수는 4가 된다.

모든 설계 처짐은 역곡률(reversal of curvature)에 기초를 두지는 않는다. 시멘트-라이닝된 강관과 덕타일주철관의 경우 설계 처짐은 시멘트라이닝에 상당한 균열을 발생하는 처짐 한계(성능한계)에 기초를 둔다. 다른 제품들은 휨 응력 또는 변형률을 제

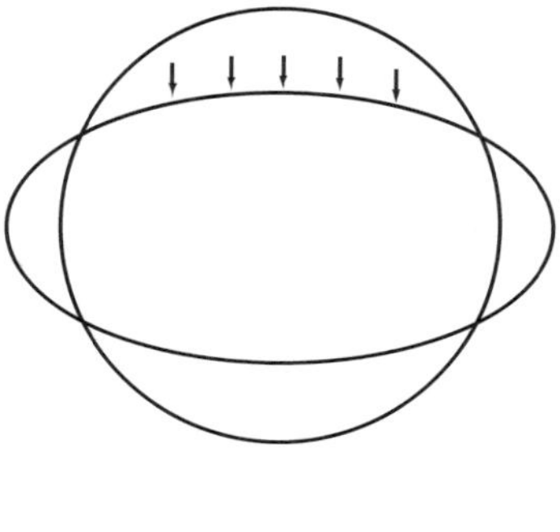

그림 3.24 연성배관에서 링 처짐

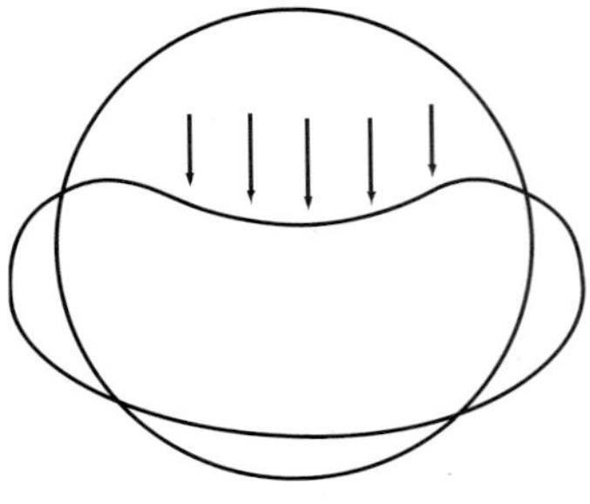

그림 3.25 과도 처짐에 기인한 역곡률

한하기 위한 처짐 한계를 갖는다. 설계 기술자는 설계시 각 제품들의 한계를 반드시 숙지하고 안전도를 충분한 평가해야 한다.

모든 연성(flexible) 제품들과 같이 반강성과 반연성 제품들은 부과된 흙 하중을 지탱하는 처짐 능력에 의존하므로 설계시 처짐을 반드시 고려해야 한다. 그와 같은 제품의 경우 휨 응력과 휨 변형률은 또한 성능한계 판단기준이 될 수 있다. 그와 같은 제품들은 강성배관과 연성배관의 긍정적인 특성만을 갖는 것으로 언급된다. 그러나 이 동일한 제품들은 시험을 통해 설계 해석을 더욱 복잡하게 만드는 강성과 연성, 두 배관의 성능한계 조합을 보여주었다.

계산된 설계 처짐은 반드시 특정 제품의 설계 처짐 한계 이하가 되어야 한다. 본 장의 연성배관 해석에서 기술된 방법들 중 하나로 설계 처짐량을 계산하거나 전통적으로 Spangler의 Iowa 공식을 사용해왔다. 최근에는 유한 요소법을 사용하기 시작하였고 가까운 미래에도 사용될 것이다.

역곡률(reversal of curvature) 역곡률은 하나의 처짐 현상으로 처짐을 제어하면 발생하지 않는다. 연성(flexible) 강관의 역곡률 성능한계는 Iowa 공식 발표 직후 확립되었다. 파형 강관은 약 20% 처짐에서 역곡률이 시작하는 것으로 결정되었다. 그 당시 설계시 5% 처짐 한계를 사용하였으며, 따라서 구조물 안전계수는 4.0이 되었다. 이와 같이 초기 설계시부터 독단적인 설계 수치 5% 처짐을 선택하였다.

외부 하중에 반응하여 처지게 될 때 매설된 PVC 하수도 배관(D3034 DR35)은 30% 처짐에서 인지할 만한 역곡률이 발생할 수 있다. 통상적으로 이 처짐 수준은 PVC 하수도 배관의 보수적인 성능한계로 지정된다. 미국 유타대학에서 수행한 연구는 처짐이 역곡률을 초과하여 상당히 증가할 때에도 PVC 하수도 배관의 하중-전달 용량은 지속적으로 증가하는 것을 증명하였다. PVC 하수도 배관의 이러한 성능 특성을 고려하여 기술자들은 일반적으로 구조물 파괴에 대비하여 매우 보수적인 안전계수를 제공하기 위해 ASTM D3034에서 권장하는 7.5% 처짐 한계를 고려한다.

변형률 한계(strain limit) 일부 섬유유리보강 배관과 같은 특정 배관 재료에서는 변형률 침식(corrosion)을 방지하기 위해 변형률을 반드시 제한해야 한다. 변형률 침식은 배관 벽 변형률이 일부 한계 변형률보다 커진 후 유한시간 경과하여 발생하는 배관 재료의 환경적 퇴화(degradation)이다. 적정한 안전계수와 함께 이러한 한계 변형률보다 작도록 설계 변형률은 설계해야 한다.

변형률은 처짐과 관련되므로, 대부분 제작사들은 배관 설치시 처짐을 제한하여 변형률을 제어하도록 제안한다. 통상적으로 취성, 복합, 또는 높게 충진 배관재료들은 설계시 변형률로 제어한다.

본 절에서 기술한 변형률은 휨(bending) 변형률, 링 압축 변형률, 내부 압력에 기인한 후프 변형률, 그리고 포와송비의 영향에 기인한 변형률로 구성된 전체 원주방향 변형률을 의미한다. 중력 하수도 배관의 경우 휨 변형률이 가장 크고 다른 요소들은 이와 비교하여 작을 수 있다.

휨 변형률(bending strain) 다음 공식을 사용하여 휨 변형률을 계산할 수 있다. 이 공식은 링 처짐 $\Delta y/D$와 치수 비 D/t를 사용하며 배관이 타원형 형상으로 변화하는 것에 기초를 둔다. 대부분 솔리드(solid) 벽 배관의 경우 타원형 형상의 가정은 매우 타당한 것으로 증명되었다.

$$\epsilon = \pm\left(\frac{t}{D}\right)\left(\frac{3\Delta y/D}{1-2\Delta y/D}\right) \tag{3.19}$$

여기서 ϵ : 링의 휨에 기인한 배관 벽에서 최대 변형률(배관의 인버트 또는 크라운에서 발생한다고 가정할 수 있다)
t : 배관 벽 두께
D : 배관 직경
Δy : 직경의 수직 감소

예를 들어 $t=0.132$, $D=4$, 그리고 링 처짐이 10%이면 휨 변형률은 다음과 같이 계산된다.

$$\epsilon = \pm\left(\frac{0.132}{4}\right)\left(\frac{3\times 0.1}{1-2\times 0.10}\right) = 0.0124 \text{ 또는 } 1.24\%$$

링의 처짐에 기인한 최대 변형률을 계산하기 위해 다음과 같이 단순화된 공식이 제안되었다.

$$\epsilon_b = 6\frac{t}{D}\frac{\Delta y}{D} \qquad 3.20$$

상기 공식은 작은 링 처짐에서 너무 높은 변형률을 예측하며 솔리드 벽 배관의 경우 정확하지 않으나 프로파일 벽 배관의 경우 선호되는 공식이다. $\Delta y/D = 0.25$인 경우 상기 2개 공식은 동일한 휨 변형률을 예측한다. 링의 압축 변형률은 다음과 같다.

$$\epsilon_c = \frac{P_v D}{2tE} \qquad 3.21$$

내부 압력에 기인한 후프 변형률

$$\epsilon_p = \frac{PD}{2tE} \qquad 3.22$$

포와송의 원주방향 변형률

$$\epsilon = -\nu(\text{길이방향 변형률}) \qquad 3.23$$

여기서 ϵ_b : 휨 변형률
ϵ_c : 링 압축 변형률
ϵ_p : 내부 압력 변형률
ϵ : 원주방향 포와송 변형률
t : 두께
D : 직경
Δy : 수직 처짐
P_v : 연직토압
E : 영계수
P : 배관 내부 압력
ν : 프와송의 비

길이방향 응력 배관 설치 및 건설시 길이방향 응력을 최소화하도록 설계한다. 높은 길이방향 응력에 저항하도록 강성배관 제품들과 많은 연성배관 제품들을 설계하지 않는다. 길이방향 응력은 다음에 의해 발생한다.

1. 열팽창 및 축소(용접 강관에서 고려할 설계조건)
2. 길이방향 휨
3. 내부 압력에 기인한 포와송의 영향

용접된 강관 관로에서 열응력은 1일 중 온도가 높은 시간에 배관을 용접할 때 자주 발생한다. 후에 관로가 냉각하면 극도로 높은 장력 응력이 발생한다. 온도가 낮은 시간에 용접을 완료하거나 또는 신축 조인트를 사용하여 이러한 응력들을 최소화 할 수 있다.

관로 지역에서 길이방향 휨 또는 빔 작용의 주된 원인들 중 일부는 다음과 같다.

1. 배관이 견고하게 연결된 구조물 또는 맨홀의 부등침하
2. 배관 베딩의 부등침하 또는 지반침식(예를 들면 배관 베딩 하부 지반 내부의 수맥 또는 누수되는 하수도가 존재)
3. 조수(tidal water)와 관련된 지반 이동
4. 함수비 변화에 영향을 받는 흙의 계절별 상승 및 저하(특히 대부분 팽창성 점토)
5. 기초의 불균일성
6. 나무뿌리 성장 압력

방향 변경에 따라 배관이 굽혀질 때 이러한 배관 길이방향의 휨은 빈번하게 발생한다. 이와 같은 휨은 링 좌굴을 유발한다. Reissner는 링 좌굴을 유발하는 곡률반경을 계산하기 위해 아래 공식을 제안하였다.

$$R_b = \frac{E}{1.12t/D} \tag{3.24}$$

전단 載荷(shearing loadings) 전단력은 빈번하게 길이방향 휨을 동반한다. 통상적으로 전단력 발생 원인은 불균등 휨 또는 부등침하이다. 전단력은 커질 수 있고, 전단력 크기의 폭도 상당히 크고 집중될 수 있으므로, 확신을 갖는 정량적 해석이 불가능하다. 이러한 이유로 적합한 설계 및 설치로 전단력을 제거하거나 최소화하여야 한다.

피로(fatigue) 피로 성능한계는 중력유동과 압력유동 모두 고려할 사항이다. 그러나 주된 압력 하수도관에서 일부 피로 파괴가 보고되었을지라도 관로시스템을 정상적으로 운영할 경우 성능한계로서 반드시 피로를 고려해야 할 만큼 중요하지는 않다.

주기적 응력이 빈번하게 반복되면 배관 재료는 파괴될 것이다. 그릇된 운영 장비에 기인한 압력 서지와 그에 따른 수충격은 주기적 응력과 피로를 발생시킬 수 있다. 깊이가 얇게 매설된 경우를 제외하고 교통 하중으로부터의 주기적 응력들은 통상적으로 문제가 되지 않는다. 주기적 응력들이 기준인 곳에서는 설계 기술자는 배관 설계시 제작사로부터 자문을 받아야 한다.

적층분리(delamination) 보강 배관과 적층(laminated) 제품들은 링 처짐을 받으면 적층분리가 발생할 수 있다. 적층분리는 반경방향 장력과 내부 적층 전단에 의해 발생한다. 보강 제품의 설계시 빈번하게 반경 강도를 무시하여 반경방향 보강을 생략한다. 그러나 처짐을 제어하면 결과적으로 배관의 반경방향 강도는 충분할 수 있다. 반경방향 장력은 다음 식과 같다.

$$\sigma_r = \frac{T}{t(R+y)}$$

$$T = \int_{-c}^{y} \sigma da$$

여기서 T : 반경방향 장력
σ_r : 반경방향 장력 응력
t : 관 두께
R : 반지름
y : 중심축으로부터 문제의 지점까지 거리
c : $t/2$
σ : 배관 벽 내부 위치의 함수로서 접선방향 응력(My/I)
da : $(dy) \times$(unit length)

대부분 고급 고체역학에서 반경방향 장력을 기술한다. 또한 적층분리는 화학작용에 의해 발생할 수 있다. 가장 대표적인 예는 보강하는 강의 부식으로서 강이 부식할 때 발생하는 부산물로 인해 적층내부 압력이 발생하여 적층분리를 초래할 수 있다.

3.5.2 안전계수

통상적으로 설계하중을 성능한계 하중보다 작게 설계하며 그 주된 원인은 가혹한 조건, 하중, 재료의 불균일, 그리고 설계시 사용한 가정과 같은 불확실성에 기인한다. 따라서 하중감소계수가 필요하며 통상적으로 이를 안전계수라 부른다.

강성배관 통상적으로 강성배관의 안전계수는 유해한 균열의 성능한계에 기초한다.

W_f : 파괴(균열)를 야기하는 하중
W_w : 안전한 사용 하중
SF : 안전계수

$$W_w = \frac{W_f}{SF}$$

수용할 수 있는 안전계수는 $SF=1.5$이다. 따라서 만일 2000lb/ft 하중이 균열을 발생시키면 안전한 설계 하중은 2000/1.5=1333lb/ft가 된다.

연성배관 연성배관의 경우 성능한계는 통상적으로 처짐과 관계되고 안전계수들은 빈번하게 하중 대신 처짐에 기초한다. 예를 들어 만일 시멘트-라이닝 된 배관이 3% 처짐에서 유해한 균열이 발생하면 안전계수 1.5를 사용하여 설계 처짐을 2%로 결정한다. 설계 기술자는 계산된 설계 처짐이 2%를 초과하지 않도록 설치(배관, 휨, 뒷채움 등) 설계에 대한 책임을 갖는다.

각 제품은 다른 성능한계를 보여주고, 안전계수는 통상적으로 1.5 이상이다. 성능한계가 오직 처짐인 연성 제품들의 경우 설계 처짐은 7.5%이고 안전계수는 4 이상이다.

경험이 없는 설계 기술자는 반드시 가장 작은 하중 또는 가장 작은 처짐이 발생하는 성능한계에 도달할 때까지 연속하여 각 가능한 성능한계를 결정한 후 안전계수를 고려한다. 배관 제품의 능력과 한계 평가시 배관 제작사가 제시한 자료를 매우 유용하게 사용할 수 있다.

하중을 받아 배관이 처지면 배관 벽에서 휨 변형률이 발생한다. 이러한 변형률은 배관 벽을 통해 선형적으로 변화한다. 벽 단면 특정 지점에서(통상적으로 중심) 이러한 휨 변형은 0이 된다.

프로파일-벽 배관들은 배관 벽의 단면계수를 증가시켜 재료의 사용을 최소화하여 설계 및 제작된다. 프로파일-벽은 상대적으로 새로운 명칭이지만 개념은 새롭지 않다. 파형강관(corrugated steel pipe)은 프로파일-벽 배관의 좋은 예이다. 지난 수년간 도입된 새로운 플라스틱 제품들의 일부는 프로파일-벽 형식이다. 즉, 플라스틱은 주로 내부와 외부 벽에 위치하며, 배관 강성도가 큰 경우에는 리브(rib) 내부에 위치한다. 이러한 제품 중 많은 제품들은 설계한 것과 같이 하나의 단위로 동작하는 프로파일 단면을 갖고 수행하는 것을 보여주었다. 임의 프로파일-벽 배관 제품들의 경우 충분한 안전을 위해, 설계시 전단력을 전달하기 위해, 그리고 프로파일 단면이 실제로 하나의 단위로 동작하는 것을 보장하기 위해, 내벽과 외벽사이, 그리고 리브 사이에 반드시 플라스틱을 충분히 포함해야 한다.

대체재로서 벽과 벽 사이에 유사-강성 충진재를 채우면 유사취성(brittlelike) 거동을 하고 균열이 발생하지 않으면서 배관의 처짐 능력을 저해한다. 이와 같은 배관은 종종 연성배관과 같이 처지나 취성거동을 갖고 있어 처지면 균열이 발생한다. 이와 같이 제작된 일부 배관들을 반강성이라 부르지만 이는 잘못된 명칭이다. 실제로 많은 솔리드 벽 PVC 배관과 덕타일주철관들은 더욱 강하나 연성배관들과 같이 거동한다.

3.6 병렬배관과 트렌치

병렬로 배관들을 매설해도 단일 배관 해석의 원리를 적용한다. 토피두께는 반드시 최소보다 커야 한다. 그러나 병렬 매설배관들의 설계시 무거운 표면 하중이 작용하는 경우 추가적인 해석이 필요하다. 그림 3.26과 같이 2개 병렬 배관들 사이의 배관으로 둘러 쌓인 흙기둥의 자유물체도(free-body-diagram)를 고려하자. 단면 AA는 최소 단면이다. 이 흙기둥은 반드시 빗금친 부분으로 나타낸 흙의 전체 중량에 그림에서 활하중을 나타내는 표면 하중 W 부분을 더한 것을 지지해야 한다. 스프링 라인인 흙기둥의 최소 단면 AA에서 흙기둥은 중요하다.

용어 정의

- D : 배관 외경($=2r$)
- A : 배관 단위길이당 배관 벽 면적
- σ_f : 배관 벽의 링 압축강도
- σ_t : 배관 벽 내부 링 압축응력
- SF : 안전계수
- W : 표면에 작용하는 활 하중
- γ : 흙의 단위중량
- w : 배관 단위길이당 하중
- w_d : 배관 단위길이당 사 하중
- w_l : 배관 단위길이당 활 하중
- P : 수직 압력(w/D 또는 V/D)
- P_l : 배관 벽에 전달된 활 하중 압력
- P_d : 배관 벽에 전달된 사(흙) 하중
- σ_y : 단면 AA에 작용하는 연직토압
- S' : 흙의 연직방향 압축 강도
- X : 배관들 사이 AA 단면 폭
- V : 단면 AA에 작용하는 단위길이당 전체 수직 하중($=w_d+w_l$)
- V' : 단면 AA에서 흙이 지지하는 단위길이당 수직 하중=배관 벽이 지지하는 하중에 의해 감소된 전체 수직 하중($V-\gamma HD$)

H : 배관 상부 토피두께의 높이

설계시 AA 단면에서 컬럼의 강도는 수직 하중보다 반드시 커야 한다. 다음 사항들 중 하나가 발생하면 파괴(성능한계)가 발생한다.

1. 배관 벽 추력이 링 압축 강도를 초과
2. 단면 AA에서 흙의 연직방향 응력이 흙의 연직방향 압축강도(수직 저항)를 초과

배관 벽의 링 압축강도 σ_f는 통상적으로 항복강도이다. 강성배관의 경우 σ_f는 벽의 파쇄 강도이다. σ_f 수치는 배관 제작사로부터 얻을 수 있다.

흙의 강도는 ① 채움재료가 입상재료로 다짐된다고 가정한다. ② 흙의 강도는 파괴시의 수직 강도 σ_y이다. ③ 수평토압은 배관 벽들에 의해 제공된다. ④ 챔버내 압력이 흙에 대항하는 배관의 수평 압력 P_x와 동일한 구속압에서의 삼축 압축시험으로부터 대

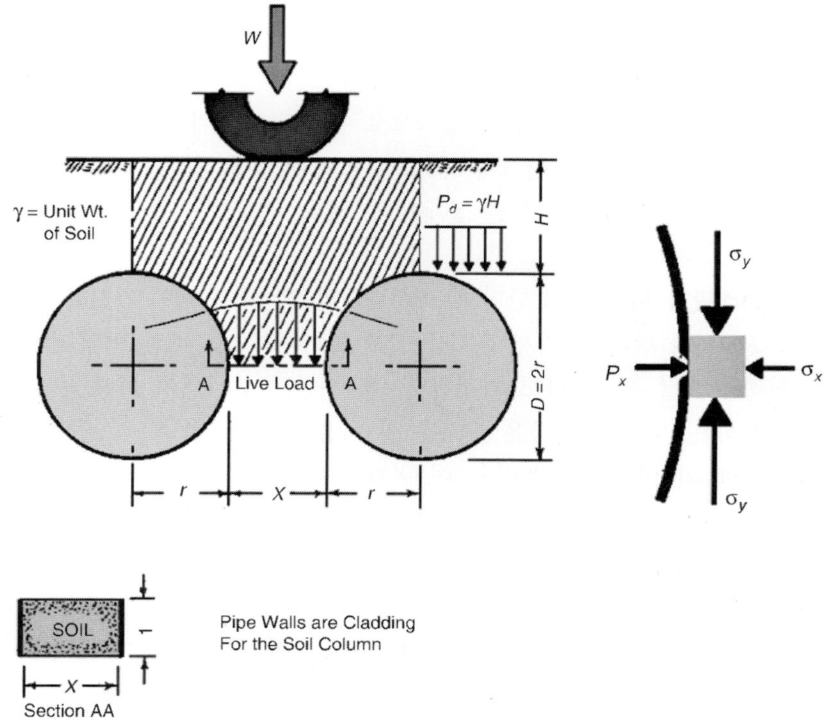

그림 3.26 최소 단면 AA를 갖는 병렬 배관들 사이 흙기둥. 단면 AA는 반드시 전체 활하중에 사하중 일부를 더한 전체 하중에 저항할 수 있어야 한다.

략적인 흙의 강도를 구할 수 있으며, 원형 연성(flexible) 배관의 경우 파괴시에 $P_x = P_d = \gamma H$이다.

배관 내부와 흙 속에서의 응력들을 각각 독립적으로 계산한다. 이는 흙–배관 접촉면에서 접착을 감소시키는 온도, 습도, 하중 등의 변화 때문에 접착을 보장할 수 없기 때문에 흙과 배관 사이 접착력을 0으로 가정하기 때문이다.

배관은 반드시 충분해야 하기 때문에 흙기둥을 분석하기 전에 링 압축 공식을 갖고 설계를 시작한다.

$$\frac{PD}{2A} = \frac{\sigma_f}{SF}$$

최악의 링 압축의 경우 활 하중 W가 배관 직상부에 작용하는 것이며, 따라서 수직 압력은 $P = P_l + P_d$가 된다. 활 하중의 영향 P_l은 Boussinesq 공식으로 구할 수 있다. 만일 W가 배관 직 상부 하나의 지점으로 가정하면 Boussinesq 공식은 다음과 같이 간단하게 된다.

$$P_l = \frac{0.477\,W}{H^2} \qquad 3.25$$

만일 활 하중 W가 표면 압력으로 분산된다고 가정하면 Newmark 적분을 사용할 수 있다. 토피두께는 반드시 제2장 각뿔대/원뿔대 해석의 최소보다 커야 한다. 충분한 배관을 선정한 후 흙기둥을 설계할 수 있다.

연성배관을 위한 해석 단면 AA에서 2개의 연성배관 벽이 지지하는 수직하중은 $2PD/2 = PD$보다 작다. 따라서 흙기둥 설계시 보수적으로 배관 벽의 피복(cladding)이 수직하중 PD를 부담한다고 가정한다. 흙이 반드시 나머지 하중을 지지해야 한다. 흙에 작용하는 가장 큰 하중은 무거운 활 하중 W가 단면 AA의 중앙에 즉, 두 배관 사이 중앙에 위치할 때 발생한다. 이 위치에서 흙이 작용하는 활 압력은 최대이지만 배관 벽이 지지하는 압력은 최소가 된다. 배관 벽은 사 하중 $P_dD = \gamma HD$를 부담한다. 배관에 작용하는 활 하중 P_l은 무시할 수 있을 만큼 충분히 작지만 단면 AA에 작용하는 활 하중은 무시할 수 없다. 이것이 Boussinesq의 응력 σ_y로서 이는 반드시 흙의 연직압축강도 S'보다 적어야 한다. 수직 응력은 배관 사이의 거리 X로 나눈 단위길이당 흙 하중이다.

$$\sigma_y = \frac{V'}{X} = \frac{S'}{SF}$$

V는 사선음영으로 나타낸 토피의 자중 w_d와 단면 AA에 도달하는 표면 활 하중 W의 합이다(그림 3.26 참조). 배관 단위길이당 사 하중 w_d는 흙의 단위중량과 사선 음영으로 나타낸 면적을 곱한 것이다. 즉,

$$w_d = \left[(X+2r)(H+r) - \frac{\pi r^2}{2}\right]\gamma \tag{3.26}$$

활 하중 w_l은 그림 3.26의 단면 AA에서 활 하중 응력도 아래 체적으로서 다음 식으로 단위길이당 Boussinesq 활 하중 w_l을 계산한다.

$$w_l = \frac{0.477\,WX}{(H+r)^2}$$

예제 3.3

그림 3.26의 단면 AA에서 연직응력의 크기는? 배관은 24인치 직경 DR35 PVC이다. 두 배관 사이 스프링 라인에서 12인치의 흙이 존재한다. 토피두께는 1.5ft이고 흙의 단위중량은 120lb/ft^{3}이다. 예상 표면 차량(wheel) 하중 W=20kips이고, 두께 t=24/35=0.686in이다.

1. 배관 벽에서 최대 링 압축 강도를 구하라.
2. 단면 AA에서의 연직응력을 구하라.

사 하중에 의해 배관에 작용하는 압력은

$$P_d = \gamma H = 120 \times 1.5 = 180\text{lb/ft}^2$$

또는

$$w_d = P_d D = 180 \times 2 = 360\text{lb/ft}$$

배관에 작용하는 활 하중은 Boussinesq 공식을 사용하여 구한다.

$$w_l = \frac{0.477\,WD}{H^2} = \frac{0.477 \times 20{,}000 \times 2}{1.5^2} = 8{,}480\text{lb/ft}$$

$$P_l = \frac{w_l}{D} = \frac{8{,}480}{2} = 4{,}240\text{lb/ft}^2$$

$$P = P_d + P_l = 180 + 4{,}240 = 4{,}420\text{lb/ft}^2$$

배관에 작용하는 전체 단위길이당 수직 하중은 다음과 같다.

$$V = w_d + w_l = 360 + 8{,}480 = 8{,}840\text{lb/ft} = 737\text{lb/in}$$

링 압축 응력은 다음과 같다.

$$\sigma_t = \frac{PD}{2t} = \frac{V}{2t} = \frac{737}{2 \times 0.686} = 537\text{lb/in}^2$$

배관 벽은 파쇄(crush)되지 않을 것이다. 전체 하중 4,420lb/ft^{2}은 흙의 단위중량 120 lb/ft^{3}인 37ft 토피두께의 정적인 하중과 동등하다. 따라서 배관 영역 내의 흙을 37ft 토피두께에 필요한 밀도로 반드시 다짐해야 한다. 단면 AA에 작용하는 사 하중을 구하기 위해 공식 3.26을 사용한다.

$$\begin{aligned} w_d &= \left[(X+2r)(H+r) - \frac{\pi r^2}{2}\right]\gamma \\ &= \left[(1+2)(1.5+1) - \frac{3.14 \times 1^2}{2}\right]120 \\ &= 712\text{lb/ft} \end{aligned}$$

또는

$$P_d = \frac{w_d}{X} = \frac{712}{1} = 712\text{lb/ft}^2$$

단면 AA에서 활 하중을 구하기 위해 Boussinesq 공식 3.25를 사용한다.

$$P_l = \frac{0.477\,W}{H^2}$$

여기서 W는 표면에 작용하는 차량(wheel) 하중, H는 단면 AA까지의 깊이로서 1.5+1 =2.5ft이다 따라서

$$P_l = 0.477\frac{W}{H^2} = 0.477\frac{20{,}000}{2.5^2} = 1{,}526\text{lb/ft}^2$$

단면 AA에 작용하는 토압은 다음과 같다.

$$P' = P - \gamma H = P_d + P_l - \gamma H = 712 + 1526 - 120 \times 1.5 = 2{,}058\text{lb/ft}^2$$

여기서 γH는 배관 벽이 지지하는 흙 하중이다. 단면 AA에 작용하는 연직방향 토압은

$$\sigma_y = P' = 2{,}058\text{lb/ft}^2$$

배관 측면에서 최대압력 σ_x는 배관 상단부에서 수직하중보다 커서는 안 된다. 즉, σ_x는 γH=180lb/ft^2 이하이어야 한다. σ_x가 γH 보다 크면 배관은 측면에서 내부로 붕괴한다. 그리고 σ_x는 다음 공식에 의해 σ_y와 관계된다.

$$\sigma_x = \frac{\sigma_y}{K}$$

여기서

$$K = \frac{1+\sin\phi}{1-\sin\phi} = 3$$

여기서 K는 Rankine의 수평토압계수, ϕ는 흙의 마찰각으로서 이 흙의 경우 $\phi = 30°$이다. 따라서 배관은 수평 하중 $\sigma_x = \sigma_y/3 = 2{,}058/3 = 686\text{lb/ft}^2$를 지지할 수 있어야 하나 오직 배관 상단부에 작용하는 수직 사 하중 180lb/ft^2만을 지지할 것이다. 이에 대한 대책들은 다음과 같다.

1. 병렬 배관들 사이 공간을 3배 이상 확보
2. 활 하중을 감소시키기 위해 배관을 더욱 깊게 위치하고 수직 사 하중을 증가시킨다.
3. 활 하중을 분산시키기 위해 흙 표면에 콘크리트 슬래브를 설치한다.

예제 3.4

그림 3.26의 단면 AA에서 연직 흙 응력은? 배관은 72인치 직경 HDPE 프로파일 벽 배관이다. 두 배관 사이 스프링 라인에서 폭 24인치 흙이 존재한다. 토피두께는 1.5ft이고 단위중량은 120lb/ft^3이다. 예상 표면 차량(wheel) 하중 W=20kips이다. 이 예제는 예제 3.3과 유사하다.

단위길이당 면적 A=유효 두께=0.675in
강성도 $F/\Delta y = 18\text{lb/in}^2$
인장 강도=$1{,}000\text{lb/in}^2$
압축 강도=$3{,}000\text{lb/in}^2$

1. 배관 벽에서 최대 링 압축응력을 구하라.
2. 단면 AA에서 흙 응력을 평가하라.

사 하중에 기인하여 배관에 작용하는 압력은

$$P_d = \gamma H = 120 \times 1.5 = 180\text{lb/ft}^2$$

또는

$$w_d = P_d D = 180 \times 6 = 1{,}080\text{lb/ft}$$

배관에 작용하는 활 하중은 Boussinesq 공식을 사용하여 구한다.

$$w_l = \frac{0.477\,WD}{H^2} = \frac{0.477 \times 20{,}000 \times 6}{1.5^2} = 25{,}440\text{lb/ft}$$

$$P_l = \frac{w_l}{D} = \frac{25{,}440}{6} = 4{,}240\text{lb/ft}^2$$

배관에 작용하는 전체 단위길이당 수직 하중은 다음과 같다.

$$V = w_d + w_l = 1{,}080 + 25{,}440 = 26{,}520\text{lb/ft} = 2{,}210\text{lb/in}$$

또는

$$P = \frac{V}{D} = \frac{26{,}520}{6} = 4{,}420\text{lb/ft}^2$$

링 압축 응력은 다음과 같다.

$$\sigma_t = \frac{PD}{2t} = \frac{V}{2t} = \frac{2{,}210}{2 \times 0.675} = 1{,}637\text{lb/in}^2$$

앞의 예제에서와 같이 배관 벽은 파쇄되지 않을 것이나 이 응력은 배관 압축강도의 55%로서 국부 좌굴이 발생할 수 있다. 전체 하중 4420lb/ft^{2}은 단위중량 120lb/ft^{3}인 37ft 토피두께의 정적인 하중과 같다. 따라서 배관 영역 내의 흙을 37ft 토피두께에 필요한 밀도로 다짐해야 한다. 단면 AA에 작용하는 사 하중을 구하기 위해 공식 3.26을 사용한다.

$$\begin{aligned} w_d &= \left[(X+2r)(H+r) - \frac{\pi r^2}{2}\right]\gamma \\ &= \left[(2+6)(1.5+3) - \frac{\pi \times 9}{2}\right]120 \\ &= 2{,}624\text{lb/ft}(\text{단면 AA에 작용하는 사 하중}) \end{aligned}$$

또는

$$P_d = \frac{w_d}{X} = \frac{2{,}624}{2} = 1{,}312\text{lb/ft}^2$$

단면 AA에서 활 하중을 구하기 위해 Boussinesq 공식 3.25를 사용한다.

$$P_l = \frac{0.477\,W}{H^2}$$

여기서 W는 표면에 작용하는 차량(wheel) 하중, H는 단면 AA까지의 깊이로서 1.5+3 =4.5ft이다 따라서

$$P_l = 0.477\frac{W}{H^2} = 0.477\frac{20,000}{4.5^2} = 471\text{lb/ft}^2$$

단면 AA에 작용하는 토압은

$$P' = P - \gamma H = P_d + P_l - \gamma H = 1,312 + 471 - 120 \times 1.5 = 1,603\text{lb/ft}^2$$

여기서 γH는 배관 벽이 지지하는 흙 하중이다. 단면 AA에 작용하는 연직토압은

$$\sigma_y = P' = 1,603\text{lb/ft}^2$$

배관 측면에서 최대압력 σ_x는 배관 상단부에서 연직하중보다 커서는 안 된다. 즉, σ_x는 $\gamma H = 180\text{lb/ft}^2$ 이하가 되어야 한다. σ_x가 γH 보다 크면 배관은 측면에서 내부로 붕괴한다. 그리고 σ_x는 다음 공식에 의해 σ_y와 관계된다.

$$\sigma_x = \frac{\sigma_y}{K}$$

여기서

$$K = \frac{1 + \sin\phi}{1 - \sin\phi} = 3$$

여기서 K는 Rankine의 수평토압계수, ϕ는 흙의 마찰각으로서 이 흙의 경우 $\phi = 30°$이다. 따라서 배관은 수평 하중 $\sigma_y/3 = 1,603/3 = 534\text{lb/ft}^2$를 지지할 수 있어야 하나 오직 배관 상단부에 작용하는 수직 사 하중 180lb/ft^2만을 지지할 것이다. 이에 대한 대책들은 다음과 같다.

1. 병렬 배관들 사이 공간을 증가시킨다.
2. 활 하중을 감소시키기 위해 배관을 더욱 깊게 위치하고 연직방향 사 하중을 증가시킨다.
3. 활 하중을 분산시키기 위해 지표면에 콘크리트 슬래브를 설치한다.

3.6.1 강성배관

강성배관의 경우 배관의 탄성계수와 흙의 탄성(압축)계수의 차이가 커서 배관 벽이 대부분의 전체 하중을 부담한다. 연성(flexible) 배관과는 다르게 강성배관은 흙에 대항하여 압력 $P_x = P$를 발휘하지 않는다. 링 압축을 받는 배관 벽과 수직 수동저항을 받고 있는 흙은 전체 하중 Q를 지지한다.

3.6.2 안전계수

활 하중 해석을 위한 안전계수는 1에 가까울 수 있다. 상기 해석에서 토피두께의 아칭작용은 무시하였다. 따라서 해석은 매우 보수적이다.

3.6.3 병렬 트렌치

1968년 미국 유타대학 매설 구조물 실험실에서 Reynold K. Watkins 지휘아래 현존하는 매설 연성배관에 병렬로 트렌치를 굴착할 때 제방 안정성과 관련하여 발생하는 의문에 대한 해를 구하기 위한 목적으로 병렬 트렌치 연구를 수행하였다. 의문들은 다음과 같다.

1. 트렌치의 안정성은 어떠한가?
2. 배관이 붕괴되는 병렬 트렌치 사이의 최소 이격 거리는?
3. 양측면에서 다짐된 흙은 상단부 아치를 지지하고 강성을 높여준다. 병렬 굴착시 모든 측면 지지 중 일부를 제거하면 매설된 연성배관에 어떤 일이 발생할까?
4. 붕괴에 영향을 미치는 변수들은?

Watkins가 상기 의문들에 대한 해답을 제공하였으며 그 내용을 요약하면 다음과 같다. 변수의 수량을 감소시키기 위해 링 강성도를 0으로 가정한다. 그러나 실제로 배관의 링 강성도가 0이 아니기 때문에 결과는 보수적이 된다. 대부분 연성 평(plain) 강관의 경우 $D/t \leq 300$이나 강성도 0에 접근하기 위해 시험 배관을 $D/t = 600$으로 설정하였다. 뒷채움 동안 배관 형상을 유지하기 위해 맨드럴(mandrel)을 배관 내부에 삽입할 필요가 있다.

3.6.4 수직 트렌치 벽

그림 3.27은 매설된 연성배관과 배관에 병렬로 개방된 수직 트렌치 벽을 갖는 단면을 보여준다. 만일 트렌치 벽 AB를 매설배관에 점차적으로 인접하여 절개하면 측면 토피두께 X는 측면 채움 흙이 연성 링을 보유하기 위해 필요한 측면 지지력을 제공할 수 없는 지점까지 감소한다. 그림 3.28과 같이 링은 트렌치 측벽부의 흙을 밀고 나와 처진다. 링이 처지면 링 직상부의 흙 프리즘이 깨어져 느슨해진다. 이러한 현상을 조사하기 위한 목적으로 π항을 작성하기 위해 관련된 기본 변수들을 정의한다. 링은 유연하기 때문에 링 강성도는 무시한다. 사실 링 처짐 0에서 링 강성도는 아무런 영

향을 갖지 못한다. 나머지 기본 변수들은 다음과 같다.

기본 변수	내 용	기본 차원
X	최소 측면 토피(붕괴시 배관과 트렌치 사이 최소 수평 이격 거리)	L
D	배관 직경	L
H	배관 상단부로부터 상부 토피두께	L
Z	수직 절개(수직 측벽)에서 트렌치의 임계 깊이	L

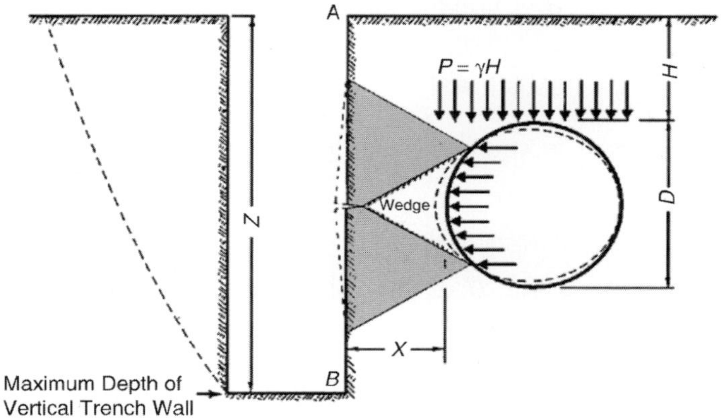

그림 3.27 배관이 붕괴되면서 형성하는 전단면과 흙 쐐기를 보여주는 매설된 연성배관에 평행한 수직 트렌치 벽

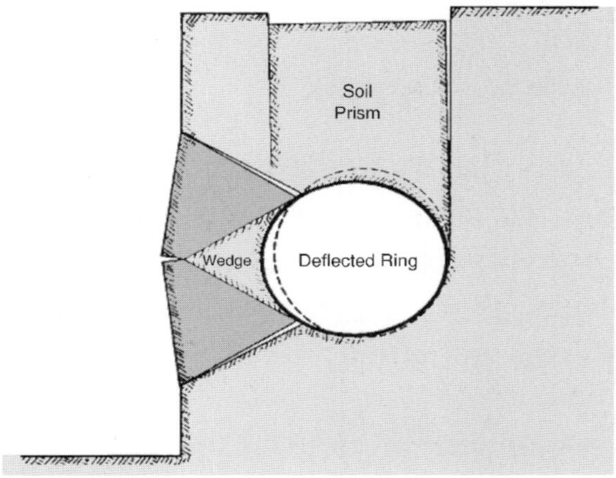

그림 3.28 붕괴되면서 배관에 작용하는 흙 프리즘의 형성

임계 깊이 Z는 흙 강도의 편리한 측정방법으로서 수직 굴착부의 벽이 자립(stand)하는 트렌치의 최소 깊이로 정의된다. Z가 크면 트렌치 벽은 활동을 일으키거나 공동이 발생된다. 현장에서 굴착하거나 또는 무차원 안정성 수(stability number) $Z\gamma/C$로부터 계산하여 임계 깊이 Z를 결정할 수 있다. 그림 3.31로부터

$$\frac{2C}{\gamma Z} = \tan\left(45^\circ - \frac{\phi}{2}\right) \qquad 3.27$$

여기서 Z : 수직 굴착부에서 트렌치의 임계 깊이
γ : 흙의 단위중량(lb/ft³)
C : 흙 점착력(lb/ft²)
ϕ : 트렌치 벽의 흙의 마찰각

실내 실험을 통해 흙의 특성 γ, C, 그리고 ϕ를 구할 수 있으면 공식 3.27로부터 깊이 Z를 구할 수 있다.

4개의 기본 변수들을 조사하기 위해 3개의 π항들이 필요하다. 일련의 가능한 하나의 π항은 X/D, H/D, 그리고 H/Z이다. 시험 결과 H/D는 타당하지 않은 것으로 나타났으며, 따라서 오직 X/D와 H/Z만이 π항에 적합하다. 연성배관의 병렬로 굴착되는 수직 트렌치 벽의 경우

1. 만일 링이 약간의 강성도를 갖고, 토피두께 H가 링을 붕괴시킬 만큼 충분히 크지 않으면 흙은 배관을 트렌치 내부로 밀어 넣을 수 있으나 뒷채움하는 동안 흙을 대체할 수 있기 때문에 파괴로 고려하지 않는다.
2. 배관 상단부에서 파손 및 느슨하게 되는 흙의 자유-자립(free-standing) 프리즘 영향으로 링은 붕괴한다.
3. 파괴는 급작스럽게 발생하고 완전 붕괴된다.

X/D를 H/Z의 함수로 하는 시험 자료들을 그림 3.29와 같이 작도하였다. 최적합시키는 1차 공식은 $X/D = 1.4H/Z$이다. X/D에서 발생 가능한 오차는 ±0.1이므로 측면 토피두께 X 내부 가능 오차는 대략 $\pm D/10$이 된다. 실험실 조건보다 현장 조건의 신뢰성이 약간 떨어질 수 있으므로 반드시 안전계수 2를 사용해야 한다. 따라서 최소 측면 토피두께 X를 다음과 같이 명시한다.

$$\frac{X}{D} = \frac{3H}{Z} \qquad 3.28$$

그림 3.29에서 정사각형으로 나타낸 자료 점들은 붕괴되지 않은 것을 나타내며 관

심 대상이다. 시험 배관의 경우 흙 쐐기가 트렌치 내부로 낙하한 후 얇은 토피두께 부분이 단순히 배관을 트렌치 내부로 밀어 낼 수 있을 수 있을 정도로 배관의 링 강성도는 충분히 컸다. 만일 링 처짐을 하나의 기본 변수로서 포함해야 한다면 배관과 흙 사이 마찰 계수도 포함한다.

만일 배관이 충분한 링 강성도를 갖는다면 측면 지지가 없는 균등한 연직토압의 경우 붕괴하지 않고 지지할 수 있는 토피두께를 구할 수 있다.

$$\text{모멘트 } M = \frac{Pr^2}{4} \quad \text{응력 } \sigma = \frac{Mc}{I} \tag{3.28a}$$

배관의 경우 탄성이론에 근거한 항복강도에서

$$P_y = \frac{4\sigma_y}{r^2}\frac{I}{c} = \frac{16\sigma_y}{D^2}\frac{I}{c} \tag{3.29}$$

여기서 P : 연직토압
I : 배관 벽 단면 관성 모멘트
D : 배관 직경

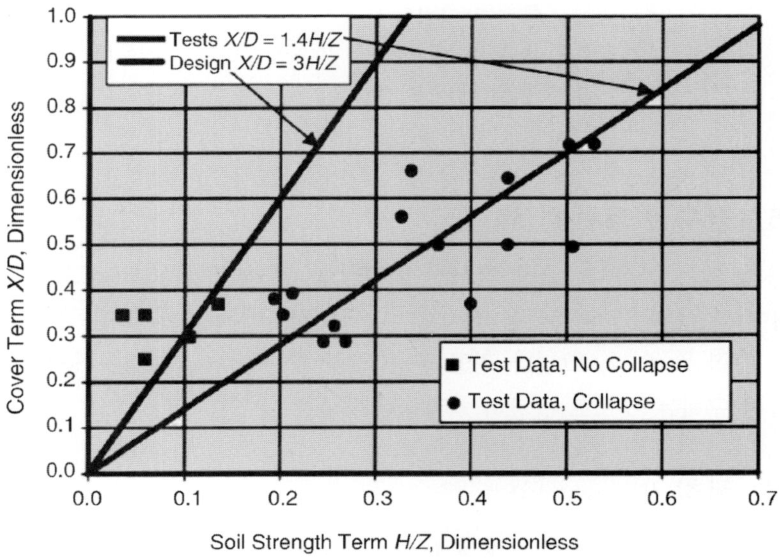

그림 3.29 매우 연성인 배관에 평행하게 굴착된 연직 트렌치 벽의 경우 흙 강도 항 H/Z의 함수로서 두께 항 X/D

c : 중립 표면(neutral surface)으로부터 벽까지 거리(평 배관의 경우 $t/2$)
t : 평 배관의 벽 두께
σ_y : 배관의 항복 강도
DR : plane 배관의 경우 규격비 D/t

평 배관의 경우 항복강도는 다음과 같다.

$$P_y = \frac{8\sigma_y}{3}\left(\frac{t}{D}\right)^3 \tag{3.30}$$

평 배관의 경우 완전한 소성 힌지(plastic hinge)를 발생시키는 모멘트는 항복을 발생시키는 모멘트의 1.5배이다. 따라서 완전한 소성 하중(the fully plastic load)은 다음과 같다.

$$P_{fp} = 4\sigma_y\left(\frac{t}{D}\right)^3 \tag{3.31}$$

소성 힌징에서 대략적인 수직 링 처짐은 다음 식으로 계산할 수 있다.

$$\frac{\Delta y}{D} \approx \frac{0.02 P_{fp} D^3}{EI}$$

여기서 $\Delta y/D$: 링 처짐
P_{fd} : 소성 힌징 발생시 링에 작용하는 연직응력
D : 원형 배관 직경
EI : 배관 단위길이당 벽 강성도

3.6.5 경사진 트렌치 벽

그림 3.30은 안식각$\approx \phi$로 경사진 비점착성 흙 속의 연성(flexible) 배관을 보여준다. 링에 작용하는 압력분산은 삼각형이다. A 지점에서 최대 모멘트는 Castigliano 공식으로 구할 수 있다. 그러나 평균 균등 압력 $P_x = \gamma \times r$의 경우 등가 모멘트 $M_A = Pr^2/4$를 구하는 것으로 상당히 정확하다.

3.6.6 굴착 (Excavation)

굴착 깊이에는 불안정한 하층(subbase) 재료를 제거하는데 과굴착(overexcavation)이 포함되어야 한다. 이 불안정한 하층 재료를 승인된 베딩 재료로 대체해야 한다. 일

부 탱크 제작사는 비구속(unconfined) 압축시험(일축압축시험)을 기초로 점착력 $C \leq$ 750lb/ft^2 이하가 되면, 또는 지지력이 3,500lb/ft^2 이하이면 불안정한 것으로 간주한다. 현장에서는 작업자가 굴착 지반에 발자국(footprint)을 남기지 않고 걸을 수 있으면 지지력은 충분하다. 진흙성 굴착 바닥에는 안정될 때까지 자갈로 메울 수 있으며 이러한 것들은 흙 안정성의 보수적인 판단기준이다.

OSHA의 커다란 관심은 트렌치 벽을 존속(retaining)시키거나 경사지게 하는 경우에 대한 안전 요구사항들이다. 통상적으로 탱크를 위한 굴착은 깊지 않아 OSHA 트렌치 요구사항들은 상당한 안전 여유를 갖는다. 길이방향, 수평방향 흙 아칭작용은 상당하다.

지지력과 점착력에 대한 이러한 판단기준들은 20ft 깊이 이상의 수직 트렌치 벽과 동등하다. 3,500lb/ft^{2}의 지지력은 흙의 단위중량 120lb/ft^{3}에서 29ft의 수직 트렌치 깊이 이상을 지지할 수 있다. 750lb/ft^{2}의 점착력(cohesion)은 깊이 20ft 이상인 수직 개방-절개 트렌치 벽을 지지할 수 있다.

수직 트렌치 벽의 임계 깊이 점착력이 없는 조립질토는 연직 절개 내부에서 자립상태(stand)를 유지할 수 없다. 배관과 탱크들의 매설에 사용되는 대부분의 원지반 흙은 점착력을 갖는다. 따라서 굴착 벽은 임계 깊이 Z까지 연직의 개착식 굴착부에서 자립상태를 유지할 수 있다(그림 3.31 좌측 참조). 깊이가 깊어지면 바닥 모서리 O에서 시작하는 "낙반"이 발생하며, 이때 파괴면(failure plane)의 경사는 45°+2ϕ이다. 2차원 트렌치 해석에서 무한 미소 흙 정육면체(cube) O는 연직응력 γZ를 받는다. 그림

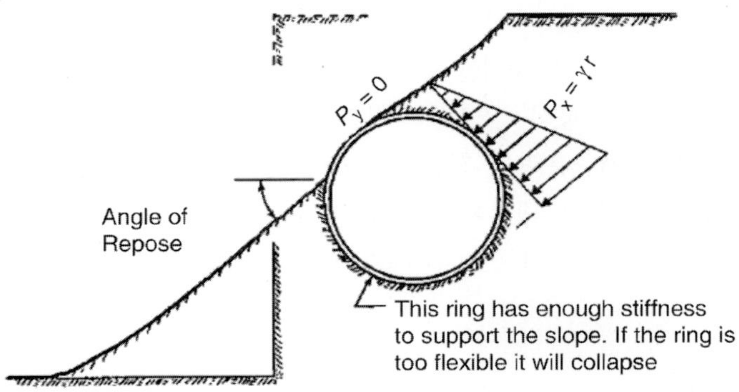

그림 3.30 안식각으로 경사진 트렌치 벽(흙은 안정적이다). 붕괴를 방지하기 위해 연성배관은 충분한 배관 강성도 또는 최소 토피가 필요하다.

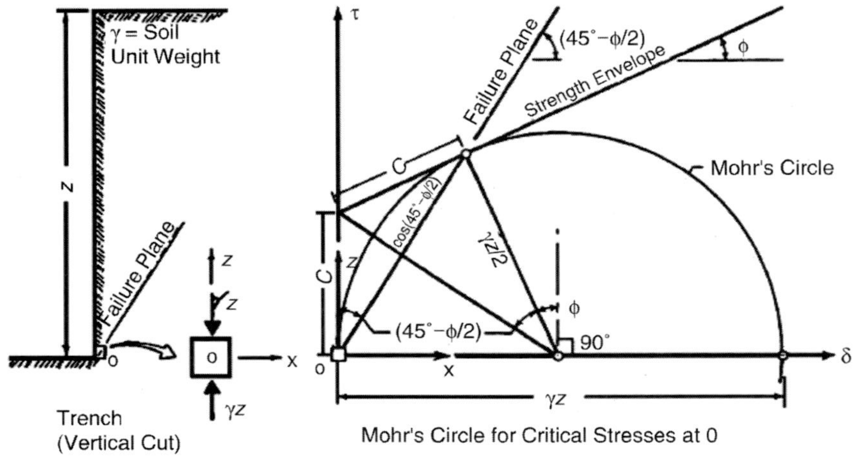

그림 3.31 취약한 흙 점착력 C와 마찰각 ϕ에서 수직 트렌치 벽의 임계 깊이 Z를 구하기 위한 Mohr원 해석. 여기서 $2C/(\gamma Z) = \tan(45-\phi/2)$이다.

3.31의 Mohr원에서 γ는 흙의 단위중량, Z는 수직 트렌치 벽의 임계 깊이, ϕ는 흙의 마찰각, C는 흙의 점착력이다.

응력이 작용하는 2차원(x-z) 방위(orientation) 선도를 좌표 원점 O의 위치에 포개 놓는다. 강도 포락선(strength envelope)은 점착 강도 C에서부터 흙 마찰각 ϕ의 각도로 경사진다. 흙 활동 시 Mohr 응력원은 강도 포락선에 수직이다. 삼각법으로부터

$$\tan\left(45^\circ - \frac{\phi}{2}\right) = \frac{2C}{\gamma Z}$$

상기 식은 그림 3.31의 임계 깊이를 구하는 식이다.

시험결과 취성토의 경우 공식 3.27은 적정한 해석을 제공하는 것으로 나타났다. 만일 흙이 소성을 가지면 전단응력이 전단강도 C에 도달할 때까지 활동은 발생하지 않으므로 결과적으로 가소성 흙 내부에서 임계 깊이 공식은 $2C/(\gamma Z) = 1$이다. 지하수면 이하에서 임계 깊이는 본질적으로 두 배가 된다.

예제 3.5

C=600lb/ft^2, γ=120lb/ft^3, 그리고 ϕ=30°인 경우 수직 절개(open-cut) 트렌치 벽의

임계 깊이 Z는?

주어진 자료를 공식 3.27에 대입하면 Z=17.3ft가 된다. 흙이 취성이 아니라 약간의 소성을 보유하면 Z 수치는 더 작아진다.

$$Z=\frac{2c}{\gamma}\frac{1}{\tan\left(45-\dfrac{30}{2}\right)}=\frac{2\times600}{120}\frac{1}{\tan30}=17.3\,\text{ft}$$

예제 3.6

그림 3.30과 같이 경사진 트렌치 벽은 노출된 배관을 갖는다고 가정하자. 링 강성도는 압력 P_x를 지지해야 한다. 72인치 HDPE 배관의 좌굴을 방지하기 위해 필요한 배관 강성도는?

흙은 조립질이고, 단위중량은 γ=120lb/ft^{3}이다. 배관 한쪽 측면에는 흙이 없으므로 배관은 지지되지 않고 압력 $P_x=\gamma\times r$를 지지할 수 있어야 한다. 공식 3.14로부터

$$P_{cr}=\frac{3EI}{(1-\nu^2)R^3}=\gamma\times r$$

다음과 같이 가정한다.

$$E=110{,}000\text{lb/in}^2 \qquad \nu=0.4$$

공식 3.3c로부터 링 강성도 EI/R^3를 구하면

$$\frac{EI}{R^3}=\frac{r\gamma(1-\nu^2)}{3}=\left(\frac{120\,\text{ft}^3}{1728\text{in}^3}\right)36\times\frac{0.84}{3}=0.7\text{lb/in}^2$$

공식 3.3b로부터 배관 강성도는

$$\frac{F}{\Delta y}=6.7\frac{EI}{R^3}=6.7\times0.7=4.69\text{lb/in}^2$$

좌굴이 발생하기 전에 휨 응력이 항복강도를 초과할 수 있다. 공식 3.28a로부터 링 내부에서 최대 모멘트는

$$M=\frac{P_x r^2}{4}$$

그리고 휨 응력은 공식 3.28a로부터

$$\sigma_y = \frac{Mc}{I} = \frac{M}{I/c}$$

상기 식에서 I/c를 구하면

$$\frac{I}{c} = \frac{M}{\sigma_y}$$

$$M = \frac{r\gamma r^2}{4} = \frac{\gamma r^3}{4} = \left(\frac{120}{1728}\right)\frac{36^3}{4} = 810\text{in} \cdot \text{lb/in}$$

다음과 같이 가정하면

$$\sigma_y = 110{,}000\text{lb/in}^2$$

$$c = 1.7\text{in}\,(\text{중립축으로부터 외측 섬유조직까지 거리})$$

$$\frac{I}{c} = \frac{810}{110{,}000} = 7.36 \times 10^{-3}$$

따라서

$$I = 7.36 \times 10^{-3} \times 1.7 = 1.25 \times 10^{-2}\text{in}^4/\text{in}$$

$I = 0.0125$ 수치를 링 강성도에 대입하면

$$EI/R^3 = 110{,}000 \times 0.0125/36^3 = 0.029\text{lb/in}^2$$

이 되어 HDPE 배관은 좌굴된다. 따라서 배관의 I를 증가시켜야 한다.

경험법칙에 따라 대부분 배관의 경우 최소 토피두께는 $D/2$인 규정을 준수하면 설치시 필요한 링 강성도는 충분하다. 비점착성 흙 내부 경사진 트렌치 벽에 평행인 배관의 경우 *최소 토피두께는 트렌치 벽의 경사진 표면에 1/2D*이다.

3.7 매설된 연성배관의 성능 예측을 위한 해석적 방법

3.7.1 소개

연성배관의 구조적 거동을 예측하기 위해 많은 방법들을 사용할 수 있다. 여기에서는 대구경 프로파일-벽 HDPE 배관을 중심으로 장점과 단점을 지적하면서 다양한 방법을 철저히 해석하여 기술한다. 다양한 이론적 방법들로 예측된 것과 시험 자료를 비교한다. 여기에서 토론할 방법은 (1) 실물크기 시험, (2) Iowa 공식과 같은 반실험적 공식, (3) Burns & Richard 탄성해와 같은 엄밀 해석법, (4)유한요소법, 그리고 (5) 차원 해석을 포함하는 모델 시험 등이다.

Burns & Richard 해와 Iowa 공식 모두는 선형 탄성 이론들이다. 두 이론 모두 흙과 배관 구조물을 선형 탄성 재료로 가정한다. 흙을 탄성으로 가정하면 큰 오차가 발생할 수 있다. Burns & Richard 해에서는 상재하중 압력을 설명하기 위해 흙에 대해 비선형 탄성계수를 수정한다. 동일한 흙의 탄성계수 또는 동일한 계수 수정을 사용하면 이 두 방법은 거의 동일한 결과를 보여준다. 대구경 PE 배관의 경우 아직까지 약간의 오차가 발생하지만 Iowa 공식보다 Burns & Richard 방법이 약간의 이점을 갖고 있다. Burns & Richard 방법은 변형률, 수평 처짐, 그리고 Iowa 공식에서 직접 구할 수 없는 추력을 구할 수 있다. Burns & Richard 방법에서 현재 사용하고 있는 흙 탄성계수 수정은 부정확한 것으로 나타난다.

3.7.2 연성배관 설계 및 해석

설치 설계 전통적으로 연성관거 설치에 대한 설계 또는 해석에서 가장 기본적인 것으로 고려하는 매개변수들은 세 개이지만, 네 번째 매개변수를 추가할 필요가 있다.

1. 하중(매설 깊이)
2. 배관 영역에서 흙 강성도
3. 배관 강성도
4. 프로파일-벽 배관의 경우 프로파일 형상

하중 연성배관에 작용하는 설계 하중은 프리즘 하중 이론을 사용하여 쉽게 계산할 수 있다. 이 하중은 단순히 흙의 단위중량과 토피두께의 곱이다. 연구를 통해 연성배관에 작용하는 장기 하중은 프리즘 하중에 근접할 수 있다는 것을 보여주었다.[29,42] 이 하중은 보수적이므로 설계시 이 하중을 사용하면 처짐 지연 계수를 1로 취하여야 한다. 프리즘 하중보다 하중이 작은 경우 반드시 적정한 지연 계수를 반영해야 한다.

흙 강성도 통상적으로 매개변수 E'항으로 흙의 강성도를 표현하며, 여기서 E'는 흙의 탄성계수이고, 차원으로는 단위 면적당 하중(통상적으로 MPa 또는 $\mathrm{lb/in^2}$)이다.

E'는 흙의 밀도와 종류, 그리고 함수비와 같은 흙 특성의 함수이다. 흙의 밀도는 흙의 강성도에 영향을 미치는 가장 중요한 매개변수인 것을 경험을 통해 보여준다.[32,40,52] 본 장의 초반부에서 기술한 것과 같이 약간의 오차가 발생하지만 E' 대신 구속압축시험으로부터 할선(secant) 계수를 사용할 수 있다.

배관 강성도 가장 많이 사용하는 용어는 배관 강성도 $F/\Delta y$이다. 임의 배관 제품의 경우 이 용어는 실험실에서 평판재하시험(parallel-plate loading test)으로 쉽게 결정할 수 있다.

$$\text{Pipe stiffness} = \frac{F}{\Delta y} = 6.7\frac{EI}{r^3} \qquad 3.32$$

배관 벽 프로파일 특정 하중에서 배관이 처지면 관 벽 내부에 휨 변형률이 발생한다. 이러한 변형률은 배관 벽을 통해 다르게 나타난다. 프로파일-벽 배관은 배관 벽의 단면 계수를 증가시켜 최소 재료를 사용하도록 설계 및 제작된다. 파형 강관이 실제 프로파일-벽 배관이고 수년 동안 사용해 왔기 때문에 그 개념은 새로운 것이 아니다. 새롭게 제작되는 플라스틱 배관 제품들 중 일부는 이러한 형식이다. 즉, 플라스틱이 주로 내부 및 외부 벽에 위치하거나 또는 배관 강성도가 큰 경우에는 리브에 위치한다. 이러한 제품 중 많은 배관들이 프로파일 단면과 함께 단일체로 동작하여 설계 취지와 같이 수행하는 것을 보여 주었다. 그와 같은 제품의 경우 충분한 안전을 확보하기 위해 설계 시 전단력을 전달하고 프로파일 단면이 실제로 단일체로 동작하는 것을 보장하기 위해 내부와 외부 벽 사이 그리고 리브들 사이에서 충분한 플라스틱을 포함해야 한다. 또한 단위길이당 단면적과 각각의 요소별 벽 두께는 국부 좌굴(localized buckling)에 충분히 저항할 수 있어야 한다.

플라스틱의 장기(long-term) 특성 유한요소 프로그램에서 배관 계수를 감소시켜 증분 해석한 결과 소위 장기 계수(long-term modulus)는 전체 거동에 거의 영향을 미치지 않는 것을 보여준다. 따라서 해석 시 배관의 점탄성(viscoelastic) 특성을 포함하는 것은 정당하지 않으나 흙의 부정확성으로 인해 발생된 오차는 이 점탄성 해석에 의해 얻은 이점들을 모두 감춘다.

본 서 초반부에 기술하였듯이 트렌치와 제방 모두 전체하중(full load)이 배관에 도달하는 데 상당한 시간이 소요되고 시간에 따른 처짐량의 변화는 배관 재료 자체의 크리프에 기인하는 것이 아니고 하중 증가와 흙의 압밀에 기인한다. 따라서 배관 재료의 크리프 특성은 연성배관의 장기 처짐 거동에 거의 영향을 미치지 않는다. 일부 프로파일-벽 배관의 경우 연직처짐을 제어한다고 해서 성능한계로서 국부 좌굴을 제어할 수 없다.

3.7.3 배관 성능 예측 방법

실물크기(full-scale) 시험 유타대학, 미국 개척국, 그리고 오하이오 대학과 같은 여러 연구실험실에서 실물크기 시험을 성공적으로 사용하여 왔다. 원형 배관이 파괴될 때까지 시험하고 배관의 전체 성능을 연구하는 기법(techniques)들이 개발되어 왔다.

모델 시험 실물크기 시험과 모델 시험을 수행하나 때로는 소축척 배관을 포함하며 차원해석을 사용하여 더 큰 배관의 성능을 예측하기도 한다. 때로는 높은 토피두께를 모의하기 위해 가속력을 증가시키는 원심모형 시험기에 배관 모델들을 설치한다. 성공적으로 모델 시험을 사용하여 왔으나 원심모형 시험은 문제가 있어 보편적으로 사용하지 않는다.

Spangler의 Iowa 공식 본 장의 초반부에서 이 공식을 기술하였다.

$$\triangle x = \triangle y = \frac{D_L K W}{EI/r^3 + 0.061E'} \tag{3.33}$$

Spangler는 수직대칭으로 가정하였으나 수평대칭으로는 가정하지 않았다. Iowa 공식의 유도과정을 검토하면 우수한 이론적 기초를 보여준다. 유도는 엄밀한 모멘트의 상관관계, 전단력, 그리고 배관 링에서 추력을 사용하며 이는 우수한 선형 이론이다.

Burns & Richard 탄성 해(elastic solution)[3,8] Burns & Richard는 1964년 아리조나대학에서 열린 흙-구조물(soil-structure) 상호작용에 대한 심포지엄에서 그들의 해법을 발표하였지만 하나의 탄성해이기 때문에 그들 해법은 거의 관심을 받지 못하였다. 사실 다시 관심을 받기까지인 1990년 중반까지 이 해법은 거의 무시되었다. 이 해법은 단순히 1899년 Michell이 발표한 탄성해 이론을 채택한 것으로 Michell 해는 반-무한 등방성(semi-infinite isotropic) 탄성체에서 하나의 원형 구멍(circular hole)을 해결하기 위한 것이다. Burns & Richard는 구멍 내부에서 하나의 원형 등방성 탄성 쉘(shell)을 위치시켜 Michell 해를 수정하였고 원형 구멍과 원형 쉘 사이 경계 조건들을 일치시키기 위해 얇은-쉘 이론을 사용하였다. 이 해는 선형이고 흙과 배관 구조물 모두 선형 탄성 재료로 가정한다. 배관 구조물을 위한 탄성 가정은 대부분 탄성 재료의 경우 수용할 수 있으나 이 해법과 Iowa 공식에서 흙을 탄성으로 가정하는 것은 커다란 오차를 발생시킬 수 있다.

Burns & Richard는 흙을 위해 오직 하나의 일정 탄성 계수를 사용하였다. 토피두께 증가에 따른 흙 계수의 변화 가능성을 Burns & Richard가 제안한 선형 탄성 이론에 추가하였다. 이 수정된 버전에서 배관 상단부 상부에서 흙의 높이가 증가하면 흙의 유효탄성계수는 증가하며 이러한 현상을 소위 *흙의 구속압의존성 탄성계수*라 부른다. 이 *흙의 구속압의존성 탄성계수*는 Burns & Richard가 제안한 것이 아니고 후에 추가된 것이다. 흙의 구속압축시험을 통해 토피두께에 따라 증가하는 계수를 증명하였다. 이와 같은 시험에서 응력-변형률 곡선은 상방향 요면이다. 응력이 증가하면서 계수 곡선의 경사가 증가하나 매설된 연성배관의 경우 배관 옆의 흙은 구속되지 않으므로 하중-처짐량 곡선은 하방향 요면이다.

강, 솔리드 벽 PVC, FRP, RPM 또는 HDPE 배관에 상재하중-종속 모델을 적용하여 연직 처짐량을 예측하면 빈번하게 큰 오차가 발생하는 것을 보여주었다. 주된 어려움은 해를 얻기 위해서 적당한 흙 탄성계수를 구하는 것이다. 통상적으로 연성배관의 경우 토피두께에 따른 추정된 유효 흙 탄성계수는 증가하지 않으나 강성배관의 경우에는 증가한다. 만일 상재하중-종속 특징을 사용하지 않으면 Burns & Richard 해는 Iowa 공식에 의해 얻은 결과와 거의 동일한 결과를 얻는다. 또한 만일 Iowa 공식과 Burns & Richard 해에 동일한 상재하중-종속 계수를 사용하면 계산된 수직 처짐은 본질적으로 동일하다.

Burns & Richard 해법의 장점들은 다음과 같다.

1. 스프레드쉬트로 프로그램되어 사용하기 쉽다.
2. 이 해는 배관 벽 추력과 변형률, 그리고 수평 처짐량을 직접적으로 계산한다.
3. 이 해는 흙-배관 접촉면(interface)에서 완전 미끄럼(full slip) 또는 미끄럼이 전혀 없는 no slip을 고려한다.

Burns & Richard 해의 가장 큰 단점은 다음과 같다.

1. 해는 이중 대칭을 가정한다. 즉, 이 해는 흙-배관 시스템의 수평축과 수직축 모두 대칭으로 가정한다. 통상적으로 수직축 대칭 가정은 타당성이 있으나 시험결과와 유한요소법 모두 평균적으로 수평축은 대칭이 아닌 것을 보여준다. 수평축 대칭은 존재하지 않는다는 것을 인지하였고 Spangler는 시험을 통해 반실험적

방법으로 수평축 비대칭성을 제공하였다.

2. 연성배관 설치의 경우 상재하중 흙의 탄성계수와 함께 이 해법을 사용하면 결과는 보수적이지 않으므로 사용하지 않아야 하는 반면, 강성배관의 경우 이 계수를 사용해야 한다. 구속압의존성 흙의 탄성계수가 없는 해 자체는 배관이 강할 것을 요구하지 않으며 작은 변위량(small displacement)을 필요로 하는 미소변위 이론을 위한 해법이다.

유한요소법[18,22] 유한요소해석(FEA : finite element analysis) 기법에 대한 더욱 완벽한 토론은 본장 후반에서 기술한다.

매설된 연성배관의 거동을 예측하기 위해 FEA 방법을 성공적으로 사용할 수 있는 것을 보여 주어왔다.[40] 특히, 유타대학에서의 최근 연구는 대구경 HDPE 배관의 거동 예측에 FEA 방법이 가장 성공적인 방법임을 보여주었다. 그러나 FEA 결과는 흙 구조물 상호작용을 모델링하는 능력으로서 양호할 뿐이라는 것을 사용자는 반드시 주의해야 한다.

각 하중 증가의 종료에 각 절점 좌표를 수정하여 기하학적 비선형 해석을 추가로 포함시켰다. 이러한 절차는 연성배관의 경우 본질적으로 FEA 프로그램 내에서 사용된 미소-변형률 이론이 일부 부정확성을 야기시키는 우려를 제거하였다.

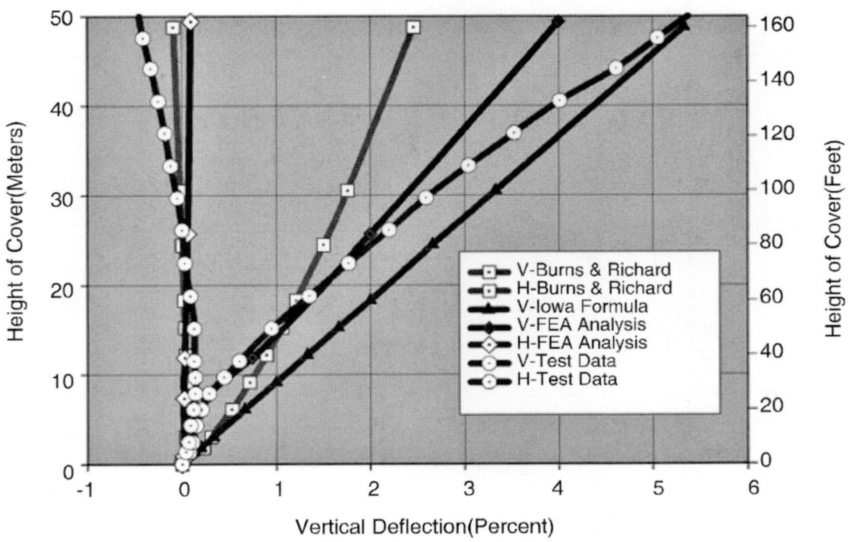

그림 3.32 97% 표준 프록터 밀도로 다짐된 직경 48인치 HDPE 매설배관 시험 및 해석 자료

결과 비교 그림 3.32에서 연직토압을 가정된 흙의 단위중량으로 나누어 토피두께를 계산하였다. 이 그림들의 경우 단위중량 19.1kN/m^3(120lb/in^2)를 사용하였다. 그림 3.32는 직경 48인치 HDPE 배관 시험 자료와 다양한 해석방법들을 비교하여 보여준다. 흙은 실트질의 모래로서 표준 프록터 밀도의 97%로 다짐되었다. 이 해에서 사용된 E' 수치는 27.56MPa(4000lb/in^2)이다. 유한요소해석 해가 실제 시험 자료에 가장 근접한다. 또한 시험자료의 하중-처짐량의 기울기는 Iowa 공식의 기울기에 접근한다. 상재하중 수정을 사용하면 Burns & Richard(B&R) 해는 결과와 일치하지 않는 상방향 요면 곡선을 생산한다. 수직 처짐량의 경우 매우 낮은 토피두께에서 Iowa 공식과 B&R 해가 일치하는 점은 흥미롭다. 이는 B&R 공식에서 상재하중 수정을 사용하기 전이기 때문이다.

그림 3.33은 표준 프록터 밀도의 85%로 다짐된 실트질 모래에 설치된 직경 48인치 HDPE 배관의 경우 결과를 비교한 것으로서 해에서 $E' = 3.45$MPa(500lb/in^2)를 사용한다. 시험결과와 B&R 해법의 차이는 흙의 탄성계수에 대한 부정확한 상재하중 수정에 기인한다. 재차 FEA 결과가 시험 결과와 가장 근접하게 일치한다. FEA 프로그램 및 해석에 사용된 메쉬(mesh)에 대한 상세한 내용은 참고문헌 29와 40을 참조한다.

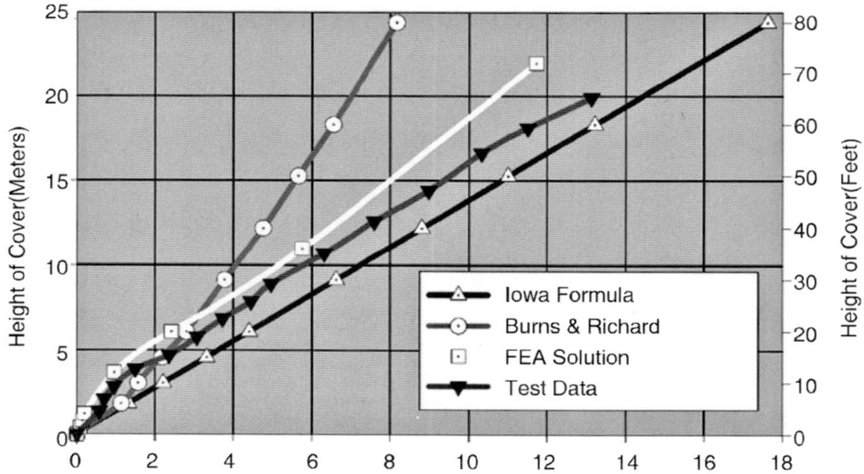

그림 3.33 85% 표준 프록터 밀도로 다짐된 직경 48인치 HDPE 매설배관 시험 및 해석 자료

상재하중(overburden)-종속의 탄성계수 B&R 해에서 사용한 상재하중 수정은 다음과 같다.

$$E'_{eff} = E' \quad H < 6\,\text{ft}\text{일 때} \qquad 3.34$$

$$E'_{eff} = E'\left[1 + 0.15(H-6)^{0.5}\right] \quad H \geq 6\,\text{ft}\text{일 때}$$

여기서 E' : 전통적인 흙의 탄성계수

E'_{eff} : 흙의 유효탄성계수

H : 토피두께

Iowa 공식과 B&R 해 모두 동일한 상재하중 수정을 사용하면 연직 처짐량을 매우 유사하게 예측할 수 있다. 그림 3.34는 $E' = 11.02\text{MPa}(1600\text{lb/in}^2)$인 동일한 흙 재료에 매설된 직경 48인치 HDPE 배관을 위한 두 개의 이론을 보여준다. 두 해 모두 약 25m 토피 두께까지는 거의 완벽하게 일치하는 것을 보여준다. 물론 전체 토피두께 범위에 걸쳐 곡선들이 위쪽으로 오목한 형태이기 때문에 모두 올바르지 않다. 그림 3.35는 두 이론에서 동일한 상재하중-종속 흙 탄성계수를 사용하면 근접하게 일치하는 유사곡선을 보여준다.

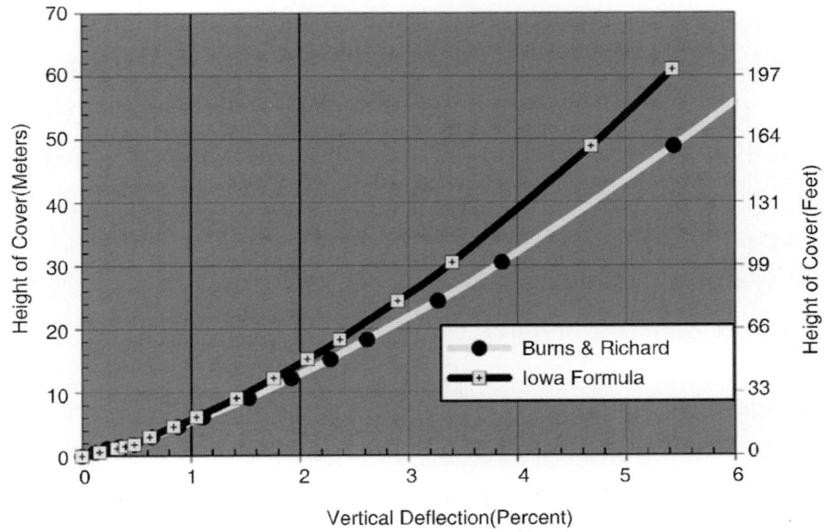

그림 3.34 동일한 상재-종속 지반모델을 사용한 경우 Iowa 공식을 사용한 Burns-Richard 해석 결과의 비교(초기 E'=11.02MPa)

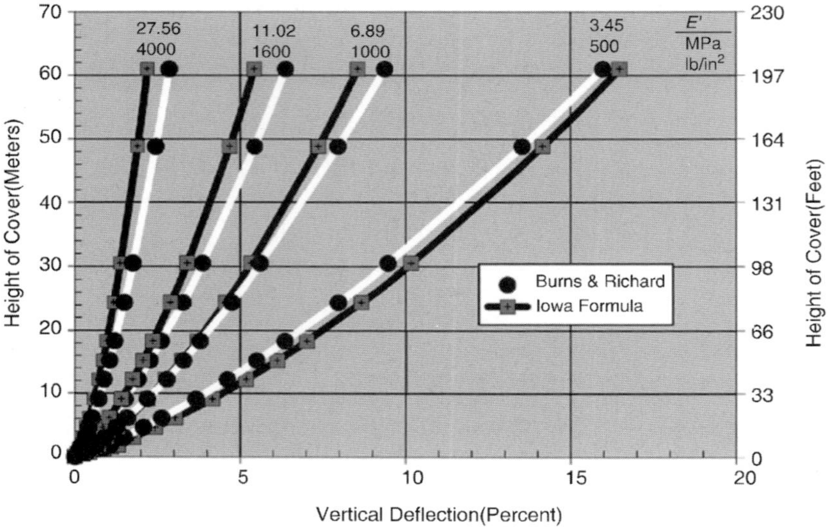

그림 3.35 동일한 상재-종속 지반모델을 사용한 경우 Iowa 공식을 사용한 Burns-Richard 해석 결과의 비교(다양한 초기 E' 수치)

추가 조사가 필요한 Burns와 Richard의 해에서 상재하중-종속계수를 사용하면서 실제 문제가 존재한다. 통상적으로 그림 3.32와 같이 수직축에 흙 하중, 그리고 수평축에 처짐으로 매설배관의 하중-처짐 곡선을 작성한다. 그림 3.35와 같이 상재하중 종속계수는 상방향으로 오목한 곡선을 생산한다. 이는 그림 3.32와 3.33의 시험자료 곡선과 같은 아래쪽으로 오목한 실제 하중-처짐 곡선을 위한 특별한 경우이다. 그림 3.33에서와 같이 상재하중-종속계수와 관련하여 하중-처짐 곡선의 경사는 매우 얇은 토피두께에서 가장 작다. 실제 시험에서 곡선의 가장 급격한 부분은 매우 얇은 토피두께에서 발생하며, 특히 다짐된 흙의 경우 전형적이다. 하중-처짐 곡선의 초기 급경사는 뒷채움 흙의 작용[때로는 사전다짐(precompaction) 또는 선행압밀(preconsolidation)이라 불린다]에 기인한다.

다짐 모의(compaction simulation) 연성배관 설치에서 상재하중이 작용할 때 흙 속의 응력은 초기 탄성계수의 기울기와 흙이 변형하기 전 유효 사전다짐 압력[본질적으로 再載荷(reloading)]에 반드시 도달한다. 단순 구속압축시험에서 예측된 것과 같이(그림 3.11 참조) 응력-변형률 곡선의 상부에서 계수 증가는 연성배관 설치의 하중-처짐 곡선에서 발생하지 않는다. 흙 속에 배관을 배치하면 구속된 압축시험에서 존재하지 않는 응력 집중이 발생한다. 높은 응력과 배관 변형이 조합되면 흙 내부에서 전단 파괴를 유발한다. 이는 상재하중의 증가에 의해 흙이 압축되면서 발생하는 탄성계수의 증가를 무효로 한다.

따라서 사전 다짐을 고려하고, Iowa 공식의 곡선에 접근하도록 하중-처짐 곡선의 경사를 고려하기 위해 계수 수정(mudulus correction)이 필요하다. 다양한 재료들로 제작된 연성배관의 수많은 시험을 통해 하중-처짐 곡선들을 분석하였다. 하중-처짐 자료들은 이중선형(bilinear) 곡선을 갖고 상당히 정확하게 묘사되는 것으로 나타났다. 원하는 결과를 얻기 위한 계수수정은 다음과 같다.

유효 계수는 실제로 흙-구조물 상호작용 조건으로 흙과 배관 모두에 종속된다. 따라서 다른 배관 제품들의 분기점(break point)은 다를 수 있다.

$$E'_{eff} = 2.5E' \quad H \leq b \text{일 때}$$

$$E'_{eff} = \frac{2.5E'H}{[b + 2.5(H - b)]} \quad H > b \text{일 때}$$

여기서 E' : 전통적인 흙의 탄성계수
E'_{eff} : 유효 탄성계수
H : 토피두께
b : 분기 높이(곡선 경사가 변화하는 곳)

B&R와 Iowa 이론에 상기 계수 수정들을 사용하면 거의 동일한 결과를 얻을 수 있으며, 이 결과들은 FEA 결과와 시험 자료를 밀접하게 따른다. 그림 3.36에 두 해석적 방법을 위한 FEA 결과와 시험 자료들을 비교하였다.

프록터 밀도, %	흙의 탄성계수 E'	분기점 b
80	1.73~3.45MPa(250~500lb/in^2)	1m(3ft)
85	3.45~4.82MPa(500~700lb/in^2)	1.5m(5ft)
90	4.82~6.89MPa(700~1000lb/in^2)	3m(10ft)
97	6.89~11.02MPa(1000~1600lb/in^2)	9m(30ft)

Iowa 공식-B&R 해 동일한 흙 탄성계수를 사용하면 두 방법은 동일한 연직 처짐발생을 보여주었으므로 어느 해가 더 양호한지 더 이상 토론할 필요가 없다. 이론적 기초에 의해 두 해들은 선형 탄성 해이다. 시험 자료와 유한요소 자료를 비교할 때 상기 두 방법에서 오차가 발생하지만 정확한 결과를 얻기 위해 쉽게 수정할 수 있다. 그러

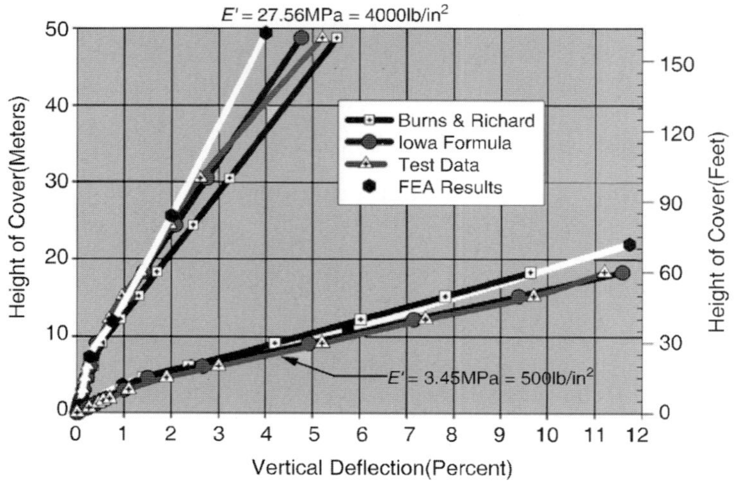

그림 3.36 직경 48인치 HDPE 배관의 실험 및 해석 결과 비교. 과도다짐을 위해 흙 탄성계수를 수정하였고, Iowa 공식과 Burns & Richard solution에서 이중선형반응을 가정하였다.

나 B&R 방법은 변형률, 수평 처짐, 그리고 Iowa 공식으로부터 직접적으로 구할 수 없는 추력을 얻을 수 있다.

결론

1. FEA 방법은 시험자료를 가장 근접하게 나타내는 결과들을 보여준다.
2. 연구, 제품시험, 평가, 그리고 품질시험을 위해 실물크기 시험과 유한요소해석을 동시에 사용할 것을 권장한다.
3. B&R 해법에서 현재 사용하고 있는 상재하중–종속 흙의 탄성계수는 부정확하므로 해석, 설계, 또는 연성배관 설치를 평가하기 위해 사용하면 안 된다.
4. 동일한 흙 탄성계수와 수정을 각 이론에 사용하면 Iowa 공식과 B&R 해는 본질적으로 동일한 연직 처짐량을 예측한다.
5. B&R 해법과 Iowa 공식의 기초이론으로 탄성 지반을 가정하므로 두 공식은 부정확하다. 더욱이 B&R 해법은 비현실적인 수평축 대칭을 가정한다.
6. 만일 수정된 탄성계수를 사용하면 두 해의 결과들은 시험 결과와 유사하게 일치한다. 수정된 탄성계수는 이중선형(bilinear) 하중–처짐 곡선 결과들과 같은 것이 된다.

7. 수정된 탄성계수를 사용하면 B&R 해법은 직접적으로 수평 처짐, 응력, 그리고 변형률을 제시하므로 Iowa 공식보다 장점이 많다.

3.8 유한요소법 (Finite element methods)

3.8.1 소개

유한요소해석 기법(FEA : Finite Element Analysis)은 주로 복합 구조물 시스템을 해석하기 위해 개발되었다. 이 기법은 다른 하중 조건에 대한 구조적 응답을 해석하기 위해 개발되었다. 수년에 걸쳐 수학적 상관관계를 통해 이 기법이 확장되었고 유체역학, 열역학, 지반공학, 지하수 해석, 공기역학, 그리고 많은 다른 과학 영역에서 발전되었다. 초기 유한요소법 해결방법은 복잡한 수학적 해석 기법으로 진화하였다. 이 기법은 일상적인 해석은 물론 연구 및 개발에서 매우 유용한 도구로 증명되었다.

특히, 흙-구조물 상호작용 미케니즘을 해석하기 위해 FEA가 활발하게 개발되었다. 1차원, 2차원 및 3차원 유한요소를 조합하여 전역(global) 행렬을 작성할 수 있다. 각 요소 형식은 다른 강성도 특성을 갖도록 정의할 수 있다. 증분(incremental) 해석과 반복법을 통해 흙 비선형 응력-변형률 특성의 모델링을 수용할 수 있다. 과거에는 흙 구조물, 매설배관, 그리고 토류(earth-retaining) 구조물을 해석하기 위해 이 방법을 광범위하게 사용하여 왔다. 이 방법은 일부 매우 복잡한 구조물의 전개와 사용을 수용하였으며, 다양한 하중 조건들, 지표면 밑(subsurface) 조건들, 그리고 구조물 특성들을 수학적으로 모델링할 수 있다. 이 방법은 그와 같은 구조물의 실질적인 시험보다 유리하다. 그러나 FEA 결과들은 오직 흙-구조물 상호작용의 거동을 모델링할 수 있는 능력으로만 양호하다는 것을 유의해야 한다. 또한 유한요소법은 실제 시험 결과로 FEA 결과를 조정할 수 있다. 더욱이 FEA 취약점은 부정확한 입력자료, 수렴, 그리고 반올림 오차 등이 될 수 있다.

현재 구조해석을 위해 다양한 상용 유한요소 프로그램들을 사용할 수 있다. 임의 해석 패키지이던 선형 유한요소모델을 포함한다. 선형 해결은 변위가 적어야 하고 재료들이 선형 탄성 특징을 요구한다. 이러한 선형 모델의 적용 한계는 잘 다짐된 지반(예: 95% 표준 proctor 이상 흙 밀도) 및 작은 매설 깊이(예: 20ft 이내)가 된다. 흙의 탄성계수 값들을 현명하게 선정해야 예상되는 거동에 대한 양호한 통찰력을 얻을 수 있다. 깊은 매설 조건 또는 중간부터 불량한 지반 조건들에서 임의 설치를 모델로 하기 위해 비선형 유한요소 해결이 필요하다. 비선형 해석을 지원하는 유한요소 패키지 또한 많이 존재하나 내장된 재료 모델들은 자연 재료들에 설치된 culvert의 경우 좋은 결과를 제공하지 못한다. 자연 지반의 경우 Duncan[6] 또는 Duncan/Selig[30,42]와 같은 쌍곡선 모델을 권장한다. Duncan 모델에 대한 기술은 다음과 같다.

오직 수개의 비선형 유한요소 프로그램들만이 쌍곡선 모델을 지원한다. 이러한 프로그램들인 CANDE[4] 및 PLAXIS[40] 중 PLAXIS은 다양한 지반공학 문제를 처리할 수 있는 상용 프로그램이다. CANDE-89는 미국 고속도로관리국으로부터 구입할 수 있다. 곧 출시될 새로운 버전인 CANDE-2007은 새로운 특징들을 지원하며, LRFD 설계를 위해 사용할 수 있다.

1985년에 완료한 연구는 유한요소모델링의 일부 문제에 역점을 두고 다루었으며 다양한 하중 조건, 다짐 조건, 그리고 지하수 조건에서 연성배관의 응답을 해석하였다. FEA 기법을 캘리브레이션하기 위해 실제 시험 결과들을 사용한 후 비교하였다. 일부 다른 하중 부과 방법의 실제 모델링은 이전 연구에서 다루지 않았던 FEA 능력을 추가 개발할 필요성을 제안하였다. 이러한 개발들은 흙-구조물 상호작용[특히 매우 연성배관의 경우]을 더욱 정확하게 모델링할 수 있게 하였다.

유타대학에서 전산 코드 SSTIPN을 개발 및 수정하였다. 이 프로그램은 Wilson[58]이 최초로 개발한 프로그램 SAP과 유사한 구조를 갖는다. Ozawa 및 Duncan[35]은 지반 모델링을 포함시키기 위해 프로그램 SAP을 수정하였다. Duncan et al[6] 그리고 Wong 및 Duncan[59]은 접촉면(interface) 요소들을 포함시키고 지반 모델을 개선시켰다. SSTIPN 프로그램은 유타대학에 상당히 향상되어 왔고 현재 PIPE5라 불린다.

FEA 연구 및 프로그램 개발을 수행하여 ① 비선형 기학학적 해석을 추가하였고, ② 반복법을 개선하였고, ③ 초기 載荷(loading), 除荷(unloading), 그리고 再載荷(re-loading) 해석을 포함시키기 위해 지반 모델을 수정하였고, ④ 개선된 배관 응답해석을 위한 출력 파일과 그래프 기능 등을 추가하였다. 향상된 모델을 사용하면 다짐 모의, 초기 배관의 타원형(ovalization), 비대칭 다짐과 베딩 해석, 그리고 포화와 흙 구조물 붕괴에 기인한 유사시간(pseudotime) 효과를 포함시킬 수 있다.

흙의 특성을 위한 실험실 시험을 수행하였으며 이 시험에서는 입도시험, Atterberg 한계, 다짐, 구속압축, 그리고 각 토질별 응력-변형률 특성을 위한 3축압축시험이 포함되었다. 개선된 SSTIPN 버전에서는 여러 종류의 토질에서 배관 반응을 해석하기 위해 3축 시험결과를 사용하였다. 특히 배관 해석을 수용하기 위한 코드를 여러 차례

수정했으며 이제 이 코드는 PIPE로 명명되었다. PC 용도의 프로그램은 PIPE5로 명명되었다.

3.8.2 매설배관을 위한 FEA 해결의 일반적인 기술

고체역학에서 응력 해석을 위한 유한요소법은 연속체를 다수의 불연속 요소로 분류하여 연속체를 이상화(idealize)하는 하나의 수학적 기법이다. 이러한 요소들은 오직 절점에서 인접한 요소들에 연결된다. 요소 경계들에 따른 변위를 절점 변위와 관련시키고 인접 요소들 사이 변위 호환성을 명시하기 위해 특별 형상함수들을 사용한다. 그림 3.37에서와 같이 한 번 연속체를 이상화하면 강성도 해석법을 사용하여 정확한 시스템의 구조적 해석을 수행한다.

공식 3.35는 이상화된 시스템 내 각 절점을 위한 평형방정식을 행렬형태로 나타낸다. 경계 조건들을 적용한 후(고정된 또는 제한된 이동으로 절점들을 나타낸 후) 공식 시스템을 해결하여 미지의 절점 변위를 구한다. 차례로 이러한 변위들을 사용하여 요

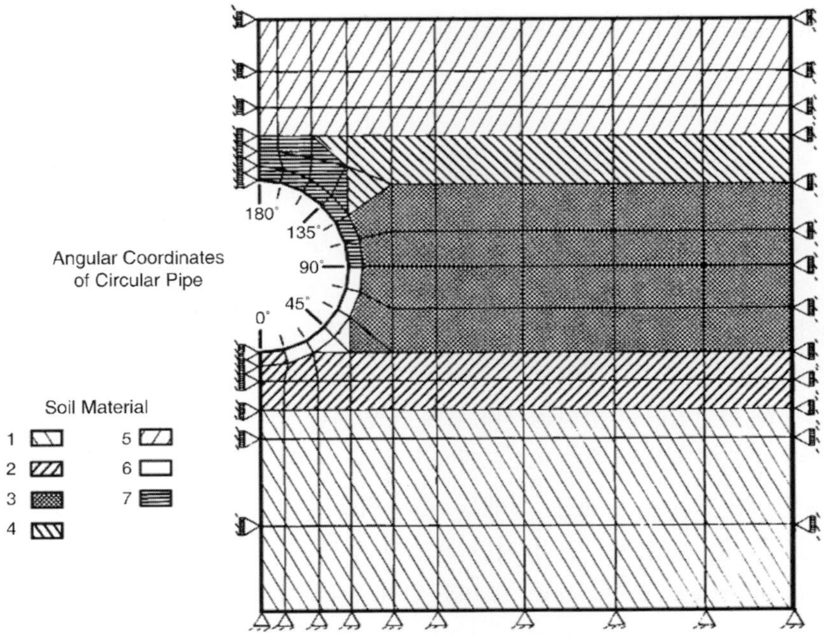

그림 3.37 매설배관을 위한 유한요소 mesh

소 응력과 변형률을 평가한다.

$$[K]\{d\}=\{f\} \tag{3.35}$$

여기서 $[K]$: 전역(global) 강성도 행렬
$\{d\}$: 절점 변위 벡터
$\{f\}$: 절점 하중 벡터

강성도 행렬 $[K]$는 절점 변위를 절점 하중과 관련시키고, 구조 기하학, 요소 규격, 요소들의 특성, 그리고 요소 형상들의 함수이다.

흙-구조물 상호작용 문제를 해결하기 위한 유한요소해석은 다음과 같은 여러 면에서 단순 선형 탄성문제를 해결하기 위한 유한요소해석과는 다르다.

1. 흙 특성들은 변형률-종속적이다(비선형).
2. 구조물(이 경우 배관)을 표현하는데 지반을 표현하기 위해 사용되었던 것과는 다른 요소 형식들을 사용해야 한다.
3. 연성배관의 경우 변위 구배들이 작다는 가정은 빈번하게 틀리며, 해를 구하기 위해 기하학적으로 비선형 용량을 합체시킬 필요가 있다.
4. 일부의 경우 지반과 배관의 벽 사이의 이동(movement)을 허용하는 것이 필요할 수 있다.

지반의 응력-변형률 거동은 비선형이므로 해결절차는 반드시 점진적으로 응력조건을 따라야 한다. 단계별로 흙 구조물을 형성해야 하고, FEA 프로그램에서 흙의 비선형 응력-변형률 특성을 수용하기 위해 반드시 점진적으로 외부 하중을 추가해야 한다. 이 특정 흙 시스템의 비선형 거동은 대부분 토질역학 FEA 프로그램에서 주로 사용하고 있는 특별한 해석 형식으로 귀착한다. 기본 절차들은 아래와 같으며 여기서 기술된 단계들은 PIEP5에서 사용된 단계이다.

2차원 평면변형률 방법을 사용하여 광범위한 범위에 걸친 매설배관 문제를 모델링할 수 있으며 2차원 유한요소모델에서 배관은 빔 요소들을 사용하여 모델링할 수 있다. 이러한 요소들은 전단, 모멘트 및 추력을 수용하는 것이 가능하다. 배관 요소들의 절점은 공통 절점에서 인접 지반 요소에 연결된다. 배관 절점들과 지반 요소 절점들 사이 "interface" 또는 "gap" 요소를 위치시켜 유한요소해석에서 배관과 흙 사이의 미끄러짐을 수용할 수 있다. 이러한 인터페이스 요소들은 본질적으로 규격이 없으나, 명시된 마찰력을 초과할 때 절점들 사이 이동을 동역학적(kinematically)으로 허용한다.

3.8.3 PIPE5 해석 절차

1. 초기 흙 요소의 응력들과 탄성 매개변수들을 추정한다. 흙 특성은 비선형이고 응력과 변형률에 종속된다. 흙의 비선형 때문에 흙 구조물을 점진적으로 형성하고 하중을 추가하는 모델링이 필요하다. 강성도 행렬을 연산하기 위해 반드시 초기 탄성 매개변수들은 기저의 값이거나 추정해야 한다.
2. 두 방법 중 하나로 증분 하중 벡터를 연산한다. 만일 증분(incremental) 형성을 모델링하면 추가된 흙의 중량, 그리고 증가량을 위한 구조물 요소들로서 하중 벡터를 연산한다. 대안으로 하중 벡터를 외력으로부터 발생한 외부 하중을 구성할 수 있다.
3. 공식 3.32로 나타낸 공식 시스템을 해결하여 증분 하중 벡터를 구하기 위해 증분 절점 변위를 연산한다.
4. 절점 변위를 사용하여 변형률–변위 행렬로부터 증분 요소 변형률을 연산한다. 변형률–변위 행렬은 요소의 거동을 설명하기 위해 사용된 각 요소의 절점 좌표들과 형상 함수(shape function)에 기초한다. 그 후 상기 단계 1에서 사용한 초기 탄성 매개변수들과 후크 법칙을 사용하여 요소 응력을 연산하기 위해 요소 변형률을 사용한다. 이전 증분으로부터 증가된 응력, 변형률, 그리고 변위들을 더하여 전체 응력, 변형률, 그리고 요소 내 변위들을 연산한다. 수렴이 이루어질 때까지 반복한다. 수렴 판단기준은 연산된 응력들과 탄성 매개변수들을 연산하기 위해 사용된 초기 응력과의 일치 여부이다. 다음 載荷(loading) 증분을 위한 새로운 탄성 매개변수들을 평가하기 위해 전체 응력들을 사용한다.
5. 한 번 특정 하중 구조(construction) 증분을 위한 수렴을 얻으면 새로운 증분 하중 벡터를 연산하고, 단계 2에서 4까지 기술한 절차를 따른다. 이러한 해석 방법을 증분 하중 방법(또는 등가 선형법)이라 부르며 대부분 토질역학 유한요소해석 프로그램에서 매우 광범위하게 사용된다. 이 해의 정확도는 강성도 행렬을 유도하기 위해 사용한 가정들, 하중 증분의 크기, 그리고 많은 다른 요소들에 따라 결정된다.

유타대학 연구 프로그램의 목적은 모델을 개발하고, FEA 결과를 실제 시험 자료와 비교하여 캘리브레이션하는 것이다. 이 FEA 연구는 전산기 코드의 향상에 도움을 주었으며 이러한 향상들은 실제 조건을 개선하여 모델링할 수 있고 실제 반응을 예측할 수 있다.

흙 모델(soil model) 전술한 흙 모델은 통상적으로 *Duncan의 흙 모델(Duncan soil model)*로 불린다. 이 모델은 쌍곡선 상관관계를 사용하여 응력-변형률 특성을 모델링 할 수 있다고 가정한다. 그림 3.38은 사용된 대표적인 비선형 응력-변형률 곡선과 쌍곡선 변환을 보여준다. 초기 접선 탄성계수 E_i값은 구속 압력의 함수이다. 또한 변형률이 증가하면서 접선 계수가 변화하는 것을 보여준다. 구속 압력이 일정한 수치로 주어지는 경우 탄성계수 값은 흙의 발휘된 강도의 % 또는 응력 수준의 함수이다. 응력 수준이 1(유효 강도의 100%가 발휘됨)에 접근하면서 탄성계수의 수치는 0에 접근한다.

흙의 Mohr-Coulomb 강도 이론은 흙의 강도 또한 구속 압력에 종속되는 것을 보여준다(그림 3.39 참조). 그림 3.40은 초기 접선계수와 구속 압력 사이 대수적 상관관계를 보여준다. Duncan 흙 모델은 주어진 응력 조건에서 탄성의 접선 계수를 평가하기

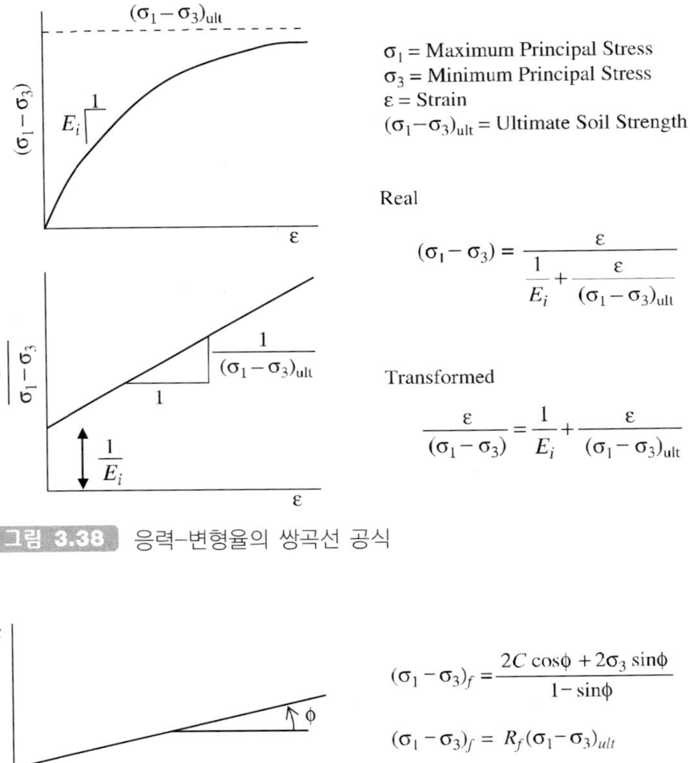

그림 3.38 응력-변형율의 쌍곡선 공식

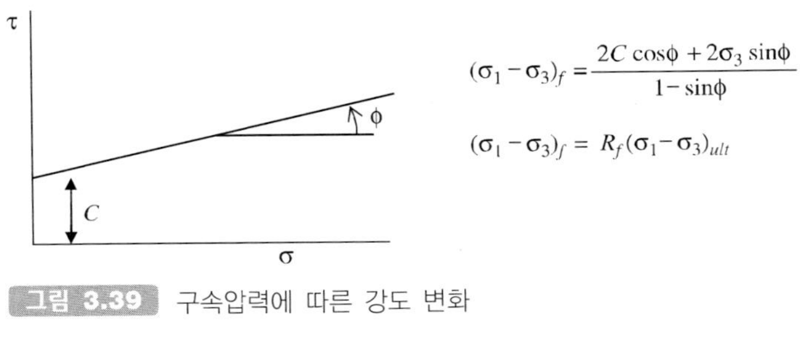

그림 3.39 구속압력에 따른 강도 변화

위해 구속 압력을 갖는 초기 접선 계수의 변화와 응력을 갖는 탄성의 변화를 조합한다. 구속 압력 강도의 함수로서 탄성계수를 평가하기 위해 다음 공식을 사용한다.

$$E_t = \left[1 - \frac{R_f(\sigma_1 - \sigma_3)(1-\sin\phi)}{2C\cos\phi + 2\sigma_3\sin\phi}\right] KP_a\left(\frac{\sigma_3}{P_a}\right)^n \tag{3.36}$$

여기서 E_t : 접선 탄성계수
P_a : 차원 목적으로 사용된 대기압력
K : 탄성계수 상수
n : 탄성계수 지수
σ_1 : 최대주응력
σ_3 : 최소주응력(구속 압력)
R_f : 파괴비
C : 점착력
ϕ : 내부 마찰각

Duncan et al[5]가 기술한 Duncan 모델을 수정하여 체적계수를 구하기 위해 쌍곡선 모델을 사용한다. 체적계수들을 위한 포물선 상관관계는 체적계수가 구속 압력에 지수적으로 관련되는 초기 탄성계수 상관관계와 유사하다. 그림 3.41은 구속 압력과 함께 모델의 체적계수 변화를 보여준다. 이 특정 흙 모델은 변형하는(staining) 동안 흙의 팽창(dilatancy)을 고려하지 않는다. 체적계수를 구속 압력과 관련시키기 위해 다음 공식을 사용한다.

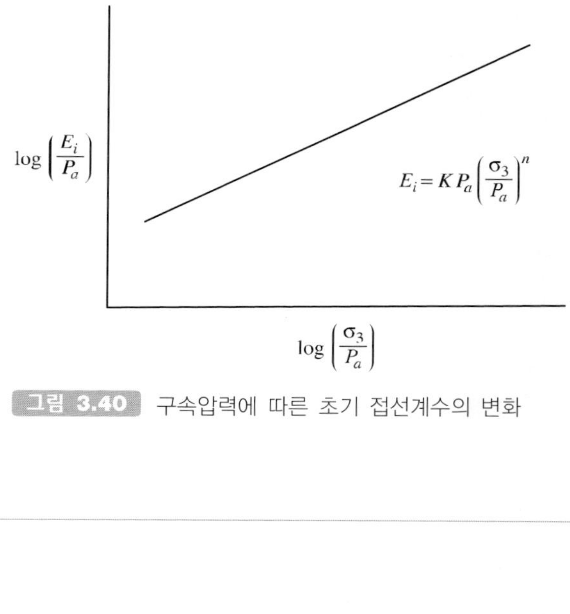

그림 3.40 구속압력에 따른 초기 접선계수의 변화

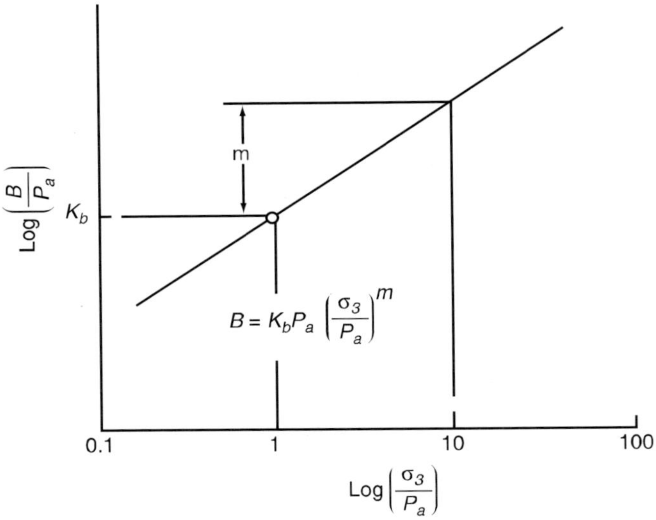

그림 3.41 구속압력에 따른 체적계수의 변화

$$B = K_b P_a \left(\frac{\sigma_3}{P_a}\right)^m \quad 3.37$$

여기서 B : 체적계수(bulk modulus)
K_b : 체적계수 상수
m : 체적계수 지수

Selig[43]은 체적계수를 위한 다른 상관관계를 제안하였다. 이는 정수압(hydrostatic) 응력(또는 평균 응력)이 증가하면서 체적 변형률이 측정되는 정수압 압축시험의 기초이다. 그림 3.41과 같은 곡선을 얻는다(그림 3.42 참조). 이 곡선의 기울기는 체적계수와 동등하다. Selig는 다음 식으로 이 곡선의 형상을 최적으로 부합시킨다고 제안하였다.

$$\sigma_m = \frac{B_i \epsilon_{vol}}{1 - \frac{\epsilon_{vol}}{\epsilon_u}} \quad 3.38$$

여기서 B_i : 초기 접선 체적계수
ϵ_{vol} : 체적 변형률
ϵ_u : 극한 체적 변형률

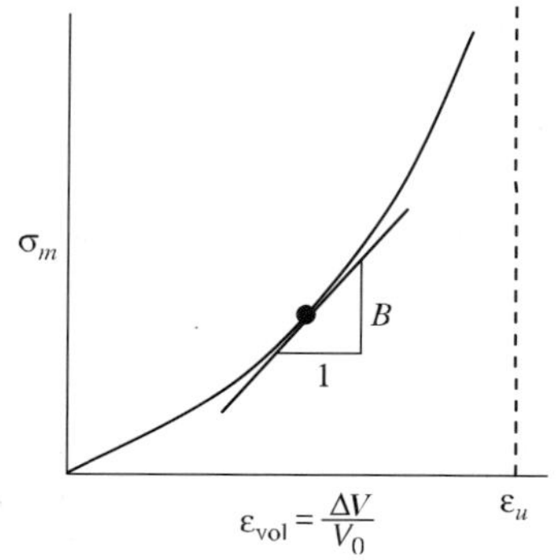

그림 3.42 정수압 압축시험 동안 평균응력–체적 변형률

상기 식을 ϵ_{vol}에 관해 미분하여 체적계수를 위한 다음 식을 얻을 수 있다.

$$B = B_i\left(1 + \frac{\sigma_m}{B_i\epsilon_u}\right) \tag{3.39}$$

B_i, σ_m, ϵ_u의 수치는 다양한 토질시험으로부터 얻는다.

강성도 행렬에서 필요한 탄성 매개변수들을 평가하기 위해 PIPE5 전산 코드는 공식 3.36과 3.37 또는 3.39를 사용한다. 고전 탄성이론을 사용하여 포와송 비를 계산한다.

$$\nu = \frac{1}{2} - \frac{E}{6B} \tag{3.40}$$

탄성이론의 허용된 한계 이내에 남기 위해 포와송 비의 크기를 제한한다. 만일 포와송 비가 0.495 이상으로 계산되면 자동으로 0.495로 설정된다. 이와 같은 방법으로 포와송 비가 0 이하로 계산되면 자동으로 0.0으로 설정된다. 다음 식을 사용하여 전단계수를 계산한다.

$$G = \frac{E}{2(1+\nu)} \tag{3.41}$$

또한 탄성계수를 연산하기 전에 응력 수준을 평가하여 전단파괴를 시험한다. 공식 3.36에서 응력 수준을 사용하고 다음 식으로 표현된다.

$$\frac{(\sigma_1 - \sigma_3)(1 - \sin\phi)}{2C\cos\phi + 2\sigma_3\sin\phi} \tag{3.42}$$

만일 응력 수준이 0.95 이상으로 계산되면 탄성계수는 응력 수준 0.95로 기초하여 계산된다. 이는 흙에서 전단 파괴와 일관성 있는 낮은 탄성계수를 초래한다. 체적계수는 영향을 받지 않으므로 전단에서 체적 압축에 높은 저항을 모델링한다. 또한 탄성 매개변수를 계산할 때 인장 파괴가 발생하면 시험을 수행해서 평가한다. 만일 구속 압력이 (−)가 되면 흙 요소는 인장 파괴에 속한다. 따라서 탄성 매개변수를 매우 작은 수치로 설정하여 인장 조건을 모의해야 한다. 체적계수를 $0.01B_i$로 설정하며 여기서 B_i는 초기 체적계수이다. 포와송 비를 0.495로 설정하고, 전단 계수를 $0.0001B_i$로 설정한다. 이러한 구속은 전단 또는 인장 조건을 받는 흙을 모델링하기에 적합한 방법으로 보인다. 점진적으로 하중을 증가시켜 해석을 진행하면서 파괴된 요소들을 확인하도록 결과 출력들을 설정한다.

향상된 흙 모델 흙의 양 증가에 따른 구속압력(confining pressure)으로서 흙의 변형 특성들을 모델링하기 위해 앞 절에서 기술한 Duncan 흙 모델을 개발하였다. Duncan et al[6]는 除荷(unloading) 및 再載荷(reloading)에 대한 흙의 거동을 간략하게 설명하였다. Duncan 모델은 除荷 및 再載荷 계수로서 탄성 계수 상수 K를 사용하여 除荷 및 再載荷를 수용할 수 있다. 초기 載荷, 除荷, 그리고 再載荷를 경험하였던 대표적인 흙의 응력−변형률 곡선을 그림 3.42에 나타내었다. 그림 3.42로부터 응력이 감소하면서 흙은 0 변형률로 除荷하지 않고, 탄성의 除荷 접선 계수(unloading 응력−변형률 곡

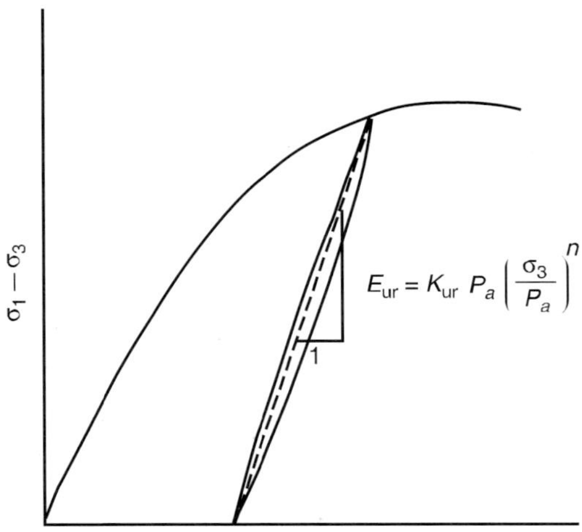

그림 3.43 除荷−再載荷 계수

선의 기울기)는 초기 載荷 곡선의 경사보다 상당히 큰 것을 알 수 있다. 除荷 계수는 응력 수준과 독립적인 것을 Duncan이 지적하였다. 따라서 초기의 응력–변형률상 임의점에서 除荷하면 除荷 응력–변형률 곡선의 기울기는 변화하지 않을 것이다. 또한 除荷 계수는 오직 구속압력에 종속되고 체적계수는 흙의 응력 이력(history) 함수가 아닌 것을 Duncan이 지적한다.

除荷–再載荷 계수를 다른 흙의 특성에 관련시키는 공식은 다음과 같다.

$$E_{ur} = K_{ur} P_a \left(\frac{\sigma_3}{P_a} \right)^n \qquad 3.43$$

여기서 K_{ur}은 除荷–再載荷 상수이고 E_{ur}은 除荷–再載荷 계수이다.

PIPE5 프로그램의 매우 중요한 특징은 요소 강성도 행렬의 평가를 위해 공식 3.36부터 3.43을 사용하여 한 요소가 언제 재하/재재하 곡선에 위치하고 이동하는지 감지할 수 있는 능력이다.

최대 응력의 결정 가장 바람직한 조건은 각 흙 요소의 응력 이력을 모니터링하고 흙의 응력들이 이전 최대 응력보다 적은 것으로 탐지될 때의 除荷 계수를 사용하는 것이다. 주 載荷 매개변수들과 除荷–再載荷 매개변수들 모두 포함하는 개선된 흙 모델이 개발되었다. 흙 요소의 응력 조건은 유일하게 최대 및 최소 주응력의 수치에 의해 결정된다. 평면–변형률(plane–strain) 해석시 중간 주응력들(intermediate principal stress)은 최소 주응력과 동일한 것으로 가정한다. 각 흙 요소의 응력 이력을 모니터링하기 위해 여러 다른 기법들을[최대 축차(deviator) 응력, 최대 구속 압력, 최대 주응력, 그리고 최대 평균 응력] 시험하였다.

Mohr원 해석의 관점에서 기법들을 조사한 결과 흙 요소들의 응력 조건시험을 위한 최적 변수는 평균 응력(또는 Mohr원의 중심)인 것으로 나타났다. Mohr원 중심은 최대 및 최소 주응력들에 종속되는 응력 조건의 일반적인 표시를 나타낸다. 만일 원의 중심 위치가 감소되면 除荷 계수는 효력을 갖는다. 또한 원 중심 위치가 응력 이력이 나타낸 최대 위치를 초과할 때까지는 除荷–再載荷 계수들이 효력을 갖는다.

각 요소의 평균 주응력을 최대 평균 응력과 비교하여 모니터링한다. 만일 평균 응력이 최대 응력보다 적으면 흙 모델은 除荷 계수들을 사용한다. 선재 응력 개념과 유사하게 각 흙 요소들을 위한 최대 응력은 수치를 입력하여 최대수치를 초과한 압력들을 모의하기 위한 기법을 제공한다.

다른 흙 매개변수들의 거동 Duncan[5]의 토론 내용은 응력 이력의 함수인 유일한 흙 매개변수는 탄성계수 상수인 것으로 지적한다. 그러나 이러한 내용을 입증하기에 자료가 불충분한 것으로 보인다. 공식 3.40을 사용하여 체적계수 B와 탄성계수 E에 기초하여 포와송 비 ν를 계산한다. Duncan의 권장에 따라 탄성계수 E는 흙의 밀도에 따라 초기 載荷 때 보다 除荷에서 1.2~3.0배 커야 한다. 만일 응력 이력에 따라 체적계수가 불변이고, 탄성계수가 2~3배 증가하면 포와송 비는 매우 작아지게 된다. 이는 흙이 현존하는 응력보다 큰 응력 조건을 경험하면 수직 응력 변화와 함께 매우 적은 횡방향 변형(lateral deformation)을 보여줄 것이라는 것을 의미한다.

유타대학에서 3축압축시험을 이용하여 초기 載荷 및 再載荷에 대한 흙 매개변수들의 거동을 조사하였다. 이 시험 결과 載荷 및 再載荷에 대한 체적계수 거동을 예측하는 것은 매우 어려운 것으로 나타났다. 즉, 체적계수의 거동에 대한 명확한 관측이 어렵다. 그러나 일부의 경우 탄성계수 지수는 응력 이력에 종속된다. 결과적으로 除荷 탄성계수 상수와 除荷 탄성계수 지수 모두를 사용하기 위해 흙 모델을 수정하였다.

除荷 계수 상수의 크기 언급한 것과 같이 Duncan[5]은 강성(stiff) 흙의 경우 除荷 계수 상수는 초기 載荷 상수보다 약 1.2배, 그리고 연성(soft) 흙의 경우 3.0배 커야 한다고 권장하였다. 3축 시험 프로그램 결과의 관점에서 이런 대략적인 수치들은 상대적으로 타당성이 있는 것으로 나타난다. 사실 계수 상수는 주 載荷에서보다 除荷에서 4배 정도 커서 포와송 비가 작아지거나 감소되는 현상을 초래한다.

강성도 행렬 구조 강성도 행렬은 여러 부분으로 구성된다. 사용된 등변수(isoparametric) 흙 요소들에서는 모든 반복 과정마다 강성도 행렬을 재계산한다. 한 개의 요소(component)는 탄성 매개변수들을 통해 응력 변형률과 관련시키는 구성 행렬이다. 다른 요소는 변형률-변위 행렬을 통해 요소 변형률을 절점 변위와 관련시킨다. 이 행렬은 요소 형식, 형상 함수, 그리고 절점 좌표에 기초한다. 상기 언급한 상관관계를 유도하는 것은 본 서의 범위가 아니고 단순히 해석하는 동안 전역 강성도 행렬이 연산되는 방법을 보여주는 것이다.

빔, 봉강, 그리고 흙 요소는 그들 자신의 특유 강성도 행렬들을 갖는다. 빔 요소는 3-힘 요소이고, 봉강은 2-힘 요소이다. 빔과 봉강 요소 모두를 일차원 요소라 부른다. 이 요소들의 경우 관련된 형상 함수와 그들 단면적, 길이, 그리고 요소의 경사각에 기초하여 변형률-변위 행렬을 유도한다. 흙 요소는 2차원 요소로서 모멘트 응력들을 전달하지 않는다. 요소를 구성하는 각 절점의 x, y 좌표와 흙 요소들의 변형 특성을 기술하기 위해 사용하는 형상 함수를 이용하여 변형률-변위 행렬을 유도한다.

소변위(small-displacement) 이론 만일 배관 재료가 적하과정 동안 선형 탄성을 유지하면 빔 및 봉강 요소 강성 행렬들은 그들 탄성 특성들이 변형률에 종속되지 않으므로 일정하게 유지되며 해석 동안 절점 좌표들은 크게 변화하지 않는 것으로 가정한다(소변위 이론). 흙 요소 강성 행렬의 탄성 부분은 변형률-종속이다. 각자의 반복 동안 각 흙 요소를 위해 탄성 행렬이 평가되고, 수치적분 동안 변형률-변위 행렬과 조합된다. 각 요소 강성 행렬이 형성되면서 공통 절점들에서 전역 강성 행렬과 함께 합산된다. 그 후 해결절차를 따르고 앞에서 언급한 것과 같이 점진적으로 증가하는 재하 벡터에 기초하여 절점 변위들이 평가되고 점진적 증가 부하 벡터는 시공시의 부하 또는 외부 재하에 기인한 절점 힘 벡터이다.

대변위(large-displacement) 이론 변형된 절점 좌표에 기초하여 강성 행렬을 평가하는 유한요소해석은 기하학적 비선형 해석으로 정의된다. 따라서 비선형 응력-변형률 특성과 대변위 이론 모두를 포함하는 이론은 재료 및 기하학적 비선형 해석을 수행한다. 단계시공 또는 재하 단계들을 사용하여 해결함에 있어 사전 재하 단계 동안 계산된 변위들을 사용하여 단순히 절점 좌표들을 업데이트하여 기하학적 비선형 해석을 수행할 수 있다. 다음 재하 단계를 위한 강성도 행렬은 이러한 업데이트된 절점 좌표들을 이용한다. 이 방법의 제한은 각 재하 단계의 변위가 반드시 작아야 한다는 것이다. 단일 재하 단계에서 대변위(그러나 작은 변형률)의 정확한 예측을 허용하기 위해 요소 강성도 행렬들을 형성함에 있어 PIPE5는 共回轉(corotational) 알고리즘으로 수정된다.

연성배관의 FEA에서 사용되어 왔던 소-변형률 이론은 결과에서 부정확성을 일부 유발하는 사실에 우려가 있다. 예를 들어 초기에 원형배관에 수직부하가 작용하면서 타원형으로 변형된다. 이러한 형상의 변화를 설명할 때 배관 강성의 저하로 보인다. 구조 요소들의 강성 행렬들은(예; 빔 및 강봉 요소) 요소 길이와 기울기에 기초하여 부분적으로 전개된다. 강성 행렬들을 연산하기 위해 변형된 좌표들을 사용하는 것은 모의하고자 하는 경사에서의 변화에 기인한 강성을 허락한다.

다짐 모의 수단으로 초기 처짐들을 결정하는 것을 돕기 위해 기하학적 비선형 해석을 사용하여 왔다. 또한 증분 재하가 가능하도록 프로그램을 수정하여 내부 압력 재하 및 리라운딩 효과를 모델하는 능력이 가능해졌다.

반복 절차(iteration procedure) 반복 절차는 탄성계수의 변화가 발생할 때 이를 수용한다. 이전 載荷 증분의 첫 번째 반복 동안 흙 요소들이 초기 載荷 곡선 또는 除荷-再載荷 곡선에 위치하는지 시험하기 위해 흙 요소들을 모니터한다. 첫 번째 반복 결과 흙 요소가 한 곡선에서 다른 곡선으로 변화하는 것으로 나타나면 요소 조건을 표시하고 올바른 계수를 사용하여 이전 載荷 증분의 최종 반복으로부터 응력들에 기초한 탄성 매개변수를 평가하는 것을 제외하고 동일한 로직에 따라 두 번째 반복을 수행한다. 세 번째 반복에서는 평균 응력들을 사용하여 새로운 요소 특성과 현재 載荷 증분에 대한 반응을 연산한다. 흙의 除荷-再載荷를 포함하려면 최소 3번의 반복이 필요한 것으로 나타난다. 그러나 해석 결과들은 평형 조건을 반영하므로 첫 번째 반복에서 응력 조건들을 변화시키는 요소의 인근 요소들은 세 번째 종료에서 평형에 도달하지 않을 수 있다. 두 번째(또는 나중) 반복 결과 응력들이 하나의 요소가 한 흙 모델로부터 다른 모델로 변경해야 하는 것을 나타날 때 특히 그렇다. 흙 모델 변경은 오직 첫 번째 반복에서만 허용되며 이는 해의 변형률 호환에 약간의 문제를 발생시킬 수 있다.

흙 입력 특성 PIPE5를 실행하기 위해 사용자는 모든 메쉬(mesh) 정보와 재료 특성을 포함하는 자료 파일을 준비해야 한다. 입력 파일에서 필요한 자료들은 절점 좌표, 요소 자료, 구조적 재료 특성, 흙 재료 특성(표 3.10은 흙 모델을 위해 필요한 매개변수를 열거한 것), 생성순서 정보, 선재(先在) 요소 응력, 변형률, 변위, 그리고 외부 하중 정보를 포함한다. 반드시 사용자 매뉴얼에 명시된 형식에 따라 입력 파일의 자료들을 준비해야 한다.

표 3.10 쌍곡선 모델에서 필요한 흙 특성 요약

파라메타	명칭	함수
K, K_{ur}	계수 번호	E_i와 E_{ur}를 σ_3와 관련
n	계수 지수	
c	점착력 절편(cohesion intercept)	$(\sigma_1-\sigma_3)_f$을 σ_3와 관련
ϕ, $\Delta\phi$	마찰각 매개변수	
R_f	파괴비	$(\sigma_1-\sigma_3)_{ult}$을 $(\sigma_1-\sigma_3)_f$와 관련
K_b	체적계수 번호	$\sigma_3=P_a$에서 B/P_a 수치
m	체적계수 지수	σ_3에서 10배 증가시 B/P_a에서의 변화

출처 : Duncan et al.[5]

선재(preexisting) 응력 프로그램 PIPE의 편리한 특징은 선재하는 요소들을 명시할 수 있다는 것이다. 이 요소들은 흙, 구조물, 또는 접촉면 요소들이 될 수 있다. 선재 요소들은 임의 구조물 층(layer) 또는 외부 하중력을 해석하기 전에 이미 존재하고 있는 요소들이다. 선재 요소들은 반드시 명시된 초기 응력들을 가져야 한다. 선재 요소들 내부에 포함된 절점의 경우 임의 선재 변위들을 입력할 수 있다. 그 자리에 선재하는 구조적 요소들을 위해 구조력(structural force)을 입력할 수 있다. 접촉면 요소 내에 선재하는 응력들을 또한 명시할 수 있다. 일련의 해석을 수행할 때 선재 응력 개념은 매우 편리하다. 선재 응력, 변형률, 그리고 변위를 사용하여 실질적으로 선재하는 요소들의 응력 조건을 정의할 수 있다. 따라서 주어진 메쉬와 흙 형상에서 단 한 번만 생성순서(construction sequence)를 모델링할 필요가 있다. 이와 같은 구조 모의결과로서 얻은 선재 응력들은 전체 메쉬를 위해 입력할 수 있고, 메쉬에 외부 하중의 조합을 더하여 후속적인 해석을 수행할 수 있다. 사용자가 생성순서를 반복하지 않고 다른 載荷 기법(scheme)을 위해 메쉬를 해석하면 전산 시간을 절약할 수 있다.

외부 하중(external loads) 집중 하중 또는 등분포 하중 중 하나로 외부 하중을 입력할 수 있다. 각 載荷 순서는 반드시 사용하고자 하는 집중된 하중과 균등 하중의 번호를 가져야 한다. 하중과 점 하중(point load)의 x 및 y 성분을 수령하는 절점 번호를 표시하여 집중된 하중을 명시할 수 있다. 균등 하중을 수령하는 각 요소를 위해 균등 하중을 명시한다. 하나의 균등 하중을 갖는 하나의 요소 2 절점들을 절점 압력과 함께 명시한다. 절점 압력의 크기는 작용하는 균등 하중이다. 이제 각 절점에서 균등 하중의 다른 크기를 명시하여 사다리꼴(trapezoidal) 載荷를 모델링할 수 있다.

PIPE5 출력 프로그램 PIPE5 해석 결과는 사용자가 명시한 파일 자료에 저장된다. 해석 결과는 모든 입력 정보를 포함한다. 요소 및 절정 정보, 재료 특성, 구조와 載荷 순서(load sequencing), 선재하는 요소 정보, 그리고 초기 탄성 매개변수들을 추정하기 위해 사용된 초기 응력들을 열거한다. 각 하중 구조(construction) 증분을 위해 사용자는 출력에 포함할 정보의 양과 관련된 선택사항을 갖는다. 만일 사용자가 프린트하고자 하는 결과들을 명시하지 않으면 하중 벡터에서 사용되었던 하중 또는 구조 증분 수량, 그리고 절점 힘들만이 출력된다. 만일 사용자가 프린트하고자 하는 결과를 명시하면 절점 하중 벡터, 절점 변위, 구조 반응, 흙 요소의 변형률, 그리고 흙 요소 응력을 위한 모든 정보들이 출력된다. 절점 변위들은 x, y의 전체 변위, 회전성분들, 증분 변위, 특정 증분을 위한 회전을 포함한다.

열거한 구조적 반응들은 모멘트, 전단, 그리고 각 구조 구성요소의 각 절점을 위한 추력을 포함한다. 목록에는 증분 구조력(incremental structural force)과 누적된 증분력으로부터 전체 구조력들이 포함된다.

흙 요소의 변형률 정보는 x 및 y 방향에서 흙 요소의 변형률과 전단 변형률을 포함한다. 각 요소들의 탄성계수, 포와송 비, 전단계수, 그리고 체적 탄성계수를 포함한 요소 탄성계수 및 주 변형률들이 열거된다.

출력되는 흙 요소 응력들은 수평 및 연직응력, 전단응력, 그리고 주응력들을 포함한다. 각 요소들을 위해 주평면에 대한 평면 원점의 방위각, 최소 주응력에 대한 주응력의 비, 그리고 응력 수준들이 프린트된다. 응력 수준은 공식 3.42에 의해 정의되며 각 요소의 응력 조건을 나타낸다. 만일 특정요소에서 응력 수준이 1.0 이상이면 그 요소에서 국부 전단 파괴가 발생하고, 사용한 탄성 매개변수들은 0.95 응력 수준에 기초한다. 만일 응력 수준이 0.0~1.0 사이면 이 요소에서는 인장 또는 전단 파괴가 발생하지 않고, 연산된 탄성 매개변수들은 표시된 응력 수준에 기초한다. 만일 응력 수준이 (−1.0)이 되면 이 요소에서는 인장 파괴가 발생한다. 이러한 조건으로 사용했던 요소 탄성 매개변수들은 앞 절에서 언급한 것과 같이 인장력을 받는 흙 요소의 경우 발생할 수 있는 변위를 고려하기에 매우 작았다.

목표는 PIPE5 반응의 보다 용이한 해석과 관련하여 사용자가 더욱 쉽게 프로그램

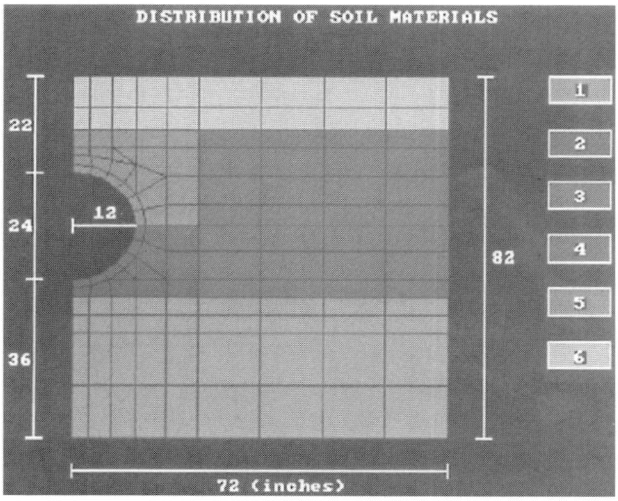

그림 3.44 FEA 모델에서 사용된 다양한 흙 형식과 다짐을 보여주는 전산기 모니터

을 만드는 것이다. 불필요한 출력의 제거, 도표를 작성하기 위한 결과의 준비, 그리고 계산된 응력들을 후속 해석을 위해 선존재하는 응력들로 처리하기 위한 자료 파일의 구성 등은 프로그램의 개선된 사항들이다. 또한 모델링 과정을 가시화하기 위해 전산 그래픽이 합체된다. 그림 3.44~3.47은 PIPE5에 의해 전산기가 작성한 그림들이다.

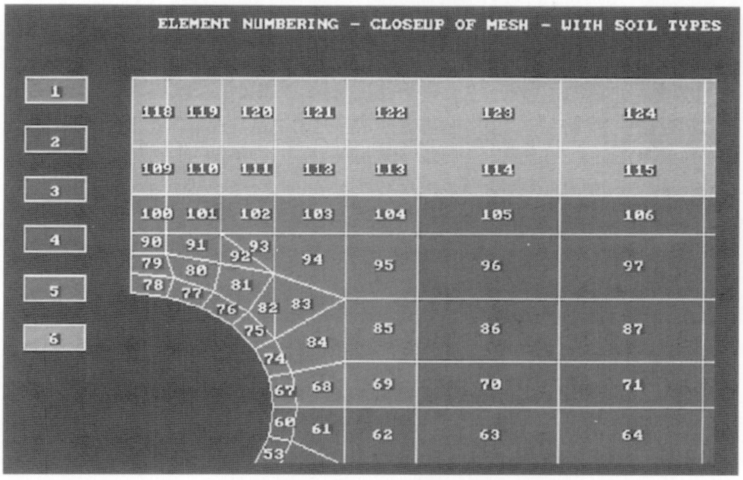

그림 3.45 FEA 모델에서 mesh의 상부 부분의 요소 번호를 보여주는 출력물

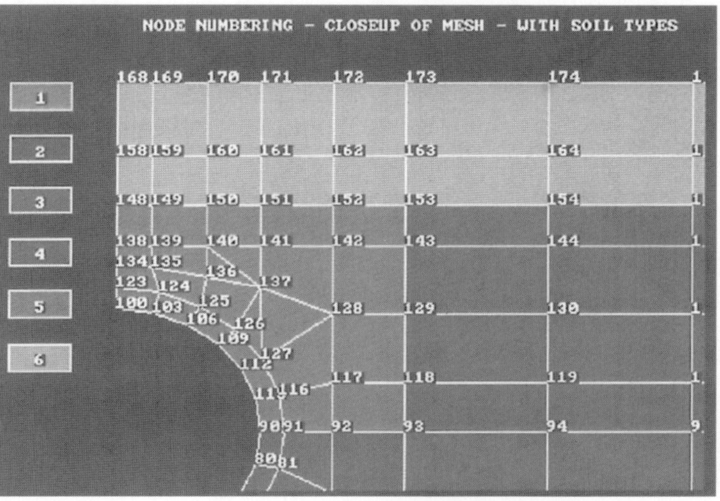

그림 3.46 FEA 모델에서 mesh의 상부 부분의 절점 번호를 보여주는 출력물

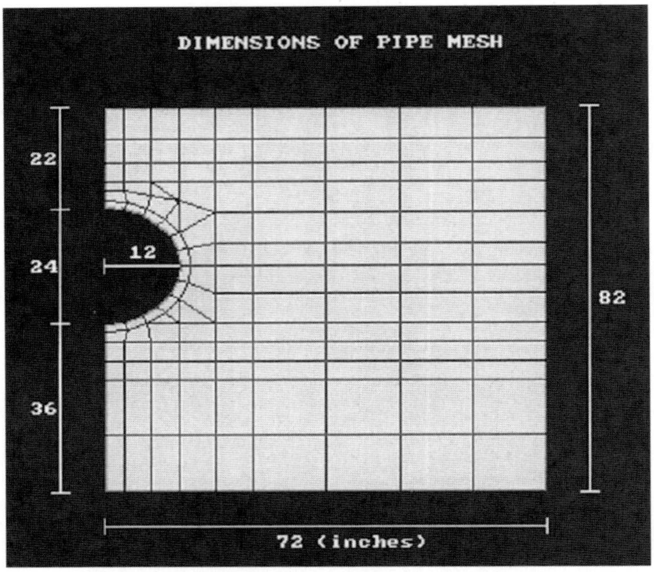

그림 3.47 FEA 모델의 전산기 모니터 출력 사진

프린트된 결과(printed results) 점진적인 유한요소 프로그램의 출력은 매우 분량이 크다. 오직 수개의 변수만이 필요할 때 많은 출력에서 원하는 결과를 찾는 것은 상당히 번거로울 수 있다. 각 구조 요소를 위해 절점 힘들(전단력, 모멘트, 그리고 추력)의 항으로 구조적 응답을 출력한다. 예를 들어 FRP 배관을 위한 설계 기준들은 배관-벽 변형률이고, 사용자는 절점 힘을 기초하여 변형률을 연산해야 한다. 추력 및 휨에 기인한 연산된 변형률들을 프린트하도록 PIPE의 결과가 작성된다. 또한 배관의 수평 및 연직 처짐의 항으로 링 처짐들을 프린트한다. 따라서 프린트된 출력물은 배관 반응의 평가 조사를 쉽게 할 수 있도록 한다. 사용자는 아직 포함되지 않은 다른 매개 변수들을 조사하기를 원할 수 있다.

자료가 올바르게 입력되었는지 확인하기 위해 요소 정보들을 시험하도록 자료들을 확인절차에 합체한다. 제하 모델상에서 평가되었던 흙 요소들은 그들 응력 수준에 의해 확인된다. 제하 및 리라운드 요소들은-응력 수준을 갖는다.

추가 출력(additional output) 자료를 처리하기 위해 PIPE5 내부에 여러 추가 출력 파일들을 포함시켰다. 사용자는 각 載荷 증분의 결과들이 별개 파일들에 프린트되도록 하는 선택사항을 갖는다. 이 선택사항을 이용하여 응력, 변형률, 그리고 변위를 임의 후속 수행을 위한 선재 응력들로 사용할 수 있다.

특정 결과들을 별개 출력 파일에 프린트하는 선택사항을 갖는 것 이외에 링 처짐을 출력 파일에 별도로 프린트되도록 하는 선택사항도 포함시켰다. 매 하중 증분마다 이 선택사항을 사용할 수 있다. 링 처짐 파일, 그리고 응력, 변형률, 변위 파일의 조합을 포함시켰다. 하중-처짐량 곡선을 조사하여 수행 결과들을 쉽게 관찰할 수 있다. 따라서 링 처짐 파일을 관찰하여 신속하고 용이하게 결과들을 검토할 수 있다.

그래프 작성(plotting) PIPE5 프로그램은 결과들을 그래프로 나타내기 위해 상호작용하도록 채택된다. Plotting 루틴과 필적하는 여러 출력파일들이 생성된다. 메쉬 작성 루틴과 함께 호환 양식을 갖는 메쉬 정보는 별도 파일에 저장된다. 또한 변형률-배관 위치를 작성하기 위해 사용하는 파일에 배관 변형률을 프린트한다. 또한 주어진 해석에서 하중-처짐 곡선을 작도하기 위해 이전에 기술한 링 처짐 파일을 사용한다. 따라서 출력 파일을 통해 주어진 수행의 결과들을 해석할 수 있고 사용자와 그래프로 상호작용하여 호환성을 가질 수 있다.

3.8.6 예제 적용

FEA 프로그램 PIPE를 적용한 일부 결과들을 여기에 포함하였으며 유타대학의 시험용 토조 내에서 수행한 실제 시험시 측정한 결과들과 비교한다(그림 3.48 및 3.49 참조). 시험 및 프로그램에서 사용한 배관의 강성도는 10lb/in^{2}이다.

비교를 위한 토조 내 흙의 다짐 조건은 다음과 같고, FEA 프로그램에서 사용한 흙 매개변수들을 표 3.11에 열거하였다.

1. 균질한 조건에서 90% 상대 다짐
2. 불량한 헌치를 갖는 90% 상대 다짐
3. 균질한 조건에서 80% 상대 다짐

표 3.11 실트질 모래 매개변수

상대 다짐 표준 %	밀도, lb/in^2	ϕ, deg	Δ, deg	C, lb/in^2	K	n	R_f	K_b	m	K_0	K_{ur}	n_{ur}
90	0.065	30	0	8.3	480	0.44	0.75	80	0.38	0.48	720	0.44
80	0.058	30	0	3.5	350	0.28	0.89	15	0.40	0.37	525	0.28

ϕ; 마찰각, Δ; 수평 압력에서 10배 증가의 경우 마찰각 감소, C; 점착력 절편, K; 탄성계수 상수, n; 탄성계수 지수, R_f; 파괴비, K_b; 체적계수 상수, m; 체적계수 지수, K_0; 흙 압력 계수, K_{ur}; 除荷-再載荷 계수 상수, n_{ur}; 除荷-再載荷 계수 지수

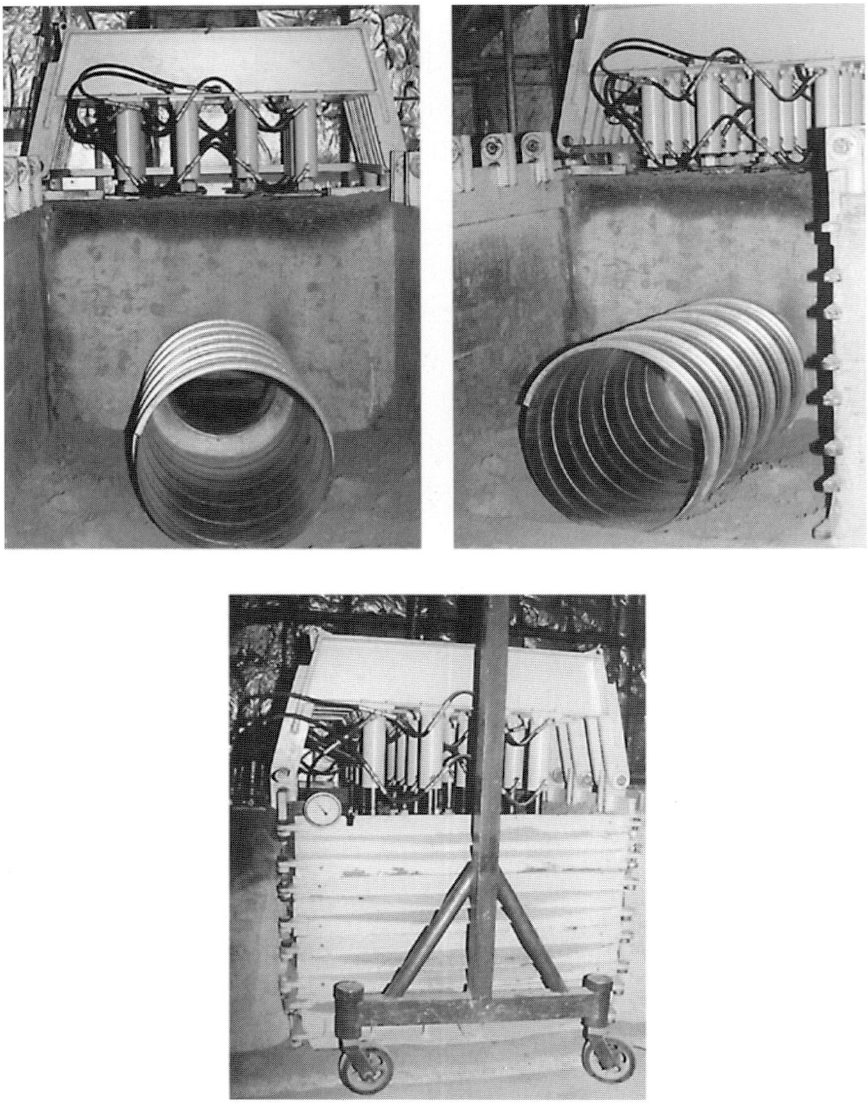

그림 3.48 유타대학의 소형 시험토조

그림 3.49 유타대학의 대형 시험토조

매설배관 시험에서 필요한 균질한 조건들을 얻기 위해 모든 시도를 하였다. 그러나 배관의 유연한 특성으로 인해 배관의 크라운 및 어깨 주변과 헌치 내부에서 높은 균일 다짐이 불가능하였다. 따라서 시험토조 내에서 시도한 균질한 조건들이나 실제 설치에서 약간의 밀도 변화를 초래할 수 있다. 물론 FEA 프로그램은 균질한 지반 조건을 완벽하게 모델링할 수 있다. 토조 내 불량한 헌치를 갖고 시험 배관을 설치하였을 때 헌치 영역 내 흙 다짐 시도를 하지 못하였다. 각 균질한 조건에서 수치적으로 모든 흙 요소들은 동일한 응력-변형률 특성을 갖기 때문에 유한요소 모델링시 균질 조건 및 불량한 헌치 조건들을 잘 정의할 수 있다.

토조 시험에서의 배관-변형률 및 하중-처짐량 결과들을 FEA 해석결과와 비교하였다. 배관-변형률 그래프를 작성하기 위해 외부 섬유조직들에서 휨 인장 변형률들을 (+)로 간주한다. 하중-처짐량 그래프들은 과중한 적재(surcharge) 압력 항으로 수직 및 수평 링 처짐을 보여준다. 하중 격실시험을 위한 하중-처짐량 그래프의 원점은 다짐 후 배관의 변형된 상태의 참조 기준이 된다. FEA 그래프에서 링 처짐 0은 초기 변형되지 않는 조건에 기초한다. 따라서 하중-처짐량 예제에서 FEA 결과와 시험토조에서의 결과를 직접 비교할 때 처짐의 0점을 반드시 고려해야 한다. 시험토조의 결과와 FEA 결과를 위한 배관 벽-변형률의 두 그래프 모두는 동일한 변형률이 없는(unstrained) 조건을 기준한 것이다. 이 그래프들은 배관에 작용하는 휨 및 추력 변형률을 보여준다. 그림 3.37에서와 같이 배관에서 0° 위치는 인버트가 되고, 90° 위치는 스프링 라인이 되고, 180° 위치는 크라운이 된다. 여기에 나타낸 FEA 메쉬는 대칭 베딩의 해석을 위해 하나의 대칭축을 사용하였기 때문에 180~360° 배관 변형률 수치는 FEA 0~180°과 대칭이다.

90% 상대 다짐에서 균질 설치 그림 3.49와 3.50은 토조 내 강성도 10lb/in^{2}인 배관을 설치하여 표준 프록터 최대 건조 밀도의 90%로 균질 다짐한 후 시험한 결과를 보여준다. 배관의 물리적 특성자료들은 다음과 같다.

매개변수	곡선	
	A	B
강성도, lb/in^2	10	10
두께, in	0.285	0.300
표면 압력, lb/in^2	48.9	50.0
수직 처짐, %	5.53	4.82
수평 처짐, %	3.74	2.52

그림 3.49는 하중-처짐량 곡선을, 그리고 그림 3.50은 과중한 적재 압력 48.9lb/in^{2}의 경우 배관에서의 변형률-위치를 보여준다. 이 결과 중 주목할 것은 하중-처짐량 곡선의 형상, 수평과 연직 링 처짐의 상대적 크기, 그리고 휨 및 추력 변형률의 형상과 크기이다. FEA로 여러 측면에서 이 조건들을 모델링하였다. 또한 이러한 예증들은 다짐하지 않은 경우와 균질 90% 상대 다짐의 경우를 FEA로 모의한 결과들을 보여준다. FEA와 시험 자료 사이 상당한 유사성이 존재한다. 그림 3.50의 배관-변형률 그래프는 표면 압력 50lb/in^{2}에서 배관 변형률의 크기들이 상당히 동등한 것을 보여 준다. 실험으로부터 결정된 링 처짐량과 FEA의 결과들은 상당히 근접하다.

그림 3.51과 3.52는 설치 동안 다짐 모의를 포함한 균질 밀도 조건의 경우 FEA의 결과를 보여준다. 배관의 물리적 특성자료는 다음과 같다.

매개변수	곡선	
	A	B
강성도, lb/in^2	10	10
두께, in	0.285	0.300
표면 압력, lb/in^2	48.9	50.0
수직 처짐, %	5.53	5.42
수평 처짐, %	3.74	3.14

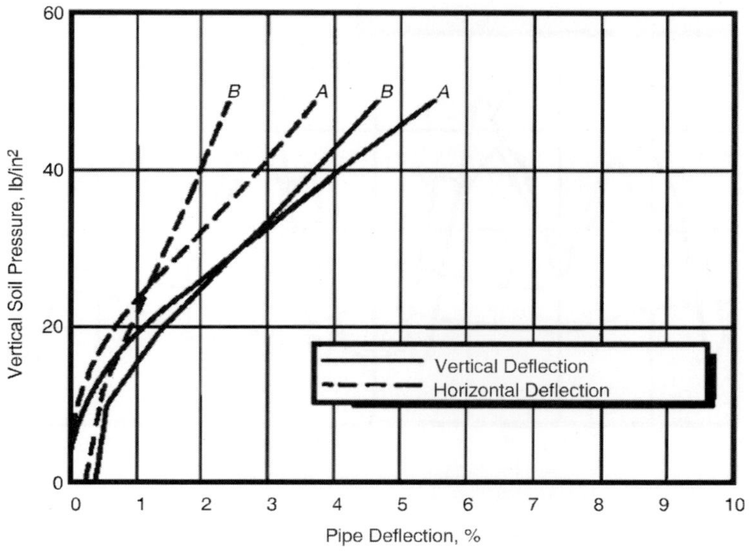

그림 3.50 연직토압-배관 처짐. (A)흙 시험 셀 자료, 90% 상대 다짐, (B)FEA 다짐 없는 모의

그림 3.51에서 다짐 모의 하중-처짐량 곡선을 그림 3.49의 곡선과 비교하였을 때 초기 급경사의 일부가 손실되었으나 연직 및 수평 처짐량 사이 차이는 유지한다. 그림 3.51의 처짐량의 크기는 그림 3.49와 유사하다. 그림 3.52는 표면 압력 $50lb/in^2$에서 다짐 모의한 경우 배관-변형률 그래프를 보여준다. 그림 3.52와 그림 3.50의 자료를 비교하면 다짐 모의는 FEA와 시험 결과 사이 상관관계를 개선시킨 것을 보여준다. 전반적인 형상, 최대수치, 크기 모두는 상당히 잘 일치한다.

이 조건으로 배관의 어깨(shoulder) 영역 내 연성(soft) 요소들을 비교하였다. 흙의 포설 기법에 따라 배관 상부에서는 직접적인 다짐을 허용하지 않기 때문에 실제 설치 시 완벽한 균질 다짐을 얻을 수 없다.

연성배관의 경우 배관의 어깨 및 크라운에서 흙의 밀도는 적게 될 것이다. 연성(soft)-크라운 해석에서 주목할 만한 결과는 그림 3.52와 같이 전반적으로 배관의 135° 위치에서 배관 변형률이 증가한다는 것이다. 이는 어깨 내에서 흙의 강성도 감소에 기인하며 배관 내 더 큰 휨 변형을 참작한다. 초기에 흙은 리바운드 범위에서 반응하여 낮은 압력 범위에서 변형을 억제하기 때문에 연성(soft)-크라운 조건을 위한 다짐 모의는 휨 변형률과 링 처짐량을 감소시킨다. 다짐 모의시 첫 번째 구조(construction) 증분에서는 배관 상부에 직접적으로 하중을 추가하지 않기 때문에 균질한 경우에 연

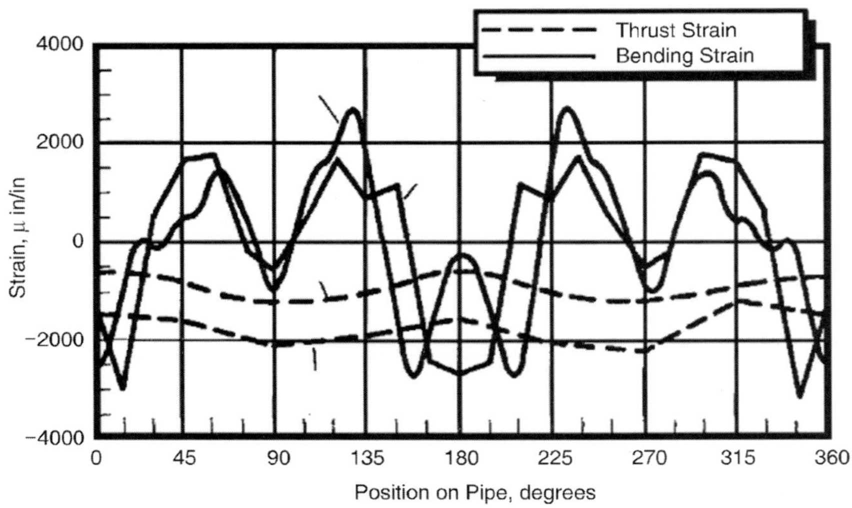

그림 3.51 그림 3.50에서의 원주방향 위치의 함수로서 배관 변형률

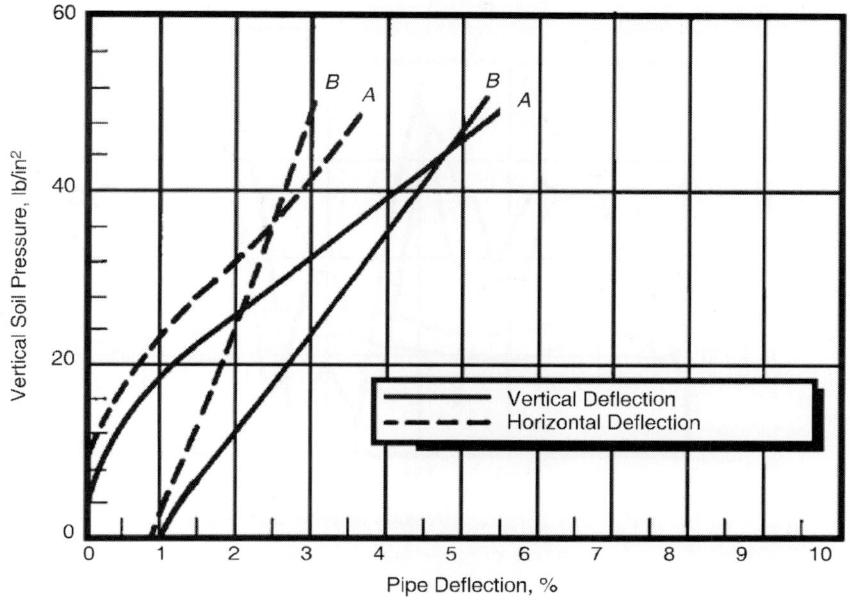

그림 3.52 연직토압-배관 처짐. (A)흙 박스 자료, 90% 상대 다짐, 실트질 모래 (B)FEA 다짐된 모의

성(soft)-크라운 조건들이 실제로 형성된다. 이는 크라운에서 흙을 다짐하지 않았고 다짐 하중을 직접적으로 받았던 주변 흙 요소들이 반응하였던 것과 같이 크라운에서 흙은 낮은 압력 범위에서 더욱 강한 리바운드 계수에 반응하지 않았기 때문이다.

90% 상대 다짐에서 불량한 헌치 설치 그림 3.53과 3.54는 실트질 모래에 설치된 불량한 헌치의 경우 결과들을 보여준다. 불량한 헌치 조건은 흙이 헌치 영역에 위치하나 다짐하지 않을 때 발생한다. 대표적인 배관의 물리적 특성 자료들은 다음과 같다.

매개변수	곡선	
	A	B
강성도, lb/in^2	10	10
두께, in	0.285	0.300
표면 압력, lb/in^2	35.5	30.0
수직 처짐, %	3.14	2.21
수평 처짐, %	1.30	1.09

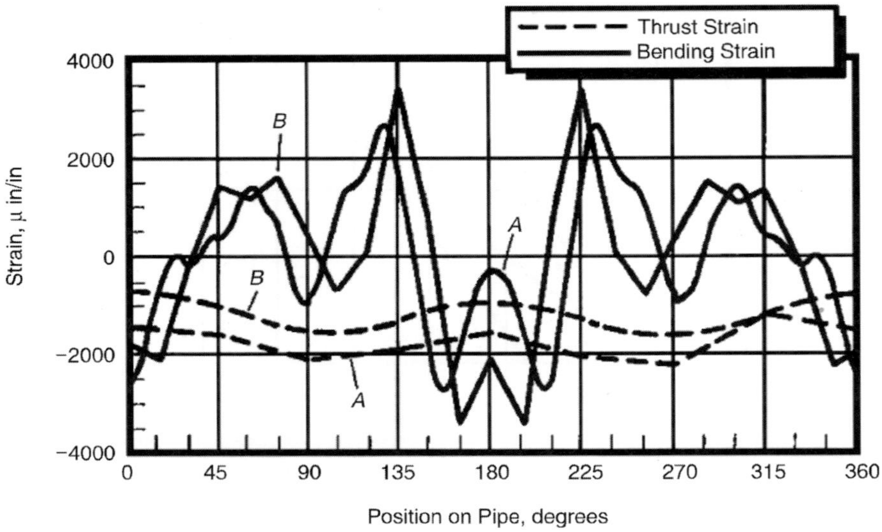

그림 3.53 그림 3.52에서의 원주방향 위치의 함수로서 배관 변형률

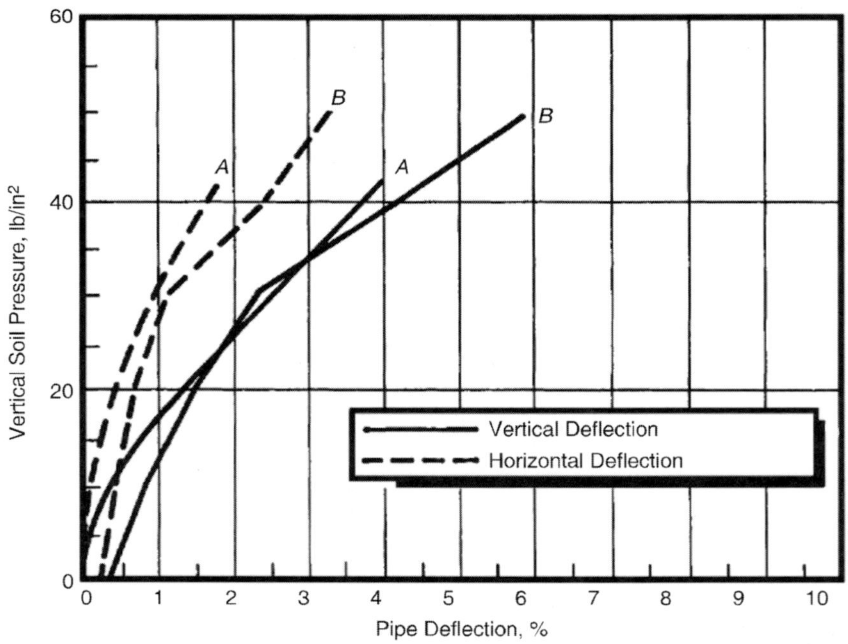

그림 3.54 연직토압-배관 처짐량 관계. (A)시험토조 결과, 90% 상대 다짐, 실트질 모래, 불량한 헌치 지지 (B)FEA, 다짐되지 않고 불량한 헌치 지지된 모의

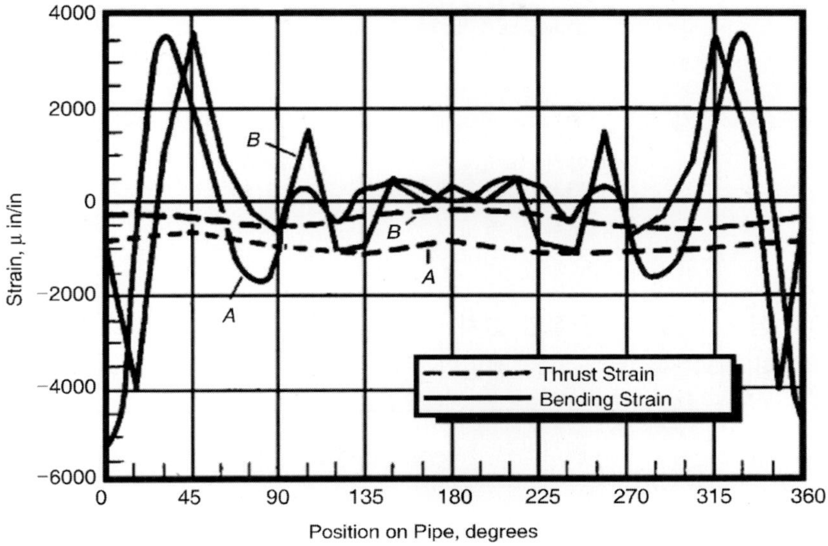

그림 3.55 그림 3.54에서의 원주방향 위치의 함수로서 배관 변형률

그림 3.53은 하중-처짐량 응답을, 그림 3.54는 표면 압력 35.5lb/in^{2}의 배관 위치에서 배관 변형률을 보여준다. 재차 하중-처짐량 곡선의 초기 급경사, 연직 및 수평 처짐들 사이에서 상대적 크기, 그리고 변형률 그래프의 형상과 크기를 주의해야 한다. 헌치 영역 내 지지력 부족 때문에 배관 35~45° 사이에서 휨 변형률은 앞의 경우 보다 높다. 또한 균질한 설치와 불량한 헌치 설치(그림 3.52와 3.54)를 비교하면 토조시험으로부터 작성된 배관-변형률 그래프에서 주목할 만한 차이를 보여준다.

또한 그림 3.52와 3.54는 다짐 모의 없이 불량한 헌치 조건의 경우 FEA 결과를 보여준다. 하중-처짐량 그래프들은 FEA 결과에서 변형이 더 크지만 유사한 거동을 보여준다. 배관-변형률 그래프들은 45° 위치에서 매우 유사한 커다란 변형률의 정점(peak)들과 스프링 라인으로부터 크라운까지 낮은 변형률들을 보여준다.

그림 3.55와 3.56은 불량한 헌치를 갖는 다짐 모의로 FEA 결과들을 보여준다. 하중-처짐량 그래프에서 FEA는 더 큰 처짐을 나타낸다. 배관-변형률 그래프는 배관 내 스프링 라인으로부터 크라운까지 더 큰 변형률을 보여주지만, 다짐 모의시 배관의 인버트에서 변형률은 측정된 결과들과 더 잘 비교된다. 즉, 다짐 모의 없는 FEA와 비교하면 다짐 모의시 FEA는 배관 인버트에서 더 정확하게 변형률을 예측하는 것으로 보인다. 그림 3.55와 3.56의 배관의 물리적 특성자료는 다음과 같다.

매개변수	곡선	
	A	B
강성도, lb/in^2	10	10
두께, in	0.285	0.300
표면 압력, lb/in^2	35.5	30.0
수직 처짐량, %	3.14	5.14
수평 처짐량, %	1.30	2.92

80% 상대 다짐에서 균질한 설치 그림 3.57과 3.58은 80% 상대 다짐 균질한 설치에서 시험 결과들을 보여준다. 배관의 물리적 특성 자료들은 다음과 같다.

매개변수	곡선	
	A	B
강성도, lb/in^2	10	10
두께, in	0.285	0.300
표면 압력, lb/in^2	14.6	15.0
수직 처짐량, %	8.78	3.85
수평 처짐량, %	7.87	2.06

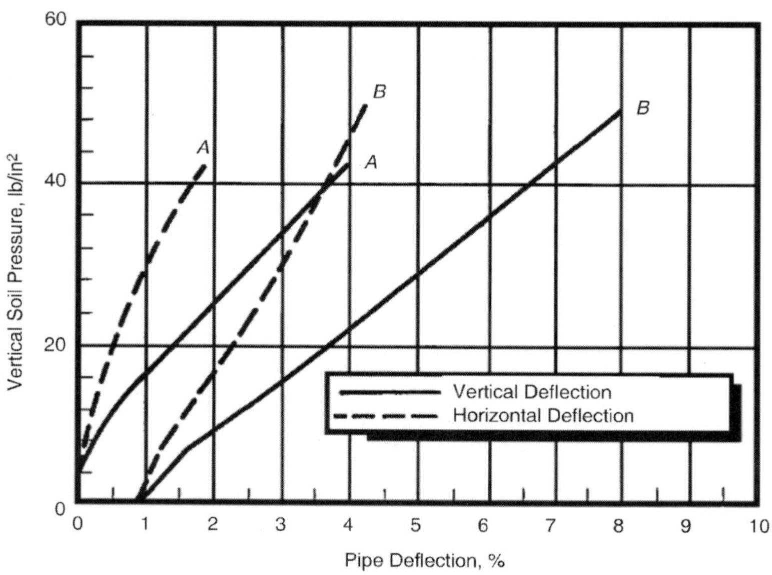

그림 3.56 연직토압–배관 처짐량 관계. (A)시험토조 결과, 90% 상대 다짐, 실트질 모래, 불량한 헌치 지지 (B)FEA, 다짐되나 불량한 헌치 지지된 모의

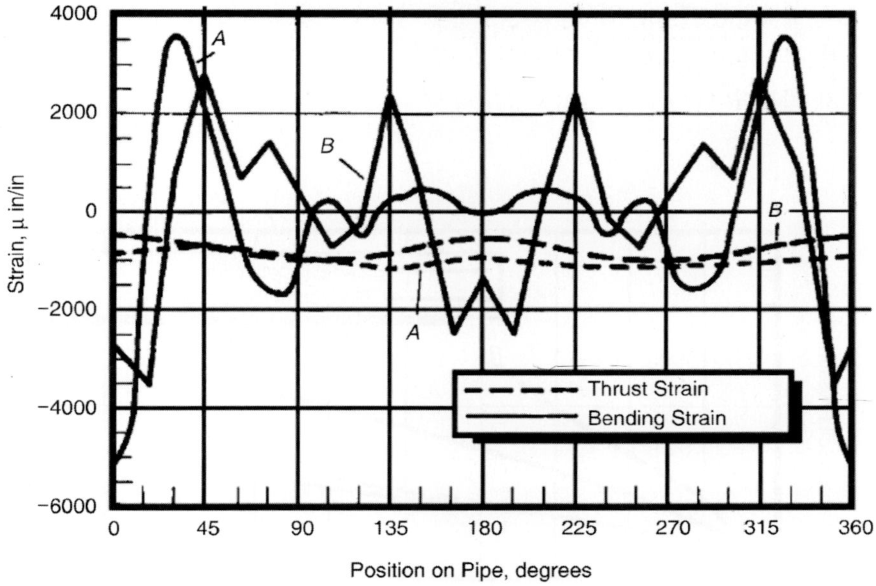

그림 3.57 그림 3.56에서의 원주방향 위치의 함수로서 배관 변형률

그림 3.57에서와 같이 시험을 통해 연직 및 수평 처짐들은 매우 유사하며, 타원형으로 변화하는 것을 알 수 있다. 또한 그림 3.57과 3.58은 80% 상대 다짐 균질한 설치의 경우 FEA의 결과를 보여준다. 비록 고밀도 흙 재료보다 저밀도 흙 재료에서 하중-처짐량 곡선들이 상당히 더 크게 변형하는 것을 보여주어도, 토조시험 결과와 FEA 모의결과를 실제로 비교하면 FEA 결과는 저밀도 흙 조건에서 크게 차이가 나지 않는 것을 보여준다. 또한 그림 3.58의 배관-변형률 그래프들은 또한 전반적으로 불량한 상관관계를 나타낸다. 최대 변형률 항에서는 약간의 상관관계가 존재하나, 전체적으로 배관-변형률 그래프의 형상은 90% 밀도인 경우는 물론 측정된 수치들과 일치하지 않는다.

결과 토론 균질한 다짐을 수행한 경우 FRP 배관 반응의 모의와 시험결과를 합체한 결과 시도한 대부분의 균질한 조건을 위한 비교를 개선시켰다. 균질하지 못한 설치조건의 경우 다짐 모의는 FEA 결과와 시험 결과들의 상관관계를 개선시키지 못하였다. 다짐 모의 응답을 가상(masking)하여 비균질한 조건들이 반응들을 지배하는 것이 가능하며 이는 다짐 모의 순서의 특성에 기인한다. 다짐 순서가 개별적으로 뒷채움

조건[불량한 헌치, 연성(soft) 상단부 등]을 모델링하면 결과를 개선시킬 수 있다. 대부분의 경우 필요한 추가 연산 노력을 정당화하기에 다짐 모의는 충분할 만큼 개선되지 않는다.

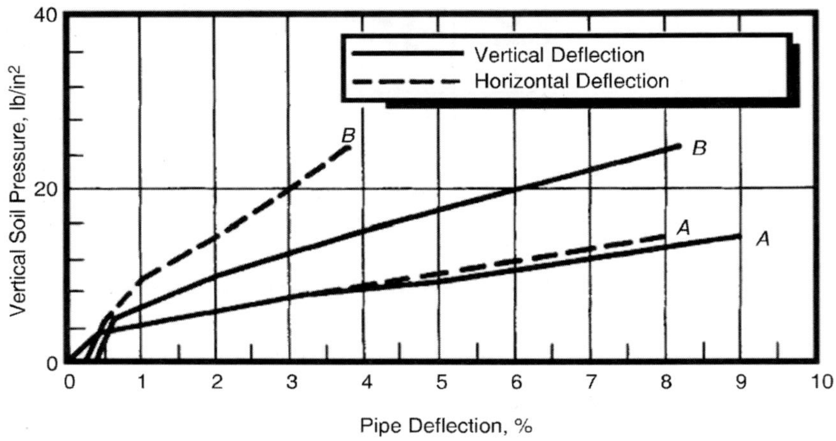

그림 3.58 연직토압-배관 처짐량 관계. (A)시험토조 결과, 80% 상대 다짐, (B)FEA, 다짐 없는 모의

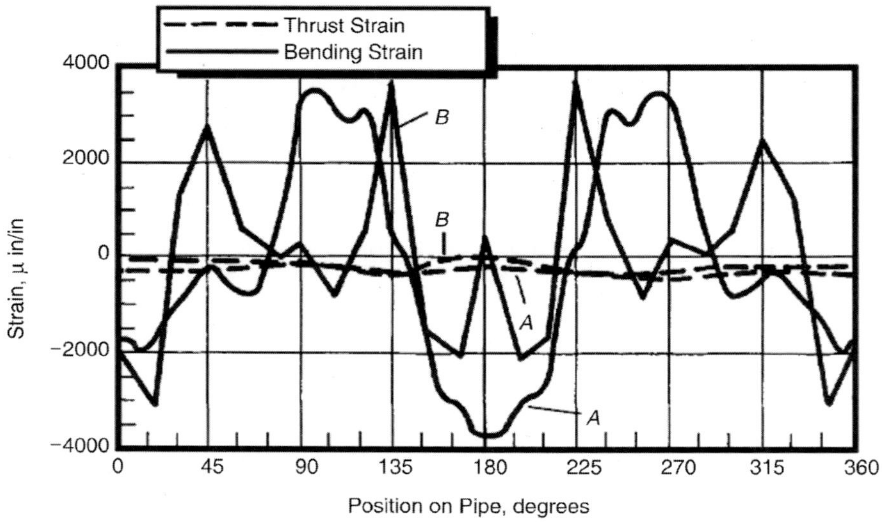

그림 3.59 그림 3.58에서의 원주방향 위치의 함수로서 배관 변형률

FEA 자료와 실험 자료들은 일반적으로 저밀도 조건보다 고밀도 설치 조건에서 더욱 양호한 상관관계를 갖는다. 이는 아마도 시험토조 내부에서 낮은 밀도에서 중간 밀도의 경우 균등 지반 조건을 얻기가 어렵고 유한요소법에서 수치해석이 어려운 점이 조합된 결과이다. 강성도 행렬 내부 입력목록은 낮은 강성도에서 체적계수와 탄성계수의 크기에 민감하다. 큰 처짐을 얻기 위해 낮은 체적계수 매개변수들의 수치가 필요하다. 그러나 이는 강성도 행렬 내 입력목록은 신뢰할 수 있는 결과들을 생산하지 못할 것을 의미하는 유일 행렬 경고(singular matrix warning)를 초래할 수 있다. 저밀도 조건에서 지반 거동의 모델링과 관련하여 이러한 부분에서 더 많은 노력이 필요하다.

기하학적 비선형 해석(강성도 행렬이 각 載荷 증가에서 절점 처짐을 설명하는)은 설치 조건 모델링의 결과를 크게 변화시키지 않는다. 기하학적 비선형 해석을 포함하면 일반적으로 다소 높은 처짐을 예측한다. 예를 들어 기하학적 비선형을 포함하지 않는 해석은 4%의 수직 링 처짐을 예측할 수 있으나 동일한 조건들에서 기하학적 비선형을 포함하면 약 5%의 링 처짐을 예측한다. 그러나 다른 형태의 載荷 조건의 경우 강성도 행렬을 공식화할 때는 반드시 배관 형상을 반영해야 한다. 5% 보다(5% 처짐량은 미소 처짐량의 경계선) 큰 처짐량을 모델링에 있어 기하학적 비선형성은 상당히 큰 역할을 한다는 점을 유의한다.

3.8.7 요약 및 결론

연성(flexible) 배관의 유한요소 모델링 결과와 시험 결과와의 양호한 상관관계를 얻기 위해서는 현존하는 대부분 전산기 프로그램에서 쉽게 수행할 수 없는 모델링 능력들이 필요하다. 그와 같은 능력은 각 요소가 초기 載荷 또는 除荷 및 再載荷 상태인지 여부를 결정하기 위한 흙 요소의 응력 이력 해석, 하나의 응력 조건에서 다른 조건으로 변화할 때 흙의 응답 모델을 개선하기 위한 반복 기법의 수정, 그리고 각 하중 증가 후 절점 좌표를 수정하는 큰 처짐(large deflection) 이론을 포함한다. 이러한 특징들의 발전으로 강성배관 뿐만 아니라 다짐 모의와 함께 연성배관, 과중한 적재 압력, 내부 가압에 의해 발생한 리라운딩(rerounding), 그리고 다양한 설치조건들의 해석이 가능하다. 다양한 설치 조건들의 해석 결과들은 배관에 미치는 어깨와 헌치 지지의 영향을 보여주었고 이러한 조건들을 배관 및 설치 설계시 고려할 것을 제안한다.

유타대학에서 이 FEA 프로그램을 개발한 결과 연성배관 시스템의 모델링 능력을 개선시켜왔다. 게다가 다양한 설치 조건들을 모델링할 수 있어 매설 연성배관 거동에 대한 이해를 개선시켜왔다. 4개의 토질과 다양한 載荷 조건들을 포함한 전반적인 조사를 수행한 결과 FEA 결과와 실질적인 모델 시험으로부터 측정된 결과 사이 매우 양호한 상관관계를 보여주는 것으로 나타났다. 이는 막대한 비용이 소요되는 실질 시험을 추가로 수행하지 않고도 유한요소법으로 다양한 설치조건, 지반 재료, 載荷 조건, 배관 규격 등을 충분히 모의할 수 있다는 것을 뒷받침 한다. 그러나 FEA 모델을 캘리브레이션하기 위해서는 실제 시험의 결과가 필요하다. 실험과 함께 유한요소해석은 매설배관 성능 평가를 위한 개선된 해석 도구가 되었다. 이제는 이 유한요소해석법은 주로 연구 및 해석에 사용되고 있으며 미래 설계도구가 될 것으로 판단된다.

[참고문헌]

1. Asphalt Institute. 1997. *Soils Manual for the Design of Asphalt Pavement Structures*. Manual Series No. 10 (MS-10). Lexington, Ky.
2. Bishop, R. R. 1981. Time Dependent Performance of Buried PVC Pipe. In *Proceedings of the International Conference on Underground Plastic Pipe*, pp. 202-.212. New York: American Society of Civil Engineering Conference.
3. Burns, J. Q., and R. M. Richard. 1964. Attenuation of Stresses for Buried Cylinders. In *Proceedings of the Symposium on Soil Structure Interaction*, pp. 378-.392. Tucson: University of Arizona.
4. CANDE-89, Culvert ANalysis and Design computer program/ User Manual, Federal Highway Administration; Publication No. FHWA-RD-89-169, June 1989.
5. Chambers, R. E., and F. J. Heger. 1975. *Buried Plastic Pipe for Drainage of Transportation Facilities*. Cambridge, Mass.: Simpson Gumpertz and Heger, Inc.
6. Duncan, J. M., P. Byrne, K. S. Wong, and P. Mabry. 1980. Strength, Stress-Strain and Bulk Modulus Parameters for Finite Element Analysis of Stresses and Movements in Soil Masses. Report No. UCB/GT/80-01. Berkeley: University of California Office of Research Services. 178 Chapter Three
7. Dunn, I. S., L. R. Anderson, and F. W. Kiefer. 1980. *Fundamentals of Geotechnical Analysis*, 1st ed. New York: Wiley.
8. Gere, J. M., and W. Weaver. 1980. *Analysis of Framed Structures*, 2d ed. New York: Van Nostrand Reinhold Co.
9. Goddard, J. B. 1996. *An Analysis of Flexible Pipe Using the Burns & Richard Solution* [software]. Columbus, Ohio: Advanced Drainage Systems, Inc.
10. Hartley, J. P., and J. M. Duncan. 1987. *E'* and Its Variations with Depth. *Journal of Transportation Engineering, ASCE* 113(5):538-53.
11. Hild, J. W. 1975. Compacted Fill. In *Foundation Engineering Handbook*, 1st ed. Eds. H. F. Winterkorn and H. Y. Fang. New York: Van Nostrand Reinhold Co.
12. Howard, Amster K. 1977. Modulus of Soil Reaction (*E'*) Values for Buried Flexible Pipe. *Journal of the Geotechnical Engineering Division, ASCE* 103(GT), Proceedings Paper 127000.
13. Howard, A. K. 1996. *Pipeline Installation*. Lakewood, Colo.: Relativity Publishing.

14. Janbu, N. 1963. Soil Compressibility as Determined by Odometer and Triaxial Tests. In *Proceedings of European Conference on Soil Mechanics and Foundation Engineering*, pp. 19–5. Wiesbaden, Germany: Soil Mechanics Foundation.
15. Janson, Lars-Eric. 1981. Plastic Gravity Sewer Pipes Subjected to Constant Strain by Deflection. In *Proceedings of the International Conference on Underground Plastic Pipe*, pp. 104–16. New York: American Society of Civil Engineers.
16. Janson, Lars-Eric, and Jan Molin. 1981. Design and Installation of Underground Plastic Sewer Pipes. In *Proceedings of the International Conference on Underground Plastic Pipe*, pp. 79–8. New York: American Society of Civil Engineers.
17. Jensen, Brent M. 1977. Investigations of Strain Limits Proposed for Use in Designing PVC Pipe Subjected to External Soil Pressure. Master of Science thesis. Logan: Utah State University.
18. Katona, M. G., P. D. Vittes, C. H. Lee, and H. T. Ho. 1981. CANDE-1980: Box Culverts and Soil Models. Springfield, Va.: National Technical Information Service.
19. Katona, M. G., J. B. Forrest, F. J. Odello, and J. R. Allgood. 1976. CANDE—Modern Approach for the Structural Design and Analysis of Buried Culverts. Report FHWA-RD-77-5. FHWA, U.S. Department of Transportation.
20. Knight, G. K., and A. P. Moser. 1983. The Structural Response of Fiberglass Reinforced Plastic Pipe under Earth Loadings. Logan: Buried Structures Laboratory, Utah State University.
21. Konder, R. L., and J. S. Zelasko. 1963. A Hyperbolic Stress-Strain Formulation of Sands. In *Proceedings of the Second Pan American Conference on Soil Mechanics and Foundation Engineering*. 1:209.
22. Krizek, R. J., R. A. Parmelee, N. J. Kay, and H. A. Elnaggar. 1971. Structural Analysis and Design of Buried Culverts. National Cooperative Highway Research Program Report 116. Washington: National Research Council.
23. Kulhawy, F. H., J. M. Duncan, and H. B. Seed. 1969. Finite Element Analysis of Stresses and Movements in Embankments during Construction. Report No. TE-69-4. Berkeley: Office of Research Services, University of California.
24. Kunz, Walter M. 1982. Mechanical Properties of Filled Poly Vinyl-Chloride. Master's thesis. Logan: Utah State University.
25. Luscher, U. 1966. Buckling of Soil Surrounded Tubes. *Journal of Soil Mechanics and Foundation Div*. New York: American Society of Civil Engineers.
26. Marston, A. 1930. The Theory of External Loads on Closed Conduits in the Light of the Latest Experiments. *Bulletin* 96. Ames: Iowa Engineering Experiment Station.
27. Meyerhof, G. G., and L. D. Baike. 1963. Strength of Steel Culverts Sheets Bearing against Compacted Sand Backfill. *Highway Research Board Proceedings* 30.
28. McGrath, Timothy J. 1998. Replacing *E'* with the Constrained Modulus in Flexible Pipe Design. In *Proceedings of the Pipeline Division Conference*. San Diego: American Society of Civil Engineers.
29. McGrath, T. J., R. E. Chambers, and P. A. Sharff. 1990. Recent Trends in Installation Standards for Plastic Pipe. In *Buried Plastic Pipe Technology ASTM STP 1093*, eds. George S. Buczala and Michael J. Cassady. Philadelphia: American Society for Testing and Materials.
30. McVay, M.C., & Selig, E.T. (1982). Performance and analysis of a long span culvert, Soil-structure interaction of subsurface conduits. Transportation Research Board, TRB, Washington D.C., pp. 23–.29.

31. Molin, J. 1985. Long Term Deflection of Buried Plastic Sewer Pipes. *Advances in Underground Pipeline Engineering*, pp. 263–.277. New York: American Society of Civil Engineers.
32. Moser, A. P. 1990. *Buried Pipe Design*. New York: McGraw-Hill.
33. Moser, A. P. 1974. Can Plastic Sewer Pipe Be Installed with 100% Confidence? Paper presented at the 68th Annual Meeting of the American Society of Sanitation Engineers in New Orleans.
34. Moser, A. P. 1981. Strain as a Design Basis for PVC Pipes? In *Proceedings of the International Conference on Underground Plastic Pipe*, pp. 89–.103. New York: American Society of Civil Engineers Conference.
35. Moser, A. P., R. R. Bishop, O. K. Shupe, and D. R. Bair. 1985. Deflection and Strains in Buried FRP Pipe Subjected to Various Installation Conditions. Transportation Research Record 1008. Washington: Transportation Research Board.
36. Moser, A. P., R. K. Watkins, and O. K. Shupe. 1976. Design and Performance of PVC Pipes Subjected to External Soil Pressure. Logan: Buried Structures Laboratory, Utah State University.
37. Nyby, D. W. 1981. Finite Element Analysis of Soil Sheet Pipe Interaction. Ph.D. dissertation. Logan: Department of Civil and Environmental Engineering, Utah State University.
38. Ozawa, Y., and J. M. Duncan. 1973. ISBILD: A Computer Program for Analysis of Static Stresses and Movements in *e*=Embankments. Report no. TE-73-4. Berkeley: Office of Research Services, University of California.
39. Piping Systems Institute. 1980. *Course Notebook*. Logan: Utah State University.
40. PLAXIS Finite Element Code For Soil and Rock Analyses, http://www.plaxis.nl.
41. Reissner, E. 1959. On Final Bending of Pressurized Tubes. *Journal of Applied Mechanics (Transactions of ASME)*, pp. 386–.392.
42. Selig, E. T. 1988. Soil Parameters for Design of Buried Pipelines. In *Pipeline Infrastructure —.Proceedings of the Conference*, pp. 99–.116. New York: American Society of Civil Engineers.
43. Selig, E. T. 1990. Soil Properties for Plastic Pipe Installations. *Buried Pipe Technology, ASTM STP 1093*, eds. George S. Buczala and Michael J. Cassady. Philadelphia: American Society for Testing and Materials.
44. Sharp, Kevan, L. R. Anderson, A. P. Moser, and R. R. Bishop. 1985. Finite Element Analysis Applied to the Response of Buried FRP Pipe due to Installation Conditions. Transportation Research Record 1008. Washington: Transportation Research Board.
45. Spangler, M. G., and R. L. Handy. 1982. *Soils Engineering*, 4th ed. New York: Harper & Row.
46. Spangler, M. G. 1941. The Structural Design of Flexible Pipe Culverts. *Bulletin* 153. Ames: Iowa Engineering Experiment Station.
47. Timoshenko, S. P. 1961. *Theory of Elastic Stability*, 2d ed. New York: McGraw-Hill.
48. Timoshenko, S. P. 1968. *Strength of Materials*, *Part II—.Advanced Theory and Problems*. Princeton, N.J.: Van Nostrand Company.
49. Timoshenko, S., and D. H. Young. 1961. *Elements of Strength of Materials*, 4th ed. Princeton, N.J.: Van Nostrand Company.
50. Uni-Bell PVC Pipe Association. 1982. *Handbook of PVC Pipe Design and Construction*. Dallas.
51. Watkins, R. K. 1970. Design of Buried, Pressurized Flexible Pipe. Paper presented at ASCE

National Transportation Engineering Meeting, July, in Boston, App. C.
52. Watkins, R. K., and L. R. Anderson. 2000. *Structural Mechanics of Buried Pipes*. New York: CRC Press.
53. Watkins, R. K., and A. P. Moser. 1971. Response of Corrugated Steel Pipe to External Soil Pressures. *Highway Research Record* 373:88–.112.
54. Watkins, R. K., A. P. Moser, and R. R. Bishop. 1973. Structural Response of Buried PVC Pipe. *Modern Plastics*, pp. 88–.90.
55. Watkins, R. K., and A. B. Smith. 1967. Ring Deflection of Buried Pipe. *Journal AWWA* 59(3).
56. Watkins, R. K., and M. G. Spangler. 1958. Some Characteristics of the Modulus of Passive Resistance of Soil—.A Study in Similitude. *Highway Research Board Proceedings* 37:576–.583.
57. White, H. C., and J. P. Layer. 1960. The Corrugated Metal Conduit as a Compression Ring. *Highway Research Board Proceedings* 39:389–.397.
58. Wilson, E. 1971. Solid SAP, A Static Analysis Program for Three-Dimensional Solid Structures. SESM Report 71-19. Berkeley: Structural Engineering Laboratory, University of California.
59. Wong, K. S., and J. M. Duncan. 1974. Hyperbolic Stress-Strain Parameters for Nonlinear Finite Element Analysis of Stresses and Movements in Soil Masses. Report no. TE-74-3. Berkeley: Office of Research Services, University of California.
60. Zienkiewitcz, O. C. 1977. *The Finite Element Method*, 3d ed. New York: McGraw-Hill. 33–.43. Reprinted with permission from American Society of Civil Engineers.

Chapter 04

압력배관 설계

매설 압력배관 설치를 위한 설계 방법은 제3장에서 기술한 중력배관 설치를 위한 설계 방법과 유사하며 두 가지의 큰 차이점은 다음과 같다.

1. 내부 압력을 위한 설계를 반드시 포함시켜야 한다.
2. 통상적으로 압력배관은 얇은 토피두께로 매설되어 흙 하중이 적다.

본 장에서는 다양한 압력배관 제품들을 위한 상세 설계방법에 대해 기술한다. 설계시 내부 하중, 외부 하중, 그리고 조합 하중들을 결정하는 방법을 기술한다.

4.1 배관 응력 및 변형

다양한 하중으로 인해 응력과 그에 따른 변형률이 발생한다. 압력을 받는 매설배관의 경우 통상적으로 이러한 하중들은 크게 내부 압력과 외부 하중 두 개의 범주로 분류된다. 내부 압력은 정수압과 서지 압력으로 구성되며, 외부 하중은 통상적으로 외부 토압과 표면(활) 하중에 의해 야기된 하중들로 구성된다. 부등침하, 길이방향 휨, 그리고 전단 하중들도 외부 하중으로 간주한다. 내부 또는 외부 영향으로 온도에 기인한 응력들이 발생하는 것으로 고려된다.

4.1.1 정수압 (Hydrostatic pressure)

두꺼운 원통형 배관에서 응력들을 구하기 위한 Lame의 해법은 잘 알려져 있다. 내부 압력만을 받는 원통형의 경우 응력들은 다음과 같다.

$$\text{접선방향 응력 } \sigma_t = \frac{P_i a^2 (b^2/r^2 + 1)}{b^2 - a^2}$$

$$\text{반경방향 응력 } \sigma_r = \frac{P_i a^2 (b^2/r^2 - 1)}{b^2 - a^2}$$

여기서 P_i : 내부 압력
a : 내부 반경
b : 외부 반경
r : 문제가 되는 지점까지 반경

최대 응력은 접선방향 응력 σ_t 이고 $r = a$ 에서 발생한다(그림 4.1 참조). 따라서

$$\sigma_{max} = (\sigma_t)_{r=a} = \frac{P_i a^2 \left(\dfrac{b^2}{a^2} + 1 \right)}{b^2 - a^2}$$

또는

$$\sigma_{max} = \frac{P_i (b^2 + a^2)}{b^2 - a^2} \qquad 4.1$$

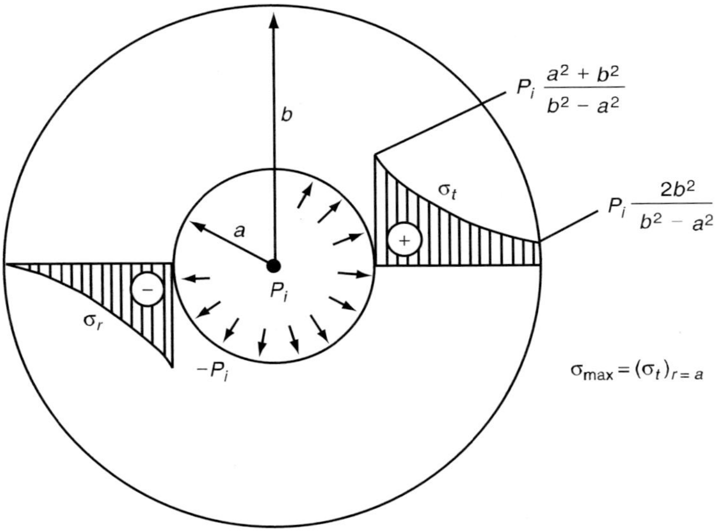

그림 4.1 내부 압력을 받는 벽체 두께가 두꺼운 실린더

원형통 배관의 경우 $a \approx b$ 그리고 $b - a = t$이므로

$$b^2 - a^2 = (b + a)(b - a) = \overline{D}t \tag{4.1a}$$

여기서 $\overline{D}$는 평균 직경으로 $\overline{D} = a + b$이고, t는 두께로서 $t = b - a$이다. 또한

$$(b + a)^2 = \overline{D^2} = b^2 + a^2 + 2ab \tag{4.1b}$$

$$b^2 + a^2 = \overline{D^2} - 2ab \approx \overline{D^2} - 2\overline{r^2} = \overline{D^2} - \frac{\overline{D^2}}{2}$$

따라서 공식 4.1a와 4.1b를 사용하여 공식 4.1을 다음과 같이 다시 작성할 수 있다.

$$\sigma_{max} = \frac{P_i\left(\overline{D^2}/2\right)}{\overline{D}t} = \frac{P_i\overline{D}}{2t} \tag{4.2}$$

공식 4.2는 얇은 원통형 실린더에서의 응력을 구하기 위한 공식으로 알려져 있다. 이 공식은 때로는 Barlow 공식으로도 불리나, 본질적으로 Lame 공식의 축소 형태이다. 이 공식은 내부 압력 P_i에 따른 응력들을 계산하는 형태이다. 외경 D_o를 기준으로 하면 다른 형태로 공식 4.2를 작성할 수 있다.

$$\overline{D} = D_o - t$$

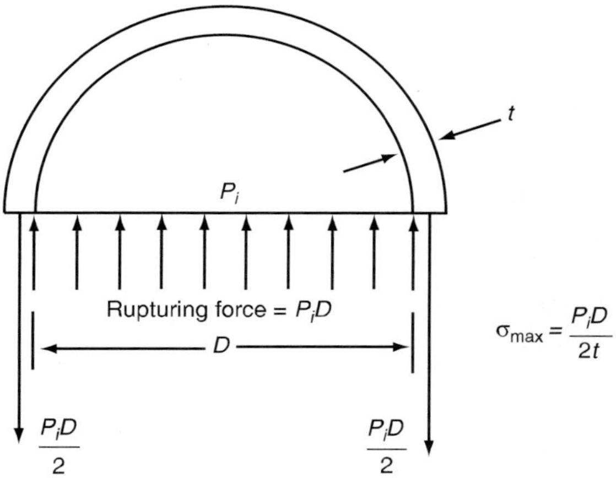

그림 4.2 내부 압력을 받는 배관 절반 단면의 자유물체도

$$b^2 + a^2 = \overline{D^2} - 2ab \approx \overline{D^2} - 2r^2 = \overline{D^2} - \frac{\overline{D^2}}{2}$$

즉, 평균 직경은 외경에서 두께를 감한 것과 동일하다. 공식 4.2는 다음과 같이 된다.

$$\sigma_{\max} = \frac{P_i(D_o - t)}{2t} \tag{4.3}$$

특정 플라스틱 배관 규격은 치수비(DR : dimension ratio) 또는 표준 치수비(SDR : standard dimension ratio)를 기준으로 명시한다.

$$DR = \frac{D_o}{t} \text{ 또는 } SDR = \frac{D_o}{t}$$

DR과 SDR 모두는 동일하게 정의된다. 그러나 SDR은 빈번하게 표준 제품의 D_o/t를 나타내는 선호하는 일련의 번호로 인용된다. 공식 4.3에 $D_o/t = SDR$를 대입하면 다음과 같다.

$$\sigma_{\max} = \frac{P_i}{2}(SDR - 1) \tag{4.4}$$

상기 공식을 다음과 같이 나타낼 수 있다.

$$\frac{2\sigma_{\max}}{P_i} = SDR - 1 \tag{4.5}$$

공식 4.5는 내부 압력에 기인한 응력을 구하기 위한 ISO(International Standard Organization)식으로 인용된다. 그러나 이 기본공식은 기술자들에게 100년 넘게 알려져 왔고 1852년 Paris에서 발표된 논문인 "Lecons sur la theorie de l'elasticite"에서 Lame가 최초로 발표하였다. 분명하게 ISO는 상대적으로 새로운 기관이고, Lame의 공식과는 아무런 관계가 없다.

제작사 또는 국가기준은 내부 압력으로 인해 배관에서 발생하는 이러한 접선 응력을 계산하기 위해 공식 4.2 또는 4.4를 사용할 것을 추천한다. 모든 형태의 공식들은 Lame의 해로부터 유도되었으며 동등한 결과를 얻을 수 있다.

4.1.2 서지 압력 (Surge Pressure)

압력서지는 일시적인 서지와 주기적 서지로 크게 두 개 범주로 분류된다. 주기적 서지는 왕복펌프, 제어되지 않은 압력 제어밸브 또는 상호작용하는 압력 조정 밸브, 변동하는 수요량, 그리고 다른 주기적 영향들과 같은 장비들의 동작에 의해 주기적으로 발생하는 압력 동요이다. 주기적 서지는 피로 손상을 야기할 수 있으므로 시스템에서 제거하도록 설계해야 한다.

일시적 서지는 상대적으로 짧은 시간에 걸쳐 발생하고, 하나의 정상류상태에서 다른 정상류상태 사이에서 발생하는 일시적인 서지이다. 일시적 서지가 발생할 수 있으나 이 일시적 서지는 서지 전 정상유동 상태와 동일한 상태로 환원한다. 통상적으로 일시적 서지가 반복적으로 나타날지라도 본질적으로 주기적 서지와 다르며 통상적으로 일시적 서지를 수충격이라 부른다.

시스템 내부에서 물의 속도 변화를 초래하는 배관 시스템 내부에서 임의 설비의 동작은 수충격 서지의 잠재적인 원인이다. 대표적인 수충격의 원인들은 다음과 같다.

1. 밸브 개도 변화
2. 펌프의 기동 및 정지
3. 불안정한 펌프 또는 수차 특성

유속의 변화에 의해 발생하는 수충격 압력의 크기는 (1) 시스템의 형상, (2) 유속변화의 크기, 그리고 (3) 특정 시스템에서 파속에 의해 결정된다. 정량적으로 이러한 변수들을 다음과 같이 표현한다.

$$\triangle H = a\frac{\triangle V}{g} \tag{4.6}$$

여기서 $\triangle H$: 서지 압력(수두 ft)
a : 압력파 속도(ft/s)
g : 중력가속도($32.17 ft/s^2$)
$\triangle V$: 유속 변화(ft/s)

공식 4.6의 압력상승의 수두를 다음 공식과 같이 $0.43 lb/in^2$으로 곱하여 압력으로 나타낼 수 있다.

$$\triangle P = 0.43 \times a\frac{\triangle V}{g} \tag{4.7}$$

파속은 다음 항들에 의해 영향을 받는다.

1. 배관 특성

- 탄성 계수
- 직경
- 두께

2. 유체 특성
   - 탄성계수
   - 밀도
   - 공기량 등

파속은 다음과 같이 표현할 수 있다.

$$a = \frac{12\sqrt{\frac{K}{\rho}}}{\sqrt{1+\frac{K}{E}\frac{D}{t}C_1}} \qquad 4.8$$

여기서 a : 압력파 속도(ft/s)
K : 물의 체적계수(lb/in^2)
ρ : 물의 밀도($slug/ft^3$)
D : 배관 내경(in)
t : 배관 두께(in)
E : 배관 재료의 탄성계수(lb/in^2)
C_1 : 배관 지지법에 따라 결정되는 상수(신축관이 설치된 경우 $C_1 = 1$)

수온 60°인 물의 경우 밀도 $\rho = 1.938 slug/ft^3$과 $K = 313{,}000 lb/in^2$을 대입하면 공식 4.8을 다음과 같이 작성할 수 있다.

$$a = \frac{4842}{\sqrt{1+\frac{K}{E}\frac{D}{t}C_1}} \qquad 4.9$$

관로 내에서 발생할 수 있는 서지 압력의 크기를 결정하기 위해서 공식 4.6, 4.7, 그리고 4.8을 사용할 수 있다. 많은 실험을 통해 공식의 유효성을 입증하였다.

그림 4.3은 다양한 파속의 경우 유속변화의 함수로서 압력상승(lb/in^2)을 작성한 것이다. 표 4.1과 4.2는 공식 4.8에 따라 덕타일주철관과 PVC 배관의 계산된 파속을 보여준다. 통상적으로 덕타일주철관의 경우 파속은 3,000~5,000ft/s이고, PVC 배관이 경우 파속은 1,200~1,500ft/s이다.

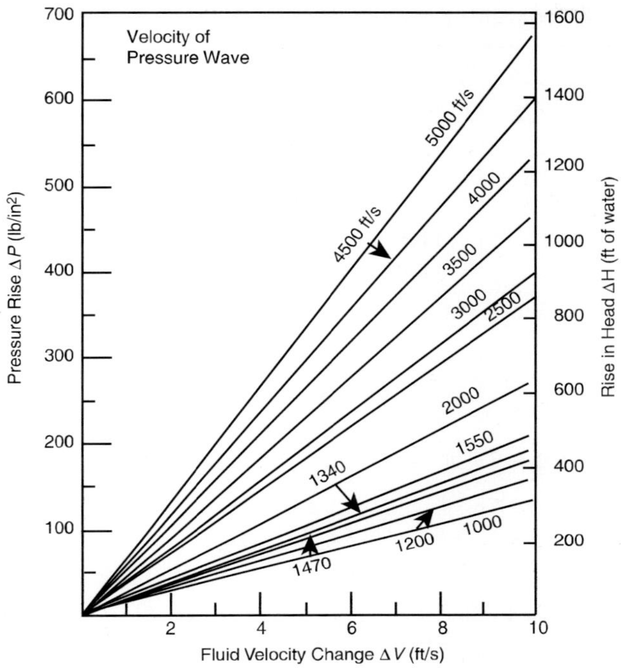

그림 4.3 수충격 서지 계산

표 4.1 DCIP 배관의 수충격파의 속도(ft/s)*

규격 (인치)	클래스						
	50	51	52	53	54	55	56
4	—	4409	4452	4488	4518	4544	4567
6	4206	4265	5315	4358	4394	4426	4454
8	4085	4148	4202	4248	4289	4324	4356
10	3996	4059	4114	4162	4205	4242	4276
12	3919	3982	4038	4087	4130	4169	4205
14	3859	3921	3976	4024	4069	4108	4144
16	3783	3846	3902	3952	3998	4039	4076
18	3716	3779	3853	3887	3933	4038	4014
20	3655	3718	3776	3827	3874	3917	3957
24	3550	3614	3671	3723	3771	3815	3855
30	3387	3472	3547	3615	3676	3731	3782
36	3311	3409	3495	3571	3638	3700	3755
42	3255	3362	3456	3539	3612	3678	3737
48	3207	3323	3424	3512	3590	3659	3721
54	3201	3320	3423	3512	3591	3599	3724

* AWWA C150; Water at 60°F

표 4.2 PVC 배관의 수충격파의 속도(ft/s)*

규격 (인치)	(AWWA C900) 클래스			압력등급 PVC SDR			
	100	150	200	21	26	32.5	41
4	1106	1311	1496	1210	1084	967	859
6	1106	1311	1496	1210	1084	967	859
8	1106	1311	1496	1210	1084	967	859
10	1106	1311	1496	1210	1084	967	859
12	1106	1311	1496	1210	1084	967	859

예제 4.1

12인치 클래스 52 덕타일주철관과 클래스 150 PVC 배관의 수충격 압력의 크기를 결정하라. 단 유속변화는 2ft/s이다.

해답

표 4.1과 4.2 그리고 그림 4.3으로부터 파속 및 수충격 압력의 크기는 다음과 같다.

배 관	파속(ft/s)
클래스 52 DCIP	4038
클래스 150 PVC	1311

압력서지는 다음과 같다.

배 관	서지 압력 lb/in^2
클래스 52 DI	105
클래스 150 PVC	35

직경 12인치 배관의 유속 1ft/s 변화에 따른 최대 압력 서지(lb/in^2)는 다음 표와 같다.

배 관	1ft/s 유속변화에 따른 서지 압력상승 lb/in^2
강관	45
덕타일주철관(AWWA C150)	50
PVC(AWWA C900)	20
PVC(압력등급)	16

유속변화는 수충격 서지의 원인이 되므로 밸브개도를 적정하게 제어하여 수충격을 제거하거나 또는 최소화할 수 있다. 만일 폐쇄되는 밸브에 접근하는 유체가 밸브 폐쇄의 감지 및 밸브를 통과하는 유량 조정이 가능하다면 공식 4.6으로 계산하는 최대 서지 압력을 제어할 수 있다. 이를 수행하기 위해 밸브 폐쇄 개시에서 발생하기 시작하는 압력파가 되돌아 올 때까지 소요되는 시간보다 짧게 밸브를 폐쇄하지 않도록 해야 한다. 이 시간을 임계시간이라 부르며, 최대 압력이 발생하도록 허락하는 최종 유동 정지 전 가장 긴 소요시간으로 정의하며 다음 식으로 나타낸다.

$$T_{cr} = \frac{2L}{a}$$

여기서 T_{cr} : 임계시간

L : 경계조건에 의해 압력파가 반사되기 전 압력파의 이동 관로 길이(ft)

a : 관로 파속(ft/s)

예를 들어 저수지로부터 시작하여 3,000ft 떨어진 곳에 밸브가 설치된 관로에서 파속이 1,500ft/s인 경우 임계시간은 다음과 같다.

$$T_{cr} = \frac{2 \times 3,000}{1,500} = 4s$$

불행하게도 그림 4.4와 같이 대부분 밸브(게이트, 콘, 글로브, 그리고 버터플라이 밸브)는 밸브 스템 이동거리에 비례하여 유량을 차단하지 않는다. 이 그림은 게이트 밸브의 최종 개도 부근에서 밸브 스템이 유량 대부분을 차수하는 것을 보여준다. 따라서 특정 밸브의 유효 폐쇄시간에 기초하여 밸브 폐쇄시간을 결정하는 것은 매우 중요하다. 이 유효시간은 실제 밸브 폐쇄시간의 절반 정도일 수도 있다. 유효시간은 수충격 계산에 사용되는 시간이다. Logan Kerr는 다양한 밸브 폐쇄 특성들에 따라 얻어진 최대 서지압력의 퍼센트 계산을 할 수 있는 도표를 발표하였다.[14]

관로운영과 설계에서 중요하게 다루어야 할 기본 원리는 유속변화와 관련된 서지이다. 압력변화는 직접적으로 유속과 관련된다. 통상적으로 유속의 급격한 변화를 방지하여 심각한 수충격 서지를 방지할 수 있다. 관로의 초기 충수 및 시험 동안 적정한 주의를 기울이면 상당한 서지문제들을 제거할 수 있다. 유속의 급격한 변화가 불가피할 경우 가장 경제적인 해답은 완화밸브(relief valve)를 사용하는 것이다. 이 밸브는 특정하게 사전 설정된 압력에서 개방되어 서지를 완화시키기 위해 유체를 배출시킨다. 이와 같은 밸브는 취지에 맞게 운영하기 위해서 조심스럽게 설계하고 제어해야 한다.

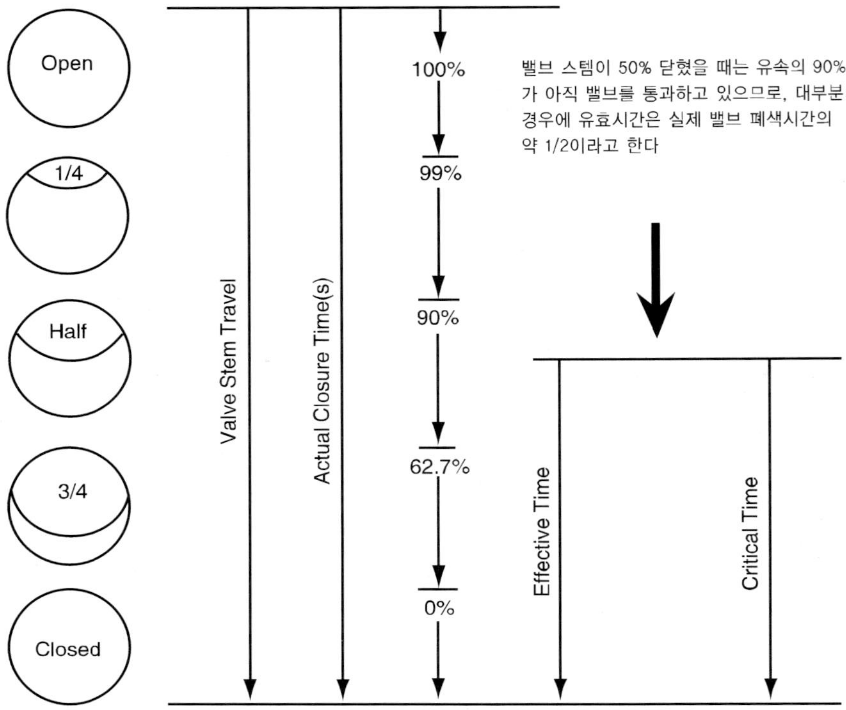

그림 4.4 게이트밸브의 밸브 스템 이동-유량변화

또한 상승서지와 하강서지 모두를 효과적으로 제어하기 위해 서지탱크를 설계해야 한다. 일반적으로 서지탱크는 과도압력을 방지하기 위해 주 송수관로로부터 전환되는 과도 유체를 유입하거나 부압의 경우 탱크내 유체를 관로로 유출시키기 위한 임시 저장설비이다.

4.1.3 외부 하중

외부 흙 하중 및 활 하중은 배관 벽에 응력들을 발생시킨다. 제2장에서 이러한 하중을 계산하는 방법들을 기술하였으며, 제3장에서 외부 하중 계산 절차를 기술하였다. 압력배관 설치 설계시 이러한 하중들의 영향을 반드시 고려하여야 한다. 빈번하게 외부 하중에 의한 응력들은 본질적으로 부수적이 되나 설계시에는 주된 제어 요소가 될 수 있다.

강성배관 통상적으로 외부 하중이 강성배관에 작용하여 발생하는 응력들을 직접적으로 고려하지는 않으며 3-지점 시험 하중으로 강성배관 강도를 결정한다(제3장 참조).

연성배관 연직 하중과 그에 따른 처짐이 기저이면 외부 하중에 의해 발생하는 연성배관 벽에서 발생하는 응력들은 쉽게 계산할 수 있다. 처짐량을 계산하는 방법은 제3장에서 기술하였다. 이러한 응력들은 다음 요소들로 구성된 것으로 간주할 수 있다.

$$\textbf{링 압축 응력}\ \sigma_c = \frac{P_v D}{2t} \qquad 4.10$$

$$\text{휨 응력}\ \sigma_b = D_f E \frac{\triangle y}{D}\frac{t}{D} \qquad 4.11$$

여기서 P_v : 연직토압
D : 배관 외경
t : 배관 벽 두께
E : 영계수
$\triangle y$: 연직 처짐량
D_f : 형상계수

형상계수 D_f는 표 4.3에 나타낸 것과 같이 배관 강성도의 함수이다. 일반적으로 강성도가 낮을수록 D_f는 커진다. 배관 영역 흙의 강성도와 다짐 기법과 같은 다른 매개변수들은 이 계수에 영향을 미치며 표 4.3에 열거한 수치들은 적합한 배관 설치시 권장되는 설계 수치들이다.

전체 원주방향(circumferential) 응력은 다음과 같다.

$$\sigma_T = \sigma_p + \sigma_c + \sigma_b$$

여기서 σ_T : 전체 응력

표 4.3 배관 강성도

$F/\triangle y$, lb/in^2	D_f
5	15
10	8
20	6
100	4
200	3.5

σ_p : 내부 압력(정 압력+서지)에 기인한 응력
σ_c : 링 압축응력
σ_b : 링의 처짐(휨)에 기인한 응력

설계시 상기 전체 응력들을 고려할 수도 고려하지 않을 수도 있다[다음 절의 조합 하중(combined loading) 참조].

4.1.4 조합 하중 (Combined loading)

동시에 작용하는 외부 하중과 내부 압력으로 인한 영향을 고려하는 해석방법을 "조합 하중 해석"이라 한다.

강성배관 주철관 또는 석면 시멘트와 같은 강성압력배관의 경우 강도의 개념으로 조합 하중 해석을 수행한다. 다음 절차들은 최초로 미국 Iowa 대학 W. J. Schlick 교수가 조사 및 제안하였고 다른 사람들이 입증하였다.

배관의 파열강도(bursting strength)와 3-지점 지지(bearing) 강도가 기지이면 파괴를 야기시키는 내부 압력과 외부 하중은 다음 공식에 의해 계산할 수 있다는 것을 Schlick 교수가 보여주었다.

$$w = W\sqrt{\frac{P-p}{P}} \tag{4.12}$$

여기서 w : 내부 및 외부 조합 하중으로 파괴될 때 3-지점 지지 하중(lb/ft)
W : 내부 압력이 없을 때 배관의 3-지점 지지(bearing) 강도(lb/ft)
P : 외부 하중이 없을 때 배관의 파열(burst) 강도(lb/in^2)
p : 내부 및 외부 조합으로 파괴될 때 내부 압력(lb/in^2)

Schlick 교수는 주철관에 관한 연구를 수행하였으며 후에 석면-시멘트 배관에도 적용하였다. 미국 내에서 이 배관 모두는 더 이상 제작되지 않으나 다른 나라에서는 아직도 이 배관을 사용하고 있다.

강성배관의 조합 하중 설계방법에 대한 Schlick의 예제는 다음과 같다. 24인치 석면-시멘트 상하수도용 배관의 3-지점 지지 강도가 9,000lb/ft이고 파열(burst) 강도는 500 lb/in^2이라고 가정한다. 그림 4.5는 다양한 석면-시멘트 배관들의 강도를 위한 공식 4.12의 계산결과를 그래프로 보여주며 이 특정 배관의 곡선은 50으로 나타내었다. 만일 안전계수를 고려하여 배관 내부 파열 압력을 200lb/in^2으로 설정하면 3-지점 지지

강도는 7,000lb/ft가 되고, 내부 압력 400lb/in^{2}인 경우 3-지점 지지 강도는 4,000lb/ft가 되는 것을 보여준다. 3-지점 지지 강도에 적정 하중계수를 곱하여 실제 설치되었을 때 배관의 지지 강도를 구해야 한다.

연성배관 강관, 덕타일주철관, 그리고 열가소성 플라스틱 배관과 같은 대부분의 연성배관들의 경우 조합 하중 해석은 불필요하다. 이러한 재료들의 경우 배관은 외부 하중

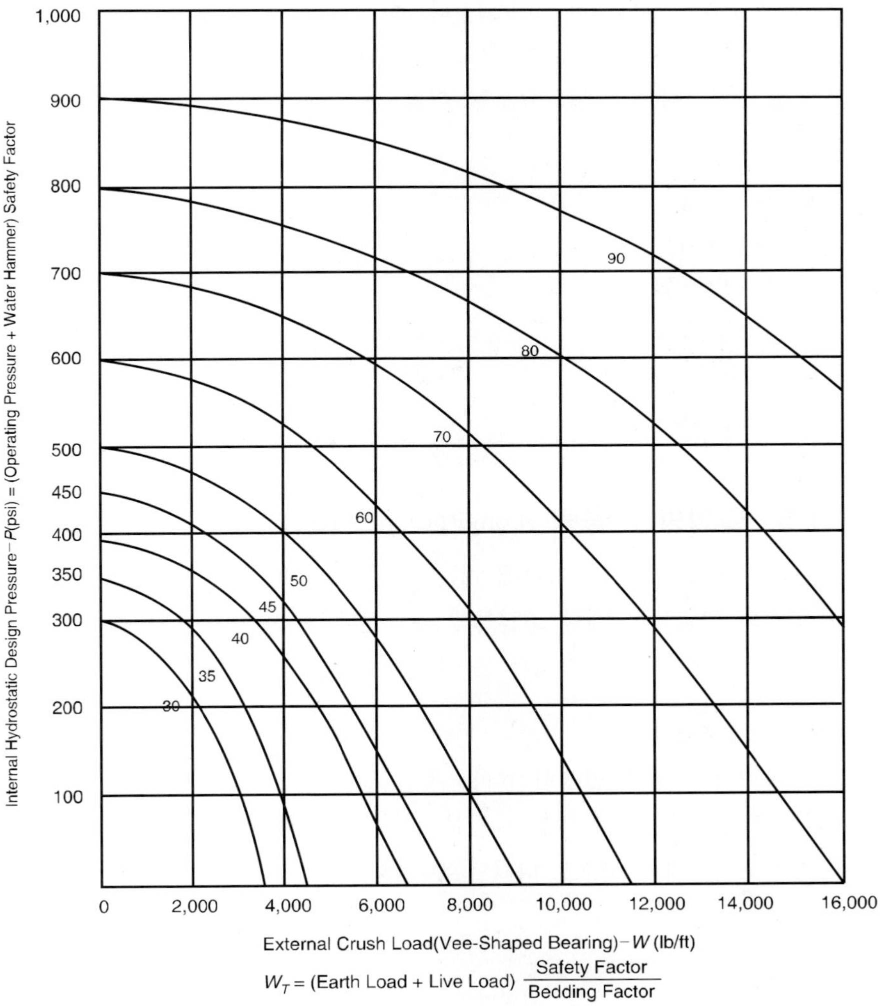

그림 4.5 직경 24인치 석면-시멘트 압력배관의 조합된 하중 곡선

과 내부 압력이 독립적으로 작용하는 것으로 설계해야 한다. 통상적으로 설계시 내부 압력이 제어요소가 된다. 즉, 내부 압력에 기초하여 배관 두께 또는 강도를 선정한 후 기술적 해석을 수행하여 선정된 배관이 외부 하중에 견딜 수 있는지 보장 여부를 검토해야 한다.

상기 내용에 대한 하나의 예외는 섬유-유리-보강 열경화성 수지 플라스틱 배관(FRP)이다. 이 특정 형식의 배관은 변형률에 기초하여 설계한다. 환경 응력 균열을 방지하기 위해 전체 조합 변형률을 반드시 제어해야 한다. 권장 설계 절차에 대한 내용은 AWWA C950의 부록 A에 기술되었다. 이 경우 전체 조합된 변형은 휨 변형률과 내부 압력에 기인한 변형률을 합한 것이다. 일부 FRP 배관 제작사들은 전체 최대 변형률을 구하기 위해 모든 변형률 요소를 더할 것을 권장한다. 다음은 변형률을 발생시키는 일부 하중의 목록이다.

1. 내부 압력
2. 링의 처짐
3. 길이방향 휨
4. 열팽창/수축
5. 전단하중
6. 포와송 효과

4.1.5 길이방향 응력 (Longitudinal stresses)

중력유동배관은 물론 압력배관들은 길이방향 휨 또는 빔 작용을 초래하는 다양한 흙 하중과 불균등한 베딩 조건들에 노출된다. 이에 대한 내용은 제2장에서 기술하였다. 또한 압력배관들은 압력과 온도의 영향으로 길이방향 응력들이 발생할 수 있다.

포와송 효과 재료공학을 다루는 기술자들은 한 방향으로 작용하는 응력들은 수직방향으로 응력과 변형을 발생시킨다는 것을 알고 있으며, 이러한 현상을 포와송 효과라 부른다. 내부 압력 p를 받는 배관은 원주방향 응력 σ_p를 갖는다. 이와 관련된 길이방향 응력 σ_v는 다음 식으로 나타낼 수 있다.

$$\sigma_v = \nu \sigma_p$$

여기서 σ_v : 길이방향 응력

ν : 배관의 포와송비

σ_p : 원주방향 응력

상기 공식은 배관이 길이방향으로 구속된다는 가정에 기초한다. 강성 조인트를 갖는 배관 또는 여분의 길이를 갖는 배관이 고무링 조인트와 같은 슬립(slip) 조인트로 연결되는 경우 이러한 가정은 유효하다. 연구결과 배관 길이가 100ft 정도이면 흙-배관 마찰은 배관을 완벽하게 구속할 수 있다는 것을 보여 주었다. 슬립 조인트를 갖는 짧은 배관의 경우 구속이 완벽하지 않기 때문에 길이방향 응력은 상기 공식에 의해 구한 것 보다 적게 될 것이다. 참고로 포와송 비 ν와 영계수 E를 표 4.4에 열거하였다.

온도 영향 온도 상승 및 저하에 기인한 배관의 팽창 및 수축은 배관 벽에서 길이방향 응력을 발생시킬 수 있다. 전술한 포와송 효과에서와 같이 이러한 응력들은 길이방향 구속에 기초한다. 온도에 기인한 길이방향 응력은 다음 공식에 의해 주어진다.

$$\sigma_T = -\alpha(\Delta T)E$$

여기서 σ_T : 온도에 기인한 길이방향 응력
α : 팽창선형계수
ΔT : 온도 변화
E : 배관의 영계수

온도 영향으로 인해 응력이 발생할 수 있는 상황은 다음과 같다. 강관을 설치하고 뜨거운 여름 낮에 용접한 후 온도 35°F인 물을 수송하는 용접 강관 관로의 경우 ΔT와 응력은 상당하게 크다. 용접 강관관로에서 온도로 인해 발생하는 응력들에 대한 추

표 4.4 재료특성

재료	영계수 E, lb/in^2	포와송의 비
강	30×10^6	0.30
덕타일주철관	24×10^6	0.28
동	16×10^6	0.30
알루미늄	10.5×10^6	0.33
PVC	4×10^6	0.45
석면-시멘트	3.4×10^6	0.30
콘크리트	$57,000(f_c')^{1/2\dagger}$	0.30

† f_c=28일 압축 강도

가적인 내용은 AWWA M11, Steel Pipe Manual, 그리고 용접 강관에 대한 AWWA 기준에서 찾을 수 있다.

배관 추력(pipe thrust) 배관이 용접되어 자기 고정(self-restraining)되는 경우, 배관에 시멘트 타설한 경우, 또는 고정-조인트로 연결된 배관 시스템의 경우 배관 추력으로 인해 길이방향 응력들이 존재한다. 예를 들어 밸브가 폐쇄되었을 때 밸브에서 추력은 압력 P와 면적 A의 곱이다. 90도 곡관에도 동일한 힘이 작용한다.

$$추력 = 압력 \times 면적$$

$$PA = P\pi r^2$$

이러한 추력으로 인한 응력은 다음 식으로 주어진다.

$$\sigma_{th} = \frac{PA}{2\pi rt} = \frac{P\pi r^2}{2\pi rt} = \frac{Pr}{2t}$$

여기서 σ_{th} : 추력에 기인한 길이방향 응력
T : 추력($T = P\pi r^2$)
P : 내부 압력+서지 압력
r : 배관 평균 반경
t : 배관 벽 두께

응력 집중(stress risers) 배관 시스템 설계자는 다른 곳에 비해 응력들이 크게 나타나는 이른바 응력 증폭비를 항상 숙지해야 한다. 응력 증폭비는 균열, 노치(notch), 그리고 링 홈(groove)과 같은 불완전 곳에서 존재한다. 또한 이들은 벨 면적과 같이 직경이 변화하는 근방에 존재한다. 설계시 이러한 응력 증폭비를 간과하면 배관 시스템이 파괴된다. 용접된 벨 그리고 스피곳 형식의 조인트에서는 높은 휨 모멘트와 이에 따른 휨 응력들은 물론 길이방향 장력 응력들이 발생한다. 이러한 조인트부에서 휨 응력들은 직선 구간에서 전체 길이방향 응력의 6배까지 커지는 것을 보여주었다. 이와 같은 경우 최대 길이방향 응력은 다음 식으로 주어진다.

$$(\sigma_L)_{\max} = \beta(\sigma_{Lb} + \sigma_{Lv} + \sigma_{LT} + \sigma_{th})$$

여기서 $(\sigma_L)_{\max}$: 최대 길이방향 응력
β : 응력 증폭비
σ_{Lb} : 길이방향 빔 작용에 기인한 응력

σ_{Lv} : 프와송 효과에 기인한 길이방향 응력
σ_{LT} : 온도에 기인한 길이방향 응력
σ_{th} : 추력에 기인한 길이방향 응력

4.2 설계 기초

각 배관 재료에 따른 설계기준은 한계응력 또는 한계변형이 될 수 있으며, 수송해야 할 유체 또는 온도의 개념에 따라 배관재료의 적용이 제한될 수 있다. 통상적으로 코드(code), 기준(standard), 그리고 시방서(specification)에서 이러한 한계 조건들을 명시한다. 이와 같은 코드, 기준, 그리고 시방서들은 특정 부분의 적정한 적용, 흙 하중 또는 토피두께, 내부 압력, 안전계수, 설치방법, 수명, 그리고 일부의 경우 링 처짐에 대해서 기술한다. 임의 제품의 사용을 고려할 때 이 제품의 성능을 제한하는 매개변수를 함께 고려하여 설계를 위한 기초자료로 활용한다.

4.2.1 강성배관

완전 강성 재료로 제작된 압력배관은 오랜 역사에 걸쳐 사용되어 왔다. 주철관은 유연한 것으로 간주되는 덕타일주철관으로 대체되어 왔다. 석면-시멘트 압력배관은 아직도 일부 국가에서 생산되고 있으나 빠르게 사라지고 있다. 콘크리트 라이너, 그리고 콘크리트나 시멘트그라우트로 코팅된 콘크리트 압력강관은 통상적으로 강성배관으로 간주된다.

석면-시멘트 석면-시멘트 압력배관을 위한 설계 정보는 AWWA C401과 AWWA C403에서 찾을 수 있다. Schlick 공식을 사용하는 조합된 하중 해석이 필요하며 이 방법에 대해서는 본 장의 조합 하중 절에서 기술하였다. 공식 4.12를 반복하면

$$w = W\sqrt{\frac{P-p}{P}} \tag{4.12}$$

또는

$$p = P\left[1-\left(\frac{w}{W}\right)^2\right] \tag{4.13}$$

일반적으로 직경/두께 비가 10을 초과하는 경우 두꺼운 배관 공식을 사용하는 것이 바람직하다고 판단된다. 공식 4.1과 4.2는 후프응력 σ_t를 구하기 위한 두꺼운 배관과 얇은 배관의 공식이다. 실험을 통해 매개변수 W와 P를 결정한다. 이러한 수치들을 갖고 파괴를 야기시킬 수 있는 내부 압력 p와 외부 파쇄(crush) 하중 w의 조합을 결정할 수 있다. 여기에서 설계압력은 적정한 안전계수가 필요하며 일반적으로 서지가 존재하면 최대설계(운영) 압력은 파괴를 야기시키는 압력의 1/4이고, 서지가 존재하지 않으면 운영설계 압력은 파괴 압력의 4/10이다.

설계파쇄(crush) 하중 W는 예상되는 흙 하중에 활 하중을 더한 것과 안전계수(통상 2.5)를 곱한 후 베딩 계수로 나눈 것과 동등하다(제3장 베딩 계수 참조).

$$W = \frac{(\text{흙 하중} + \text{동 하중})(\text{안전계수})}{\text{베딩계수}}$$

석면-시멘트 배관의 설계 곡선들은 AWWA C401과 AWWA C403에 주어졌으며 설계자는 예제에서 사용한 그림 4.5의 그래프를 참조하면 수직 축에서 적정 설계압력과 수평축에서 적정 외부 파쇄(crush) 하중을 찾을 수 있다. 이 좌표 선들의 교차점은 적정 배관 곡선을 나타낸다. 만일 교차점이 곡선들 사이이면 다음으로 높은 곡선과 관련된 강도 배관을 선정한다.

보강 콘크리트 보강-콘크리트 압력배관은 크게 4개 범주로 분류된다.

1. 보강-강 실린더 형(AWWA C300)
2. 초기응력-강(Prestressed-steel) 실린더 형(AWWA C301)
3. 보강 비-실린더(noncylinder) 형(AWWA C302)
4. 봉강(bar)-wrapped, 강 실린더 형(AWWA C303)

지금까지 기술한 강성배관들의 경우 성능한계는 내부 또는 외부 하중, 또는 일부 조합 하중에 기인한 것 들 중 하나가 배관의 강도보다 커서 배관이 파열(rupture)하는 개념으로 기술하였다. 보강-콘크리트 배관의 성능한계는 제로 압축응력과 같은 설계 조건의 개념으로 기술된다. 통상적으로 보강 콘크리트 압력배관의 경우 다음 2개의 설계 조건을 고려한다.

1. 운영 압력과 일시적인 압력(부정류) 그리고 외부 하중의 조합
2. 운영 압력과 외부 하중(흙+활 하중)의 조합

보강-강 실린더 배관은 최대 조합 응력에 기초하여 설계한다. 설계절차는 외부 하중과 내부 압력에 의해 발생한 강 실린더와 강 보강 내부에서의 응력들을 계산하고, 크라운과 인버트에서 조합된 응력은 보강 강과 강 실린더의 허용인장강도 이하가 되도록 한다. 권장 설계절차에 대한 상세한 내용들은 AWWA C304-92와 AWWA M9를 참조한다.

많은 기술자들은 1997년 이전 AWWA C300과 1992년 이전 AWWA C301에서 기술한 단순화된 설계절차들에 더욱 익숙하다. 이 기준들에서는 다음 공식으로 내부와 외부하중 조합에 따라 초기응력(prestressed) 콘크리트 배관을 설계한다.

$$w = W_0 \sqrt[3]{\frac{P_0 - p}{P_0}} \qquad 4.14$$

여기서 P_0 : 외부 하중이 작용하지 않을 때 콘크리트 코어에서 모든 압축을 극복하는 내부 압력(lb/in^2)

W_0 : 내부 압력이 작용하지 않을 때 코어에서 초기 균열을 야기시키는 3-지점 지지(bearing) 하중의 90%(lb/ft)

p : 외부 하중과 조합된 상태에서 최대 설계 압력(라이닝된 실린더 배관의 경우 $0.8P_0$ 초과하지 않을 것)

w : 설계 압력과 조합된 상태에서 최대 외부 하중

시험을 통해 W_0 수치를 결정할 수 있고, 시험 또는 계산에 의해 P_0 수치를 결정할 수 있다. 이러한 매개변수들이 기저이면 석면-시멘트 배관에서 Schlick 공식의 사용과 유사한 방법으로 공식 4.14를 사용하여 w와 p를 계산할 수 있다. 공식 4.14를 사용하여 조합된 하중 해석과 관련된 더욱 자세한 내용은 1997년 이전 기준들에서 얻을 수 있다.

많은 기술자들은 프리텐션(pretensioned) 콘크리트 실린더 배관을 강성배관으로 간주한다. 실제로 이 배관은 연성배관의 정의(구조적 distress 없이 2% 처짐이 가능)를 만족시키지 않는다. 초기장력 콘크리트 실린더 배관을 위한 설계한계 처짐은 0.25~1.0%이다. AWWA Manual M9는 이러한 형식의 배관은 반강성체(semirigid)로 정의하였다. 그러나 AWWA C303과 AWWA C304에 기술된 권장 설계절차는 연성배관의 설계기준에 기초한다. 권장 설계절차는 강 보강 내부와 강 실린더에서 응력 18,000lb/in^2 또는 최소 항복점의 50% 중 적은 것으로 제한하도록 권장한다. 링 처짐이 $D^2/4{,}000$ 이하가 되도록 배관 강성도가 충분해야 하며, 여기서 D는 배관의 공칭 내경으로 단위는 인치이다.

4.2.2 연성(flexible)배관

열가소성(thermoplastic) 모든 플라스틱은 연성(soft)이고 유연(pliable)하여 통상적으로 열, 압력 등을 이용하여 원하는 형태로 쉽게 가공할 수 있으며 일부는 주물로 제작할 수 있다. 열가소성 재료는 열을 가하면 유연해지고 냉각하면 단단해지는 현상이 반복된다. 충분히 높은 온도에서는 이 배관은 용해되고 충분히 낮은 온도에서는 취성을 갖는다. 열가소성 재료의 배관은 PVC(polyvinyl chloride), PE(polybutylene), ABS(acrylonitrile butadiene styrene), PB(polybutylene), 그리고 SR(styrene rubber) 등이 있다.

열가소성 압력배관이 어떠한 형식이던지 공통의 전문용어를 사용한다. 이 전문용어들 중 일부에 대해서는 상세하게 토론하기로 한다. 설계 기술자들은 플라스틱 압력배관에서 사용되는 다소 생소한 용어들과 익숙해져야 한다.

플라스틱 압력배관 용어

- Stress regression
- Cell classification
- Quick-burst strength
- Hydrostatic design basis
- Hydrostatic design stress
- Service factor
- Safety factor
- Pressure rating
- Pressure class
- SDR
- DR

PVC 합성물(compound) PVC 합성물 분류를 위한 최초 방법은 형식(type)과 등급(grade)이다.

1. 형식 I, 등급 1 : 정상적인 충격(normal impact), 매우 높은 화학 저항, 그리고 가장 높은 기계적 재료 강도 요구. 형식 I, 등급 1 합성물들은 오늘날 배관으로 광범위하게 사용되는 것과 거리가 멀다.
2. 형식 I, 등급 2 : 기본적으로 등급 1의 합성물과 동일한 특성을 가지나 화학 저

항에 대한 요구사항이 낮다. 등급 1은 50년 강도를 기준으로 약 5% 높은 후프응력을 갖는다.

3. 형식 II, 등급 1 : 높은 충격 강도를 가지나, 화학 저항과 인장 강도가 낮다.
4. 형식 III, 등급 1 : 중간 충격 강도를 가지며, 화학 저항이 낮다.

이 전문용어들이 아직도 존속하지만 현재 PVC 합성물의 정의는 최근 ASTM D1784에서 강성 PVC 합성물과 CPVC(chlorinated poly vinyl chloride) 합성물을 위한 기준 시방서에 주어졌다. 이 시방서는 5자리 숫자 셀-클래스 번호 시스템으로 합성물의 물리적 특성들을 하나의 접미어로 화학적 저항을 정의한다.

이전에 사용되던 형식-등급 합성물 시스템을 아래와 같이 셀 분류로 표현한다.

형식 I, 등급 1 : 12454B
형식 I, 등급 2 : 12454C
형식 II, 등급 1 : 14333D
형식 III, 등급 1 : 13233
형식 IV, 등급 1 : 23447B

상기 숫자와 문자의 의미는 다음과 같다. 예를 들어 12454B의 경우

첫 번째 숫자 : 재료 명시(PVC 단일 중합체)
두 번째 숫자 : 충격 강도(아이조드 최소 충격강도 0.65ft lb/in)
세 번째 숫자 : 인장강도(최소 7,000lb/in^2)
네 번째 숫자 : 탄성계수(최소 인장으로 400,000lb/in^2)
다섯 번째 숫자 : 하중을 받는 상태에서 처짐 온도(최소 158°F)
문자 : ASTM D1784의 표 2에 정의된 화학적 저항

앞에서 기술한 바와 같이 상하수도 압력배관으로 가장 많이 사용되는 PVC 합성물은 다음과 같다.

이전 명명법 : 형식 I, 등급 1
현재 명명법 : 12454B

1980년 후반 PVC 합성물을 명시하기 위한 또 다른 기준을 승인하였다. ASTM D3915는 ASTM D1784와 같이 보다 적은 셀-클래스 시스템을 이용하고 있으나 문자 접미어를 삭제하고 HDB 셀로 대체하였으며, 오늘날 어느 PVC 배관 기준들에서도 이 시스템

을 사용하지 않는다.

HDB(hydrostatic design basis) ASTM D 2837은 "열가소성 배관 재료의 HDB를 얻기 위한 표준 방법"을 확립하였다. HDB를 확립하기 위한 절차는 다음과 같다.

1. ASTM D 1784 셀 분류에 따라 PVC 배관 합성물을 분류하며 이 배관은 12454B이다.
2. 배관에 대해 장기(long-term) 정수압 압력 시험을 수행한다.
3. 분석을 위해 PPI의 정수압 설계위원회에 자료들을 제출한다.
4. 장기 정수압 강도(LTHS : Long-Term Hydorstatic Strength)를 결정한다.[LTHS는 100,000h(11.4년)에서 파괴가 발생하는 외삽된 후프응력이다]
5. ASTM D 2837에 따른 LTHS를 분류하여 HDB를 결정하고, 배관설계수명은 50년으로 계획한다.

압력시험 자료들을 로그-로그 좌표로 작성하면 그림 4.6과 같이 하나의 직선으로 나타나며 이 선을 응력퇴행(stress regression) 곡선이라 부른다. 이 하강 곡선은 시간에 따른 강도의 손실을 의미하지 않고 응력이 클수록 수명이 짧아지는 것을 의미하며 반대로 응력이 작으면 수명이 길어진다. 이 선은 배관의 수명을 내부 압력에 기인한

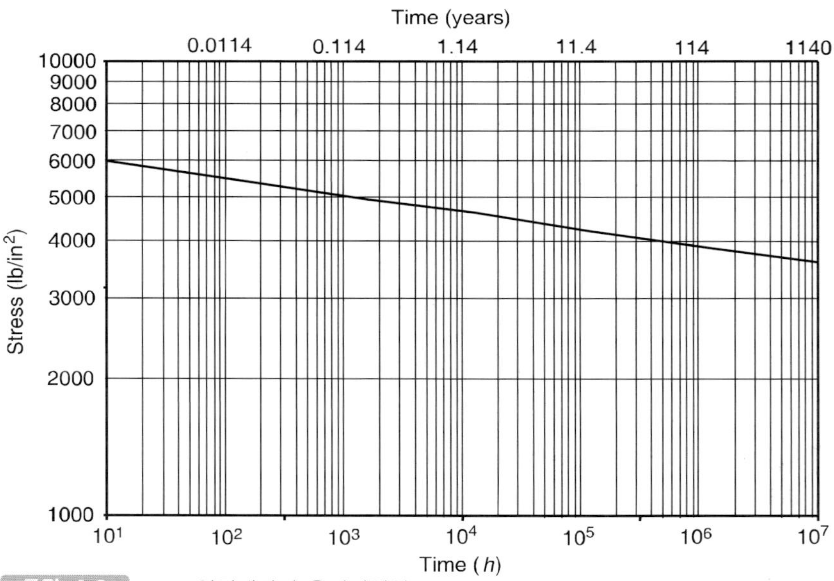

그림 4.6 PVC 압력배관의 응력퇴행선

배관 벽에서 응력의 수준과 관련시키며 이 선은 일련의 시험자료 점들을 연결한 것이다. 예를 들어 응력 또는 압력이 주어지면 파괴가 발생하는 시간을 예측할 수 있다. 퇴행선을 확립하기 위해 온도 73.4°F로 고정하여 정수압 시험조건으로 각 파괴가 10시간부터 10,000시간(1.14년)에서 발생하도록 시험을 수행해야 한다.

PVC 배관의 경우 로그-로그 직선 외삽에 기초한 장기 정수압 강도 확립의 타당성을 증명하기 위해 200,000시간(22.8년) 이상 장기간 정수압 시험을 수행하였다.

HDS(hydrostatic design stress) ASTM D2241에서 HDS를 다음과 같이 정의한다.

> "파괴가 발생하지 않을 것이라는 높은 신뢰도를 갖고 지속적으로 작용할 수 있는 내부 정수압에 기인한 배관 벽 원주방향에서 추정되는 최대 인장응력"

ASTM 시방서는 PVC, PE, 및 ABS 배관에 대한 정수압 설계기준 HDB와 이 재료들의 정수압 설계응력 HDS에 대해 기술하며, 각 재료의 형식-등급 명명에 대한 비교는 다음과 같다.

구 분	HDB	HDS
PVC 1120*	4000	2000
PE3406	1260	630
ABS 1316	3200	1600

* ASTM D 1784에 따른 PVC 격실 분류 12454B와 같다.

PVC 1120의 HDB와 HDS 수치가 높아 플라스틱 압력배관으로 광범위하게 사용된다. PVC, PR, 그리고 ABS에 대한 모든 수치들을 표 4.5에 나타내었다.

압력등급 배관(pressure rated pipe) 플라스틱 압력배관 설계 절차를 검토하기 위해 PVC 배관과 ASTM D 2241, PVC 플라스틱 배관(SDR-PR)을 위한 표준 시방서를 고려하기로 한다. 다른 열가소성 재료들을 위해 유사한 절차들이 존재한다.

기술자는 PVC 배관을 위한 현존하는 PVC 표준과 시방서를 통해 예전의 형식-등급 명명법을 찾을 수 있다. 예를 들어 압력배관을 위한 가장 공통적인 명명법은 PVC 1120이다. 이는 다음과 같이 정의된다.

PVC : polyvinyl chloride

첫 번째 숫자(1) : 합성물 형식을 나타내며, 이 경우 형식 I를 의미한다.

두 번째 숫자(1) : 합성물 등급(grade)을 나타내며 이 경우 등급 1을 의미한다.

■ 표 4.5 ■ PVC, PE 및 ABS 배관의 ASTM 시방서

재료 형식	HDB(hydrostatic design basis) lb/in^2	HDS(hydrostatic design stress) lb/in^2
	PVC ASTM 2241	
PVC 1120	4000	2000
PVC 1220	4000	2000
PVC 2120	4000	2000
PVC 2216	3200	1600
PVC 2112	2500	1250
PVC 2110	2000	1000
	폴리에틸렌 ASTM D 2239	
PE 2306	1260	630
PE 3306	1260	630
PE 3406	1260	630
PE 2305	1000	500
PE 1404	800	400
	ABS ASTM D 1527	
ABS 1208	1600	800
ABS 1210	2000	1000
ABS 1316	3200	1600
ABS 2112	2500	1250

세 번째 및 네 번째 숫자(20) : HDS로서 100으로 나누어진 숫자이며, 이 경우 설계 응력은 2,000lb/in^2를 나타내고 소수점 이하는 절삭된다.

ASTM D2241를 만족시키는 PVC 압력배관을 위한 설계기준은 그림 4.7에서 힘의 평형이다. 압력 P에 평균 직경 $D-t$을 곱한 것은 응력 σ에 관 두께 t의 두 배를 곱한 것과 같으며 이는 다음과 같이 표현할 수 있다.

$$P(D-t)=\sigma \times 2t$$

또는

$$\sigma = \frac{P(D-t)}{2t} \qquad 4.15$$

여기서 P : 내부 압력(lb/in^2)
σ : 인장응력(lb/in^2)
D : 배관외경(in)

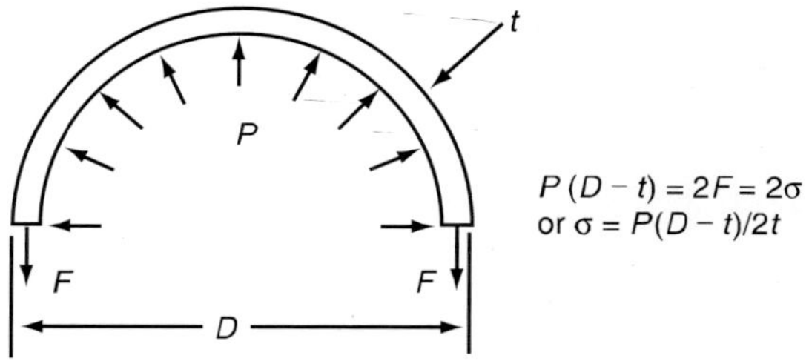

그림 4.7 내부 압력에 기인한 응력

HDS, 또는 공식에서 σ는 HDB에 서비스 계수(service factor)를 곱한 것이다. 물-배관 합성 PVC의 HDB는 4,000lb/in^{2}이다. 서비스 계수는 ASTM D 2241 부록에 정의되었으며 플라스틱 배관 산업에서 0.5를 권장한다(이 경우 서비스 계수의 역수는 안전계수이다). 따라서 ASTM D 2241을 만족시키는 PVC 1120 압력-등급 배관을 위한 장기 HDS는 2,000lb/in^2(HDB×0.5, 또는 HDB/2)이다.

공식 4.15를 SDR(표준규격비, standard dimension ratio)의 항으로 나타내면 다음과 같다.

$$\frac{D}{t} = \frac{\text{평균 외경}}{\text{최소 관두께}}$$

상기 항은 열가소성 배관 산업에서 광범위하게 사용된다. 따라서 공식 4.15를 다음과 같이 정리할 수 있다.

$$2\sigma = P\frac{D-t}{t} \qquad \frac{D}{t} = SDR$$

따라서

$$2\sigma = P(SDR-1)$$

SDR 용어는 편리한 일련의 숫자를 나타내며 배관 규격과 관계없이 SDR 값이 동일하면 압력등급도 동일하다. 즉, 직경 2인치와 12인치 배관이 SDR 26이면 동일한 압력등급을 갖는다.

열가소성 압력배관 설계시 중요한 4개 기본 개념들은 다음과 같다.

1. 임의 PVC 배관 압출(extrusion) 합성물의 HDB는 그 합성물로 압출된 배관의 장기 정수압 시험을 통해 확립한다.
2. HDS는 플라스틱 배관이 불명확하게 수행하는 배관 벽 내 응력이다.

3. 서비스 계수 0.5(또는 안전계수의 역수)와 HDB를 곱한 것은 HDS와 동일하다.
4. 플라스틱 배관은 시간 경과에 따라 강도를 손실하지 않는다.

AWWA 표준 플라스틱 배관의 경우 승인된 첫 번째 AWWA 표준은 1975년 AWWA C900이다. AWWA C900-07은 4~12인치 물 용도의 PVC 압력배관을 위한 AWWA 표준이다. 이 표준은 다음 3개 압력 클래스를 포함한다.

- 클래스 165, DR 25
- 클래스 235, DR 18
- 클래스 305, DR 14

DR 항은 SDR(standard dimension ratio)과 동일한 의미이다. 즉,

$$DR = \frac{D}{t} = \frac{\text{평균 외경}}{\text{최소 관두께}}$$

그러나 상기 값들은 관련 ASTM series 안에 포함되지 않는다. AWWA C900의 설계 기준은 다음 두 영역에서 ASTM과 다르다.

1. 높은 안전계수를 갖는다.
2. 서지 허용을 포함한다.

C900에 있는 설계 기준 공식은 다음과 같다.

$$2.0PC = \frac{2t}{D-t}(HDB) \tag{4.16}$$

여기서 2.0 : 안전계수
PC : 압력 클래스(165, 235, 305lb/in^2)
t : 최소 관 두께(in)
D : 외경(in)
HDB : 정수압 설계 기준(4000lb/in^2)

ASTM D2241에는 포함되지 않았으나 AWWA C900에 포함된 또 다른 설계 매개변수는 임의 압력과 설계응력에 대한 상승된 온도가 유지되는 경우 이 온도의 영향을 고려해야 한다는 것이다. 즉, 배관에 73°F 온도가 유지되는 경우 설계응력을 반드시 감소시켜야 한다. 이 감소는 온도상승이 단기간일 경우는 필요없으나 높은 온도가 지속되는 경우에는 필요하다. 다양한 온도 상승의 경우 허용압력 클래스의 권장되는 퍼

센트는 표 4.6과 같다.

물 용도의 PVC 배관을 위한 AWWA C900과 AWWA C905의 검토대상 및 승인내용은 다음과 같다.

- 합성물 12544A 또는 12544B(이전에는 1120)
- 규격범위 4~12인치(AWWA C900), 14~36인치(AWWA C905)
- 압력 클래스 165, 235, 305lb/in^2(AWWA C900)
  100, 125, 160, 165, 200, 235lb/in^2(AWWA C905)
- DR 25, 18, 14(AWWA C900), 41, 32.5, 26, 21, 18(AWWA C905)

AWWA C909는 분자 중심의 PVC(PVCO ; molecularly oriented polyvinyl chloride) 급수배관 4~12인치(100~300mm) 압력배관을 위한 표준이다.

1980년 AWWA는 AWWA M23 매뉴얼을 발간하였으며 이 매뉴얼은 AWWA C900 후속 표준이고, 이 표준을 만족시키는 PVC 배관의 설계 및 설치에 대한 상세한 내용을 기술한다. 이 매뉴얼의 두 번째 개정판은 2002년에 출판되었으며, PVC 배관의 설계 및 설치에 대해 매우 상세하게 기술하였다. 1994년 AWWA는 PVC 압력배관의 지하 설치와 충수(filling)에 대한 표준인 AWWA C605를 발간하였으며, AWWA M23에 찾아 볼 수 있는 일부 정보들을 포함했다.

AWWA C901은 물 용도 1/2~3인치 PE 압력배관, 튜브, 그리고 피팅을 위한 AWWA 표준이다. 이 표준은 주로 물용도 PE 배관을 위한 것이다. 다음과 같이 AWWA C901을 요약할 수 있다.

- 합성물 2306, 2406, 3406, 3408

표 4.6 온도 계수

최대 지속 서비스 온도 °F	73 °F에서 허용 압력 클래스 또는 설계응력 %
73	100
80	88
90	75
100	62
110	50
120	40
130	30
140	22

- 규격범위 1/2~3인치
- 직경 내경 기준, 외경 기준, 튜브
- 압력 클래스 80, 100, 125, 150, 160, 200lb/in^2
- DR 17.0, 15.0, 13.5, 11.5, 11.0, 9.3, 9.0, 7.3, 7.0, 5.3

AWWA C901은 광범위한 합성물과 압력 클래스를 제공하며, 안전계수 2를 고려하지만 각 배관 시편의 일상적인 시험은 고려하지 않는다.

AWWA C902는 물 용도 1/2~3인치 PB(Polybutylene) 압력배관, tube, 그리고 피팅을 위한 AWWA 표준이다. 또한 이 표준은 주로 물 용도 배관을 위한 것이다. 다음과 같이 AWWA C902를 요약할 수 있다.

- 합성물 형식 II, 등급 1 클래스 B
  형식 II, 등급 1 클래스 C
  HDB=2,000lb/in^2
  PB 2110
- 규격범위 1/2~3인치
- 직경 내경 기준, 외경 기준, 튜브
- 압력 클래스 125, 160, 200lb/in^2
- DR 17.0, 15.0, 13.5, 11.5, 9.0

C901과 같이 광범위한 합성물과 압력 클래스를 제공하며, 안전계수 2를 고려하지만 각 배관 시편의 일상적인 시험은 고려하지 않는다.

플라스틱의 주기 수명(cyclic life of plastic)

플라스틱 배관의 주기적 피로 왕복펌프, 제어되지 않은 압력 제어밸브 또는 상호작용하는 압력 조정밸브, 수요의 변화, 또는 주기적으로 작용하는 장비들의 동작에 의해 발생하는 주기적 압력 동요로 주기적 서징이 발생한다. 주기적 서지는 피로 손상을 야기시킬 수 있으므로 시스템에서 제거하도록 설계해야 한다.

일시적 서지를 수충격이라고도 부른다. 배관시스템의 유속에서 변화를 유발하는 임의 동작은 수충격 서지의 잠재적인 원인이 된다.

주기적 압력 통상적으로 물 시스템 내에서 수충격 서지는 다소 드물게 발생하며 본질적, 일시적, 반복적이라도 특성상 주기적이지는 않다. 일시적인 서지들은 앞 절 "서지 압력"에서 기술하였다. 그러나 만일 시스템이 제어되지 않은 상태에서 운전되면 주기적 압력이 발생할 수 있고, 다소 지속적일 수 있다. 이는 플라스틱 배관을 설계할 경우 추가적으로 고려해야 할 사항이다. 연구결과 플라스틱 배관의 경우 다음 사항들을 보여주었다.

1. 플라스틱 배관은 3개의 독립적 파괴 모드 또는 3개의 독립적 강도 또는 생애자원(life funds)을 갖는다.
   a. 내부 압력이 단기간 배관 강도를 초과하기 때문에 파괴가 발생한다. 이 파괴 모드에 기인한 강도는 *quick-burst strength*라 불린다. 수충격 압력파에 기인한 파괴는 이러한 형식의 파괴이다.
   b. 내부 운영 압력이 설계 압력보다 상당히 높은 경우 장기간 유지된 높은 내부 압력에 기인한 파괴가 발생할 수 있다. 이러한 형식의 파괴는 시간기준이다. 또한 이러한 파괴 모드의 경우 강도(응력/수명), 또한 수명(시간) 기준이고 배관의 응력퇴행곡선으로부터 결정된다.
   c. 물 시스템에서 지속적인 주기적 압력이 발생하면 피로 파괴가 발생할 수 있다. 플라스틱의 강도는 플라스틱이 경험하는 주기 회수와 무관하다. 이는 금속에서의 피로와는 다르다. 예를 들어 만일 시편에 피로수명의 80%로 주기하중을 가한 후 피로시험에서 제거하여 강도 시험을 하면 강도는 감소되지 않을 것이다.
2. 따라서 이러한 강도(life funds)들은 별개이고 독립적이다.
3. 만일 제어하지 않은 상태에서 물 시스템을 운영하고 주기적 압력들의 크기와 빈도가 높고 지속적이면 주기적 압력 수명은 임계 매개변수가 될 수 있다.

주기 응력을 기술하는 용어들 피로시험에서 파동(fluctuating) 응력들을 보고하는 여러 방법들이 존재한다. 그림 4.8은 여기서 사용되는 첨두응력 σ_{peak}의 의미, 응력크기 σ_{amp}, 중간 또는 평균 응력 σ_{mean}, 그리고 응력범위 σ_{range}를 예증한다. 저자들은 대표적으로 그들의 결과들을 하나 또는 그 이상의 용어로 보고한다.

금속에서 피로 파괴에 대한 연구는 잘 고찰되었으며 설계절차들을 사용할 수 있다. 대표적으로 피로수명을 추정하기 위해 $S-N$ 곡선(stress-number of cycles to failure)을 사용한다. 또한 피로수명 예측시 mean 및 alternating 응력 모두 고려하는 문헌들이 잘 확립되었다.

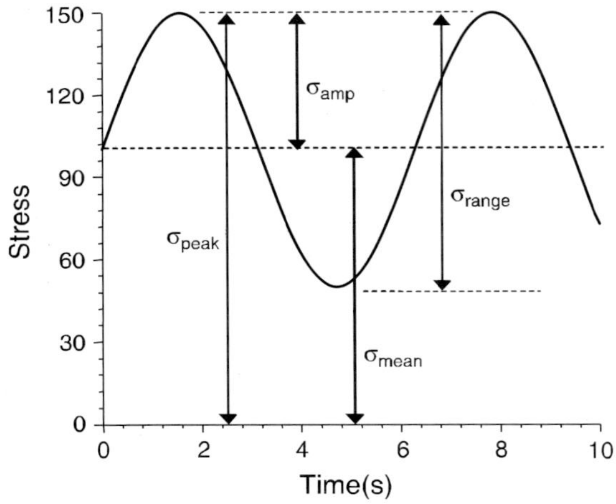

그림 4.8 응력 용어들의 설명

PVC 배관을 위한 과거의 주기 이론 Vinson[22]은 PVC 배관에서 피로 파괴를 예측하기 위한 방법을 발표하였다. Vinson은 6인치(152mm), CIOD SDR 및 6인치(152mm), IPS OD SDR 26 PVC 배관으로 시험을 수행하였다. 배관들을 기초 후프응력 400 및 500 psi(2.76MPa 및 3.45MPa)에서 다양한 첨두 후프응력 사이에서 주기 시험하였다. 이 시험 자료들을 직선으로 적합시켜 첨두 후프응력으로부터 파괴에 도달하는 주기를 예측하기 위한 다음 공식을 전개하였다.

$$N = \left(5.05 \times 10^{21}\right)\left(\sigma_{peak}\right)^{-4.906} \quad 4.17$$

여기서 N : 파괴가 발생하는 서지회수

σ_{peak} : 첨두 후프응력, psi

이 공식과 $S-N$ 선도를 작성하기 위해 사용한 Vinson의 시험자료들은 그림 4.9와 같다. 그가 전개한 공식은 PVC 배관의 피로수명을 예측하기 위한 표준으로 여러 해 동안 사용되었다. 피로 파괴를 예측하기 위한 그의 첨두응력의 사용은 대부분 다른 재료에서 대표적인 피로 파괴 예측 방법과는 일관성이 없다.

Hucks[11]는 2인치(50.8mm) 및 4인치(101.6mm) PVC 배관을 시험하였다. 기본 후프응력 625psi(4.31MPa)에서 첨두응력 범위까지 분당 23주기율로 시험을 수행하였다. 이 실험으로부터의 자료를 수집하여 그림 4.10을 작성하였다. Huck의 자료는 자료 수치의 범위로 보고되었기 때문에 자료들을 올바르게 해석하는 것이 어려웠다. 따라서

그림 4.10을 사용할 때 주의해야 한다.

Bowman[6]은 다른 저자들로부터 나온 PVC, medium-(MDPE) 및 high-density (HDPE) PE 배관에서 피로 파괴를 요약했다. 시험은 기본 압력 58psi(0.4MPa)부터 첨

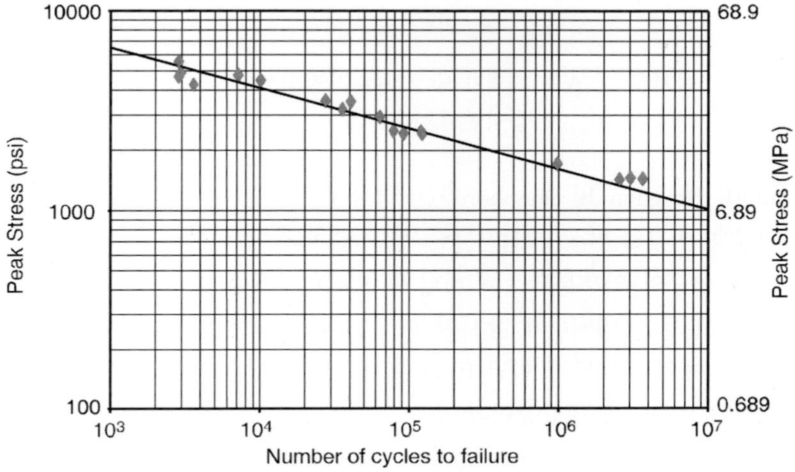

그림 4.9 파괴 응력-주기수를 보여주는 Vinson 자료

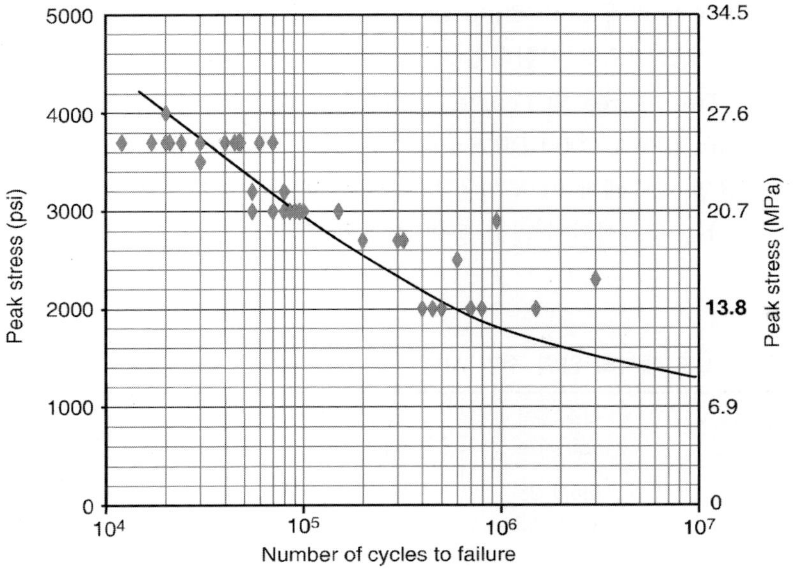

그림 4.10 Huck의 첨두응력 자료의 재생성

두 응력의 범위까지 1초에 1회 주기율로 시험하였으며 그 결과를 $S-N$ 곡선으로 작성하였다. Bowman은 그의 결과를 Vinson 및 Hucks가 수행한 시험과 비교하였으며 모든 자료들이 일치(첨두응력이 아닌 응력범위를 사용하여 작성하였을 때)하였다는 결론에 도달하였다.

$$N = 2.85(\sigma_{range})^{-3.35} \tag{4.18}$$

여기서 N : 파괴가 발생하는 서지회수
σ_{peak} : 응력범위, MPa

Marshall, Brogden 및 Shepherd[16]는 영국에서 다른 형식의 배관들에서 "서지 및 피로"의 영향을 연구하였다. 그들은 PE 및 PVC 배관에서 다른 형식의 파괴들을 고찰하였다. 그들 연구의 일부분으로서 하나의 $S-N$ 곡선을 유도하였다. 그들은 "모든 형태의 PVC 배관들은 명백하게 유사한 피로 특성을 갖는다"는 결론에 도달하였다. 그들 결론에 대한 예외는 PVC가 아닌 PVCO이다.

그러나 주기 수명은 평균응력과 응력크기의 함수로 잘 알려져 있다. 따라서 파괴가 발생하는 주기는 하나가 아닌 두 변수의 함수이다.

USU에서 시험 1999년부터 시작하여 Uni-Bell PVC 배관협회는 PVC 배관의 주기 수명을 고찰하기 위해 Utah State University(USU)에 위탁하였다. PVC 배관을 4개의 다른 압력주기 조건으로 시험하였다. 이러한 조건들은 표 4.7과 같다. 여기에서 시험들은 One, Two, Three 및 Four로 명명하였다. 시험 One을 위해 사용된 배관들은 6인치(152mm) AWWA C900 DR18 PVC 배관으로 길이 36인치(914mm)로 절단하였다. 정상적인 운영 압력에서 이 두꺼운 벽을 갖는 배관은 10백만회 주기 이상에서도 생존하였다. 수압을 증가시키지 않고 응력 수준을 증가시키며, 적은 주기회수에 파괴를 발

표 4.7 USU에서의 압력 주기 시험

시험	최소압력 psi/MPa	최대압력 psi/MPa	평균응력 psi/MPa	응력크기 psi/MPa
One	185/1.28	235/1.62	1787/12.3	213/1.47
Two	82/0.565	123/0.85	2000/13.8	400/2.76
Three	0/0	154/1.06	1500/10.3	1500/10.3
Four	56.5/0.39	149/1.03	2000/13.8	900/6.21

생시키기 위해 얇은 벽 배관이 필요하였다. 시험 Two, Three 및 Four에서는 36인치(914mm) 길이로 절단된 6인치(152mm) IPS PVC SDR41 100psi(0.69MPa) 배관을 사용하였다. 시험 One에서는 전체 10개 배관들을 사용하였다. 시험 Two, Three 및 Four에서는 각각 5개의 복제(replicate) 배관을 사용하였다. 그림 4.11은 시험장치의 사진이다.

피로시험을 시작하기 전 시험하고자 하는 배관들이 표준 ASTM D2152 및 D2241의 품질을 만족시키는지 확인하기 위해 시험을 하였다. 이 4개의 시험들은 아세톤 침투, 치수 및 공차, quick-burst, 그리고 flattening(그림 4.12 및 4.13 참조)이다. 주기시험에 사용하고자 하는 배관은 모든 필요한 품질시험을 통과하였다.

시험장치는 배관을 가압하기 위해 용적형 펌프를, 높은 압력과 낮은 압력 사이에서 시스템이 동작하도록 솔리노이드 밸브를 사용하였다. 시험 One은 최대 및 최소압력설정의 ±5psi(34kPa)로 조정하였다. 시험 Two, Three 및 Four를 위해서 이보다 더욱 정밀한 ±3psi(21kPa)로 조정하였다. 모든 시험을 위한 주기율은 분당 약 20회이다. 이 낮은 주기율은 배관 내 유사-정적(pseudo-static) 응력을 허용하였다. 또한 10백만회에 도달하기 위해서 약 1년간의 연속 운영이 소요된다는 점을 유의한다. 모든 시험에서 22±2℃(71.6±3.6°F)의 온도를 유지하였다.

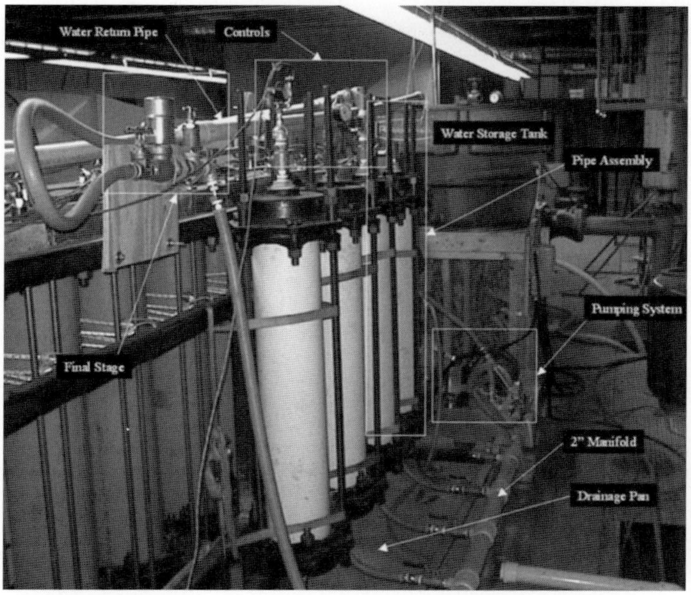

그림 4.11 압력주기 시험장치

그림 4.12 flattening 시험(flattening 이전)

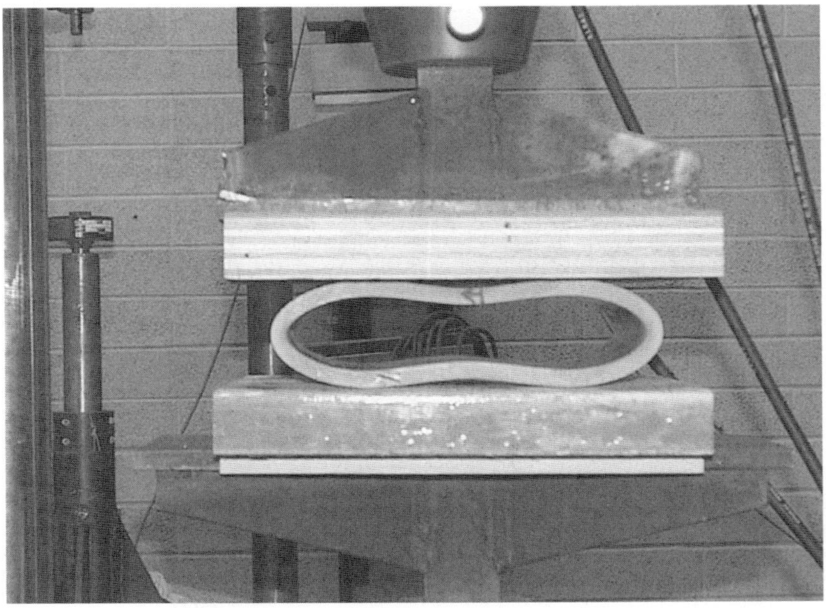

그림 4.13 flattening 시험(flattening 이후)

시험 One은 PVC 배관 내 피로 파괴가 발생하지 않고 10,209,535회 주기 후 종료되었다. 그러나 이 10개 PVC 배관 샘플들을 10백만 주기를 받는 과정 동안 6대의 펌프, 5개의 릴리프밸브, 그리고 다른 부속장치들의 파괴가 발생하였다. 시험 Three 및 Four는 시험 One이 10백만 주기에 도달하기 전 종료되었다. 시험 Three 및 Four로부터 얻은 자료들을 검토한 후 10백만회 주기는 파괴에 도달하기에 보수적인 추정이고 파괴는 약 20백만회에서 발생할 것으로 결정되었다. Vinson 공식 4.17은 이 시험이 322,000회 주기에서 파괴가 발생하는 것으로 예측하였다. 이는 Vinson의 방법이 매우 보수적인 결과를 제공하는지 보여준다.

시험 Two, Three 및 Four에서 파괴에 도달하는 회수는 표 4.8에 요약하였다. 시험 Two에서 오직 5개 배관 중 2개 배관만이 파괴되었다. 나머지 3개 배관들은 11백만 주기에서도 파괴를 발생시키지 않고 생존하였다. 여기서 파괴에 도달하는 주기회수는 높고 이들은 결과에서 큰 범위로 산재하는 것으로 나타난다. 시험 Three 및 Four는 매우 일관성 있는 결과를 갖는다. 피로 파괴 판단기준 수립(표 4.8 참조)은 각 시험 조건에서 파괴에 도달하는 가장 낮은 주기회수들을 사용하였다. 피로 파괴는 신속하고 크게 성장하는 길이방향 크랙이 발생하였다. 물이 분출하는 두 개의 피로 크랙의 사진은 그림 4.14와 같다.

그림 4.14 시험 3 동안 배관 4의 파괴

■ 표 4.8 ■ 시험 Two, Three 및 Four에서 파괴에 도달하는 주기회수

시험 Two		시험 Three		시험 Four	
배관 #	파괴 주기	배관 #	파괴 주기	배관 #	파괴 주기
3	3.29E6	2	36,300	4	262,711
4	9.67E6	1	43,900	5	273,881
1, 2, 5	>11.E6	3, 4, 5	47,400	2	280,501
				1, 3	284,029

표 4.9는 시험 One, Two, Three 및 Four의 경우 파괴에 도달하는 최소 주기 회수 및 앞에서 언급한 모든 이론으로 예측된 주기 회수를 요약한 것이다. 표 4.9에서 Vinson 방법은 공식 4.17을 사용하여 구한 수치이다. 다른 방법들을 사용한 수치들은 그 예측된 파괴 도표를 사용하여 얻은 것이다. 어느 이론도 상기 4개 시험결과와 정확하게 일치하는 것은 없었다. 피로 파괴 예측을 위한 새로운 상관관계가 요구된다.

PVC 배관의 주기 수명을 위해 수정된 이론 새로운 상관관계를 정립하기 위해 추가 피로 자료의 소스(source)를 사용한다. Vinson[22], Bowman[6], Hucks[11] 그리고 Marshall[16]의 자료들을 편집하여 조사하였다. Bowman 및 Marshall의 자료들은 영국에서 제작된 PVC 배관 및 약간 다른 공식화를 사용해서 얻은 것으로 확인되어 그 자료는 고려하지 않아야 한다. Hucks의 자료는 파괴에 도달하는 주기회수가 광범위하여 해석하기 어려우므로 Hucks의 자료도 고려하지 않는다. Vinson의 자료와 시험 One~Four로부터 얻은 자료를 조합하였으며 그 결과는 그림 4.15와 같다. 이 그림은 3개의 영역을 갖는다. "Positive/Negative Line"으로 명명된 선의 왼쪽 영역은 (−) 압력 영역이다. 이 선의 왼쪽에 있는 임의점은 배관 내부에 (−) 압력을 초래할 것이다. 오른쪽 대각선은 "Burst Line"으로 명명된다. 이 선의 오른쪽 임의 자료는 1주기에서 burst 응력 이상

■ 표 4.9 ■ 시험결과 및 예측된 수치들의 요약

시험	파괴 도달 최소 주기	파괴에 도달하는 예측된 주기 회수			
		Vinson	Bowman	Hucks	Marshall
One	>10백만	322,432	7.7백만	600,000	10백만
Two	3,292,576	131,818	932,000	250,000	1.5백만
Three	36,300	44,110	11,000	90,000	30,000
Four	262,000	52,091	62,000	100,000	100,000

으로 간다. 여기에서는 (−) 압력(진공)은 고려하지 않기 때문에 모든 피로 파괴는 반드시 두 대각선들 사이 영역에서 발생한다. 그림 4.15에서 자료점들 옆에 열거된 수치는 파괴에 도달하는 주기회수이다. USU 시험의 경우 기록된 가장 작은 수치들이 열거된다. Vinson의 자료들이 얼마가 "Positive/Negative Line"에 인접하는지 유의한다. 이는 평균응력보다 약간 작은 응력크기를 가지는 것과 일치한다(큰 압력 진동(oscillation)들이 존재). USU 시험들은 일반적으로 부(−)의 압력 영역으로부터 먼 영역에 위치하며 이는 평균응력보다 응력크기가 상당히 작은 것을 의미한다. 이러한 조건들은 자치단체 급수 시스템의 대표적인 조건에 상당히 가깝다.

유용한 최소 자료들을 분석한 후 다음과 같이 5,600psi(38.6MPa) 작은 평균응력수치들을 위한 상관관계를 정립하였다.

$$\sigma_{amp} = \sigma_{mean}[0.01637\log_{10}(N) - 0.1697] + \frac{15362}{\log_{10}(N)} - 1782 \quad 4.19$$

$$\sigma_{mean} = \frac{[500 \times \sigma_{amp} \times \log_{10}(N) - 7.681 \times 10^6 + 8.915 \times 10^5 \times \log_{10}(N)]}{\log_{10}(N)(8.183 \times \log_{10}(N) \times \log(N) - 84.45)} \quad 4.20$$

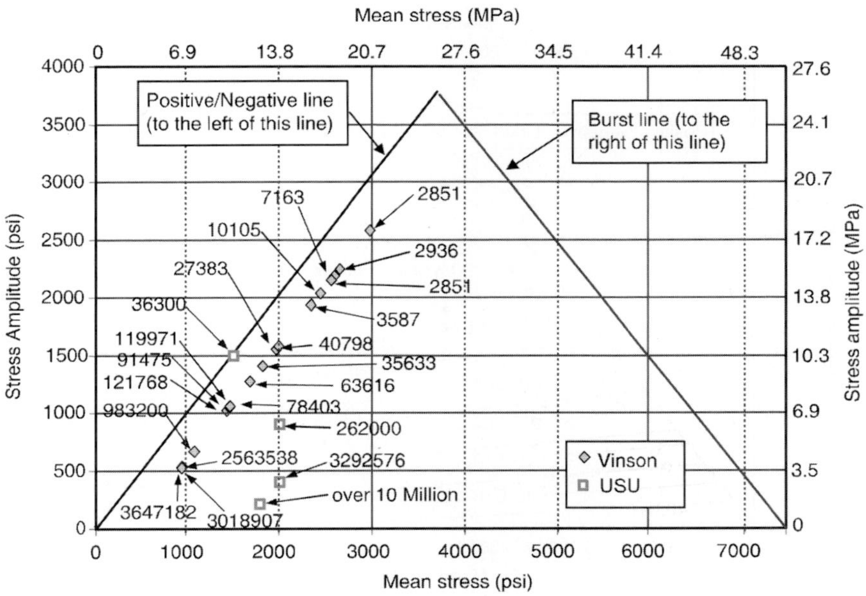

그림 4.15 Vinson 자료와 시험 1-4 자료. 수치는 파괴 주기를 나타냄

그림 4.15의 오른쪽과 같은 곡선을 정당화하기 위해 측정된 자료는 존재하지 않음에 유의해야 한다. 모든 선들이 평균응력 7,500psi(51.7MPa)(PVC의 항복응력)을 향(break)하고 통과하는 점으로 평균응력 5,600psi(38.6MPa)을 임의로 선정하였다. 평균응력, 응력크기, 그리고 파괴에 도달하는 주기회수 사이 상관관계를 예증하는 공식 4.19 또는 4.20의 선도는 그림 4.16과 같다. 이 선도는 측정된 자료가 유용한 영역에서는 정확한 것으로 간주되나 이 선도 이외 영역에서 피로를 예측하고자 할 때는 반드시 주의해야 한다. 따라서 공식 4.19 및 4.20을 생성하기 위해 사용된 자료점도 그림 4.16에 나타내었다.

그림 4.17은 PVC 배관의 "설계 공간(design space)"에 집중한 것이다. 그림 4.16의 많은 부분은 자치단체 급수시스템의 경우 정상적인 설계영역의 외부에 위치한다. 그림 4.17은 "Positive/Negative Line"과 "2000-psi Limit" 첨두응력 곡선을 보여준다. 자치단체 급수시스템은 진공조건에 노출되지 않으므로 설계공간은 "Positive/ Negative Line" 상부가 된다. 일반적으로 PVC 배관의 첨두응력(평균응력+응력크기)은 2,000 psi(13.8MPa) 이하가 되어야 한다. 따라서 설계공간은 "2,000-psi Limit" 곡선 아래와 "Positive/Negative Line" 상부에 위치한다. 이 설계공간은 그림 4.17에서 음영처리된

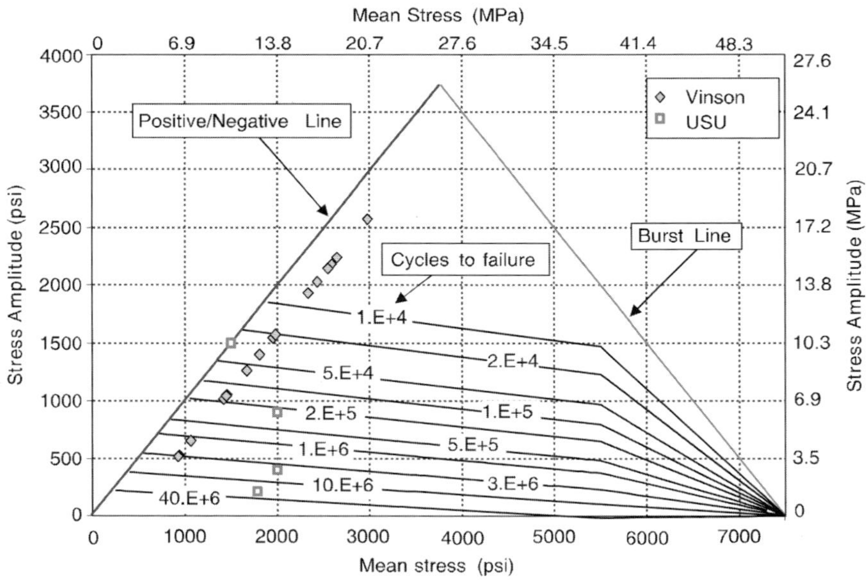

그림 4.16 전체 영역에 걸쳐 공식 4.19로 예측된 곡선들

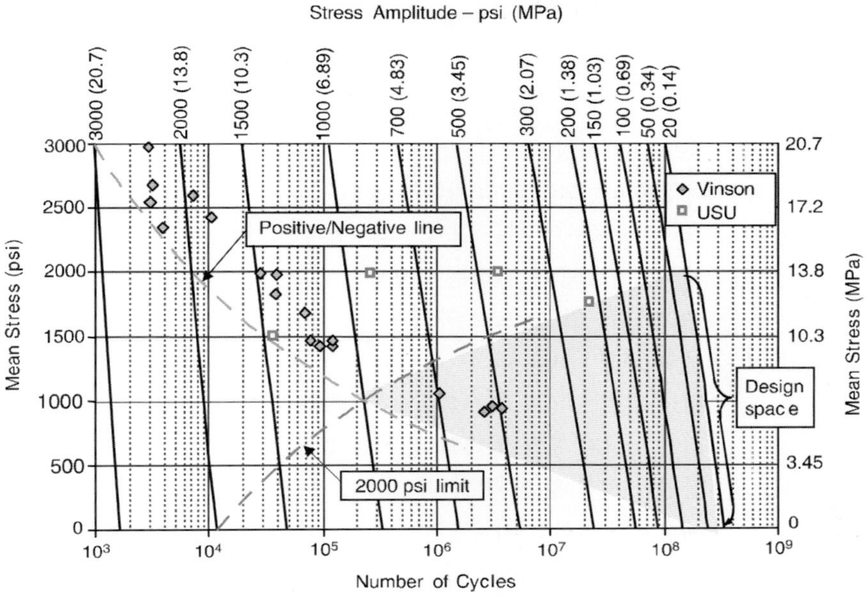

그림 4.17 파괴에 도달하는 주기수–평균 응력, 음영부분은 설계영역

부분이다. 이 선도는 피로 시험자료들의 최소 양이 설계공간에 인접하거나 내부에 위치한 것을 명백하게 보여준다. 그림 4.17은 PVC 배관의 AWWA C900–07 Standard의 부록 B에 포함되었다.

예제 4.2

다음 설계조건을 만족시키는 PVC 배관을 선정하라.

배관 직경 : 8인치
운영 압력(WP) : 160psi
설계수명 : 50년
유지되는 운영온도 : 60°F
반복 서지 : – 예상되는 주기/1일 =55회
– 안전계수 =2.0
– 예상되는 반복 서지 압력(P_{RS}) =±30psi
간헐적 서지 : 예상되는 간헐적 순간 유속 변화=7fps

배관 치수비 : DR18 시도, PC=235psi(AWWA C900 표 1 참조)

해답

단계 1 : 온도 고려사항 확인

운영온도는 73°F를 초과하지 않는다.

표 4.6으로부터 허용 압력 class의 퍼센트는 100% 또는 $F_T = 1.0$

따라서 압력등급 감소는 필요하지 않다.

단계 2 : 운영 압력-압력 class 확인

운영 압력 : 160psi

허용 압력$= PC \times F_T = 235\text{psi} > 160\text{psi}$

결과 : 상기 운영 압력의 경우 DR18 O.K

단계 3 : 간헐적 서지 압력 확인, $WP + P_{OS}$

예상되는 간헐적 서지 압력 P_{OS}

- 표 4.2로부터 PVC 배관의 파속 a=1,311ft/s
- P_{OS}를 구하기 위해 공식 4.7사용

$$P_{OS} = 0.43\frac{a}{g}\triangle V = 0.43\frac{1311}{32.17}7 = 122\text{psi}$$

예상되는 간헐 서지 압력

$WP + P_{OS} = 160\text{psi} + 122\text{psi} = 282\text{psi}$

AWWA C900에 의거 단기 압력등급은 1.60 이상 또는

$WP + P_{OS} < 1.60 \times PC \times F_T$

허용 가능한 간헐 서지 압력 능력

$1.60 \times PC \times F_T = 1.60 \times 235\text{psi} \times 1 = 376\text{psi}$

허용 가능한 압력과 예상되는 압력 확인

$376\text{psi} > 282\text{psi}$

단계 4 : 반복 서지 압력 능력 확인 $WP + P_{RS}$

설계압력 :

- 최대설계압력

$P_{\max} = WP + P_{RS} = 160\text{psi} + 30\text{psi} = 190\text{psi}$

- 최소설계압력

$P_{\min} = WP - P_{RS} = 160\text{psi} - 30\text{psi} = 130\text{psi}$

설계응력 : 공식 4.4 사용

– 평균 후프응력$= (P_{max} + P_{min})(DR-1)/4 = (190+130)(18-1)/4 = 1{,}360\text{psi}$

– 응력크기$= (P_{max} - P_{min})(DR-1)/4 = (190-130)(18-1)/4 = 255\text{psi}$

주기회수 :

예상되는 주기회수=(number of cycle/day)×(365days/year)×(설계수명, 년)

$$= 55 \times 365 \times 50 = 1.0E6cycle$$

안전계수=2.0

요구되는 주기회수$= 2 \times 1.0E6 = 2.0E6\,cycle$

그림 4.18을 이용한 failure에 도달하는 실제 주기회수 :

1360 평균응력 왼쪽에서 시작한다.

255psi의 응력크기 곡선에 도달할 때까지 오른쪽으로 이동한다.

수직으로 내리면 주기회수$= 2.0E7\,cycle$

이 수치를 공식 4.19로 확인할 수 있다.

허용 가능한 주기와 필요한 주기 확인

허용 가능한 주기 $2.0E7\,cycle >$ 필요한 주기 $2.1E6\,cycle$

결과 : DR 18 배관은 설계조건에서 충분하다.

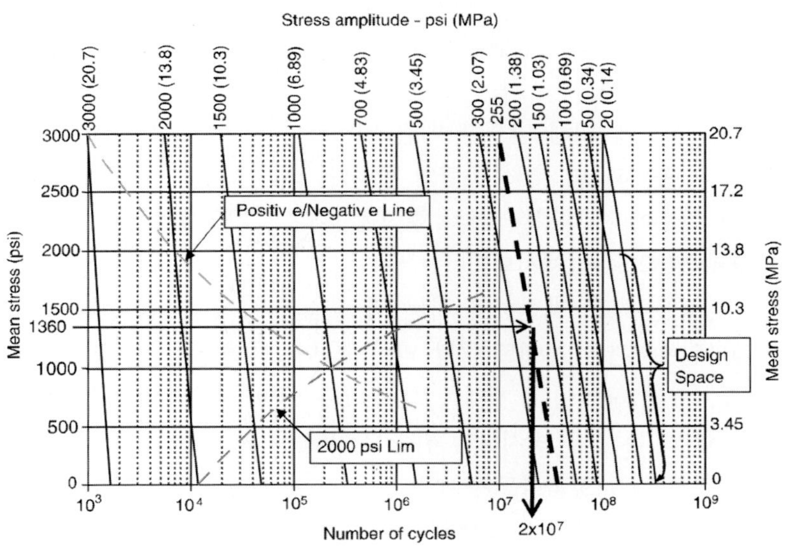

그림 4.18 예제 4.2의 파괴에 도달하는 주기수

덕타일주철(ductile iron) 덕타일주철 압력배관의 설계방법은 AWWA C150에 주어졌다. 다양한 두께 클래스가 유효하다. 내부 압력, 링의 처짐, 그리고 흙 하중들이 별개로 독립적으로 기인한 응력을 고려하여 배관 두께를 결정한다.

트렌치 하중에 기인한 처짐과 휨 응력에 저항하기 위해 필요한 두께를 계산한다. 둘 중 큰 수치를 순수 설계두께로 선택한다. 이 순수 두께에 서비스 허용오차와 주물 허용오차를 더하여 전체 두께를 계산한다. 배관 규격 명시와 주문을 위해 표준 클래스 두께 표로부터 적정배관을 선정한다. 선정한 배관의 최대 토피두께와 정격운영 압력을 결정하기 위해 상기 절차를 역으로 수행한다.

트렌치 하중 P_v 트렌치 하중은 연직 압력(lb/in^2)으로 표현되고, 흙 하중 P_e와 트럭 하중 P_t 합과 같다.

흙 하중 P_e 배관 상단부로부터 지반 표면까지의 거리와 동일한 높이를 갖는 흙의 단위 프리즘의 중량으로 흙 하중을 계산한다. 뒷채움 흙의 단위중량은 120lb/ft^{3}으로 취한다. 결빙에 기인한 추가 하중을 고려하면 설계 하중은 이에 따라 증가한다.

트럭 하중 P_t 16,000lb 차량(wheel) 하중과 1.5 충격 계수를 갖고 비포장 도로 또는 연성(flexible) 포장 도로 위 단일 ASSHTO H-20의 경우 표면 하중 계수를 사용하여 트럭 하중을 계산한다.

전체 외부 하중에 의해 발생한 배관 인버트의 응력은 48,000lb/in^{2}으로 제한된다. 이 응력은 휨 응력과 벽 추력 응력의 합이다. 외부 하중에 기인한 벽 응력은 이러한 설치형식의 함수이다. 다양한 설치 형식에 따라 토피두께의 함수로 응력들을 보여주는 표는 AWWA C150에 제시되었다.

링의 처짐량은 3%로 제한하며 이는 벽 응력과는 독립적인 설계 조건이다. 대부분 상수용 덕타일주철관은 시멘트 몰탈 라이닝되며 3% 한계는 라이닝이 균열 또는 스폴링(spalling, 표면 균열이나 개재물 등이 있는 곳에 하중이 가해져서 표면이 서서히 박리하는 현상)되는 것을 방지하기 위한 것이다.

덕타일주철의 인장 항복강도는 대략 42,000lb/in^{2}이고, 안전계수 2.0을 고려하여 내부 압력에 기인한 벽 응력을 21,000lb/in^2 이하로 제한한다.

상기 절차는 조합 하중 해석에 기초를 두지 않았으며, 조합된 하중 판단조건을 권장하지 않는다. 각 성능 판단기준을 별개로 평가하여 배관 설계두께를 결정한다.

다음은 덕타일주철관을 위한 설계 기준을 요약한 것이다.

- 흙 하중

  프리즘 하중+트럭 하중(H-20×충격)

- 처짐

  (A) Iowa 공식(3% 한계)

- 흙 하중에 기인한 응력

  (B) 인버트에서 응력을 계산(한계 48,000lb/in^2)

- 내부 압력에 기인한 응력

  (C) S(한계 21,000lb/in^2)=PD/2t(P=운영 압력+서지 허용)

설계 절차

1. 상기 (A), (B), (C) 단계에서 필요한 두께를 계산한다.
2. (A)에서 구한 두께로부터 0.08인치 서비스 허용(부식)을 감하고, (B)와 (C) 단계에서 구한 큰 수치의 두께와 비교한다.
3. 최소 두께에 서비스 허용(0.08인치)을 더한다.
4. 주물 여유분을 더하여 전체두께를 결정한다.

상기 설계는 처짐이 아닌 응력만을 고려한 것이다. 처짐을 고려하지 않는 이유는 처짐 한계는 덕타일주철이 아니라 덕타일주철관 라이닝을 사용할 경우에 적용하기 때문이다.

강관(steel pipe) 강관의 형식과 용도는 매우 다양하다. AWWA M11(강관 설계 및 설치)은 설계 및 설치 절차에 대해 충분하게 기술하며 여기에서는 간략한 개요만을 기술한다. 강관은 대부분의 경우 내부 압력에 대해 설계하고, 다른 설계 고려사항, 또는 한계들을 만족시키는 방법으로 설치하며, 기본 설계 절차는 다음과 같다.

1. 압력을 위한 설계
2. 강성도 계산
3. 배관 강성도, 토피두께, 그리고 성능한계에 기초하여 흙 시스템을 설계

압력 설계 압력 설계는 다음과 같이 얇은 관 압력 공식을 기초로 설계한다.

$$S = \frac{PD}{2t} \text{ 또는 } t = \frac{PD}{2S}$$

여기서 S : 안전 운영 압력(통상적으로 항복점의 50%)
P : 운영 압력+계산된 서지
t : 관 두께

강성도 결정 배관이 시멘트라이닝 되지 않으면 강성도는 쉽게 계산할 수 있다.

$$\text{Stiffness} = EI = E\left(\frac{t^3}{12}\right)$$

여기서 t는 압력 설계시 결정된 두께, E는 통상적으로 $30 \times 10^6 \text{lb/in}^2$이다.

시멘트라이닝 또는 코팅된 강관의 경우 강성도는 제작사로부터 얻거나 실험으로 결정할 수 있다. 라이닝된 배관의 경우 설치 후 강성도 계산시 오직 강관만을 고려해야 한다.

흙 시스템 설계 흙 시스템 설계시 기저 매개변수들은 다음과 같다.

1. 배관 성능한계, 통상적으로 2% 처짐
2. 토피두께
3. 배관 강성도

결정해야 할 매개변수들은 배관 영역에서 흙의 종류와 흙의 밀도-뒷채움 시공법 등이다.

권장 절차 Marston의 Iowa 공식 또는 프리즘 하중 방법으로 연성배관 하중들을 계산할 수 있으며 상세한 내용은 제2장 및 제3장을 참조한다.

Spangler의 Iowa 공식, Watkins의 지반 변형률법(strain method) 또는 실험 자료를 이용하여 처짐량을 결정할 수 있다. 제작사들은 실제 시험 자료로부터 처짐량에 관한 표를 작성하였기 때문에 제작사들의 권장 사항들을 신중하게 고려해야 한다. 또한 AWWA C200과 AWWA C206과 같은 다른 표준들은 설치 설계와 관련된 유용하고 적정한 정보들을 제공한다.

좌굴 많은 강관 관로들은 매우 유연하고 외부 압력 또는 내부 진공으로 인해 좌굴 또는 붕괴(collapse)될 수 있다. 기술자는 설계시 좌굴을 반드시 고려하고 좌굴을 방지하기 위해 적정한 조치를 취해야 하며, 진공완화 조치들도 필요할 수 있다. 또한 강성도가 큰 배관이 필요할 수 있다(제3장 "벽 좌굴" 참조)

온도 및 길이방향 응력 용접된 강관 관로들은 높은 온도와 다른 길이방향 응력에 노출된다. 이러한 응력들을 감소시키기 위해 팽창 조인트와 밀봉용접(closure weld)이 필요하다. AWWA M11과 AWWA C206은 팽창 조인트 및 밀봉용접과 관련된 구체적인 권장 사항들을 제시한다.

섬유-보강 플라스틱 보강 열경화성(thermosetting) 수지 배관들은 산업 시장에서 광범위하게 사용되고 있으나 미국 공공 시장에서는 거의 사용되지 않고 있다. 섬유유리와 같은 보강 측면 이외에 이 재료에서의 차이는 열가소성 수지는 용해 및 재형성(reform)이 가능한 반면, 열경화성 수지는 불가능하다는 것이다. 열경화성 플라스틱 계통은 에폭시, 폴리에스터, 그리고 페놀수지로 구성된다.

ASTM D 2996은 filament-wound 보강 열경화성 수지 배관을 위한 표준 시방서이다. ASTM D 2997은 원심력 주조(centrifugally cast) 보강 열경화성 수지 배관을 위한 표준 시방서이다. 이 표준들 사이에 배관 명칭 코드와 정의들이 기술되어 있다.

ASTM D 2310은 기계가공 보강 열경화성 수지(RTR) 배관을 위한 표준 분류이다. 이 표준은 RTR 배관들의 다양한 분류와 형식의 완벽한 정의 및 다음 사항들을 포함한다.

제작 과정(Manufacturing process)

- 형식 1 : Filament wound
- 형식 2 : Centrifugally cast
- 형식 3 : Pressure-laminated

사용 수지(Resin)

- 등급 1 : Glass-fiber-reinforced-epoxy
- 등급 2 : Glass-fiber-reinforced-polyester
- 등급 3 : Glass-fiber-reinforced-phenolic
- 등급 4 : Asbestos-reinforced-polyester
- 등급 5 : Asbestos-reinforced-epoxy
- 등급 6 : Asbestos-reinforced-phenolic

라이너 분류

- 클래스 A : No liner
- 클래스 B : Polyester resin-nonreinforced

- 클래스 C : Epoxy resin-nonreinforced
- 클래스 D : Phenolic resin-nonreinforced
- 클래스 E : Polyester resin-reinforced
- 클래스 F : Epoxy resin-reinforced
- 클래스 G : Phenolic resin-reinforced
- 클래스 H : Thermoplastic resin

ASTM D 2992의 RTR(reinforced thermosetting resin) 배관 및 피팅의 HDB를 위한 두 가지 표준방법은 다음과 같다.

1. 방법 A : 주기적 강도(cyclic strength). 이 방법은 25$cycles$/min 조건으로 최소 $150 \times 10^6 cycle$(11.4년)에 문제가 발생하는 배관 파괴에 기초한다.
2. 방법 B : 정적 강도(static strength). 이 방법은 정압력에서 최소 100,000시간(11.4년)에 문제가 발생하는 배관 파괴에 기초한다.

ASTM 코드는 RTR 배관의 경우 서비스 계수를 명시하지 않는다는 것에 유의해야 한다. 따라서 특정 배관의 HDB의 사용 여부는 설계 기술자가 결정한다. 제품 명칭 코드, 제작사의 제품 자료, 그리고 ASTM 표준을 검토하면 권장된 운영 압력에서 어떤 안전계수를 채택할지 쉽게 결정할 수 있다.

HDB는 ASTM 시방서에 열거되었으며 filament-wound RTR 배관을 위한 ASTM D 2996의 경우 HDB는 다음 표와 같으며 RTR 배관의 압력등급을 계산하기 위해 공식 4.3을 이용할 수 있다.

주기 시험법		정압 시험법	
명칭	후프응력 lb/in^2	명칭	후프응력 lb/in^2
A	2,500	Q	5,000
B	3,150	R	6,300
C	4,000	S	8,000
D	5,000	T	10,000
E	6,300	U	12,500
F	8,000	W	16,000
G	10,000	X	20,000
H	12,000	Y	25,000
		Z	31,500

유리-섬유-보강(glass-fiber-reinforced) 열경화성 수지 압력배관을 위한 AWWA 표준인 AWWA C950은 1981년 처음으로 승인되었으며, 상기에 기술한 ASTM 표준들의 내용들을 통합하며 AWWA C950은 다음과 같이 요약할 수 있다.

- 제작절차 : 형식 I filament-wound, 형식 II centrifugally cast
- 수지 : RTRP의 경우 에폭시, RPMP의 경우 폴리에스터
- 라이너 : 없음, 열가소성, 보강 열경화성, 비보강 열경화성
- 규격범위 : 1~144인치
- 직경 : 내경, 외경(IPS), 외경(CI), 미터 단위
- 압력 클래스 : 50, 100, 150, 200, 250, 250lb/in^2 이상
- 수력 안전계수-서비스 : 급배수 배관 2~1(서지 포함), 송수배관 1.4~1(서지 포함)

매설 압력 연성(flexible) 배관에서 조합된 하중에 의해 발생하는 변형률

소개(introduction) 정상적으로 설치된 상태에서 연성배관은 압력을 받으면 처지고, 다시 리라운드(reround)하여 휨 변형률이 감소한다는 것은 잘 알려져 있다. 본 서에서는 보고된 연성배관의 조합 변형률 거동에 대한 연구문헌 내용을 요약하여 기술하며, 연구결과를 AWWA[ANSI/AWWA C950-81) 표준과 비교한 결과 Spangler 곡선과 Molin 곡선이 교차하는 영역에서는 불일치하는 것을 보여준다. AWWA C950-81에서 기술한 조합 하중에 대해 토론하였지만 AWWA C950-95에서는 토론이 생략되었다.

시험(test) 매설 연성배관이 압력을 받을 때 리라운드 거동(rerounding behavior)을 결정하기 위해 유타대학에서 시험 프로그램을 수행하였다. 많은 변수들을 동시에 효과적으로 연구할 수 있도록 설계하였다. 이 프로그램에서 변수는 헌치 형식, 배관 강성도, 흙의 다짐, 그리고 상재하중 압력에 의해 제어되는 초기 배관 처짐이다.

배관 및 측정 장비 직경 6인치 배관 내부의 회전할 수 있는 축에 한 개의 LVDT (linear variable differential transformer)를 장착하였다. 고무 처리된 캔버스로 피복하여 보강된 고무 블래더 내부에 LVDT와 축을 봉한다. 그 후 전체 미케니즘을 배관 내부에 위치시킨다. 따라서 축을 출발하여 배관의 프로파일을 추적하는 것이 가능하다. LVDT가 읽은 수치는 자료취득 장비를 통해 디지털 수치로 변환되어 단면 형상과 휨 변형을 분석하는 전산기로 전달된다. 초기 배관형상 프로파일과 載荷된 프로파일

을 비교하여 휨 변형률을 결정한다. 시험토조에 배관 및 조립품을 매설하고, 유압 실린더로 수직 하중을 가하였다. 배관에 압력을 가하기 위해 호스를 통해 물을 블래더로 펌핑한다.

시험 절차 각 시험 전에 흙의 함수비를 수용할 수 있는 범위 7~10%로 제어한 후 흙을 층상으로 다짐하고, 각 층마다 밀도를 결정한다.

배관을 토조 내부에 위치시키고 초기에 상재하중을 가하지 않은 상태에서 25lb/in^{2}으로 가압한다. 이 상태에서 일련의 4개의 배관 프로파일을 취한다. 토조에 흙을 채우고 흙에 載荷판(loading plate)을 위치시키고, 유압 載荷 실린더를 위치시킬 때까지 배관 내부에서 압력을 유지한다. 실린더에 압력을 가하기 전에 배관의 25lb/in^2 압력을 제거하고 다른 일련의 프로파일을 취한다.

토조의 載荷 과정은 4단계로 수행된다. 각 시험마다 원하는 표면 하중은 유압 실린더에 의해 적합한 압력으로 환산된다. 그 후 이 압력은 대략 동등한 4단계로 나누어진다. 각 단계에서 압력이 수치에 도달한 후 profilometer가 읽은 값을 모니터하고 읽은 값이 1분 동안 변화하지 않을 때까지 압력을 유지한다. 이러한 과정은 단계 크기와 흙의 상대 밀도에 따라 최대 5분까지 소요된다.

적정한 흙 하중에 도달할 때, profilometer의 읽은 값이 안정화될 때 다른 일련의 프로파일을 취한다. 이 시점에서 수압을 이용하여 배관 내부에 압력을 가한다. 내부 압력은 0~125lb/in^{2}까지 25lb/in^{2}씩 추가한다. 각 압력 추가 후 profilometer가 안정화되고 내부 압력이 일정하게 유지된 후 일련의 프로파일을 취한다. 각 시험의 종료에서 표면 및 내부 하중들을 제거하고 격실을 除荷한다.

리라운드(reround)의 유한요소 모델링 흙의 除荷와 載荷를 처리하기 위한 EFA 코드의 능력을 추가하였으며, 이 추가능력은 흙 요소가 인장 또는 압축 중 하나의 상태가 되고 하중이 역전될 때 올바르게 반응하는 것을 고려한다. 내부 압력이 배관을 흙으로부터 잡아당기기 시작할 때 흙이 除荷되는 것을 모델하기 위해 이러한 특성이 필요하다. 흙 밀도가 프록터 밀도의 최소 90%인 시험에서 FEA 모델은 성공적이었다. 저밀도 흙에서 불량한(poor) 헌치 조건의 경우 리라운딩(rerounding) 모델링에서 약간의 어려움이 있었다. 그림 4.19는 시험 자료와 FEA에 의해 예측된 휨 변형을 그래프로 비교한 것으로 전반적으로 잘 일치하고 있다. 그림에서 휨 변형은 배관의 외부 표면에서 발생한 것이다. 그림 4.20은 FEA 자료만을 사용하여 내부 압력이 0에서 120lb/in^{2}로 변화하면서 휨 변형률과 추력 변형률의 변화를 분명하게 보여준다.

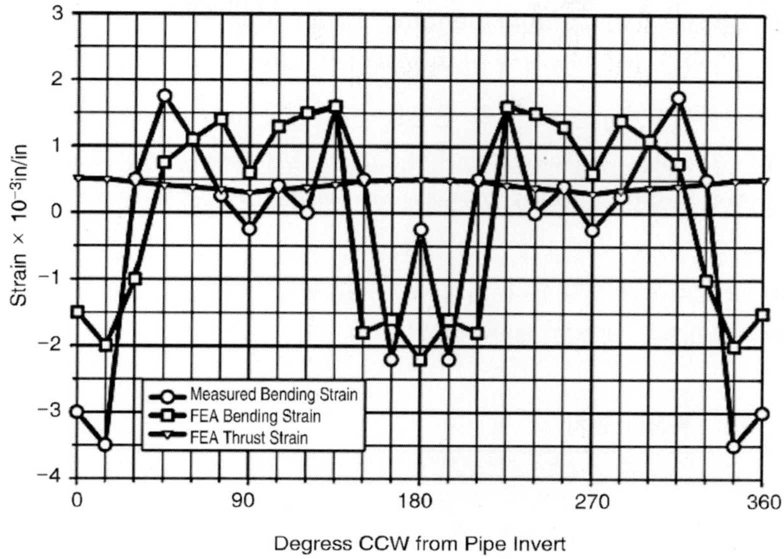

그림 4.19 80% 표준 프록터 밀도로 다짐된 토피 20ft 실트질 모래 흙속에 매설된 배관의 리라운딩 자료. 배관 강성도=36lb/in^2, 내부 압력=100lb/in^2

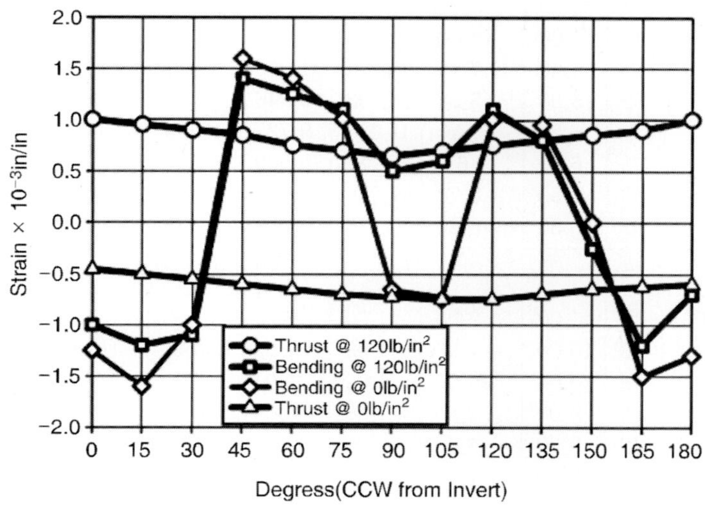

그림 4.20 80% 표준 프록터 밀도로 다짐된 토피 20ft 실트질 모래 흙속에 매설된 배관의 FEA 리라운딩 자료. 배관 강성도=36lb/in^2

잔류 휨 변형률 자료(residual bending strain data) 리라운딩 계수 $R=\epsilon_P/\epsilon_I$ 자료들을 표 4.10과 4.11, 그림 4.21~4.25에 나타내었다. 여기서 ϵ_P는 주어진 압력에서의 휨 변형률이고, ϵ_I는 초기 휨 변형률이다. 예상한 것과 같이 내부 압력이 증가할수록 R은 감소하는 경향이 있다. 표 4.10과 4.11에 주어진 변형률들은 압력이 증가하면서 배관의 동일한 원주방향 위치에서 발생하지는 않는다는 점을 유의해야 한다. 배관이 리라운드하면서 형상이 약간 변화하여 최대 변형률 위치를 이동시킬 수 있다. 따라서 임의 주어진 압력에서 최대 초기 휨 변형률에 대한 측정된 최대압력의 비를 이용하여 리라운딩 계수를 계산한다.

표 4.10 불량한 헌치

시험 번호	프록터 밀도 (%)	배관 강성도 (lb/in^2)	토피 두께 (ft)	초기 처짐량 (%)	내부 압력(lb/in^2)					
					0	25	50	75	100	125
					휨 변형률					
PH1	90	13	10.00	2.90	4,533	3,373	3,776	3,312	2,058	1,649
PH2	85	92	10.00	7.90	11,094	14,601	10,131	8,074	8,222	7,318
PH3	80	92	10.00	10.20	9,916	10,356	9,883	8,500	8,456	6,759
PH4	80	5	3.00	3.00	3,839	3,376	2,355	1,929	1,367	1,239
PH5	80	13	3.00	4.00	6,425	5,559	5,604	5,201	4,769	4,052
PH6	80	35	6.50	7.70	12,331	11,068	11,083	8,330	7,303	6,493
PH7	80	92	5.58	5.38	8,103	8,246	6,977	7,423	6,697	6,759
PH8	80	35	6.50	7.70	11,026	9,732	6,405	8,438	8,486	7,299
PH9	80	35	6.50	6.5	10,381	9,529	9,228	8,727	6,960	6,360
PH10	80	92	5.50	8.70	17,776	16,777	12,988	12,157	9,946	9,255
PH11	85	92	6.50	5.20	11,716	11,597	10,925	8,915	7,749	7,533
					리라운딩 계수 $R=\epsilon p/\epsilon I$					
PH1	90	13	10.00	2.90	1.00	0.74	0.83	0.73	0.45	0.36
PH2	85	92	10.00	7.90	1.00	1.32	0.91	0.73	0.74	0.66
PH3	80	13	10.00	10.00	1.00	1.04	1.00	0.86	0.85	0.68
PH4	80	5	3.00	3.80	1.00	0.88	0.61	0.50	0.36	0.32
PH5	80	13	3.00	4.00	1.00	0.87	0.67	0.81	0.74	0.63
PH6	80	35	6.50	7.70	1.00	0.90	0.50	0.68	0.59	0.53
PH7	80	92	5.50	5.30	1.00	1.02	0.85	0.92	0.83	0.83
PH8	80	35	6.50	7.70	1.00	0.88	0.58	0.77	0.76	0.66
PH9	80	35	6.50	6.50	1.00	0.92	0.89	0.84	0.67	0.61
PH10	80	92	5.50	5.70	1.00	0.94	0.73	0.68	0.55	0.52
PH11	85	92	6.50	5.20	1.00	0.99	0.93	0.76	0.66	0.64

▮ 표 4.11 ▮ 완벽한 헌치

시험 번호	프록터 밀도(%)	배관 강성도 (lb/in^2)	토피 두께 (ft)	초기 처짐량 (%)	내부 압력(lb/in^2) 0	25	50	75	100	125
					휨 변형률					
CH1	80	5	3.00	1.60	1,700	1,700	1,800	1,200	1,000	—
CH2	85	13	6.50	4.50	4,594	5,300	4,669	4,526	3,691	3,326
CH3	85	13	6.50	4.90	5,377	4,672	4,095	3,956	3,557	3,453
CH4	85	13	6.50	4.40	3,651	3,247	3,469	3,587	3,359	4,664
CH5	85	92	6.50	3.20	4,807	4,363	3,921	333	2,589	2,348
CH6	95	92	10.00	7.60	2,763	6,222	4,333	2,923	—	—
CH7	95	13	10.00	1.90	2,288	1,947	1,897	1,789	1,488	1,426
CH8	95	92	10.00	2.40	5,037	4,769	4,805	4,516	4,206	3,634
					리라운딩 계수 $R=\epsilon p/\epsilon I$					
CH1	80	5	3.00	1.60	1.00	1.00	1.06	0.71	0.59	0.36
CH2	85	13	6.50	4.50	1.00	1.07	1.07	0.91	0.75	0.67
CH3	85	13	6.50	4.50	1.00	0.87	0.87	0.74	0.65	0.64
CH4	85	13	6.50	4.40	1.00	0.89	0.89	0.98	0.92	—
CH5	85	92	6.50	3.28	1.00	0.51	0.51	0.69	0.54	0.49
CH6	85	92	10.00	7.60	1.00	2.25	2.25	1.05	—	—
CH7	95	13	10.00	1.50	1.00	0.85	0.85	0.78	0.65	0.62
CH8	95	92	10.00	2.40	1.00	0.95	0.95	0.90	0.84	0.72

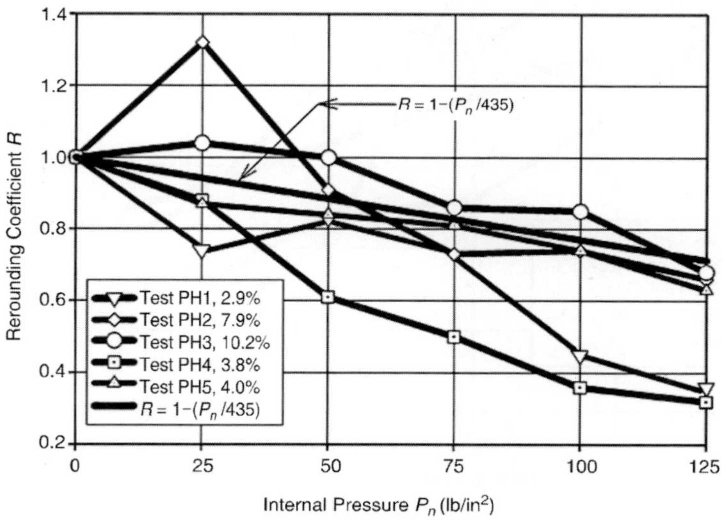

그림 4.21 시험자료로부터 리라운딩 계수–불량한 헌치 조건

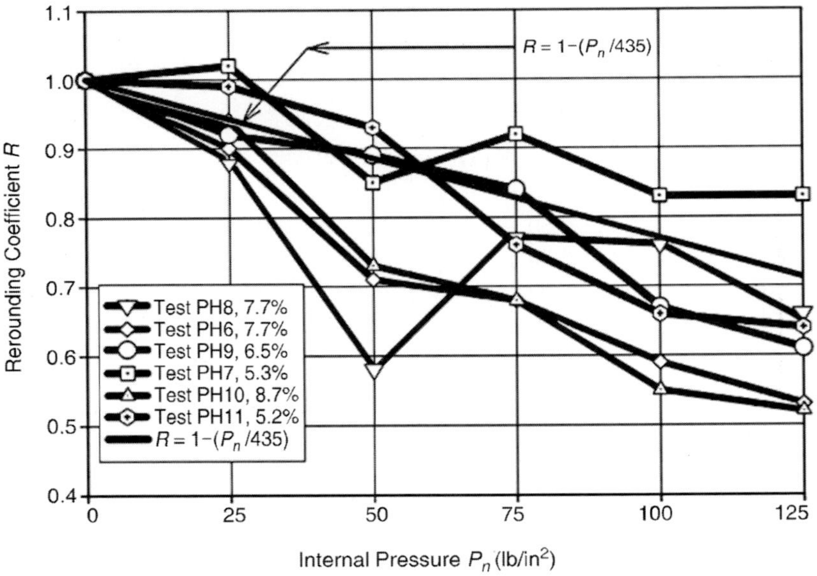

그림 4.22 시험자료로부터 리라운딩 계수–불량한 헌치 조건

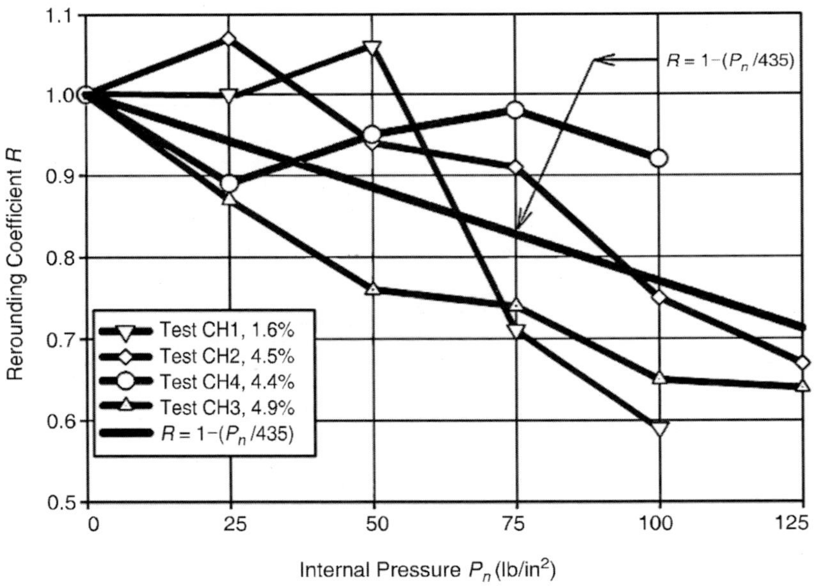

그림 4.23 시험자료로부터 리라운딩 계수–불량한 헌치 조건

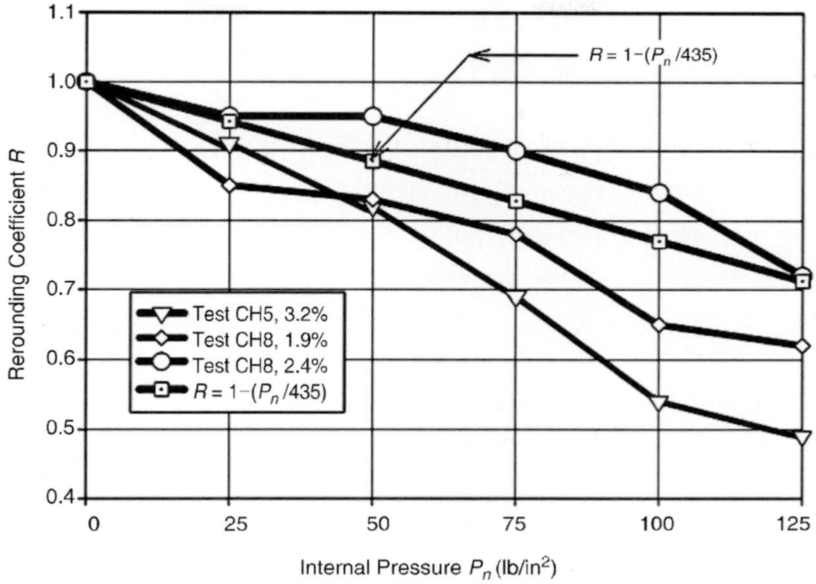

그림 4.24 시험자료로부터 리라운딩 계수–완벽한 헌치 조건

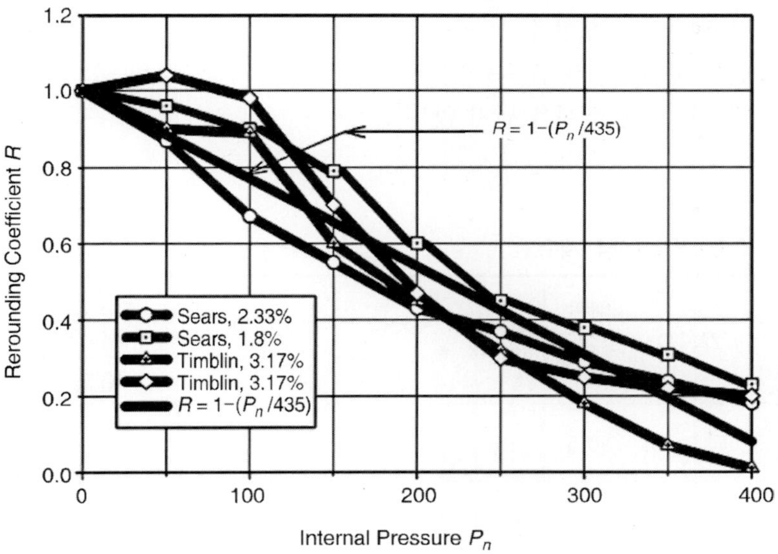

그림 4.25 덕타일주철 및 FRP 배관의 시험자료로부터 리라운딩 계수

다른 자료 문헌을 검토하면 실물크기 설치로[7,8,19] 수행한 리라운딩 시험자료는 유타대학 시험자료들과 서로 잘 관련되는 것을 알 수 있다. 이러한 문헌들로부터 표 4.12와 그림 4.25를 작성하였다.

Cole과 Timblin[8] 자료의 경우 그림 4.25[8]에서 작성한 측정된 전체 변형률로부터 계산된 압력 변형률을 역으로 취하여 리라운딩 계수들을 계산하였다. Sears[19] 자료의 경우 표 4.11[19]에 처짐량 자료와 주어진 차등 휨 응력 자료들을 이용하여 리라운딩 계수들을 계산하였으며 둘 모두 유사한 결과를 나타내었다. 이러한 계수들을 표 4.12에 나타내었다. Carlstrom 자료의[7] 경우 그의 그림 12로부터 리라운딩 계수들을 취하였다.

관찰(Observations) 표의 자료와 리라운딩 그림의 관찰 결과는 다음과 같다.

1. 표 4.10과 4.11에서 볼 수 있는 것과 같이 리라운딩 수치는 불량한 헌치 형식의 경우 약간 크지만 거의 동일하다. 완벽한 헌치의 경우 더욱 타원형 형상이 되고 휨 변형 공식에 사용할 형상계수 D_f가 작기 때문에 초기 휨 변형률은 적다.

$$\epsilon_b = D_f\left(\frac{\Delta y}{D}\right)\left(\frac{t}{D}\right) \qquad 4.21$$

2. 표 4.10과 4.11에서 볼 수 있는 것과 같이 초기 처짐량이 가장 클 때 최대 잔류 휨 변형률이 발생한다.
3. 모든 자료들로부터 볼 수 있듯이 통상적으로 리라운딩은 흙의 종류, 다짐, 또는 배관 강성도에 영향을 받지 않는다.

표 4.12 리라운딩 계수

참고문헌	$\Delta y/D$	D	배관 강성도 (lb/in^2)	배관 재료	뒷채움 흙의 종류	토피두께 (ft)	압력(lb/in^2)					비고
							50	100	200	300	400	
							리라운딩 계수 R					
8	3.17	48	30.5	FRP	느스한 건조모래	12.8	1.04 0.90	0.98 0.89	0.47 0.45	0.25 0.16		
19	2.0	36	247.0	DI	원지반 흙 90% 프록터	8.0	0.87 0.96	0.67 0.90	0.44 0.60	0.29 0.38	0.18 0.23	1961 1963
7	2.2	35+	97.3	FRP	원지반 흙	6.6 11.5	R=0.43 @ 350lb/in²(초기) R=0.39 @ 350lb/in²(2주)					

4. 모든 자료들로부터 볼 수 있듯이 리라운딩은 내부 압력의 대략적인 선형 함수로서 꾸준하게 증가한다. 다음 식을 사용하여 보수적으로 리라운딩 계수 R을 대략적으로 추정할 수 있다.

$$R = 1 - \frac{P_n}{435} \qquad 4.21.1$$

여기서 P_n : 내부 압력 $\text{lb/in}^2 (0 < P_n < 435)$

5. Carlstrom 자료[7]로부터 시간이 경과함에 따라 리라운딩 계수들은 다소 감소하는 것을 볼 수 있다.

토론(Discussion) AWWA C950-81의 부록에 조합된 하중 해석방법이 수록되었다. Spangler와 Molin이 제안한 방법을 사용하여 조합된 응력과 변형률을 계산할 수 있다. 두 공식을 사용하여 가장 낮은 수치를 조합된 응력과 변형률로 결정한다. 이 가장 낮은 수치는 설계 계수(design factor)에 의해 감소된 제품의 장기 휨 강도를 초과하지 않아야 한다. 이 방법은 배관 내 전체 조합된 변형률을 계산할 때 내부 압력으로 인해 처진 배관의 리라운딩을 고려한 것이다. Molin 공식 4.22와 Spangler 공식 4.23을 사용하여 계산한 결과 적은 수치를 조합된 변형률로 선정한다.

$$\epsilon = \frac{PD}{2tE} + 6\left(\frac{t}{D}\right)\left(\frac{\Delta y}{D}\right) \qquad 4.22$$

$$\epsilon = \frac{PD}{2tE} + \frac{3K_b WDt}{3K_x PD^3 + Et^3} \qquad 4.23$$

그림 4.26은 AWWA C950-81 대표적인 조합 변형률-내부 압력 관계도를 보여준다. 연구결과 이 절차는 보수적인 것으로 나타났다. 점선은 실제 시험에서 관측된 자료로부터 작성한 것으로 대표적인 배관 거동을 보여준다. 시험 자료와 AWWA C950 방법 사이의 상관관계는 통상적으로 수용할 수 있다. 그러나 중간 이하의 압력에서 특히 Spangler와 Molin 곡선이 교차되기까지 영역에서 약간의 불일치가 발생한다.

그림 4.26에서 점선은 모든 자료들에서 관측된 대표적인 배관 거동이다. 낮은 압력에서 특히 Spangler와 Molin 곡선들이 교차되기까지 특정 영역을 제외하고 AWWA C950-81 방법과 관측된 배관 거동 사이에는 통상적으로 양호한 상관관계를 갖는다.

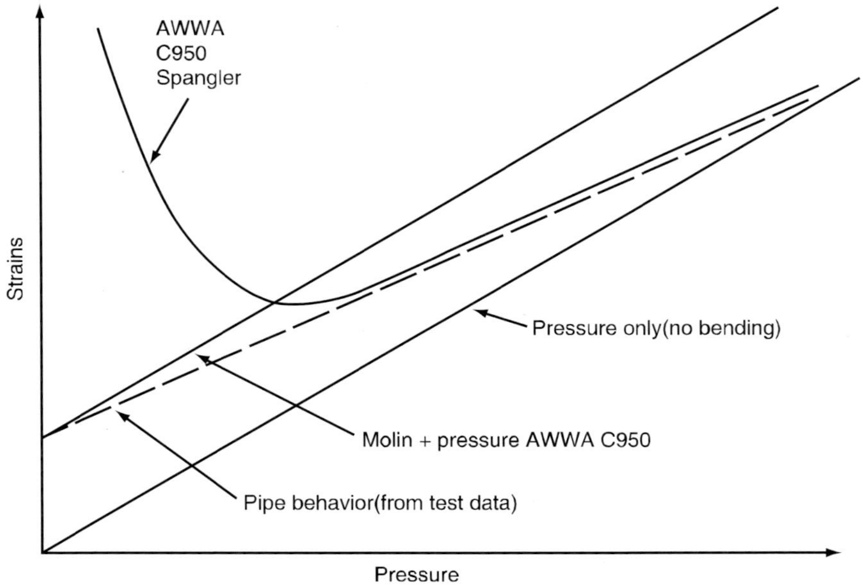

그림 4.26 조합된 변형률의 전형적인 그래프

결론

1. 리라운딩은 주로 내부 압력에 의해 영향을 받으며, 또한 일부 시간에 의해 영향을 받을 수 있다.
2. 통상적으로 리라운딩은 흙의 밀도, 매설 깊이, 배관 강성도, 그리고 배관 재료와 무관하다.
3. 초기 처짐이 가장 높을 때 최대 조합 변형률이 발생한다.
4. 일반적으로 내부 압력이 증가하면서 리라운딩은 선형적으로 증가하고 다음 식으로 리라운딩 계수 R을 나타낼 수 있다.

$$R = 1 - \frac{P_n}{435} \tag{4.24}$$

리라운딩은 주로 내부 압력의 함수이며, 내부 압력이 증가하면서 휨 변형률이 감소하는 것을 상기 식을 통해 설명할 수 있다. 또한 초기에 많이 처진 배관의 잔류 휨 변형률은 초기에 조금 처진 배관의 잔류 변형률보다 크기 때문에 허용할 수 있는 배관의 가장 큰 처짐량을 고려하여 거동을 결정할 수 있다.

권장(Recommendation) 다음과 같이 조합 변형률을 계산한다.

$$\epsilon_C = \frac{PD}{2tE} + RD_f\left(\frac{t}{D}\right)\left(\frac{\Delta y}{D}\right) \tag{4.25}$$

여기서 ϵ_C : 조합된 변형

D_f : 형상 계수 3~8

3 : 균일한 다짐과 배관 강성도가 40lb/in^2 이상

6 : 불량한 헌치 또는 불균일 다짐

8 : 불균일 다짐과 배관 강성도가 15lb/in^2 이하

R : 리라운딩 계수$(1 - P_n/435)$

P : 내부 압력

t : 관 두께

E : 영계수

D : 배관 직경

Δy: 수직 배관 처짐

P_n : 내부 압력, lb/in^2$(0 < P_n < 435)$

4.2.3 추력 구속 (Thrust restraint)

배관 시스템 내 불균형 정수압 및 동수압 힘들을 추력이라 부른다. 상하수도 배관에서 사용하는 압력 범위와 유속 범위 내에서 통상적으로 동수력으로 인한 추력은 정

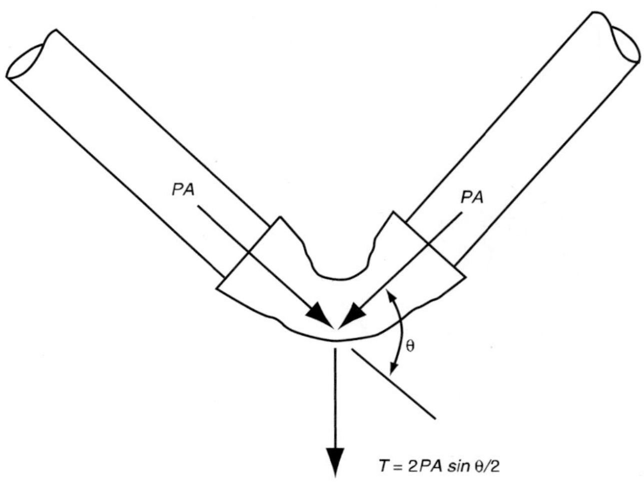

그림 4.27 추력

수압 추력과 비교하면 아주 작으므로 무시한다. 즉, 배관 시스템 내에서 물이 통과하는 방향 또는 단면적이 변화하는 곳에서 추력이 발생하므로 벤드, 레듀서, 티, wye, 사수부, 그리고 밸브에서 추력이 존재한다.

통상적으로 지하 관로에서 추력은 중력추력블록 또는 지지(bearing), 구속 조인트 시스템, 또는 이러한 방법들의 조합으로 평형을 이룬다. 내부 정수압은 압력 P에 평면 단면적 A를 곱한 힘을 갖고 임의 평면에 수직으로 작용한다. 배관 내 모든 요소들에서 반경방향으로 작용하는 이러한 힘들은 배관 벽 내에서 원주방향으로 작용하는 인장력과 평형을 이룬다. 배관 길이방향의 수직인 면에 작용하는 축방향 추력요소들은 배관의 양 측면에 작용하는 힘에 의해 내부적으로 평형을 이루지만, 그림 4.27과 같은 곡관부를 고려해본다. 곡관부의 각 leg(곡관부에 접속되는 직선 배관)에 따라 축방향으로 작용하는 힘 PA는 평형을 이루지 못한다. 이러한 힘들의 벡터 합을 T로 나타내며 이것이 바로 추력이다. 조인트들의 분리를 방지하기 위해 T의 반대 방향으로 동등한 반력을 제공해야 한다.

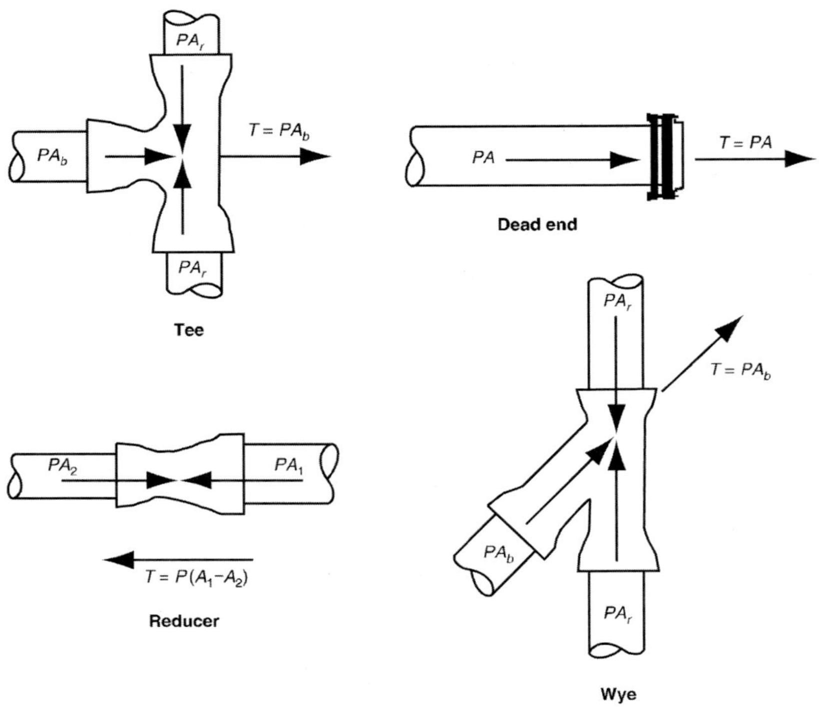

그림 4.28 추력

그림 4.28은 다양한 다른 형상의 조인트에서 발생하는 순수 추력을 보여준다. 각 경우 축방향 힘들의 벡터 합으로 추력 T를 유도할 수 있다.

추력공(thrust block) 매설 관로의 경우 추력을 배관 외부의 흙 구조물에 전달하여 추력을 구속할 수 있다. 추력공 설계목적은 구속되지 않은 조인트에서 조인트 분리가 발생하지 않는 방법으로 추력을 흙 구조물에 전달하는 것이다.

그림 4.29는 압력 상하수도 시스템에서 많이 사용되는 대표적인 추력공 형식을 보여준다.

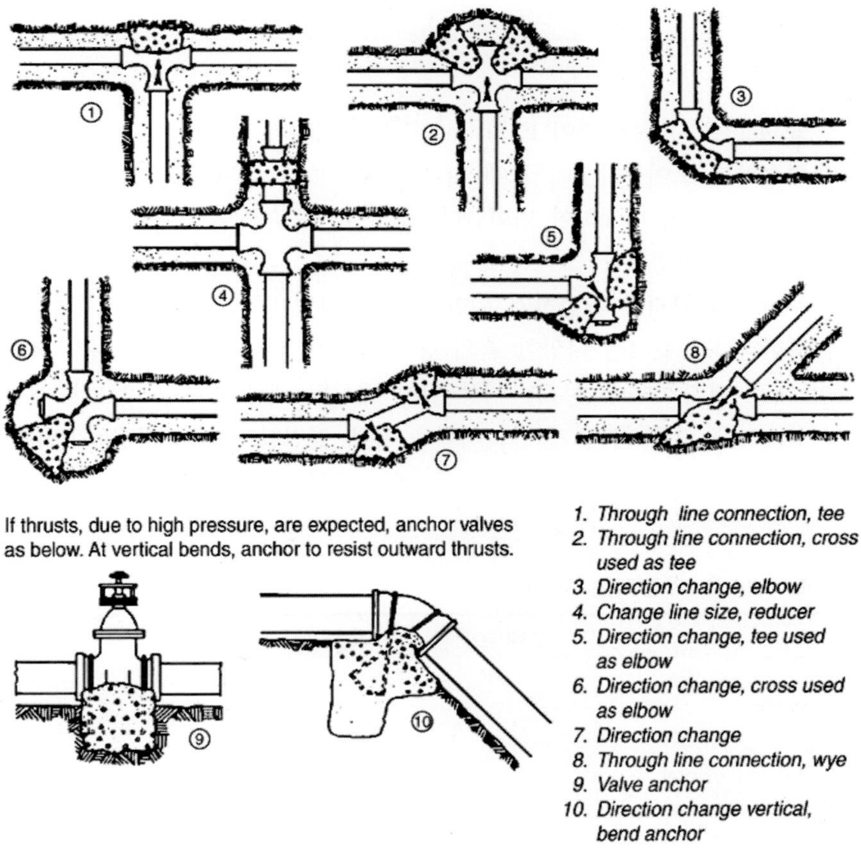

그림 4.29 추력공 형식

표 4.13 $100lb/in^2$ 내부 압력에서 발생하는 추력

배관 규격(인치)	90° 엘보(lb_f)	45° 엘보(lb_f)	밸브, 티, 사수부(lb_f)
4	2,560	1,390	1,810
6	5,290	2,860	3,740
8	9,100	4,920	6,430
10	13,680	7,410	9,680
12	19,350	10,470	13,690
14	26,010	14,090	18,390
16	33,640	18,230	23,780
18	42,250	22,890	29,860
20	51,840	28,090	36,640
24	73,950	40,070	52,280
30	113,770	61,640	80,420
36	162,970	88,310	115,210

표 4.13은 내부 압력이 $100lb/in^2$인 경우 피팅과 장치에서 발생할 수 있는 대략적인 추력수치를 보여준다. 이 표에 나타낸 수치보다 작거나 큰 압력으로 인한 추력들은 이 표의 수치에 비례하여 변화한다. 통상적으로 가장 큰 추력은 운영 압력보다 큰 시험압력에서 발생한다.

추력공의 규격을 계산하기 위한 하나의 방법은 가정된 흙 지지력(bearing) 수치를 사용한다. 표 4.14는 다양한 흙의 종류에 따른 대략적인 허용 지지 하중을 보여준다. 이 허용 지지 하중들은 2ft 이상 깊이 매설된 배관의 수평 추력에 대한 추정치이다. 의심스러울 경우 흙의 지지력 시험을 통해 안전한 지지 하중을 확립해야 한다. 추력공의 설계 계산은 다음 예제에서 증명하기로 한다.

표 4.14 추정되는 지지력

흙의 종류	lb/ft^2
Muck, peat, etc.	0
연약점토	500
Sand	1000
Sand and gravel	1500
Sand and gravel with clay	2000
Sand and gravel cemented with clay	4000
Hard pan	5000

예제 4.3

10인치 90도 엘보에서 추력공이 필요하다. 최대 시험압력은 200lb/in^{2}이다. 흙의 종류는 점토가 섞인 모래와 자갈이다.

추력 계산 표 4.13으로부터 10인치 90도 엘보에 작용하는 추력은 100lb/in^2 운영 압력당 13,680lb이므로 최대 시험압력 200lb/in^{2}의 경우 추력은 2×13,680=27,360lb이다.

추력공 규격 계산 표 4.14로부터 점토가 섞인 모래와 자갈인 경우 안전한 지지력은 2,000 lb/ft^{2}이다. 전체 추력 지지면적은 27,360/2,000=13.68ft^{2}이다.

추력공 형식 선정 그림 4.29로부터 형식 3을 선정한다.

구속 조인트(restrained joint) 추력 구속의 또 다른 방법은 구속 조인트를 사용하는 것이다. 길이방향 구속력을 제공하기 위해 다양한 기계적 고정 형식 조인트들을 사용할 수 있다. 물론 용접된 강관 조인트는 강성체로 가정하고 최대 길이방향 구속력을 제공한다.

구속 조인트 시스템은 동일한 추력을 받으나 구속된 배관 길이에 걸쳐 추력에 저항하거나 추력을 분산시킨다. 흙과 상호 작용하는 구속된 배관의 필요한 길이는 설계 기술자가 결정한다. 그림 4.30을 참고하면 조인트 각 측면에서 구속해야 할 배관길이는 L이다. 마찰저항과 지지저항은 각각 F_s와 R_s로 주어진다. 힘들을 모두 합하면 다음과 같다.

$$PA\sin\frac{\theta}{2} = F_s L\cos\frac{\theta}{2} + \frac{1}{2}R_s Lcos\frac{\theta}{2}$$

또는

$$L = \frac{PA\tan(\theta/2)}{F_s + R_b/2}$$

여기서 P : 내부 압력
A : 배관 단면적
F_s : 마찰력
R_s : 지지력

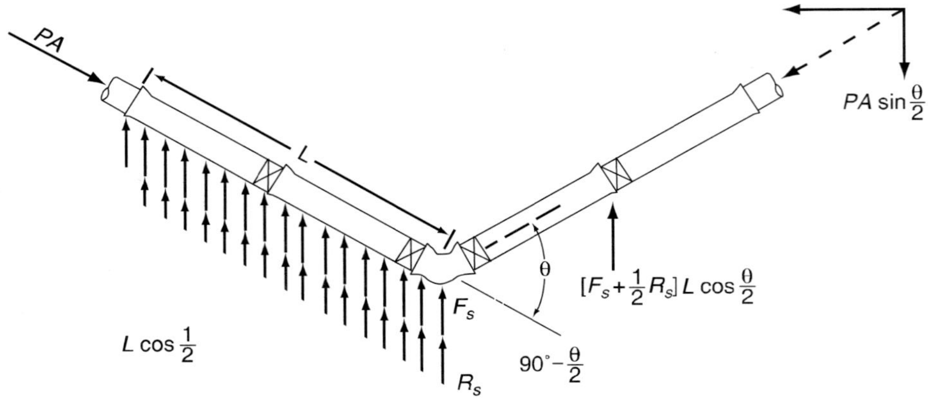

그림 4.30 구속 조인트를 갖는 배관의 자유물체도

비점착성 흙의 경우 마찰력 F_s는 다음과 같이 계산한다.

$$F_s = W\tan\gamma$$

여기서 W : $2W_e + W_p$
γ : $f_\phi \phi$
W_e : 전체 흙 하중
W_p : 배관 중량+물 중량
f_ϕ : 배관과 흙 사이 마찰 계수
ϕ : 흙의 내부 마찰각

통상적으로 상기 방법은 보수적인 결과를 보여준다. 만일 점착력이 존재하면 점착력이 포함되어야 하며 이는 더욱 보수적인 결과를 초래한다. 그러나 점착력은 시간에 종속되므로 무시할 것을 권장한다.

4.2.4 안전계수

압력배관의 설계는 장기 정수압 파열(burst) 압력, 독립적으로 또는 동시에 작용하는 파쇄(crush) 하중과 같은 특정 성능한계에 기초한다. 허용할 수 있는 전체 응력 또는 전체 변형률은 다음 식과 같이 안전계수에 의해 감소된 파괴 응력 또는 변형률이 된다.

$$\sigma_A = \frac{\sigma_f}{SF} \text{ 또는 } \epsilon_A = \frac{\epsilon_f}{SF}$$

여기서 σ_A : 허용 응력
σ_f : 파괴시의 응력
ϵ_A : 허용 변형률
ϵ_f : 파괴시의 변형률
SF : 안전계수

전체 운영 응력/변형률은 반드시 허용 응력/변형률 이하가 되어야 한다. 만일 조합된 하중 해석이 불필요하면 내부 압력과 외부 하중에 기인한 응력들을 각각 평가하여 가장 큰 수치에 안전계수를 적용한다. 조합 하중의 경우 조합응력에 안전계수를 적용한다.

Schlick 공식과 같은 비선형 파괴 이론의 경우 내부 압력과 외부 하중에 반드시 안전계수를 적용해야 하며, 이 두 안전계수들은 동일해야 한다.

플라스틱 배관의 경우 설계는 파괴 응력보다는 수명에 기초를 둔다. 본 장 앞에서 기술한 것과 같이 수명 100,000시간에 기초하여 HDB(응력)를 확립하였다. 설계응력은 HDS을 안전계수로 나눈 것이다. 그림 4.6에서와 같이 응력 회귀곡선은 log-log 선도에서 선형이므로 안전계수 2는 본질적으로 수명을 무한히 연장시켜준다.

각 배관 제품을 위한 표준에 권장 안전계수를 열거할 수 있다. 또한 제작사들은 그들 제품을 위해 특정 안전계수를 권장하나 안전계수를 계산하기 위한 기준은 상당히 다르다. 설계기술자는 제품들을 비교할 때 이러한 차이를 반드시 파악해야 한다. 안전계수는 주로 불확실성에 대비하기 위해 필요하다. 이러한 불확실성은 배관 제작부터 설치까지 광범위한 원인에 기인한다. 불확실성이 클수록 안전계수는 커야 한다. 국가표준 또는 제작사가 권장하는 안전계수보다 작은 안전계수를 사용할 때 기술자는 조심해야 한다.

[참고문헌]

1. ASTM. 1976. *Standard Method of Test for Time-to-Failure of Plastic Pipe under Long-Term Hydrostatic Pressure*, ASTM D 1598, Philadelphia.
2. American Water Works Association. AWWA Standards M11, M9, M23, C150, C200, C206, C300, C301, C303, C400, C401, C402, C403, C900, C901, and C950. Denver, Colo.
3. Andrews, James S. 1970. Water Hammer Generated during Pipeline Filling. Master's thesis.

Fort Collins: Colorado State University.

4. Bair, D. A. 1984. Analysis of Strain vs. Internal Pressure of Buried FRP Pipe from Tests and Finite Element Modeling. Master of science thesis. Logan: Utah State University.
5. Bishop, R. R. 1983. *Course Notebook*. Logan: Utah State University.
6. Bowman, J. A. 1990. The Fatigue Response of Polyvinyl Chloride and Polyethylene Pipe Systems. *Buried Plastic Pipe Technology, ASTM STP 1093*. Eds. George S. Buczala and Michael J. Cassady. Philadelphia: American Society for Testing and Materials.
7. Carlstrom, B. I. 1981. Structural Design of Underground GRP Pipe. Paper presented at the International Conference of Underground Plastic Pipe, New Orleans. March.
8. Cole, B. W. and L. 0. 1981. Timblin, Jr. Strain Calculations for FRP Pressure Pipe. Paper presented at the International Conference on Underground Plastic Pipe in March.
9. Devine, Miles. 1980. *Course Notebook*. Logan: Utah State University.
10. Ductile Iron Pipe Research Association. 1984. T*hrust Restraint Design for Ductile Iron Pipe*. Birmingham, Ala.
11. Hucks, Robert T. 1972. Design of PVC Water Distribution Pipe. *Civil Engineering ASCE* 42(6):70–3.
12. Jeppson, Roland W., Gordon H. Flammer, and Gary Z. Watters. 1972. Experimental Study of Water Hammer in Buried PVC and Permastran Pipes. PRWG0113-1. March. Logan: Utah Water Research Laboratory/College of Engineering, Utah State University.
13. Jeppson, Roland W., Gordon H. Flammer, and Gary Z. Watters. 1972. Experimental Study of Water Hammer in Buried PVC and Permastran Pipes. April. Logan: Utah Water Research Laboratory/College of Engineering, Utah State University.
14. Kerr, S. Logan. May 1985. Water Hammer—Problem in Engineering Design. *Consulting Engineer*.
15. Lame, G. 1852. *Lecons sur la theorie delelasticite*. Paris: Gauthier-Villars.
16. Marshall, G. P., S. Brogden, and M. A. Shepherd. 1998. Evaluation of the Surge and Fatigue Resistance of PVC and PE Pipeline Materials for use in the U. K. Water Industry. Water U. K.
17. Moser, A. P. 1983. *Course Notebook*. Logan: Utah State University.
18. Moser, A. P., John Clark, and D. P. Bair. 1985. Strains Induced by Combined Loading in Buried Pressurized Fiberglass Pipe. In *Proceedings ASCE International Conference on Advances in Underground Pipeline Engineering*. Madison, Wis.: American Society of Civil Engineers.
19. Sears, Edward C. 1964. Ductile Iron Pipe. *AWWA Journal*, January, p. 12, Table II.
20. Streeter, Victor L. 1958. *Fluid Mechanics*, 2d ed. New York: McGraw-Hill, p. 175–87.
21. Uni-Bell PVC Pipe Association. 2001. *Handbook of PVC Pipe*. 4th ed. Dallas.
22. Vinson, H. W. 1981. Response of PVC Pipe to Large, Repetitive Pressure Surges. In *Proceedings of the International Conference on Underground Plastic Pipe*. NewYork: American Society of Civil Engineers.
23. Walker, Robert P. 1983. *Course Notebook*. Logan: Utah State University.
24. Watters, G. Z. 1971. The Behavior of PVC Pipe under the Action of Water Hammer Pressure Waves. PRWG-93. Logan: Utah Water Research Laboratory, Utah State Unversity.

Chapter 05

강성배관 제품

제5장은 포괄적이고 다양한 강성배관에 대해서 기술하며 각 제품과 관련된 표준과 재료 특성들을 열거한다. 표준의 출처는 미국 수도협회(AWWA)와 미국 시험재료협회(ASTM)와 같은 표준 기관이다. 다양한 배관 제품들의 실제 설계 예제들을 본 장에서 기술한다.

5.1 석면-시멘트 배관

석면-시멘트(AC : Asbestos-cement) 배관은 중력 및 압력배관 모두에 유용하다(표 5.1 및 5.2 참조). 석면 취급과 관련된 건강 위험 때문에 미국 내에서 AC 배관의 생산은 완전 중단되었으나 일부 국가에서는 아직도 생산되고 있으며, 미국 일부에서도 사용하고 있다. 이 제품은 특히 낮은 클래스(얇은 두께)의 경우 약간의 연성(軟性, flexibility)을 가지나 통상적으로 강성배관 제품으로 간주한다. 따라서 강성배관 설계 방법에 따라 AC 배관을 설치해야 한다.

AC 배관들은 석면, 시멘트, 실리카, 그리고 물로 구성되어 제작된다. 배관 제작 기계는 이 혼합물을 연마 처리한 강 맨드럴(mandrel)에 위치시키고, 1% 이하 수산화칼슘(소석회)으로 양생(curing)하기 위해 압력-스팀-처리(autoclaved)한다. 1% 이하 소석회를 갖는 AC 배관은 형식 2라고 명명한다. 형식 2 AC 배관들은 일반적으로 모든 용해성 황화물의 수준에 대한 저항성(resistant)을 가지나 pH가 5.0 이하인 산에 의해 공격 받을 수 있다. 형식 1 AC 배관은 1% 이상의 소석회(free lime)를 가지며, 일반적으로 용해성 황화물 또는 산에 저항성을 가지지는 않는다.

표 5.1 AC 특성 및 설계 상수

탄성계수	3.0×10^6lb/in^2
인장강도	3000~4000lb/in^2
전단강도	배관 축 단면 4000lb/in^2
Modulus of rupture(MR)	5000~6000lb/in^2(파쇄 휨 강도)
압축강도	7000lb/in^2
열전도율	K=5.5(Btu·in)/(h·°F·ft^2), K=4 완전 건조시
열팽창계수	4~5$\times10^{-6}$in/(in/°F)
비열(Specific heat)	212°F에서 0.27Btu(lb·°F)
습기팽창계수 Moisture coefficient of expansion	1.5~2.0$\times10^{-5}$in/(in/moisture change)(습기량은 정상 대기조건에서 6~7%, 완전 포화된 조건에서는 15~20%)
하젠-윌리엄 유속계수	C=140
매닝 공식 조도계수	n=0.010

표 5.2 AC 배관 관련 표준

AWWA C400	석면-시멘트 배수배관, 4~16인치
AWWA C401	석면-시멘트 배수배관 선정
AWWA C402	석면-시멘트 송수배관 18~42인치
AWWA C403	규격 18~42인치 석면-시멘트 송수 및 주 공급배관
AWWA C603	석면-시멘트 용수배관 설치
ASTM C296	석면-시멘트 압력배관
ASTM C428	석면-시멘트 비압력 하수도 배관
ASTM C460	석면-시멘트 및 관련된 제품들과 관련된 용어 정의
ASTM C500	석면-시멘트 배관 시험 방법
ASTM C663	석면-시멘트 송수배관
ASTM D1869	석면-시멘트 물 배관을 위한 고무링에 대한 시방서
Federal specification SS-P-351c	물 압력 석면-시멘트 배관의 시방서
Bureau of Yards & Docks, Navdocks, DM-5	U.S. Navy *Civil Engineering Design Manual* (석면-시멘트 압력배관 포함)
Canadian Standards Association	
CSA B127.1	AC 배수, 하수, 및 배기(DWV:drain, water and vent) 시스템 용도에서 성분
CSA B122.2	AC 빌딩 하수도 시스템 용도에서 성분
CSA B127.11	AC DWV 배관 및 피팅의 설치를 위한 권장 시행령

고무 개스킷 커플링으로 AC 배관을 연결한다. AC 배관은 경도가 높고(hard) 상당히 매끄러운 내부 표면을 갖는다. 장기 설계의 관점에서 하젠-윌리엄 공식의 유속계수 140과 매닝 공식의 조도계수 0.01을 사용해야 한다. 물 용도로 사용하기 위해 AC 배관을 테이핑 처리할 수 있다. 또한 접합을 위한 다양한 피팅들이 유효하다. 보수 또는 설치하기 위해 현장 절단이 가능하다. 미세 석면 먼지로부터 작업자를 보호하기 위해 적합한 안전 주의가 필요하며 제작사의 안전 절차를 따라야 한다.

석면-시멘트-실리카 혼합물에 석면 섬유조직을 보강하면 최대 $4,000 lb/in^2$의 상당히 높은 인장강도를 얻는다. AC 배관은 내구성이 좋아 45년 이상 관로에서 운영되어 왔다. AC 배관은 일부 강성배관과 같이 충격 손상을 받지 않는다. AC 배관을 보수하거나 접합하기 위해 굴착할 때 백호(backhoe) 버킷이 관로에 손상을 주지 않도록 주의해야 한다. 물 시스템의 경우 AC 배관은 송수 및 배수 시스템은 물론 다양한 용도로도 사용된다.

예제 5.1 중력 우수 관거

36인치 직경 우수관로를 설치하고자 한다. 이 관로는 20ft 깊이의 트렌치가 필요한 작은 언덕을 통과한다. 원산지 재료인 점토를 갖는 실트질 모래를 최종 뒷채움으로 사용한다. 배관 상단부에서 트렌치 폭은 7ft를 초과하지 않는다. B와 C의 베딩 조건에서 석면-시멘트 배관의 최소 강도를 계산하라. 또한 만일 트렌치 폭이 변이 폭을 초과하고 오직 C 베딩인 최악의 경우 AC 배관의 필요한 강도는? 지하수는 표면 10ft 이하이다(설계기준은 제2장 참조).

1. 흙 하중 결정(디치 조건)

$$\frac{H}{B_d} = \frac{20}{7} = 2.86 \text{(그림 2.2로부터 } C_d = 1.9)$$

$$K\mu = 0.150 \text{ 점토성 모래}$$

공식 2.4로부터

$$W_d = C_d \gamma B_d^2 = 1.9(120 lb/ft^3)(7)^2 = 11,172 lb/ft$$

여기서 γ는 흙 비중량 $120 lb/ft^3$으로 가정, B_d는 배관 상단부에서 트렌치 폭

2. 흙 하중 결정(변이 폭 초과시)

$$\frac{H}{B_c} = \frac{20}{3} = 6.67 \text{ (그림 2.6으로부터 } B_d/B_c = 2.65\text{)}$$

$$r_{sd}p = 0.75 \text{로 가정하면}$$

$$B_d(\text{transition}) = \frac{B_d}{B_c}B_c = 2.65 \times 3 = 7.95\,\text{ft} \approx 8\,\text{ft}$$

$$W_d(\text{transition}) = C_d\gamma B_d^2 = 1.9 \times 120 \times 8^2 = 14{,}592\text{lb/ft}$$

3. 7ft 트렌치 폭이고 B 베딩인 경우 필요한 배관강도 결정

B 베딩인 경우 하중계수 LF=1.9 (표 3.2 참조)

안전계수 SF=1.5

$$\text{필요강도} = (\text{설계부하})\left(\frac{\text{안전계수}}{\text{부하계수}}\right)$$

$$= W_d\left(\frac{SF}{LF}\right)$$

$$= 11{,}172\frac{1.5}{1.9}$$

$$= 8{,}800\text{lb/ft}$$

상기 강도의 만족여부를 위해 제작사와 협의해야 한다.

4. 7ft 트렌치 폭이고 C 베딩인 경우 필요한 배관의 강도 결정

C 베딩인 경우 하중계수 LF=1.5 (표 3.2 참조)

안전계수 SF=1.5

$$\text{필요강도} = (\text{설계부하})\left(\frac{\text{안전계수}}{\text{부하계수}}\right)$$

$$= W_d\left(\frac{SF}{LF}\right)$$

$$= 11{,}172\frac{1.5}{1.5}$$

$$= 11{,}172\text{lb/ft}$$

재차 상기 강도의 만족여부를 확인하기 위해 제작사와 상의해야 한다. 비록 비압력관이지만 필요한 파쇄(crush) 강도를 갖는 압력배관을 사용할 수 있다.

5. 클래스 C 베딩의 조건에서 변의 폭이 초과할 때 필요한 배관의 강도를 결정한다.
   상기 2항으로부터

$$W_d = 14{,}592\text{lb/ft}$$

$$\text{필요강도} = W_d\left(\frac{SF}{LF}\right)$$

$$= 14{,}592\frac{1.5}{1.5}$$

$$= 14{,}592\text{lb/ft}$$

   상기 이상의 강도는 유효하지 않을 수 있다.

제4장에서 기술한 것과 같이 AC 압력배관은 조합된 하중 이론(Schlick 공식)을 사용하여 설계한다. 편리하게 공식 4.12와 4.13을 공식 5.1과 5.2로 반복한다.

$$w = W\sqrt{1 - \frac{p}{P}} \qquad 5.1$$

또는

$$p = P\left[1 - \left(\frac{w}{W}\right)^2\right] \qquad 5.2$$

3-지점 하중에 노출되는 배관 내 최대 휨 응력은 다음과 같이 계산할 수 있다.

$$\sigma_b = \frac{M(t/2)}{I} = \frac{M(t/2)}{bt^3/12} = \frac{(M/b)(t/2)}{t^3/12} \qquad 5.3$$

$$M = 0.318F\left(r_i + \frac{t}{2}\right) \qquad 5.4$$

여기서 M : 모멘트
F : 하중
I : 배관의 관성모멘트
r_i : 내부 반경
b : 시편 두께의 길이
t : 관 두께

공식 5.4를 공식 5.3에 대입하면 다음과 같다.

$$\sigma_b = \frac{6(0.318)(F/b)\left(\frac{r_i + t}{2}\right)}{t^2} \quad 5.5$$

외부 하중만이 작용하여 파괴 발생시 휨 응력 σ_b는 강도가 되고, 때로는 파열계수(MR; modulus of rupture)라 부른다. 파괴를 발생시키는 3-지점 지지하중 W는 F/b(lb/ft)이다. 따라서

$$MR = \sigma_b = \frac{6(0.318)\left(W\frac{lb}{ft}\right)\left(\frac{1ft}{12in}\right)\left(\frac{d_i + t}{2}\right)}{t^2}$$

또는

$$MR = \frac{0.0795\,W(D+t)}{t^2} \quad 5.6$$

다음과 같이 실린더 내 후프응력 σ_h을 계산할 수 있다.

$$\sigma_h = \frac{PD}{2t} \quad 5.7$$

σ_h, MR, 그리고 t를 알고 있으면 공식 5.1 또는 5.2, 5.6, 5.7을 사용하여 w와 p를 계산할 수 있다. 공식 5.7로부터 P를, 공식 5.6으로부터 W를 구해 공식 5.1과 5.2에 대입하면 다음 식을 얻을 수 있다.

$$w = \frac{MRt^2}{0.0795(D+t)}\sqrt{\frac{\sigma_h 2t/D - p}{\sigma_h 2t/D}} \quad 5.8$$

$$p = \frac{\sigma_h 2t}{D}\left\{1 - \left[\frac{0.0795w(D+t)}{MRt^2}\right]^2\right\} \quad 5.9$$

공식 5.8과 5.9는 배관 두께, MR(modulus of rupture), 그리고 후프인장강도가 주어진 배관에 외부와 내부 하중이 동시에 작용할 때 파괴를 야기시키는 내부 및 외부 하중을 나타낸다. 이 공식을 양해법(explicitly)으로 해결하는 것은 어렵다. 일반적인 해결 절차는 표준 배관 분류, 표준 설치, 그리고 운영 조건에 따른 해를 구할 수 있는 그래프를 작성하는 것이다(AWWA C402 참조). 해를 구한 후 관련 안전계수를 적용해

Case Ⅰ:

Hydrostatic : $p = class \times SF \qquad SF = 4.0$

Crushed load : $w = \left[\dfrac{\text{흙 부하(transition)}}{\text{베딩 계수}}\right] SF \qquad SF = 2.5$

Case Ⅱ:

Hydrostatic : $p = class \times SF \qquad SF = 2.5$

Crushed load : $w = \left(\dfrac{\text{흙 하중} + \text{활 하중} + \text{충격}}{\text{베딩 계수}}\right) SF \qquad SF = 2.5$

Case Ⅰ과 Case Ⅱ에서 모두 조합된 하중을 사용한다.

$$w = W\sqrt{\frac{P-p}{P}}$$

그림 5.1 석면-시멘트 클래스 압력배관(직경 6~16인치)의 설계 절차 개요

야 한다.

두 개 경우를 고려하여 석면-시멘트 압력배관의 두께를 설계하는 방법에 대해 AWWA C401(그림 5.1 참조)에 개략적으로 기술되었으며 표 5.3에 설계 방법을 요약하였다. 권장 안전계수는 다르다는 것을 유의해야 한다. case I를 고려하여 설계한 석면-시멘트 배관은 통상적으로 case II를 고려하여 설계한 배관의 능력을 초과한다.

AWWA는 송수 시스템의 특징을 인지하여 왔고 AWWA C402와 AWWA C403은 직면하는 설계 조건들을 만족시키는 정확하고 올바른 배관을 제공하기에 적합하고 광범위한 배관 분류를 다룬다(그림 5.2 참조). 운영 및 설치 조건들을 제어하고 잠재적인

표 5.3 석면-시멘트 압력배관 설계 요약*

설계 case	내부 하중 설계	외부 하중 설계
Case I (활 하중=0)	P=(운영 압력)×4.0, SF=4.0	W=(변이 하중)×2.5 SF=2.5
Case II (서지 압력=0)	P=(운영 압력)×2.5, SF=2.5	W=(흙+활 하중)×2.5 SF=2.5
Case III (특정 서지 압력 고려시)	P=(운영 압력+서지 압력)×2.5 SF=2.5	W=(흙+활하중)×2.5 SF=2.5

* AWWA C401 참조

Case Ⅲ :

Hydrostatic design :

$$p=(\text{운영압력}+\text{서지압력})SF \qquad SF=2.0$$

Crush design :

$$w=\left[\frac{\text{흙 하중(transition)}+\text{활 하중(H}-20)}{\text{베딩 계수}}\right]SF \qquad SF=1.5$$

$$w=W\sqrt{\frac{P-p}{P}}$$

그림 5.2 석면-시멘트 송수관로 설계 절차(직경 18~36인치)

서지 압력의 크기가 기저인 경우에는 작은 안전계수를 사용해도 무방하다. 또한 그림 5.3은 석면-시멘트 송수 배관, case III을 위한 설계 절차에 대해 요약한 것이다.

예제 5.2 배수관로

12인치 석면-시멘트 배수관로를 사용하여 압력 100lb/in^{2}에서 운영할 계획이다. 배관은 포장된 도로 아래 평균 5ft 토피두께로 매설한다. 원지반 흙은 모래이다. 표준 AWWA 설계절차에 따라 평편한 바닥 트렌치에 배관을 설치하고 기계다짐으로 뒷채움할 때 필요한 석면-시멘트의 클래스는? 단, 트렌치 폭은 3.0ft, 베딩 계수는 1.3, 그리고 H-20 고속도로 활 하중이 작용하는 것으로 가정하라.

1. 흙 하중을 결정한다.

$$\frac{H}{B_d}=\frac{5.0}{3.0}=1.67 \text{ (그림~2.2로부터 } C_d=1.3)$$

$$K\mu=0.165 \text{ 모래}$$

$$W_d=C_d\gamma B_d^2=1.3(120\text{lb/ft}^3)(3.0)^2=1{,}404\text{lb/ft}$$

2. 변이 폭에서 하중 결정

$$\frac{H}{B_c}=\frac{5.0}{13.74/12}=4.37$$

$r_{sd}P=0.5$, $K\mu=0.165$, 그리고 $H/B_c=4.37$ 수치를 이용하여 그림 2.6으로부터

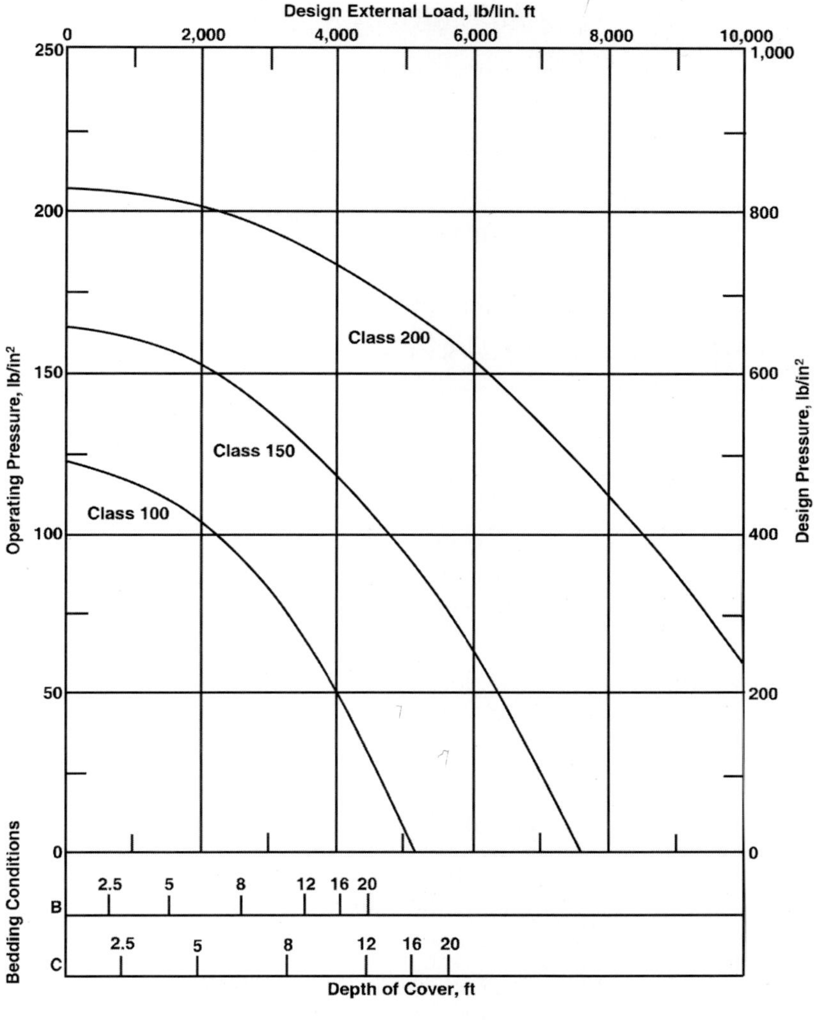

그림 5.3 직경 12인치 석면-시멘트 배관의 클래스 배관 설계 곡선

$B_d/B_c = 2.22$를 구할 수 있다.

$$B_d(\text{transition}) = \frac{B_d}{B_c}B_c = (2.22)\left(\frac{13.74}{12}\right) = 2.54\,\text{ft}$$

$$\frac{H}{B_d} = \frac{5.0}{2.54} = 1.97 \text{ (그림 2.2로부터 } C_d = 1.4\text{)}$$

$$W_d = C_d \gamma B_d^2 = 1.4(120)2.54^2 = 1,084\text{lb/ft}$$

또한 돌출 관거의 경우 공식 2.5를 이용하여 하중을 구할 수 있다.

$$\frac{H}{B_c} = 4.37 \ (\text{그림 2.5로부터 } C_c = 7.0)$$

$$W_c = C_c \gamma B_c^2 = 7.0(120\text{lb/ft}^3)\left(\frac{13.74}{12}\right)^2 = 1,101\text{lb/ft}$$

1,101lb/ft는 본질적으로 앞에서 계산한 1,084lb/ft와 동일하다. 오차는 C_c와 C_d를 구하기 위한 그래프에서의 보간법에 기인한다.

3. 활 하중 결정

$$W_L = 340lb(\text{그림 2.19로부터})$$

4. 전체 하중 결정

$$W_T = W_C + W_L = 1101 + 340 = 1,441$$

5. 내부 압력 결정

Case I(활 하중=0)

그림 5.1로부터

$$p = 100 \times 4.0 = 400\text{lb/in}^2$$

$$w = \frac{1101 \times 2.5}{1.3} = 2,117\text{lb/ft}$$

Case II(서지 하중=0)

$$p = 100 \times 2.5 = 250\text{lb/in}^2$$

$$w = \frac{1441 \times 2.5}{1.3} = 2,771\text{lb/ft}$$

이제 Schlick 공식을 사용하여 필요한 배관의 두께 또는 조합하중 p와 w를 결정할 수 있다. AC 배관의 경우 다음과 같이 시행착오법으로 설계기준을 만족시킬 수 있는 p와 w를 구할 수 있다(클래스 100, P=490lb/in^2, W=5,200lb/ft 그림 5.3 참조).

Case I(활 하중=0)

$$w = W\sqrt{1 - \frac{p}{P}} = 5200\sqrt{1 - \frac{400}{490}} = 2,228\text{lb/ft}$$

$$\therefore\ 2{,}228 \geq 2{,}117,\ \text{클래스 100 배관 사용 가능}$$

Case II(서지 하중=0)

$$w = W\sqrt{1-\frac{p}{P}} = 5200\sqrt{1-\frac{250}{490}} = 3{,}639\text{lb/ft}$$

$$\therefore\ 3{,}639 \geq 2{,}771,\ \text{클래스 100 배관 사용 가능}$$

AWWA C401의 그림 14E(그림 5.3 참조)는 $r_{se}p = 0.70$, $K\mu = 0.192$ 그리고 $\gamma = 120\text{lb/ft}^3$인 경우 다양한 배관 클래스에서 운영 압력, 설계 압력, 토피두께, 외부 하중에 대한 관계 그래프이다. 따라서 클래스 100 배관은 가장 낮은 설계 곡선으로 임의 조건에서도 성능을 발휘할 수 있다. 그림 5.3의 클래스는 클래스 C 베딩, 굴착된 커플링 구멍, 그리고 5.0ft 토피두께를 갖는 case I에 기초를 둔다.

예제 5.3 송수배관 설계

저수지로부터 10마일 떨어진 정수장까지 24인치 직경 송수관로를 사용하여 유량 7,000 gpm(유속 5.0ft/s)으로 물을 이송하고자 한다. 배관은 4.0ft 폭 모래 트렌치 안에 5.0ft 깊이로 매설되며 스프링 라인까지 조립질의 입상 재료들로 조심스럽게 다짐된다. 서지 완화설비는 최대 서지 압력을 50lb/in^2으로 제한한다. 시스템은 최대 압력 150lb/in^2에서 운영한다. 이에 적합한 석면-시멘트 송수배관을 결정하라(AWWA C402 참조).

1. 흙 하중 결정

$$\frac{H}{B_d} = \frac{5.0}{4.0} = 1.25\ \ (\text{그림 2.2로부터}\ C_d = 1.1)$$

$$K\mu = 0.165\ \ \text{모래}$$

$$W_d = C_d\gamma B_d^2 = 1.1(120\text{lb/ft}^3)(4.0)^2 = 2112\text{lb/ft}$$

변이 폭에서 하중은

$r_{sd}p = 0.5$, $K\mu = 0.165$ 그리고 $H/B_c = 5.0/(26.4/12) = 2.27$ 수치를 이용하여 그림 2.6으로부터 $B_d/B_c = 1.8$을 구할 수 있다.

$$B_d(\text{transition}) = \left(\frac{B_d}{B_c}\right)B_c = 1.8\frac{26.4}{12} = 3.96\text{ft}$$

4.0ft 트렌치 폭은 변이 폭을 약간 상회하고, 폭 4.0ft 트렌치의 경우 계산된 하중은 약간 보수적이다. 돌출 관거 경우 공식 2.5를 이용하여 하중을 구할 수 있다.

$$\frac{H}{B_c} = \frac{5.0}{26.4/12} = 2.27$$

그림 2.5로부터 $r_{sd}p = 0.5$, $H/B_c = 2.27$인 경우 $C_c = 3.4$이다. 공식 2.5로부터

$$W_c = C_c \gamma B_c^2 = 3.4 \times 120 \times 2.2^2 = 1{,}974\text{lb/ft}$$

변이 폭에서 $W_d \approx W_c$

2. 활 하중 결정

$$W_L = 340lb \text{ (그림 2.19로부터)}$$

3. 전체 하중 결정

$$W_T = W_d + W_L = 2{,}112 + 340 = 2{,}452\text{lb/ft}$$

4. 그림 5.2로부터 조합하중은

$$p = (\text{운영압력} + \text{서지압력})SF = (150 + 50)(2.0) = 400\text{lb/in}^2$$

$$w = \left(\frac{\text{흙 하중} + \text{활 하중}}{\text{베딩계수}}\right)SF = \left(\frac{2112 + 340}{1.9}\right)(1.5) = 1{,}936\text{lb/ft}$$

그림 5.4(AWWA C403-95)로부터 배관 $T50$으로 시도(P=500lb/in^2, W=9,100lb/ft)

$$w = W\sqrt{\frac{P-p}{P}} = 9100\sqrt{\frac{500-400}{500}} = 3622\text{lb/ft}$$

3,622lb/ft > 1,936lb/ft이므로 $T50$ 배관을 사용할 수 있다.

5.2 점토배관 (Clay pipe)

유리화된 점토 배관은 화학적으로 불활성인 점토와 혈암(shale)으로 제작된다. 제작 과정에서 다양한 점토와 혈암들을 분쇄, 스크린하여 저장통(bin)에 위치시킨다. 재료

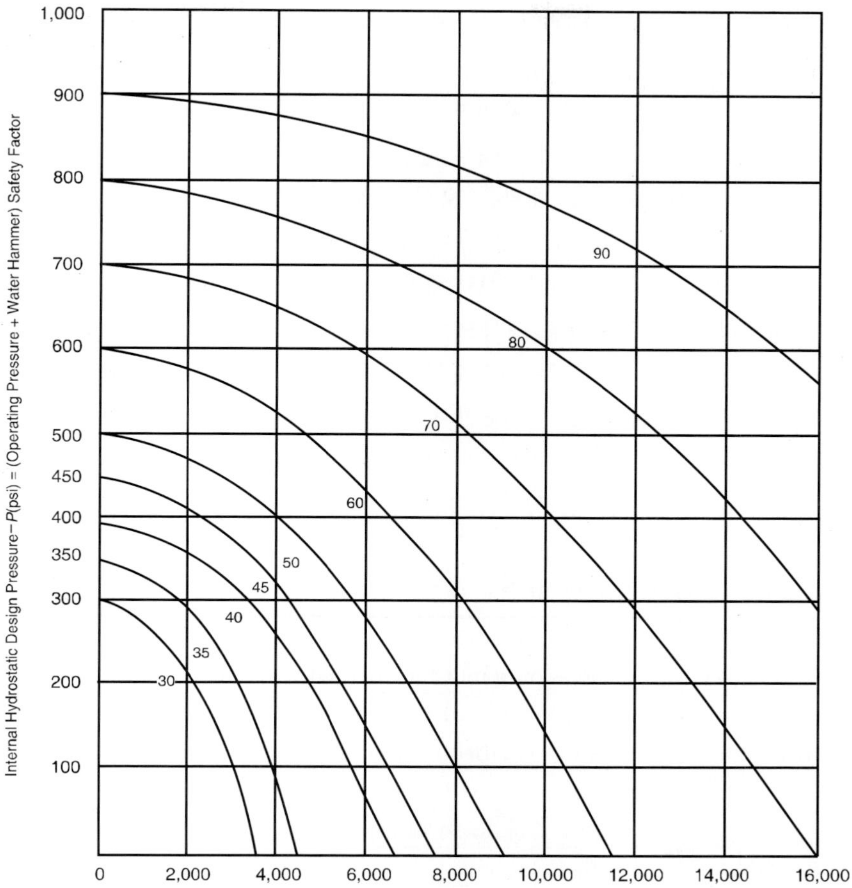

$$W_T = (\text{Earth Load} + \text{Live Load}) \frac{\text{Safety Factor}}{\text{Bedding Factor}}$$

그림 5.4 직경 24인치 송수관로의 조합된 하중 곡선

들을 퍼그밀(pugmill, 수평 또는 수직으로 밀폐한 통 속에 장치된 1~2개 축에 나선상의 날개를 단 것으로서 가소성 물질을 고르게 혼합하는 기계)로 이동하여 혼합하고, 압출하기에 적합하고 균질한 혼합을 위해 물로 적신다. 혼합물에 힘을 가해 금형(die)을 통과시켜 포획된 공기가 제거되는 진공 챔버로 유입시킨다. 이제 이 혼합체는 기계-압출을 통해 배관의 형상을 갖는다. 방금 압출된 배관은 약 18%의 수분을 포함하며 그린웨어(greenware)라 부른다. 수분량을 3%로 감소시키기 위해 그린웨어를 건조실로 이동한다. 이제 배관을 가마(kiln)에 위치시키고 나머지 수분을 제거하기 위해

약 400°F로 예열한 후 배관을 가마에서 서서히 이동하여 유리화(vitrification)가 발생하는 약 2,000°F 온도로 가열한다.

유리화 동안 점토는 매우 강하게 융합하고, 화학적으로 안정된 합성물이 된다. 유리화된 점토는 부식과 마모에 매우 높은 저항성을 갖는다. 점토의 본질적인 낮은 강도 때문에 유리화된 점토 배관은 오직 비압력 용도로 사용된다. 이 배관은 취성이고 충격 손상을 받기 쉬우므로 설치시 특별한 주의가 필요하다.

새로운 설계에서는 압출된 점토 배관은 벨을 갖지 않는다. 대신 평 배관 말단부에 벨을 형성하기 위해 나선형 형상으로 연속적으로 와인딩한 유리 필라멘트와 열경화성 수지로 벨을 제작한다. 고무 개스킷을 위한 홈(groove)은 몰드 처리한다.

점토 배관은 일반적으로 4~36인치 직경까지 유효하나 일부 지역에서는 42인치까지 유효하다. 3-지점 지지 시험으로 강도를 결정하며 직경에 따라 범위는 2,000~7,000 lb/ft이다(표 5.4와 5.5 참조).

표 5.4 점토배관 관련 표준

ASTM C 700	Clay pipe, vitrified, extra-strength, standard strength, and perforated
ASTM C 425	Compression joints for vitrified clay pipe and fittings
ASTM C 301	Clay pipe, vitrified (test methods)
ASTM C 12	Installing vitrified clay pipe lines
ASTM C 828	Low-pressure air test of vitrified clay pipe
Canadian Standards Association	
CSA A60.1	Vitrified clay pipe
CSA A60.2	Methods of testing vitrified clay pipe
CSA A60.3	Vitrified clay pipe

표 5.5 ASTM C 700 점토배관 최소 파쇄 강도(3-지점 지지 강도)

공칭 규격(인치)	Extra strength(lb/ft)	공칭 규격(인치)	Extra strength(lb/ft)
3	2000	21	3850
4	2000	24	4400
6	2000	27	4700
8	2200	30	5000
10	2400	33	5500
12	2600	36	6000
15	2900	39	6600
18	3300	42	7000

예제 5.4

직경 15인치 점토 위생배관을 14ft 깊이에 설치하고자 한다. 원지반 흙의 재료는 모래이고 최종 뒷채움으로 사용한다. 만일 트렌치 폭이 3.0ft이면 배관과 베딩 클래스를 선정하라(이 예제는 예제 3.1로 이미 주어졌다).

1. 흙 하중 결정

$$\frac{H}{B_d}=\frac{14}{3.0}=4.67 \text{ (그림 2.2로부터 } C_d=2.4)$$

$$K\mu=0.165 \text{ 모래}$$

$$W_d=C_d\gamma B_d^2=2.4(120\text{lb/ft}^3)(3.0)^2=2{,}592\text{lb/ft}$$

2. 활 하중 결정

$$W_L=150\text{lb (그림 2.19로부터)}$$

150 ≪ 2,592(활 하중을 무시할 수 있다)

3. 베딩 및 하중 계수 선정(표 5.6으로부터)

클래스 D	LF=1.1
클래스 C	LF=1.5
클래스 B	LF=1.9

4. 배관 강도 선정(안전계수=1.5)

$$\text{3-지점 지지강도}=\frac{W_d(SF)}{LF}=\frac{2592\times1.5}{LF}=\frac{3888}{LF}$$

LF에 따른 3-지점 강도는 표 5.6과 같다.

표 5.6 다양한 베딩 클래스에서 요구되는 강도

베딩 클래스	LF	3-지점, lb/ft	요구 강도(lb/ft)
B	1.9	2046	Extra strength (2900)
C	1.5	2592	Exrtra strength (2900)
D	1.1	3535	This strength is not available

5.3 콘크리트 배관

콘크리트 배관 제품들은 여러 과정으로 제작된다. 비보강 제품은 직경 4~33인치로, 다양한 보강 제품은 직경 12~144인치로 제작된다(표 5.7, 5.8, 5.9 참조).

비압력 형식 비보강 배관에 대한 내용은 ASTM C14에 기술되었고 압력 형식 보강 배관에 대한 내용은 ASTM C76에 기술되었으며 이 두 형식 배관에 대한 내용은 CSA A257에 기술되었다.

콘크리트 압력배관의 벨은 다양한 형식으로 제작된다. 일부는 특수한 용도로 설계 및 제작되고 다른 형식들은 다양한 용도에 적합하도록 제작된다.

표 5.7 ASTM C 14 비보강 콘크리트 배관

배관 직경 (인치)	3-지점 지지 최소 강도(lb/ft)		
	클래스 1	클래스 2	클래스 3
4	1500	2000	2400
6	1500	2000	2400
8	1500	2000	2400
10	1600	2000	2400
12	1800	2250	2600
15	2000	2600	2900
18	2200	3000	3300
21	2400	3300	3850
24	2600	3600	4400
27	2800	3950	4600
30	3000	4300	4750
33	3150	4400	4875
36	3300	4500	5000

표 5.8 ASTM C 76 보강 콘크리트 배관 D 하중(lb/ft)

클래스	배관 직경 범위(인치)	0.01-인치 균열	극한
I	60~144	800	1200
II	12~144	1000	1500
III	12~144	1350	2000
IV	12~144	2000	3000
V	12~144	3000	3750

※ D강도=3-지점 지지 강도/D

■ 표 5.9 ■ 콘크리트 배관관련 AWWA 및 ASTM 표준

AWWA C300	Standard for reinforced concrete pressure pipe, steel cylinder type for water and other liquids
AWWA C301	Standard for prestressed concrete pressure pipe, steel cylinder type for water and other liquids
AWWA C302	Standard for reinforced concrete pressure pipe, noncylinder type for water and other liquids
AWWA C303	Standard for reinforced concrete pressure pipe, steel cylinder type, pretensioned for water and other liquids
AWWA C603	Standard for installation of asbestos-cement pressure pipe
AWWA Manual 9	Concrete pressure pipe, manual of water supply practices
ASTM C 118	Concrete pipe for irrigation or drainage
ASTM C 14	Concrete sewer, storm drain, and culvert pipe
ASTM C 505	Nonreinforced concrete irrigation pipe with rubber-gasket joints
ASTM C 985	Nonreinforced concrete specified strength culvert, storm drain, and sewer pipe
ASTM C 654	Porous concrete pipe
ASTM C 506	Reinforced concrete arch culvert, storm drain, and sewer pipe
ASTM C 76	Reinforced concrete culvert, storm drain, and sewer pipe
ASTM C 655	Reinforced concrete D load culvert, storm drain, and sewer pipe
ASTM C 507	Reinforced concrete elliptical culvert, storm drain, and sewer pipe
ASTM C 361	Reinforced concrete low-pressure pipe
ASTM C 924	Low-pressure air test of concrete pipe sewer lines

5.3.1 프리스트레스트 콘크리트 실린더 배관 (PCCP : prestressed concrete cylinder pipe)

PCCP는 매립형 실린더와 라이닝된 실린더 두 형태로 제작된다(그림 5.5와 5.6 참조). 두 형식에서 강 실린더의 양 말단부에 링들을 용접으로 연결하는 것으로 제작을 시작한다. 그 후 강 실린더는 정수압 시험을 한다.

콘크리트 코어를 강 실린더 내·외부에 주조(매립된 실린더) 또는 회전(라이닝된 실린더)한다. 콘크리트 양생 후 높은 장력 응력을 가한다. 나선형 모양으로 랩핑(wrapping)한 hard-drawn wire로 콘크리트 코어 내에서 명시된 압축응력을 발생시킬 수 있도록 리드각(lead angle)을 제어한다. 랩핑 후 시멘트 슬러리와 고밀도 몰탈 또는

콘크리트로 배관을 코팅한다.

매립형 실린더 배관은 통상적으로 직경 24~144인치로 제작되며 라이닝된 실린더 배관은 직경 16~60인치로 제작된다. 초기응력 콘크리트 실린더 배관은 조합된 하중 해석을 사용하여 설계하며 이 방법은 제4장에서 기술하였다(AWWA C301 참조).

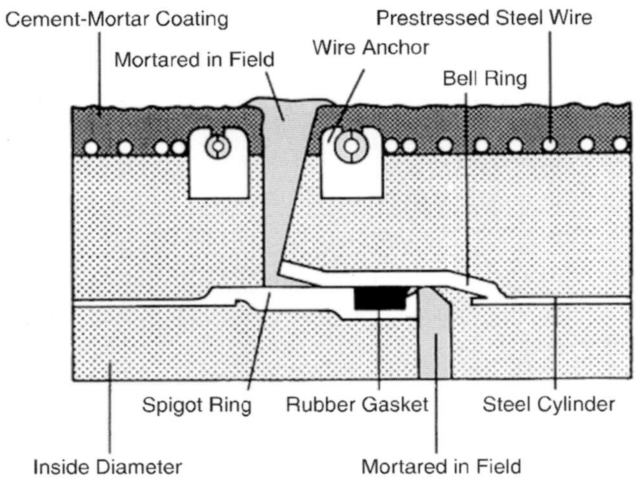

그림 5.5 매립형 실린더 배관의 단면

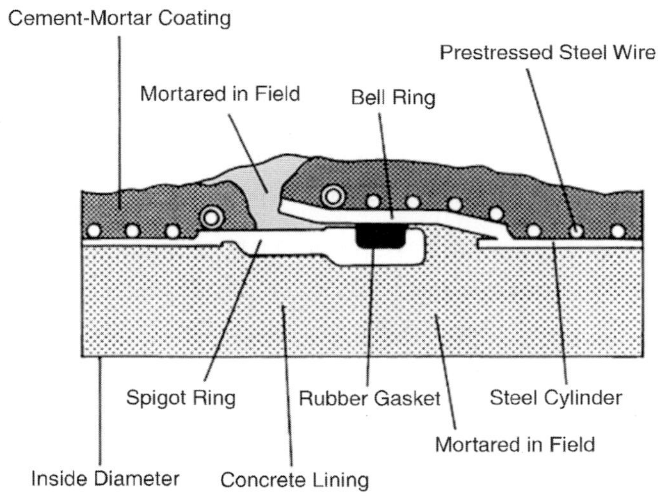

그림 5.6 라이닝된 실린더 배관의 단면

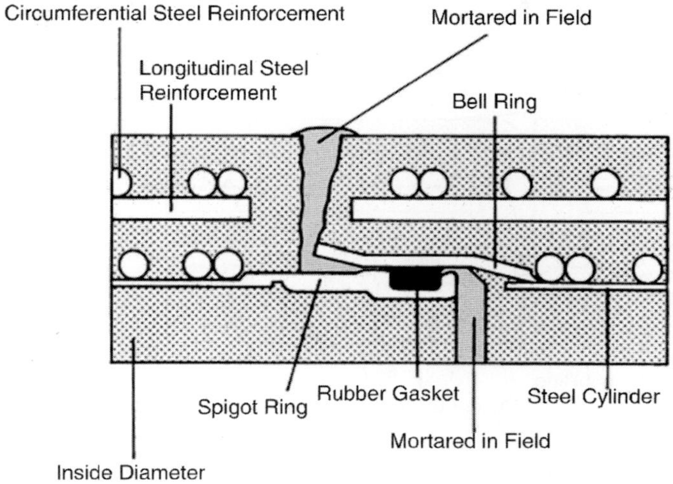

그림 5.7 보강 콘크리트 실린더 배관의 단면

5.3.2 보강 콘크리트 실린더 배관 (RCCP : reinforced concrete cylinder pipe)

이 배관의 제작과정은 매립형 실린더 배관과 유사하다. 그러나 와이어에 초기응력을 가하지 않는 대신 하나 이상의 보강 케이지(cage)들과 강 실린더를 수직 폼들(forms) 사이에 위치시키고 콘크리트를 주조한다(그림 5.7 참조). 스팀 또는 물을 사용하여 콘크리트를 양생한다. 이 배관은 통상적으로 직경 24~144인치가 유효하다. 설계는 강도 또는 운영 압력에 기초한다. 어느 경우든 내부 압력과 외부 하중이 개별적으로 또는 조합하여 작용해도 견딜 수 있도록 배관을 설계한다(AWWA C300, 부록 A 참조).

5.3.3 보강 콘크리트 비 실린더 배관 (Reinforced concrete noncylinder pipe)

이 형식의 콘크리트 배관은 하나 이상의 강 케이지(cage)를 적정한 반경방향에 위치시켜 제작한다(그림 5.8 참조). 케이지는 두 개의 수직 폼 사이에 위치하고 콘크리트를 주조한다. 대안으로 케이지를 외곽 폼에 부착시켜 전체 조립체를 회전시키고, 콘크리트를 원주방향으로 주조한다. AWWA C302는 내부 압력과 외부 하중이 동시에 작용하는 경우를 위한 설계 절차에 대해 기술한다. 보강 콘크리트 비 실린더 배관은 통상적으로 직경 12~144인치가 유효하다.

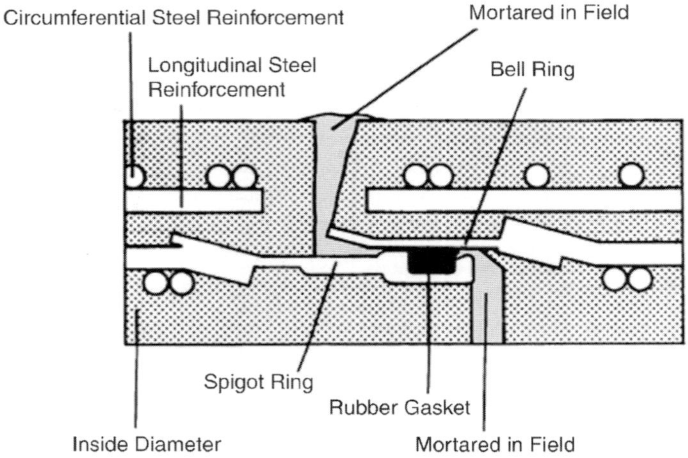

(a)

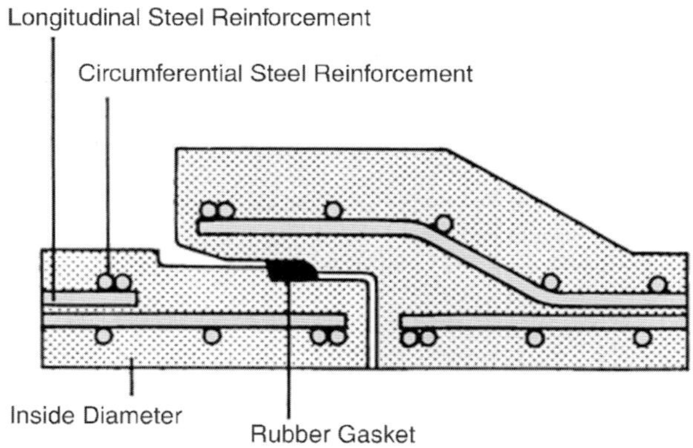

(b)

그림 5.8 보강 콘크리트 비실린더 배관의 단면 (a)steel 조인트 링, (b)콘크리트 벨 및 스피곳

5.3.4 프리텐션 콘크리트 실린더 배관

프리텐션(pretensioned) 콘크리트 실린더 배관의 제작과정에서 강 코일로부터 강을 스파이럴 용접하거나, 강 시트로부터 강을 길이방향으로 용접한다. 이와 같이 제작된 강 실린더 말단부 링을 강 실린더에 용접하고 강의 항복강도 75%에서 수압시험을 한다. 원주방향으로 시멘트 몰탈 라이닝한다. 양생 후 강 실린더의 외측에 작은 인장을 주면서 나선형 방향으로 강 와이어를 감아서 시멘트 몰탈 라이닝된 강 실린더에 프리텐션을 가한다. 명시된 설계조건에 따라 와이어 와인딩의 피치를 제어한다. 실린더의

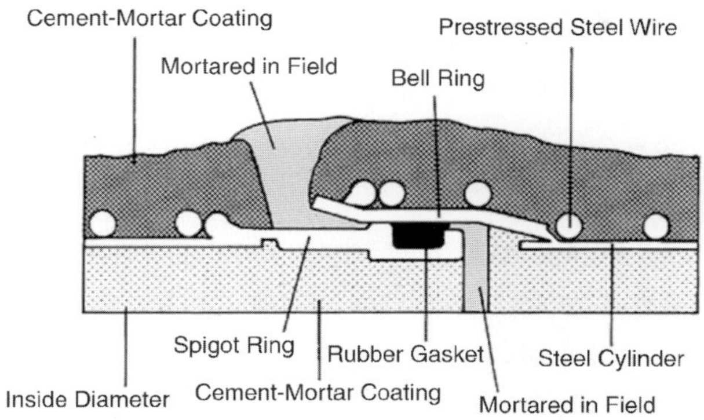

그림 5.9 프리텐션 콘크리트 실린더 배관의 단면

외부 표면에 시멘트-몰탈 코팅하고, 완성된 배관을 양생시킨다(그림 5.9 참조). 이 배관은 통상적으로 직경 10~42인치가 유효하다. 이 배관은 내부 압력과 외부 하중이 조합하여 작용하는 것이 아니라 개별적으로 작용하는 조건으로 가정하여 설계한다.

이 설계 방법은 통상적으로 연성배관에 사용된다(초기장력 콘크리트 실린더 배관 제외). 이 배관은 처짐량이 $D^2/4{,}000$ 이하가 되도록 설치되어야 한다. 여기서 D는 내경이고 단위는 인치이다(AWWA C303, 부록 A 참조).

5.4 AWWA 보강 콘크리트 압력배관 설계

다음은 AWWA M9에 주어진 콘크리트 압력배관을 위한 간략화된 설계 절차이다. 추가적인 상세한 내용들은 다음 AWWA 표준을 참조한다.

Standards for the reinforced types

- AWWA C300
- AWWA C302
- AWWA C303

Standards for prestressed concrete pressure types

- AWWA C301
- AWWA C304

5.4.1 설계 절차

보강 콘크리트 압력배관을 설계하기 위해 두 개의 기본적인 단계가 있다.

1. 내부 수압만이 작용할 때 저항하기 위한 벽을 설계한다.
2. 외부 하중의 영향을 결정한다.
   a. AWWA C300 및 AWWA C302 형식 배관의 경우 강성배관 개념과 조합된 하중 해석을 사용한다. 이 해석에서 내부 압력에 기인한 벽 응력들은 외부 하중에 의해 발생된 응력과 함께 동시에 작용하는 것으로 간주한다.
   b. AWWA C303 형식 배관은 응력과 처짐을 제어하기 위해 외부 하중들을 고려하여 설계한다. 조합된 하중 해석은 필요하지 않다.

5.4.2 강성배관의 설계 절차(AWWA C300과 C302 형식)

강성배관 설계 절차는 다음과 같다.

1. 운영 압력 및 운영 압력+서지 압력이 작용하는 경우 후프 장력을 사용하여 내부 압력에 저항하기 위해 필요한 전체 원주방향 강 단면적을 계산한다.
2. AWWA C302 형식 배관의 선정된 벽 두께에서 운영 압력+서지 압력으로 인한 콘크리트 배관 벽에서 원주방향 인장응력을 계산한다. 인장응력이 허용치를 초과하면 콘크리트 강도 또는 벽 두께를 증가시켜야 한다.
3. 배관 중량과 물의 중량을 계산한다.
4. 배관에 작용하는 외부 흙 하중을 계산한다.
5. 배관에 작용하는 외부 활 하중을 계산한다. 제2장에서 기술한 신뢰성 있는 이론에 따라 외부 정 하중과 활 하중을 계산한다.
6. 내부 압력을 포함하여 배관에 작용하는 각 하중으로 인한 모멘트와 추력들을 계산한다. 정상적인 하중 조건의 경우 배관 측면과 인버트에서의 수치가 필요하며 크라운 수치들은 설계에 별 영향을 미치지 않는다.

   Paris(1921)와 Olander(1950)가 제안한 것과 같은 신뢰성 있는 이론으로 모멘트와 추력들을 위한 계수를 구해야 한다. 설계시 사용한 베딩 각도는 구매자가 명시한 설치 기준을 만족시켜야 한다.
7. 아래와 같은 각 하중의 3개 조합에서 측면과 인버트에 필요한 원주방향 강 단면적을 계산한다. 조합된 하중 설계는 다음 각 조건들로부터 곡률방향(flexural)과 축방향 응력들에 저항할 수 있도록 배관을 설계한다는 것을 의미한다.

- 조건 1 : 운영 압력, 사 하중(흙, 배관, 물), 그리고 활 하중의 조합
- 조건 2 : 내부 압력이 0이고 사 하중과 활 하중의 조합
- 조건 3 : 운영 압력, 서지 압력, 그리고 사 하중(흙, 배관, 물)의 조합

8. 배관의 인버트(inner)와 측면(outer)의 최대 강 단면적을 선정한다. 전체 강 단면적은 정수압 설계시 필요한 강 단면적 이상이 되어야 한다. 필요한 전체 면적을 증가시키기 위해 내부 단면적, 외부 단면적, 또는 두 단면적 모두를 증가시킨다.
9. 설계 원주방향 강 단면적과 간격을 만족시키기 위해 적합한 봉강 또는 구조(fabric)를 선정한다. AWWA C300 형식의 배관은 로드(rod) 보강 단면적이 최소한 전체 원주방향 강 단면적의 40%가 되어야 한다. 강 상부 콘크리트 토피두께를 확인한다.
10. 지지물 상부에 또는 길이방향 휨을 발생시킬 수 있는 다른 조건에 AWWA C302 형식의 배관을 설치해야 한다면 부설 길이, 벽 두께, 또는 둘 모두를 조정하여 콘크리트 곡률방향 인장 응력이 4.5lb/in^{2}를 초과하지 않도록 하여 필요한 빔 강도를 제공한다. 곡률방향 인장 응력을 결정할 때 길이방향 강 보강을 고려하지 않고 횡단면(transverse section)의 중심축에 대한 배관의 단면계수를 계산한다.

5.4.3 AWWA C303 형식 배관의 설계 절차

AWWA C303 형식 배관의 설계 절차는 다음과 같다.

1. AWWA C303 최소치 이상으로 강 실린더 두께를 선정한다. 운영 압력, 그리고 운영 압력+서지 압력을 위한 후프인장력을 이용하여 내부 압력에 저항하기 위해 필요한 전체 원주방향 강 단면적을 계산한다.
2. 실린더 강 단면적을 계산하고, AWWA C303에 확립된 다음 한계 안에서 추가로 필요한 강 단면적을 봉강의 직경과 간격을 선정하여 봉강으로 대체한다.
   - 봉강 보강 단면적은 전체 원주방향 보강의 60%를 초과하지 않도록 한다.
   - 봉강 보강 단면적은 0.23in^2/lin ft보다 작지 않도록 한다.
   - 중심-중심 봉강 간격은 2인치를 초과하지 않도록 한다.
   - 봉강 보강 단면적(배관 벽의 in^2/linear ft)은 수치적으로 배관의 내부 직경(인치)의 최소 1%와 동등해야 한다.
   - 봉강들 사이에서 설계 빈 공간(clear space)은 사용 봉강의 직경 이하가 되어서는 안 된다.
   - 봉강 직경은 7/32인치보다 작아서는 안 된다.

3. 배관에 작용하는 전체 외부 하중을 계산한다. 제2장에서 기술한 것과 같이 신뢰성 있는 이론에 따라 외부 하중들을 계산해야 한다.
4. 전체 외부 하중이 최소 설계의 경우 최대허용 외부 하중보다 작은지 또는 실제 설계의 경우 최대허용 외부 하중보다 작은지 결정한다. 만일 둘 중 하나가 만족되면 선정된 배관 설계는 프로젝트의 요구사항들을 만족시킨다.

주어진 반강성[semirigid(bar-wrapped)] 배관 설계의 경우 최대허용 외부하중 W는 한계 배관 처짐 $D^4/4,000$를 발생시키는 하중이다. 여기서 D는 배관의 내경(인치)이다. 실험 및 현장 관측결과 연성(flexible) 배관을 위한 Spangler의 Iowa 처짐 공식을 반강성배관 설계에도 적용할 수 있다는 것을 보여주었다. 처짐 공식은 다음과 같다.

$$\Delta x = \frac{D_l k(W/12)r^3}{EI + 0.061E' r^3} \quad 5.10$$

여기서 Δx : 배관의 수평 처짐(인치)
D_l : 처짐 지연 계수
k : 베딩 상수
W : 전체 외부 정+활 하중(배관 길이 ft당 lb, lb/lin ft)
r : 배관 벽의 평균 반경(인치)
$r=0.5(D+t)$ 여기서 D는 배관 내경(인치), t는 배관 벽 두께(인치)
EI : 배관 벽 강성도(in·lb), 여기서 AWWA C303 형식의 배관의 경우
E=시멘트 몰탈의 탄성계수로서 4×10^6lb/in^2
I=배관 합성 벽 단면의 관성 휨 모멘트의 25%로서 in^4/(배관길이 in)
E' : 흙 반발 계수(lb/in^2)

AWWA C303 형식 배관의 경우 처짐 Δx를 허용 가능한 $D^4/4,000$으로 대체하고, $D_l=1.0$으로 설정하고, 허용 외부 하중을 lb/lin ft로 구하면 상기 공식은 다음과 같이 된다.

$$W = \frac{D^2(EI + 0.061E'^3)}{333kr^3} \quad 5.11$$

5. 필요하면 길이방향 배관 단면의 유효 관성모멘트를 증가시키거나 베딩 재료 또는 다짐 요구사항을 개선하여 추가적인 외부 하중 용량을 제공한다. 보강 봉강의 직경 또는 단면적을 증가시키거나 또는 코팅 두께를 최대 1.25인치로 증가시켜 유효 관성모멘트를 증가시킬 수 있다.

예제 5.5

직경 15인치 위생배관을 원산지 모래 흙 속에 14ft 깊이로 설치하고자 한다. 배관 상단부에서 트렌치 폭은 3.0ft이다. 클래스 B, C, 그리고 D 베딩 조건에서 비보강 콘크리트 배관과 보강 콘크리트 배관의 필요 강도를 선정하라.

예제 5.4로부터

$$W_d = 2{,}592\text{lb/ ft}$$

비보강 :

$$\text{강도} \;\; W(3\text{-지점}) = W_d \frac{SF}{LF} = 2{,}592 \frac{SF}{LF}$$

여기서 안전계수 SF=1.5, 그리고 하중계수 LF는 특정 베딩 클래스에 대한 하중계수로서 예제 5.4 참조.

보강 : *D* 하중을 사용하여 보강 콘크리트 배관을 설계한다. 여기서 *D* 하중은 필요 3-지점 강도를 배관 직경으로 나눈 것이다.

$$\text{강도} \;\; W(D \text{ 부하}) = \frac{W_d}{D}\frac{SF}{LF} = \frac{2592}{D}\frac{SF}{LF}$$

이 재료의 경우 각 클래스에 대한 강도기준은 파괴가 아니고 0.01인치 균열이 발생하는 조건이다. 실제 파괴 하중(극한)은 0.01인치 균열을 유발하는 하중의 약 1.5배가 될 것이다. 따라서 *D* 하중에 기초할 때는 안전계수 1.0 또는 극한 하중에 기초할 때는 안전계수 1.5를 권장한다.

주의 : 표 5.10의 수치들은 상기 식을 이용하여 계산한 것이고, 표 5.7과 5.8로부터 필요한 클래스를 선정한다. 또한 베딩 클래스 D의 경우 부과된 하중에 견딜 수 있는 충분히 높은 강도를 갖는 비보강 콘크리트 배관은 유효하지 않다.

표 5.10 SF=1.5 및 극한 D하중에 기초한 요구 강도

베딩 클래스	LF	3-지점 lb/ft	D 하중 (lb/ft)/ft	비보강 (3-지점)	보강 (D 하중)
B	1.9	2046	1637	클래스 2(2600) 선정	클래스 III(2000) 선정
C	1.5	2592	2074	클래스 2(2600) 선정	클래스 IV(3000) 선정
D	1.1	3535	2828	유효하지 않음	클래스 IV(3000) 선정

예제 5.6 송수관로

저수지로부터 10마일 떨어진 정수장까지 24인치 직경 송수관로를 사용하여 유량 7,000 gpm(유속 5.0ft/s)의 물을 이송하고자 한다. 배관은 4.0ft 폭 모래 트렌치 안에 5.0ft 깊이로 매설되며 스프링 라인까지 조립, 입상 재료들로 조심스럽게 다짐된다. 서지 완화설비는 최대 서지 압력을 $50lb/in^2$으로 제한한다. 시스템은 최대 압력 $150lb/in^2$에서 운영한다. 이에 적합한 초기응력 콘크리트 송수배관을 결정하라(예제 5.3 참조).

해답

아래와 같이 제4장 공식 4.14를 사용하여 초기응력 콘크리트 배관을 설계할 수 있다.

$$w = W_0 \sqrt[3]{\frac{P_0 - p}{P_0}} \qquad 4.14$$

라이닝된 실린더의 경우

$$p = 0.8P_0 \text{ (AWWA C301 참조)}$$

매입된 실린더의 경우

$$p = P_0 \text{ (AWWA C301 참조)}$$

예제 5.3으로부터

$$W_d = 2{,}112\text{lb/ft}$$

필요한 강도는

$$w = \frac{W_d}{LF} = \frac{2112}{1.9} = 1{,}111\text{lb/ft} \qquad \text{p} = 150\text{lb/in}^2$$

따라서 라이닝된 배관의 경우

$$P_0 = \frac{p}{0.8} = \frac{150}{0.8} = 187.5\text{lb/in}^2$$

전체 하중 $W = W_d + W_L = 2{,}112 + 340 = 2{,}452$(예제 5.3 참조)

5.4.4 라이닝된 실린더 배관

라이닝된 실린더 배관의 경우

$$p = 0.8P_0$$

$$P_0 = 187.5\text{lb/in}^2$$

$$W_0 = \frac{w}{[(P_0 - p)/P_0]^{1/3}} = \frac{w}{\left(1 - \dfrac{p}{P_0}\right)^{1/3}} = \frac{1,111}{(1-08)^{1/3}} = 1,900\text{lb/ft}$$

배관은 내부 압력 $P_0 = 187.5\text{lb/in}^2$과 외부 하중 $W_0 = 1,900\text{lb/ft}$가 독립적으로 작용하는 것으로 설계 및 선정해야 한다. 제작사가 결정한 정격 강도는 안전계수 1.2를 포함하므로 라이닝된 실린더 배관의 경우 일시적인 용량은 설계용량의 1.2배로 간주한다.

$$1.2 \times P_0 = 1.2 \times 187.5 = 2,25\text{lb/in}^2$$

$$1.2 \times W_0 = 1.2 \times 1,900 = 2,280\text{lb/in}^2$$

Case I(서지 없을 때)

$$\text{최대 하중} = w = W_0 \sqrt[3]{1 - \frac{p}{P_0}} = 2280 \sqrt[3]{1 - \frac{150}{225}} = 1,581\text{lb/ft}$$

$$\text{안전 활 하중} = 1,581 - 1,111 = 470\text{lb/ft}$$

Case II(활 하중 없을 때)

$$w = W_0 \sqrt[3]{1 - \frac{p}{P_0}} \quad \Rightarrow \quad 1,111 = 2,280 \sqrt[3]{\frac{225 - p}{225}}$$

또는

$$p = P_0\left[1 - \left(\frac{w}{W_0}\right)^3\right] = 225\left[1 - \left(\frac{1,111}{2,280}\right)^3\right] = 199\text{lb/in}^2$$

$$\text{안전 서지 압력} = 199 - 150 = 49\text{lb/in}^2$$

5.4.5 매입된 실린더 배관

1차 시도

$$W_0 = 1,900\text{lb/ft}$$

$$P_0 = 190\text{lb/in}^2$$

$$w = W_0 \sqrt[3]{\frac{P_0 - p}{P_0}} = 1,900 \sqrt[3]{\frac{190-150}{190}} = 1,130\text{lb/ft}$$

1,130>1,111이므로 1차 시도는 O.K. 매입된 실린더 배관의 경우 일시적인 성능은 설계 성능의 1.4배이다.

$$1.4 \times P_0 = 1.4 \times 190 = 266\text{lb/in}^2$$

$$1.4 \times W_0 = 1.4 \times 1,900 = 2,660\text{lb/in}^2$$

Case I(서지 없을 때)

최대 하중 $w = W_0 \sqrt[3]{1 - \frac{p}{P_0}} = 2,660 \sqrt[3]{1 - \frac{150}{266}} = 2,017\text{lb/ft}$

안전 활 하중$= 2,017 - 1,111 = 906\text{lb/ft}$

Case II(활 하중 없을 때)

$$p = P_0 \left[1 - \left(\frac{w}{W_0}\right)^3\right] = 266\left[1 - \left(\frac{1,111}{2,660}\right)^3\right] = 247\text{lb/in}^2$$

안전 서지 압력$= 247 - 150 = 97\text{lb/in}^2$

상기 용량들은 오직 일시적인 조건들에서 평가한 것으로 배관의 정상 운영조건인 흙 하중 $w = 2,017\text{lb/ft}$ 또는 내부 압력 $p = 2,47\text{lb/in}^2$에서 성능을 수행할 것으로 예상하면 안 된다.

문제 5.1

상기 예제 매입된 실린더의 경우 다음과 같은 W_0와 P_0의 조합에 따른 배관 설계를 실시하라. 설계 요구조건을 만족시키는 안전 활 하중과 서지 압력을 구하라?

W_0	P_0
1,800	200
2,000	185
1,800	190

5.5 간접 방법 (Indirect methods)

콘크리트 배관 설계시 전통적으로 Marston-Spangler의 간접 이론들을 사용하여 왔다. 1983년 AASHTO(American Association of State Highway and Tranportation Officials) 표준의 새로운 절에 간접설계 절차들이 포함되었다.

Specification for Highway Bridges(1,4) ACPA 콘크리트 배관 설계 매뉴얼에 있는 특정 도해적 설계 자료와 함께 간접설계 절차에 대한 요약된 버전을 17절(흙-보강 콘크리트 구조물 상호작용 시스템)에 수록되었으며, 그 정보 중 일부를 여기서 요약하며 더욱 상세한 정보는 ACPA 콘크리트 배관 설계 매뉴얼을 참조하기로 한다.

베딩 계수 B_f는 배관 인버트에서 동일한 휨 모멘트를 야기시키는 등가 3-지점 지지(bearing) 하중에 대한 전체 현장 하중의 비로 정의된다(표 5.11 참조).

배관 내 특정 성능한계를 발생시키는 등가 3-지점 지지 하중을 설계배관 강도로 결정할 수 있다. 따라서 간접설계 절차에서는

$$\text{설계 } W_{3-\text{지점}} = \frac{W_{Earth} + W_{Live} + W_{Water}}{B_f} \tag{5.12}$$

표 5.11 전통적인 베딩 계수

베딩 클래스	+ 돌출 제방 B_{fe}	좁은 트렌치의 베딩 계수 B_{ft}
B	2.5~2.9	1.9
C	1.7~2.3	1.5
D	1.1~1.3	1.1

5.6 3-지점 지지(bearing) 설계 기준

3-지점 지지 강도 W_{3-edge}의 경우 성능 판단기준은 다음 두 설계에 적합한 시험강도에 도달해야 한다는 것이다.

- 서비스 하중 조건
- 극한 강도

보강 콘크리트 배관의 경우 전통적으로 설계시 설계하중으로 ASTM C497에 정의된 것과 같이 폭 0.01인치 균열을 발생시키는 $W_{3-\mathrm{edge}}$ 하중을 사용한다. 따라서 설계시 0.01인치 균열에서 필요한 $W_{3-\mathrm{edge}}$ 하중은 공식 5.12로 주어진다. 3-지점 지지강도 요구사항을 D 하중의 항으로 표현하는 것이 편리하다. D 하중은 내경 D_i의 ft당 $W_{3-\mathrm{edge}}$ 하중으로 정의되며 단위는 lb/(ft · ft)이다.

$$W_{D\ \mathrm{load}} = \frac{W_{3-\mathrm{edge}}}{D_i} \tag{5.13}$$

따라서 필요한 3-지점 지지 서비스 하중은 0.01인치 균열을 발생시키기 위한 D 하중의 항으로 정의된다. 특정 배관 설치에 필요한 D 하중은 다음과 같이 결정한다.

$$(W_{D\ \mathrm{load}})_{0.01} = \frac{W_e + W_L + W_w}{B_f D_i} \tag{5.14}$$

비보강 콘크리트 배관에 0.01인치 균열 기준을 적용할 수 없다. 이 배관들은 처음 균열이 발생할 때 이미 $W_{3-\mathrm{edge}}$ 강도 한계에 놓인다. 현장 설치에서 균열이 발생한 후에도 비보강 배관이 성능을 수행할 수 있더라도, 서비스 하중에서 곡률방향 균열에 대비하여 통상적으로 안전계수 1.25~1.5를 고려한다. 따라서 비보강 콘크리트 배관의 경우 필요한 극한 D 하중은 다음과 같다.

$$(W_{D\ \mathrm{load}})_{\mathrm{ult}} = \frac{1.5(W_e + W_L + W_w)}{B_f D_i} \tag{5.15}$$

배관 상부 흙 채움의 높이가 8ft 이상 또는 배관 직경 이상일 때는 통상적으로 W_L(활 하중)를 무시하고, 특히 직경이 작은 배관의 경우 W_w(정수압 하중)을 무시한다.

보강 콘크리트 배관의 필요한 극한 $W_{3-\mathrm{edge}}$ 강도는 공식 5.15로 주어진다. 단, 배관 강도 클래스 4 이상인 경우 감소된 강도계수를 사용하지 않는다. 클래스 4까지 대표적인 배관 강도 클래스의 극한 강도 설계한계는 필요한 서비스 하중 $W_{3-\mathrm{edge}}$ 강도의 1.5배이다. 클래스 5 배관 강도의 경우 이 강도 계수는 1.25이고 클래스 4와 5 사이 임의 강도 클래스는 1.5~1.25 사이에서 선형적으로 보간한다. 또한 간접설계 절차로 보강 콘크리트 배관을 설계할 경우 극한 강도 설계한계를 정의하며 이와 같은 설계한계는 보강 콘크리트 배관을 위한 ASTM 시방서 내 포함된다.

비보강 압력배관의 설계 요구사항들은 명시된 $W_{3-\mathrm{edge}}$ 강도 요구사항과 함께 ASTM C985에 주어진다. 다양한 표준 직경들과 관 두께들을 갖는 비보강 콘크리트 배관의 설계 $W_{3-\mathrm{edge}}$ 강도는 ASTM C 14에 주어진다. 이 표준에서는 3-지점 지지강도의 D 하중 정의를 사용하지 않는다.

명시된 D 하중 강도 요구사항, 특별 보강 설계와 함께 보강 배관의 설계 요구사항은 ASTM C 655에 주어진다. 다양한 표준 직경, 관 두께, 콘크리트 강도를 갖는 보강 콘크리트 배관의 설계 $W_{3-\mathrm{edge}}$ 강도와 표준 강도 클래스의 보강(reinforcement) 요구 사항들은 ASTM C76, C506, 그리고 C507에 주어진다.

때로는 설계 증명을 위해, 때로는 품질보증을 증명하기 위해 시험기관의 $W_{3-\mathrm{edge}}$ 시험이 필요하다. 기본 배관 설계를 위한 극한 강도 설계한계와 품질 보증을 위한 배관의 $W_{3-\mathrm{edge}}$ 시험을 위한 요구사항들을 반드시 구별해야 한다. ASTM C 76에 주어진 배관 보강 설계는 필요한 서비스 하중 $(W_{D\ \mathrm{load}})_{0.01}$에 1.5~1.25의 안전계수를 고려하지만 이 표준은 품질보증을 하기 위해 $W_{3-\mathrm{edge}}$ 시험을 극한까지 수행할 것을 요구하지는 않으며 ASTM C 506과 C507에도 동일하다.

흙 하중을 구하기 위한 Marston-Spangler 흙-구조물 상호작용 해석을 사용하여 계산된 하중과 베딩 계수들로부터 이 간접 설계에서 요구되는 $W_{3-\mathrm{edge}}$ 강도를 얻는다. 요약하면 간접 설계절차에서 요구되는 배관은 실제 3-지점 지지(bearing) 시험으로부터, 이 시험의 경험적(empirical) 평가(ASTM 표준에 주어진 것과 같이)로부터, 또는 보강 콘크리트 이론과 관련 시험의 평가로부터 유도된 설계 절차로부터 결정된 $W_{3-\mathrm{edge}}$ 서비스 강도를 가질 것이다.

5.7 직접법 (Direct method)

미국 콘크리트 배관협회(*ACPA : American Concrete Pipe Association*)는 배관이 설치된 조건에서 배관의 직접적인 설계에 기초한 배관-지반 설치를 위한 설계절차를 권장한다. Marston과 Spangler이 당초 개발한 설치형식과 상당히 다른 새로운 표준화된 설치형식들이 주어졌다. 4개의 새로운 표준설치와 하나의 직접 설계절차들은 1993년 *ASCE Standard Practice for Direct Design of Buried Concrete Pipe in Standard Installations(SIDD)*에 수록되었다. 4개의 표준설치 형식은 다음과 같다.

- 형식 1 : 바닥 헌치 내에서는 정선된 입상토를 사용하고 베딩 영역 외부는 고도

로 다짐한다.

- 형식 2 : 헌치 내부와 베딩 영역 외부에 일부 원지반 흙을 포함하여 약간의 실트를 갖는 조립 또는 세립의 입상토를 허용한다. 원지반 흙은 고도의 다짐이 필요하고 정선된 입상토의 다짐 정도는 약간 감소되어도 무방하다.
- 형식 3 : 헌치 영역 내에서 약간의 실트 또는 실트질 점토를 갖는 조립 또는 세립 입상토를 허락한다. 흙 형식에 따라 다짐 요구정도는 다르고 정선된 입상토의 경우 다짐 정도는 시험이 선택사항이 될 정도로 감소한다. 점토 입자들을 갖는 비소성(nonplastic) 흙의 경우 고도의 다짐이 필요하다.
- 형식 4 : 헌치 영역 내 점토들을 사용하지 않는 한 헌치와 베딩 영역 내에서 채움재료 흙의 요구사항은 없다. 실트질 점토는 제한된 다짐이 필요하며 시험은 선택 사항이 된다. 가소성 점토는 권장하지 않는다.

SIDD 설계는 동일한 형식의 서브트렌치(subtrench) 설치, 트렌치, 그리고 제방의 경우 동일한 설계를 사용할 수 있다고 가정한다. 이에 대한 이유는 *Concrete Pipe and Technology Handbook*에 다음과 같이 주어진다.

1. "이 가정은 임의 설치를 위한 최대 허용 트렌치 폭을 명시할 필요성을 배제한다. 때로는 현장에서 실제 트렌치 폭을 제어하기가 어렵고 과도한 폭 트렌치를 건설한 후 명시된 원래 장소의 트렌치 폭을 복구하는 것이 불가능하다."
2. "트렌치가 좁은 경우 통상적으로 헌치 영역 내 채움재료를 다짐하기 위한 통로는 너무 제한되어 포설된 여러 종류의 흙을 명시된 최소 다짐수준으로 다짐하는 것이 어렵다(헌치 영역 다짐을 필요로 하지 않는 형식 4 설치의 경우는 예외). 따라서 높은 트렌치 설치 품질을 보장하기 위해 배관 아래 헌치 영역 내 흙의 적정 다짐 통로를 위해 충분한 트렌치 폭이 필요하고, 트렌치 폭이 좁은 경우 자기다짐(self-compacting)되는 조립질 채움재료(즉, 파쇄석 또는 콩 자갈 등)을 갖고 설치형식 2, 또는 형식 3, 형식 4로 제한해야 한다.
3. "일반적으로 좁은 트렌치 내 설치된 배관에 작용하는 수직 흙 하중은 유사한 제방내 설치된 배관에 작용하는 흙 하중보다 낮고, 일반적으로 트렌치 배관에 작용하는 측면 하중도 동등한 제방 내 설치된 배관에 작용하는 측면 하중보다 작다. 임의 설치에서 수직 및 가로 하중의 차이는 설계 요구사항에 큰 영향을 미치므로, 상기 배관의 두 설치방법에 대해 상대적인 설계 요구사항들은 수직 흙 하중의 상대적인 크기와 같이 트렌치 조건에 우호적이지 않다."

4. "트렌치 설치시 제방 설치기준을 적용하는 것은 보수적이다."

각 설치 형식에서 필요한 베딩 및 뒷채움 흙의 종류와 밀도에 따라 4개의 표준제방 설치를 정의한다. ASCE SIDD 시행령에 명시된 흙의 밀도와 형식을 정의하는 흙 영역들을 그림 5.10(제방의 경우)과 그림 5.11(트렌치의 경우)에 나타내었다. 다양한 영역에서 요구되며, 허용되는 흙의 종류와 밀도를 표 5.12(제방 경우)와 표 5.13(트렌치 경우)에 나타내었다. 각 설치 형식에서 다양한 영역에 허용할 수 있는 다짐 밀도와 흙 종류의 여러 대안적 조합에 때로는 주목해야 한다. 각 표준 토질 분류에 포함된 흙에 대한 내용은 표 3.1을 참조한다.

다음 각 설치 형식에 대한 일반적인 내용은 ASCE 표준 설치의 주된 특징을 요약한 것이다(자세한 내용은 콘크리트 배관 설계의 경우 ASCE Standard Practice, ACPA concrete Pipe Technology Handbook의 제8장을 참조).

• 형식 1은 가장 높은 품질 표준 설치이다.

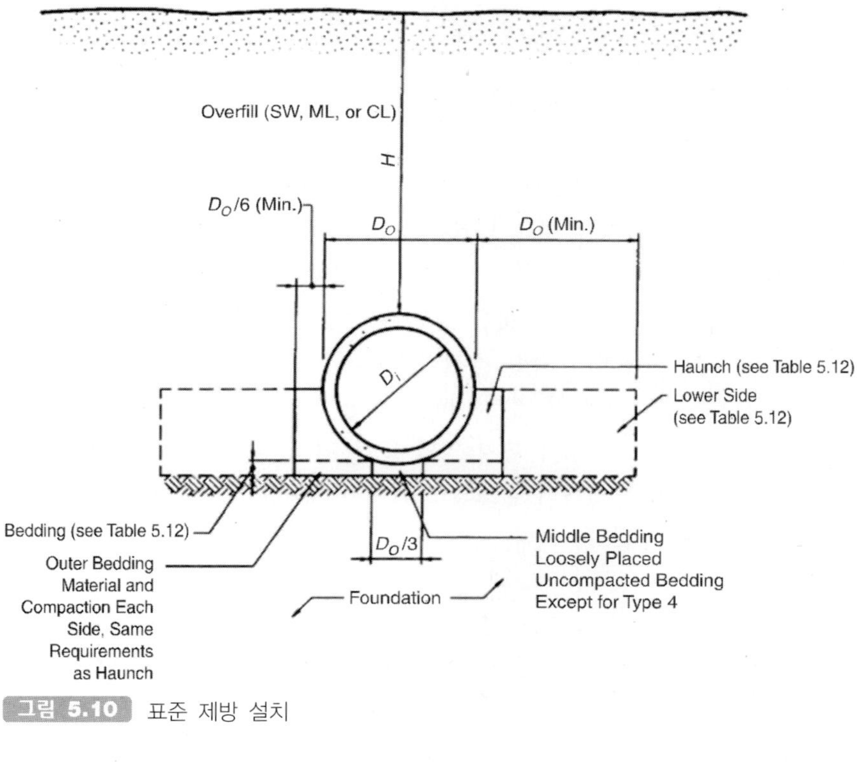

그림 5.10 표준 제방 설치

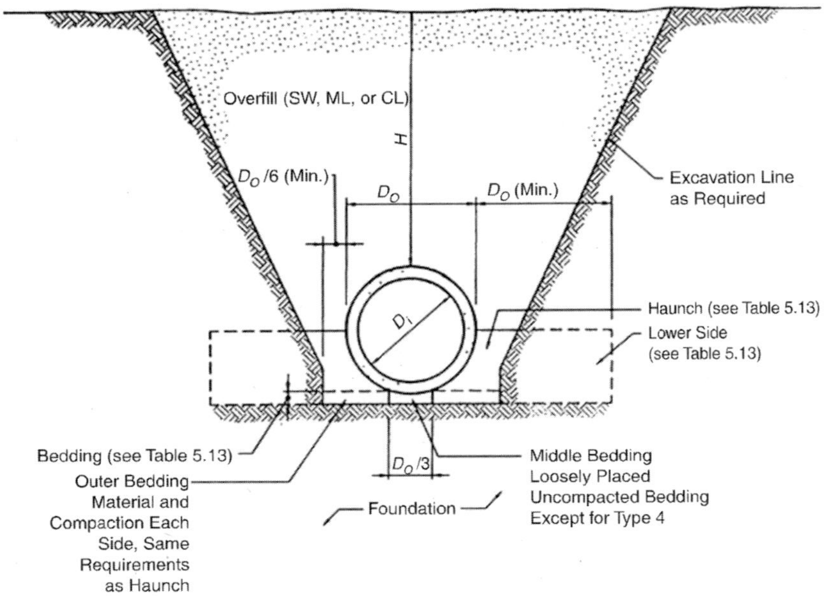

그림 5.11 표준 트렌치 설치

- 형식 2는 헌치와 베딩 영역에서 적정하게 다짐하고 특정 원지반 흙을 사용할 수 있는 높은 품질의 표준 설치이다.
- 형식 3은 헌치와 베딩에서 입상토와 일부 원지반 흙을 사용하면 다짐 요구사항이 덜 엄격하게 검사할 필요가 있다.
- 형식 4는 낮은 품질의 뒷채움 재료로 인해 발생하는 증가된 구조적 영향에 안전하게 저항할 수 있는 충분한 강도를 갖는 배관과 함께 최소의 뒷채움 흙의 종류와 밀도를 사용하여 가장 경제적으로 설계하기 위한 목적으로 사용한다. 따라서 형식 4는 베딩과 헌치 영역 내에서 사용하는 포설된 흙의 종류와 다짐에 대한 요구사항이 없다. 그러나 헌치 영역 또는 이 영역 이하에서 실트질 점토 흙을 사용하면 최소 표준 프록터 밀도의 85%로 다짐해야 하고, 이 영역에서는 소성 점토들을 사용하지 않도록 한다.

수 계산(hand calculation)으로 SIDD 방법을 적용할 수 있으나 SIDD 전산 프로그램을 사용하면 훨씬 쉬워지고 효율적이다. SIDD의 완전한 토론은 본 서의 영역에서 벗어나지만 Concrete Pipe Technology Handbook에서 찾아 볼 수 있다.

표 5.12 표준 제방 설치 토질 및 최소 다짐 조건

설치형식	베딩 두께	헌치 및 외부 베딩	하부
형식 1	최소 $D_O/24$, 3인치(75mm) 이상. 암기반의 경우 최소 $D_O/12$, 6인치(150mm) 이상	95% SW	90% SW, 95% ML, 또는 100% CL
형식 2	최소 $D_O/24$, 3인치(75mm) 이상. 암기반의 경우 최소 $D_O/12$, 6인치(150mm) 이상	90% SW 또는 95% ML	85% SW, 90% ML, 또는 95% CL
형식 3	최소 $D_O/24$, 3인치(75mm) 이상. 암기반의 경우 최소 $D_O/12$, 6인치(150mm) 이상	85% SW, 95% ML, 또는 95% CL	85% SW, 90% ML, 또는 95% CL
형식 4	베딩 불필요. 단, 암반의 경우 최소 $D_O/12$, 6인치(150mm) 이상	CL인 경우 85% CL 사용을 제외하고 다짐이 불필요	CL인 경우 85% CL 사용을 제외하고 다짐이 불필요

주의 :

1. 예를 들어 다짐과 흙 심볼이 95% SW인 경우 최소 95%의 표준 프록터 다짐을 갖는 SW 흙 재료를 의미한다.
2. 배관 스프링 라인으로부터 $D_O/3$ 이내를 제외하고 외부 베딩, 헌치, 그리고 하부 측면 영역 내 흙은 최소한 상부 채움(overfill) 영역 내 주 흙과 동일하게 다짐한다.
3. 서브트렌치(subtrench)
   a. 서브트렌치란 이 상단부가 완성된 사면 보다 $0.1H$ 이상 아래, 또는 철도의 경우 상단부가 포장 기초 재료의 바닥보다 1ft(0.3m) 아래로 정의된다.
   b. 서브트렌치의 최소 폭은 $1.33D_O$, 또는 헌치와 베딩 영역에서 명시된 다짐을 얻기 위해서 충분한 공간이 필요한 경우 이보다 넓을 수 있다.
   c. 자연 흙 벽을 갖는 서브트렌치의 경우 서브트렌치 벽 내부 하부 측면 영역의 임의 부분은 최소한 하부 측면 영역을 위해 명시된 다짐과 동등하고 견고하게(firm), 상부채움(overfill) 영역 내 주 흙과 동일하고 견고하게, 또는 흙을 제거 · 대체하여 명시된 높이로 흙을 다짐해야 한다.

5.8 콘크리트 배관의 설계 강도

다양한 표준 직경, 관두께, 콘크리트 강도, 그리고 표준 강도 클래스를 만족시키기 위해 필요한 보강 콘크리트 배관의 설계 $W_{3-\text{edge}}$ 강도는 ASTM C76, C506, 그리고 C507에 주어진다. 명시된 D 하중 강도를 만족시키는 보강 배관을 위한 설계 요구사항과 특별 보강 설계들은 ASTM C 655에 주어진다. ASTM C 76에 주어진 배관 보강 설계는 요구되는 서비스 하중 $D_{0.01}$와 강도 계수 1.5~1.25를 기초로 한다. 그러나 이

표 5.13 표준 트렌치 설치 지반 및 최소 다짐 요구

설치 형식	베딩 두께	헌치 및 외부 베딩	하부
형식 1	최소 $D_O/24$, 3인치 이상(75mm). 암기반의 경우 최소 $D_O/12$, 6인치 이상(150mm)	95% SW	90% SW, 95% ML, 100% CL, 또는 natural soils of equal firmness
형식 2	최소 $D_O/24$, 3인치 이상(75mm). 암기반의 경우 최소 $D_O/12$, 6인치 이상(150mm)	90% SW 또는 95% ML	85% SW, 90% ML, 95% CL, 또는 natural soils of equal firmness
형식 3	최소 $D_O/24$, 3인치 이상(75mm). 암기반의 경우 최소 $D_O/12$, 6인치 이상(150mm)	85% SW, 90% ML, 또는 95% CL	85% SW, 90% ML, 95% CL, 또는 natural soils of equal firmness
형식 4	베딩 불필요. 단, 암반의 경우 최소 $D_O/12$, 6인치 이상(150mm)	CL인 경우 85% CL 사용을 제외하고 다짐이 불필요	85% SW, 90% ML, 95% CL, 또는 natural soils of equal firmness

주의 :

1. 예를 들어 다짐과 흙의 심볼이 95% SW인 경우 최소 95%의 표준 프록터 다짐을 갖는 SW 토질 재료를 의미한다.
2. 트렌치 상단부 고도는 완성된 사면 보다 $0.1H$ 이하가 되지 않아야 하며, 철도의 경우 상단부가 포장 기초 재료의 바닥보다 아래로 1ft(0.3m) 이하가 되지 않아야 한다.
3. 베딩 및 헌치 영역 내 흙은 최소한 명시된 뒷채움 영역 내 주 흙과 동일하게 다짐해야 한다.
4. 헌치와 베딩 영역 내부 명시된 다짐을 얻기 위해 충분한 공간이 필요하며 트렌치 폭은 더 넓어질 수 있다.
5. 수직 각이 10° 이내인 트렌치 벽의 경우 트렌치 벽과 하부 측면 영역 내부에서 흙의 다짐 또는 견고성(firmness)을 고려할 필요가 없다.
6. 제방을 구성하는 10° 이상 경사를 갖는 트렌치 벽의 경우 하부 측면은 최소한 뒷채움 영역 내부 흙을 위해 명시된 것과 동일하게 다짐해야 한다.

표준은 품질 제어 $W_{3-\mathrm{edge}}$ 시험을 극한까지 수행하는 것을 요구하지 않으며 ASTM C506과 C507에서도 동일하다.

요약하면 실제 3-지점 지지시험으로부터, ASTM 표준에 주어진 것과 같이 이전 시험의 경험적 평가로부터, 또는 보강 콘크리트 이론과 관련 시험의 평가로부터 유도된 설계절차를 통해 간접 방법에서 관두께, 보강, 그리고 명시된 요구 $W_{3-\mathrm{edge}}$ 서비스와 강도 성능을 제공하기 위한 콘크리트 배관 설계를 수행할 수 있다. 흙 하중을 구하기 위한 Marston-Spangler의 흙-구조물 상호작용 해석(soil-structure interaction analyses)을 이용하여 계산한 하중과 베딩 계수로부터 이러한 간접 설계에서 요구되는 $W_{3-\mathrm{edge}}$ 강도들을 구할 수 있다.

매설 콘크리트 배관을 설계하기 위해 Marston–Spangler 간접 방법을 가장 널리 사용하여 왔으나 장점이 많은 직접설계 절차들의 사용이 점차 확대되어가고 있다. 통상적으로 직접설계 절차는 더욱 많은 설계 정보를 필요로 한다. 예를 들어 보통 직접설계는 배관 주변 흙 압력의 변화와 분산을 고려한다. 기술문헌에 흙 압력 분산을 위해 *균등분산*(균일 분산된 수직 및 수평압력 요소)과 *반경방향분산*(압력은 배관에 직각으로 작용하고 삼각함수로 변화한다) 2개의 가정을 제시하였다. 가정된 압력 변화들은 이 용어를 제안한 개인의 이름으로 즉, *균등분산*은 Paris[34], 그리고 *반경방향분산*은 Olander[32]로도 불린다.

5.9 흙–배관 상호작용 설계 및 해석

(SPIDA : Soil-Pipe Interaction Design and Analysis)

매설 콘크리트 배관의 설계 및 해석을 위해 개발된 다른 전산 프로그램은 SPIDA이다. SPIDA 프로그램은 미국 콘크리트 배관협회가 소유 및 판매하고 있다. 다양한 채움재료, 뒷채움, 그리고 배관 상부와 주변 자연 지반을 갖는 매설 콘크리트 배관에 작용하는 압력 분포와 흙 하중을 결정하기 위한 기본 해석 도구로서 SPIDA 프로그램이 개발되었다.

이 프로그램은 흙–구조물 상호작용 해석과 매설 콘크리트 배관설치 설계를 위한 다양한 기능을 갖고 있다. 이 프로그램의 더욱 함축적인 능력과 한계들은 다음과 같다.

1. 매설 원형 콘크리트 배관에서 원주방향 구조적 영향과 해석이 가능하다.
2. 일정한 관 두께를 갖는 원형 배관으로 제한된다.
3. 배관 수직면을 중심으로 대칭 설치하는 것으로 가정한다.
4. 트렌치와 제방 설치 해석이 모두 가능하다. 유한요소 메쉬에서 단계들의 절차를 통해 경사진 트렌치 벽을 대략적으로 해석 가능하다.
5. 다음 보강용 케이지 정열을 갖는 배관 설계가 가능하다.
   - 비보강 배관

- 단일 원형
- 이중 원형
- 단일 타원형
- 원형+타원형 조합
- 원형+(인버트에서 Mat, 인버트와 크라운에서 Mat, 또는 인버트, 크라운, 스프링에서 Mat) 조합

6. 표면 하중은 AASHTO HS-series와 Cooper E-series 철도, 사용자가 명시되고, 균일하게 분산된 과중한 적재(surcharge)를 포함할 수 있다.
7. 유체 효과는 만관에서 명시된 단위 유체중량과 내부 압력[최대 50ft 수두(21.7 lb/in^2)]를 포함할 수 있다.
8. 이 프로그램은 단일 전산기 수행 도중 중간 뒷채움 높이 수준에서도 배관 설계가 가능하다.

SPIDA 프로그램에 관심이 있는 배관 시스템 설계자는 American Concrete Pipe Association과 접촉하면 된다.

[참고문헌]

1. American Association of State Highway and Transportation Officials(AASHTO). T-99, Standard Methods of Test For the Moisture-Density Relations of Soils and Soil-Aggregate Mixtures Using 5.5-lb(2.49-kg) Rammer and 12-in.(304.8-mm) Drop. Washington.
2. AASHTO. T-180, Standard Method of Test Moisture-Density Relations of Soils and Soil-Aggregate Mixtures Using 10-lb(4.54-kg) Rammer and 18-in.(457-mm) Drop. Washington.
3. AASHTO. 1992. Standard Specifications for Highway Bridges. Washington.
4. AASHTO. M 145, The Classification of Soils and Soil-Aggregate Mixtures for Highway Construction Purposes, Standard Specifications for Transportation Materials and Methods of Sampling and Testing, Part 1. Washington.
5. American Concrete Institute(ACI). 1989. Building Code Requirements for Reinforced Concrete, ACI 318, and ACI 318R Commentary. Detroit.
6. American Concrete Pipe Association(ACPA). 1994. *Concrete Pipe Technology Handbook.* Vienna, Va.
7. American Railway Engineering Association(AREA). 1972. *Manual for Railway Engineering.* Washington.
8. American Society for Testing and Materials. ASTM Standards C 14, C 39, C 76, C 497, C 506, C 07, C 655, C 985, D 698, D 1557, D 2487. Philadelphia.
9. American Society of Civil Engineers(ASCE). 1969. Manual of Practice No. 37, *Design and Construction of Sanitary and Storm Sewers*(also Water Pollution Control Federal Manual of

Practice No. 9, *Design and Construction of Sanitary andStorm Sewers*). New York.

10. ASCE. 1993. Standard Practice for Direct Design of Buried Precast Concrete Pipe Using Standard Installations(SIDD) with Appendix A—.Manufacturing Specification, and Commentary. New York.
11. ASCE. 1982. *Gravity Sanitary Sewer Design and Construction*. ASCE Manuals and Reports on Engineering Practice, No. 60 (see also Water Pollution Control Federal Manual of Practice No. FD-5). New York.
12. American Water Works Association. AWWA Standard M11, M9, M23, C150, C200, C206, C300, C301, C302, C303, C304, C400, C401, C402, C403, C900, C901, C905, and C950. Denver.
13. Concrete Pipe Division of U.S. Pipe and Foundry Company. *Bulletin 200*. Birmingham, Ala.
14. Federal Aviation Authority (FAA). Aircraft Pavement Design and Evaluation. AC 150/5320-6C.
15. FAA. Aircraft Data. AC 150/5325-5C.
16. Federal Highway Administration (FHWA). 1992. PIPECAR Version 2.0, *User Manual*. FHWA-IP-89-019. U.S. Department of Transportation (available from McTrans Center, 512 Weil Hall, Gainesville, Fla.).
17. Heger, F. J. 1988. New Installation Designs for Buried Concrete Pipe. In *Pipeline Infrastructure—.Proceedings of the Concrete*, pp. 117–.135. New York: American Society of Civil Engineers.
18. Heger, F. J., and T. J. McGrath. January-February, 1983. Radial Tension Strength of Pipe and Other Curved Flexural Members. Detroit: American Concrete Institute.
19. Heger, F. J., and T. J. McGrath. March-April 1984. Crack Width Control in Design of Reinforced Concrete Pipe and Box Sections. Detroit: American Concrete Institute.
20. Hild, J. W. 1975. Compacted Fill. In *Foundation Engineering Handbook*. Eds. H. F. Winterkorn and H. Y. Fang. New York: Van Nostrand Reinhold.
21. Janbu, N. 1963. Soil Compressibility as Determined by Odometer and Triaxial Tests. In *Proceedings of European Conference on Soil Mechanics and Foundation Engineering*, pp. 19–.25. Wiesbaden, Germany: Soil Mechanics Foundation.
22. Katona, M. G., J. B. Forrest, F. J. Odello, and J. R. Allgood. 1976. CANDE—.A Modern Approach for the Structural Design and Analysis of Buried Culverts. Report FHWA-RD-77-5. U.S. Department of Transportation.
23. Katona, M. G., P. D. Vittes, C. H. Lee, and H. T. Ho. 1981. CANDE-1980: Box Culverts and Soil Models. Springfield, Va.: National Technical Information Service.
24. Konder, R. L., and J. S. Zelasko. 1963. A Hyperbolic Stress-Strain Formulation of Sands. In *Proceedings of the Second Pan American Conference on Soil Mechanics and Foundation Engineering*. 1:209.
25. Krizek, R. J., R. A. Parmelee, N. J. Kay, and H. A. Elnaggar. 1971. Structural Analysis and Design of Buried Culverts. National Cooperative Highway Research Program Report 116. Washington: National Research Council.
26. Kulhawy, F. H., J. M. Duncan, and H. B. Seed. 1969. Finite Element Analysis of Stresses and Movements in Embankments during Construction. Report TE-69-4. Berkeley: Office of Research Services, University of California.
27. Marston, A. 1930. The Theory of External Loads on Closed Conduits in the Light of the Latest Experiments. *Bulletin 96*. Ames: Iowa Engineering Experiment Station.
28. Marston, A., and A. O. Anderson. 1913. The Theory of Loads on Pipes in Ditches and Tests

of Cement and Clay Drain Tile and Sewer Pipe. *Bulletin 31*. Ames: Iowa State College.
29. Marston, A., W. J. Schlick, and H. F. Clemmer. 1917. The Supporting Strength of Sewer Pipe in Ditches and Methods of Testing Sewer Pipe in Laboratories to Determine Their Ordinary Supporting Strength. *Bulletin 47*. Ames: Iowa State College.
30. Moser, A. P. 1990. *Buried Pipe Design*, 1st ed. New York: McGraw-Hill.
31. Nyby, D. W. 1981. Finite Element Analysis of Soil Sheet Pipe Interaction. Ph.D. dissertation. Logan: Department of Civil and Environmental Engineering, Utah State University.
32. Olander, H. C. October 1950. *Stress Analysis of Concrete Pipe*. Engineering Monograph No. 6. U.S. Department of the Interior, Bureau of Reclamation.
33. Ozawa, Y., and J. M. Duncan. 1973. ISBILD: A Computer Program for Analysis of Static Stresses and Movements in Embankments. Report No. TE-73-4. Berkeley: Office of Research Services, University of California.
34. Paris, J. M. November 10, 1921. Stress Coefficients for Large Horizontal Pipes. *Engineering News Record* 87(19).
35. Piping Systems Institute. 1980. *Course Notebook*. Logan: Utah State University.
36. Portland Cement Association. 1944. Vertical Pressure on Culverts under Wheel Loads on Concrete Pavement Slabs. Skokie, Ill.
37. Schlick, W. J., and J. W. Johnson. 1926. Concrete Cradles for Large Pipe Conduits. *Bulletin 80*. Ames: Iowa State College.
38. Schlick, W. J. 1932. Loads on Pipe in Wide Ditches. *Bulletin 108*. Ames: Iowa State College.
39. Schlick, W. J. 1920. Supporting Strength of Drain Tile and Sewer Pipe under Different Pipe-Laying Conditions. *Bulletin 57*. Ames: Iowa State College.
40. Selig, E. T. 1988. Soil Parameters for Design of Buried Pipelines. In *Pipeline Infrastructure —.Proceedings of the Conference*, pp. 99–.116. New York: American Society of Civil Engineers.
41. Smith, W. W. May 1978. Stresses in Rigid Pipe. *ASCE Transportation Engineering Journal* 104(TE3).
42. Spangler, M. G. 1950. Field Measurements of the Settlement Ratios of Various Highway Culverts. *Bulletin 170*. Ames: Iowa State College.
43. Spangler, M. G. 1933. The Supporting Strength of Rigid Pipe Culverts. *Bulletin 112*. Ames: Iowa State College.
44. Spangler, M. G., and R. L. Handy. 1982. *Soil Engineering*, 4th ed. New York: Harper & Row.
45. Spangler, M. G., and W. J. Schlick. 1953. Negative Projecting Conduits. *Report 14*. Ames: Iowa State College.
46. The Asphalt Institute. March 1978. *Soils Manual for the Design of Asphalt Pavement Structures*. Manual Series No. 10 (MS-10). College Park, Md.
47. Timoshenko, S., and D. H. Young. 1962. *Elements of Strength of Materials*, 4th ed., pp. 111, 139. Princeton, N.J.: Van Nostrand Company.
48. Timoshenko, S. P. 1968. *Strength of Materials: Part II—.Advanced Theory and Problems*. Princeton, N.J.: Van Nostrand Company.
49. Watkins, R. K., and M. G. Spangler. 1958. Some Characteristics of the Modulus of Passive Resistance of Soil: A Study in Similitude. In *Highway Research Board Proceedings* 37:576–.583.
50. Wilson, E. 1971. Solid SAP: A Static Analysis Program for Three-Dimensional Solid Struc-

tures. SESM Report 71-19. Berkeley: Structural Engineering Laboratory, University of California.

51. Wong, K. S., and J. M. Duncan. 1974. Hyperbolic Stress-Strain Parameters for Nonlinear Finite Element Analysis of Stresses and Movements in Soil Masses. Report TE-74-3. Berkeley: Office of Research Services, University of California.
52. Zienkiewitcz, O. C. 1977. *The Finite Element Method*, 3d ed. New York: McGraw-Hill.

Chapter 06

강 및 덕타일주철 연성배관

6.1 강관 (Steel pipe)

다양한 직경, 형상, 그리고 벽 형상의 강관이 제작되어 다양한 용도로 사용되고 있다. 압력용의 경우 단면은 원형이나 중력유동의 경우 “장경간 아치형 단면”이라 불리는 천정이 낮은 공간에서 사용하기 위해 수직으로 잡아 늘인 아치 형상을 한 타원 형상과 기타 형상을 가질 수 있다.

대부분의 경우 중력유동에 사용되는 강관들은 파형벽을 갖고 있다. 파형 단면은 관성 모멘트가 커서 배관의 강성도도 커진다. 통상적으로 파형배관들은 부식방지를 위해 아연도금하거나, 알루미늄처리 강으로도 제작한다. 일반적으로 유용한 코팅과 라이닝으로는 역청계 재료, 포틀랜드 시멘트계 재료, 그리고 폴리머들이 있다. 특수한 용도에서는 설치 후 라이닝을 하기도 한다. 보통은 강도 및 강성도 계산시 라이닝과 코팅을 무시한다.

6.1.1 파형 강관 (Corrugated steel pipe)

소개 100년 전 시장에 처음으로 나타난 파형 강관은 매설 수로용으로 사용이 상당히 증가하였다. 100년 전부터 사용자와 제작사는 파형 강관에 대해 수많은 시험과 지속적인 관찰을 수행하여 왔으나, 여기에서는 시험결과를 검토하는 것이 목적이 아니므로 이들 시험과 관찰로부터 개발된 설계방법들에 대해 기술하기로 한다.

초기의 파형 금속관 설계표는 각 직경에서 유효한 금속 두께(규격)만을 보여주었으나 취급 및 설치를 위해 적당한 강성을 갖는 배관을 생산할 수 있도록 특별 두께를 갖는 배관도 있다.

후에 실제 설치 경험을 기초로 채움 높이 표들이 개발되어서 토피두께를 점차적으로 증가시켜 문제가 발생할 때의 한계를 설정하였다. 이러한 표들은 종종 제작사의 문헌에 수록되었으며, 고속도로 배관설계 기준으로 자주 인용되었다. 일부 기관이 한정된 조건에서 많은 횟수의 파형 강관 설치물에 대한 경험들을 조사해 본 결과 이러한 한계설정 절차는 역전이 되기도 하였다.

이런 식으로 조사한 결과 고속도로 건설시 상대적으로 낮은 채움이 적합하였고, 개발된 보수적인 성능한계들은 경제적 관점과는 거의 무관하였다. 그러나 배관 사용이 늘어나고 토피두께가 증가하면서 설계를 위한 다음 3개의 중요한 기초에 상당한 관심들이 집중되었다.

1. 과도한 링 처짐 또는 배관의 편평화(flattening)
2. 길이방향과 나선형 주름부(helical seam)의 강도
3. 대구경 배관에서 링의 압축강도(벽 파쇄 또는 배관 벽의 탄성 좌굴)

설계기준 중에서 좋은 것들은 예제들을 통해 예증할 수 있으며, 조사를 하나의 기준에 한정하는 설치 절차를 제안할 수 있다. 현대 고속도로 설계 및 건설 공법의 출현으로 안전하고 경제적으로 대규모 암거와 높은 채움을 수행하기 위해 더욱 엄격한 설계 절차들이 필요하였다. 기술자들의 상당한 협력, 노력, 그리고 타협의 결과 설계 계수와 다른 고려사항들이 확립되어 왔다. 필요하면 설계 계수들을 증명하고 수정해야 한다. 성능의 최대 허용한계들을 반드시 검토한다.

매설 파형 강관의 설계를 위해 다양한 단순화된 이론들이 제안되어 왔다. 각 제안들은 타당하나 오직 제한 범위 내에서만 유효하다. 하나의 이론은 그림 6.1에서의 링

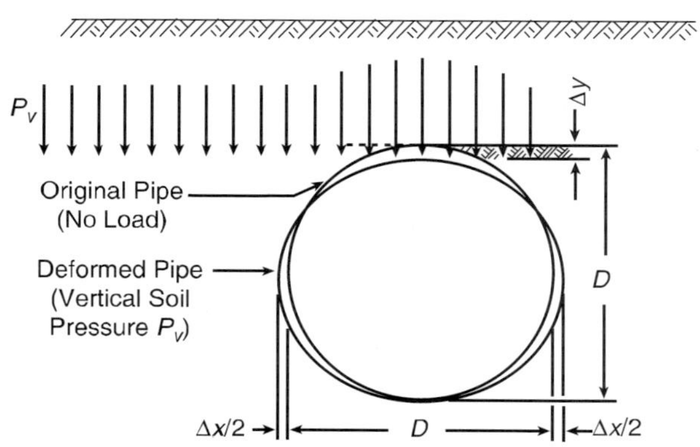

그림 6.1 매설된 연성배관의 링 처짐

처짐 Δ/D에 기초한다.

일반적으로 매설배관에 작용하는 외부의 흙 하중은 배관단면(또는 링)을 처지게 하여 연직 직경이 감소하고 수평 직경은 증가하도록 한다. 링의 처짐 이론에 따라 배관을 설계하기 위해 일부 최대 허용 링 처짐량을 명시하고, 그 후 여러 유효한 공식들 중 하나를 사용하여 실제 링 처짐량을 예측한다. 연직 처짐량 Δy는 통상적으로 수평 처짐량 Δx보다 더욱 예측 가능하고 의미가 있다. 그러나 통상적으로 강관의 경우 Δy가 크지만 대략적으로 Δy와 Δx는 동일하다(부호는 반대).

다른 설계 이론들은 배관 벽에서 압축 링 응력에 기초한다. 극한(또는 최대 허용) 압축 응력 f_c를 명시한 후 공식 $S = P_v(D/2A)$으로부터 압축응력 S를 결정한다(그림 6.2 참조).

통상적으로 연직토압 P_v는 배관이 없을 경우 배관 상단부 높이에서 토압으로 정의하며, 이 링 단면은 흙과 동일하게 압축한다는 것을 의미한다. 실제로 배관이 설치될 경우 배관은 압력 집중 또는 압력 완화(링 단면보다 흙이 다소 압축성을 가질 경우)를 야기시킬 수 있으며, 이러한 사항을 응력 집중 계수로 고려할 수 있다.

링 압축 방법에서 링 압축추력 $P_vD/2$는 반드시 허용추력보다 적어야 된다고 명시하고 있으며, 이 허용추력은 배관의 단위길이당 길이방향 심(seam)의 허용 강도이다. 이 방법은 배관에 작용하는 연직토압은 P_v이고, 흙은 링을 반경방향으로 완벽하게 지지한다고 가정한다.

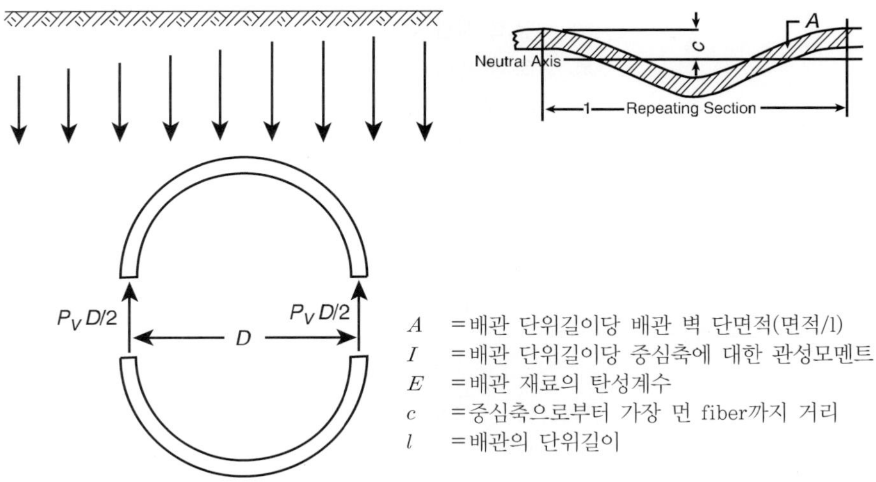

A =배관 단위길이당 배관 벽 단면적(면적/l)
I =배관 단위길이당 중심축에 대한 관성모멘트
E =배관 재료의 탄성계수
c =중심축으로부터 가장 먼 fiber까지 거리
l =배관의 단위길이

그림 6.2 매설된 연성배관의 압축

수정된 링 압축 개념은 성능한계로서 심 강도 이외에 벽 파쇄와 벽 좌굴을 포함한다. 계산된 응력 $S = P_v(D/2A)$, 그리고 극한 응력 f_c는 배관 벽의 파쇄 강도(항복점 강도), 배관 벽의 좌굴 강도, 또는 심 강도이다. 흙은 정확하게 링 단면과 동일한 압축성을 갖는 것으로 가정해야 한다. 실제로 흙은 링 단면과 정확하게 동일하지 않으므로 링에 작용하는 토압은 정확하게 P_v가 아니지만 또 다른 문제가 발생한다. 어떤 벽 강도, 파쇄 또는 좌굴이 실제로 성능을 제어하고 설계를 제한할까? 극단적인 경우 만일 흙이 모든 링의 처짐에 저항할 수 있으면 파쇄를 제어하는 f_c는 항복점 강도가 될 것이다. 또 다른 극단적인 경우 만일 흙이 유체(즉, 링의 처짐에 저항할 수 없으면)이면 좌굴을 제어해야 한다. 물론 흙은 상기 2개의 극단적인 경우 사이에 존재하고 압축성이다.

아직 다른 이론들은 다음과 같은 전통적인 공식으로 계산할 수 있는 배관 벽에서 예측된 응력 S에 기초한다.

$$S = \frac{P}{A} + \frac{Mc}{I}$$

여기서 P : 링 압축추력($P = P_v D/2$)
A : 벽 단면적
M : 벽에 작용하는 모멘트
I : 벽의 관성모멘트
c : 가장 먼 섬유조직까지 거리
R_i : 곡률반경
R_0 : 당초 배관 반경
S : 전체 응력
σ : 휨 응력
ϵ : 휨 변형률

다음과 같은 식으로부터

$$\sigma = E\epsilon \qquad \sigma = \frac{Mc}{I}$$

$$\epsilon_{bending} = \pm \frac{t}{2R_0 - t} R_i \left(\frac{1}{R_i} - \frac{1}{R_0} \right)$$

따라서

$$M = \frac{EI\epsilon}{c} = \frac{EI\epsilon}{t/2} \Rightarrow \pm\left(\frac{EI}{t/2}\right)\frac{t}{2R_i - t}R_i\left(\frac{1}{R_i} - \frac{1}{R_0}\right)$$

따라서 다음과 같이 표현할 수 있다.

$$M \cong EI\left(\frac{1}{R_i} - \frac{1}{R_0}\right)$$

상기 공식을 사용하기 위해 변형된 배관 링의 곡률 R_i를 알아야 한다. R_i의 정밀도는 의심스럽고 더욱이 응력 S가 항복점에 도달한다고 해서 배관 벽이 파쇄되지는 않는다. 응력 S는 가장 먼 섬유조직에서의 응력일 뿐이고, 냉간 성형으로 인해 이미 항복점에 도달할 수 있다(그림 6.3 참조).

설계한계는 성능한계를 안전계수로 나눈 것이다. *성능한계(performance limit)*는 흙-배관 시스템의 과도한 왜곡으로 배관 또는 흙이 설계된 성능을 충분히 발휘하지 못하는 것을 의미한다. 성능한계는 가장 먼 섬유조직 내 항복점 응력이나 반드시 특수한 링 처짐을 포함하지 않는다.

매설 파형 강관의 성능한계는 시스템이 설계된 목적을 더 이상 수행할 수 없는 링 변형량이다. 배관 상부의 흙 표면에 허용할 수 없는 혹(hump)이나 침하(dip) 또는 균열이 발생하면 성능한계를 초과한 것이다. 링 변형으로 인해 배관의 유동 특성들이 설계된 수치 이하로 감소하면 성능한계를 초과한다. 성능한계의 최종 정의는 설계 기술자가 결정해야 한다.

대부분 배관 설치에서 성능한계의 정의는 그림 6.4에서 볼 수 있는 것과 같이 초기의 링 파괴이다. 초기 링 파괴는 가해진 하중이 흙의 아칭작용에 의해 해소되지 않을 경우 링이 계속 변형되거나 붕괴될 때의 변형량으로 정의된다. 이는 임의의 성능한계로서 배관의 붕괴를 의미하지 않는다. 그림 6.4에 나타낸 제안된 강도 포락선들은 이

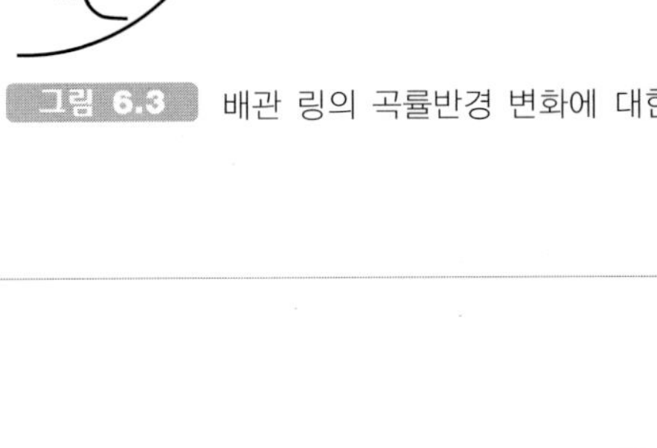

그림 6.3 배관 링의 곡률반경 변화에 대한 모멘트의 상관관계

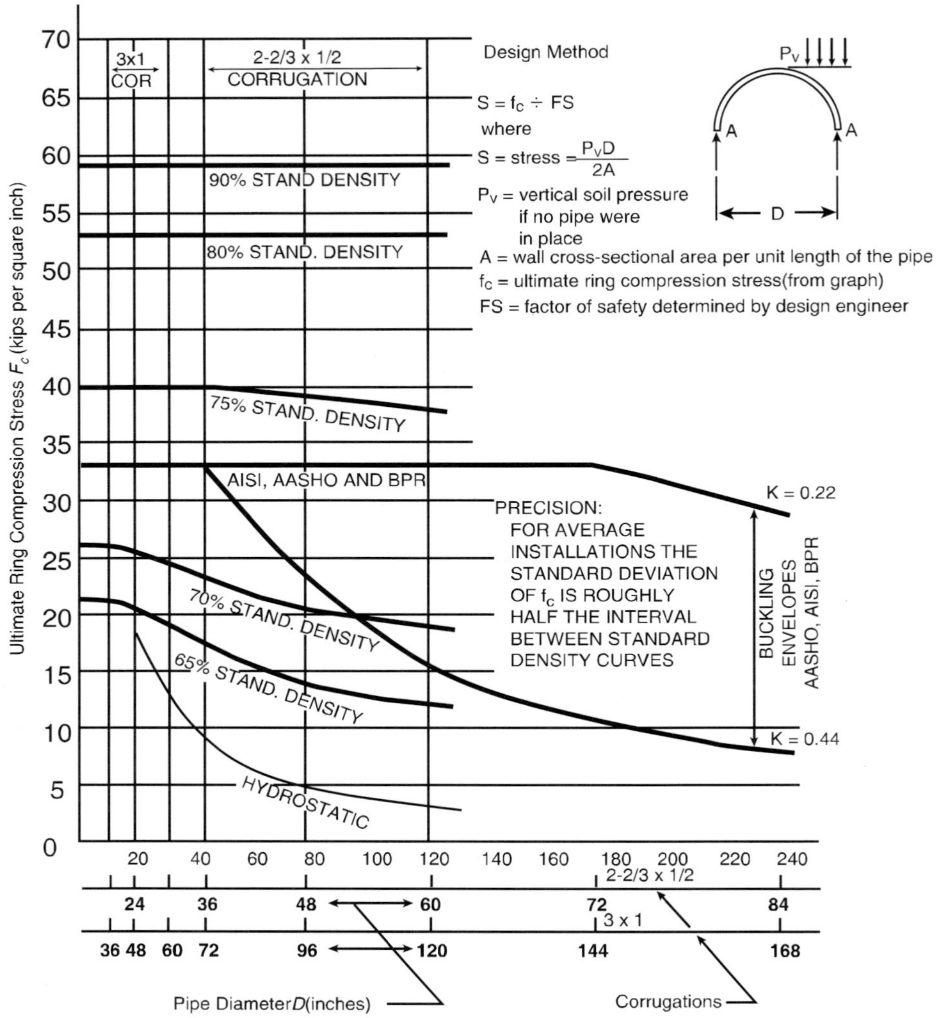

그림 6.4 AASHTO 방법 T-99로 결정된 다양한 표준 흙 밀도에서 직경과 파형(corrugation)의 함수로서 극한 링 압축응력

러한 성능한계를 위한 설계도표이다. 연직토압의 일부는 흙의 아칭작용에 의해 지지되기 때문에 고밀도 흙의 강도 포락선은 강(steel)의 항복점을 초과한다. 초기 링 파괴로 링이 변형될지라도 붕괴하지 않기 때문에 추가적인 안전계수가 내포되었다.

매설 파형 강관을 위한 성능한계는 단일 현상이 아니라 여러 현상들의 상호작용이다. 예를 들어 성능한계는 단순히 벽의 파쇄, 벽의 좌굴, 길이방향 심(seam)의 전단,

또는 링 처짐이 아니다. 이들 각각은 서로 영향을 미치고, 변화하는 환경아래 정도가 다르게 서로 관련된다. 예상한 것과 같이 링 처짐이 크면 곡률방향 응력으로 인해 벽의 파쇄 강도는 작아진다. 하나의 패널(panel)에서 길이방향 심은 인접 패널의 벽에 응력집중을 야기시켜 벽 파쇄의 계기가 된다. 물론 벽 파쇄가 발생하면서 벽 좌굴이 시작되고 심 인근 좌굴은 심 파괴를 야기시키므로 상호작용 현상이라 할 수 있다.

모든 경우에서 성능한계는 배관 내부에서 관측할 수 있는 링 변형이다. 성능한계 관측에서 발생 가능한 차이는 임계 공극비 근방에서 연직토압의 10% 정도이다. 다음은 이러한 시험에서 성능한계로 판단되는 변형들이다.

벽 파쇄(wall crushing) 치밀하게 다져진 흙(임계 공극비보다 치밀함) 내부에 배관을 매설할 때 성능한계에 도달하였다는 첫 번째 표시는 벽 파쇄이다. 파형(corrugation)에서의 아주 작은 딤플링(dimpling)은 처음 육안으로 확인할 수 있는 곤경(distress)의 표시이다. 딤플링은 성능한계는 아니지만 일반적인 벽 파쇄의 위치를 암시한다. 통상적으로 이러한 파쇄는 링 내부 10시와 2시 방향에서 발생한다. 얇은 파형보다 깊은 파형에서 딤플(dimple)이 먼저 발생하지만 일반적으로 벽 파쇄는 동등 또는 약간 높은 압력에서 발생한다. 통상적으로 벽 파쇄는 그림 6.5에 나타낸 것과 같이 발생한다. 벽 파쇄는 파형의 딤플링으로 시작하여 아코디언 현상으로 진행한다.

벽 파쇄 강도는 항복점 강도에 배관 단위길이당 벽 단면적을 곱한 것이다. 본 실험에 포함된 강의 항복점 강도는 35~45kips/in^2 사이에서 변화하였다. 심 강도와 링 처

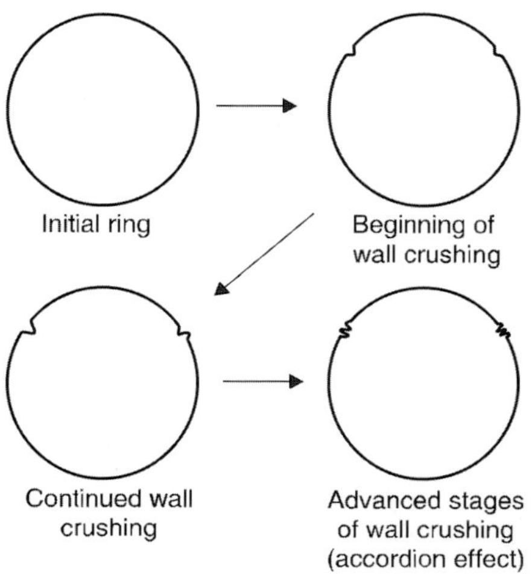

그림 6.5 고밀도 및 저밀도 흙에서 관찰된 역곡률 형식

짐과 같은 다른 변수들에 의해 항복점 강도의 변화에 대한 영향은 부분적으로 가리워지기 때문에 이 변화는 중요하지 않았다. 심 효율이 100%이고 링 처짐을 0으로 제한한다면 파쇄 강도는 직접적으로 항복점 강도에 비례하는 것에 대해 의심의 여지가 없다. 또한 강의 두께(gage)가 주어진 경우 파형 높이가 증가하면서 단면적이 증가한다.

유타대학 시험에서 링 연성(軟性, flexibility) $(D/r)^2$은 저밀도 지반 내부에서 파쇄 강도에 영향을 미치는 것으로 나타났으며, 그림 6.4에서 링 연성이 증가하면서 곡선은 오른쪽으로 갈수록 저하하는 것을 볼 수 있다.

역곡률(reversal of curvature) 그림 6.6과 같이 하중이 증가하면서 링 단면은 플래트닝하여 역곡률이 발생하는 경향이 있다. 역곡률의 형식은 두 개로 크게 나뉜다. 임계 공극비보다 밀도가 매우 작은 저밀도 흙의 경우 흙이 아래로 압축되면서 배관은 타원형으로 변화하는 경향이 있으며, 이러한 경향으로 측면에서 높은 곡률방향 응력이 발생한다. 일부 링 압축과 조합된 응력들은 소성(plastic) 힌지를 야기시킨다. 만일 이러한 변형이 극단적이 되면 배관 상단부는 아래로 내려와 역곡률이 되고, 궁극적으로 세 번째 소성 힌지가 상단부 중앙에 형성된다. 고밀도 흙 내에서는 다른 형식의 역

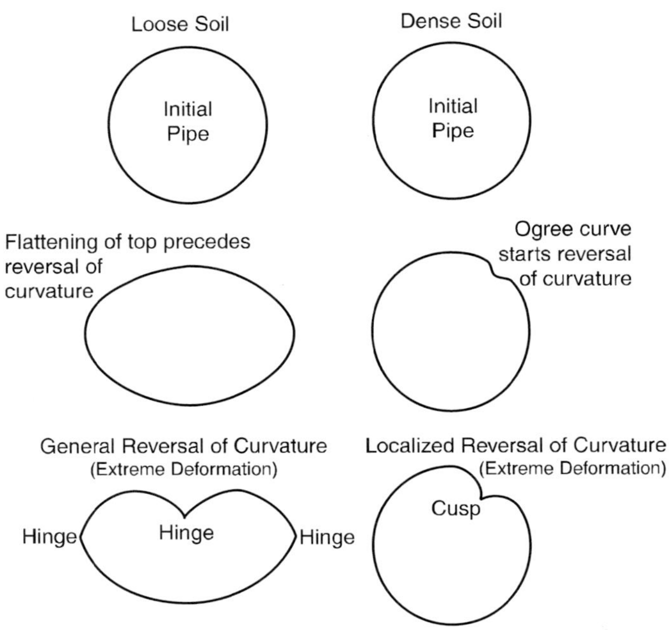

그림 6.6 고밀도 및 저밀도 흙에서 관찰된 역곡률 형식

곡률이 발생하며 이를 "국부 좌굴(local buckling)"이라 부른다. 이러한 현상은 배관 상단부 중앙에만 제한되지 않는다. 통상적으로 10시와 2시 사이에 형성되나 반드시 그렇지는 않다. 때로는 배관 하부 5시와 7시 사이에서 역곡률이 발생하나 2시와 5시 사이 또는 7시와 10사이에서 발생한 적은 없다. 깊은 파형 관에 대한 성능한계는 역곡률 보다는 측면들에서 소성 힌지가 되는 경향이 있다. 얇은 파형관의 경우 흙이 매우 압축성인 경우에만 측면에서 소성 힌지가 형성되며, 그렇지 않으면 성능한계는 역곡률이 되나 흙의 포설, 밀도, 또는 경계의 관점에서 이 차이는 무의미하다.

심 분리(seam separation) 심 분리를 확인하는 것은 문제가 없으나 통상적으로 문제는 심 분리 유발원인과 관련된다. 나선형 록심(lockseam)의 경우 역곡률이 시작할 때, 특히 역곡률이 커스프(cusp)로 전개될 때 심은 개방되는 경향이 있다. 그림 6.7과 같이 심 분리는 단순한 인장 분리이다. 명백하게 제작 과정에서 금속의 냉간작업으로 인해 강도가 충분히 약화되어 인장과 심의 펴짐(unfolding)이 조합하여 심 인근 금속에서 분리가 발생한다. 만일 록심의 한 측면에서 역곡률이 빠르게 진행하면 다른 측면의 심이 들려 심이 펴져 개방된다. 통상적으로 이러한 현상은 불균일 베딩 조건에 기인하여 배관 바닥에서 발생한다(그림 6.7 참조).

모든 경우에 파형 최상단부의 딤플링은 성능한계가 아니라는 것을 주의하는 것이 중요하다. 리벳 또는 록심 조인트의 미끄럼(slipping)도 성능한계가 아니며 이러한 것들은 응력 완화장치로 수용해야 한다. 상기에서 언급한 극단적 변형들은 현장에서 발생하는 전형적인 현상이 아니며 시험용 토조에서 관찰될 수 있는 것이다.

각 설계 이론은 완전 다른 현상에 기초한 완전 다른 성능한계에 기초한다. 예를 들어 링 처짐은 흙의 압축과 배관 링의 연성에 기초한다. 반대로 링 압축 이론은 토압과

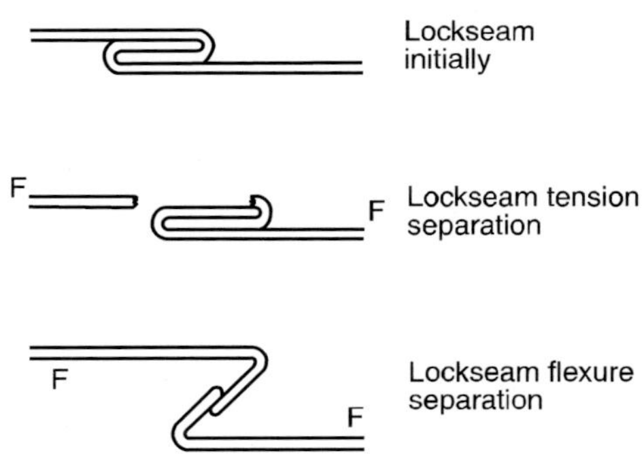

그림 6.7 lockseam 조인트의 심 분리 개략도

벽 강도(파쇄 또는 좌굴), 또는 심 강도에 기초하고, 흙의 압축과 링의 연성은 통상적으로 포함되지 않는다. 어떤 매설배관이든 응답을 촉발하는 한 가지 형태의 문제점과 다른 범주에서의 완전한 파괴유형을 등록할 수 있다.

배관은 흙 하중을 받으면 타원으로 변화하는 경향이 있으며 이로 인해 곡률방향 응력들이 발생한다. 일부 링 압축과 조합된 이러한 응력들은 벽 파쇄를 발생시키며 이러한 현상을 소성 힌지로 기술하는 것이 보다 올바르다(그림 6.8 참조). 이러한 변형이 극단적으로 되면 배관 상단부는 아래로 내려오고 궁극적으로 상단부 중앙에서 세 번째 소성 힌지가 형성된다.

고밀도 지반 내에서는 다른 형식의 역곡률이 발생하며 이를 국부 좌굴이라 부른다. 이는 상단부 중앙에만 제한되지 않는다. 통상적으로 10시와 2시 사이에 형성되나 항상 그런 것은 아니다. 때로는 바닥 5시와 7시 사이에서 역곡률이 발생한다. 지금까지 측면 2시와 5시 사이 또는 7시와 10시 사이에서는 발견되지 않았다. 상기 기술된 성능한계들에 영향을 미치는 가장 중요한 요소는 배관 벽 파쇄 강도와 흙의 압축이다. 링 연성과 길이방향 심 강도가 성능한계에 미치는 영향은 덜하며 흙의 마찰각과 같은 다른 요소들은 무시할만하거나 알려지지 않았다.

유타대학 시험의 가장 의미 있는 결과들을 그림 6.4에 나타내었다. 그림에서 세로좌표는 겉보기(apparent) 링 압축 강도 f_c이다. 성능한계에서 겉보기 링 압축 응력은 다음과 같이 정의된다.

$$f_c = \frac{PD}{2A} \text{(성능한계에서)} \qquad 6.1$$

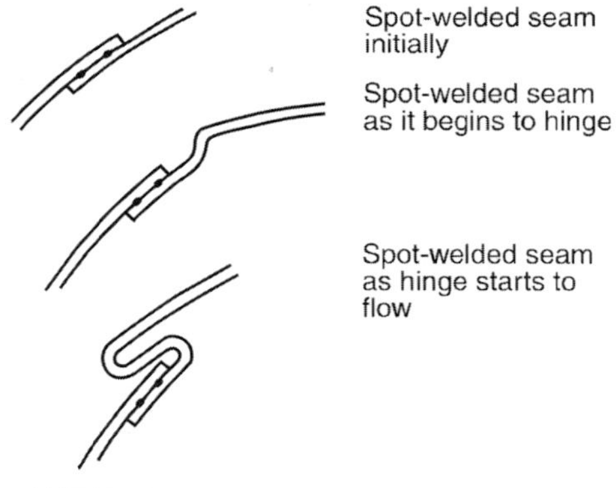

그림 6.8 소성 이동에 따른 전형적인 힌지 형성을 보여주는 용접된 심의 개략도

여기서 P : 겉보기 연직토압. 즉, 배관이 위치하지 않을 때 배관 상단부의 높이에서 계산된 압력
D : 공칭 배관 직경
A : 배관 단위길이당 단면적

성능한계는 흙–배관 시스템을 충분히 수행할 수 없는 링의 변형이다. 배관 링을 설계하기 위해 잘 알려진 "설계 기준(criterion) 응력<강도" 관계식을 사용한다. 즉,

$$f_c = \frac{PD}{2A} = \frac{f_c}{N}\text{(성능한계에서)} \tag{6.2}$$

여기서 P : 사 하중 D_L과 활 하중 L_L로 구성된 겉보기 연직토압(즉, 배관이 없을 때 배관 상단부 높이에서 계산된 압력으로 D_L+L_L)
D_L : 흙의 단위중량 γ와 배관 상단부 상부의 채움 높이 H의 곱(γH)
L_L : 배관 상단부에서 표면 하중에 기인한 연직토압
f_c : 그림 6.4에서 단순하게 선택할 수 있는 겉보기 링 압축 강도
N : 안전계수

그림 6.4에서 세로좌표는 극한 링 압축응력으로, 가로좌표는 링 연성$(D/r)^2$으로 나타내었다. 더욱 정확하게는 $(D/r)^2/E$로 표현하며, 여기서 D는 직경, r은 길이방향 배관 벽 단면의 회전중심 반경, 그리고 E는 배관 재료의 탄성계수이다. 그러나 이 시험에서 배관 재료는 오직 강으로서 $E=29\times10^6\text{lb/in}^2$으로 상수가 되므로 변수 $(D/r)^2$에 포함하지 않았다. 이러한 시험의 정밀도 내에서 파형 형상이 주어진 경우 회전반경 r은 상수이므로[즉, 본질적으로 강 두께(gage)와 독립적이다] 파형 형상이 주어진 경우 가로축을 배관 직경 D로 나타낼 수 있다.

고밀도 지반 내부에서 링 처짐이 작아 링 내부에서 임의 응력은 휨(flexure)이 아닌 순순한 압축이기 때문에 링의 연성은 극한 링 압축강도에 큰 영향을 미치지 않는다. 성능한계는 벽 파쇄이고, 링의 연성과는 무관하나 파형의 깊이가 증가하면 역곡률에 대한 안전계수는 커진다.

그림 6.4에서 불균일 흙의 밀도에 대해 연성 링의 민감도가 증가하면, 링의 연성이 증가함에 따라서 강도 포락선들은 오른쪽으로 갈수록 하강한다. 만일 그 지반이 치밀하게 시공되었다면 강도 포락선들은 그림 6.4에서와 같이 아래로 하강하지 않을 것이다(특히 다짐이 잘 된 흙에서). 그러나 현재의 지반 포설 기법으로는 흙이 불균일하여 압력 반점(spot)을 야기하고 그 부위에서 매우 유연한 링의 벽 좌굴을 촉진시켜 링 좌굴 영역으로 나타난다.

흙의 압축은 성능한계에 큰 영향을 미친다. 평균 연직토압 P_v와 흙의 탄성계수 E'에 의해 압축량이 결정된다. 흙의 밀도를 증가시켜 흙의 탄성계수 E'를 증가시킬 수 있다. 시험으로부터 흙의 밀도가 클수록(E'가 클수록) 배관 벽 내부에서 극한 링 압축응력 f_c가 커지며 이러한 정량적인 결과들을 그림 6.4에 나타내었다. 고밀도와 저밀도 지반에서 f_c 수치의 차이는 3 : 1의 비율이다. 배관이 정확하게 동일하면 고밀도 지반에서 배관 강도가 커지는 이유는 무엇인가? f_c 수치가 극한 링 압축 응력으로 불릴지라도 이는 배관만이 아니라 흙-배관 시스템 강도를 나타내는 하나의 척도이다. 만일 흙이 고밀도이고 상대적으로 강하면 지지 구조물로서 흙-배관시스템 강도를 증가시킨다. 반대로 흙이 저밀도이고 압축성이 크면 수직압력하에 흙은 아래로 압축하면서 배관이 압력 집중을 발생시킨다. 더욱이 흙의 압축은 링의 처짐을 야기시켜 관벽 내부에 곡률방향 응력을 추가하는 것은 물론 수평 직경을 증가하여 벽 추력을 증가시켜 흙-배관시스템을 더욱 약화시킨다. 만일 흙만큼 배관이 정확하게 압축하면 배관에 작용하는 연직 압력은 흙 내부의 연직토압 P_v와 동일하게 된다. 만일 흙이 고밀도이면 흙의 압축량은 작게 되어 배관 단면적은 흙의 단면적보다 더욱 감소하여 배관은 연직토압으로부터 완화된다. 이는 교량 또는 배관 상부에서 흙이 아치가 되어 하중을 부담하는 아칭작용과 동등하다. 흙의 임계 공극비는 매우 중요하다. 만일 임계 공극비보다 흙을 높게 다짐하면 파형 강관에 작용하는 압력집중은 임계 공극비보다 낮게 다짐되어 저밀도일 때 작용하는 압력집중의 약 20~40%가 된다.

특히 주목할 만한 것은 고밀도 흙의 내부에 매설배관과 대비하여 저밀도 흙의 내부에 매설된 배관의 경우 하중-처짐 도표의 포괄적인 경사에서의 커다란 차이이다. 수평 처짐 자료들은 연직 처짐 자료들과 거의 동일하다. 그러나 연직 처짐 자료들은 상당한 정밀도를 갖고 측정할 수 있으며 대부분의 해석에서 더욱 큰 의미를 갖는다는 것을 발견하였다.

일부 포괄적인 결과들을 그림 6.4에 나타내었고 이 그림은 링 연성의 함수로 극한 링 압축응력을 보여준다. 재료는 일정한 계수를 갖는 강이기 때문에 링 연성은 $(D/r)^2$가 되고, 임의 파형 깊이에서 회전 반경은 본질적으로 상수이므로 특정 파형 형상의 경우 링 연성은 오직 배관 직경 D의 함수가 된다.

물론 여기서의 내용은 오직 주어진 항복점의 응력에 대해서만 적용된다는 점을 이해해야 한다. 이 예에서의 항복강도는 30~40kips/in^{2}이다. 만일 항복점이 두 배로 높아지면 모든 허용 응력선들은 대략 두 배로 높아져야 한다. 재료의 항복점은 물론 링 연성, 흙의 압축, 그리고 링 처짐은 허용 응력선들에 영향을 미치기 때문에 정확하게 두 배가 되지는 않는다. 시험자료의 길이방향 심들은 극한 링 압축 응력선들에 영향을 미치나 이는 흙의 압축과 배관 벽 파쇄 강도보다 영향이 상당히 적은 것으로 나타났다.

예제 6.1

직경 48인치 $2\frac{2}{3}\times{}^{1}/_{2}$인치 파형 강관을 120ft의 토사 제방 아래 설치하고자 한다. 배관 주변의 흙은 수정된 밀도(단위중량이 약 120lb/ft^3)의 90%로 다짐된다. 초기 링 파괴(그림 6.4)로 성능한계를 정의할 때 배관 벽 두께(gage)를 결정하라. 표면에 H-20 하중이 통과하는 것으로 추정한다. 만일 시공관리가 의심스러우면 안전계수 $N=2$로 가정한다.

해답

배관 링에 미치는 겉보기 연직토압은

$$P=D_L+L_L=14.4\text{kips/ft}^2$$

여기서 $D_L=\gamma H=120\text{lb/ft}^3\times 120\text{ft}$, L_L은 무시한다.

식 6.1로부터 겉보기 링 압축 응력은 다음과 같다.

$$f_c=\frac{PD}{2A}=\frac{(14.4\text{kips/ft}^2)(4.0\text{ft})}{2\text{A}}=\frac{28.8\text{kips/ft}}{\text{A}}$$

여기서 A는 단위길이당 면적이다.

40ksi 항복점에 기초한 겉보기 링 압축강도는

$$f_c=60\text{kips/in}^2$$

상기 강도는 그림 6.4에서 흙 밀도 90%와 직경 4ft, $2\frac{2}{3}\times{}^{1}/_{2}$인치 파형 강관에 상응한다(여기서 항복점은 40ksi가 아니고, 겉보기 링 압축 강도 f_c는 비례하여 수정된다). 응력을 안전계수로 나눈 강도와 등치시키면

$$\frac{PD}{2A}=\frac{f_c}{N}$$

또는

$$\frac{28.8\text{kips/ft}}{A}=\frac{60\text{kips/in}^2}{2}$$

상기 식을 풀면 단면적 $A = 0.96\text{in}^2/\text{ft}$가 된다. 따라서 면적 $A = 1.356\text{in}^2/\text{ft}$를 갖는 12-게이지 강을 사용해야 한다.
링의 처짐에 대해 확인하면 흙 밀도 90%에서 3% 이하의 링 처짐량을 예측할 수 있으므로 링 연성계수(flexibility factor, 또는 handling factor)는 충분하다.

파형 강관 아치의 3차원 FEA 모델링 해답이 의미가 있으려면 파형 구조물의 유한요소 모델링에 역점을 두어야 한다. 만일 구조물을 하나의 지하 차폐물(shelter)로 사용해야 한다면 매우 큰 길이방향 힘을 견딜 수 있도록 설계한다. 이러한 힘들은 차폐물의 콘크리트 말단 벽에 작용하는 커다란 동적 압력 하중으로부터 형성되어 파형 아치의 측면으로 길이방향 하중을 전달한다.

강의 탄성계수와 전단계수들은 통상적으로 형상과 관계없이 고려되는 재료 특성이다. 파형 배관의 경우 파형은 다소 스프링과 같이 역할을 하고 재료적 탄성 이외에 구조적 변형을 수용한다. 등가 탄성계수와 전단계수가 정의되는 것과 같이 조합된 구조 및 재료 변형률을 결정할 수 있다. 파형을 수직판 조건으로 가정하여 등가 특성을 적용하면 구조적 해석을 완성할 수 있다. 여기서 결정된 등가 특성들은 가설적 경계와 하중 조건에 의존하는 분석적 근사치이다. 이러한 근사치 사용 목적은 설계를 단순화하기 위한 것이다.

파형 판들의 확장 전단계수와 탄성계수를 결정하기 위해 2개의 별도 유한요소해석 모델을 개발하였으며, 이 모델은 CAEDS 유한요소 소프트웨어의 전처리 그래픽 성능을 사용한다. 전산 해석을 위해 절점과 요소들을 NASTRAN으로 전송한다.

다양한 재료 두께를 갖는 6×2 파형에 대한 결과들을 얻기 위해 각 전산 모델을 여러 번 실행한다. 기본 형상을 동일하게 유지하고 두께를 변화시켜 해석하였으며, 모든 해석에서 코팅되지 않은 재료 두께를 사용하였다.

길이 1 파장(wavelength), 폭 1인치인 유한요소 파형 모델의 한쪽 끝에 힘을 증가시켜 파형 판의 확장 탄성계수를 결정한 후 FEA 결과로부터 하중-처짐 곡선들을 작성한다. 직선영역 내 하중-처짐 곡선의 기울기로부터 다음과 같이 파형의 등가 확장 탄성계수를 계산할 수 있다.

$$E = \frac{\sigma}{\epsilon} = \frac{\text{force/area}}{\text{elongation/length}}$$

파형 구조물을 나타내기 위해 평면 응력(plane stress)에 대립하는 평면 변형률의 조건으로 가정한다. 결과적으로 평면 변형 탄성계수를 $E/(1-\nu^2)$으로 간주하며, 여기서 E는 평면 응력 탄성계수이다.

작은 대표적인 띠(strip)의 폭에서 변화를 결정하고 이를 당초의 폭으로 나누어 ϵ_2를 구하고, 또 이를 당초 길이로 나누어 ϵ_1을 구하여 파형 형상을 위한 등가 포와송 비를 구하였다. 다음 공식으로 포와송 비를 계산하였다.

$$\nu_{12} = \frac{\epsilon_2}{\epsilon_1}$$

그 후 1과 2 방향에서의 수직 탄성계수들 사이 상관관계로 포와송 비 ν_{21}를 결정하였다.

$$\nu_{21} E_1 = \nu_{12} E_2$$

강 파형이 항복강도(33ksi)에 도달할 때 재료의 비선형성이 발생한다. 이 지점에서 변위는 더 이상 가해진 힘에 직접적으로 비례하지 않는다. 곡선이 더 이상 선형적이지 않은 하중–변위 곡선으로부터 이 점을 보간한다. 이와 같은 현상이 발생하는 지점에서의 하중을 파형 판의 단면적으로 나눈 것은 탄성한계와 동일하다.

파형 탄성한계를 결정하기 위해 비선형 유한요소해석을 사용하였다. 이를 완성하기 위해 NASTRAN는 전체 사 하중의 일부분을 형상(geometry)에 적용하고, 변형된 형상을 사용하고, 재료 특성을 변경하여 하나의 새로운 강성도 행렬을 형성하고, 동일한 반복법으로 나머지 하중을 적용한다. 파형 아치 구조적 해석에서 등가 수직요소들을 사용할 때 길이방향 하중에 의해 응력이 발생하는 경우 파괴의 판단기준으로 탄성한계를 사용할 수 있다.

6×2 파형을 위해 한쪽 면이 6인치인 정사각 파형 판을 사용하였다. 이러한 모델들의 각 코너를 매우 유연한(soft) 스프링으로 지반에 부착시킨 후 주변길이 각 모서리에 100lb 전단력을 작용시켰다.

전단력들은 직선 모서리(straightedge)에 걸쳐 균등하게 분포되었고 모델의 파형 모서리상 절점들 사이의 선 거리에 비례한다. 스프링 강도 반복법(iteration on spring strength)을 통해 모델 안정성을 제공하기 위해 스프링은 반드시 최소 강도를 가져야 한다는 것을 보여주었다.

주어진 형상과 재료 두께를 구하기 위해 NASTRAN은 변위 결과자료를 이용하여 전단계수들을 계산하였다. 변위를 측면 길이로 나누어 정사각 요소의 각 변형(deformation) γ를 결정한다. 100lb 힘을 측면 면적으로 나누어 전단응력 τ를 결정하였다.

$$F = \frac{\tau}{\gamma}$$

전단계수와 확장 탄성계수, 그리고 결정된 포와송 비를 사용하여 파형 구조물의 대규모 FEA 모델에서 사용하기 위한 등가수직 요소들을 공식화할 수 있다. 말단부 하중에 노출되는 파형 아치 구조물 내에서 탄성한계를 하나의 파괴 판단기준으로 사용할 수 있다.

아치의 3차원 해석적 모델을 완성하기 NASTRAN 유한요소해석 프로그램을 사용하였다. 실제 파형 판을 어림하는 수직 판 요소를 생성하기 위해 확장 계수, 전단 계수, 그리고 포와송 비를 사용하였으며, 그 결과 요소 수량과 전산시간이 대폭 감소하였고 수월하게 구조물의 파괴 해석을 수행할 수 있었다.

유한요소 모델링을 사용하여 아치 지지 구조물을 해석하였다. 상세한 파형 형상(geometry)을 모델링하는 것이 아니라 실제 파형 형상의 작은 해석적 모델로부터 얻은 재료 특성들로부터 등가수직 판 요소들과 상세한 파형 형상을 유도하였다. 해석은 구조적 구속, 하중 분산, 흙의 상호작용 가정, 재료 특성, 그리고 다른 매개변수들을 포함하였다. 모델결과 적용은 분명하게 모델 매개변수들의 적정 특성화(characterization)에 종속된다.

유한요소의 수량을 감소시켜 모델의 전산수행 시간을 감소시키기 위해 1/4 대칭을 사용할 수 있다. 이는 두 말단부 중 하나에 작용하는 하중은 동등한 것으로 가정하고, 하중은 면들에 대칭으로 작용하기 때문에 가능하다. 처짐 요소들이 대칭 경계조건들을 벗어나는 것을 제한하기 위해 적합한 경계조건들을 사용하였다.

표 6.1 6×2 전단 탄성계수 및 포와송 비

두께(인치)	전단 탄성계수 G(lb/in^2)	ν_{12}	ν_{21}
0.1345	120,682	8.47E-04	0.273
0.1644	174,828	1.26E-03	0.274
0.1838	211,916	1.58E-03	0.274
0.2145	277,500	2.15E-03	0.274
0.2451	348,123	2.80E-03	0.275
0.2758	423,364	3.54E-03	0.275
0.1875	219,326	1.64E-03	0.274
0.2500	359,892	2.91E-03	0.274
0.3125	512,500	4.53E-03	0.274
0.3750	676,142	6.49E-03	0.274

▌표 6.2▐ 6×2 확장계수 및 탄성한도

두께(인치)	확장계수 E(lb/in^2)	탄성한도(lb/in^2)
0.1345	89,818	1004
0.1644	133,523	1204
0.1838	167,406	1518
0.2145	227,184	1608
0.2451	295,729	1854
0.2758	372,941	1956
0.1875	174,018	1520
0.2500	308,021	1848
0.3125	480,000	2211
0.3750	686,695	2636

정의한 것과 같이 등가 특성을 사용하는 모델 매개변수들을 갖는 3차원 유한요소모델은 제대로 동작한다. 수직 판 조건들을 가정하여 표 6.1 및 6.2와 같은 등가 재료 특성(참조)들을 결정할 수 있다. 등가 탄성계수와 전단 탄성계수들을 정의할 수 있는 것과 같이 조합된 구조 및 재료 변형을 결정할 수 있다. 여기에서 결정된 등가 특성들은 설계의 단순화를 돕기 위해 사용할 수 있는 해석적 근사치이다.

결론

1. 매설된 파형 강관의 성능한계는 배관 또는 흙이 설계 기능을 수행할 수 없는 최대 변형으로 가장 잘 정의할 수 있다. 일부 다른 요소에 의해 제한되지 않는 한 최대 변형은 외부 토압이 증가해도 링이 증가된 토압에 저항할 수 없는 배관 링의 처짐으로 정의된다.
2. 매설 파형 강관의 성능한계 예측에서 가장 중요한 요소들은 토압과 배관 벽 파쇄 강도이다. 흙의 압축은 흙의 밀도에 종속하는 토압과 토압계수에 의해 결정된다. 이러한 요소들의 성능한계와의 상관관계를 그림 6.4에 나타내었으며, 이 그림은 설계를 위한 기초가 된다.
3. 설계 결과들은 특히 과도한 변형에서 보수적이다. 안전계수 1.0에서 붕괴가 발생하지 않으면 안전계수 4.0을 사용해서는 안 된다. 대부분 한정된 설치의 경우 안전계수 2.0은 충분하다. 한정되지 않은 설치의 경우 설계기술자가 판단하여 안전계수를 결정한다.
4. 일반적으로 길이방향 심은 충분하다.

6.1.2 리브 붙이 스파이럴 강관 시험

소개 내경이 약 29.4인치인 리브보강 강관에 대해서 시험을 수행하였다. 배관은 매끄러운 구경과 함께 리브 프로파일 벽을 갖는다. 이 배관은 인터로킹(interlocking) 나선형 조인트를 갖는 나선형 배관이다. 유타대학에 있는 작은 시험토조(그림 6.9 및 6.10 참조) 내에서 시험을 수행하였다.

시험에 사용된 흙은 실트질 모래이다. 그런대로 괜찮은 밀도의 광범위한 범위 때문에 이 흙을 사용하였으며 배관 시험에 이상적이다. 이 흙에 대한 흙 등급 곡선과 프록터 밀도 곡선들을 그림 6.11과 6.12에 나타내었다.

그림 6.9 시험토조 내 리브보강 강관 설치

배관 재료 특성들은 다음과 같다.

강 쉬트(Steel Sheet)

표준치수	두께 (인치)	계수 lb/in^2	항복점(lb/in^2)		인장강도(lb/in^2)	
			최소	실제	최소	실제
16	0.064	29.5×10^6	33,000	40,800~44,000	45,000	51,100~53,500

배관의 단면 특성은 다음과 같다.

길이당 면적 : $A=0.364in^2/ft$

관성모멘트 : $I=2.390in^4/ft\times10^{-3}$

회전 반경 : $r=0.281in$

그림 6.10 시험 장면-실린더 피스톤 작동

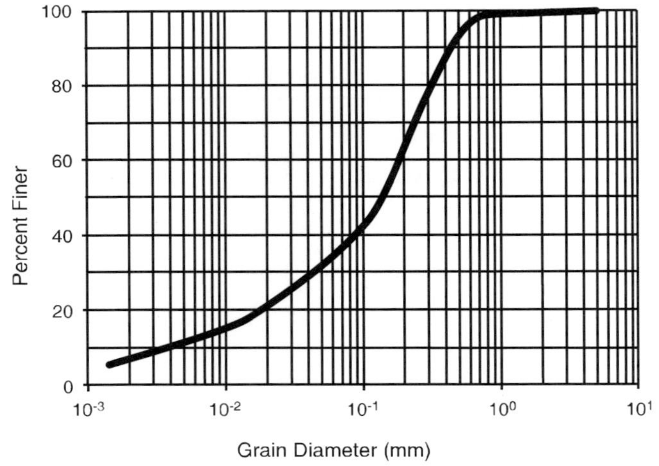

그림 6.11 시험에 사용된 실트질 모래 흙의 경우 등급곡선 및 분류. Atterberg limits: 액성한계, NA; 소성한계, NA. 흙 분류: SM. 비중: 2.72

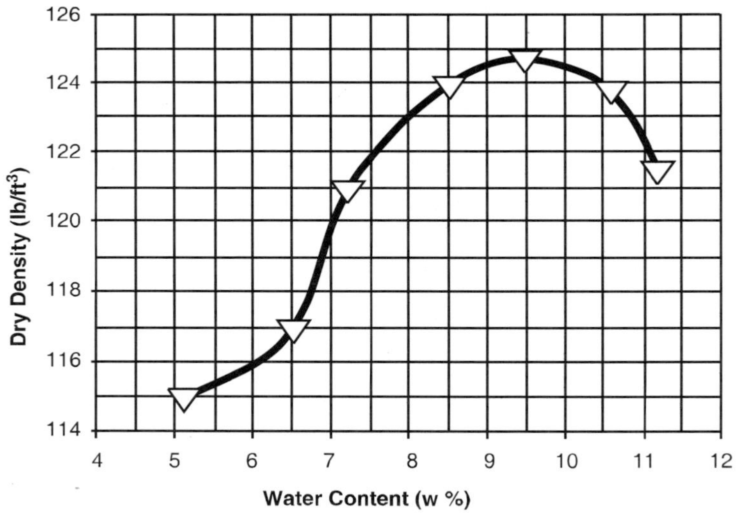

그림 6.12 시험에 사용된 실트질 모래 흙의 표준 프록터 다짐 곡선. 최대 건조밀도: 124.7lb/ft^3. 최적 습도: 9.5%

시험 배관 배관은 리브를 가지며 나선형 와인딩으로 형성된다. 내장된 리브의 높이는 1인치이고 중심 간격은 10.25인치이다. 록심(lockseam)은 리브들 사이 중간에 위치한다.

소형 시험토조에 시험 배관을 설치하여 시험을 세 번 수행하였다. 시험자료들은 토피두께의 항으로 작성된다. 다음 식과 같이 흙의 단위중량 120lb/ft^{3}을 사용하여 측정된 연직토압으로부터 토피두께를 계산한다.

$$\text{토피두께}(\text{ft}) = \frac{\text{연직토압}(\text{lb/ft}^2)}{120\text{lb/ft}^3}$$

각 시험마다 소성 힌징이 관측될 때까지 수직 하중을 증가시켰으며 이 시점에서 하중을 일정하게 유지하였다. 배관은 그 하중에서 붕괴하지 않거나 또는 처짐이 계속되었다. 처짐을 지속시키기 위해 하중의 증가가 필요하였다. 따라서 소성 힌지 발생 후에도 배관-흙 시스템은 아직 안정된 평형상태이다.

Test 1 실트질-모래 지반에 시험 배관을 설치하고 표준 프록터 밀도의 76%로 다짐하였다. 이러한 형식의 설치는 불량한 설치로 간주되며 정식적으로 권장되지 않는다. 35ft 토피두께에서 배관 상단부가 플래트닝하기 시작하였고, 그림 6.13에서와 같이 배관의 측면들에서 국부 좌굴의 신호가 발생하기 시작하였다. 하중이 증가하면서 국부 좌굴은 더욱 심화되었고 40ft 토피두께에서 그림 6.14와 같이 소성 힌지가 형성되기 시작하였다. 이 시험 결과들을 그림 6.15 그래프로 나타내었다.

그림 6.13 배관 내부(35ft 토피)

그림 6.14 시험 종료 후 배관 내부(40ft 토피)

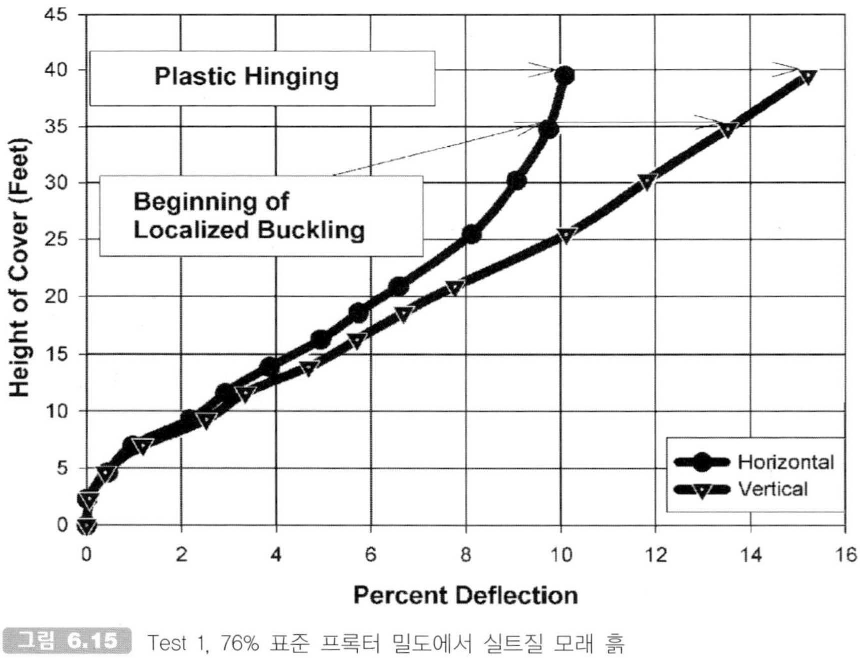

그림 6.15 Test 1, 76% 표준 프록터 밀도에서 실트질 모래 흙

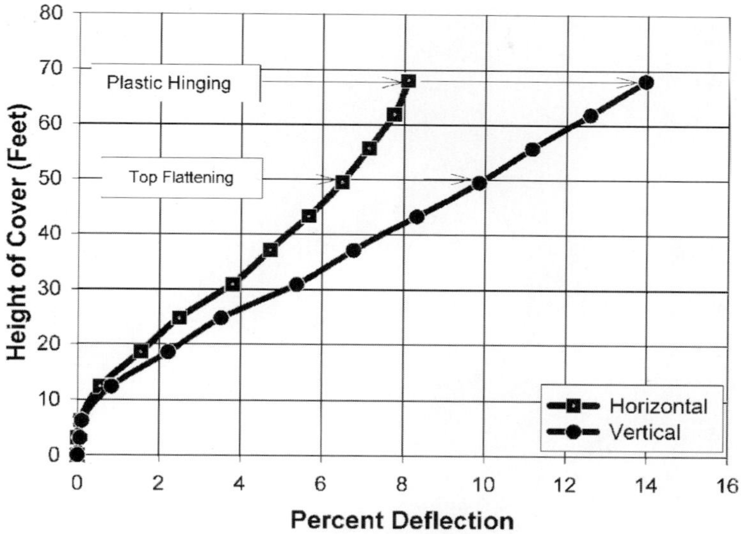

그림 6.16 Test 2, 84% 표준 프록터 밀도에서 실트질 모래 흙

Test 2 실트질-모래 지반에 시험 배관을 설치하고 표준 프록터 밀도의 84%로 다짐하였다. 이러한 형식의 설치방법은 양호한 설치로 간주되며 통상적으로 현장에서 얻을 수 있는 대표적인 방법이다. 토피두께가 50ft일 때 배관 상단부가 플래트닝하기 시작하였고, 심들은 약간의 응력이완의 신호를 보여주기 시작하였다. 하중이 증가하면서 배관의 측면들에서 국부 좌굴이 시작하였다. 하중이 더욱 증가하면서 국부 좌굴은 더욱 심화되었고 68ft 토피두께에서 소성 힌지가 형성되기 시작하였다. 이 시험 결과들을 그림 6.16에 나타내었다.

Test 3 실트질 모래 지반에 시험 배관을 설치하고 표준 프록터 밀도의 95%로 다짐하였다. 이러한 형식의 설치방법은 우수한 설치로 간주되며 통상적으로 현장에서 기대할 수 있는 가장 양호한 방법이다. 토피두께가 86ft일 때 배관의 측면들에서 국부 좌굴이 시작되었다. 토피두께가 100ft일 때 배관 상단부가 플래트닝하기 시작하였고 국부 좌굴의 신호를 보여주기 시작하였다. 토피두께가 110ft일 때 배관 측면들에서 소성 힌지가 뚜렷하였다. 또한 그림 6.17과 같이 배관 바닥에서 일부 벌징(bulging)이 발생하였다. 시험 결과들을 그림 6.18에 나타내었다.

그림 6.17 Test 3 종료 후 배관 내부(110ft 토피)

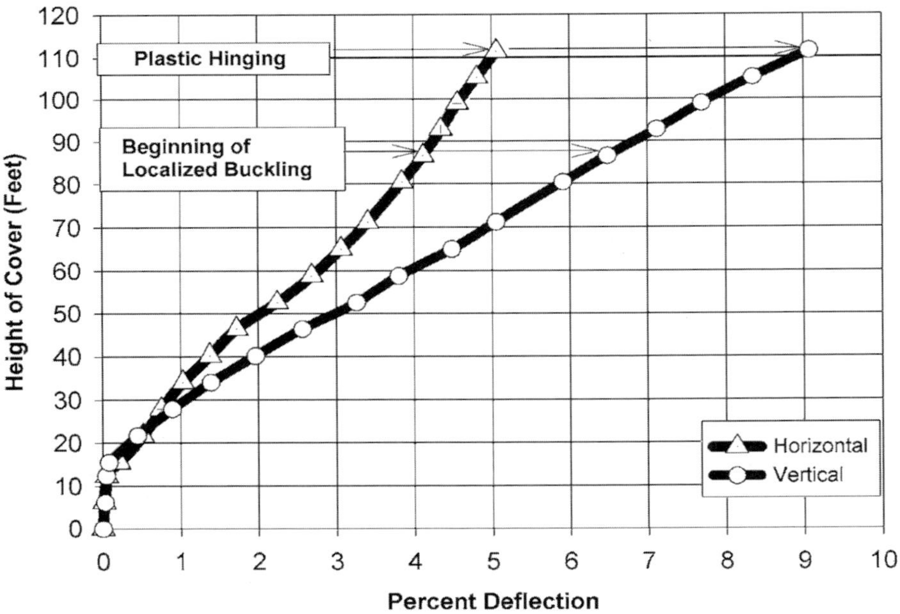

그림 6.18 Test 3 95% 표준 프록터 밀도에서 실트질 모래 흙

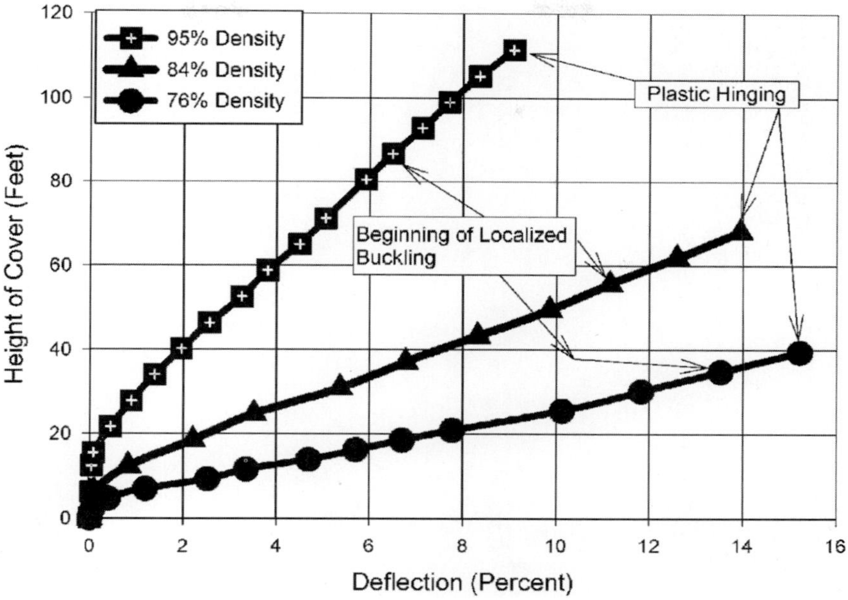

그림 6.19 다양한 밀도의 실트질 모래 흙에서 3개 시험결과 연직 처짐

전반적인 결과 상기 3개 시험에서의 연직 처짐량들을 그림 6.19에 나타내었다. 이 그래프는 매설배관의 성능에서 흙 밀도의 중요성을 보여준다. 토압에 대한 반응은 우수하였다. 처짐 결과는 적정하였으며, 예상했던 것과 유사하였다. 시험 도중, 특히 극단적인 토피두께에서도 심이 개방되거나 파괴되지 않았다. 리브 높이가 적정하게 설계되었기 때문에 리브는 배관 벽의 구성물로 동작하였다. 이는 리브가 배관 벽을 강화시켜 좌굴에 저항할 수 있도록 하였다.

6.1.3 저 강성도 리브보강 강관 시험
(Test on low-stiffness ribbed steel pipe)

소개 소구경 배수 배관에서 사용하기 위해 설계된 리브보강 강관에 대해 시험을 수행하였다. 배관은 매끄러운 구경이고, 본질적으로 밀폐된 리브를 갖는 나선형 리브보강 배관이다. 시험에 사용한 배관의 직경은 18, 24, 30인치이다. 전체 10번의 시험을 수행하였다. 유타대학에 있는 작은 시험토조(그림 6.20과 6.21 참조)에서 시험을 수행하였다.

그림 6.20 유타대학 소형 시험토조 내 직경 18인치 리브보강 배관 설치

그림 6.21 유타대학 소형 시험토조 내 직경 18인치 리브보강 배관 설치

배관 특성들은 다음과 같다.

강 쉬트(Steel Sheet)

표준치수	측정된 두께(인치)	계수 lb/in^2	항복점(lb/in^2)		인장강도(lb/in^2)	
			최소	실제	최소	실제
26	0.023	29.5×10^6	33,000	48,700	45,000	56,100

배관 단면의 특성은 다음과 같다.

강 쉬트

구 분	30인치 배관	18인치 및 24인치 배관
길이당 면적	$A=0.230\text{in}^2/\text{ft}$	$A=0.20\text{in}^2/\text{ft}$
관성모멘트	$I=0.550\text{in}^4/\text{ft}\times10^{-3}$	$I=0.261\text{in}^4/\text{ft}\times10^{-3}$
회전반경	$r=0.169\text{in}$	$r=0.125\text{in}$

배관 시험

1. 배관은 리브를 갖고 나선형 와인딩으로 형성되었으며 록심(lockseam)을 갖는다.
2. 직경 18인치와 24인치 배관의 경우 밀폐된 리브의 높이는 0.375인치이고, 직경 30인치의 경우 높이는 0.5인치이다. 세 개의 리브들 간격은 5.42인치 이상이다.

시험에 사용된 흙은 실트질 모래이다. 밀도 조절이 용이하여 이런 토질을 사용하였으며 배관 시험에 이상적이다. 이 흙에 대한 입도분포곡선과 프록터 밀도곡선들을 그림 6.11과 6.12에 나타내었다.

시험결과

활 하중 시험 시험 목적은 적재된 트럭이 배관 상부를 통과하는 것을 모의하는 것이다. 표준 AASHTO H-20 하중은 그림 6.22와 같이 한 개 dual-wheel assembly에 작용하는 16,000lb 하중이 10×20인치 면적에 분산되는 것을 의미한다.

배관 상부 토피두께가 작은 경우 이 시험은 매우 심각하였다. 실트질 모래 지반에 시험 배관을 매설하고 표준 프록터 밀도의 90%로 다짐하였다. 배관 상부에서부터 지표면까지는 충분히 큰 밀도가 되도록 다져서 10×20인치 재하판을 지지할 수 있도록 하였다.

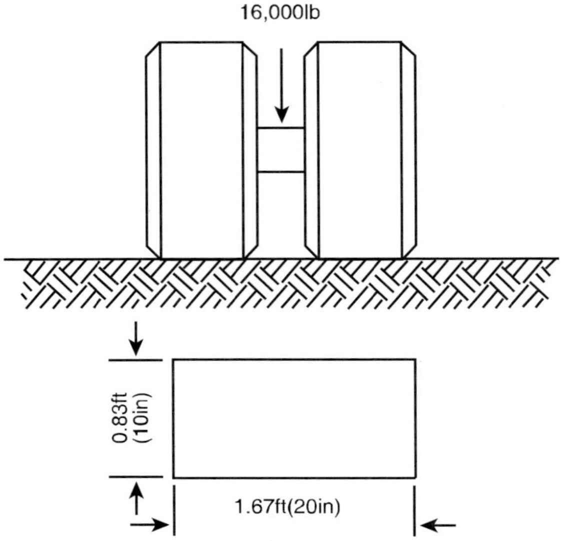

그림 6.22 H-20 활하중 개략도

그림 6.23 배관에 인접한 곳에 작용하는 16,000lb 활 하중으로 인한 측벽의 작은 굴곡(토피 1ft)

직경 18인치 활 하중 시험 최소 토피두께를 모의하기 위해 배관 상부 1ft 토피두께로 시험을 수행하였다. 먼저 배관 측면 직상부의 지표면에 하중을 작용시켜 접근하는 트럭에 대하여 모의한다. 하중 16,000lb에서 10×20인치 판은 흙 속으로 약 2인치 관입하였다. 그림 6.23에서 볼 수 있는 것과 같이 이에 따른 배관의 반응으로 배관 측면에서 작은 역전(inversion)이 발생하였다. 이 역전은 그림 6.24와 같은 좌굴의 전조이다.

그 후 하중판은 배관 중심선에서 약간 벗어난 지표면에 위치하였고, 하중은 배관의 반단면 부위에 작용한다. 이는 활 하중의 경우 가장 중요한 위치이다. 하중을 16,000 lb으로 증가시키는 도중 하중 14,000lb에서 흙의 파괴 쐐기가 형성되었고, 판은 흙 속으로 관입하기 시작하였으며, 배관은 하중을 지지하지 못하였다. 이 하중에서 그림 6.24와 같이 배관에 급격한 파괴(좌굴)가 발생하였다. 그림에서 배관은 길이방향으로 하중을 전달하기 위한 충분한 길이방향 강성도를 갖지 못했다는 것을 명확히 알 수 있다.

직경 24인치 활 하중 시험 이 시험 또한 최소 토피두께를 모의하기 위해 배관 상부 1ft 토피두께로 시험을 수행하였다. 먼저 하중을 배관 측면 직상부의 지표면에 하중을 작용시켰다. 이 시험에서는 재하판 크기를 10×40인치로 증가시켰다. 앞의 시험에서

그림 6.24 배관 상부 1/2에 작용하는 14,000lb 활 하중으로 인한 좌굴

관측된 불량한 성능의 관점에서, 그리고 다른 배관 형식의 평가에서 유사한 규격의 판들을 사용하였기 때문에 이와 같이 결정하였다. 일반적으로 이 시험에서 흙을 통한 압력의 길이방향 분산은 실제 포장도로의 경우보다 더욱 심각하게 나타나고 전형적인 실제 포장도로에서 흙 내부로의 관입은 발생하지 않기 때문에 이와 같이 큰 재하판을 사용해도 정당화될 수 있다. 재하판이 흙 속으로 1인치 정도 관입되었으나 배관에는 유해한 반응이 나타나지 않았다. 이 배관은 생각했던 것보다 더욱 유연하였다(표 6.3 주석 참조).

표 6.3 토조시험 결과 요약

직경(인치)	30	24*	18
리브 깊이(인치)	1/2	3/8	3/8
계획 벽 두께(인치)	0.022	0.028	0.022
측정된 벽 두께(인치)	0.023	0.023	0.023
95% 최소 밀도에서 채움 높이 성능한계 시험(ft)	52	27	64
90% 최소 밀도에서 채움 높이 성능한계 시험(ft)	30	24	30

* 제작사에 따르면 사용한 직경 24인치 배관은 당초 계획하였던 것보다 얇아서(당초 0.028인치) 배관은 실제 허용되는 것보다 더욱 유연하다.

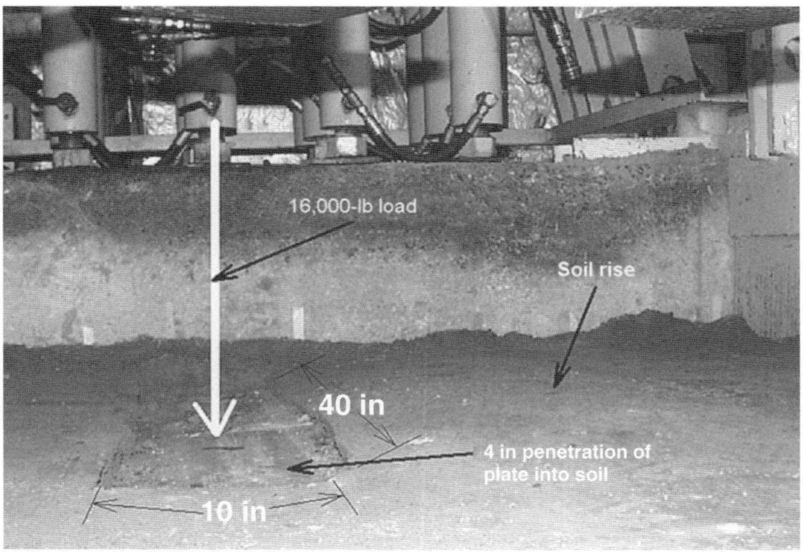

그림 6.25 지반 표면, 판 관입, 배관 좌굴에 따른 흙 상승을 보여주는 사진

그 후 하중 판은 배관 중심선에서 약간 벗어나 지표면에 위치하였으므로 하중은 배관의 반단면에 걸쳐 작용하고 있다. 이는 활 하중의 경우 가장 중요한 위치이다. 하중을 16,000lb으로 증가시키는 도중 하중 14,000lb에서 흙의 파괴 쐐기가 형성되었고, 판은 흙 속으로 관입하기 시작하였으며, 배관은 하중을 지지하지 못하였다. 이 하중에서 그림 6.25와 6.26과 같이 배관의 급격한 파괴(좌굴)가 발생하였다.

직경 30인치 활 하중 시험 이 시험 또한 최소 토피두께를 모의하기 위해 배관 상부 1ft 토피두께로 시험을 수행하였다. 먼저 하중을 배관 측면 직상부 지표면에 하중을 작용시켰다. 재차 18인치 배관의 급격한 파괴 때문에 하중 16,000lb를 10×40인치 면적에 분산시켰다. 재하판이 흙 속으로 1인치 정도 관입하였으나 배관에는 유해한 반응이 나타나지 않았다.

그 후 재하판은 배관 중심선에서 약간 벗어나 지표면에 위치하였고, 하중이 배관의 반단면 이상에 걸쳐 작용한다. 이는 활 하중의 경우 가장 중요한 위치이다. 하중을 요구되는 16,000lb으로 증가시켰으며, 하중 16,000lb에서 판은 흙 속으로 약 4인치 관입하였고, 다른 곳은 평형상태를 이룬다(그림 6.27 참조). 이 하중을 수분간 유지하였으나 배관의 유해한 반응은 발생하지 않았다(그림 6.28 참조). 1ft 이상 토피두께를 갖고 적절히 설치하면 이 배관은 H-20 하중에 견딜 수 있을 것이다.

그림 6.26 16,000lb 활하중으로 인한 좌굴된 직경 24인치 배관

그림 6.27 16,000lb 활하중 적용

그림 6.28 16,000lb 활하중에 대한 유해한 반응을 보이지 않는 직경 30인치 배관

파괴를 야기시키는 하중을 결정하기 위해 하중을 완만하게 증가시켰다. 하중 18,853 lb에서 지반 파괴 쐐기가 형성되었으며, 재하판이 흙 속으로 관입하기 시작하였고, 배관은 하중을 지지하지 못하였다. 이 하중에서 그림 6.29와 6.30과 같이 배관에는 급격한 파괴(좌굴)가 발생하였다.

직경 18인치 활 하중 시험 재수행 앞 시험의 경험에 기초하여 1ft 대신 2ft 토피두께로 시험하였으며, 이로 인한 하중을 분산키기 위해 10×20인치 판을 사용하였다. 먼저 배관 측면 직상부 지표면에 하중을 작용시켰다. 하중 16,000lb에서 10×20인치 재하판이 흙 속으로 약 3인치 침투하였으나 배관은 유해한 반응을 보여주지 않았다.

그 후 재하판이 배관 중심선에서 약간 벗어나서 지표면에 위치하였고, 하중은 배관의 절반 이상에 작용한다. 이는 활 하중의 경우 가장 중요한 위치이다. 하중을 요구되는 16,000lb으로 증가시켰으며, 하중 16,000lb에서 판은 흙 속으로 약 4인치 침투하였다. 이 하중을 수분간 유지하였으나 배관의 유해한 반응은 발생하지 않았다(그림 6.31 및 6.32 참조). 2ft 토피두께를 갖고 적절히 설치하면 이 배관은 H-20 하중에 견딜 수 있을 것이다.

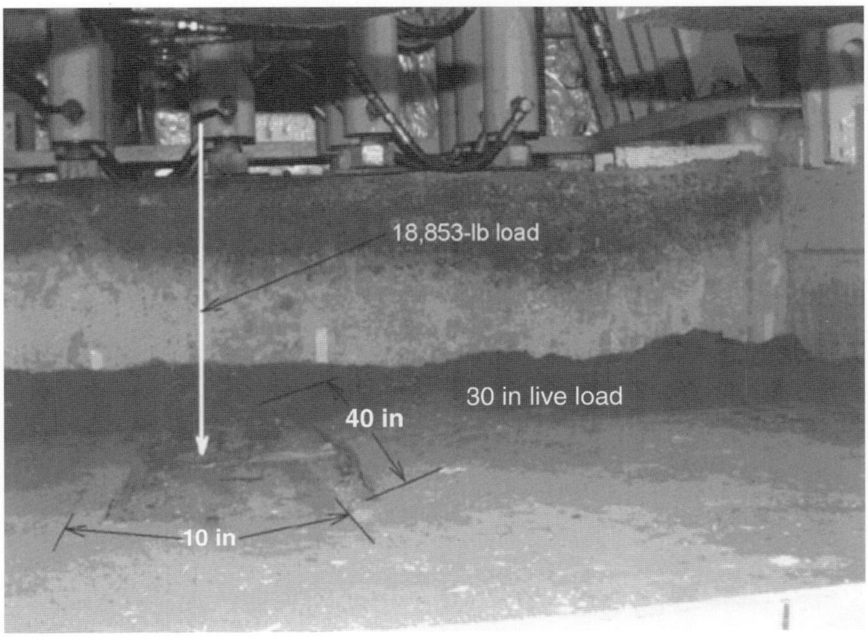

그림 6.29 18,853lb 활하중 적용

그림 6.30 18,853lb 활하중으로 인한 좌굴된 벽을 갖는 직경 30인치 배관

그림 6.31 배관의 단면 절반 상부 10×20인치에 16,000lb 하중을 가하는 장면

그림 6.32 16,000lb 활하중에 대한 역반응이 없는 직경 24인치 배관(토피 2ft)

하중-처짐 시험 작은 시험토조 내부에 매설된 시험배관에 대해 6번(18인치, 24인치, 30인치 3개의 직경과 90%와 95% 표준 프록터 2개의 흙 밀도)의 하중-처짐 시험을 수행하였다. 각 시험에서 소성 힌지 또는 벽 파쇄가 관측될 때까지 수직 하중을 증가시켰다.

토피두께 작은 시험토조 내부에 시험 배관을 설치하여 시험을 수행한다. 시험 자료들은 토피두께의 항으로 나타내었다. 다음 식과 같이 측정된 연직토압을 흙의 단위중량 $120lb/ft^3$으로 나누어 토피두께를 계산한다.

$$\text{토피두께}(ft) = \frac{\text{흙의 연직토압}(lb/ft^2)}{120lb/ft^3}$$

하중-처짐 시험 1 실트질 모래 지반에 18인치 시험 배관을 설치하고 표준 프록터 밀도의 95%로 다짐한다. 이러한 형식의 설치는 우수한 것이나 현장 조건에서 얻기 어려운 것으로 간주된다. 64ft 토피두께와 5.7% 처짐에서 배관 상단부에서 좌굴이 시작하였다(그림 6.33 참조). 좌굴 파괴는 강성도 파괴이고, 낮은 링 강성도 때문에 발생한다. 하중이 증가하면서 좌굴은 더욱 심화되었고, 75ft 토피두께에서 시험을 종결하였다(그림 6.34 참조).

그림 6.33 95% 표준 프록터 밀도에서 실트질 모래 흙

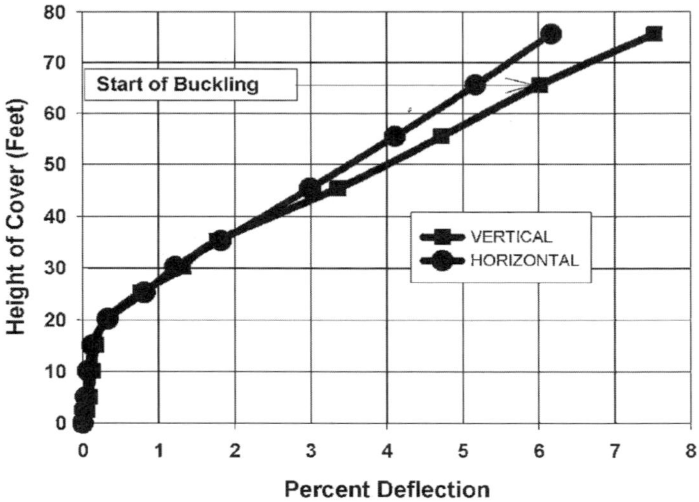

그림 6.34 95% 표준 프록터 밀도로 다짐된 실트질 모래 흙에서 직경 18인치 리브보강 강관의 하중-처짐 곡선

하중-처짐 시험 2 실트질 모래 지반에 18인치 시험 배관을 설치하고 표준 프록터 밀도의 90%로 다짐한다. 이러한 형식의 설치는 매우 양호한 것으로 정상적인 조건에서 얻을 수 있는 최상의 설치로 간주된다. 30ft 토피두께와 8% 처짐에서 배관 상단부는 좌굴이 시작하였고, 심은 응력이완의 일부 징조를 보여주기 시작하였다(그림 6.35 참조). 하중이 증가하면서 좌굴은 더욱 심화되었고, 35ft 토피두께에서 시험을 중지하였으며 시험 결과들을 그림 6.36에 나타내었다.

하중-처짐 시험 3 실트질 모래 지반에 24인치 시험 배관을 설치하고 표준 프록터 밀도의 95%로 다짐한다. 이러한 형식의 설치는 우수한 것이나 현장 조건에서 얻기 어려운 것으로 간주된다. 27ft 토피두께와 3.5% 처짐에서 측벽은 파쇄하기 시작하였다(그림 6.37 참조). 벽-파쇄 파괴는 강도의 파괴이고 흙 하중에 의해 발생하는 링 압축 응력을 지지하기에 벽 면적이 충분하지 않기 때문에 발생한다. 하중이 증가하면서 벽-파쇄는 더욱 심화되었고, 45ft 토피두께에서 시험을 중지하였으며 시험 결과들을 그림 6.38에 나타내었다(표 6.3 주석 참조).

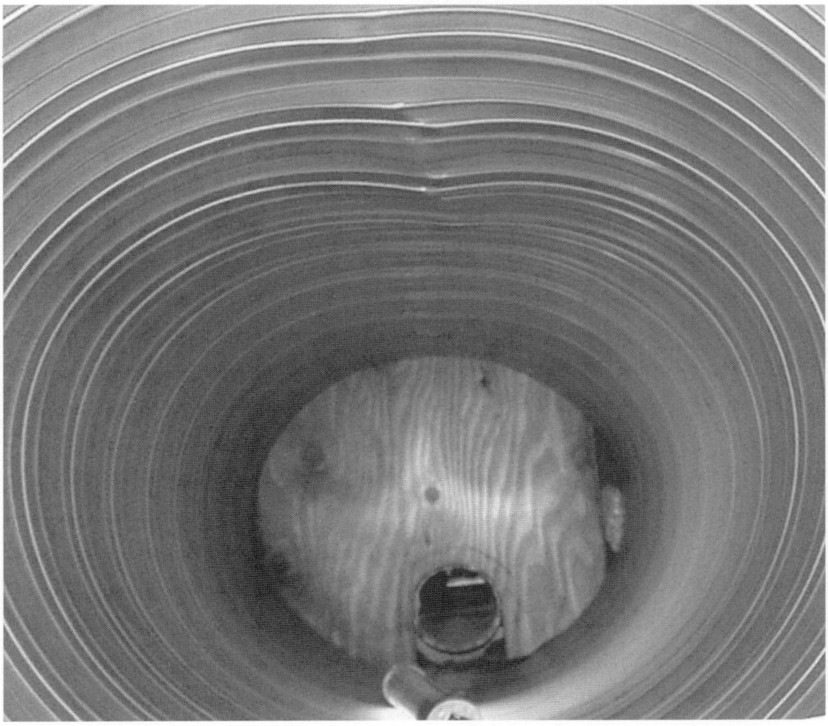

그림 6.35 90% 밀도 실트질 모래 흙에서의 직경 18인치 강-리브보강 배관(토피 30ft)

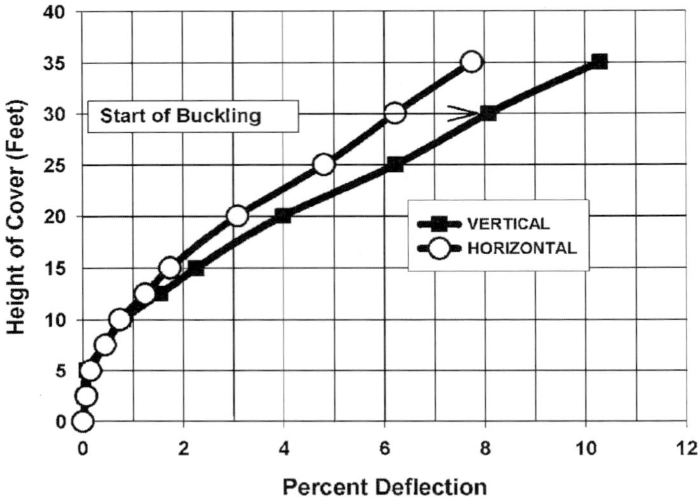

그림 6.36 90% 표준 프록터 밀도로 다짐된 실트질 모래 흙에서 직경 18인치 강-리브보강 배관의 하중-처짐 곡선

그림 6.37 95% 밀도 실트질 모래 흙에서의 직경 24인치 강-리브보강 배관(토피 43ft)

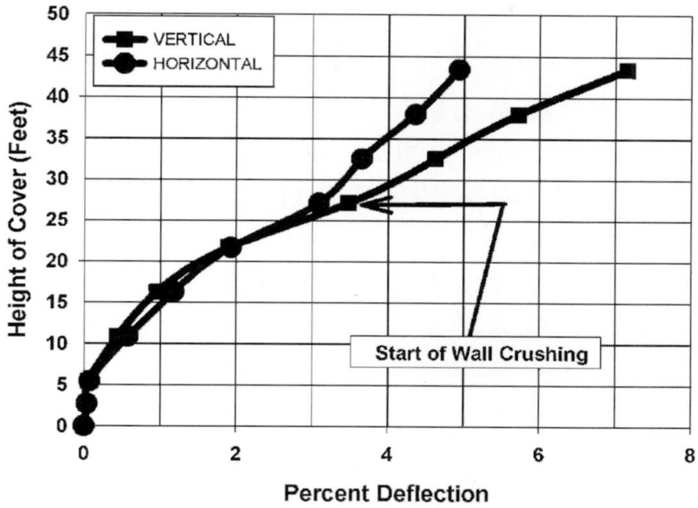

그림 6.38 95% 표준 프록터 밀도로 다짐된 실트질 모래 흙에서 직경 24인치 강-리브보강 배관의 하중-처짐 곡선

그림 6.39 91% 밀도 실트질 모래 흙에서의 직경 24인치 강-리브보강 배관(토피 49ft)

하중-처짐 시험 4 실트질 모래 지반에 24인치 시험 배관을 설치하고 표준 프록터 밀도의 91%로 다짐한다. 이러한 형식의 설치는 매우 양호한 것으로 정상적인 조건에서 얻을 수 있는 최상의 설치로 간주된다. 24ft 토피두께와 4.0% 처짐에서 측벽은 파쇄(crush)하기 시작하였다(그림 6.39 참조). 하중이 증가하면서 벽-파쇄는 더욱 심화되었고 50ft 토피두께에서 시험을 중지하였다. 이 시험의 결과들을 그림 6.40에 나타내었다(표 6.3 주석 참조).

하중-처짐 시험 5 실트질 모래 지반에 30인치 시험 배관을 설치하고 표준 프록터 밀도의 97%로 다짐한다. 이러한 형식의 설치는 우수한 것이나 현장 조건에서 얻기 어려운 것으로 간주된다. 52ft 토피두께와 3.0% 처짐에서 측벽은 파쇄되기 시작하였다(그림 6.41 참조). 하중이 증가하면서 벽-파쇄는 더욱 심화되었고, 65ft 토피두께에서 시험을 중지하였으며 시험 결과들을 그림 6.42에 나타내었다.

하중-처짐 시험 6 실트질 모래 지반에 30인치 시험 배관을 설치하고 표준 프록터 밀도의 90%로 다짐한다. 이러한 형식의 설치는 매우 양호한 것으로 정상적인 조건에서 얻을 수 있는 최상의 설치로 간주된다. 약 30ft 토피두께와 3.4% 처짐에서 측벽은 파쇄(crush)하기 시작하였다. 하중이 증가하면서 벽-파쇄는 더욱 심화되었고, 동시에 벽 좌굴이 발생하였다(그림 6.43 참조). 이 시험에서 강성도와 강도 성능한계가 거의 동시에 발생한 점이 흥미롭다. 47ft 토피두께에서 시험을 중지하였으며 시험 결과들을 그림 6.44에 나타내었다.

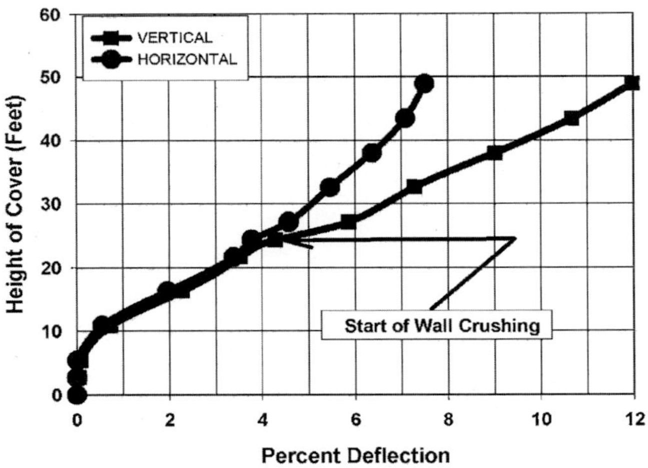

그림 6.40 91% 표준 프록터 밀도로 다짐된 실트질 모래 흙에서 직경 24인치 강-리브보강 배관의 하중-처짐 곡선

그림 6.41 97% 밀도 실트질 모래 흙에서의 직경 30인치 강-리브보강 배관(토피 60ft)

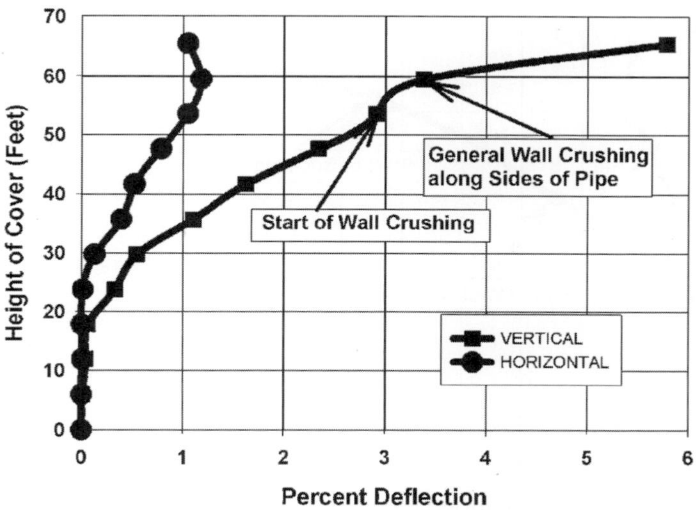

그림 6.42 97% 표준 프록터 밀도로 다짐된 실트질 모래 흙에서 직경 30인치 강-리브보강 배관의 하중-처짐 곡선

그림 6.43 90% 밀도 실트질 모래 흙에서의 직경 30인치 강-리브보강 배관(토피 42ft)

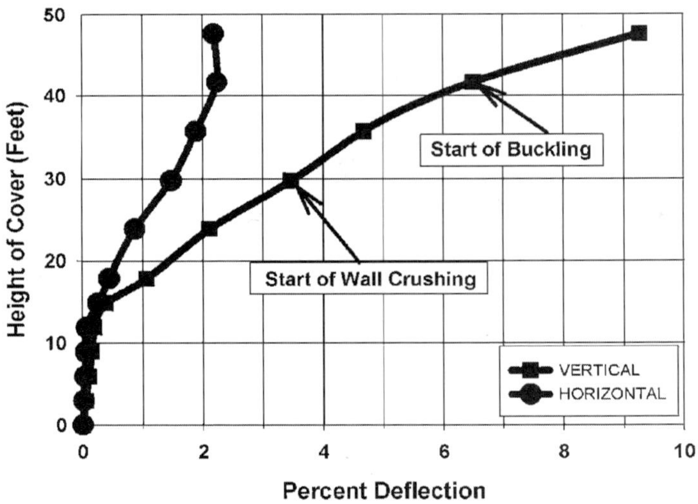

그림 6.44 90% 표준 프록터 밀도로 다짐된 실트질 모래 흙에서 직경 30인치 강-리브보강 배관의 하중-처짐 곡선

결과 비교 상기 6회 시험의 연직 처짐량들을 그림 6.45에 나타내었다. 이 그래프는 매설배관의 성능에서 흙 밀도의 중요성을 보여준다. 24인치와 30인치 시험에서 처짐량의 범위 3.5~4.0%에서 벽 파쇄가 시작하였다는 점은 흥미롭다. 18인치 배관 시험에서는 벽 좌굴이 먼저 발생하였고, 약 6.0% 처짐이 발생하였다.

전반적인 성능 배관의 강성도와 벽 면적을 감안하면 배관은 성능을 제대로 발휘하였다. 결과적으로 처짐들은 다소 예측하였던 수준으로 적정하였다. 심의 무결성(integrity)은 양호하였다. 시험 동안 극단적인 토피두께에서도 심이 개방되거나 파괴되지 않았다.

활 하중 시험 H-20 활 하중으로 모의한 시험에서 배관은 최소 토피두께 1ft를 갖고는 제대로 성능을 발휘하지 못하였다. 그러나 시험결과 토피두께를 2ft로 할 경우에는 배관이 제대로 성능을 발휘하는 것을 보여주었다. 배관이 성능을 제대로 발휘하기 위한 실제 최소 토피두께는 1ft와 2ft 사이이다. 실제 임계 최소 토피두께를 결정하기 위해서는 추가적인 시험들이 필요하다. 링 강성도와 국부 길이방향 강성도가 증가하면 배관 성능을 향상시킬 수 있다는 결과를 보여주었다.

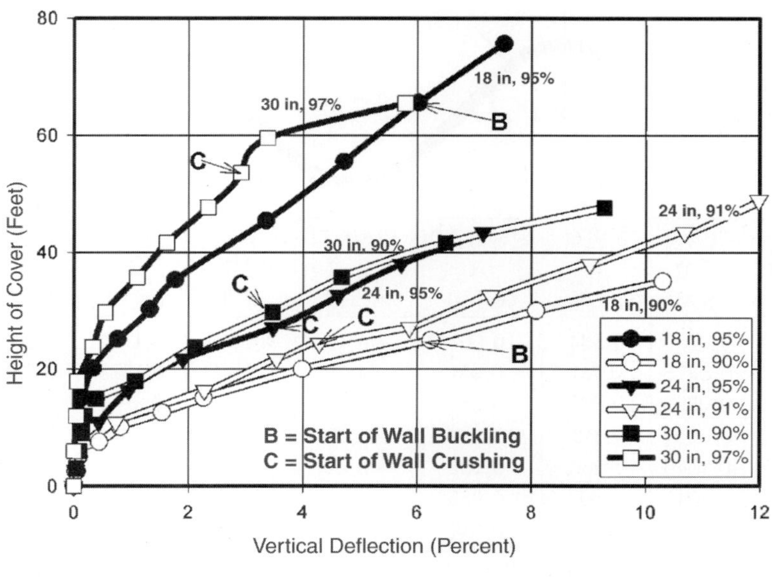

그림 6.45 6개 하중-처짐 시험에서 수직 처짐. 벽의 좌굴과 파쇄의 시작은 B와 C로 표시됨

하중-처짐 시험 52~64ft 토피두께와 95% 표준 프록터 밀도에서, 30ft 토피두께와 90% 표준 밀도에서 18인치와 30인치 배관들의 성능을 증명하였다. 직경 24인치 시험 배관은 당초 의도보다 얇았고, 따라서 실제 허용할 수 있는 것보다 더욱 유연하였다. 24인치 시험 배관의 성능한계는 24~26ft 토피두께 범위였다.

6.1.4 AISI Handbook

강관 배수 및 고속도로 공사용 제품 핸드북(Handbook of Steel Drainage and High-way Construction Products)에서 파형 강관의 설계 정보를 구할 수 있고, 이 책은 AISI (American Iron and Steel Institute)가 출판하였다. 또한 많은 제작사들이 그들 제품을 위한 설계 정보들을 출판하였다. 기술자는 그와 같은 정보를 확보 및 고려해야 한다. 원형 단면의 파형 강관의 경우 설계 기술자들은 본 서에 기술하였던 표준 해석 및 설계 절차들을 적용할 수 있다(표 6.4 참조).

표 6.4 파형 강 쉬트의 단면 특성

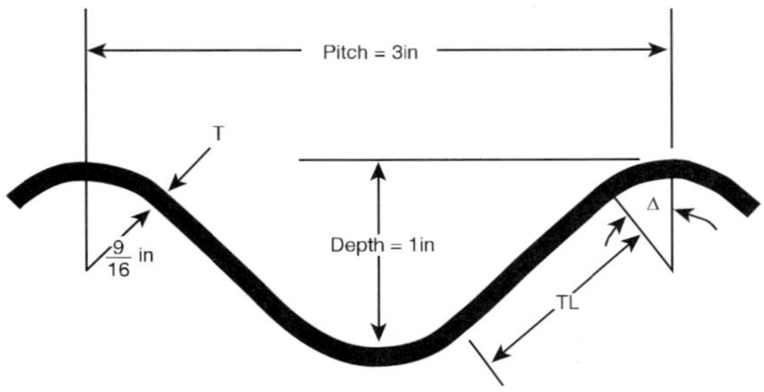

명시된 두께 (인치)	코팅전 두께 (인치)	단면적 A in^2/ft	탄젠트길이 TL (인치)	탄젠트각 Δ (도)	관성 모멘트[†] I, in^4/ft	단면계수 S in^3/ft	회전반경 r (인치)	전개 폭 계수[‡]
0.040*	0.0359	0.534	0.963	44.19	0.0618	0.1194	0.3403	1.239
0.052	0.0478	0.711	0.951	44.39	0.0827	0.1578	0.3410	1.240
0.064	0.0598	0.890	0.938	44/60	0.1039	0.1961	0.3417	1.240
0.079	0.0747	1.113	0.922	44.87	0.1306	0.2431	0.3427	1.241
0.109	0.1046	1.560	0.889	45.42	0.1855	0.3358	0.3448	1.243
0.138	0.1345	2.008	0.855	46.02	0.2421	0.4269	0.3472	1.244
0.168	0.1644	2.458	0.819	46.65	0.3010	0.5170	0.3499	1.246

* 일반적으로 구할 수 없는 두께
† 중립축에 대한 ft당 돌출. 폭 1인치 당 A, I 또는 S를 구하기 위해 12로 나눈다.
‡ 전개 폭 계수(developed width factor)는 파형에 기인한 프로파일 길이의 증가를 측정한다. 규격은 제작사 허용 오차에 영향을 받는다.

예제 6.2 파형 강관

직경 48인치 파형(3×1인치) 강관을 60ft 토피두께를 갖는 제방 내부에 설치하고자 한다. 배관 영역 내 흙은 일부 미세입자를 갖는 조립 모래이고 90% 프록터 밀도로 다져진다. 배관 처짐량이 5%를 초과하지 않도록 하기 위한 배관 두께는?

해답

Spangler 공식 7.1을 사용한다.

$$\frac{\Delta y}{D}=\frac{0.1\gamma H}{EI/r^3+0.061E'}$$

다음과 같이 가정한다.

$\gamma=120\text{lb/ft}^3$

$E=30\times10^6\text{lb/in}^2$

$E'=1000\text{lb/in}$ (표 3.4로부터)

$r=$반지름

EI/r^3를 구하면

$$\frac{EI}{r^3}=\frac{0.1\gamma H}{\Delta y/D}-0.061E'$$

$$=\frac{0.1\times120\times60\times1/144}{0.05}-0.061\times1{,}000$$

$$=100-61$$

$$=39$$

그리고

$$I=\frac{39r^3}{E}=\frac{39\times24^3}{30\times10^6}=0.018\text{in}^4/\text{in}=0.22\text{in}^4/\text{ft}$$

표 6.4로부터 $I=0.22\text{in}^4/\text{ft}$를 갖는 파형관의 코팅되지 않는 두께는 0.1345인치가 된다. 이제 강의 항복강도 $\sigma_y=33{,}000\text{lb/in}^2$으로 가정한다. 안전계수를 2로 할 때 링 압축 설계를 위해 필요한 벽 단면적은?

압축응력 설계

$$\text{연직토압 } P_v=120\times60=7{,}200\text{lb/ft}^2$$

또는

$$P_v = \frac{7200}{144} = 50\text{lb/in}^2$$

$$f_c = \frac{PDL}{2A} = \frac{PD}{2A/L}; \quad f_c = \frac{\sigma_y}{2} = 16{,}500\text{lb/in}^2$$

A/L를 구하면

$$\frac{A}{L} = \frac{PD}{2f_c} = \frac{50 \times 48}{2 \times 16500} = 0.073\text{in}^2/\text{in} = 0.88\text{in}^2/\text{ft}$$

표 6.4로부터 코팅되지 않는 두께는 0.0598인치이다. 따라서 처짐에 기초하여 설계를 해야 하므로 코팅되지 않은 두께 0.1345인치로 결정한다.

압력 강관은 산업, 공업, 그리고 상하수도 분야에서 다양한 용도로 사용된다. 여기서 토론한 내용들은 상하수도 분야에서 주로 사용하는 강관으로 제한된다(표 6.5 참조). 그러나 지금까지 사용한 원리들을 모든 압력 강관배관에 적용할 수 있다.

표 6.5 상하수도 분야 압력 강관 관련 기준

AWWA C200	Steel water pipe 6 inch and larger
AWWA C203	Coal-tar protective coatings and linings for steel water pipelines-enamel and tape applied hot
AWWA C205	Cement-mortar protective lining and coating for steel water pipe-4 in and larger-shop-applied
AWWA C206	Field welding of steel water pipe
AWWA C207	Steel pipe flanges for waterworks service-sizes 4 through 144 in
AWWA C208	Dimensions for fabricated steel water pipe fittings
AWWA C209	Cold-applied tape coatings for special sections, connections, and fittings for steel water pipe
AWWA C210	Coal-tar epoxy coating system for the interior and exterior of steel water pipe
AWWA C213	Fusion-bonded epoxy coating for the interior and exterior of steel water pipelines
AWWA C214	Tape coating systems for the exterior of steel water pipelines
AWWA C602	Cement-mortar lining of water pipelines in place-4 in(100mm) and larger
AWWA M11	Steel pipe design and installation

6.1.5 AWWA M11, 강관-설계 및 설치 가이드

이 매뉴얼은 압력 강관의 필요한 두께를 결정하는 절차에 대해서 기술한다. 설계시 사용한 내부 압력은 배관 수명동안 배관이 받는 압력이어야 하며, 선정된 두께는 가장 열악한 조건의 요구사항을 만족시키는 두께이어야 한다. 실린더의 원주방향 인장응력을 특정 수준으로 제한하도록 최소 두께를 설정해야 한다. 배관을 설계할 때 반드시 최대압력을 사용해야 하고, 서지나 수충격 압력, 그리고 펌프 운영으로 인해 발생하는 압력들도 고려해야 한다.

상기와 같이 압력을 결정하면 공식 4.2를 사용하여 벽 두께를 구할 수 있다.

$$t = \frac{P_i D}{2\sigma_{\max}}$$

여기서 t : 명시된 최소 벽 두께(인치)
P_i : 내부 압력(lb/in^2)
D : 강관 실린더 외경(코팅 불포함 단위는 인치)
$\sigma_{\max}$: 허용응력(lb/in^2)

수도용 강관의 경우 통상적으로 명시된 최소 항복강도의 50%를 설계응력으로 사용한다. 극한 강도 대신 항복강도의 상관관계로 이 설계(운영) 응력을 결정한다. 일부 용도의 경우 다른 안전계수들을 적용할 수 있다. 예를 들어 미국 개척국의 수압철관(penstock)의 설계 기준은 극한 인장강도를 기준으로 안전계수 3을 채택하거나 최소 항복강도 기준 안전계수 1.33을 채택한다.

표 6.6은 AWWA M11의 내용이다. 이 표는 AWWA C200, 6인치 이상 수도용 강관에 대한 기준(Standard for Steel Water Pipe 6 Inches and Larger)에 인용된 강 등급을 열거하고, 운영 압력을 위한 기초로 사용하는 설계응력들을 제공한다. 또한 주어진 수치들은 다양한 강 등급에서의 항복강도와 극한강도들이다.

설계자가 주로 사용하는 강 형식의 명시된 최소 항복강도의 50%에 상응하는 운영 압력은 공식 4.2를 통해 쉽게 계산할 수 있다. 필요한 두께는 한 제작사로부터 유효하지 않을 수 있으므로 배관 직경과 벽 두께를 최종 선정하기 전에 여러 제작사와 반드시 상의해야 한다.

일시적인 압력(transient pressure)의 경우 후프응력은 한계 이내에서 항복점의 50% 이상으로 상승하는 것을 허락한다. 극한 인장강도를 사용하면 안전계수는 2 이상이 된다. 정(static) 압력과 일시적인 서지 압력의 합은 항복강도의 75%까지 허용할 수 있으나 공장(mill) 시험 압력을 초과해서는 안 된다. 그러나 설계자는 설계시 수충격 또는 서지 압력의 영향을 간과해서는 안 된다.

내부 압력, 외부 압력, 특별한 물리적 하중, 라이닝과 코팅 형식, 그리고 다른 물리적인 요구사항에 따라 관 두께를 결정해야 한다. 내부 압력과 관련한 양호한 관 두께 결정방법은 최대 설계압력을 항복점 강도의 50%의 운영 인장응력이 되도록 하는 것이다. 필요한 수준의 부식 보호를 위해 라이닝, 코팅, 그리고 음극방식법을 선정한다.

선정된 벽 두께는 반드시 배관에 부과된 외부 하중에 저항해야 한다. 이와 같은 외부 하중들은 외부압력, 대기압 또는 유체 정수압 중 하나의 형태를 취할 수 있으며, 이 두 하중 모두는 균등하게, 그리고 반경방향으로 파괴력이 작용한다. 매설된 배관은 트렌치 또는 채움 조건에서 토압에 저항할 수 있도록 설계해야 한다. 이러한 조건들은 제2장과 제3장에서 기술하였다.

표 6.6 AWWA C200에서 사용한 강 등급

Specification for fabricated pipe		항복점 50% 설계 응력(lb/in^2)	최소 항복점 (lb/in^2)	최소 극한 인장강도 (lb/in^2)
ASTM A 36		18,000	36,000	58,000
ASTM A 283	GR C	15,000	30,000	55,000
	GR D	16,500	33,000	60,000
ASTM A 570	GR 30	15,000	30,000	49,000
	GR 33	16,500	33,000	52,000
	GR 36	18,000	36,000	53,000
	GR 40	20,000	40,000	55,000
	GR 45	22,500	45,000	60,000
	GR 50	25,000	50,000	65,000
ASTM A 572	GR 42	21,000	42,000	60,000
	GR 50	25,000	50,000	65,000
	GR 60	30,000	60,000	75,000
Specifications for manufactured pipe		**항복점 50% 설계 응력(lb/in^2)**	**최소 항복점 (lb/in^2)**	**최소 극한 인장강도 (lb/in^2)**
ASTM A 53, A 135 and A 139	GR A	15,000	30,000	48,000
	GR B	17,500	35,000	60,000
ASTM A 139	GR C	21,000	42,000	60,000
	GR D	23,000	46,000	60,000
	GR E	26,000	52,000	66,000

외부압력 또는 내부진공의 경우 반드시 좌굴을 고려해야 하고, 공식 3.14에 적용한다.

$$P_{cr} = \frac{E}{4(1-\nu^2)}\left(\frac{t}{R}\right)^3 \quad 3.14$$

여기서 R : 쉘(shell)의 중립축까지 반경(인치)
(얇은 배관의 경우 내외경의 차이, 그리고 중립축 직경은 무시)
t : 벽 두께(인치)
P_{cr} : 붕괴압력(collapsing pressure)(lb/in^2)
E : 탄성계수(강 30,000,000lb/in^2)
ν : 포와송의 비(통상적으로 강의 경우 0.3)

상기 E와 ν 수치를 대입하면

$$P_{cr} = 528 \times 10^6 \left(\frac{t}{R}\right)^3 \quad 6.3$$

독자의 편의를 위해 여기서 가장 정확한 좌굴에 대한 공식을 다음과 같이 반복한다.

$$q_a = \left(\frac{1}{FS}\right)\left(32 R_w B^{'} E^{'} \frac{EI}{D^3}\right)^{1/2}$$

여기서 q_a : 허용 좌굴 압력(lb/in^2)
FS : 안전계수($h/D \geq 2$인 경우 2.5, $h/D < 2$인 경우 3.0)
h : 배관 상단부로부터 지반 표면까지 높이(인치)
D : 배관직경(인치)
R_w : 물 부력계수$[R_w = 1-(0.33h_w/h) \quad 0 \leq h_w \leq h]$
h_w : 배관 상단부로부터 지하수 면까지 높이(인치)
B' : 탄성 지지의 경험적 계수(empirical coefficient of elastic support)

1966 Luscher는 다음과 같이 B' 계수를 제공하였다.

$$B' = \frac{4(h^2 + Dh)}{(1+\nu)[(2h+D)^2 + D^2(1-2\nu)]}$$

흙의 경우 B' 계수는 포와송 비에 일부 종속되지만 이 영향은 그림 3.22에 나타난 것과 같이 작다. 포와송 비를 0.5로 취하면 상기 공식은 다음과 같이 단순화되고 또한 보수적인 식이 된다.

$$B' = \frac{4(h^2 + Dh)}{1.5(2h + D)^2}$$

많은 표준 기관들은 취급(handling)을 위한 최소 판 두께 또는 쉬트 두께를 구하기 위해 다음 식들을 사용한다.

$$t = \frac{D}{288} \text{ 배관 규격 내경 54인치 이하} \quad (6.4)$$

$$t = \frac{D+20}{400} \text{ 배관 규격 내경 54인치 이상} \quad (6.5)$$

어느 경우에서도 쉘의 두께는 14게이지(0.0747인치) 이상이어야 한다.

예제 6.3 108인치 송수배관

직경 108인치 송수관로를 설치하고자 한다. 배관 재료로 강을 선택하였다. 조인트는 아래 그림과 같이 내외가 용접되는 벨-스피곳 형식을 사용한다.

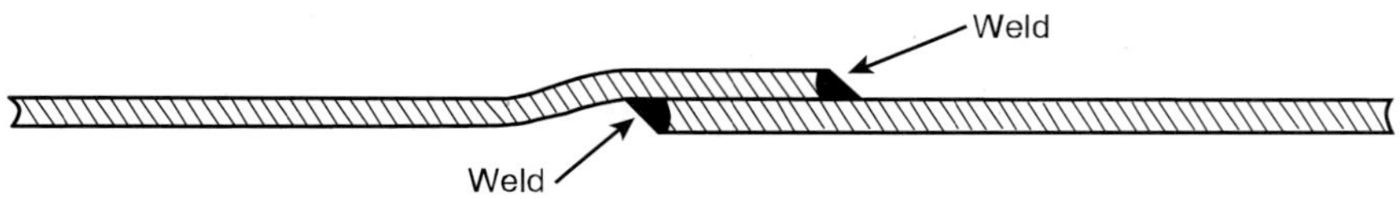

해답

관 두께는 0.5인치이다. 직경이 크고 배관은 매우 유연하기 때문에 제작시 내부 버팀대(brace)로 보강한다. 이 버팀대는 배관을 설치 완료하고 배관 영역 흙을 위치시키고 명시된 밀도로 다짐할 때까지 배관 단면을 유지한다. 뒷채움을 완성한 후 이 버팀대를 제거한다. 그 후 관로를 사용하기 전에 포틀랜드 시멘트 몰탈로 라이닝한다. 설계 매개변수들은 다음과 같다.

• 벽 두께	0.5인치
• 항복응력	36,000lb/in^2
• 극한 강도	60,000lb/in^2
• 탄성계수	29×10^6lb/in^2
• 포와송 비	0.3
• 열팽창 확장계수	6.5×10^{-6}(1/°F)

- 덕타일-취성 변이 온도 70°F
- 사용압력 120lb/in^2
- 허용 서지 압력 40lb/in^2
- 토피두께 60ft
- 배관영역의 흙 재료 파쇄석
- 배관영역 밀도 표준 프록터 90%
- 수온 34°F

상기 설계조건에서 제안된 강관을 평가하라. 특별히 주의하거나 건설공법이 필요한지 검토하라.

1. 공식 3.3c로부터 배관 강성도 PS을 확인한 후 링의 처짐량을 평가한다.

$$PS = \frac{F}{\Delta y} = 6.7\frac{EI}{r^3}$$

$$= \frac{6.7(29\times 10^6)\times 0.5^3}{12\times 54^3}$$

$$= 12.85\text{lb/in}^2$$

이 배관은 상당히 유연하지만 배관영역 흙을 다짐하고 상재 하중이 위치할 때까지 배관은 처지지 않는 상태를 유지할 것이다. 버팀대들을 제거한 후 결과적인 처짐은 상당히 낮을 것이다.

2. 압력설계를 확인한다. 먼저 설계압력에 서지 압력을 더한 경우 후프응력을 구한다.

$$\sigma_h = \frac{PD}{2t} = \frac{(120+40)108}{2\times 0.5} = 17{,}280\text{lb/in}^2$$

다음은 설계압력만을 고려할 때 후프응력을 구한다.

$$\sigma_h = \frac{PD}{2t} = \frac{120\times 108}{2\times 0.5} = 12{,}960\text{lb/in}^2$$

이 재료의 항복강도는 36,000lb/in^{2}이고, 최대 설계압력을 17,280lb/in^2 선정해도 안전계수는 약 2.1로서 2 이상이 되므로 압력설계는 문제가 없다.

3. 길이방향 응력들을 고려한다. 설계시 AWWA C206은 반드시 온도를 고려할 것을 권장한다. AWWA C206과 AWWA M11은 온도 변화로 발생하는 응력들을 완화시키기

위해 익스팬션 조인트 또는 밀봉용접의 사용을 권장한다. 또한 포와송의 효과로 인해 길이방향 응력들이 발생한다. 벨-스피곳 접합에서 불평행(nonparallel) 하중에 기인한 휨 응력들과 함께 온도응력과 포와송 응력들을 파괴시킬 정도로 클 수 있다.

낮 시간동안 배관을 정치하고 가용접(tack-weld)하는 것으로 가정한다. 시기가 7월과 8월이고, 가용접 동안 배관 온도는 80~130°F이다. 배관 설치공이 배관을 정치시키면 가용접을 실시한 후 용접공이 전체 용접을 한다. 밀봉용접 또는 익스팬션 조인트를 사용하지 않았다. 관로설치를 완료한 후 수온 34°F의 물 120lb/in^2 수압이 관로에 가해진다. 먼저 포와송 효과에 기인한 길이방향 응력을 구한다(제4장 "강관 길이방향 응력"절 참조).

$$\text{길이방향 응력 } \sigma_p = \nu\sigma_h$$

$$\text{원주방향 응력 } \sigma_h = 12{,}960\text{lb/in}^2$$

$$\sigma_p = 0.3 \times 12{,}960 = 3888\text{lb/in}^2$$

두 번째 온도변화에 기인한 길이방향 응력을 구한다.

$$\sigma_T = E\alpha(\triangle T) = (29 \times 10^6)(6.5 \times 10^{-6})(\triangle T) = 188.5\triangle T$$

$\triangle T = 70°$F로 가정하면

$$\sigma_T = 13{,}195\text{lb/in}^2$$

세 번째 전체 길이방향 응력은

$$\sigma_T = \sigma_P + \sigma_T = 3888 + 13{,}195 = 17{,}083\text{lb/in}^2$$

다음은 벨-스피곳에서 비평형 하중은 휨 모멘트를 발생시키고 상기에서 구한 응력을 상당히 증가시킬 것이다. 이때 배율계수(magnification factor)는

$$\text{휨 응력} = \sigma_B = \frac{Mc}{I}$$

여기서 M : 모멘트($\sigma_L At = \sigma_L btt$)
t : 두께
A : 면적(bt)
c : $t/2$
I : $bt^3/12$

따라서

$$\sigma_B = \frac{\sigma_L(bt)(t)(t/2)}{bt^3/12} = 6\sigma_L$$

이제 휨 응력 σ_B은 길이방향 응력 σ_L의 6배가 된다. 그러나 최대 응력은 휨 응력과 길이방향 응력의 합이다.

$$\sigma_{\max} = \sigma_B + \sigma_L = 7\sigma_L$$

배율계수는 7이다. 따라서 길이방향 최대 응력은 $\sigma_{\max} = 7 \times 17{,}083 = 119{,}581 \text{lb/in}^2$이다.

배관은 이 응력에 도달하기 전에 파괴될 것이며 실제로도 파괴되었다. 이 관로는 이 예제와 같이 실제로 설계되고 건설되었다. 설계자는 길이방향 응력들을 고려하지 않았고, 마감(closure) 또는 익스팬션 조인트를 고려하지 않았다. 길이방향 응력들에 의해 3개의 별개 파괴들이 발생하였으며, 그때마다 보수하여 운영하였다. 세 번째 파괴 발생 후 전반적인 보수를 계획하였다. 이미 형성된(built-in) 응력들을 완화하기 위해 하나 걸러 조인트를 절단하였으며, 절단시 1인치의 snap-back opening을 확인하였다. 보수 동안 배관 온도는 55°F였고, 이는 서비스 온도보다 21°F 높으므로 34°F에서는 약간의 응력이 아직도 존재한다. 강이 더욱 유연(ductile)하면 단순히 배관 자체가 스트레칭하여 응력을 완화시킬 수 있었을 것이다. 선정한 강의 덕타일 취성 변이(transition) 온도는 70°F였다. 따라서 강은 취성 경향으로 거동하여 파괴되었다.

6.2 덕타일주철관 (Ductile Iron Pipe)

덕타일주철관은 실질적으로 회주철관을 대체하였다. 덕타일주철관(DCIP)은 이름이 내포하는 것과 같이 회주철보다 더욱 연성(延性)을 갖지만 다소 취성 특성을 갖는다. 물 시스템을 보수 및 유지·관리하는 사람들 사이에서 이 관은 매우 인기 있다. 이 배관은 취급 및 보수 운영동안 잘못된 사용에도 견딜 수 있는 배관이라고 많은 사람들이 인식하고 있다.

표 6.7 DCIP 배관의 선정된 기준

표준	DCIP 배관
AWWA C104	Cement mortar lining for ductile iron
AWWA C105	Polyethylene encasement for ductile iron
AWWA C110	Ductile iron and gray iron fittings
AWWA C111	Rubber-gasket joints for ductile iron
AWWA C115	Flanged ductile iron
AWWA C150	Thickness design of ductile iron pipe
AWWA C151	Ductile iron pipe in metal-and sand-lined molds
AWWA C600	Installation of ductile iron water mains and their appurtenance
ASTM E 8	Materials properties test
ASTM A 539	Physical properties

덕타일주철의 부식률은 회주철의 부식률과 본질적으로 동일하나 통상적으로 벽이 얇기 때문에 부식은 더욱 중요한 요소가 된다. 설계 절차는 서비스계수(service factor)라 불리는 부식 허용이 필요하다. 매우 높은 부식성 흙에 배관을 설치할 때 관을 보호하기 위한 조치를 취해야 한다. 통상적으로 덕타일주철관은 시멘트-몰탈 라이닝을 갖는다. 이 라이닝은 수력적 효율을 개선하고, 약간의 부식 보호를 제공한다. 표 6.7과 같이 다른 라이닝과 코팅들도 유효하다.

예제 6.4 30인치 DI 배관

직경 30인치 덕타일주철관을 평편한 바닥 트렌치에 부설하고 배관의 중심선에 다짐된 뒷채움으로 설치하고자 할 때 두께를 계산하라. 단 부설 조건은 그림 6.46의 type 2이고, 10ft 토피두께, 운영 압력은 200lb/in^{2}이다(압력배관을 위한 설계절차는 제4장 "덕타일주철"절을 참조한다. 또한 AWWA C150을 참조한다. 독자의 편의를 위해 AWWA C150으로부터 특정 표들을 제공한다. 본 예제는 AWWA C150으로부터 발췌하였다).

해답

1. 트렌치 하중을 설계한다. 그림 2.19 또는 표 6.8로부터 흙 하중 $P_e=8.3$lb/in^{2}를 구할 수 있다. 표 6.8로부터 트럭 하중 $P_t=0.7$lb/in^2, 그리고 트렌치 하중 $P_v=P_e+P_t=9.0$lb/in^{2}이다.

   두 번째로 부설 조건 type 2를 위한 직경-두께 비율을 표 6.13에서 선정한다. 휨 응력기준 설계시 표 6.13에서 $P_v=9.0$lb/in^{2}의 경우 $D/t=128$이 필요한 것을 알 수 있다. 표 6.12로부터 직경 30인치의 경우 외경은 D=32인치이다. 휨 응력을 위한 순수 두께는 다음과 같다.

$$t=\frac{D}{D/t}=\frac{32.0}{128}=0.25\text{in}$$

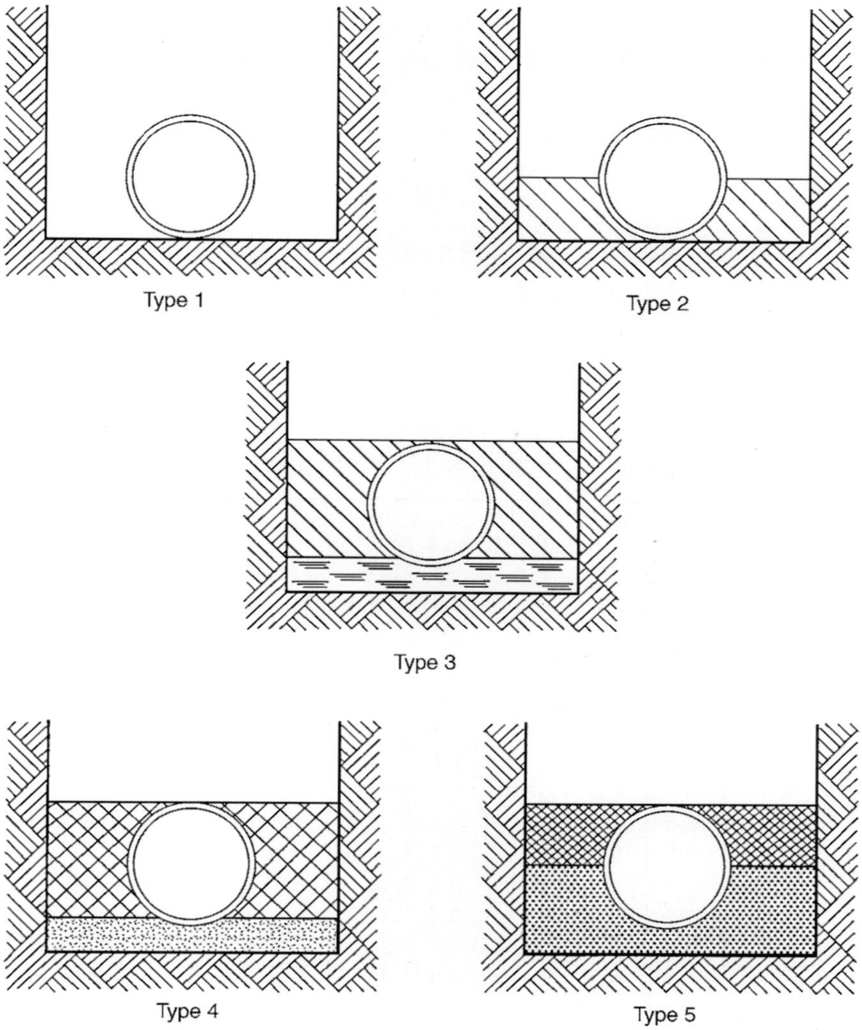

그림 6.46 표준 배관 부설 조건

세 번째로 처짐 기준 설계시 표 6.13으로부터 P_v =9.0lb/in^{2}의 경우 D/t_1 =108이 필요한 것을 알 수 있다. 처짐 설계를 위한 최소 두께 t_1은 다음과 같다.

$$t_1 = \frac{D}{D/t_1} = \frac{32.0}{108} = 0.30\text{in}$$

최소 두께는 0.30in에서 서비스 여유 0.08in를 빼면 처짐 제어를 위한 순수 두께는 t=0.22in가 된다.

네 번째로 휨 응력 기준시 t=0.25in, 처짐 기준시 t=0.22in인치 중 큰 수치인 휨 응력을 기준으로 설계해야 한다.

2. 내부 압력을 위한 설계

$$P_i = 2.0(\text{운영 압력+서지 압력})$$

만일 유속 2.0ft/s를 순간적으로 정지시킬 경우 발생하는 서지 압력이 100lb/in^2 (표 4.1.2절 서지 압력 참조) 이상으로 예상되고 반드시 실제 예상되는 압력을 사용하여야 한다.

$$P_i = 2.0(200+100) = 600\text{lb/in}^2$$

표 6.8 흙 하중 P_e, 트럭 하중 P_t, 그리고 트렌치 하중 P_v(lb/in^2)

토피 두께(ft)	P_e	18인치 배관		20인치 배관		24인치 배관		30인치 배관		36인치 배관	
		P_t	P_v	P_t	P_v	P_t	P_v	P_t	P_v	P_t	P_v
2.5	2.1	7.8	9.9	7.5	9.6	7.1	9.2	6.7	8.8	6.2	8.3
3	2.5	5.9	8.4	5.7	8.2	5.4	7.9	5.2	7.7	4.9	7.4
4	3.3	3.9	7.2	3.9	7.2	3.6	6.9	3.5	6.8	3.4	6.7
5	4.2	2.6	6.8	2.6	6.8	2.4	6.6	2.4	6.6	2.3	6.5
6	5.0	1.9	6.9	1.9	6.9	1.7	6.7	1.7	6.7	1.7	6.7
7	5.8	1.4	7.2	1.4	7.2	1.3	7.1	1.3	7.1	1.3	7.1
8	6.7	1.2	7.9	1.1	7.8	1.1	7.8	1.1	7.8	1.1	7.8
9	7.5	1.0	8.5	0.9	8.4	0.9	8.4	0.9	8.4	0.8	8.3
10	8.3	0.8	9.1	0.7	9.0	0.7	9.0	0.7	9.0	0.7	9.0
12	10.0	0.5	10.5	0.5	10.5	0.5	10.5	0.5	10.5	0.5	10.5
14	11.7	0.4	12.1	0.4	12.1	0.4	12.1	0.4	12.1	0.4	12.1
16	13.3	0.3	13.6	0.3	13.6	0.3	13.6	0.3	13.6	0.3	13.6
20	16.7	0.2	16.9	0.2	16.9	0.2	16.9	0.2	16.9	0.2	16.9
24	20.0	0.1	20.1	0.1	20.1	0.1	20.1	0.1	20.1	0.1	20.1
28	23.3	0.1	23.4	0.1	23.4	0.1	23.4	0.1	23.4	0.1	23.4
32	26.7	0.1	26.8	0.1	26.8	0.1	26.8	0.1	26.8	0.1	26.8

$$t = \frac{P_i D}{2S} = \frac{600 \times 32}{2 \times 42,000} = 0.23\text{in}$$

내부 압력의 경우 순수 두께 $t = 0.23\text{in}$이다.

3. 순수 두께를 선정하고 허용오차를 추가한다. 트렌치 하중을 위한 설계시 두께가 가장 두꺼우므로 1단계에서 두께 0.25인치를 선택한다.

순수 두께	=0.25인치
서비스 여유	=0.08인치
최소 두께	=0.34인치(표 6.12 참조)
주물 허용	=0.07인치(표 6.10 참조)
전체 계산된 두께	=0.41인치

4. 표준 두께와 클래스를 선택한다. 전체 계산된 두께 0.41인치는 표 6.12에서 두께 0.42인치, 클래스 250에 가장 근접한다. 따라서 클래스 250을 선정한다.

표 6.8 흙 하중 P_e, 트럭 하중 P_t, 그리고 트렌치 하중 P_v(lb/in^2)(계속)

토피 두께(ft)	P_e	42인치 배관		48인치 배관		54인치 배관		60인치 배관		64인치 배관	
		P_t	P_v	P_t	P_v	P_t	P_v	P_t	P_v	P_t	P_v
2.5	2.1	5.8	7.9	5.4	7.5	5.0	7.1	4.8	6.9	4.5	6.6
3	2.5	4.6	7.1	4.4	6.9	4.1	6.6	3.9	6.4	3.8	6.3
4	3.3	3.3	6.6	3.1	6.4	3.0	6.3	2.9	6.2	2.8	6.1
5	4.2	2.3	6.5	2.2	6.4	2.1	6.3	2.1	6.3	2.1	6.3
6	5.0	1.7	6.7	1.6	6.6	1.6	6.6	1.6	6.6	1.5	6.5
7	5.8	1.3	7.1	1.2	7.0	1.2	7.0	1.2	7.0	1.2	7.0
8	6.7	1.0	7.7	1.0	7.7	1.0	7.7	1.0	7.7	1.0	7.7
9	7.5	0.8	8.3	0.8	8.3	0.8	8.3	0.8	8.3	0.8	8.3
10	8.3	0.7	9.0	0.7	9.0	0.7	9.0	0.7	9.0	0.7	9.0
12	10.0	0.5	10.5	0.5	10.5	0.5	10.5	0.5	10.5	0.5	10.5
14	11.7	0.4	12.1	0.4	12.1	0.4	12.1	0.4	12.1	0.4	12.1
16	13.3	0.3	13.6	0.3	13.6	0.3	13.6	0.3	13.6	0.3	13.6
20	16.7	0.2	16.9	0.2	16.9	0.2	16.9	0.2	16.9	0.2	16.9
24	20.0	0.1	20.1	0.1	20.1	0.1	20.1	0.1	20.1	0.1	20.1
28	23.3	0.1	23.4	0.1	23.4	0.1	23.4	0.1	23.4	0.1	23.4
32	26.7	0.1	26.8	0.1	26.8	0.1	26.8	0.1	26.8	0.1	26.8

출처 : AWWA C150 Table 1

표 6.9 표준 부설 조건을 위한 설계 수치

부설 조건	내용	E'	베딩각 (deg)	K_b	K_s
형식 1	편평한 트랜치. 느슨한 뒷채움	150	30	0.235	0.108
형식 2	편평한 트랜치. 파이프 중심 부근에서 가볍게 다져서 뒷채움	300	45	0.210	0.105
형식 3	배관은 느슨한 흙에 최소 4인치 베딩. 배관 상단부를 가볍게 다져서 뒷채움	400	60	0.189	0.103
형식 4	배관은 모래, 자갈 또는 쇄석에 배관 직경의 1/8(최소 4인치) 관입. 배관 상단을 표준 프록터 다짐(AASHTO T-99)으로 약 80% 되게 다져서 뒷채움	500	90	0.160	0.096
형식 5	배관은 다져진 조립토에 중심선까지 관입(최소 4인치). 배관 상단을 다져진 조립토 또는 선택재료로 표준 프록터다짐(AASHTO-99)으로 90% 되게 다져서 뒷채움	700	150	0.128	0.085

* 그림 6.46 참조
직경 30인치 이상인 경우 형식 1 이외의 부설 조건의 사용을 고려한다.
편평한 바닥(Flat-bottom)은 "교란되지 않은 흙"로 정의한다.
느슨한(Loose) 흙 또는 선택된 재료는 "트렌치로부터 굴착된 원지반 흙, 암(rock)이 없는 외부 재료, 그리고 결빙된 흙"으로 정의한다.
AASHTO T-99, *Standard Method of Test for the Moisture Density Relations of Soil Using a 5.5lb(2.5kg) Rammer and a 12in(305mm) Drop.* Available from the American Association of State Highway and Transportation Officials, 444N. Capital St. NW, Washington, DC 20001.
출처 : AWWA C150 Table 2

표 6.10 주물 허용 오차

규격(인치)	주물 허용 오차(인치)
3~8	0.05
10~12	0.06
14~42	0.07
48	0.08
54	0.09

출처 : AWWA C150 Table 3

표 6.11 트럭 하중 계산을 위한 감소 계수 R

규격(인치)	토피두께(ft)			
	<4	4~7	>7~10	>10
	감소 계수			
3~12	1.00	1.00	1.00	1.00
14	0.92	1.00	1.00	1.00
16	0.88	0.95	1.00	1.00

▌표 6.11▌ 트럭 하중 계산을 위한 감소 계수 R(계속)

규격(인치)	토피두께(ft)			
	<4	4~7	>7~10	>10
	감소 계수			
18	0.85	0.90	1.00	1.00
20	0.83	0.90	0.95	1.00
24~30	0.81	0.85	0.95	1.00
36~44	0.80	0.85	0.90	1.00

출처 : AWWA C150 Table 4

▌표 6.12▌ DCIP 표준 압력 클래스에 따른 공칭 두께

규격 (인치)	외경 (인치)	압력 클래스				
		150	200	250	300	350
		공칭 두께(인치)				
3	3.96	–	–	–	–	0.25
4	4.80	–	–	–	–	0.25
6	6.90	–	–	–	–	0.25
8	9.05	–	–	–	–	0.25
10	11.10	–	–	–	–	0.26
12	13.20	–	–	–	–	0.28
14	15.30	–	–	0.28	0.30	0.31
16	17.40	–	–	0.30	0.32	0.34
18	19.50	–	–	0.31	0.34	0.36
20	21.60	–	–	0.33	0.36	0.38
24	25.80	–	0.33	0.37	0.40	0.43
30	32.00	0.34	0.38	0.42	0.45	0.49
36	38.30	0.38	0.42	0.47	0.51	0.56
42	44.50	0.41	0.47	0.52	0.57	0.63
48	50.80	0.46	0.52	0.58	0.64	0.70
54	57.56	0.51	0.58	0.65	0.72	0.79
60	61.61	0.54	0.61	0.68	0.76	0.83
64	65.67	0.56	0.64	0.72	0.80	0.87

주의 : 인치를 mm로 환산하기 위해 25.4로 곱한다.

* 배관 규격 및 압력등급에서 계산된 두께는 상기 표의 수치보다 작다(실제 계산된 두께는 표 6.11 참조). 현재 이 수치들은 이 배관 규격에서 유효한 가장 작은 공칭 두께들이다.

- 압력 클래스는 배관의 정격 용수 운영 압력(lb/in^2)으로 정의한다. 상기 표의 두께 수치는 정격 용수 운영 압력+서지 압력(100lb/in^2=689kPa)에서도 충분하다. 계산은 최소 항복 인장강도(42,000lb/in^2=289,590kPa)와 안전계수 2.0과 용수 운영 압력에 서지 압력(100lb/in^2=689kPa)을 더한 것의 곱에 근거한다.
- 정격 용수 운영 압력과 상기 초과하는 서지 압력에서 두께 계산은 AWWA C150의 4.1.2절에서의 공식을 사용하여 계산할 수 있다.
- 운영 압력이 350lb/in^2=2413kPa 이상인 경우에도 DCIP 배관이 유효하다.
- 압력 클래스 350 이상인 두께를 갖는 배관이 유효하다. 표 6.13 참조.
- ANSI/AWWA C115/A21.15에 나타낸 나사 플랜지 배관의 가장 낮은 공칭 두께들이 아직도 요구된다.
- ANSI/AWWA C606에 나타낸 홈(groove)과 어깨 조인트를 갖는 배관의 가장 낮은 공칭 두께들이 아직도 요구된다.

출처 : AWWA C150 Table 5

표 6.13 부설 조건 2에서 직경-두께 비

트렌치 하중 P_v(lb/in^2)		D/t 또는 D/t_1†	트렌치 하중 P_v(lb/in^2)		D/t 또는 D/t_1†
휨 응력 설계	처짐 설계		휨 응력 설계	처짐 설계	
6.29	6.18	170	8.75	7.31	131
6.34	6.19	169	8.83	7.36	130
6.39	6.21	168	8.91	7.41	129
6.44	6.23	167	8.99	7.46	128
6.50	6.25	166	9.07	7.51	127
6.55	6.26	165	9.16	7.57	126
6.60	6.28	164	9.25	7.63	125
6.66	6.30	163	9.33	7.69	124
6.71	6.32	162	9.42	7.75	123
6.77	6.34	161	9.51	7.81	122
6.82	6.37	160	9.60	7.78	121
6.88	6.39	159	9.70	7.94	120
6.94	6.41	158	9.79	8.01	119
6.99	6.43	157	9.89	8.08	118
7.05	6.46	156	9.99	8.16	117
7.11	6.48	155	10.09	8.23	116
7.17	6.50	154	10.19	8.31	115
7.23	6.53	153	10.29	8.40	114
7.29	6.56	152	10.40	8.48	113
7.35	6.58	151	10.51	8.57	112
7.42	6.61	150	10.62	8.66	111
7.48	6.64	149	10.73	8.76	110
7.54	6.67	148	10.84	8.86	109
7.61	6.70	147	10.96	8.96	108
7.67	6.73	146	11.08	9.07	107
7.74	6.76	145	11.21	9.18	106
7.80	6.79	144	11.33	9.29	105
7.87	6.83	143	11.46	9.41	104
7.94	6.86	142	11.59	9.54	103
8.01	6.89	141	11.73	9.67	102
8.08	6.93	140	11.87	9.80	101
8.15	6.97	139	12.01	9.94	100
8.22	7.01	138	12.16	10.09	99
8.29	7.05	137	12.31	10.24	98
8.37	7.09	136	12.46	10.40	97
8.44	7.13	135	12.62	10.56	96
8.52	7.17	134	12.79	10.73	95
8.59	7.22	133	12.96	10.91	94
8.67	7.26	132	13.13	11.10	93

■ 표 6.13 ■ 부설 조건 2에서 직경-두께 비(계속)

트렌치 하중 P_v(lb/in^2)		D/t 또는 D/t_1†	트렌치 하중 P_v(lb/in^2)		D/t 또는 D/t_1†
휨 응력 설계	처짐 설계		휨 응력 설계	처짐 설계	
13.31	11.29	92	24.07	26.39	61
13.49	11.50	91	24.74	27.49	60
13.68	11.71	90	25.43	28.66	59
13.88	11.94	89	26.17	29.91	58
14.08	12.17	88	26.95	31.26	57
14.30	12.42	87	27.77	32.71	56
14.51	12.67	86	28.64	34.26	55
14.74	12.94	85	29.56	35.96	54
14.97	13.22	84	30.53	37.74	53
15.21	13.52	83	31.57	39.69	52
15.46	13.83	82	32.67	41.80	51
15.72	14.16	81	33.84	44.09	50
15.99	14.50	80	35.08	46.56	49
16.28	14.86	79	36.41	49.26	48
16.57	15.24	78	37.83	52.19	47
16.87	15.64	77	39.34	55.40	46
17.19	16.06	76	40.96	58.89	45
17.52	16.51	75	42.70	62.73	44
17.86	16.98	74	44.57	66.93	43
18.22	17.48	73	46.57	71.56	42
18.59	18.00	72	48.73	76.66	41
18.98	18.56	71	51.06	82.29	40
19.39	19.14	70	53.57	88.54	39
19.82	19.77	69	56.30	95.48	38
20.27	20.43	68	59.25	103.21	37
20.73	21.13	67	62.46	111.85	36
21.23	21.87	66	65.96	121.54	35
21.74	22.67	65	69.79	132.44	34
22.28	23.51	64	73.98	144.74	33
22.85	24.41	63	78.57	158.68	32
23.45	25.37	62	83.64	174.54	31

주의 : lb/in^{2}를 kPa로 환산하기 위해 6.895로 곱한다.

* $E' = 300$lb/in^2; $K_b = 0.210$; $K_x = 0.105$.

† 계산된 P_v에 가장 근사한 표의 P_v를 위한 D/t 또는 D/t_1를 선정한다; 계산된 P_v가 표에서 두 수치의 가운데 일 경우 작은 D/t 또는 D/t_1를 선정한다.

출처 : AWWA C150 Table 8

■ 표 16.14 ■ 흙 하중+트럭 하중을 위한 두께

직경 (인치)	토피두께* (ft)	부설 조건									
		형식 1		형식 2		형식 3		형식 4		형식 5	
		전체 두께† (in)	압력 클래스	전체 두께† (in)	압력 클래스	전체 두께† (in)	압력 클래스	전체 두께† (in)	압력 클래스	전체 두께† (in)	압력 클래스
10	2.50	–	–	0.25	350	0.23	350	0.20	350	0.18	350
	3	0.26	350	0.24	350	0.22	350	0.19	350	0.18	350
	4	0.25	350	0.22	350	0.21	350	0.19	350	0.17	350
	5	0.24	350	0.22	350	0.20	350	0.18	350	0.17	350
	6	0.24	350	0.22	350	0.20	350	0.18	350	0.17	350
	7	0.24	350	0.22	350	0.20	350	0.19	350	0.17	350
	8	0.25	350	0.22	350	0.21	350	0.19	350	0.17	350
	9	0.25	350	0.23	350	0.21	350	0.19	350	0.17	350
	10	0.26	350	0.23	350	0.21	350	0.19	350	0.17	350
	12	–	–	0.24	350	0.22	350	0.20	350	0.18	350
	14	–	–	0.26	350	0.23	350	0.20	350	0.18	350
	16	–	–	–	–	0.24	350	0.21	350	0.18	350
	20	–	–	–	–	–	–	0.22	350	0.19	350
	24	–	–	–	–	–	–	0.24	350	0.19	350
	28	–	–	–	–	–	–	0.26	350	0.20	350
	32	–	–	–	–	–	–	–	–	0.21	350
12	2.5	–	–	0.27	350	0.25	350	0.21	350	0.19	350
	3	0.28	350	0.25	350	0.23	350	0.20	350	0.18	350
	4	0.26	350	0.24	350	0.22	350	0.19	350	0.18	350
	5	0.26	350	0.23	350	0.21	350	0.19	350	0.18	350
	6	0.26	350	0.23	350	0.21	350	0.19	350	0.18	350
	7	0.26	350	0.23	350	0.21	350	0.19	350	0.18	350
	8	0.27	350	0.24	350	0.22	350	0.20	350	0.18	350
	9	0.27	350	0.24	350	0.22	350	0.20	350	0.18	350
	10	0.28	350	0.25	350	0.23	350	0.20	350	0.18	350
	12	–	–	0.26	350	0.24	350	0.21	350	0.18	350
	14	–	–	0.28	350	0.25	350	0.21	350	0.19	350
	16	–	–	–	–	0.26	350	0.22	350	0.19	350
	20	–	–	–	–	–	–	0.24	350	0.20	350
	24	–	–	–	–	–	–	0.26	350	0.20	350
	28	–	–	–	–	–	–	0.28	350	0.21	350
	32	–	–	–	–	–	–	–	–	0.23	350
14	2.50	‡	‡	0.29	300	0.26	250	0.23	250	0.20	250
	3			0.28	250	0.25	250	0.22	250	0.20	250
	4			0.26	250	0.24	250	0.21	250	0.19	250
	5			0.25	250	0.23	250	0.21	250	0.19	250
	6			0.25	250	0.23	250	0.21	250	0.19	250

■ 표 16.14 ■ 흙 하중+트럭 하중을 위한 두께(계속)

직경 (인치)	토피두께* (ft)	부설 조건									
		형식 1		형식 2		형식 3		형식 4		형식 5	
		전체 두께[†] (in)	압력 클래스	전체 두께[†] (in)	압력 클래스	전체 두께[†] (in)	압력 클래스	전체 두께[†] (in)	압력 클래스	전체 두께[†] (in)	압력 클래스
14	7			0.26	250	0.24	250	0.21	250	0.19	250
	8			0.26	250	0.24	250	0.21	250	0.19	250
	9			0.27	250	0.24	250	0.22	250	0.19	250
	10			0.28	250	0.25	250	0.22	250	0.20	250
	12			0.29	300	0.26	250	0.23	250	0.20	250
	14			0.31	350	0.28	250	0.23	250	0.20	250
	16			—	—	0.29	300	0.24	250	0.21	250
	20			—	—	—	—	0.26	250	0.21	250
	24			—	—	—	—	0.29	300	0.22	250
	28			—	—	—	—	—	—	0.25	250
	32			—	—	—	—	—	—	0.27	250
16	2.5	‡	‡	0.31	300	0.27	250	0.23	250	0.21	250
	3			0.29	250	0.26	250	0.23	250	0.20	250
	4			0.27	250	0.25	250	0.22	250	0.20	250
	5			0.27	250	0.24	250	0.22	250	0.20	250
	6			0.27	250	0.24	250	0.22	250	0.20	250
	7			0.27	250	0.25	250	0.22	250	0.20	250
	8			0.28	250	0.25	250	0.22	250	0.20	250
	9			0.28	250	0.26	250	0.22	250	0.20	250
	10			0.29	250	0.26	250	0.23	250	0.20	250
	12			0.31	300	0.28	250	0.24	250	0.21	250
	14			0.33	350	0.29	250	0.24	250	0.21	250
	16			—	—	0.31	300	0.25	250	0.21	250
	20			—	—	0.34	350	0.28	250	0.22	250
	24			—	—	—	—	0.30	250	0.24	250
	28			—	—			0.34	350	0.27	250
	32			—	—			—	—	0.29	250
18	2.50	‡	‡	0.32	300	0.28	250	0.24	250	0.21	250
	3			0.30	250	0.27	250	0.23	250	0.21	250
	4			0.28	250	0.26	250	0.23	250	0.20	250
	5			0.28	250	0.25	250	0.22	250	0.20	250
	6			0.28	250	0.25	250	0.22	250	0.20	250
	7			0.28	250	0.26	250	0.23	250	0.20	250
	8			0.29	250	0.26	250	0.23	250	0.20	250
	9			0.30	250	0.27	250	0.23	250	0.21	250
	10			0.31	250	0.28	250	0.24	250	0.21	250
	12			0.33	300	0.29	250	0.24	250	0.21	250

■ 표 16.14 ■ 흙 하중+트럭 하중을 위한 두께(계속)

직경 (인치)	토피두께* (ft)	부설 조건									
		형식 1		형식 2		형식 3		형식 4		형식 5	
		전체 두께† (in)	압력 클래스	전체 두께† (in)	압력 클래스	전체 두께† (in)	압력 클래스	전체 두께† (in)	압력 클래스	전체 두께† (in)	압력 클래스
18	14			0.35	350	0.31	250	0.25	250	0.22	250
	16			–	–	0.33	300	0.26	250	0.22	250
	20			–	–	–	–	0.29	250	0.23	250
	24			–	–	–	–	0.32	300	0.26	250
	28			–	–	–	–	0.36	350	0.29	250
	32			–	–	–	–	–	–	0.32	300
20	2.50	‡	‡	0.33	250	0.29	250	0.25	250	0.21	250
	3			0.31	250	0.28	250	0.24	250	0.21	250
	4			0.30	250	0.27	250	0.23	250	0.21	250
	5			0.29	250	0.26	250	0.23	250	0.20	250
	6			0.29	250	0.26	250	0.23	250	0.20	250
	7			0.30	250	0.27	250	0.23	250	0.21	250
	8			0.30	250	0.27	250	0.24	250	0.21	250
	9			0.31	250	0.28	250	0.24	250	0.21	250
	10			0.32	250	0.29	250	0.24	250	0.21	250
	12			0.35	300	0.31	250	0.25	250	0.22	250
	14			0.37	350	0.33	250	0.26	250	0.22	250
	16			–	–	0.35	300	0.28	250	0.23	250
	20			–	–	–	–	0.32	250	0.24	250
	24			–	–	–	–	0.35	300	0.28	250
	28			–	–	–	–	0.38	350	0.32	250
	32			–	–	–	–	–	–	0.35	300
24	2.50	‡	‡	0.36	250	0.32	200	0.26	200	0.22	200
	3			0.33	200	0.30	200	0.25	200	0.22	200
	4			0.32	200	0.29	200	0.25	200	0.21	200
	5			0.31	200	0.28	200	0.24	200	0.21	200
	6			0.31	200	0.28	200	0.24	200	0.21	200
	7			0.32	200	0.29	200	0.25	200	0.22	200
	8			0.33	200	0.30	200	0.25	200	0.22	200
	9			0.35	250	0.30	200	0.26	200	0.22	200
	10			0.36	250	0.31	200	0.26	200	0.22	200
	12			0.39	300	0.33	200	0.27	200	0.23	200
	14			0.41	350	0.36	250	0.29	200	0.24	200
	16			–	–	0.38	300	0.31	200	0.24	200
	20			–	–	–	–	0.36	250	0.26	200
	24			–	–	–	–	0.40	300	0.32	200
	28			–	–	–	–	0.43	350	0.37	250
	32			–	–	–	–	–	–	0.40	300

표 16.14 흙 하중+트럭 하중을 위한 두께(계속)

직경 (인치)	토피두께* (ft)	부설 조건									
		형식 1		형식 2		형식 3		형식 4		형식 5	
		전체 두께[†] (in)	압력 클래스	전체 두께[†] (in)	압력 클래스	전체 두께[†] (in)	압력 클래스	전체 두께[†] (in)	압력 클래스	전체 두께[†] (in)	압력 클래스
30	2.50	‡	‡	0.40	250	0.34	150	0.29	150	0.24	150
	3			0.37	200	0.33	150	0.28	150	0.23	150
	4			0.36	200	0.32	150	0.27	150	0.23	150
	5			0.35	200	0.31	150	0.26	150	0.23	150
	6			0.35	200	0.31	150	0.27	150	0.23	150
	7			0.36	200	0.32	150	0.27	150	0.23	150
	8			0.37	200	0.33	150	0.27	150	0.23	150
	9			0.39	250	0.34	150	0.28	150	0.24	150
	10			0.41	250	0.35	200	0.29	150	0.24	150
	12			0.44	300	0.38	200	0.30	150	0.25	150
	14			0.48	350	0.41	250	0.33	150	0.26	150
	16			–	–	0.44	300	0.37	200	0.26	150
	20			–	–	–	–	0.43	300	0.29	150
	24			–	–			0.48	350	0.38	200
	28			–	–			–	–	0.44	300
	32							–		0.48	350
36	2.50	‡	‡	0.43	250	0.37	150	0.31	150	0.25	150
	3			0.41	200	0.36	150	0.30	150	0.25	150
	4			0.39	200	0.34	150	0.29	150	0.24	150
	5			0.39	200	0.34	150	0.29	150	0.24	150
	6			0.39	200	0.34	150	0.29	150	0.24	150
	7			0.40	200	0.35	150	0.29	150	0.24	150
	8			0.42	200	0.36	150	0.30	150	0.25	150
	9			0.44	250	0.38	150	0.31	150	0.25	150
	10			0.46	250	0.39	200	0.31	150	0.26	150
	12			0.50	300	0.42	200	0.33	150	0.27	150
	14			0.54	350	0.46	250	0.38	150	0.28	150
	16			–	–	0.50	300	0.43	250	0.29	150
	20			–	–	–	–	0.51	300	0.33	150
	24			–	–	–	–	0.56	350	0.44	250
	28			–	–	–	–	–	–	0.51	300
	32			–	–	–	–	–	–	0.56	350
42	2.50	‡	‡	0.47	200	0.40	150	0.32	150	0.27	150
	3			0.44	200	0.38	150	0.31	150	0.26	150
	4			0.42	200	0.37	150	0.30	150	0.25	150
	5			0.43	200	0.37	150	0.31	150	0.26	150
	6			0.43	200	0.37	150	0.31	150	0.26	150

표 16.14 흙 하중+트럭 하중을 위한 두께(계속)

직경 (인치)	토피두께* (ft)	부설 조건									
		형식 1		형식 2		형식 3		형식 4		형식 5	
		전체 두께† (in)	압력 클래스	전체 두께† (in)	압력 클래스	전체 두께† (in)	압력 클래스	전체 두께† (in)	압력 클래스	전체 두께† (in)	압력 클래스
42	7			0.44	200	0.38	150	0.31	150	0.26	150
	8			0.46	200	0.40	150	0.32	150	0.26	150
	9			0.48	250	0.41	150	0.33	150	0.27	150
	10			0.50	250	0.43	200	0.34	150	0.27	150
	12			0.55	300	0.47	200	0.36	150	0.28	150
	14			0.60	350	0.52	250	0.43	200	0.30	150
	16			–	–	0.57	300	0.49	250	0.31	150
	20			–	–	–	–	0.57	300	0.38	150
	24			–	–	–	–	–	–	0.50	250
	28			–	–	–	–			0.58	350
	32			–	–	–	–	–		0.63	350
48	2.50	‡	‡	0.50	200	0.44	150	0.35	150	0.29	150
	3			0.48	200	0.42	150	0.34	150	0.28	150
	4			0.46	150	0.41	150	0.33	150	0.28	150
	5			0.47	200	0.41	150	0.34	150	0.28	150
	6			0.48	200	0.41	150	0.34	150	0.28	150
	7			0.49	200	0.43	150	0.35	150	0.28	150
	8			0.51	200	0.44	150	0.35	150	0.29	150
	9			0.54	250	0.46	150	0.37	150	0.29	150
	10			0.56	250	0.48	200	0.38	150	0.30	150
	12			0.62	300	0.54	250	0.40	150	0.31	150
	14			0.67	350	0.60	300	0.49	200	0.33	150
	16			–	–	0.65	350	0.56	250	0.34	150
	20			–	–	–	–	0.66	350	0.43	150
	24			–	–			–	–	0.57	250
	28			–	–	–	–	–	–	0.66	350
54	2.50	‡	‡	0.54	200	0.47	150	0.38	150	0.31	150
	3			0.53	200	0.46	150	0.37	150	0.30	150
	4			0.51	150	0.44	150	0.36	150	0.30	150
	5			0.52	200	0.45	150	0.37	150	0.30	150
	6			0.53	200	0.46	150	0.37	150	0.30	150
	7			0.54	200	0.47	150	0.38	150	0.31	150
	8			0.57	200	0.49	150	0.39	150	0.32	150
	9			0.60	250	0.51	150	0.40	150	0.32	150
	10			0.63	250	0.53	200	0.41	150	0.33	150
	12			0.69	300	0.61	250	0.44	150	0.34	150
	14			0.75	350	0.68	300	0.55	200	0.36	150

표 16.14 흙 하중+트럭 하중을 위한 두께(계속)

직경 (인치)	토피두께* (ft)	부설 조건									
		형식 1		형식 2		형식 3		형식 4		형식 5	
		전체 두께† (in)	압력 클래스	전체 두께† (in)	압력 클래스	전체 두께† (in)	압력 클래스	전체 두께† (in)	압력 클래스	전체 두께† (in)	압력 클래스
54	16			–	–	0.73	350	0.63	250	0.37	150
	20			–	–	–	–	0.74	350	0.48	150
	24			–	–			–	–	0.64	250
	28			–	–			–		0.74	350
60	2.50	‡	‡	0.56	200	0.48	150	0.39	150	0.32	150
	3			0.54	150	0.47	150	0.38	150	0.31	150
	4			0.53	150	0.46	150	0.38	150	0.31	150
	5			0.54	150	0.47	150	0.38	150	0.31	150
	6			0.55	200	0.48	150	0.39	150	0.31	150
	7			0.57	200	0.49	150	0.39	150	0.32	150
	8			0.59	200	0.51	150	0.40	150	0.33	150
	9			0.63	250	0.53	150	0.42	150	0.33	150
	10			0.67	250	0.55	200	0.43	150	0.34	150
	12			0.74	300	0.65	250	0.46	150	0.35	150
	14			0.79	350	0.72	300	0.58	200	0.37	150
	16			–	–	0.78	350	0.67	250	0.38	150
	20			–	–	–	–	0.79	350	0.51	150
	24			–	–			–	–	0.68	250
	28			–	–	–	–	–	–	0.79	350
64	2.50	‡	‡	0.58	200	0.50	150	0.40	150	0.32	150
	3			0.56	150	0.49	150	0.39	150	0.32	150
	4			0.55	150	0.48	150	0.39	150	0.32	150
	5			0.56	150	0.48	150	0.39	150	0.32	150
	6			0.57	200	0.49	150	0.40	150	0.32	150
	7			0.59	200	0.51	150	0.41	150	0.33	150
	8			0.62	200	0.53	150	0.42	150	0.33	150
	9			0.67	250	0.55	150	0.43	150	0.34	150
	10			0.70	250	0.58	200	0.45	150	0.35	150
	12			0.78	300	0.68	250	0.48	150	0.37	150
	14			0.84	350	0.76	300	0.61	200	0.38	150
	16			–	–	0.82	350	0.70	250	0.40	150
	20			–	–	–	–	0.83	350	0.54	150
	24			–	–			–	–	0.72	250
	28			–	–			–		0.83	350

주의 : 인치를 mm로 환산하기 위해서 25.4를 곱하고, ft를 m로 환산하기 위해서 0.3048을 곱한다.
* 상기 표에 나타낸 것 보다 큰 토피두께에도 배관이 유효하다.
† 전체 계산된 두께는 서비스 여유와 주물 허용오차를 순수 두께에 더한 것을 포함한다.
‡ 직경이 14인치(356mm) 이상인 배관의 경우 형식 1 이외의 부설 조건을 고려한다.
출처 : AWWA C150 Table 12

▌표 6.15▐ 내부 압력을 위한 두께

직경 (인치)	정격 운영 압력, lb/in²									
	150		200		250		300		350	
	두께	사용압력 클래스	두께	사용압력 클래스	두께	사용압력 클래스	두께	사용압력 클래스	두께	사용압력 클래스
3	0.15	350	0.16	350	0.16	350	0.17	350	0.17	350
4	0.16	350	0.16	350	0.17	350	0.18	350	0.18	350
6	0.17	350	0.18	350	0.19	350	0.20	350	0.20	350
8	0.18	350	0.19	350	0.21	350	0.22	350	0.23	350
10	0.21	350	0.22	350	0.23	350	0.25	350	0.26	350
12	0.22	350	0.23	350	0.25	350	0.27	350	0.28	350
14	0.24	250	0.26	250	0.28	250	0.30	300	0.31	350
16	0.25	250	0.27	250	0.30	250	0.32	300	0.34	350
18	0.27	250	0.29	250	0.31	250	0.34	300	0.36	350
20	0.28	250	0.30	250	0.33	250	0.36	300	0.38	350
24	0.30	200	0.33	200	0.37	250	0.40	300	0.43	350
30	0.34	150	0.38	200	0.42	250	0.45	300	0.49	350
36	0.38	150	0.42	200	0.47	250	0.51	300	0.56	350
42	0.41	150	0.47	200	0.52	250	0.57	300	0.63	350
48	0.46	150	0.52	200	0.58	250	0.64	300	0.70	350
54	0.51	150	0.58	200	0.65	250	0.72	300	0.79	350
60	0.54	150	0.61	200	0.68	250	0.76	300	0.83	350
64	0.56	150	0.64	200	0.72	250	0.80	300	0.87	T350

주의 :

1. 인치를 mm로 환산하기 위해서 25.4를 곱하고, lb/in²를 kPa로 환산하기 위해서 6.895를 곱한다.
2. 상기 표에서 두께는 정격 운영 압력에 서지 압력 100lb/in²(689kPa) 더한 것에서도 충분하다. 계산은 최소 항복 인장 강도 42,000lb/in²(289,590kPa)와 안전계수 2.0에 운영 압력과 서지 압력 100lb/in²(689kPa) 합의 곱에 기초한다.

* 전체 계산된 두께는 서비스 여유와 주물 허용오차를 순수 두께에 더한 것을 포함한다.

출처 : AWWA C150 Table 13

표 6.16 정격 운영 압력과 최대 토피두께

규격 (인치)	압력 클래스* lb/in²	공칭 두께 mm	부설 조건				
			형식 1 트렌치	형식 2 트렌치	형식 3 트렌치	형식 4 트렌치	형식 5 트렌치
			최대 토피두께(ft)[†]				
3	350	0.25	78	88	99	100[‡]	100[‡]
4	350	0.25	53	61	69	85	100[‡]
6	350	0.25	26	31	37	47	65
8	350	0.25	16	20	25	34	50
10	350	0.26	11[§]	15	19	28	45
12	350	0.28	10[§]	15	19	28	44
14	250	0.28	¶	11[§]	15	23	36
	300	0.30	¶	13	17	26	42
	350	0.31	¶	14	19	27	44
16	250	0.30	¶	11[§]	15	24	34
	300	0.32	¶	13	17	26	39
	350	0.34	¶	15	20	28	44
18	250	0.31	¶	10[§]	14	22	31
	300	0.34	¶	13	17	26	36
	350	0.36	¶	15	19	28	41
20	250	0.33	¶	10	14	22	30
	300	0.36	¶	13	17	26	35
	350	0.38	¶	15	19	28	38
24	200	0.33	¶	8[§]	12	17	25
	250	0.37	¶	11	15	20	29
	300	0.40	¶	13	17	24	32
	350	0.43	¶	15	19	28	37
30	150	0.34	¶	–	9	14	22
	200	0.38	¶	8[§]	12	16	24
	250	0.42	¶	11	15	19	27
	300	0.45	¶	12	16	21	29
	350	0.49	¶	15	19	25	33
	150	0.38	¶	–	9	14	21
	200	0.42	¶	8[§]	12	15	23
36	250	0.47	¶	10	14	18	25
	300	0.51	¶	12	16	20	28
	350	0.56	¶	15	19	24	32

▌표 6.16▌ 정격 운영 압력과 최대 토피두께(계속)

규격 (인치)	압력 클래스* lb/in^2	공칭 두께 mm	부설 조건				
			형식 1 트렌치	형식 2 트렌치	형식 3 트렌치	형식 4 트렌치	형식 5 트렌치
			최대 토피두께(ft)†				
42	150	0.41	¶	–	9	13	20
	200	0.47	¶	8	12	15	22
	250	0.52	¶	10	14	17	25
	300	0.57	¶	12	16	20	27
	350	0.63	¶	15	19	23	32
48	150	0.46	¶	–	9	13	20
	200	0.52	¶	8	11	15	22
	250	0.58	¶	10	13	17	24
	300	0.64	¶	12	15	19	27
	350	0.70	¶	15	18	22	30
54	150	0.51	¶	–	9	13	20
	200	0.58	¶	8	11	14	22
	250	0.65	¶	10	13	16	24
	300	0.72	¶	13	15	19	27
	350	0.79	¶	15	18	22	30
60	150	0.54	¶	5§	9	13	20
	200	0.61	¶	8	11	14	22
	250	0.68	¶	10	13	16	24
	300	0.76	¶	13	15	19	26
	350	0.83	¶	15	18	22	30
64	150	0.56	¶	5§	9	13	20
	200	0.64	¶	8	11	14	21
	250	0.72	¶	10	13	16	24
	300	0.80	¶	12	15	19	26
	350	0.87	¶	15	17	21	29

주의 : 인치를 mm로 환산하기 위해서 25.4를 곱하고, ft를 m로 환산하기 위해서 0.3048을 곱하고, lb/in^2를 kPa로 환산하기 위해서 6.895를 곱한다.

* DCIP는 각 공칭 규격에 명시된 정격 운영 압력에 서지 압력 $100lb/in^2$(689kPa) 더한 것에서도 충분하다. 계산은 안전계수 2.0에 운영 압력과 서지 압력 $100lb/in^2$(689kPa) 합의 곱에 기초한다. 운영 압력 $350lb/in^2$(2413kPa) 이상의 DCIP 배관이 유효하다.

† 모든 토피두께에 단일 H-20 트럭과 충격계수 1.5의 여유가 포함되었다.

‡ 계산된 최대 토피두께는 100ft(30.5)를 초과한다.

최소 허용 토피두께는 3ft(0.9m)이다.

직경 14인치 이상 배관의 경우 형식 1 이외의 부설 조건을 고려한다.

출처 : AWWA C150 Table 14

▌표 6.17▌ DCIP의 특별한 두께 클래스

규격 (인치)	외경 (인치)	두께 클래스						
		50	51	52	53	54	55	56
		두께(인치)						
3	3.96	–	0.25	0.28	0.31	0.34	0.37	0.40
4	4.80	–	0.26	0.29	0.32	0.35	0.38	0.41
6	6.90	0.25	0.28	0.31	0.34	0.37	0.40	0.43
8	9.05	0.27	0.30	0.33	0.36	0.39	0.42	0.45
10	11.10	0.29	0.32	0.35	0.38	0.41	0.44	0.47
12	13.20	0.31	0.34	0.37	0.40	0.43	0.46	0.49
14	15.30	0.33	0.36	0.39	0.42	0.45	0.48	0.51
16	17.40	0.34	0.37	0.40	0.43	0.46	0.49	0.52
18	19.50	0.35	0.38	0.41	0.44	0.47	0.50	0.53
20	21.60	0.36	0.39	0.42	0.45	0.48	0.51	0.54
24	25.80	0.38	0.41	0.44	0.47	0.50	0.53	0.56
30	32.00	0.39	0.43	0.47	0.51	0.55	0.59	0.63
36	38.30	0.43	0.48	0.53	0.58	0.63	0.68	0.73
42	44.50	0.47	0.53	0.59	0.65	0.71	0.77	0.83
48	50.80	0.51	0.58	0.65	0.72	0.79	0.86	0.93
54	57.56	0.57	0.65	0.73	0.81	0.89	0.97	1.05

주의 : 인치를 mm로 환산하기 위해서 25.4를 곱한다.
* 이 특별한 두께 클래스들은 이 표준의 1986년 발행본에서 명명된 표준 두께 클래스들이다.
출처 : AWWA C150 Table 15

6.2.1 덕타일주철관 시험

매설 연성배관의 연구 및 시험의 중요한 결과는 성능한계의 명시이다. 전통적으로 설계는 두 단계로 이루어진다. (1) 설비 또는 시스템의 이해, (2) 당초 설계 목적과 같이 시스템이 성능을 발휘할 것이지 예측하는 것이다. 이러한 목적을 하나라도 달성하지 못하면 파괴라고 한다. 대부분의 설계자들은 파괴를 파손 또는 붕괴와 같은 급격한, 재난을 초래하는, 또는 급격한 변형으로 파괴를 구체화한다. 매설배관의 경우 내부 압력으로 인해 배관이 파열될 수 있으나, 외부 토압에 기인하는 배관이 변형될 수도 있다. 그러나 오직 매우 드물게 배관을 약화시키는 환경들이 조합될 때 매설배관을 붕괴(collapse)시킨다. 따라서 파괴를 정의할 필요가 있다. 문제는 허용 가능한 처짐의 크기, 허용 가능한 몰탈 라이닝 균열의 크기 등의 성능한계를 확인하는 것이다. 실제 시험에서 확인된 성능한계를 기초하여 매설배관을 설계해야 하며, 이는 타당한 기본 변수들의 확인을 포함한다. 실제 시험을 통해 이러한 기본 변수들의 상관관계를 입증해야 한다(그림 6.47 참조).

경험으로부터 다음 매개변수들이 가장 타당한 것으로 나타났다.

1. D/t비 또는 링 연성(軟性, flexibility). 여기서 D는 링의 평균 직경, t는 배관 또는 벨의 벽 두께
2. 흙의 압축성 E' 또는 밀도 ρ의 측정 : 여기서 E'는 흙의 강성도(가장 중요한 흙의 특성), ρ는 흙의 밀도(표준 %)로 E'의 가장 중요한 단일 결정요소이다.

그림 6.47 USU 시험토조에서 Reynolds Watkins

3. $PD/(2A)$ 또는 링의 압축응력. 여기서 P는 배관에 작용하는 겉보기 연직토압(흙의 단위중량×높이+링의 상단부 높이에서 표면 하중의 영향), D는 직경, 그리고 A는 단위 배관 길이당 배관 벽의 단면적
4. 링의 처짐 $\Delta y/D$. 여기서 Δy는 배관 직경의 수직방향 감소, 그리고 D는 직경이다.
5. 성능한계

덕타일주철관의 경우 시험 프로그램으로부터 다음 3개의 성능한계가 타당한 것으로 나타났다.

1. 시멘트라이닝의 스폴링 또는 접착재분리(unbonding)–육안으로 확인 가능
2. 벨 내부 덕타일주철의 균열–육안으로 확인 가능
3. 조인트 내부 개스킷의 압축 손실–게이지로 측정 가능

상부 3개 성능한계 중 외부 토압의 결과로서 발생할 수 있는 첫 번째 성능한계는 시멘트–몰탈 라이닝의 스폴링 또는 접착재분리이다. 두 번째 성능한계는 벨 균열이고, 가장 거리가 먼 것으로 보이는 세 번째 성능한계는 개스킷의 압축손실이다. 3개 성능한계에서 가장 타당성 있는 두 개의 매개변수는 링의 처짐 $\Delta y/D$와 D/t비이다. 따라서 동일한 일반 원리를 상기 3개 성능한계에 적용한다. 이 3개의 성능한계 중 하나는 $\Delta y/D$과 D/t 항으로 예측할 수 있다. 3개 성능한계들은 다음 절에서 기술하며 여기에서는 균열과 라이닝의 스폴링에 대해서는 상세하게 기술한다.

파괴의 응력이론에 대한 학문적 중요성 때문에 링 내부 최대응력에 대해 상당한 관심을 쏟아왔다. 최대응력은 다음 식에 링의 압축응력

$$\sigma_c = \frac{PD}{2A}$$

을 다음 식의 곡률방향 응력에 더하여 계산할 수 있다.

$$\sigma_f = E\frac{t(3\Delta y/D)}{D(1-2\Delta y/D)}$$

그러나 덕타일주철관의 경우 곡률방향 응력은 적당한 성능지수가 아니고 링 설계시 외부 하중에 저항하기 위해 사용할 필요가 없다. 흙–구조물 상호작용에 기인하여(즉, 배관 상부 흙의 아칭작용과 조합하여 측면들에서 흙의 가로 지지) 배관 벽의 바깥 섬유조직에서 항복점에 도달하여도 파괴는 발생하지 않는다. 처음 육안으로 관측할 수

있는 응력이완의 징조는 시멘트 몰탈의 균열이고 이후 시멘트 몰탈 라이닝의 스폴링이 발생한다. 성능한계는 벽의 응력에 기인하는 것이 아니고 변형에 기인한다.

성능한계 1-시멘트라이닝의 스폴링(spalling) 또는 접착재분리(unbonding) 덕타일주철관에서 시멘트라이닝의 스폴링과 균열 발생은 링의 처짐이 아니라 벽 변형률에 의해 결정된다. 시멘트라이닝 배관의 설계에서 시멘트라이닝의 손상을 방지하기 위해 빈번하게 독단적으로 최대수치를 $\Delta y/D = 2\%$으로 명시한다.

몰탈라이닝의 균열과 스폴링은 응력이완(성능한계)의 가장 좋은 예시이고, 균열과 스폴링은 주로 링 곡률반경의 변화와 벽 두께 t에 의해 발생하므로 이 변수들을 관련시킬 필요가 있으며, 이를 위한 곡률방향 변형률의 이론적 공식은 다음과 같다.

$$\epsilon = \frac{t}{D}\left(\frac{3\Delta y/D}{1-2\Delta y/D}\right) \quad 3.19$$

여기서 ϵ : 배관 링에서 최대 접선 변형률
t : 벽 두께
D : 직경
$\Delta y/D$: 연직방향의 링 처짐

처짐 발생 동안 링은 본질적으로 타원형을 유지하는 것으로 추정한다. 공식 3.19에 따라 D/t가 상수이면 곡률방향 변형률은 오직 타원형 링에서 링 처짐 $\Delta y/D$의 함수이다. 공식 3.19에서 벽 두께가 증가하면서 곡률방향 변형률도 증가한다. 또한 실제로 정수압 링 압축은 변형률에 영향을 미치나 통상적으로 그 정도는 작다. 따라서 링 처짐으로 몰탈 균열을 예측하는 것은 다소 부정확하다. 표면 변형률의 항으로 몰탈 균열을 예측하는 것이 더욱 정확하다. 그러나 상기 공식에서 증명하였듯이 타원형 형성의 가정 없이는 변형률을 예측할 수 없다. 그리고 이러한 가정하에 링 처짐은 표면 변형률과 동일하게 양호한 기본 변수이다.

설계시 몰탈 라이닝의 스폴링이 성능한계이면, 설계를 위한 최선의 매개변수는 D/t와 단일 변수 $\Delta y/D$ 또는 두 개 변수 ρ와 P 중 하나가 된다. 여기서 ρ는 흙의 밀도이고, P는 연직토압(ρ와 P는 $\Delta y/D$를 결정한다)이다. 두 번째 기준으로 벨 형식, 베딩 등을 포함할 수 있으나 두 번째 기준을 포함하면 정밀도는 저하된다.

그림 6.48은 매설 덕타일주철관 시험 4~12까지 수직 링 처짐의 함수로서 측정한 곡률방향 변형률을 보여준다. 3% 처짐까지 발생 가능한 편차는 ±13% 이하이고, 이는 흙 포설의 상당한 변화 가능성을 고려할 때 크게 나쁘지 않을 수 있다. 또한 그림 6.48

에서 이론 공식으로 작성한 선과 시험선들이 큰 차이를 보이는 것은 흥미로우며 이는 정밀도를 개선시키기 위해 보다 개선된 지반 조건이 필요하다는 것을 의미한다. 단일 변수가 편차를 발생시키지 않는다. 타원형 형상의 가정을 만족시킬 수 있는 가장 좋은 방법은 흙 포설기법이다.

성능한계 2–벨 균열 드문 현상이지만 벨의 균열은 기본적으로 링 처짐과 D/t의 함수인 것으로 나타났다. 다른 성능한계를 기초로 하는 강도 포락선을 제외하고 설계는 동일하다.

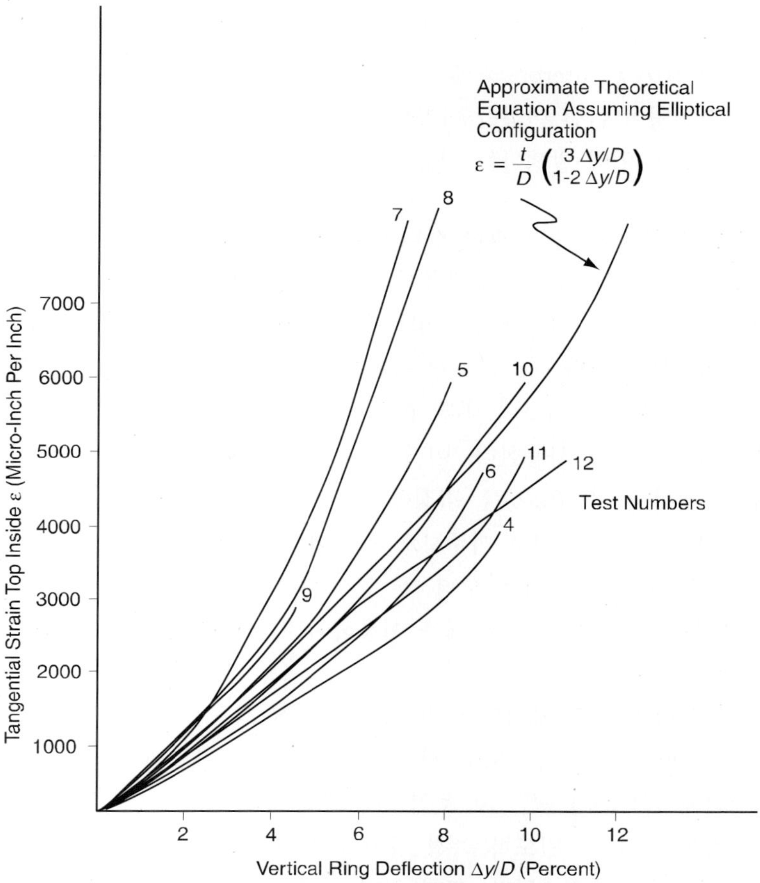

그림 6.48 연직 처짐 %의 함수로서 배관 벽에서 변형률

성능한계 3-개스킷에서 압축력 손실 벨과 스피곳 사이의 횡방향 부등 변위는 조인트의 한쪽 면에 있는 개스켓에 큰 압축을 발생시켜 결과적으로 반대측에는 압축력의 손실을 야기시킬 수 있다. 벨 또는 스피곳 중 하나가 원형이 아니면(국부적인 링의 처짐) 유사하게 개스킷의 한쪽 면에도 압축손실이 발생할 수 있다. 벨의 강성도는 스피곳보다 크므로 하중이 작용하면 벨은 더욱 원형을 유지하는 경향이 있는 반면, 스피곳은 변형하는 경향이 있다. 스피곳의 처짐을 계산하여 집중 하중 형태의 직경 하중(diametral load)을 구할 수 있다. 그러나 흙 하중은 다르다. 만일 링이 반-연성(semi-ductile, 덕타일주철관의 경우 대표적이다)이면 토압 링의 처짐은 대략적으로 타원형이 된다. 이러한 가정이 타당하면 개스킷에서의 압력 손실은 링의 처짐 $\Delta y/D$, t와 D 규격의 함수가 된다. 그 결과로서 설계방법은 몰탈라이닝의 균열 및 스폴링과 같이 매개변수 $\Delta y/D$와 D/t를 포함하며 유일한 차이는 성능한계이다. 물론 스피곳 아래 암 절단부(rock cutcrop)와 같은 경도가 높은 지점은 개스킷 내 압축손실을 초래할 수 있는 타원형이 아닌 변형을 야기시킬 수 있다. 배관 설치와 흙 포설시 주의와 감독만이 이와 같은 일이 발생하는 것을 방지할 수 있는 유일한 방법이다.

측정 장치 외부 하중을 부과한 상태에서 벨과 관련한 스피곳 작용을 결정하기 위한 주된 목적으로 직경 24인치 배관 1개와 직경 36인치 배관 2개를 갖고 시험하였다. 부차적인 목적은 배관 벽의 구조적 성능을 결정하기 위해 배관 처짐량을 기록하는 것이다. 나머지 시험들보다 이러한 3개 시험에서 광범위하게 측정장치를 설치하였다. 하중을 받는 동안 벨과 스피곳의 내부 프로파일을 추적하기 위해 특별히 설계되고 제작된 두 개의 측정 장치를 사용한다. 이러한 측정 장치들 중 하나는 각 조인트에 장착된다. 목(throat)에서 편차(offset)를 결정하기 위해 8개의 다이알게이지들을 원주둘레 45° 지점들에 탭 가공하여 서로 마주보도록 반대방향으로 장착하였다. 다이알게이지를 이용하여 배관 중간 경간에서 수평 및 연직 처짐을 측정하였다. 내경 마이크로미터와 다이알게이지 두께 마이크로미터를 이용하여 시험 전후 각 배관의 벨과 스피곳을 조심스럽게 측정하였다.

나머지 시험의 주된 목적은 배관 벽의 구조적 성능한계를 결정하는 것이고, 부차적인 목적은 하중을 가하는 도중 시멘트라이닝의 거동을 관찰하는 것이다. 중간 경간 배관 내외에서의 변형률을, 두 조인트의 벨과 스피곳, 그리고 중간 경간에서 수직 및 수평 처짐을 읽을 수 있도록 측정 장치를 설치하였다. 모든 시험에서 조인트 처짐과 인발(pull-out)을 측정하였다. 또한 시험 전후 조인트들을 측정하였다.

시험결과 그림 6.49는 다양한 시험결과 중간 경간에서 수직 링 처짐과 겉보기 링 압축 응력의 관계를 보여준다. 낮은 영역은 저밀도 흙 시험의 경우이고, 중간 영역은 중간 밀도 흙의 경우, 그리고 상부 영역은 밀도 높은 흙에 대한 시험의 경우이다.

그림 6.48은 처짐 %의 함수로서 다양한 시험에서의 곡률방향 변형률을 나타낸 것이다. 그림에서 점선은 다음 이론적인 공식을 기초로 작성한 것이다.

$$\epsilon = \frac{t}{D}\left(\frac{3\Delta y/D}{1-2\Delta y/D}\right)$$

이 공식이 실험 자료와 상당히 근접하는 점은 매우 흥미롭다. 배관은 타원형상으로 처진다고 가정하여 공식을 유도한 것이다. 다시 말해 배관 형상과 처짐량 자료를 이용하면 배관 벽에서의 곡률방향 변형률을 상당히 정확하게 결정할 수 있다는 것을 보여준다. 그러나 흙 포설과 같은 다른 변수들도 영향을 미치는 것은 분명하다.

시멘트라이닝된 배관들을 갖고 시험 4~10을 수행하였다. 시험 4와 10은 저밀도 흙, 그리고 시험 5~9까지는 중간밀도로부터 고밀도 흙이다. 저밀도 흙과 고밀도 흙 모두 시멘트라이닝은 유사하게 성능을 발휘하였다.

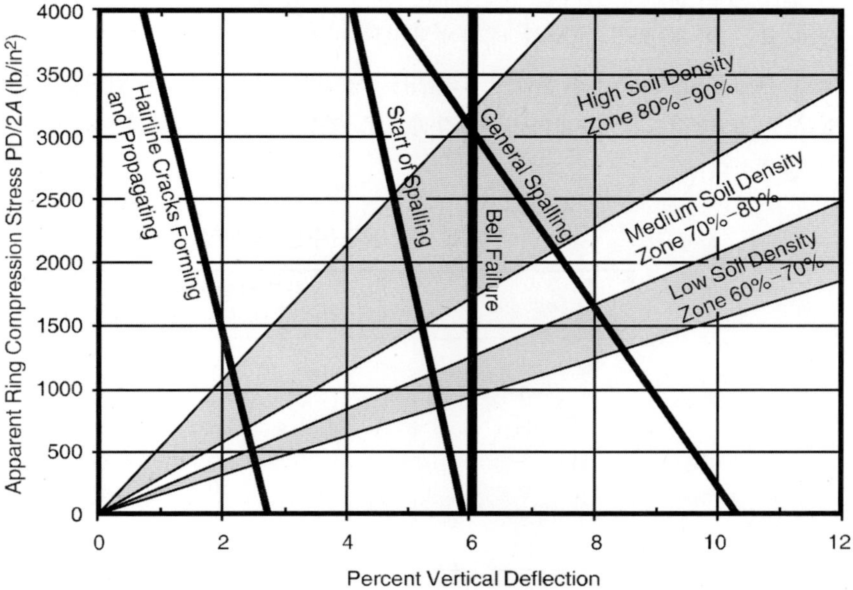

그림 6.49 매설된 덕타일주철관의 링 압축 응력-링 처짐

하중을 가하기 전에 밝은 조명으로 각 배관을 조사하여 기존 모든 균열들을 표시하였다. 하중을 단계적으로 증가시킬 때마다 라이닝을 재조사하고 새로운 균열이나 기존 균열의 변화를 확인하였다. 시험에 사용한 모든 배관들은 설치 이전에 균열된 라이닝을 갖고 있었다. 이러한 균열들은 주로 스피곳 영역에서 발생하였다. 일부 경우 설치 이전에 스피곳 영역에서 라이닝이 접착분리되었다.

하중을 가하자 배관은 처지며 배관의 중간 경간에서 연직방향 직경이 상당히 감소하고 통상적으로 조인트에서는 상대적으로 연직방향 직경의 감소가 적었다. 이 하중 동안 시멘트라이닝에서의 첫 번째 상당한 변화는 균열발생 소음이었다. 이 소음과 함께 인장력을 받는 영역에서 실(hairline) 균열이 나타났으며 기존 균열들은 더욱 길어졌다. 통상적으로 이러한 균열들은 배관 축과 평행하게 발생하며 배관을 따라 오직 짧은 길이(1~3ft 범위)로 확장되어 정지한다. 처짐이 진행되면서 새로운 균열이 기존 균열과 평행하게 발생한다. 새롭게 발생한 균열들은 설치 이전에 발생하였던 균열들과 외관이 대략적으로 동일하지만 라이닝이 떨어져 나갈 정도로 위험하지 않으므로 시멘트라이닝의 성능한계로 간주할 수 없다.

모든 시험에서 발생하였던 균열 다음 중대한 사건은 벨 인근에서 시멘트라이닝의 스폴링(spalling)과 박리(flaking)이다. 이들이 발생하는 동안 시멘트라이닝의 조각들이 떨어져 나갔으며 압축을 받는 배관 벨(수평 중심선) 영역에서 이와 같은 파괴가 발생하였다. 이 스폴링은 시험 배관에서 성능한계로 정의된다. 그림 6.50은 평균 흙 밀도의 함수로서 성능한계(벨에서 스폴링을 야기시키는 임계 링 압축 응력)를 보여준다. 벨은 배관 중간 경간보다 상당히 강하므로 통상적으로 벨 처짐은 상당히 낮은 비율에서 발생한다.

벨에서 스폴링(수평 중심선)

Test No.	벨에서 처짐 % ($100\times\Delta y$/barrel OD)
4	4.03
5	3.62
6	3.24
7	3.38
8	5.50
9	3.54
10	4.46

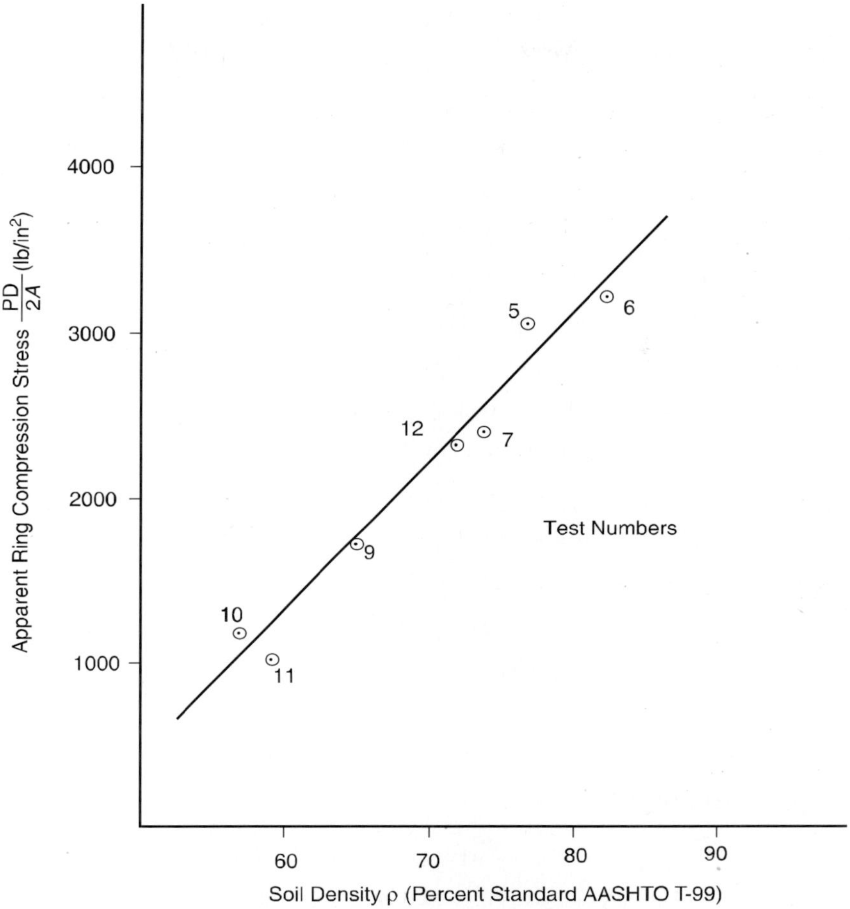

그림 6.50 Bell에서 스폴링(spalling)에 대한 성능한계

벨 인근 시멘트라이닝의 스폴링 직전과 직후의 처짐이 진행하는 동안 4개 시험에서 라이닝의 찢어지는 소리 또는 접착재분리가 발생하였다. 다른 3개 시험에서는 이와 같은 현상이 발생하였으나 너무 완만하게 발생해 처음 시작할 시점에서의 외부 하중을 결정할 수 없었다. 접착재분리가 발생할 때 하중과 처짐량들은 일관성이 없으며 설치전 시멘트라이닝된 배관의 취급 또는 양생동안 발생한 초기 결함 또는 접착재분리와 관련 있는 것으로 보인다.

직경 36인치 시멘트라이닝 배관으로 수행한 7개 시험 중 4개 시험에서 수평 중심선들 중 하나의 수평선을 따라 압축 영역에서 일반적인 스폴링에 의해 라이닝 성능은 절정에 도달하였다. 나머지 3개 시험 배관들의 시멘트라이닝은 다른 영역에서 균열들에 의해 응력-완화되었고, 일반 압축 스폴링은 발생하지 않았다.

전술한 것과 같이 대구경 배관에서 시멘트라이닝은 설치 전 다른 문제로 인해 취급시 균열이 발생할 수 있다. 균열이 작게 유지되고 접착재분리가 발생하지 않으면 라이닝은 의도한 성능을 지속하여 발휘한다. 물에 노출된 포틀랜드시멘트에서는 "*autogenous healing*"이라 불리는 현상이 발생한다. 즉, 시멘트는 물을 흡수·팽창하여 균열을 메우는 경향이 있다. 따라서 라이닝의 스폴링 또는 일반적인 접착재분리 중에서 먼저 발생하는 것을 성능한계로 정의하는 것이 더욱 타당하다.

85% 프록터 밀도 지반에서 수행한 하나의 시험 동안 연직토압 18,000lb/ft^{2}에서 시험배관의 벨 전체길이에서 급격하게 균열이 발생하여 직경 36인치 배관은 성능한계에 도달하였다. 육안 검사시 벨 벽을 완전하게 관통하고 벨의 면으로부터 15인치 뒤로 확장된 균열을 발견하였다. 다른 두 시험들에서도 유사한 파괴가 발생하였다. 이 배관들은 75%와 67% 평균 프록터 밀도의 흙 내부에 각각 설치되었다. 6%의 벨 처짐은 벨 파괴의 하한으로 나타났으며, 이는 배럴(barrel)의 중간 경간에서 약 10%의 처짐에 해당한다. 이 벨들로부터 시편을 취하여 작성한 현미경 사진 모두는 재료들이 구상(nodular) 흑연을 갖는 펄라이트(pearlite) 구조인 것으로 나타났다. 또한 샘플 인장시험 결과 펄라이트 강도로 나타났다.

6.2.2 설계방법

설계응력 이론은 단순 인장 시편의 항복점 강도보다 적은 응력 수준에서 구조물의 성능한계를 설정하여 해석적으로 구조물을 설계해야 한다. 해석적 공식을 사용하여 대부분의 구조물의 응력 수준을 결정할 수 있으며, 설계단계에서 고비용의 실험을 생략할 수 있다. 구조물과 하중이 상당히 단순하고 신뢰성이 있으면 소위 설계응력이론으로 구조물을 설계할 수 있다.

그러나 다른 구조물들은 바깥쪽 섬유조직(outer fiber)들이 항복점에 도달한 후에도 (구조물의 가소성 설계, AISC manual of Steel Construction 참조) 기능을 지속적으로 수행할 수 있는 반면, 일부 구조물들은 항복점 응력에 도달하기 전에(탄성 좌굴) 파괴될 수 있다는 것은 잘 알려져 있다. 따라서 실험을 통해 구조물의 성능을 지배하는 매개변수들을 관련시켜 더욱 타당성 있게 접근하고, 매개변수들을 보수적인 수치로 제한하여 많은 형식의 구조물에 대한 설계 방법들을 공식화할 수 있다.

내부 압력을 받는 배관의 경우 성능한계는 배관 벽의 파열 또는 조인트의 누수가 될 수 있다. 만일 파열이 성능한계이면 설계 응력이론을 사용하여 관련 변수들을 관련시킬 수 있다. 관련 변수들은 다음과 같다.

P_i : 내부 압력(lb/in^2)

D : 배관 직경(in)

A : 단위길이당 배관 벽 단면적(in^2/in)=두께 t

허용 후프인장응력은 다음과 같다.

$$\sigma_t = \frac{P_i D}{2A} = \frac{S_t}{N}$$

여기서 S_t는 배관 벽의 인장강도(lb/in^2), N은 안전계수이다.

설계시 안전계수 N을 사용하여 σ_t를 배관의 파열강도(bursting strength) 이하로 제한한다. 만일 파열강도를 모를 경우 배관 재료의 항복점 강도를 보수적인 성능한계로 선정한다.

배관이 외부 하중을 받는 경우 중요한 변수들은 다음과 같다.

1. 링 강성도 EI/D^3lb/in^2. 덕타일주철의 경우 E(24,000,000lb/in^2)는 하나의 상수이므로 이 경우 링 강성도는 D/A 또는 D/t로 축소될 수 있다.
2. 흙의 강성도의 척도 E' 또는 ρ. E'는 흙의 강성도, ρ는 흙의 밀도(% 다짐)
3. 겉보기 연직토압 P. 흙의 단위중량과 토피두께의 곱에 배관 상단부 높이에서 표면 하중 효과를 더한다.
4. 링의 처짐 $\Delta y/D$. Δy는 직경에서 수직 감소, D는 직경
5. 성능한계

링 강성도, 흙의 밀도, 그리고 연직토압들은 각 설치 시방서에 의해 설정되는 독립변수들이다. 성능한계와 $\Delta y/D$는 링 강성도, 흙의 밀도, 그리고 연직토압의 다양한 조합들에 의해 결정되는 종속변수들이다.

매개변수 $PD/(2A)$을 사용하여 링 강성도와 연직토압을 조합할 수 있다. 이 매개변수는 외부 정수압에 대한 설계 응력이론에서 매우 유용하고, 외부 흙 압력을 받는 파형 암거 배관의 설계에서 광범위하게 사용된다. 따라서 이 매개변수는 설계 계산을 단순화하며, 본 서에서도 독립 변수들을 관련시키기 위해 이 매개변수를 사용한다. 설계시 $PD/(2A)$ 수치를 성능한계보다 상당히 적은 수치로 제한해야 한다. 시험을 통

해 $PD/(2A)$는 흙의 밀도, 성능한계, 그리고 $\Delta y/D$와 관련된 것으로 알려져 왔으며 이러한 상관관계를 그림 6.49에 나타내었다. 링 압축응력은 다음과 같다.

$$\sigma_c = \frac{PD}{2A} = \frac{S_c}{N}$$

여기서 P : 배관 상단부 높이에서 겉보기 연직토압 또는 토피두께와 흙 비중량의 곱에 표면 하중 효과를 더한 것
D : 배관 외경
A : 배관 단위길이당 벽 단면적=실린더배관의 경우 벽 두께 t
S_c : 배관 벽의 압축강도
N : 안전계수

설계목적으로 배관 벽의 극한 압축강도로 σ_c를 제한하고 반드시 안전계수 N으로 감소시켜야 한다. 이 극한 압축강도는 단순하게 실제시험에서 결정되는 성능한계에서 링 압축응력 $PD/(2A)$이다. 이에 대한 두 가지 예제는 다음과 같다.

예제 6.5

내부 압력 200lb/in^{2}과 서지 압력 100lb/in^{2}이고 30ft 토피두께로 36인치 덕타일주철관을 매설하여 사용하고자 한다. 내부 압력만을 고려할 경우 필요 두께는? 그리고 어떤 설치방법 즉, 주변 흙의 다짐은?

1. 내부 압력 고려시 필요 두께를 계산한다.

$$\frac{S_t}{N} = \frac{P_i D}{2A} = \frac{P_i D}{2t(1\text{in})}$$

$$t = \frac{P_i DN}{2S_t}$$

여기서 $P_i = 200 + 100 = 300\text{lb/in}^2$
$D = 38.30\text{in}$
$N = 2.5$
$S_t = 42{,}000\text{lb/in}^2$ (S_t : 배관의 인장강도)

상기 수치들을 식에 대입하면

$$t = \frac{300 \times 38.30 \times 2.5}{2 \times 42{,}000} = 0.34\text{in}$$

2. 시멘트라이닝의 스폴링 없이 30ft 토피두께에 배관이 견딜 수 있도록 하기 위한 흙의 밀도와 다짐 정도는?

$$P = 30\,\text{ft} \times 120\text{lb/ft}^3 = 3{,}600\text{lb/ft}^2$$

$$D = \frac{38.30\text{in}}{12\text{in/ft}} = 3.2\,\text{ft}$$

$$A = 0.34\text{in} \times 12\text{in/ft} = 4.08\text{in}^2/\text{ft}$$

$$\frac{PD}{2A} = \frac{3{,}600\text{lb/ft}^2 \times 3.2\,\text{ft}}{2 \times 4.08\text{in}^2/\text{ft}} = 1{,}412\text{lb/in}^2$$

$PD/2A = 1{,}412\text{lb/in}^2$를 그림 6.49에 대입하면 흙의 밀도를 80~90% 표준 프록터 밀도로 다짐하면 처짐을 2.5~4.5%로 제한할 수 있다. 시멘트라이닝 스폴링에 대한 안전계수를 다음과 같이 계산할 수 있다.

$PD/2A = 1{,}412\text{lb/in}^2$인 경우 수직 힘 5.2%에서 시멘트라이닝은 스폴링을 시작한다. 따라서 스폴링 기준 그림 6.50으로부터 밀도 70~80%인 경우 안전계수는 1.2~2.1사이가 되고, 반드시 90% 프록터를 명시해야 한다. 일반 흙에서 적정한 일량(amount of work)으로 흙을 1ft 리프트로 포설하고 램머 형식 다짐기를 통과시켜 90% 프록터 밀도를 얻을 수 있다.

예제 6.6

내부 압력 200lb/in^2과 서지 압력 100lb/in^2, 도로 5ft 아래에 36인치 덕타일주철관을 매설하여 사용하고자 한다. 내부 압력만을 고려할 경우 필요한 두께를 계산하고 권장되는 설치방법을 제시하라.

1. 내부 압력 고려시 필요한 두께는 예제 6.5와 동일하므로 $t = 0.34$in이다.

2. $P = 5ft \times 120\text{lb/ft}^3 + (\text{트럭 하중})$

   $= 600 + 340 = 940\text{lb/ft}^2$

   상기 식에서 트럭 하중은 표 6.8로부터 D=36인치, 토피두께 5ft인 경우

$$P_t = 2.31\text{lb/in}^2 = 340\text{lb/ft}^2$$

$$\frac{PD}{2A} = \frac{940\text{lb/ft}^2 \times 3.2\text{ft}}{2 \times 4.08\text{in}^2/\text{ft}} = 369\text{lb/in}^2$$

그림 6.49로부터 저밀도 지반(60~70% 표준 프록터 밀도)에 배관을 설치하면 스폴링이 발생하기 시작하는 수직 처짐은 1.8~2.5%가 된다. 따라서 그림 6.50으로부터 시멘트라이닝 스폴링 기준 안전계수는 2.3~3.1이 된다. 도로 포장의 손상을 방지하기 위한 보호가 필요하지 않는 한 이 설치에서 다짐(tamping)은 필요하지 않다.

[참고문헌]

1. American Association of Civil Engineers and Water Pollution Control Federation. 1982. Gravity Sanitary Sewer: Design and Construction.
2. American Iron and Steel Institute. 1971. *Handbook of Steel Drainage and Highway Construction Products*. New York: Donnelley.
3. Armco Drainage and Metal Products, Inc. 1955. *Handbook of Drainage and Construction Products*. Middletown, Ohio.
4. American Water Works Association. AWWA Standards M11, M9, M23, C150, C200, C206, C300, C301, C303, C400, C401, C402, C403, C900, C901, C905, C909 and C950. Denver.
5. Bishop, R. R. 1983. *Course Notebook*. Logan: Utah State University.
6. Boscardin, M. D., E. T. Selig, R. S. Lin, and G. R. Yang. January 1990. Hyperbolic Parameters for Compacted Soils. *ASCE Journal of Geotechnical Engineering* 116(1).
7. Burns, J. Q. and R. M. Richard. 1964. Attenuation of Stresses for Buried Cylinders. In *Proceeding of the Symposium on Soil Structure Interaction*, pp. 378–.392. Tucson: University of Arizona.
8. Concrete Pipe Division of U.S. Pipe and Foundary Company. *Bulletin* No. 200. Birmingham, Ala.
9. Devine, Miles. 1980. *Course Notebook*. Logan: Utah State University.
10. Ductile Iron Pipe Research Association. 1984. *Thrust Restraint Design for Ductile Iron Pipe*. Birmingham, Ala.
11. Duncan, J. M., P. Byne, K. S.Wong, and P. Mabry. 1980. *Strength, Stress-Strain and Bulk Modulus Parameters for Finite Element Analyses of Stresses and Movements in Soil Masses*. Department of Civil Engineering Report UCB/GT/80-0. University of California, Berkeley.
12. Dunn, I. S., L. R. Anderson, and F. W. Kiefer. 1980. *Fundamentals of Geotechnical Analysis*. New York:Wiley.
13. Federal Aviation Authority (FAA). Aircraft Pavement Design and Evaluation. AC 150/5320-6C.
14. Federal Aviation Authority (FAA). Aircraft Data. AC 150/5325-5C.
15. Howard, Amster K. 1977. Modulus of Soil Reaction (E') Values for Buried Flexible Pipe.

Journal of the Geotechnical Engineering Division, ASCE 103(GT). Proceedings Paper 127000.

16. Janbu, N. 1963. Soil Compressibility as Determined by Odometer and Triaxial Tests. In *Proceedings of European Conference on Soil Mechanics and Foundation Engineering*, pp. 19–5.Wissbaden, Germany: Soil Mechanics Foundation.
17. Katona, M. G., J. B. Forrest, F. J. Odello, and J. R. Allgood. 1976. CANDE—Modern Approach for the Structural Design and Analysis of Buried Culverts. Report FHWA-RD-77-5. U.S. Department of Transportation.
18. Katona, M. G., P. D. Vittes, C. H. Lee, and H. T. Ho. 1981. CANDE-1980: Box Culverts and Soil Models. Springfield, Va.: National Technical Information Service.
19. Konder, R. L., and J. S. Zelasko. 1963. A Hyperbolic Stress-Strain Formulation of Sands. In *Proceedings of the Second Pan American Conference on Soil Mechanics and Foundation Engineering* 1:209.
20. Krizek, R. J., R. A. Parmelee, N. J. Kay, and H. A. Elnaggar. 1971. Structural Analysis and Design of Buried Culverts. National Cooperative Highway Research Program Report 116.Washington: National Research Council.
21. Kulhawy, F. H., J. M. Duncan, and H. B. Seed. 1969. Finite Element Analysis of Stresses and Movements in Embankments during Construction. Report TE-69-4. Berkeley: Office of Research Services, University of California.
22. Marston, A. 1930. The Theory of External Loads on Closed Conduits in the Light of the Latest Experiments. *Bulletin 96*. Ames: Iowa Engineering Experiment Station.
23. Moser, A. P. 1990. *Buried Pipe Design*, 1st ed. New York: McGraw-Hill.
24. Moser, A. P. 1983. *Course Notebook*. Logan: Utah State University.
25. Nyby, D.W. 1981. Finite Element Analysis of Soil Sheet Pipe Interaction. Ph.D. dissertation. Logan, Utah: Department of Civil and Environmental Engineering, Utah State University.
26. Ozawa, Y., and J. M. Duncan. 1973. ISBILD: A Computer Program for Analysis of Static Stresses and Movements in Embankments. Report No. TE-73-4. Berkeley: Office of Research Services, University of California.
27. Paris, J. M. November 10, 1921. Stress Coefficients for Large Horizontal Pipes. *Engineering News Record* 87(19).
28. Piping Systems Institute. 1980. *Course Notebook*. Logan: Utah State University.
29. Spangler, M. G. 1950. Field Measurements of the Settlement Ratios of Various Highway Culverts. *Bulletin 170*. Iowa State College.
30. Spangler, M. G. 1933. The Supporting Strength of Rigid Pipe Culverts. *Bulletin 112*. Ames: Iowa State College.
31. Spangler, M. G., and R. L. Handy. 1973. *Soil Engineering*, 4th ed. New York: Harper & Row.
32. Spangler, M. G., and W. J. Schlick. 1953. Negative Projecting Conduits. *Report 14*. Ames: Iowa State College.
33. Steel Plate Fabricators Association, Inc. 1970. *Welded Steel Water Pipe Manual*. Des Plaines, Ill. p. 24.
34. The Asphalt Institute. March 1978. Soils Manual for the Design of Asphalt Pavement Structures. Manual Series No. 10 (MS-10). College Park, Md.
35. Timoshenko, S. P. 1961. *Theory of Elastic Stability*, 2d ed. New York: McGraw-Hill.
36. Timoshenko, S. 1956. *Strength of Materials*, Part 11, 3d ed. New York: D. Van Nostrand.
37. Watkins, R. K., and M. G. Spangler. 1958. Some Characteristics of the Modulus of Passive

Resistance of Soil: A Study in Similitude. In *Highway Research Board Proceedings* 37:576–583.

38. Wong, K. S., and J. M. Duncan. 1974. Hyperbolic Stress-Strain Parameters for Nonlinear Finite Element Analysis of Stresses and Movements in Soil Masses. Report TE-74-3. Berkeley: Office of Research Services, University of California.
39. Zienkiewitcz, O. C. 1977. *The Finite Element Method* 3rd ed. New York: McGraw-Hill.

Chapter 07

플라스틱 연성배관 제품

7.1 열가소성 배관 재료

배관 제작시 여러 형식의 열가소성 재료를 사용한다. 열가소성 재료의 간략한 토론과 설계기준들을 제4장에서 기술하였다. 배관을 제작하기 위해 Polyvinyl chloride(PVC), acrylonitrile–butadienestyrene(ABS), 폴리에틸렌(PE), 그리고 polybutylene(PB) 4개의 주요 열가소성 재료를 사용한다. Styrene rubber(SR) 그리고 cellulose–acetate–butyrate(CAB)와 같이 다른 종류의 열가소성 재료로 제작되는 배관들은 주로 특별한 용도로 사용된다.

7.1.1 PVC (Polyvinyl chloride)

압력 및 중력 용도로 PVC 배관을 사용할 수 있다(그림 7.1 참조). 중력 하수용도로 솔리드–벽과 프로파일–벽 모두를 사용할 수 있으며 규격은 다음과 같다.

- PVC 압력배관 : 1/2~36인치
- PVC 솔리드–벽 중력배관 : 2~27인치
- PVC 프로파일–벽 하수도 배관 : 4~48인치

상기 열거된 규격들은 일반적으로 유용한 규격이나 제작사에 특별주문 제작하면 상기 목록 이외의 규격을 얻을 수 있다.

PVC는 에틸렌과 염소로 제작된다. 자연가스 또는 원유로부터 에틸렌을 추출하나 통상적으로 자연가스로 추출한다. 또한 석탄을 사용하여 에틸렌 추출이 가능하나 상당히 고가이다. 염수(salt water)를 전기분해하여 염소를 생산한다. 에틸렌과 염소의 반응으로 VCM(vinyl chloride monomer)을 생산한다. PVC 수지를 제작하기 위해 VCM을 중합(polymerized)시킨다. PVC 수지는 흰색이고 균일한 그래뉴당(table sugar)을 갖는 파우더 형상의 물질이다.

이 PVC 수지는 PVC 배관을 형성하는 기본 물질이다. 공정처리와 성능 특성들을 최적화하기 위해 PVC 수지를 윤활유, 안정제(stabilizer), 충진제(filler), 그리고 염료(pigment)와 혼합한다. 높은 온도에서 혼합한 후 혼합물을 대기 온도로 냉각시킨다. 이 PVC 합성물을 PVC 배관 압출기(extruder, 그림 7.2)에 공급한다. 통상적으로 압출기는 다중 나사로 설계된다. PVC 합성물은 압출기 나사를 통해 고압에서, 그리고 제어된 상승 온도에서 작업하여 점성을 갖는 플라스틱으로 전환된다. 압출기 배럴의 말단부에 있는 금형으로는 고온 점성 플라스틱을 실린더 형상으로 제작한다. 힘을 가하여 고온 재료를 규격 슬리브(sizing sleeve)에 통과시켜 외경 공차들을 유지한다. 압출기 헤드와 규격 슬리브를 통과한 400°F 고온배관은 스프레이 탱크와 욕조(water bath)를

그림 7.1 PVC의 높은 강도-중량비

통과하면서 냉각된다. 배관 풀러(puller) 속도와 압출기 속도로 벽 두께와 내부 직경 치수를 제어하며 압출된 배관들과 함께 이동하는 절단 톱은 적당한 길이로 배관을 절단한다. 배관을 랙으로 이동하여 배관 말단부를 모따기하고, 벨가공을 한다(그림 7.3 참조).

제4장에서 설명하였듯이 열가소성 재료는 가열하여 재형성할 수 있다. 배관 벨 가공은 이러한 중요한 특성의 장점을 이용한 것이다. 배관 한쪽 말단부를 가열하고 필요시 고무링을 위한 홈(groove)과 함께 벨가공 기계에서 벨 형상으로 제작한 후 벨 말단부를 냉각하여 새로운 형상을 갖는다.

결과적으로 배관은 극단적인 내구성을 갖게 된다. 이 배관은 물과 하수, 그리고 지반 환경에서 일반적으로 접할 수 있는 화학성분에 완전 불활성이다. 배관 표면은 매우 매끄럽고 침적된 미네랄과 다른 고형물의 형성에 저항한다. PVC 배관은 완전한 부식-저항체이고 황화수소 또는 이로 인한 황산에 대해 불활성이다. PVC 배관은 생물학적 환경으로 인해 성능이 퇴화하지 않는다. 내마모성은 우수하고, 다른 배관 제품들과 비교하여 청소를 위한 특별한 주의가 필요하지 않다. 치수 제어가 우수하므로 조인트들은 매우 타이트하다.

그림 7.2 PVC 배관 압출 공장

그림 7.3 PVC 배관 belling 가공

PVC 배관은 1930년 중반 독일에서 처음 생산되어 매우 제한적으로 사용되었으며 1960년대 광범위하게 사용되기 시작하였다. 오늘날 이 배관은 세계 시장에서 큰 몫을 차지하고 있다. 이 배관은 가장 광범위하게 사용되는 플라스틱 배관이다. 모든 플라스틱 계통 압력-물 배관의 90%는 PVC 배관이고, 그리고 플라스틱 하수도 배관의 거의 100%는 PVC 배관이다. 이 통계들은 출고된 배관들의 중량 기준이다. PVC 배관의 특성 및 관련 표준은 표 7.1 및 7.2와 같다.

표 7.1 대표적인 PVC 배관 설계 특성

항 목	설계치
정수압 설계기준(HDB)	4,000lb/in^2
정수압 설계응력(HDS)	1,600~2,000lb/in^2
탄성계수(압력 공식화)	400,000lb/in^2
탄성계수(하수도 공식화)	400,000~550,000lb/in^2
인장응력	7,000lb/in^2
하젠-윌리엄 공식 유속계수 C	150
매닝 공식 조도계수 n	0.009

■ 표 7.2 ■ PVC 배관 관련 기준

표준	내용
AWWA C605	Standard for Underground Installation of PVC Pressure Pipe and Fittings for Water
AWWA C900	PVC Pressure Pipe, 4 in through 12 in for Water
AWWA C905	PVC Water Transmission Pipe(Nominal Diameters 14 to 36 in)
AWWA C950	PVC Water Transmission Pipe, 14 in through 36 in
ASTM D 2672	Bell-end PVC Pipe
ASTM F 800	Corrugated PVC Tubing and Compatible Fittings
ASTM D 3915	PVC and Related Plastic Pipe and Fitting Compounds
ASTM F 679	PVC Large-Diameter Plastic Gravity Sewer Pipe and Fittings
ASTM F 789	Standard Specification for Type PS-46 PVC Plastic Gravity-Flow Sewer Pipe and Fittings
ASTM F 794	PVC large Diameter Ribbed Gravity Sewer Pipe and Fittings Based on Controlled Inside Diameter
ASTM D 2665	PVC Plastic Drain, Waste, and Vent Pipe and Fittings
ASTM D 2466	PVC Plastic Pipe Fittings, Schedule 40
ASTM D 1785	PVC Plastic Pipe, Schedule 40, 80, and 120
ASTM D 2241	PVC Plastic Pipe(SDR-PR)
ASTM D 2740	PVC Plastic Tubing
ASTM D 2729	PVC Sewer Pipe and Fittings
ASTM F 599	Poly(vinylidene Chloride)(PVDC) Plastic-Lined Ferrous-Metal Pipe and Fittings
ASTM F 656	Primer for Use in Solvent Cement Joints of PVC Plastic Pipe and Fittings
ASTM F 512	Smooth-Wall PVC Conduit and Fittings for Underground Installation
ASTM D 3036	Socket-Type PVC Plastic Line Couplings
ASTM D 2467	Socket-Type PVC Plastic pIPE Fittings, Schedule 80
ASTM D 3138	Solvent Cement for Transition Joints Between Acrylonitrilie-Butadiene-Styrene(ABS) Poly(vinyl Chloride)(PVC) Nonpressure Piping Components
ASTM D 2564	Sovent Cement for Poly(vinyl Chloride)(PVC) plastic Pipe and Fittings

표 7.2 PVC 배관 관련 기준(계속)

표준	내용
ASTM F 758	Smooth-Wall Poly(vinyl Chloride)(PVC) plastic Underdrain Systems for Highway, Airport, and Similar Drainage
ASTM F 409	Thermoplastic Accessible and Replaceable Plastic Tube and Tubular Fittings
ASTM D 2464	Threaded PVC Plastic Pipe Fittings, Schedule 80
ASTM F 789	Type PS-46 PVC Plastic Gravity-Flow Sewer Pipe and Fittings
ASTM D 3034	Type PSM PVC Sewer Pipe and Fittings
ASTM D 2855	Making Solvent Cemented Joints with PVC Pipe and Fittings
Canadian Standards Association	
CSA B137.0	Definitions, General Requirements, and Methods of Testing for Thermoplastic Pressure Piping
CSA B137.3	Rigid PVC Pipe for Pressure Application
CSA B181.2	PVC Drain Waste and Vent Pipe and Pipe Fittings
CSA B181.12	Recommended Practice for the Installation of PVC Drain Waste and Vent Pipe and Pipe Fittings
CSA B182.1	Plastic Drain and Sewer Pipe and Pipe Fittings
CSA B182.2	Large-Diameter, Type PSM PVC Sewer Pipe and Fittings
CSA B182.3	Large-Diameter, Type IPS PVC Sewer Pipe and Fittings
CSA B182.4	Large-Diameter, Ribbed PVC Sewer Pipe and Fittings

PVC 중력 하수도 배관 PVC 하수도 배관은 연성배관으로 설계방법은 제3장에 기술된 연성배관을 참조한다. 직경 4~18인치이고 배관 강성도 $F/\Delta y = 46\text{lb/in}^2$인 PVC 배관을 위해 특별히 표 3.9를 작성하였다. 공식 3.3b로부터

$$\text{배관 강성도 } PS = \frac{F}{\Delta y} = \frac{6.7EI}{r^3} = 0.559E\frac{t^3}{r^3}$$

여기서 r은 평균 반지름으로

$$r = r_0 - \frac{t}{2} = \frac{D_0}{2} - \frac{t}{2} = \frac{D_0 - t}{2}$$

따라서

$$PS = \frac{F}{\Delta y} = \frac{4.47E}{(DR-1)^3}$$

여기서 DR은 치수비(dimension ratio)로서 $DR = D_0/t$이다.

직경이 18인치 이상인 PVC 배관(솔리드 벽 또는 프로파일 벽)의 경우 제작사의 권장사항을 따라야 한다. 또는 대안으로 표 3.9를 사용할 수 있다.

대부분 솔리드-벽 PVC 하수도 배관의 경우 $DR = 35$이고, 최소 배관 강성도 $PS = 46\text{lb/in}^2$이다. 배관 강성도 범위 10lb/in^2 이내인 PVC 중력 하수도 배관을 시험하였으며, 배관 영역에서 흙의 밀도가 최소 표준 프록터 밀도가 85%인 흙 속에 이 배관을 적절하게 설치하면 충분히 성능을 발휘하였다. 강성도가 매우 낮은 배관을 설치할 경우 배관 주변 흙을 다짐할 때 많은 주의를 기울여야 한다. 배관 강성도가 10lb/in^2 이하일 때는 자격을 갖춘 지반 기술자의 감독아래 배관을 설치해야 한다.

예제 7.1 12인치 중력 하수도 배관

매우 깊게 절단된(30ft) 지반에 직경 12인치 중력 하수도 배관을 설치하고자 한다. 흙은 점토로서 부식성이 있는 것으로 판단되고, 하수는 부패성이다. 적합한 배관 재료를 선정하고, 배관 채움재료 시스템을 설계하라. 배관 상단부에서 트렌치 폭은 4ft 정도이다.

1. 흙 하중을 계산한다(제2장 참조). 강성배관 하중은

$$W_d = C_d \gamma B_d^2 = 3.3 \times 120 \times 4^2 = 6{,}336\text{lb/ft}$$

그림 2.2로부터 $H/B_d = 30/4 = 7.5$, $K\mu = 0.13$인 경우 $C_d = 3.3$

연성배관 하중은

$$\text{Prism load} = \gamma H = 120 \times 30 = 3{,}600\text{lb/ft}^2$$

또는

$$W = \frac{\gamma H}{B_c} = \frac{\gamma H}{D} = \frac{3600}{1} = 3{,}600\text{lb/ft}$$

2. 배관 재료 선정. 표 5.5로부터 12인치 초강도(extra-strength) 점토배관은 6,336lb/ft 흙 하중을 지지하기에 충분하지 않다는 것을 검토결과 알 수 있다. 표 5.7과 5.8로부터 강도가 가장 높은 콘크리트 배관(클래스 3)도 충분히 강하지 않다. 또한 부식

성 조건은 콘크리트 배관을 사용할 수 없게 만들며, 통상적으로 주철 또는 강관을 사용할 수 없게 한다. 따라서 SDR 35 ASTM D3034 PVC 배관을 사용하기로 한다.

3. 배관 채움재료 시스템을 설계한다. SDR 35 PVC 배관 설계시 표 3.9를 사용할 수 있다. 토피두께 30ft에서 처짐을 7.5% 이하가 되도록 배관을 설치하기 위해서 표 3.9로부터 다짐이 최소 85%일 경우 클래스 I, 클래스 II, 또는 클래스 III 흙을 사용할 수 있다. 베딩, 헌칭, 그리고 초기 뒷채움을 위해 클래스 II 흙을 사용한다(그림 7.4 참조). 배관 상단부 높이까지인 배관 영역 흙을 반드시 표준 프록터 밀도의 최소 85%로 다짐해야 한다. 만약 흙의 다짐이 표준 프록터 밀도의 80%인 경우 7.5% 설계 처짐을 초과할 것이라는 것을 표 3.9로부터 명백하게 알 수 있다. 또한 자연 포설 밀도가 충분하기 때문에 다짐 없이 클래스 I 흙을 사용할 수 있다는 것도 주목해야 한다.

4. 대안적 설계방법(Spangler 공식)으로 공식 3.5를 사용할 수 있다.

$$\Delta x = \frac{D_L K W_c r^3}{EI + 0.061 E' r^3} \tag{3.5}$$

$$\Delta x = \Delta y$$

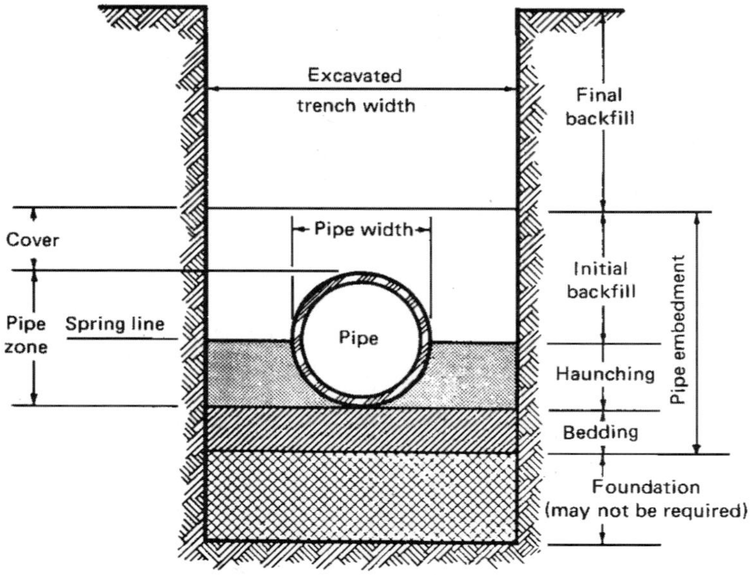

그림 7.4 용어를 보여주는 트렌치 단면

다음과 같이 가정한다.

$$K=0.1 \text{ (표 3.3 베딩 계수 참조)}$$

$$\frac{W_c}{D}=\gamma H \text{ 프리즘 하중}$$

$$D_L=1.0 \text{ 처짐 지연계수(프리즘 하중을 사용할 때)}$$

따라서

$$\triangle y=\frac{0.1D\gamma Hr^3}{EI+0.061E'r^3}$$

또는

$$\frac{\triangle y}{D}=\frac{0.1\gamma H}{EI/r^3+0.061E'} \qquad 7.1$$

배관 강성도는 공식 3.3c로부터

$$PS=\frac{F}{\triangle y}=\frac{6.7EI}{r^3} \qquad 7.2$$

상기 식을 다음과 같이 나타낼 수 있다.

$$\frac{EI}{r^3}=\frac{PS}{6.7}$$

상기 식을 공식 7.1에 대입하면 다음과 같이 된다.

$$\frac{\triangle y}{D}=\frac{0.1\gamma H}{PS/6.7+0.061E'} \qquad 7.3a$$

또는

$$\frac{\triangle y}{D}=\frac{0.67\gamma H}{PS+0.41E'} \qquad 7.3b$$

통상적으로 PS와 E'의 단위는 lb/in^2으로 표현된다. 만일 γ를 lb/ft^3, 그리고 H를 ft로 표현하면, γH는 lb/ft^2가 된다. 이 수치를 lb/in^2 변환시키기 위해 144로 나눈다. $\gamma=120lb/ft^3$으로 가정하면 공식 7.3b를 다음과 같이 나타낼 수 있다.

$$\frac{\triangle y}{D}=\frac{0.67(120H/144)}{PS+0.41E'} \qquad 7.4$$

$$=\frac{0.56H}{PS+0.41E'}$$

상기 공식에서 H는 토피두께의 높이로서 단위는 ft이다. 배관 강성도 PS와 흙의 탄성계수 E'를 lb/in^2으로 나타낼 수 있으며 이 공식을 사용하여 E'를 구하면

$$E' = \frac{0.56H/\left(\frac{\Delta y}{D}\right) - PS}{0.41} = \frac{1.37H}{\Delta y/D} - \frac{PS}{0.41} \tag{7.5}$$

본 예제의 경우

$$H = 30\,\text{ft}$$

$$\frac{\Delta y}{D} = 0.075$$

$$PS = 46\,\text{lb/in}^2$$

따라서 필요한 E'는

$$E' = \frac{1.37 \times 30}{0.075} - \frac{46}{0.41} = 434\,\text{lb/in}^2$$

표 3.4로부터 소성이 거의 없는 세립토의 경우 85%의 밀도가 필요하다는 것을 알 수 있다. 약간의 다짐을 하면 조립토를 사용할 수 있다. 상기 두 설계 방법은 대체적으로 잘 일치하는 결과를 얻을 수 있다. 표 3.9의 경험 자료들을 사용하는 것이 훨씬 용이한 방법인 것을 알 수 있다.

예제 7.2 10인치 중력 하수도 배관

16ft 깊이에 10인치 중력 하수도 배관을 설치하고자 한다. 원지반 흙은 실트질 점토이고, 지하수 면(water table)은 표면 10ft 아래이다. PVC 배관을 선정하고, 장기 처짐이 7.5%를 초과하지 않도록 적합한 설계를 명시하라.

해답

ASTM D3034, SDR 35, 직경 10인치 하수도 배관을 선정한다. 이 배관을 선정하면 표 3.9를 사용하여 필요한 채움재료와 흙의 밀도를 결정할 수 있다. 지하수 면 때문에 트렌치 조건은 습하고, 원지반 흙으로는 배관 영역에서 필요한 밀도를 얻을 수 없다. 높은 흙 하중을 부과하고 웰 포인트(well point)들을 제거하기 전에 반드시 필요한 다짐을 해야 한다. 그렇지 않으면 상승하는 물과 함께 흙의 밀도가 높아지게 되어 과도한 처짐을 야기시킬 수 있다. 그러나 배관의 부양을 방지하기 위해 배관 상부 약 3ft의 충분한 뒷채움을 해야 한다.

설계 I. 베딩, 헌칭을 위해 선정된 깨끗한 모래 또는 자갈 뒷채움 재료(표 3.9로부터 클래스 II)를 사용하고, 초기 뒷채움을 표준 프록터 밀도의 85%로 다짐하면 표 3.9로부터 장기 처짐은 약 3%가 될 것이다(표 3.9 사용에 대한 추가적인 토론은 제3장 참조).

설계 II. 베딩, 헌칭을 위해 선정된 실트질-모래 자갈 뒷채움 재료(표 3.9로부터 클래스 III)를 사용하고, 초기 뒷채움을 표준 프록터 밀도의 85%로 다짐하면 표 3.9로부터 장기 처짐은 약 3.5%가 될 것이다.

상기 처짐들은 허용된 7.5% 장기 처짐보다 상당히 낮다. 그러나 습한 조건과 상대적으로 큰 토피두께 때문에 배관 영역에서 밀도는 공극비 기준 임계밀도보다 반드시 커야 한다. 이 밀도는 약 90% 프록터 밀도 정도가 된다. 안전성을 위해 90% 밀도를 권장한다. 또한 습한 트렌치 조건에서 클래스 III 뒷채움의 다짐이 더욱 어렵기 때문에 설계 II보다는 설계 I이 선호된다.

예제 7.3 27인치 중력 하수도 배관

15ft 깊이에 직경 27인치 SDR=35, PS=46, PVC 하수도 배관을 설치하고자 한다. 일부 발파해야 할 현무암을 제외하고 대부분 지역의 흙은 점토이다. 이러한 설치의 경우 채움재료 시스템 형식은? 단, $\Delta y/D \leq 7.5\%$

1. 배관은 경질지층(hardpan), 기반암(bedrock), 또는 치수가 $1\frac{1}{2}$인치 이상인 날카로운 돌과 직접 접촉하면 안 된다.
2. 최소 6인치 아래로 굴착하고, 파쇄된 우수 등급 돌을 사용하여 견고하고 균일한 베딩을 준비한다.
3. 헌칭 및 초기 뒷채움 재료 선정: 표 3.9에 열거된 클래스 I, 클래스 II, 클래스 III, 또는 클래스 IV를 고려한다. 클래스 II, 클래스 III의 경우 프록터 밀도의 80%이면 충분하다. 배관 채움재료로서 클래스 IV 흙을 잘 사용하지 않으나 트렌치가 습하지 않고 흙을 프록터 밀도의 85%로 다짐하면 배관 채움재료로서 사용할 수 있다. 물론 클래스 I 흙은 설계 요구조건($\Delta y/D \leq 7.5\%$)을 만족시킬 수 있다.
4. 또한 Spangler 공식을 사용할 수 있으나 필요하지는 않는다.
5. 배관은 날카로운 바위 절단부에 직접 접촉하면 안 된다. 또한 발파된 커다란 날카로운 현무암이 배관에 직접 접촉하면 안 된다(외부로부터 선정 및 반입된 재료 권장).

예제 7.4 48인치 리브 보강 PVC 배관

20ft 깊이에 48인치 리브 보강 PVC 배관을 설치하고자 한다. 원지반 흙은 실트와 점토성 세립질 모래이다. 리브 보강 배관의 강성도는 10lb/in^2이다. 특별한 설계를 위해 소유자는 최대 수직 처짐이 3%를 초과하지 않도록 배관 설치를 요청하였다. 또한 비용을 낮추기 위해 베딩, 헌칭, 그리고 초기 뒷채움을 위해 원산지 재료를 사용할 것을 선호한다. 이러한 설계 요구조건이 가능한가?

해답

Spangler 공식 7.5로부터 필요한 E'는

$$E' = \frac{1.37H}{\Delta y/D} - \frac{PS}{0.41}$$

여기서 $H = 20\,\text{ft}$
$\Delta y/D = 0.03$
$PS = 10\text{lb/in}^2$

따라서

$$\text{필요한 } E' = \frac{1.37 \times 20}{0.03} - \frac{10}{0.41} = 889$$

표 3.4로부터 실트와 점토성 모래를 사용할 때 필요한 밀도는 95% 이상이어야 하나 표 3.9로부터 이러한 밀도를 얻는 것은 불가능하므로 소유자에게 3% 처짐 한계를 완화시켜주거나 배관 영역에서 이 보다 조립 재료를 사용할 것을 요청해야 한다. 이 경우 다짐 관련 비용들은 선정된 재료의 비용을 초과할 수 있다.
5% 처짐 한계의 경우

$$E' = \frac{0.56 \times 20/0.05 - 10}{0.41} = 522\text{lb/in}^2$$

7.5% 처짐 한계의 경우

$$E' = \frac{0.56 \times 20/0.075 - 10}{0.41} = 340\text{lb/in}^2$$

배관 영역에 사용할 원산지 모래를 사용할 경우 표 3.4로부터 85% 이하 다짐으로 $E' = 400\text{lb/in}^2$을 얻을 수 있으므로 후자의 방법을 선택하는 것이 좋다.

7.1.2 PVC 배관의 장기 응력이완(stress relaxation) 및 변형률 한계 시험

1970년대 초반 중력배관 용도로 사용하는 PVC 배관의 적합한 재료 특성의 설계한계에 대한 관심이 집중되었다. 하나의 설계한계는 매설 중력 유동배관에 대해 일정한 응력 시험으로부터 유도된 변형률 한계를 설정하는 것이었다. 1977년 1월부터 충진(filled)과 비충진(unfilled) 합성 PVC 공식화를 위해 여러 일정한 변형률과 온도에 노출된 배관 링 샘플들에 대해 실험들을 진행하여 왔다. 다양한 일정 변형률 수준 이하로 PVC 배관 샘플에 대해 장기(long-term) 시험을 실시하였다. 이 시험의 목적은 응력이완 특성과 일정-변형률 파괴 자료들을 결정하는 것이다. 이 시험 결과를 사용하여 일정-변형률 설계 조건을 위한 재료 변형률 한계의 적용성과 관련된 결론들을 도출하였다.

ASTM D 3034의 첫 번째 발표 문헌은 ASTM D 1784에 기술된 것과 같이 12454B의 단일 PVC 셀(cell) 클래스에 대한 재료 요구사항들을 포함하였다. 1973년에 출판된 두 번째 발표 문헌은 두 번째 선택사항으로 13364B 셀 클래스를 포함하였다. 이 선택사항은 탄산칼슘의 함유량을 높여 재료의 탄성계수를 400,000에서 500,000lb/in^{2}으로 증가시켰다. 이 높은 계수 재료들은 흔히 충진 합성물(filled compound)이라 불린다. 이 충진 합성물은 약간 낮은 인장강도와 인장 연신율을 보여주지만 ASTM D 3034 제품의 요구사항들을 완전히 만족시킨다. 1974년 이후 두 합성 하수도 배관들은 광범위하게 사용되었다.

1970년대 초반에 야기된 두 개의 기본적인 질문은 "하수도 배관으로 적합한 PVC 합성물은 무엇인가? 그리고 구조물 설계 목적으로 어떤 재료 특성 한계를 사용할 것인가?"이다. 이 두 질문에 대한 부분적인 해답은 수년에 걸쳐 문헌으로 출판되었다. 1975년 Chamber와 Heger가 초기 제안한 것은 가정된 1% 극한 변형률의 50%로 변형률을 제한하는 것이었다. 연구결과 이 제안은 너무 보수적인 것으로 나타났으며, 더 이상 사용하지 않는다(참고문헌 25, 36, 38 참조).

변형률 한계와 관련된 질문에 대한 완벽한 해답을 구하기 위해 1975년과 1977년 유타대학에서 시험들을 수행하였으며 Moser[39]와 Bishop[11]은 초기 이 시험 결과들에 대한 보고서를 Moser, Shupe, 그리고 Biship[43]은 또 다른 보고서를 발간하였다. 이 보고서에서 시험들은 2001년도에도 진행 중이고 본 서에는 1999년까지 시험결과를 포함하였다.

응력이완 시험(stress relaxation tests) 연구자들은 매설배관과 흙 시스템은 고정된 처짐 또는 고정된 변형률 기준을 나타내는 평형조건으로 안정되는 것을 보여주었다(Moser[37] 참조). 따라서 일정-변형 시험(고정된 변형률)으로부터의 자료들을 사용하여 PVC 배관의 성능을 예측할 수 있다.

PVC 배관을 절단한 링 단면으로 응력이완 시험들을 수행하였다(그림 7.5~7.10 참조). 명시된 처짐으로 이 시편들의 직경을 변형시켰다. 다양한 시간 간격에서 각 변형을 일정하게 유지하기 위해 필요한 하중을 측정하였다. 대기온도 70°F, 40°F, 그리고 0°F 3개의 온도들 중 하나로 각 시편들을 유지하였다. 대기온도는 ±5°F로 유지하였다. 40°F 온도를 유지하기 위해 냉장고를 사용하였으며 온도는 38~41°F에서 변동하였다. 0°F 시편을 냉동고에 위치시켰으며 온도는 −5~0°F에서 변동하였다. 저온 시험의 목적은 취성 분열 경향을 확대하는 응력이완의 속도를 늦추는 것이다. 시편의 규

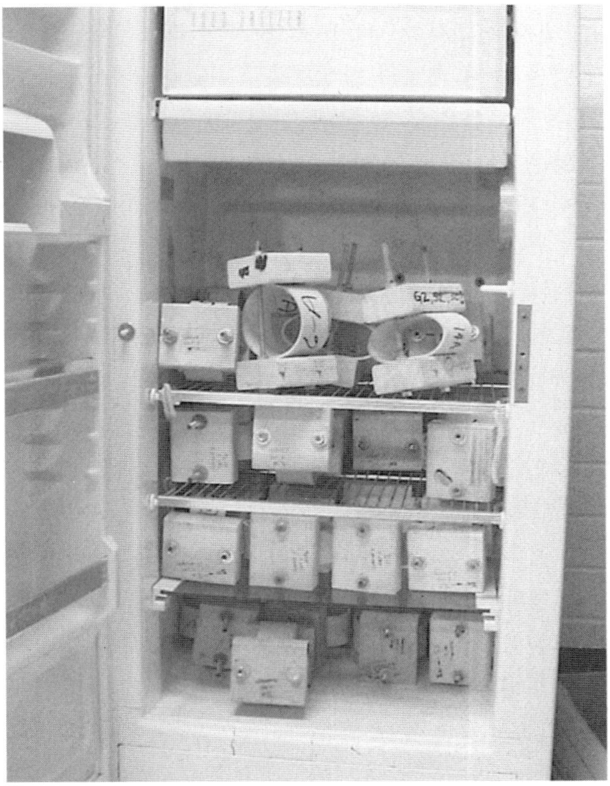

그림 7.5 40°F 냉장고에 보관된 응력이완 시편

격은 표 7.3 참조하며 충진과 비충진 2개의 PVC 합성체를 시험하였다. 충진 합성체는 중량기준 30%까지 탄산칼슘을 포함하며 ASTM 셀 클래스 12364B로 명명하였다. 비충진 합성물(unfilled compound)은 ASTM 셀 클래스 12454B로 명명하였다.

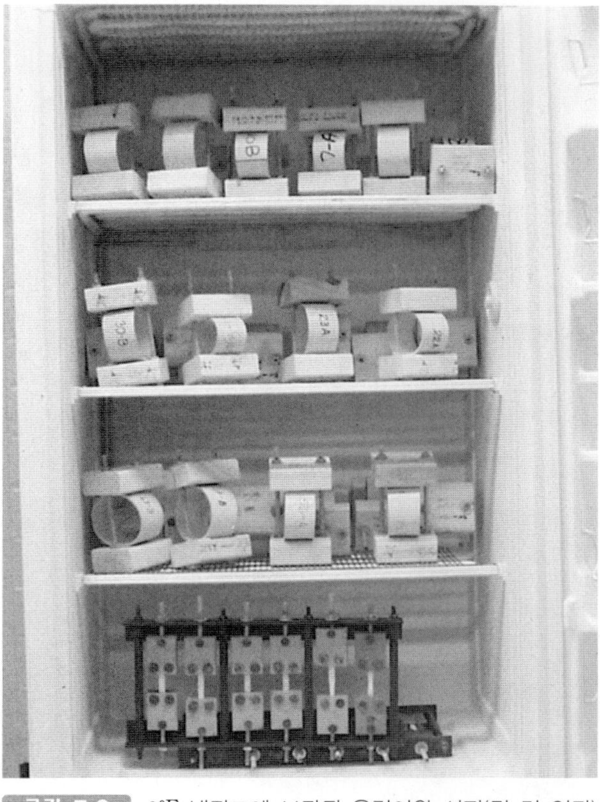

그림 7.6 0°F 냉장고에 보관된 응력이완 시편(링 및 인장)

표 7.3 응력 완화 시험에서 사용된 배관 링의 특성

재료 PVC	관 두께 (인치)	길이 (ft)	평균 곡률 계수 (lb/in^2)	평균 배관 강성도 (lb/in^2)
충진	0.132±0.05	2.0	540,000	87
비충진	0.153±0.04	2.0	470,000	117

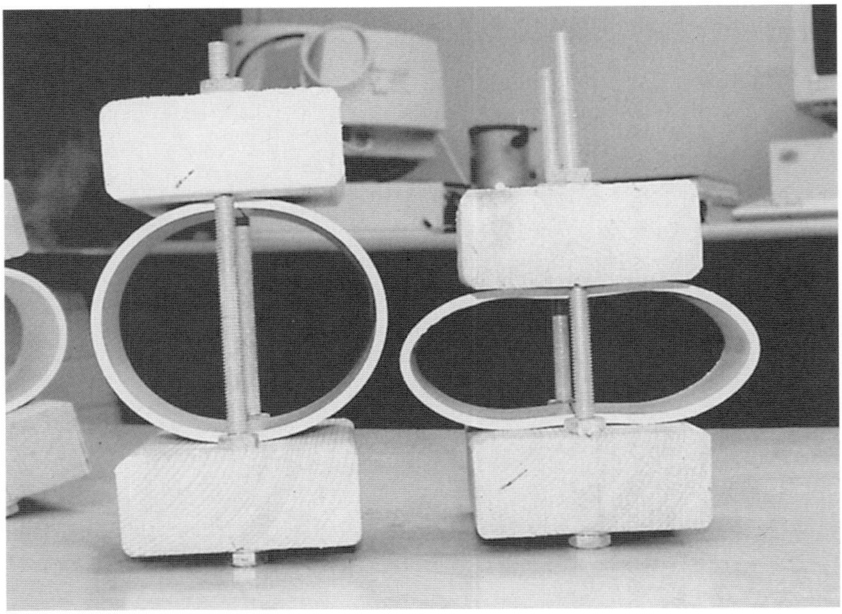

그림 7.7 일정 변형으로 유지된 배관 링 시편

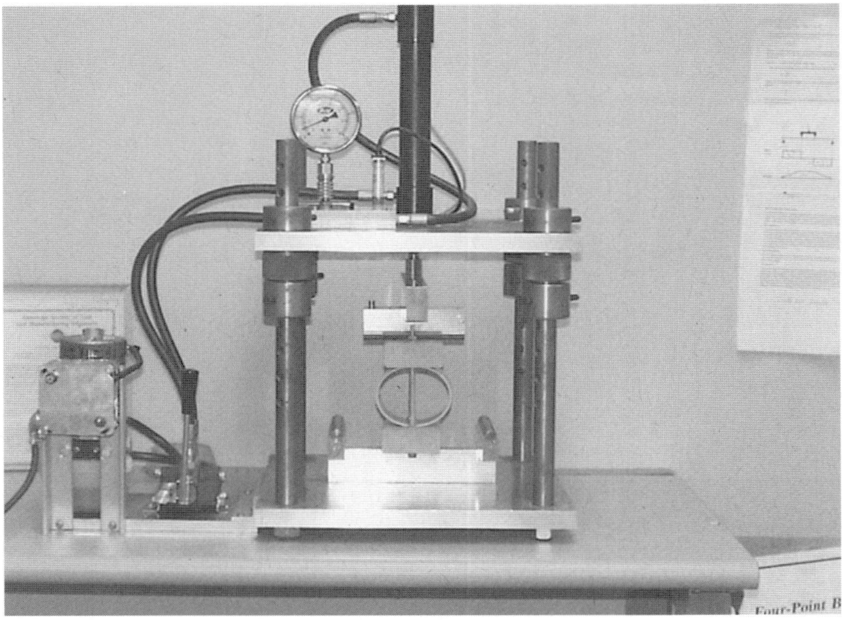

그림 7.8 응력이완 시험 중인 배관 링

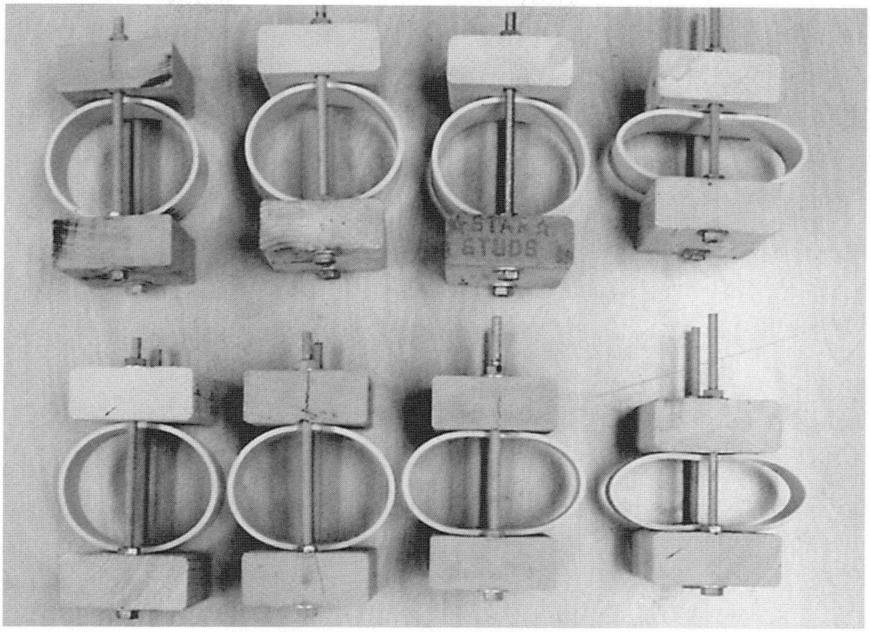

그림 7.9 다양한 일정 변형에서 배관 링

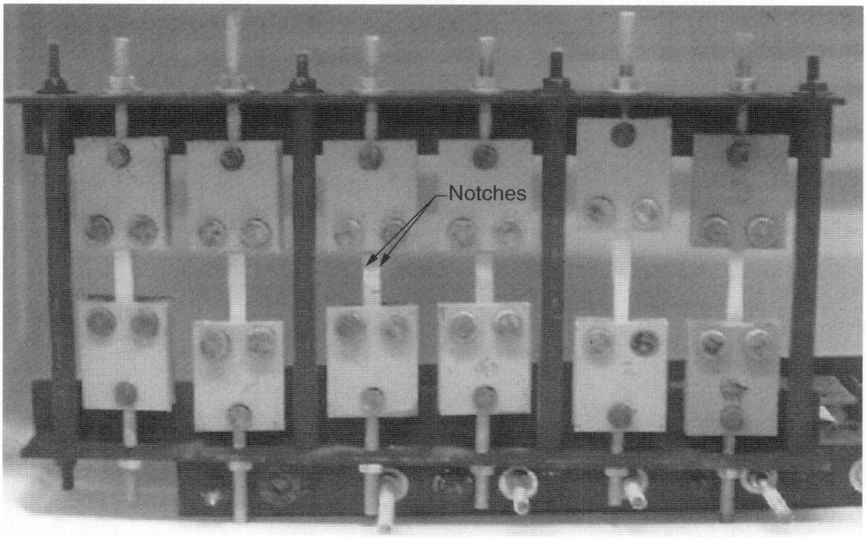

그림 7.10 양축 방향 인장 응력이완 시편

처짐 전에, 취성 파쇄 경향을 증가시키는 응력과 변형률을 증강(intensifier)시키기 위해 일부 배관 링 시편들에 노치(notch)를 만들었다. 인장응력이 가장 큰 위치인 내부 표면 12시와 6시 위치와 외부 표면 3시와 9시 위치 4곳에 길이방향으로 노치를 만들었다. 0.012±0.006인치 깊이로 이 길이방향 노치를 가공하였다. 1977년 1월에 시작한 연구에서 총 91개 시편들을 시험하였다(상세한 내용은 표 7.4 참조).

그림 7.11은 선형좌표로 작성한 응력이완 곡선들 중 하나를 보여준다. 이 그림은 1977년부터 시간 간격으로 선명하게 보여준다. 앞에서 보고된 것과 같이 PVC 배관 합성물의 응력이완 곡선들은 역지수 함수의 형상을 띄므로 이 곡선은 로그-로그 좌표에서는 직선으로 나타난다.

그림 7.12~7.17은 로그-로그 축선상에서 응력이완 자료들이 직선으로 나타나는 것을 보여준다. 22년 후인 1999년 8월까지 시편들 중 하나도 파괴되지 않았다. 동일한 온도에서 시험하였을 때 충진 및 비충진 PVC 합성물로 제작된 배관들의 자료들은 유사하다. 저온일수록 응력이완선들의 경사는 충진 및 비충진 PVC 배관 합성물 모두 이

표 7.4 응력이완 시험에서 91개 배관 시편의 Grouping

Group	Sets	시편 그룹 번호, 처짐 %					
		1	2	3	4	5	6
Group1 : 시편은 충진 및 노치없음	Set 1, 대기 Set 2, 40°F Set 3, 0°F	5 5 5	10 10 10	15 15 15	25 25 25	50 50 50	
Group2 : 시편은 충진 및 노치없음	Set 1, 대기 Set 2, 40°F Set 3, 0°F	5 5 5	10 10 10	15 15 15	25 25 25	50 50 50	
Group3 : 시편은 충진 및 노치	Set 1, 대기 Set 2, 40°F Set 3, 0°F	5 5 5	10 10 10	15 15 15	25 25 25	40 35 35	
Group4 : 시편은 충진 및 노치	Set 1, 대기 Set 2, 40°F Set 3, 0°F	5 5 5	10 10 10	15 15 15	25 25 25	40 40 40	35
Group5 : 시편은 비충진 및 노치없음	Set 1, 대기 Set 2, 40°F Set 3, 0°F	5 5 5	10 10 10	15 15 15	25 25 25	50 50 50	
Group6 : 시편은 비충진 및 노치	Set 1, 대기 Set 2, 40°F Set 3, 0°F	5 5 5	10 10 10	15 15 15	25 25 25	50 50 50	

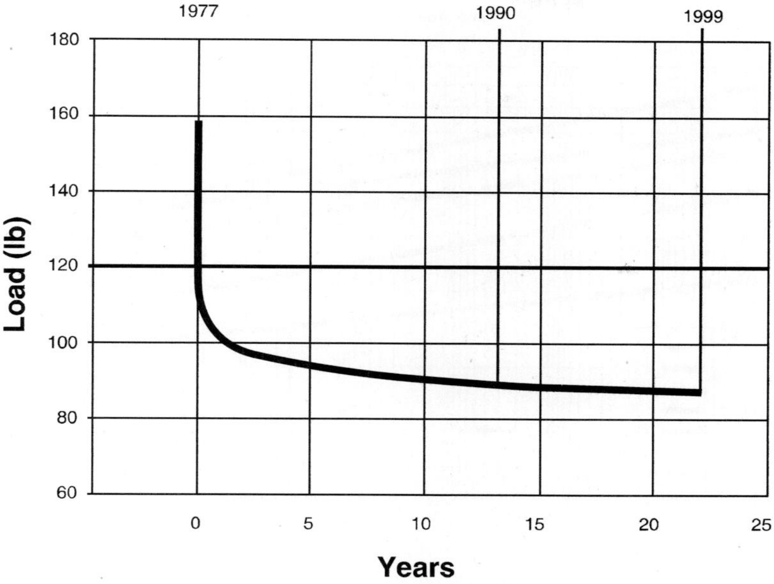

그림 7.11 선형축에 작도된 전형적인 응력이완 곡선

완율(relaxation rate)이 낮은 것을 보여준다. 따라서 저온 시험자료는 고온에서 보다 긴 기간의 일정 변형률(constant-strain) 조건들을 나타낸다. 이 연구에서 중량기준 30%까지 탄산칼슘을 첨가해도 시간에 따른 취성 파괴는 발생하지 않았다. 그림 7.12~7.17에서 충진 및 비충진 PVC의 응력이완 곡선들의 차이는 비충진 시편을 휘기 위해서 커다란 힘이 필요하다는 것을 의미한다. 비충진 PVC 시편은 두꺼운 배관 벽을 가지므로 충진 PVC 배관 시편보다 높은 강성도를 갖는다. 충진 및 비충진 시편 모두 벽 두께가 동일하다면 충진 시편의 탄성계수가 커서 더욱 강성이 컸다.

충진 및 비충진 그룹으로 나눈 후 노치가 있는 시편과 없는 시편의 응력이완 곡선들을 비교하면 큰 차이가 관측되지 않았다. 노치가 있는 시편의 증가된 변형률은 충진 또는 비충진 PVC의 응력이완 특성에 뚜렷한 영향을 미치지 않았다. 따라서 일정-처짐 시험에서 직경의 변형이 발생할 때 PVC는 노치에 대한 민감도를 갖지 않는다는 결론에 도달하였다.

22년 기간 동안 발생한 응력이완이 예상보다 적다는 사실은 흥미롭다. 5% 초기 처짐과 관련된 전체 응력이완은 대기 온도의 경우 무시할 만큼 적고, 40°F와 0°F 온도의 경우 무시할 만하다. 가장 크게 부과된 처짐 또는 초기 하중을 갖는 시편의 경우 이완선의 경사가 급하기 때문에 초기 처짐이 클 때 약간 높은 이완율이 발생한다.

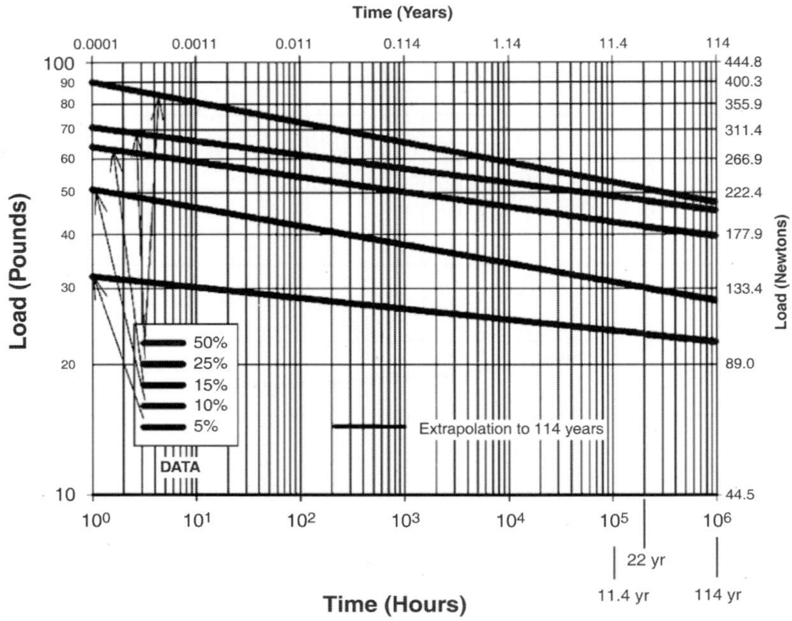

그림 7.12 명시된 처짐과 온도 40°F에서 충진, 노치가 없는 PVC 배관 링의 이완곡선

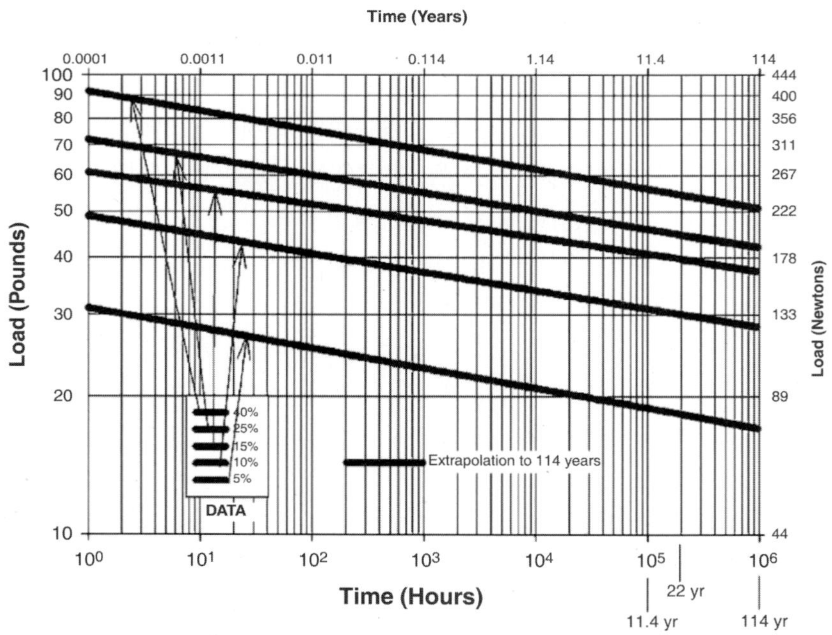

그림 7.13 명시된 처짐과 온도 40°F에서 충진, 노치가 있는 PVC 배관 링의 이완곡선

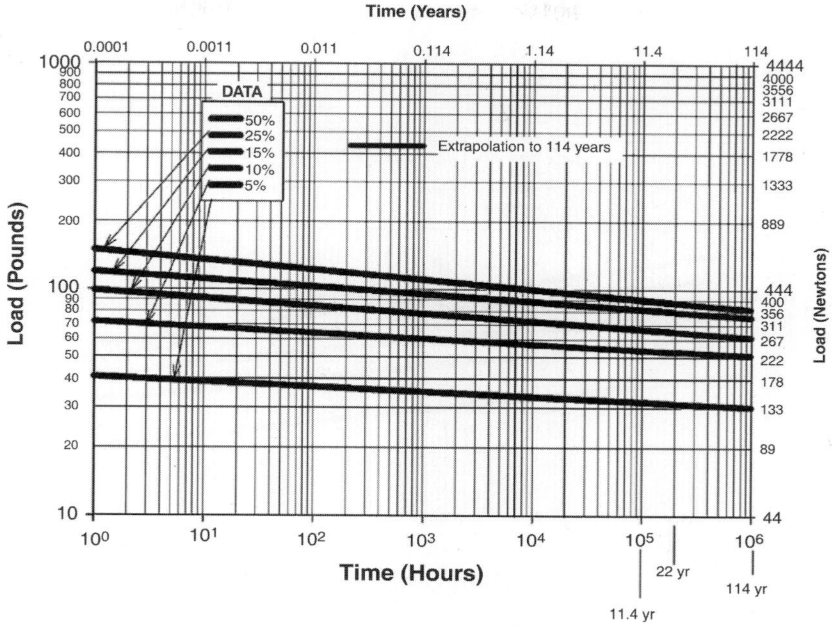

그림 7.14 명시된 처짐과 온도 40°F에서 비충진, 노치가 없는 PVC 배관 링의 이완곡선

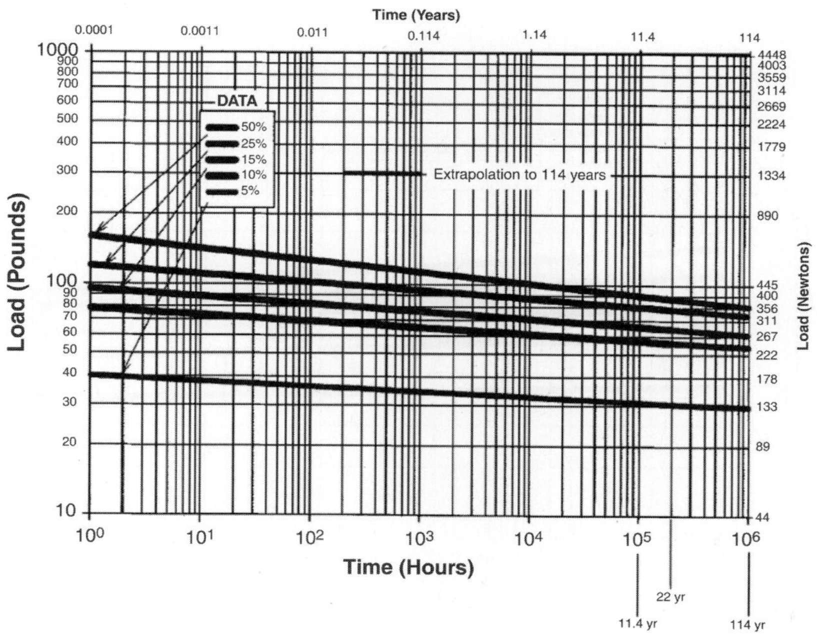

그림 7.15 명시된 처짐과 온도 40°F에서 비충진, 노치가 있는 PVC 배관 링의 이완곡선

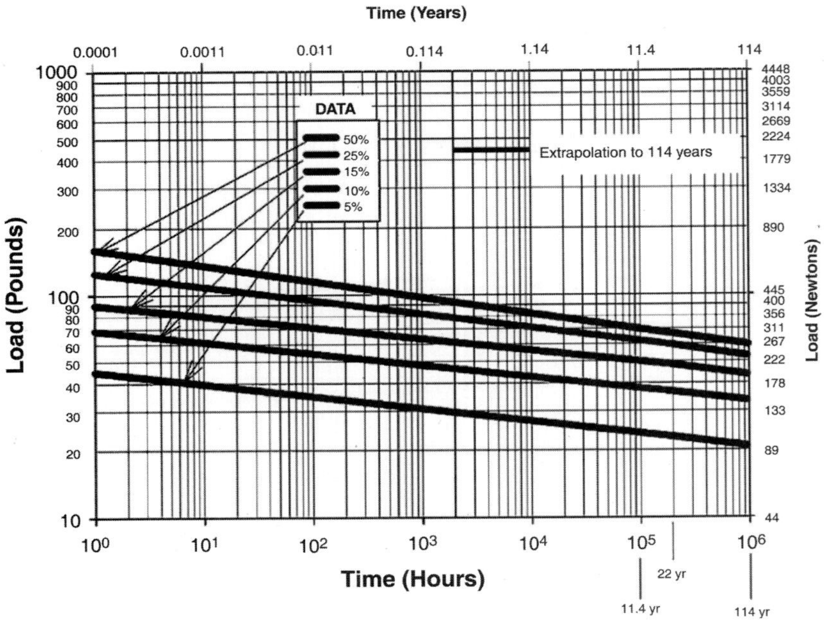

그림 7.16 명시된 처짐과 온도 70°F에서 비충진, 노치가 없는 PVC 배관 링의 이완곡선

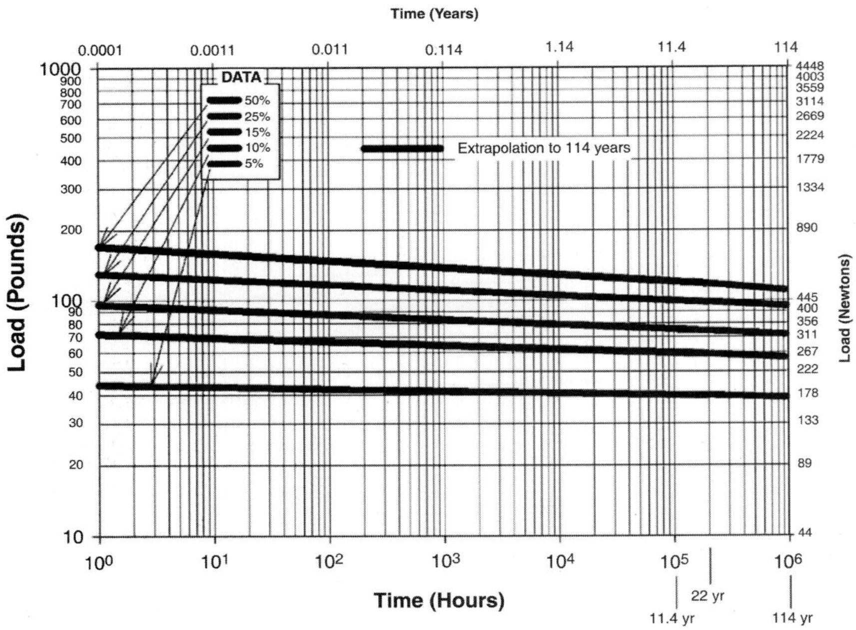

그림 7.17 명시된 처짐과 온도 0°F에서 비충진, 노치가 없는 PVC 배관 링의 이완곡선

휨 변형률과 링 처짐 독자의 편의를 위해 제3장의 내용을 여기에서 반복한다. 링 처짐은 배관 벽에서 휨을 발생시켜 휨 변형률을 발생시킨다. 다음 공식을 사용하여 휨 변형률을 계산할 수 있다. 휨 변형률 공식은 링 처짐 $\Delta y/D$와 치수비 D/t가 필요하다. 이 공식은 배관이 타원형상으로 변형하는 것으로 가정한다. PVC 배관의 경우 타원형상의 가정은 매우 타당한 것으로 실험을 통해 확인하였다.

$$\epsilon = \pm\left(\frac{t}{D}\right)\left(\frac{3\frac{\Delta y}{D}}{1-2\frac{\Delta y}{D}}\right) \tag{7.6}$$

여기서 ϵ : 링의 처짐에 기인한 배관 벽에서 최대 변형률(배관 크라운 또는 인버트에서 발생한다고 가정할 수 있다)
t : 배관 벽 두께
D : 배관 직경
Δy: 직경의 수직 감소

예를 들어 $t=0.132$, $D=4$, 그리고 링의 처짐이 10%이면 휨 변형률은 다음과 같이 계산할 수 있다.

$$\epsilon = \pm\left(\frac{0.132}{4}\right)\left(\frac{3\times 0.1}{1-2\times 0.1}\right) = 0.0124 \text{ 또는 } 1.24\% \text{ 변형률}$$

링의 처짐에 기인한 최대 휨 변형률을 계산하기 위해 다음과 같이 단순화된 공식이 제안되었다. 링의 처짐이 작은 경우 이 공식은 너무 큰 휨 변형률을 예측한다. 25% 처짐($\Delta y/D = 0.25$)에서 두 공식들은 동일한 휨 변형률을 예측한다.

$$\epsilon = 6\left(\frac{t}{D}\right)\left(\frac{\Delta y}{D}\right)$$

응력이완 시편의 강성도 자료들은 표 7.5와 같다. 13년과 22년 시험 기간 종료시점에서 측정한 강성도 수치는 증분(incremental) 강성도이다. 각 시편들은 사전 설정된 수치로부터 추가 5% 처진다. 길이당 증분 하중을 5% 증분 처짐으로 나누어 강성도를 계산하였다. 이러한 장기 수치들은 순간 강성도이고 임의 추가적인 처짐에 저항하는 강성도이다. 이러한 자료들로부터 배관 강성도와 PVC 배관의 계수들은 시간에 따라 감소하지 않는 것을 알 수 있다.

■ 표 7.5 ■ 일정-변형률 링 샘플의 배관 강성도

샘플		온도*	배관 강성도					
			5%			25%		
충진	노치		초기†	13년‡	22년‡	초기†	13년‡	22년‡
Yes	No	0	71	69	70	39	63	64
Yes	Yes	40	76	74	74	38	65	62
Yes	Yes	0	75	69	70	41	63	63
No	No	40	101	89	90	60	91	90
No	No	0	102	91	92	65	110	109
No	Yes	40	101	96	98	63	87	89

* 22년 시험동안 일정 온도. 강성도 시험을 위해 샘플들은 73°F 온도 조건
† 명시된 처짐에서 1시간 동안 유지한 후 시캔트(secant) 방법으로 결정한 배관 강성도
‡ 명시된 처짐에 5% 처짐 증분을 추가 적용하여 13년 및 22년 강성도들을 결정한다.

단축 일정-변형률 시험(uniaxial constant-strain tests) 이 시험에서는 충진 및 비충진 DR 35 PVC 배관으로부터 시편들을 취하였다. 배관의 수평 또는 원주방향으로부터 PVC 스트립(strip)을 얻었다. 180°F로 설정된 오븐에서 원주방향 스트립을 직선화하였다. 이 스트립으로부터 아령 형태의 시편을 기계 가공하였다. 각 시편을 사전 결정된 변형률로 인장하였다. 일부 시편에는 노치를 가공하여 변형률을 집중시킨다. 시편의 두 평행 측면에 가공된 노치들의 깊이는 0.024±0.006인치이다. 샘플에 집중된 변형률을 갖는 시편을 저온으로 유지하면 취성 분열이 가속화된다.

시편들을 1.0~95% 범위로 인장시켜(strained) 냉장고에서 0°F로 유지한다(그림 7.10 참조). 거의 22년 동안 이 샘플들을 시험하여 왔으나 노치가 있는 시편에서 조차도 파괴가 발생하지 않았다. 시험결과 표 7.6과 같이 일정-변형률 조건에서 초기 변형률을 얻을 수 있다면 시간이 지나도 파괴가 발생하지 않는 것을 알 수 있다(표 7.6 참조).

이미 기술하였듯이 배관에서 처짐을 일정하게 유지하기 위한 휨 응력들은 시간 경과에 따라 이완되어 구조 설계를 위한 임계 응력한계를 쉽게 정의할 수 없다. 대신 변형률을 시간에 따른 일정한 하나의 기하학 매개변수로 간주해야 한다. 또한 변형률을 쉽게 정의할 수 있고 일정한 기하학 정량으로 측정할 수 있다. 일부 학자는 장기 파괴를 방지하기 위해 초과하지 않아야 하는 임계 변형률 한계의 존재 여부에 대한 질문을 가져왔다.

최근 장기 처짐을 일정하게 유지해왔던 PVC 배관에 대해 추가적인 조사를 수행하여왔다(Janson 참조). 매우 높은 변형률 수치에도 불구하고 임의 배관 파괴를 모의하

■ 표 7.6 ■ 일축 일정-변형률 Failure 자료-배관 원주방향으로부터 취한 비충진 시편

시편번호	노치	충진	단면적 in^2	변형률 수준 %	시작(1978)	Failure 시간	온도 °F
3	no	no	0.0531	48	March 26	no failure	0
4	no	no	0.0526	50	March 26	no failure	0
5	yes	no	0.0530	1.0	March 27	no failure	0
8	yes	no	0.0525	1.5	March 27	no failure	0
13	no	yes	0.0560	90	March 30	no failure	0
14	no	yes	0.0564	95	March 30	no failure	0
17	yes	yes	0.0554	1.5	March 30	no failure	0
18	yes	yes	0.0561	2.0	March 30	no failure	0

는 것이 불가능하였다. 응력이완에 노출된 모든 시험 배관들의 일부는 극단적으로 큰 처짐과 변형률을 받는 상태에서도 파괴 또는 균열이 발생하지 않았다. 내부 정수압을 일정하게 받는 배관의 경우 응력이 일정하고 재료가 자유롭게 크리프하므로 시험 배관들 중 많은 경우 초기 휨 응력들이 극단적으로 높아 즉각적인 배관 파괴를 야기시킬 수 있기 때문에 이러한 결과는 다소 이상한 것으로 간주할 수 있다.

이와 같이 파괴가 발생하지 않는 결과에 대해 응력이완 절차라는 가설을 전개할 수 있다. 결과적으로 가설은 즉각적으로 파괴가 발생하지 않으면 절대 파괴가 발생하지 않는다는 사실을 내포한다. 그리고 휨 변형률의 크기와는 관련이 없다. 분명하게 이 가설은 고품질 수지로 엄격하게 고분자 중량 수지로 제작된 배관에만 유효하다. PE의 경우 실제 MFR 수치들은 현재 국제 표준에 따른 요구사항들을 만족시키고, PVC의 경우 65를 초과하는 K 수치를 갖는 수지에 대해 연구를 수행하여 왔다. 그러나 고품질 배관의 경우에서도 배관 특성들이 당초 수치들로부터 변화하거나 화학적 안정성 시스템이 더 이상 완전하지 않으면 이 가설은 유효하지 않다. PE 배관의 경우 재료들은 시간에 따라 결정체(crystalline)로 변화하지 않아야 한다.

Hoechst가 수행한 소구경 HDPE 배관(without carbon black) 시험을 Janson이 보고하였다. Hoechst는 내부 강 원형을 사용하여 배관 샘플들을 확장하고, 2~15% 인장 변형률을 가하여 배관 벽을 통해 균등하게 분산시켜 일정한 인장 응력/변형률을 작용시켰다. 일부 샘플들은 실온에서 40년 동안 시험하였으나 파괴되지 않았다. 샘플들 중 상승된 온도(40~80℃)에서 파괴가 발생하였으나 이는 상기에서 기술한 가설과 모순되지 않는다. 반대로 이는 가설이 유효하기 위해서는 화학적 안정화 시스템이 완전해야 한다는 요구사항을 뒷받침한다. 따라서 보고된 파괴는 재료의 화학적 노화(老化,

aging)는 온도에 종속되며, 변형률을 증가시키면 열화율(degradation rate)은 증가할 것이라는 사실을 나타낸다.

노화(aging) 13년과 8년 동안 설치되어 왔던 각 PVC 및 PE 배관 모두에 대한 연구결과 폴리머 재료의 물리적 노화로 인해 장기(long-term) 하중에 노출된 후에도 단기(short-term) E 계수는 감소하지 않는다는 것을 보여준다. 두 연구에서 배관 단면을 분리하여 처진 상태에서 유지하고 증분 하중을 가하여 처짐을 증가시켰다. 계산결과 E 계수는 감소하지 않고 실제로는 증가하였다. 링 강성도는 E 계수의 선형함수이기 때문에 긴 하중 시간 후 링 강성도는 각 미래 새로운 하중에서 단기(short-term) 수치를 유지하거나 개선시킬 것이라는 것을 의미한다. 이러한 사실은 매설된 열가소성 중력 배관의 진행 중인 처짐 과정을 올바르게 이해함에 있어 매우 중요하다.

시험자료에 기초한 결론

1. 충진 및 비충진 PVC 배관에서 응력이완은 로그-로그 좌표에서 직선으로 나타나고, 완화율은 온도종속으로 온도가 감소하면서 이완율은 감소되었다.
2. 일정한 변형 하중을 받을 때 충진 또는 비충진 PVC 배관은 노치-민감도를 보여주지 않는다.
3. 매설된 PVC 배관은 초기에 설치된 것과 같이 추가적인 처짐 증가에서도 동일한 저항 능력을 유지한다. 즉, 계수는 시간에 따라 감소하지 않는다.
4. 셀 클래스 13364B와 12454B의 합성물로 제작된 PVC 배관들은 시간에 따라 강성도를 잃지 않는다.
5. 겉보기 계수 또는 크리프 계수는 매설된 PVC 중력 하수도 배관의 장기 처짐을 예측하기 위한 부적합한 특성이다. 배관들은 새롭게 제작된 배관과 같이 동일한 강성도를 갖으며 추가적으로 처짐을 증가시키기 위한 이동에 지속적으로 반응한다.

7.1.3 응결 응력 (Frozen-in stresses)

배관 제작 동안 야기된 응력들이 모든 열가소성 배관들에 존재하며 이러한 응력들은 제작과정의 냉각 단계에서 발생한다. 정상적으로 압출된 배관은 욕조에서 외부 냉각되어 배관 벽에서 응력들이 발생한다. 냉각 동안 외부 표면층이 먼저 냉각하여 축소하는 반면 아직 온도가 높은 배관 내부 표면층은 소성적으로(plastically) 압축된다. 후에 내부 층이 냉각하면서 열 수축의 결과로서 수축을 시도하나 이러한 수축은 이미 견고하게 배관 형상을 유지하는 냉각된 외부 표면층에 의해 방지되어 내부에는 인장

응력이 외부에는 압축응력이 발생한다. 결과적으로 냉각으로 인해 배관 벽에서 응결 휨 응력이 발생한다. 재료 두께가 두꺼울수록, 그리고 냉각률이 클수록 휨 응력들은 더욱 심각하게 된다. 만일 배관 전체 길이에 따라 축방향으로 배관 샘플을 절단하면 배관은 개방되어 그림 7.18과 같이 각 간극(angular gap)이 발생한다.

원형 링에서 각 간극 문제에 대한 해답은 Timoshenko가 저술한 "탄성이론(theory of elasticity)" 문헌 71~80쪽에 주어졌다. 그가 설정한 가정은 "링은 원형이고 순수 휨을 받는다"는 것으로 만일 배관이 원형이고 제작 동안 배관 원주 둘레가 균등하게 냉각하면 이러한 가정을 만족시킬 수 있다.

Timoshenko 공식에 따라 길이방향 절단 직후 개방되는 각 간극을 측정하여 응결 응력들을 결정할 수 있다.

$$\sigma_f = -\frac{\alpha E}{4}\left(\frac{2D_o^2}{D_o^2 - D_i^2} ln \frac{D_i}{D_o + 1}\right) \qquad 7.7$$

여기서 σ_f : 최대 응결 휨 응력

α : 각 간극(라디안)

E : 배관 재료의 탄성계수

D_o : 배관 외경

D_i : 배관 내경

상기 식에서 절단과 측정 사이의 시간 간격과 반드시 관련된 시간 종속 E 수치가

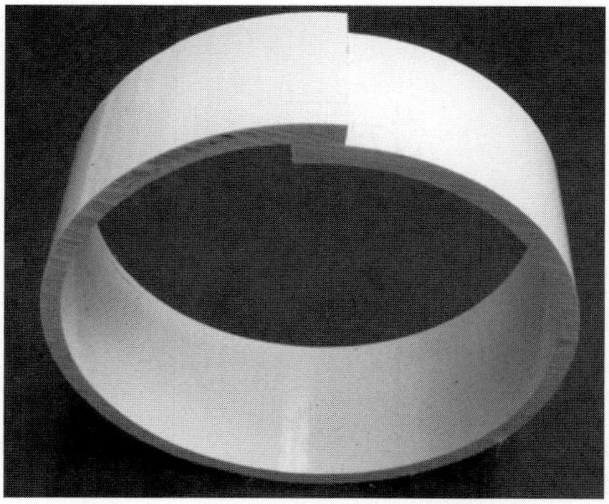

그림 7.18 응결응력으로 인한 각 폐쇄(angular closing)

필요하다. 문헌의 단기 E 계수를 사용하기 위해서는 절단 후 3분 이내 측정을 완료할 것을 권장한다.

포아송 효과 때문에 축방향 응결 응력들도 또한 존재한다. 배관의 길이방향으로 톱질하여 얇은 막대를 하나의 벤드로 만들어 이 응력을 관찰할 수 있다. 길이방향 응결 응력은 절단된 배관의 말단부에서 배관 벽의 내부 휨으로 간주할 수 있다. 응력은 3차원이므로 샘플 길이는 간극과 휨에 일부 영향을 미칠 수 있다. 이러한 길이 효과를 피하기 위해 선정한 샘플 길이는 최소한 배관의 직경 이상이 되어야 한다.

예제 7.5

길이 24인치, 직경 18인치 AWWA C900 DR 18 PVC 배관 샘플을 응결 응력을 시험하고자 가정한다. 샘플을 길이방향으로 절단할 때 5° 간극이 개방된다고 가정할 때 응결 응력의 크기는?

$$\alpha = \text{angular overlap} = 5\left(\frac{2\pi}{360}\right) = 0.087rad$$

$$E = 400{,}000\text{lb/in}^2$$

$$D_o = 18\text{in}$$

$$t = \frac{D_o}{DR} = \frac{18}{18} = 1\text{in}$$

$$D_i = D_o - 2t = 18 - 2 = 16\text{in}$$

Timoshenko 공식을 사용하여

$$\sigma = -\frac{\alpha E}{4}\left(\frac{2D_o^2}{D_o^2 - D_i^2} ln \frac{D_i}{D_o + 1}\right)$$

$$= -\frac{0.087 \times 400{,}000}{4}\left[\frac{2 \times 18^2}{18^2 - 16^2} ln\left(\frac{16}{18} + 1\right)\right]$$

$$= 1{,}065\text{lb/in}^2$$

앞에서 기술하였듯이 일정 변형률에 의해 발생한 휨 응력은 응력이완 현상에 따라 시간이 경과함에 따라 감소한다. 이와 같은 응력 단독으로는 파괴를 발생시키지 않는

다. 그러나 응결 응력들은 일정한 내부 정수압에 의해 발생한 인장응력과 조합하면 통상적으로 완전하게 평가하지 못한 커다란 응력을 발생시킬 수 있다. 배관 벽에서 응결 응력들과 함께 시험하여 열가소성 배관의 압력등급을 매기기 때문에 이 응력들을 수용할 수 있으며, 문헌자료는 응결 응력들의 영향을 이미 반영한 것이다. 그렇지만 응결 응력들은 HDS의 약 1/4 이하가 되도록 해야 한다.

만일 응결 응력이 매우 크면 배관 말단부는 내부로 굽혀진다. 특히 버트 용접으로 연결되는 PE 배관의 경우 용접 조인트에서 예측할 수 없는 다축방향 응력 때문에 문제가 발생할 수 있다.

7.1.4 PVC 압력배관

PVC 압력배관들은 연성배관으로 간주되며 링 처짐 계산방법은 제3장에 기술하였다. 그러나 대부분의 압력배관들은 약 4ft 토피두께로 설치된다. 따라서 연직토압은 상대적으로 작으므로 보통 링 처짐은 주된 관심이 되지 않는다. 배관 벽이 얇아 배관 강성도가 상대적으로 작은 저압 클래스의 경우에만 링 처짐을 고려할 필요가 있다(표 7.7 참조). 배관 강성도는 공식 3.3c로부터 다음과 같이 계산한다.

$$PS = \frac{F}{\Delta y} = \frac{4.47E}{(DR-1)^3}$$

정수압(hydrostatic) 설계를 위한 절차는 제4장에 주어졌다. 여기에서 독자의 편의

표 7.7 PVC 배관의 선정된 직경비(OD/t)에 따른 배관 강성도($F/\Delta y$)

OD/t DR 또는 SDR	최소 E=400,000lb/in^2	최소 E=500,000lb/in^2
42	26	32
41	28	35
35	46	57
33.5	52	65
32.5	57	71
28	91	114
26	115	144
25	129	161
21	234	292
18	364	455
17	437	546
14	815	1019
13.5	916	1145

를 위해 공식 4.15를 반복한다.

$$P(D-t) = \sigma \times 2t \qquad 7.8$$

여기서 P : 전체 내부 압력(static+surge)
D : 배관 외경
t : 벽 두께
σ : 정수압 설계응력

상기 공식을 다음과 같이 작성할 수 있다.

$$2\sigma = P(DR-1) \qquad 7.9$$

여기서

$$DR = \frac{D}{t}$$

공식 7.9로부터 정수압 설계응력과 압력의 항으로 DR를 구할 수 있다.

$$DR = \frac{2\sigma}{P} + 1 \qquad 7.10$$

예제 7.6 직경 10인치 PVC 압력배관

직경 10인치 PVC 배관을 시외 송수 관로시스템으로 사용하고자 한다. 내부 정압력은 $150lb/in^2$를 초과하지 않는다. 이 배관은 4~5ft 깊이로 모래질 점토 지반에 매설된다. 치수비 DR를 선정하고 수직 처짐이 5%를 초과하지 않도록 설계하라.

해답

1. 운영 압력은 $150lb/in^2$–기술자가 서지 조건을 인지하지 않는 한 서지 압력을 더할 필요가 없다.

2. 표 4.5로부터 정수압 설계 기준(HDB ; hydrostatic design basis) $4,000lb/in^2$를 갖는 PVC 12454B 배관 재료로 가정한다. 안전계수 2가 필요하면 HDB는 $2,000lb/in^2$이 된다.

3. 공식 7.10을 사용하여 치수비를 결정한다.

$$DR = \frac{2\sigma}{P} + 1$$

$$= \frac{2 \times 2000}{150} + 1$$

$$= 27.7$$

표 7.7로부터 다음 두꺼운 벽을 선정하면

$$DR = 26 \qquad \frac{F}{\Delta y} = 115\text{lb/in}^2$$

4. 처짐을 5%로 제한하기 위해 필요한 배관 토질 재료를 결정한다. 표 3.9에서 5ft 토피두께를 갖는 저밀도 흙의 경우에서 조차도 최대 처짐은 5%를 초과하지 않을 것이라는 것을 알 수 있다. 표 3.9는 배관 강성도가 46lb/in^{2}인 경우이다. 본 예에서 배관의 강성도는 115lb/in^{2}이므로 적게 처질 것이다. 따라서 표면 침하의 제한 목적이외 다짐이 필요하지 않다. 배관 주변에 위치할 흙은 커다란 돌 또는 얼음 덩어리가 없어야 한다.

예제 7.7 직경 10인치 PVC 압력배관

예제 7.6에서 내부 압력 150lb/in^2 대신 100lb/in^{2}일 경우를 대비하여 설계하라.

1. 전체 압력은 100lb/in^{2}이고 서지 압력은 고려하지 않는다. 따라서 p=100lb/in^{2}이다.
2. 다시 HDB가 2,000lb/in^{2}으로 PVC 12454B를 선정한다.
3. 공식 7.10을 사용하여 치수비를 결정한다.

$$DR = \frac{OD}{t} = \frac{2\sigma}{P} + 1$$

$$= \frac{2 \times 2000}{100} + 1$$

$$= 41$$

표 7.7로부터 $DR = 41$인 경우

$$\text{배관 강성도 } \frac{F}{\Delta y} = 28\text{lb/in}^2$$

4. 배관 영역 재료와 필요한 다짐을 선정한다. 수직 링 처짐은 예제 7.6에 따라 5% 이하가 될 것이다. Spangler 공식을 사용하여 필요한 E'를 결정한다(공식 7.5 참조).

$$E' = \frac{0.56H/(\Delta y/D) - PS}{0.41}$$

본 예제의 경우

$$H = 5\,\text{ft}$$

$$\frac{\Delta y}{D} = 0.05$$

$$PS = \frac{F}{\Delta y} = 28\text{lb/in}^2$$

따라서

$$E' = \frac{0.56 \times 5/0.05 - 28}{0.41} = 68\text{lb/in}^2$$

표 3.4로부터 흙의 덤핑 또는 약간의 다짐을 하면 설계 요구조건을 만족시킬 수 있다는 것을 의미한다. 오직 다짐되지 않은 점토들만이 명시된 조건을 만족시킬 수 없다.

예제 7.6과 7.7로부터 토피두께가 중간 정도인 PVC 압력배관의 경우 배관 채움재료 시스템 설계는 중요하지 않다는 것을 알 수 있다. 이 경우 채움재료의 주된 목적은 돌, 얼음 덩어리, 그리고 충격 손상 또는 배관 벽을 침투할 수 있는 물체들로부터 배관을 보호하는 것이다.

예제 7.8 DR 41 배관

예제 7.7에서 선정된 운영 압력 100lb/in^{2}에서 운영하는 DR 41 PVC 관로가 3ft 토피두께로 도로를 횡단하고자 한다. 도로 표면을 보호하기 위해 최대 2% 처짐을 허용할 경우 이 도로 횡단의 경우 특별한 설계 고려 조건들은?

해답

1. 전체 하중을 결정한다.

$$\text{전체 하중 } W_T = \text{프리즘 하중} + \text{활 하중}$$

그림 2.19에서 H-20인 고속도로 하중의 경우 $W_T = 950\text{lb/ft}^2$이다.

2. Spangler 공식을 사용하여 필요한 탄성계수 E'를 계산한다(공식 7.5 참조).

$$E' = \frac{0.56H/(\Delta y/D) - PS}{0.41}$$

상기 식에서 H는 토피두께이다. 본 예제의 경우 전체 하중은 흙 하중뿐만 아니라 활 하중도 포함한다. 유효 높이 H는 다음과 같이 계산할 수 있다.

$$H = \frac{W_T}{120} = \frac{950\text{lb/ft}^2}{120\text{lb/ft}^3} = 7.9\,\text{ft}$$

따라서 $H = 8\,\text{ft}$를 사용한다.

$$\frac{\Delta y}{D} = 0.02$$

표 7.7로부터 DR=41인 경우

$$PS = \frac{F}{\Delta y} = 28\text{lb/in}^2$$

따라서

$$E' = \frac{0.56 \times 8/0.02 - 28}{0.41} = 478\text{lb/in}^2$$

표 3.4로부터 입상 재료를 표준 프록터 밀도의 85%로 다짐할 필요가 있다는 것을 알 수 있다. 약간의 다짐을 하면 조립-입자 재료도 E'를 만족시킬 수 있다. 경험으로부터 이와 같은 설치의 경우 이동이 허용되지 않으며 도로 표면은 파손될 것이다. 따라서 조립 입상 재료들을 높게 다짐할 것을 권장한다.

예제 7.9a 직경 12인치 PVC 압력배관

5ft 깊이로 직경 12인치 PVC 압력배관을 급수관로로 사용하고자 한다. 이 관로는 최대 압력 200lb/in^2에서 운영된다. 적정한 치수비를 선정하고 뒷채움 권장사항에 대해 기술하라.

1. 설계응력을 계산한다. 급수배관 AWWA C900을 적용하면

$$HDB = 4000\text{lb/in}^2$$

AWWA 안전계수=2.0

$$\text{정수압 설계응력} = \frac{HDB}{SF} = \frac{4000}{2.0} = 2{,}000\text{lb/in}^2$$

2. 설계 압력을 결정한다.

$$P=\text{정 압력}+\text{서지 압력}$$

AWWA C900은 클래스 200 배관의 경우 40lb/in^{2}의 서지 압력을 권장한다. 따라서

$$P=200+40=240\text{lb/in}^2$$

3. 공식 7.10을 사용하여 치수비를 결정한다.

$$DR=\frac{2\sigma}{P}+1$$

$$=\frac{2\times 2{,}000}{240}+1$$

$$=17.67$$

따라서 $DR=14$로 선정한다.

4. 뒷채움 권장사항. 표 7.7로부터 DR 14 PVC 배관의 강성도는 815lb/in^{2}이다. 표 3.9로부터 5ft 토피두께인 경우 처짐을 3% 이내로 제한하기 위해 이 배관은 특별한 다짐 또는 흙 종류의 선정을 필요로 하지 않다. 도로 또는 표면 침하를 방지하기 위해, 그리고 마찰력과 단위중량을 제공하기 위해, 포화된 지반 내부에서 배관이 부양하는 것을 방지하기 위해 다짐이 필요할 수 있다. 추력억제를 위한 설계와 건설은 엘보 및 티와 같은 피팅부에서 필요하다(상세한 내용은 제4장 참조).

예제 7.9b 압력서지 설계

온도 70°F 이하 지자체 급수 시스템에서 운영되는 주 송수관로는 최대 유지 압력 85 lb/in^{2}에서 운영된다. 설계 기술자는 최대 순간 서지 유속이 2ft/s로 예측한다. 내부 압력과 서지 압력만을 고려하여 직경 12인치 배관의 경우 치수비와 이에 따른 필요한 압력 클래스를 결정하라.

해답

1. $DR=18$로 시도한다. AWWA C900으로부터 평균 치수는 다음과 같다.

$$OD=13.20\text{in}$$

$$\text{벽 두께}=0.733\text{in}$$

따라서 내경은

$$ID = OD - 2t = 11.734\text{in}$$

2. 공식 4.9를 이용하여 파속을 계산한다.

$$a = \frac{4842}{\sqrt{1 + \frac{K}{E}\frac{D}{t}C_1}}$$

$$= \frac{4822}{\sqrt{1 + \left(\frac{313{,}000}{400{,}000}\right)\left(\frac{11.734}{0.733}\right)}}$$

$$= 1{,}311\,\text{ft/s}$$

3. 공식 4.7로부터 서지 압력 P_s를 계산한다.

$$P_s = 0.43 \times \frac{a}{g} \triangle V = 0.43 \times \left(\frac{1{,}311}{32.2}\right) \times 2 = 35\text{lb/in}^2$$

4. 전체 압력은 운영 압력에 서지 압력을 더한 것과 동일하므로

$$P = 85 + 35 = 120\text{lb/in}^2$$

5. 공식 7.10을 사용하여 DR를 계산한다.

$$DR = \frac{2\sigma}{P} + 1$$

$$= \frac{2 \times 2000}{120} + 1$$

$$= 34.3$$

상기 식에서

$$\sigma = \frac{HDB}{SF} = \frac{4000}{2.0} = 2{,}000\text{lb/in}^2$$

따라서 $DR = 25$로 결정하면 AWWA C900 압력 클래스 100이 된다(4.2.2절 연성배관 참조).

6. 실제 치수를 갖고 설계를 확인한다. 2단계에서 사용한 공식을 사용하여 파속을 계산한다.

$$\text{ID} = 12.144\text{in}$$

$$t = 0.528\text{in}$$

$$\alpha = 1{,}106\,\text{ft/s}$$

3단계에서의 공식을 사용하여 서지 압력을 다시 계산한다.

$$P_s = \left(\frac{1{,}106}{32.2}\right) \times 2 \times 0.43 = 29.5\,\text{lb/in}^2$$

실제 서지 압력은 설계 계산에서 사용된 것보다 작다. 따라서 설계는 O.K

예제 7.10 직경 6인치 PVC force main

현존하는 직경 6인치 하수도 주 압력관로를 직경 6인치 PVC 압력배관으로 대체하고자 한다. 관로는 평균 압력 140lb/in^2, 최소 압력 100lb/in^2, 그리고 주기 첨두 압력은 180 lb/in^{2}에서 운영된다. 24시간동안 평균 주기수는 200이다. 시스템의 설계수명은 최소 100년으로 하고자 한다. 필요한 치수비를 결정하라.

해답

1. 시스템 수명 100년 동안 주기수를 결정한다.

$$C = 200\frac{\text{cycles}}{\text{day}} \times 365\frac{\text{days}}{\text{year}} \times 100\text{year}$$

$$= 7.3 \times 10^6 \text{cycle}$$

2. 압력 크기를 결정한다.

$$P_{\text{amp}} = \pm\frac{P_{\text{max}} - P_{\text{min}}}{2} = \pm\frac{180 - 100}{2} = \pm 40\text{lb/in}^2$$

3. 시행착오법으로 해를 구한다. PVC 배관의 DR를 선정한다. $DR = 18$로 설정하고 공식 4.19를 이용하여 압력의 항들로 평균응력을 구한다.

$$S = \frac{DR-1}{2}P_{\text{mean}}$$

평균응력을 계산한다.

$$\bar{\sigma} = \frac{DR-1}{2}P_{\text{mean}} = \frac{17}{2} \times 140 = 1{,}190\text{lb/in}^2$$

응력 크기를 계산한다.

$$\sigma_{\text{amp}} = \frac{DR-1}{2} P_{\text{amp}} = \frac{17}{2} \times 40 = 340\text{lb/in}^2$$

4. 그림 4.18의 그래프를 이용하여 파괴에 도달하기 위한 주기수를 결정한다(예제 4.2에서 그림 4.18 사용방법 참조).

$$(\text{failure 주기}) \approx 1.05 \times 10^7$$

안전계수:

$$SF = \frac{1.05 \times 10^7 \text{cycles}}{7.3 \times 10^6 \text{cycles}} = 1.44$$

안전계수는 2보다 작다. AWWA 클래스 305인 $DR = 14$를 선정하면 수명은 300년이 넘는 것을 독자가 증명할 수 있다.

예제 7.11

지난 수년 동안 미국 서남부 지역에 위치한 도시는 용수 시스템에 설치된 DR-18 AWWA C900 PVC 배관이 파열되는 경험을 하였다. 이 파열은 주로 특정 지역에서 발생하였다. 따라서 그릇된 시스템 운영 또는 그릇된 배관 설치로 인해 파열이 발생한 것으로 추정할 수 있으며 다음 절차에 따라 평가하였다.

결점이 있는 배관 ASTM D 2152에 따라 결점이 있는 배관의 샘플에 대해 아세톤 침투시험을 채택하였다. 만일 이 시험에서 샘플이 실패하면 파열(burst) 또는 충격 시험과 같은 추가 시험들을 고려할 수 있다. 샘플에 대하여 압출 성형 품질시험(아세톤 침투시험)을 실시하였다(표 7.8 참조). 각 배관 샘플로부터 3개 또는 4개의 시편들을 준비하였다. 시험 결과 시험 샘플에서 박리 또는 벽 분리가 발생하지 않았다. 따라서 배관의 압출 품질은 양호한 것으로 판단할 수 있다. ASTM F 1057에 따른 이 배관의 샘플에 대해 열 전환(heat reversion) 시험을 하였다. 이 샘플은 벽 분리, 일그러짐(distortion), 또는 부풀음(blistering)을 발생하지 않고 시험을 통과하여 배관 품질에는 문제가 없는 것으로 증명되었다.

■ 표 7.8 ■ PVC 배관 샘플 압출 품질시험

샘플 번호	내용	제작사	기타	결과
1		A	VHH G21D	Passed
2	12-in white	A	Possible meagalug	Passed
3	12-in white	B	Bell & Spigot	Passed
4	8-in white	A	M15C4	Passed
5	12-in blue	C		Passed
6	8-in white	A		Passed
7	12-in blue	C	No 균열	Passed
8	12-in white	B	VHH G21D	Passed
9	12-in blue	C	No 균열	Passed
10	12-in white	B		Passed
11	12-in white	B		Passed
12	12-in white	B		Passed
33	8-in blue	C		Passed
SH	8-in blue	C		Passed
HV I	12-in blue	C		Passed
HV II	12-in blue	C		Passed
Special sample*	12-in blue		From yard	Passed

* 이 샘플들을 열 전환 시험하였다.

열 전환 기법[heat reversion technique(ASTM F 1057로부터 발췌)] PVC 플라스틱 배관의 압출의 적합성을 구별하기 위해 열 전환 시험을 한다. 이 시험은 (1) 압출 이전에 또는 압출 동안에 합성물의 완벽하지 않은 건조상태를 밝혀주고, (2) 압출 공정에 의해 발생된 배관 벽에서 응력의 존재 여부를 결정하고, (3) 주입(infused) 영역의 존재 여부를 결정하고, (4) 오염 여부를 밝혀준다. 시험 결과 배관의 불량상태를 나타내는 점을 발견하지 못하였다. 급수시스템을 조사한 결과 다음 정보를 얻었다.

- 2년 동안에 걸쳐 19회의 파괴가 발생하였으나 시스템에서 100마일 이상의 PVC 관로 길이를 고려할 때 높은 수치가 아니다.
- 시스템은 수많은 고도 변화와 감압밸브 중 일부는 불필요한 감압밸브(PRV)들로 복잡하게 구성되었다. 또한 심정, 펌프장, 그리고 저수지들이 존재한다. 주기적 압력을 제어하지 않고 시스템 일부는 운영 중이다. 때로는 첨두 압력은 190lb/in^{2}이고, 운영 압력은 70~180lb/in^2 범위에서 변화하였다. 그러나 대부분 시스템은 70~130lb/in^2 압력 범위에서 운영되었다. 파괴가 발생한 지역에서 압력 범위는 50lb/in^{2}가 일반적이었고 주기율은 약 분당 3회이다.

- 시스템의 많은 장소에서 수온이 73.4°F 이상인 것으로 밝혀졌고, 일부 파괴 영역에서 배관 벽 온도는 최대 96°F이었던 것으로 측정되었다.
- 파괴 및 파괴된 샘플들의 조사결과 다음 사실들이 밝혀졌다: 샘플은 장기 유지된 압력에 의해 파괴된 것은 아니다. 그와 같은 파괴에서는 파괴와 관련하여 일부 연성(延性, ductile) 변형이 존재한다. 통상적으로 파괴는 본질적으로 대변동을 한다(후에 전파되는 짧은 균열을 갖고 파괴가 시작하지 않는다).
- 실제 파손(break)을 조사한 결과 실제 연성 항복(ductile yielding) 없이 모든 파손이 발생하였다는 것을 보여주었다. 따라서 조사한 파손들은 모두 취성이고, 이는 피로 파괴와 충격에 의해 발생된 파괴 또는 높은 응력집중에 의해 야기된 파괴의 대표적인 현상이다. 높은 응력 집중으로 인한 균열 전파의 좋은 예는 배관이 압력을 받고 있을 때 태핑(tapping)에 의해 발생하는 파괴이다. 이 경우 균열은 배관을 거의 변형시키지 않고 매우 신속하게 전파한다. 조사한 샘플들 중 하나는 태핑에 기인하여 파괴되었다. 외관상 파괴는 취성이었고 다른 파괴들과 매우 유사하였다. 조사한 모든 샘플들은 피로 파손의 대표적인 취성-형태 파괴를 보여주었다. 피로에 기인한 파괴는 통상적으로 짧은 균열로 시작하고 균열의 높은 응력집중 때문에 후에 전파한다. 전파되기 전에 짧은 균열이 존재하면 압력누수로 인해 배관 벽에 침식(erosion)이 존재하며 조사결과 샘플들 중 많은 샘플들은 침식을 보여주었고 이는 피로 파괴의 명백한 증거이다.

조사결과를 바탕으로 이 시점에서 예비 결론은 피로 때문에 배관이 파괴되었을 수 있다는 것이다. 따라서 다음 질문에 대한 추가 연구가 필요하다.

- 온도 및 피로와 관련된 계산은 이러한 결론을 뒷받침할 수 있을까?
- 오직 높은 온도 때문에 배관이 파괴되었을까?

설계확인 AWWA C900 배관의 설계 기준은 안전계수 2.5와 빈번하지 않은 서지를 허용한다. C900에서 설계기준 공식은 다음과 같다.

$$FS(P_c + P_s) = \frac{2t}{D-t}(HDB) \qquad 7.11$$

여기서 FS : 안전계수(2.5)

P_c : 압력 클래스(100, 150, 또는 200lb/in^2)

P_s : 유속 2ft/s의 순간 정지시 서지 허용압력 lb/in^2

t : 최소 벽 두께(인치)
D : 외경(인치)
HDB : 정수압 설계 기준(4000lb/in^2)

AWWA C900에서 실제 서지 허용은 유속 2ft/s의 순간 정지로 인해 발생하는 압력 증가로서 다음과 같다.

- 클래스 100, DR 25 30lb/in^2
- 클래스 150, DR 18 35lb/in^2
- 클래스 200, DR 14 40lb/in^2

AWWA C900에 포함된 또 다른 설계 매개변수는 압력, 그리고 설계응력에서 상승된 온도 유지의 효과이다. 배관 벽에서 온도가 73°F 이상 유지되는 경우 설계응력을 반드시 감소시켜야 한다. 짧은 기간 동안 상승 온도에 노출될 경우 이러한 감소는 필요 없으나 높은 온도에서 지속적으로 사용할 경우에는 필요하다. 다양한 상승된 온도의 경우 허용 압력 클래스의 권장되는 퍼센트는 표 7.9와 같다(독자의 편의를 위해 표 4.6을 여기에서 반복함).

운영온도에 기인한 PVC 배관 등급저하(derating) 본 배관에서 측정된 최대온도는 96°F이었으나 계산을 쉽게 하기 위해 100°F를 사용한다. 온도 100°F에서 운영되는 클래스 150 배관의 경우 배관의 등급을 당초 등급의 62%로 감소시켜야 한다. 따라서 150lb/in^2 배관은 93lb/in^{2}만이 유효하며 이는 온도 73°F 이하에서 운영되는 DR29 배

표 7.9 온도 계수

최대 지속 서비스 온도,* °F	73°F에서 허용 압력 클래스 또는 설계응력의 %
73	100
80	88
90	75
100	62
110	50
120	40
130	30
140	22

* 주석 *Uni-Bell Handbook* : 온도 계수는 상승된 서비스 온도를 유지하는 것으로 가정한다. 매설된 PVC 압력배관의 내용이 오직 간헐적이고 상기 표의 서비스 온도보다 상승될 때 더 이상의 감소는 필요하지 않다.

관과 같다. 따라서 100°F에서 운영되는 DR 18 PVC 배관을 73°F 이하에서 운영되는 DR 29 PVC 배관과 동일하게 분석할 수 있다(표 7.11 참조).

안전계수 : 공식 7.11로부터 설계공식은 다음과 같다.

$$P_t = P_w + P_s = \frac{2}{DR-1} \times \frac{HDB}{FS} \tag{7.12}$$

상기 식으로부터 안전계수 FS를 구하면

$$FS = \frac{2}{P_w + P_s} \times \frac{HDB}{DR-1} \tag{7.13}$$

여기서 P_w : 운영 압력(시스템 내 주어진 위치에서 평균 정상상태 압력)
P_s : 서지 압력(펌프의 기동 및 정지, 그리고 밸브의 개방 및 폐쇄에 기인한 압력상승)
P_t : 전체압력($P_t = P_w + P_s$)
DR : 치수비
HDB : AWWA C900의 경우 4,000lb/in^2, ASTM D 2241의 경우 4,200lb/in^2
FS : 안전계수

다음 세 가지 이유로 인해 AWWA C900 표준은 ASTM D 2241 표준보다 보수적이다.

1. AWWA 표준은 안전계수를 적용하기 전에 서지 압력 포함을 권장하지만 ASTM 표준은 서지 압력에 대해 직접적으로 언급하지 않았다.
2. ASTM 표준은 안전계수 2.0을 사용하는 반면 AWWA 표준은 안전계수 2.5를 사용한다.
3. ASTM 표준은 HDB 4,200lb/in^{2}를 사용하는 반면, AWWA 표준은 HDB 4,000 lb/in^{2}를 사용한다.

표 7.10에 열거된 안전계수 수치들은 공식 7.13, 그리고 표 4.6 또는 AWWA C900에 있는 표 7.9에 주어진 온도 계수를 사용하여 계산한 것이다. 이 표들은 온도와 압력의 함수로서 안전계수를 보여준다. 이 안전계수는 간헐적인 서지 압력을 포함하나 지속적인 주기 압력은 포함하지 않는 시스템에 기초한다.

표 7.10에서 음영 처리된 공간들은 AWWA C900 표준이 권장하는 안전계수 2.5보다 적은 안전계수를 갖는 압력과 온도의 조합들이다(예: AWWA C900-89의 경우 2.5). 그러나 배관이 예상대로 성능을 발휘하지 않을 것이라는 것을 의미하지 않는다. 만일

특정 배관의 안전계수가 1.0에 근접하면 이 배관은 설계된 수명보다 짧은 기간 동안 성능을 발휘하는 것을 의미한다. 지속적인 파손 형태가 존재하지 않는 한 배관을 대체하면 안 되고, 비용 분석시 배관 보수보다 대체가 경제적일 경우에 대체한다. 비용 분석시 대중 편의는 물론 실제 비용들을 반드시 고려해야 한다.

200lb/in^2 배관의 하향 조율된 배관(온도 100°F에서 운영)의 안전계수는 1.46으로 유효응력은 다음과 같다.

$$\sigma = \frac{4000}{1.46} = 2,740\mathrm{lb/in^2}$$

장기 유지 압력으로 인한 파괴 그림 4.6의 응력퇴행(stress regression) 곡선에 의거 상기 배관은 응력퇴행으로 인해 절대 파괴하지 않는다. 따라서 이 시스템에서 장기(long-term) 유지압력에 기인한 배관의 파괴가 중요하다. 온도 100°F에서의 관로 운영으로 성능이 저하해도 시스템의 유지 운영 압력으로 인해 배관은 파괴되지 않는다. 강도가 62%로 감소된 DR 18 배관을 강도 100%의 DR 29 배관으로 해석하는 것과 동일하다(표 7.11 참조). 압력 185lb/in^{2}에서 운영되는 DR 18 배관은 내부 후프응력 1,573lb/in^{2}를 갖는다. 이 배관을 DR 29로 대체시키면 유효 후프응력은 2,590lb/in^{2}이 되며, 그림 4.6의 PVC 배관의 응력 퇴행선에 의거하여 이 배관은 유지압력 1,85lb/in^{2}으로 인

표 7.10 AWWA C900 DR 18 PVC 배관의 안전계수

운영 압력	운영+서지	온도 °F					
		73.4	80	85	90	95	100
75	110	4.28	3.76	3.49	3.21	2.93	2.65
80	115	4.09	3.60	3.34	3.07	2.80	2.54
85	120	3.92	3.45	3.20	2.94	2.69	2.43
90	125	3.76	3.31	3.07	2.82	2.58	2.33
95	130	3.62	3.19	2.95	2.71	2.48	2.24
100	135	3.49	3.07	2.84	2.61	2.39	2.16
110	145	3.25	2.86	2.65	2.43	2.22	2.01
120	155	3.04	2.67	2.47	2.28	2.08	1.88
130	165	2.85	2.51	2.32	2.14	1.95	1.77
140	175	2.69	2.37	2.19	2.02	1.84	1.67
150	185	2.54	2.24	2.07	1.91	1.74	1.58
165	200	2.35	2.07	1.92	1.76	1.61	1.46

해 파괴되지 않을 것이다. 조사결과 장기 유지 압력에 기인하여 파괴된 샘플은 하나도 없었다.

분명한 결론은 파괴는 온도에만 기인하지 않는다는 것이다. 이에 대한 증거는 다음과 같다: 만일 파괴가 온도에만 기인한다면 온도가 가장 높은 지역에서 가장 많은 파괴가 발생해야 하나 이러한 패턴은 명백하지 않았다.

주기적 압력 해석(cyclic pressure analysis) 설계 기준은 배관이 시스템 설계 수명 동안 1백만회 이상 압력서지에 노출되어 운영하지 않도록 용수공급시스템을 설계하는 것이다. 이 용수공급시스템 내 특정 지역에서 압력은 2~4주기/min 주기로 변화하며 주기가 3주기/min인 경우 배관은 1년 동안에 1.5백만 주기에 노출된다.

표 7.11 주기 수명 자료

구분	DR 18				
평균압력	100	130	150	185	210
첨두응력	850	1105	1275	1573	1785
압력 크기	25	25	25	25	25
응력 크기	213	213	213	213	213
대략적인 파괴 도달 주기	3.5E+08	3.0E+07	2.7E+07	2.4E+07	2.1E+07
50년 수명					
1년 주기	700,000	600,000	540,000	480,000	420,000
1일 주기	1918	1644	1479	1315	1151
시간 주기	79.9	68.5	61.6	54.8	47.9
분 주기	1.33	1.14	1.03	0.91	0.80
3주기/분에서 수명(년)	22.2	19.0	17.1	15.2	13.3

구분	DR 29(100°F 온도에서 DR18 등급저하)			
평균압력	100	130	150	185
첨두응력	1400	1820	2100	2590
압력 크기	25	25	25	25
응력 크기	350	350	350	350
대략적인 파괴 도달 주기	9.0E+06	7.2E+06	6.5E+05	5.5E+06
50년 수명				
1년 주기	180,000	144,000	130,000	110,000
1일 주기	493	395	356	301
시간 주기	20.5	16.4	14.8	12.6
분 주기	0.34	0.27	0.25	0.21
3주기/분에서 수명(년)	5.7	4.6	4.1	3.5

분/1년 = 3652460=525600분
3회/분에서 1년당 주기=1576800

표 7.11에서 파괴에 도달하는 주기는 그림 4.22 파괴 주기 그래프로부터 결정된 것이다. 평균 압력 150lb/in^{2}과 응력 크기 25lb/in^{2}로 고려하면 압력 범위는 125~175lb/in^{2}가 되고 이는 이 용수시스템에서 대표적인 수치이다. 표 7.11로부터 평균압력 150lb/in^2, 3주기/min인 경우 25.4년 동안 DR 18 배관을 사용할 수 있으나 이는 대표적인 설계 수명 50년 보다 적다. 동일한 방법에서 운영하는 DR 29 배관의 경우 예측된 수명은 오직 0.4년이다. 따라서 주기적 압력이 없으면 배관은 파괴되지 않을 것이 명백하다.

전체적인 결론은 이 시스템에서 주된 파괴의 원인은 지속적인 압력 주기를 갖고 이 시스템을 운영하는 것이다. 즉, 시기상조의 파괴를 야기하기에 충분하게 높은 첨두 압력과 함께 높은 주기 하중에 시스템이 노출되었다는 것이다. 온도는 악화 원인 중 하나로서 더욱 짧은 시간에 주기적 피로(cyclic fatigue)를 발생시켰다.

그 다음 결론은 "압력 변동(fluctuation)을 제어할 수 있다면 피로로 인한 파손(break)은 방지할 수 있다"는 것이다. 유지 압력에 기인한 PVC 배관의 수명과 주기적 하중에 기인한 PVC 배관 수명이 독립적이라는 것은 잘 알려져 있다.

주기적 압력 및 서지(cyclic pressure and surge) 통상적으로 용수공급 시스템에서 서지 조건은 드물게 발생하는 것으로 가정하여 설계한다. 그러나 주기적 압력서지가 빈번하게 발생하는 경우 시스템을 제어할 필요가 있다. 서지는 유동의 정지에 의해 발생하는 압력상승으로 때로는 수충격으로 불린다. 용수공급시스템의 압력 도표에서 드물게 스파이크가 존재하는 것을 볼 수 있다. AWWA는 이러한 드문 수충격 스파이크를 제어할 필요성에 대해 경고한다(AWWA C900 12쪽 참조). AWWA C900에서 허용하는 서지와 시스템에서 발견된 지속적인 주기적 압력은 완전히 다르다.

주기적 압력은 피로 파괴를 야기시킬 수 있다. 용수공급시스템에서 이 압력들이 존재하면 안 되기 때문에 AWWA C900에서 전혀 언급되지 않았다. 만일 이와 같은 주기적 압력을 제어할 수 없으면 추가적인 설계 요구사항을 고려해야 하며 이에 대한 연구결과는 다음과 같다.

1. 플라스틱 배관은 정적 및 동적(또는 정수압 및 주기적 압력), 2개의 수명 기준을 갖는다.
2. 이러한 기준들은 개별적이고 서로 독립적이다.
3. 서지의 발생회수가 많고 서지의 크기가 크면 동적 수명 기준은 하나의 중요 매개변수가 된다.

새로운 설치의 적합한 PVC 배관을 선정하기 위한 절차는 다음과 같다.

1. 필요한 서비스 수명을 결정한다.
2. 시스템 내 예상되는 평균 압력과 압력 크기를 결정한다.
3. 배관 클래스의 평균 후프응력과 응력 크기를 계산한다.
4. 파괴를 야기시키는 주기수를 결정하기 위해 그림 4.22의 그래프를 이용한다.
5. 이러한 자료들을 기초로 예상되는 시스템 수명을 계산할 수 있다.
6. 계산된 수명이 충분하지 않으면 3단계로 돌아가 높은 배관 클래스를 사용한다. 또는 주기적 응력을 허용할 수 있는 수준으로 제어한다.

PVC 배관 성능의 평가

AWWA 연구 기금 1994년 유타대학은 AWWARF(AWWA Research Foundation)가 후원한 연구 과제를 수행하였다. 일부 용수기관은 설치된 PVC 배관에서 발생한 파괴 사례를 보고하였다. 이와 같이 보고된 파괴 사례들은 조인트 누수로부터 압력을 받고 있는 배관에 태핑하는 동안 발생한 급격한 파괴에 이르기까지 범위가 다양하였다. 게다가 PVC 재료의 노화 장기 파괴들도 보고되었다. 그 외 화학적 침투, 제작사들 사이의 PVC 성분의 변이성(variability), 그리고 동일한 제작사로부터 PVC 배관의 조업시간 사이의 변이성에 대해서도 관심을 갖았다. 보고된 파괴의 정도와 심각성, 그리고 그 당시 이러한 관심에 대한 근본원리는 알려지지 않았으며, 또한 설치방법과 태핑 절차가 성능에 어느 정도까지 영향을 미쳤는지에 대한 포괄적인 정보들이 부족하였다.

이 연구의 목적은 (1) PVC 용수배관의 용도와 성능특성의 포괄적인 평가를 수행하고, (2) 첫 번째 목적에서 도출된 관심과 문제를 해결하기 위해 필요한 연구 및 해석을 수행하고, (3) 해석 결과와 함께 적합한 결론과 권장사항들을 보고하는 것이다.

절차(Procedure) 이 연구를 수행하기 위한 기술적 접근방법은 다음과 같다.

(1) 용수기관(utility)과 용역사들을 조사하기 위해 설문서를 작성하여 사용하였다.
(2) 연구팀은 설문서의 자료들을 편집하여 결과들을 분석하였다.
(3) PVC 배관에서 장기문제와 태핑문제를 보고하였던 용수기관들을 조사하기 위해 전화조사 설문서를 작성하였다.
(4) 추가적인 태핑 정보를 얻기 위해 용수기관 시설물을 조사하였고, 장기문제에 관련된 더 많은 정보를 얻기 위해 시설물 중 일부를 추가 조사하였다.

(5) 다음 사항들을 포함하여 파괴 해석 연구를 수행하였다.
   (a) 수집된 자료의 해석
   (b) 배관 샘플들의 수집
   (c) 제품 품질 시험 수행
   (d) 시험자료의 해석

(6) 상기 모든 사항들은 품질보증과 품질제어의 기준에 의거하여 수행하였다. 162개 용수기관과 29개 용역사가 정보수집 및 제공에 협조하였다. 이들 용수기관들 중 79개 기관은 PVC 배관의 태핑 및 장기 성능에 대한 더욱 상세한 추가 조사에 참여하였다. 17개 용수기관은 대표적인 PVC 배관 샘플들을 수집하여 유타대학으로 보냈다.

품질보증(Quality assurance) 정보를 수집하기 위해 설문서를 작성할 때 설문서 설계 및 샘플링 편견(bias) 두 영역들을 반드시 고려해야 한다.

설문서 계획시 설문서를 통해 얻은 정보로부터 의미 있는 결론을 도출할 수 있도록 하는 것이 매우 중요하다. 각 연구팀원들은 설문서를 담당할 지역을 결정하고 모든 설문서를 평가하였다. 설문지는 포괄적인 내용과 구체적인 내용으로 철저하게 고려하고, 최소의 노력으로 응답할 수 있도록 설문지를 작성하였다. 연구팀 전문 분야는 지반공학, 구조학, 기계공학, 재료공학, 과학, 그리고 수력학 및 유체기계공학을 포함하였다. 이와 같이 연구팀원의 다양한 전문 분야의 배경은 문제에 대한 다양한 통찰력을 제공하였고, 각 질문과 질문들 사이 연계성의 명확성을 보장하였다. 샘플링의 편견(bias)은 무응답에 기인하였다. 응답률은 71%이고, 이러한 형식의 조사일 경우 이 수치는 매우 양호하다. 따라서 샘플링의 편견(bias)은 최소로 제한되었다는 결론에 도달하였다. 용역사로부터 응답들은 용수기관으로부터 받은 응답과는 다른 관점의 자료들을 제공하였다. 그러나 용역사와 용수기관이 제공한 자료들은 대부분의 영역에서 대체적으로 일치하였다.

조사한 162개 용수기관들 중 125개 기관은 PVC 배관을 사용하였고, 37개 기관은 사용하지 않았다. PVC 배관을 사용하지 않는 기관은 그들 시스템 내 PVC 배관을 전혀 사용하지 않았다. 일부 용수기관은 시스템 내 PVC 배관을 사용하고 더 이상 설치하는 것을 허락하지 않았지만 이러한 용수기관들도 PVC에 대한 경험을 보고하였기 때문에 사용자로 분류하였다. 41개 용수기관들은 길이 1~10마일의 PVC 배관을 보고하였고, 38개 용수기관들은 10~50마일의 PVC 배관을 보고하였으며, 46개 용수기관들은 그들 시스템 내 50마일 이상의 PVC 배관을 보고하였다. 용수기관들은 각 사용자 그룹으로 적절하게 분산되었으며, 이들 자료를 그림 7.19에 그래프로 나타내었다.

표와 그림에 주어진 PVC 배관에 대한 자료들을 다음과 같이 분류하였다. PVC로 표시한 자료들은 PVC 배관에 대한 조사에서 보고된 모든 자료를 포함하고, AWWA로 표시한 자료들은 AWWA C900/C905 배관에서만 보고된 자료를 포함하고, ASTM으로 표시한 자료들은 ASTM D2241 배관만을 포함한 것이다.

압력서지 압력동요와 압력서지들은 배관 성능에 영향을 미치는 것으로 알려져 있다. 따라서 용수기관들에게 대표적인 1일 운영 동안 시스템 내 압력의 변화에 대해 질문하였다. 그림 7.20은 3개의 압력 범위에서 압력의 변화를 보고한 용수기관의 퍼센트를 보여준다.

PVC 배관 태핑 다양한 배관 제품의 압력 태핑과 관련하여 다음 질문에 응답하도록 하였다. "당신 용수공급시스템에서 경험에 비추어 볼 때 각 열거된 제품의 경우 압력 태핑과 관련하여 문제들이 중대, 미소, 또는 문제가 되지 않는다고 생각하는가?" 이 질문에 대한 응답은 그림 7.21과 같다. 이 그림에서 AWWA는 AWWA C900/C905 PVC 배관을, ASTM은 ASTM D 2241 PVC 배관을, DI는 덕타일주철관을, ST는 강관을, 그리고 RC는 보강-콘크리트 배관을 나타낸다.

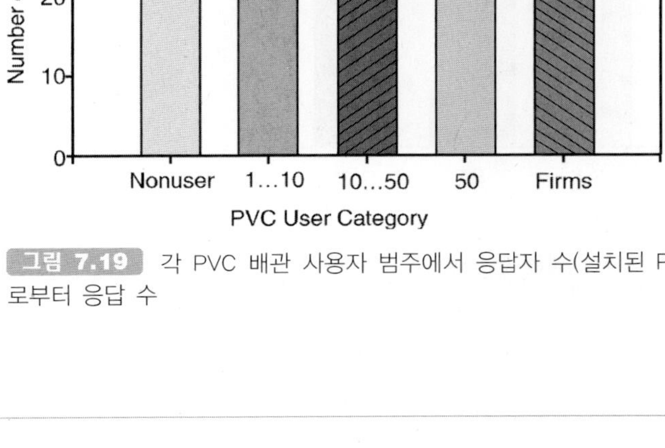

그림 7.19 각 PVC 배관 사용자 범주에서 응답자 수(설치된 PVC 배관의 마일 기준) 및 용수기관으로부터 응답 수

PVC 배관의 태핑 PVC 배관에서 태핑작업 방법에 관한 설문서 조사결과는 그림 7.22와 같다. 전체 탭의 80% 정도는 새들(saddle)로 작업하였다. 60% 이상은 시스템의 운영 압력하에서 배관에 탭 작업을 하였으며, 이를 때로는 핫 태핑(hot tapping)이라고도

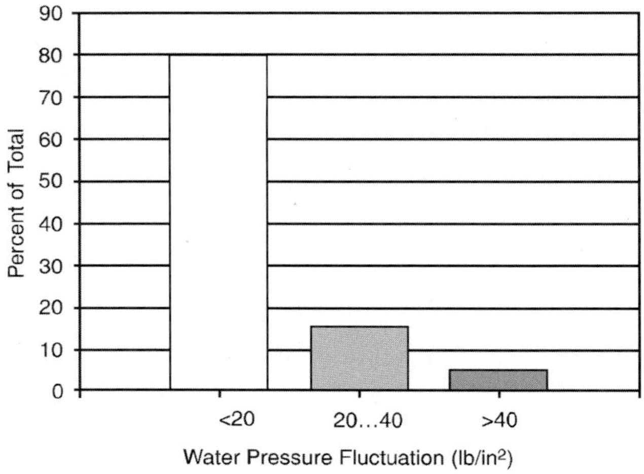

그림 7.20 각 범위에서 압력동요를 보고한 용수기관 %

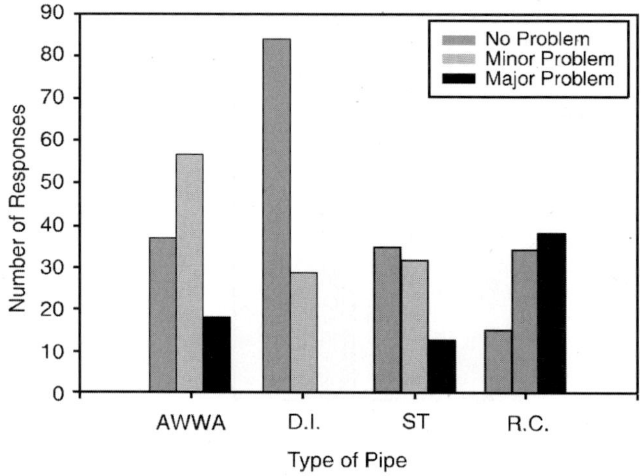

그림 7.21 응답자가 다양한 배관 형식들에서 압력태핑이 주된 문제, 작은 문제, 또는 문제가 되지 않는 것으로의 고려 여부를 보여주는 도표

한다. 태핑 작업을 수행하는 작업자에게 제공된 교육 형식과 관련된 조사결과를 그림 7.23에 나타내었다. 작업자에게 제공된 태핑 기술에 대한 대부분의 교육은 전문교육이 아닌 형식적인 교육이었던 것을 보여준다.

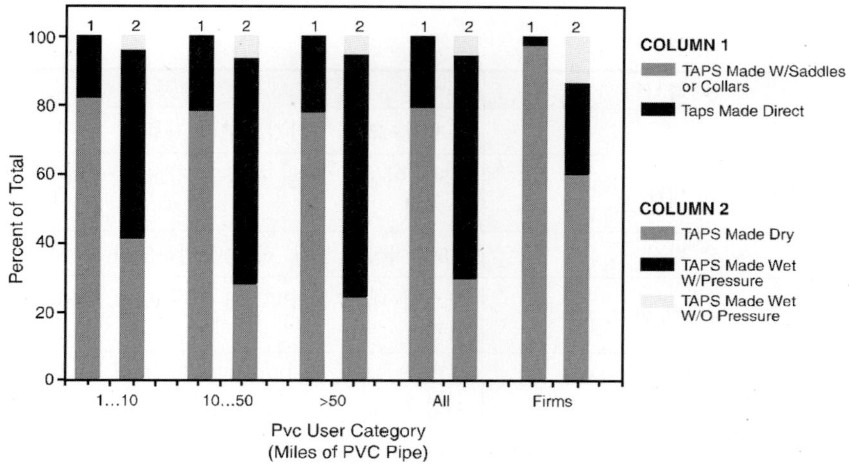

그림 7.22 각 PVC 사용자 그룹과 엔지니어링 회사의 AWWA C900/C905 PVC 배관에 수행한 탭과 관련된 평균 응답

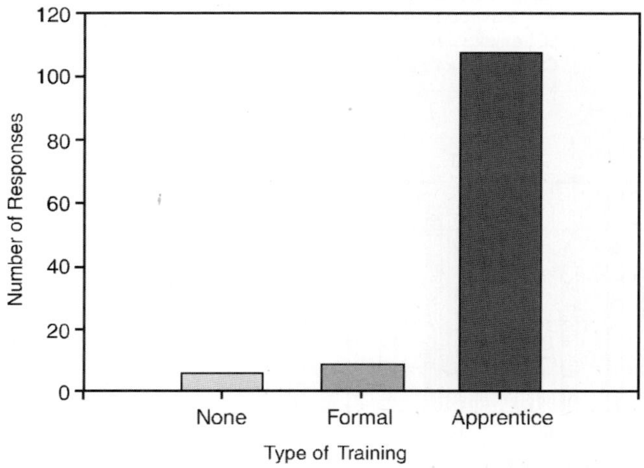

그림 7.23 직접 압력 탭을 수행하기 위해 작업자에게 제공된 교육형식을 보여주는 그래프

용수기관에게 "압력 태핑에 의해 직접적으로 PVC 배관 파괴는 1년에 몇 번이나 발생하였는가?" 질문하였다. 이 질문에 대한 답변들은 태핑과 관련된 다른 질문들과 연계되었으며, 조사결과를 그림 7.24에 나타내었다. 열거된 제약사항들은 아래 표와 같다. 예를 들어 제약 V는 그들 시스템 내 모든 PVC 배관은 100% AWWA C900/C905이고, 탭의 75% 이상은 새들을 갖고 작업하였다는 용수기관의 파괴 발생 건수 관련 자료이다.

제약사항	설명
Ⅰ : None	무제약–모든 응답자로부터 자료
Ⅱ : 75% 이상 새들	"75% 이상의 탭을 새들을 갖고 작업하였다"고 보고한 용수기관
Ⅲ : 75% 이상 직접	"75% 이상의 탭을 직접 작업하였다"고 보고한 용수기관
Ⅳ : Only 100% AWWA	시스템 내 모든 PVC 배관은 100% AWWA로 보고한 용수기관
Ⅴ : 100% AWWA and over 75% saddles	"시스템 내 모든 PVC 배관은 100% AWWA이고, 탭의 75% 이상은 새들을 갖고 작업하였다"고 보고한 용수기관
Ⅵ : 100% AWWA and over 75% direct	"시스템 내 모든 PVC 배관은 100% AWWA이고, 탭의 75% 이상은 직접 작업하였다"고 보고한 용수기관

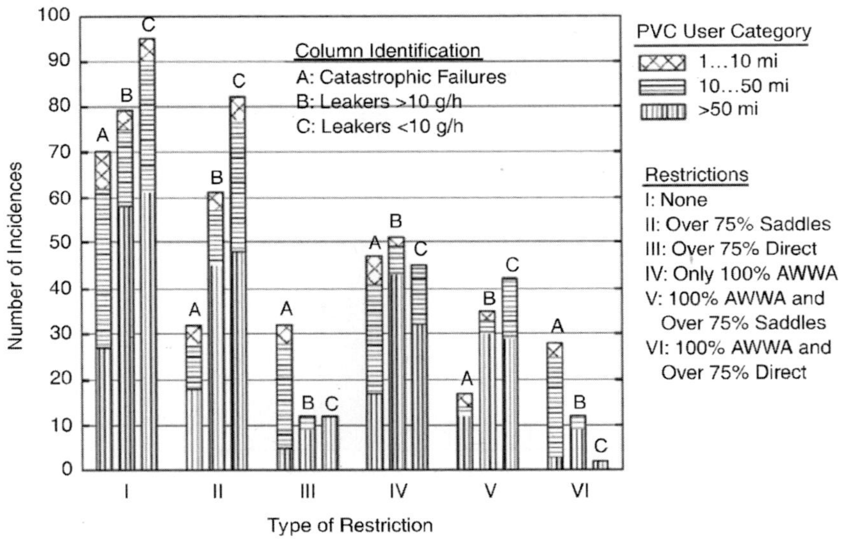

그림 7.24 보고된 태핑 문제들을 보여주는 막대그래프

태핑 사고율을 작성하기 위해 탭의 수량에 대해 전화 설문조사에서 얻은 정보들을 그림 7.24에 주어진 자료들과 조합하였으며(1,000개 탭 마다 사고 발생수) 그 결과는 그림 7.25와 같다. AWWA C900/C905 배관은 새들을 사용해도 태핑으로 인한 사고가 감소하지 않으나 급격한 파괴 비율은 감소한다. 시스템에서 PVC 배관길이 10~50마일로 보고한 용수기관들은 상당한 급격한 파괴 사고와 가장 큰 급격한 파괴 비율을 기록하고 있는 점이 매우 흥미로우나 이러한 결과에 대한 이유는 밝혀지지 않았다.

조사한 162 용수기관들 중 67개는 초기 설문조사에서 태핑 문제를 보고하였다. 따라서 67개 용수기관에 대해 추가 설문을 실시하였으며 추가 태핑 정보를 요청하였다. 조사전 5년 동안 보고된 급격한 태핑 파괴 발생회수에 기초하여 67개 용수기관을 다음과 같이 3개 범주로 분류하고 그림 7.26에 나타내었다.

- 전혀 발생하지 않음(None) : 지난 5년 동안 파괴가 전혀 발생하지 않은 용수기관
- 5건 이하 : 지난 5년 동안 5건 이하 파괴를 보고한 용수기관
- 5건 이상 : 지난 5년 동안 5건 이상 파괴를 보고한 용수기관

26개 용수기관들은 지난 5년 동안 급격한 태핑 사고를 보고하였다. 이 26개 용수기관 중 19개는 평균 1년에 1회 이하의 사고를 보고하였고, 오직 7개의 용수기관이 평균 1년 1회 이상의 사고를 보고하였다. 그림 7.26에서 none으로 표기한 용수기관들은 지

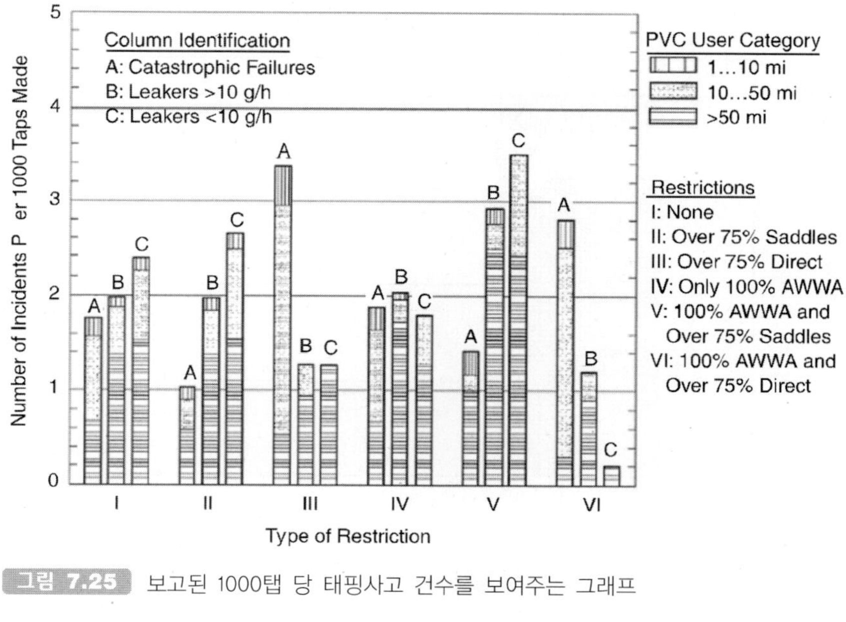

그림 7.25 보고된 1000탭 당 태핑사고 건수를 보여주는 그래프

난 5년 동안 급격한 사고가 발생하지 않았다. 용수기관을 재조사한 결과 첫 번째 조사 시 급격한 태핑 사고를 보고한 용수기관들 중 약 60%는 태핑 문제들을 해결하였고 조사 전 5년 동안 아무런 사고가 발생하지 않았다고 보고하였다. 약 80%는 조사 전 2년 동안 사고가 발생하지 않았다.

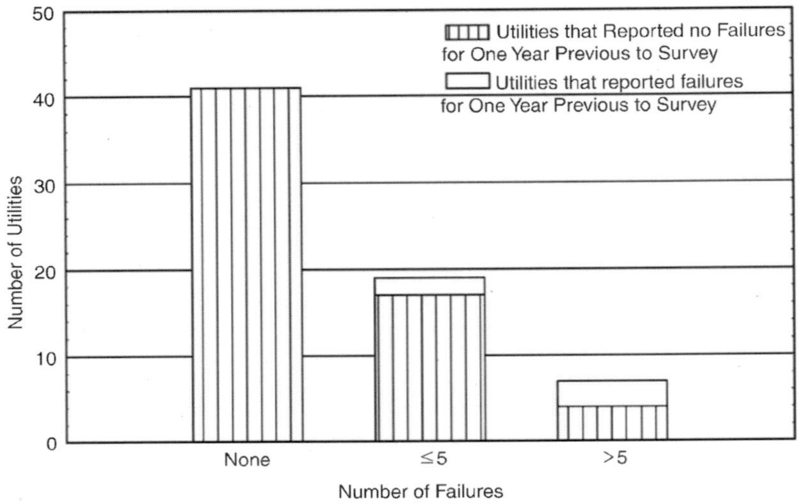

그림 7.26 급격한 태핑 사고를 보고한 용수기관 숫자(5년 이내 보고된 태핑 사고 숫자에 따라 그룹핑)

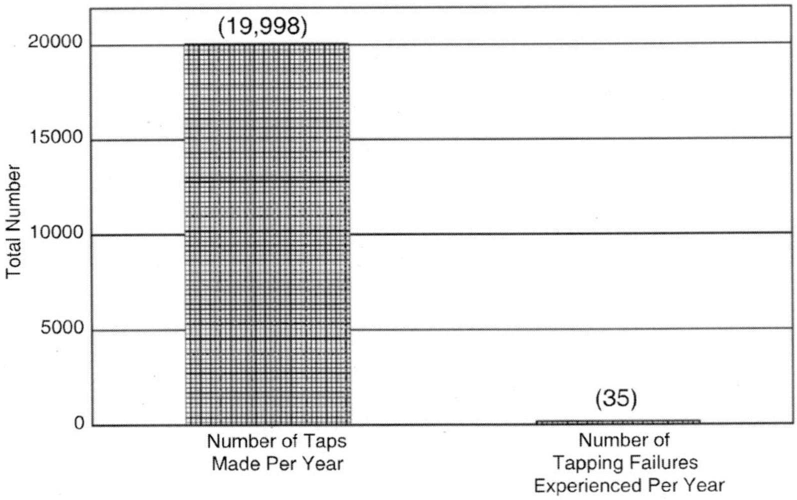

그림 7.27 연간 급격한 태핑 사고에 대한 연간 수행된 전체 탭 숫자들의 비교

그림 7.27은 추가(follow-up) 조사에서 67개 용수기관이 수행한 연간 탭 작업회수, 연당 탭 작업 전체 회수에 대한 연간 발생한 급격한 태핑 사고 회수를 비교하여 보여준다. 추가 조사시 용수기관에게 지난 5년 동안 그들이 경험하였던 급격한 태핑 사고를 추정하도록 요청하였다. 이 추정된 수치를 더한 후 5로 나누어 그림 7.27과 같이 연간 회수로 나타내었다. 그 결과 571 탭 작업시 하나의 급격한 태핑 사고가 발생한 것으로 나타났다. 이 사고율(failure rate)과 그림 7.26으로부터 지난 5년 동안 보고된 급격한 사고들이 균일하게 분포하는 것을 알 수 있다. 그러나 표 7.12에 주어진 조사 내용과 그림 7.26에 주어진 자료들은 대다수의 용수기관들이 시간에 따라 사고율이 감소하는 것으로 보고하였기 때문에 오늘날 사고율은 아마도 그림 7.27보다 상당히 적

표 7.12 조사전 5년 동안 최소 1회 이상의 급격한 태핑 사고를 보고한 용수기관에 대한 추가 전화 조사시 사용한 내용

- 올바르지 않은 새들을 사용하였다.
- 3~4년 전 문제가 발생하였고, 드릴 bit를 사용하여 너무 성급한 탭 작업을 수행하였다.
- 1989 이전에는 1년에 1회 사고가 발생, 배관이 굽혀진 상태에서 너무 성급하게 탭 작업을 수행하였다.
- 5~6년 전에 문제가 발생하였으나 최근에는 새들을 사용해서 문제가 감소하였다.
- 올바르지 않은 새들을 사용 및 직접 탭 작업으로 인한 문제; 너무 성급한 탭핑 및 주 배관에 새들을 과도한 조임과 관련된 다른 문제
- 1985년 너무 성급하게 탭 작업을 시도하려다 문제가 발생하였다.
- 최종 문제는 1985년도에 발생하였고, 더 이상 hot 탭 작업을 수행하지 않는다.
- 1989년에 문제가 발생하였고, 계약자가 성급하게 서둘러 탭 작업을 수행하였다.
- 너무 서둘러 탭 작업을 수행하여 1990년도에 사고가 발생하였다.
- 1987년에 2~3개의 문제가 발생하였다; 제작사 대표가 현장 방문하여 사출 동안 배관이 너무 신속하게 냉각되었다고 언급하였다(즉, 배관 불량).
- 절단기가 너무 무뎌 배관이 과열되어 파손되어 1990년과 1991년에 문제가 발생하였으나 이제는 날카로운 절단기를 사용하여 문제가 발생하지 않는다.
- 4~5년 전에 불량한 태핑 기술과 너무 성급한 탭 작업으로 문제가 발생하였다.
- Twist 드릴을 쉘 절단기로 교체한 후 문제가 발생하지 않았다.
- 1989년에 발생한 문제는 배관의 곡관부에서 발생한 것으로 추정된다.
- 1988년 이전에는 핫 탭 작업으로 문제가 발생하였으나 wet 탭으로 전환한 후 문제가 사라졌다.
- 올바르지 않은 새들을 사용하였다.
- 불량한 탭핑 절차에 기인하여 사고가 발생한 것으로 추정된다.
- 1년에 1회 사고가 발생하였으나 원인은 알 수 없었다.
- 1987년부터 1990년까지 상당히 많은 사고가 발생하였으나 핫 탭에서 wet 탭으로 변경하고, 충진재 내용물에 대한 시방서를 변경한 후 지난 2년 동안 문제가 발생하지 않았다.

을 것으로 추정된다. 태핑 사고에 대한 주된 3개 원인은 (1) 태핑 작업을 너무 신속하게, (2) 잔류 응력이 있는 배관에 탭 작업 시도(즉, 배관은 굴곡진 트렌치에 순응하기 위해 배관은 굽혀진다), (3) 무딘 커터(cutter) 또는 그릇된 새들 또는 둘 모두를 사용한 것으로 나타났다. 태핑 자료로부터 다음과 같은 흥미로운 사실을 얻었다.

- 용수기관 중 41%는 100% 태핑 문제를 보고하였고, 59%는 태핑 문제가 없는 것으로 보고하였다.
- 용수기관 중 4%가 70%의 급격한 태핑 사고를 보고하였다.

67개 용수기관에게 탭 작업을 수행하는 기술자에게 제공한 훈련에 대해 질문하였으며 67개 용수기관 중 88%에 해당하는 59개 용수기관은 경험이 풍부한 사람이 정식교육이 아닌 견습생 수준의 교육을 받았다고 답하였다. 67개 용수기관 중 7%에 해당하는 5개 용수기관은 외부 계약자가 모든 태핑을 수행하였다고 답하였다. 67개 용수기관 중 오직 4%에 해당하는 3개 용수기관만이 강의실 형식의 강의를 포함하여 정식교육을 하였다고 답하였다.

전술한 것과 같이 초기 조사시 임의 급격한 태핑 사고를 보고하였던 67개 용수기관 모두를 재조사에 포함시켰다. 따라서 여기에서 주어진 급격한 태핑 사고 자료들은 전체 162개 용수기관에 대한 데이터베이스이다. 그림 7.28은 연간 급격한 태핑 사고 회

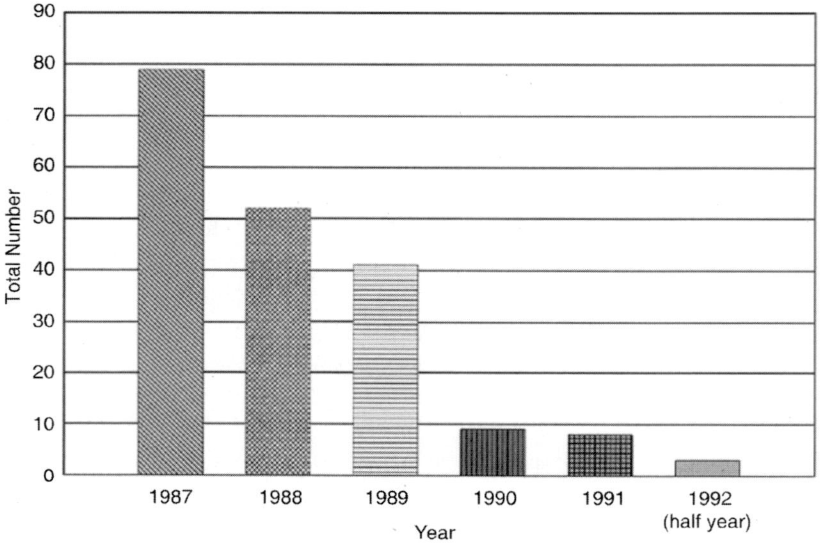

그림 7.28 보고된 급격한 태핑 사고의 숫자

수를 보여준다. 1992년 그래프 작성에 사용된 자료들은 오직 반년 자료지만 태핑 사고는 시간에 따라 감소하는 것이 명백하다.

사용기간에 따른 문제 발생빈도 용수기관에게 다음 질문을 하였다. "시스템 내 AWWA C900/C905 배관에서 사용기간별 경험하였던 모든 문제 빈도를 추정하라." 그림 7.29는 평균 응답률을 보여주며, 문제들 중 약 45%가 첫 해에 발생하고 시간이 경과할수록 발생빈도가 적어진다.

자외선 노출 "PVC 용수 배관이 자외선에 직접적으로 노출되어 문제가 발생한 경험이 있는가?"라는 질문에 약 10%가 약간의 문제를 경험하였다고 응답하였으며, 최근에는 이러한 문제들이 거의 발생하지 않았다고 응답하였다. 전반적으로 용수기관들은 PVC 배관이 충분한 시간 동안 직사광선에 노출되면 햇볕에 타는 사실을 인지하고 있었다. 2년 이상 직사광선에 노출할 경우 PVC 배관을 차폐(shield)해야 한다(Handbook of PVC Pipe, 1991).

"주문한 PVC 급수 배관이 햇볕에 탄(sunburned) 채로 배달된 문제를 경험한 적이 있는가?"(질문 27) 그리고 "직사광선 노출로 인해 PVC 배관이 변색되면 당신이 이 배관을 사용할 것인가?" 질문 28에 대한 응답 결과를 그림 7.30에 나타내었다.

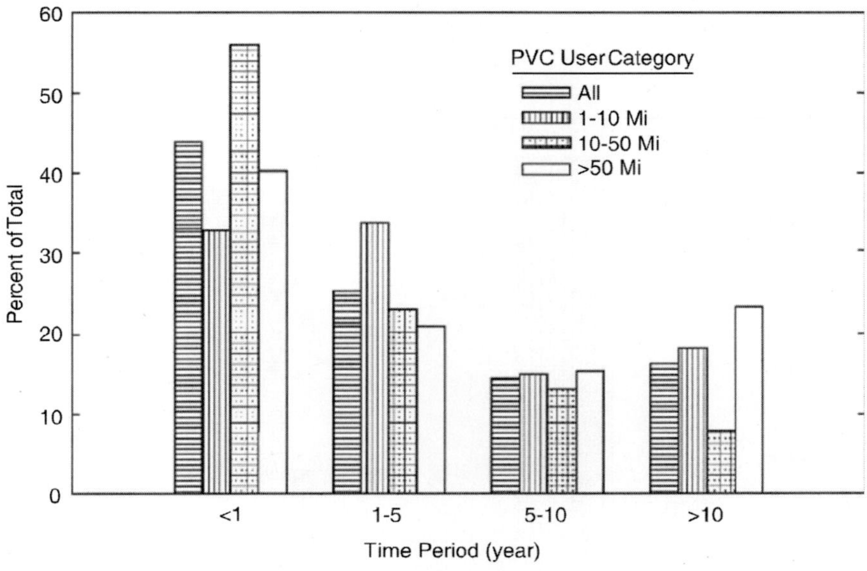

그림 7.29 AWWA C900/C905 PVC 배관에서 문제를 경험한 기간

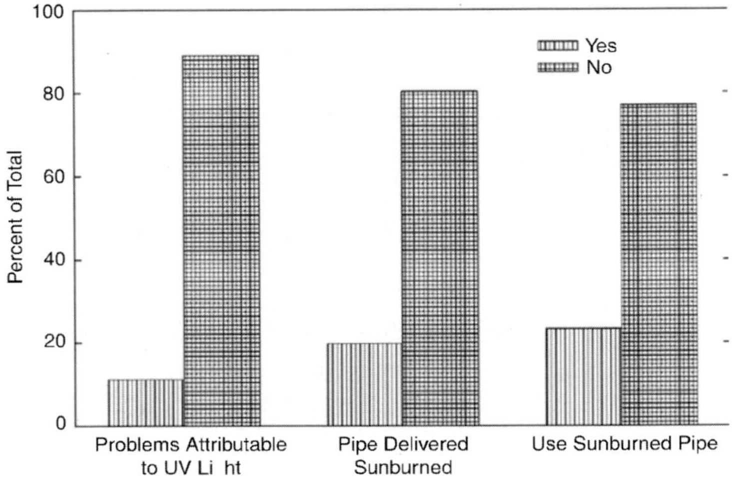

그림 7.30 질문 27과 28에 대한 응답

화학적 공격에 대한 노출과 특정 제작사에 기인한 문제들 "화학적 공격 환경 또는 화학적 침투에 대한 노출과 직접적으로 관련된 PVC 용수 배관 사고 또는 불만사항을 경험한 적이 있는가?" 질문 30 그리고 "특정 PVC 배관 형식, 그리고 제작사로 인해 PVC 용수 배관에서 결함을 경험한 적이 있는가?" 질문 31에 대한 응답을 그림 7.31에 나타내었다.

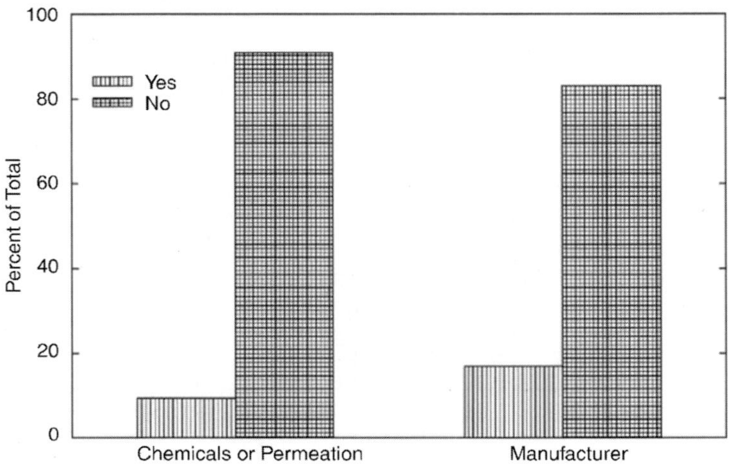

그림 7.31 질문 30과 31에 대한 응답

162개 용수기관 중 11개 기관은 화학적 침투에 대한 약간의 문제가 발생한 것으로 응답하였다. 질문서는 응답자에게 배관 벽의 침투와 고무 개스킷의 침투를 구별하기 위한 질문은 하지 않았다. 추가 조사에서 11개 용수기관 중 1개 용수기관은 PVC가 아닌 polybutylene에 대한 문제를 갖고 있었고, 2개 용수기관은 다른 용수기관에서 문제가 발생한 것을 들었을 뿐이며 직접 경험하지는 못하였고, 1개 용수기관은 저양정관개배관에서 문제를 갖고 있었던 것으로 밝혀졌다. 오직 7개 용수기관만이 PVC 용수배관의 침투(permeation)에 대한 실제 경험을 주장하였다. 이는 상당히 낮은 비율이며, PVC 배관의 경우 화학적 침투는 주된 문제가 아닌 것을 의미한다. 이는 다른 분야에 사용되는 PVC 배관의 침투와도 일관성이 있다. Thompson 및 jenkins[54] 및 Berens[9], 그리고 Uni-Bell Handbook of PVC Pipe Design and Construction[58]를 참조한다.

노화에 기인한 문제 AWWA C900/C905 배관의 경우 설치 후 시간의 함수로서 문제들에 대한 자료들을 그림 7.29에 나타내었다. 그림 7.32는 모든 PVC 배관의 조합된 자료들을 보여준다. 그림 7.33은 그림 7.29에 주어진 AWWA 배관과 그림 7.32에 주어진 모든 PVC 배관 사용자에 대한 자료들을 비교하였다. 이 두 배관의 일련의 자료에서 작은 차이가 발생하며 이는 데이터베이스에서 AWWA C900/C905 사용자가 월등히

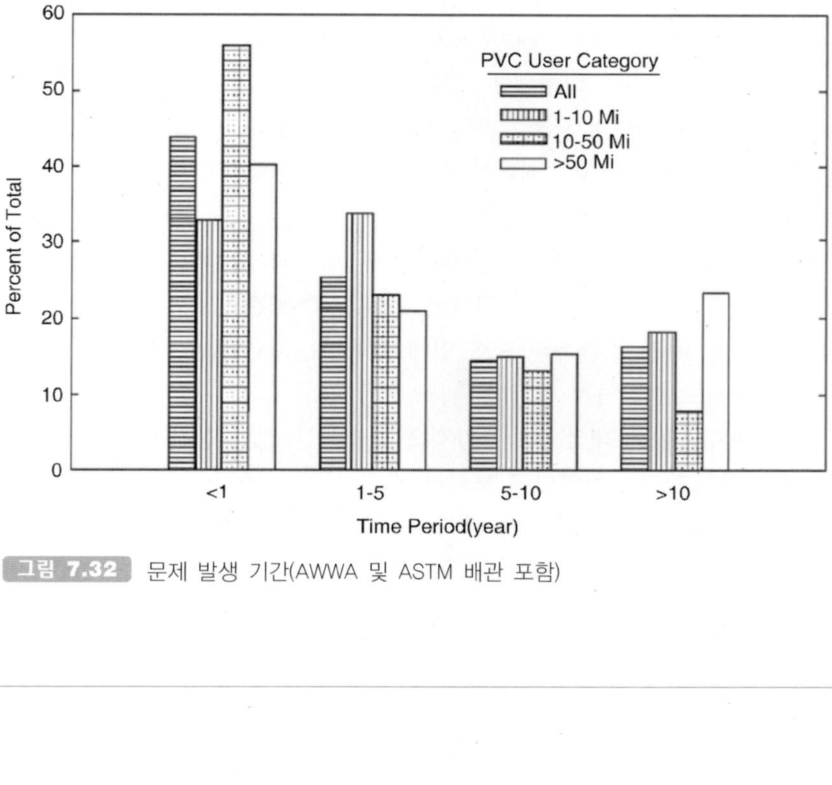

그림 7.32 문제 발생 기간(AWWA 및 ASTM 배관 포함)

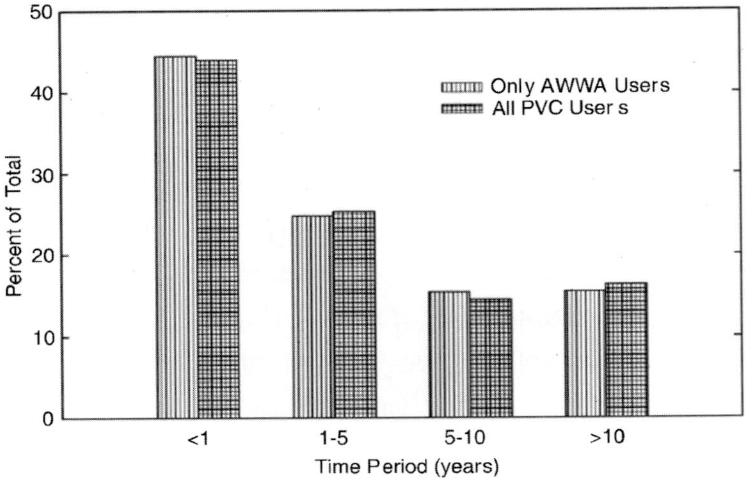

그림 7.33 설치 후 시간 경과의 함수로서 보고된 문제들

많기 때문이다.

설치 후 시간의 함수로서 문제 발생률이 감소하는 것은 명백하며, 이는 앞의 PVC 노화에 대한 연구와 일관성이 있다. 만일 노화(aging)에 따라 배관 재료가 퇴화하면 상기자료에서 반대되는 경향을 예측할 수 있다(즉, 문제 발생률은 시간에 따라 증가한다). Moser와 Shupe[42]는 15년 동안 설치되었던 PVC 배관에서 특성 저하를 발견하지 못하였다. Bauer[8]는 “PVC 배관을 15년 이상 사용해도 성능 발휘능력은 변화하지 않았으며, 예견할 수 있는 미래에도 배관 성능은 변화하지 않을 것이다”고 보고하였다.

당초 조사에서 22개 용수기관은 설치 5년 경과 후에도 상당한 횟수의 문제가 발생했다고 보고하였다. PVC 배관의 장기 성능과 관련된 상세한 추가 전화 조사를 위해 이 22개 용수기관을 선정하였다. 본문에서 장기는 최소 5년 이상 사용한 배관을 의미한다. 흥미로운 성능 항목은 조인트 문제, 압력과 관련된 문제(파손), 그리고 태핑과 관련된 문제들이다. 성능과 관련하여 매설 PVC 배관의 위치 파악이 불가능한 실제 문제들과 장래 배관 주변 굴착으로 인해 발생하는 문제들은 고려하지 않았으며 추가 전화 조사에서도 언급하지 않았다.

22개 용수기관을 대상으로 추가적으로 조사한 결과 장기적 관점에서 배관성능에 대해 당초 문제가 발생하였다고 보고한 13개 기관은 배관과 무관한 것으로 밝혀졌다.

나머지 9개 용수기관은 성능과 관련된 문제들을 보고하였다. 9개 용수기관 중 1개 용수기관의 경우 모든 문제들이 사용 1년에서 5년 사이에서 발생하였기 때문에 이 기관을 제외시켰다. 나머지 8개 용수기관이 경험하였던 문제의 형태, 5년 기간 동안 문제의 발생횟수, 배관 사용 기간, 그리고 문제 발생빈도의 증가, 감소, 정체 여부에 대한 정보들을 제공하였다. 장기 문제들을 조인트, 압력, 그리고 태핑 3개로 대분류하였다. 조인트 분류는 배관의 노화에 기인한 조인트와 직접적으로 관련된 장기 문제들(예를 들어 조인트 누수)을 포함한다. 여기서 사용한 태핑 분류는 PVC 배관 노화에 따라 더욱 빈번하게 발생할 것으로 예측되는 태핑 문제들이다. 압력분류는 파손 및 누수, 조인트와 태핑을 제외한 PVC 배관 노화에 기인한 다른 모든 장기 문제들을 포함한다. 그림 7.34는 보고된 문제 형식들을 보여준다. 3개 용수기관은 조인트 문제를, 3개 용수기관은 압력-파손 문제를, 그리고 2개 용수기관은 조인트와 압력문제 모두를 갖고 있는 것으로 보고하였다. 배관 노화와 관련된 태핑 문제를 경험한 용수기관은 전혀 없었다.

그림 7.35는 각 문제 형식의 경우 5년에 걸쳐 보고된 전체 발생횟수를 보여준다. 5년 기간 동안 압력 관련 문제는 조인트 관련 문제들보다 3배가 많은 것으로 보고되었다. 그림 7.35에서 한 용수기관이 대부분의 자료들을 제공하였으므로 이 그림은 편중되고 조사한 용수기관들을 대표하지 않는다. 설문 조사시 용수기관 관리자는 용수 시스템 내에서 커다란 반복적인 압력서지를 제어하지 않았다는 것을 인정하였다(표 7.13에서 166개 용수기관 참조).

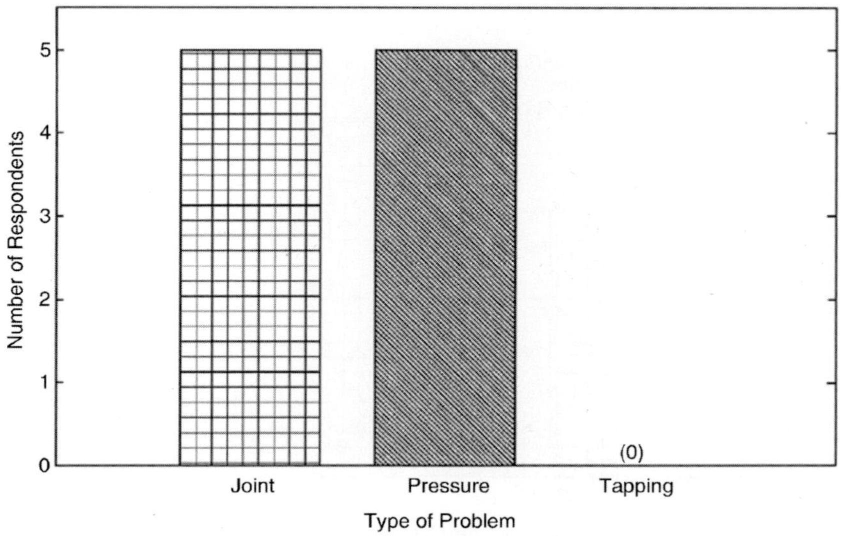

그림 7.34 다양한 장기 문제를 보고한 응답자 숫자

그림 7.36은 보고된 문제들의 증가, 감소, 또는 정체 추세 여부에 대한 정보를 제공한다. 흥미로운 사실은 시간이 경과함에 따라 문제들이 증가하는 추세가 나타나지 않는다는 것이다. 표 7.13은 보고된 장기 문제들을 요약한 것이다.

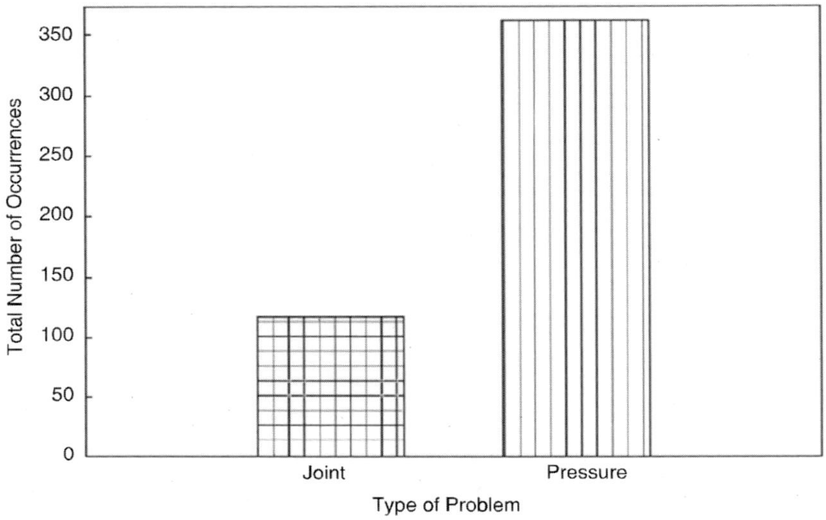

그림 7.35 5년 기간에 걸쳐 보고된 조인트 및 압력문제 발생 숫자

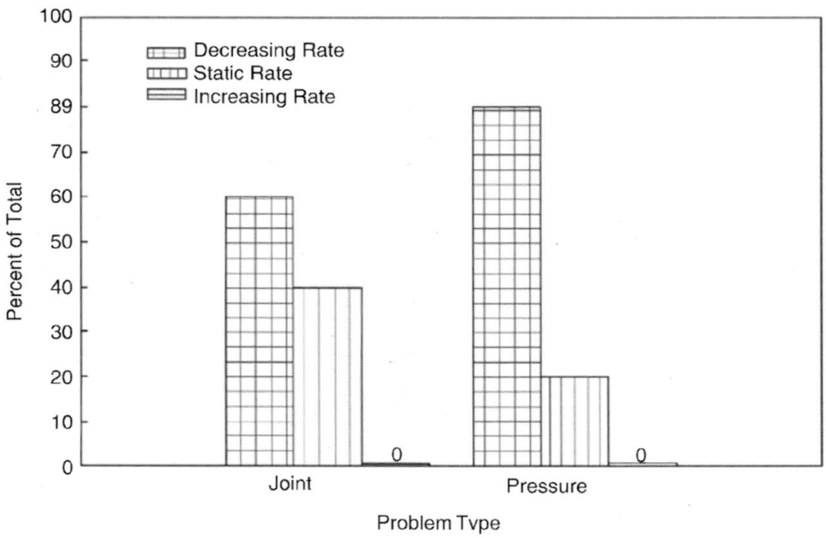

그림 7.36 장기 문제의 증가, 감소, 또는 정체 여부를 보여주는 그래프

표 7.13 PVC 배관관련 보고된 장기 문제 요약

용수기관 번호/문제형식	지난 5년간 빈도	평균 서비스 시간(년)	변화 추세	AWWA 또는 ASTM	배관 규격(인치)	시험 샘플 유효	상세 내용
용수기관 19							
조인트	5	15~20	정지	AWWA	6	No	문제와 펌프 및 밸브 인근 배관 사이 상관관계 없음
베딩	2~3/년	15~20		AWWA	6	No	배관이 아닌 불량 베딩에 문제가 있음
용수기관 26							
조인트	확실치 않음	5~8	감소	ASTM CL160	2	No	고무링이 아닌 접착 조인트에서 문제, 전반적으로 클래스 160 배관; 더 이상 접착 조인트 사용 금지
용수기관 48							
조인트	4	10	감소	AWWA	6, 8	No	펌프 또는 밸브 인근이 아님; 유입 박스 주변에서 배관이 처짐
용수기관 51							
압력	10~15	10	정지	ASTM	2	No	펌프장 인근 배관; 압력 190~250lb/in^2; 배관 클래스 200
베딩	2	10		ASTM	2	No	베딩이 함몰하여 배관 파손; 흙의 pH=6.5, 클래스 200
용수기관 103							
압력	10	〈5	감소	AWWA	80%, 6 20%, 8	Yes	불량 흙 조건; 배관 결함 보유
조인트	20	1~5/년		AWWA	80%, 6 20%, 8	Yes	PVC와 다른 형식 배관 사이 조인트가 연결될 때 문제 발생
용수기관 151							
압력	65	5-6	감소	모름	10		패각암(산호와 유사)에 설치된 배관이 수충격과 조합하여 마모로 인해 약화된 부분
용수기관 156							
압력	〈5	8	정지	ASTM	6, 8	Call	C900이 아닌 ASTM 클래스에 문제; 노후 취성에 기인된 것으로 사료됨
용수기관 163							
압력	5~8	10~30	감소	ASTM C 1160	6, 8	No	문제는 제작사 및 클래스 160 배관에 기인된 것으로 믿음
조인트	〈8	10~30	감소	모름	8	No	슬립 조인트에 문제; 원인은 불명, 1년 만에 발생하여 사라짐
용수기관 166							
압력	250~300	6~18	감소	ASTM C 1200	6, 8	Yes	압력변화 20~200lb/in^{2}에 기인 가능;
조인트	100	6~18	감소	ASTM C 1200	6, 8	Yes	벨 및 스피곳 주변에서 문제 발생; 서지발생 빈번, 시스템 불안정

PVC 배관의 노화와 특정 문제의 연계성 설치 후 시간 경과와 관련된 문제들에 대해 질문을 하였다. 노화가 특정 문제들의 원인이 될 수 있는지, 또는 관련이 있는지를 나타내기 위해 이 질문의 결과들을 여러 가지 세부 그룹으로 분석하였다. 그림 7.37은 모든 배관이 AWWA PVC인 경우의 결과를 나타낸 그림 7.29를 자외선 노출과 관련된 질문에 yes로 응답한 그룹과 비교한 것이다. 동일한 형식으로 "햇볕에 탄 배관을 사용합니까?"라는 질문에 yes로 응답한 세부 그룹의 비교를 그림 7.38에 나타내었다. 또한 그림 7.39는 화학적 공격 노출과 관련된 질문에 yes로 응답한 세부 그룹과 노화와 관련하여 발생한 문제들을 비교한 것이다. 그림 7.29에서 AWWA PVC 배관을 사용하고 있는 경우 노화에 따른 문제 발생의 경험 여부에 yes로 응답한 경우 PVC 배관의 특정 형식 또는 특정 제작사와의 관련성을 그림 7.40에 나타내었다. "햇볕에 탄 배관을 사용합니까?"라는 질문에 yes로 응답한 그룹은 10년 이상된 배관에서 많은 문제를 갖는 것을 제외하고, 이러한 문제들과 배관의 노화 사이 연계성은 거의 없는 것으로 보인다. 그러나 각 세부 그룹이 작기 때문에 자료는 통계학적으로 유효하지 않을 수 있다. 또한 특정 배관 길이에서 특정 문제와 그 길이의 배관 노화와 직접적인 연관성은 존재하지 않는다.

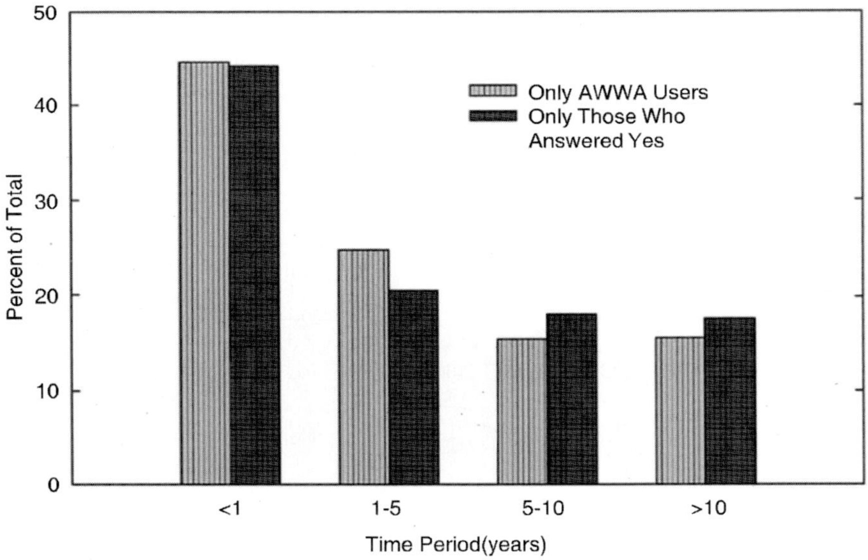

그림 7.37 PVC 배관 문제가 발생된 시기 비교

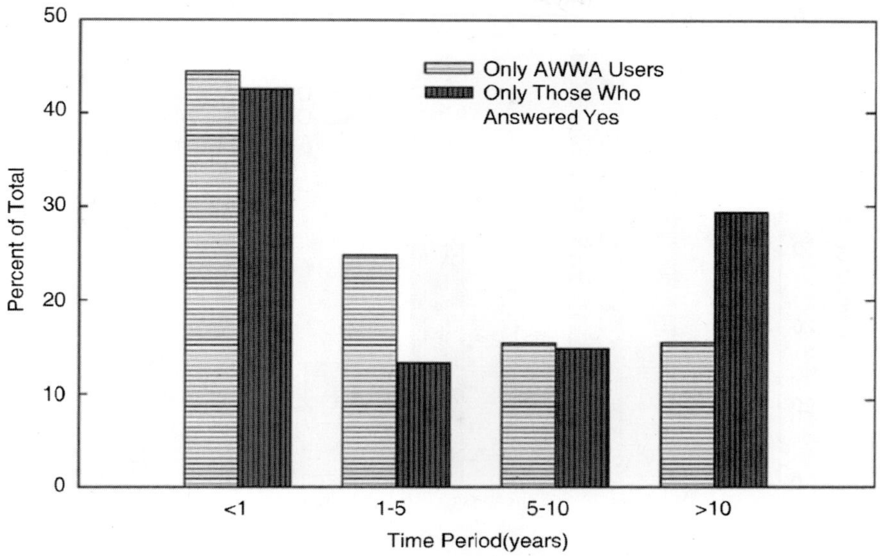

그림 7.38 PVC 배관 문제가 발생된 시기 비교

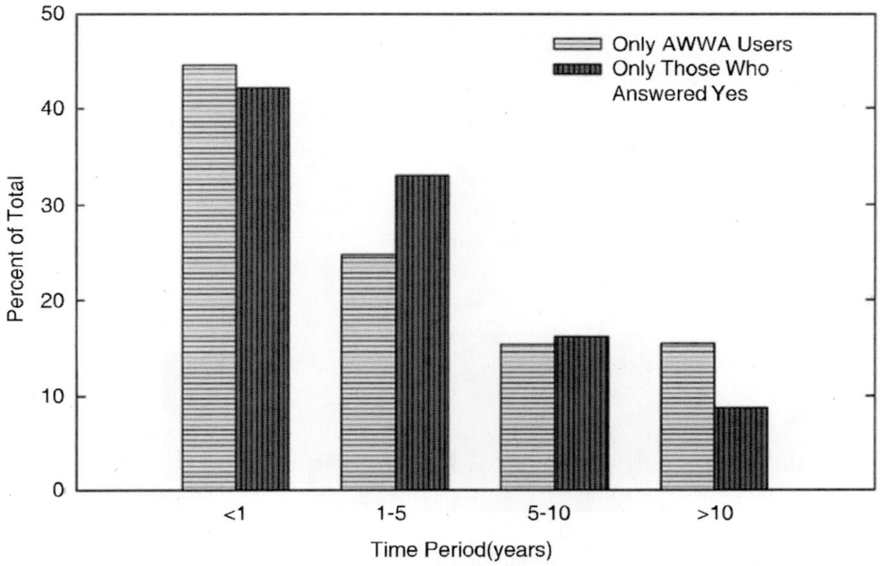

그림 7.39 화학적 공격 노출 문제를 보고한 AWWA C900/C905 PVC 배관 사용자들이 보고한 배관 문제 발생 시기 비교

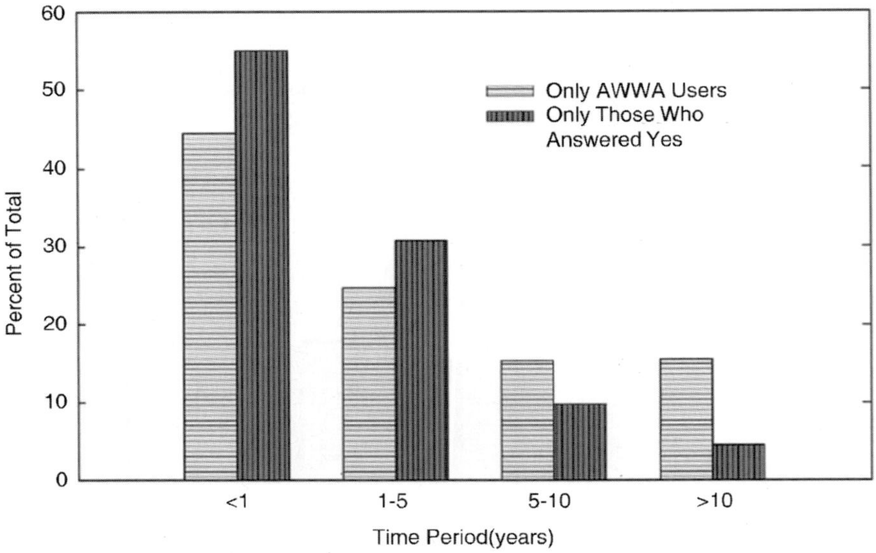

그림 7.40 특정 제작사와 관련된 문제를 보고한 AWWA C900/C905 PVC 배관 사용자들이 보고한 배관 문제 발생 시기 비교

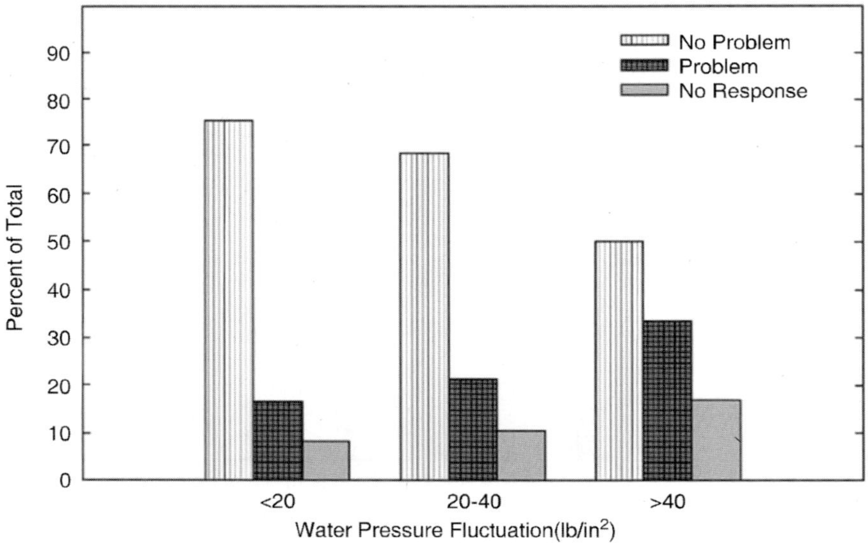

그림 7.41 압력 변화와 수충격을 문제로 고려하는지 여부의 비교

수충격(water hammer) 수충격 문제들과 관련된 질문에 대한 응답 자료를 시스템 압력 변화와 관련된 질문에 대한 응답 자료들과 연계시킨 결과는 그림 7.41과 같다.

용수기관이 제공한 배관 샘플 시험 현장 배관 샘플과 관련된 자료는 용수기관이 제공한 문헌에 주로 의존하였다. 배관 샘플에 대한 제작사, 제조일자 등을 확인하기 위해 노력하였으나 일부 샘플에 대해서는 이러한 정보들을 얻을 수 없었다.

장기 문제를 보고한 용수기관들로부터, 그리고 상당히 많은 급격한 태핑 사고가 발생하였던 용수기관으로부터 가능한 많은 배관 샘플을 얻기 위해 PVC 배관 샘플을 제공할 것을 요청하였다. 실제 문제를 경험하였던 배관으로부터 샘플을 취득하려 했으나 상당한 어려움을 겪은 후 두 용수기관은 시험을 위해 배관 샘플을 제공하였으며 시험 결과를 본 서에 포함시켰다.

문제들을 보고하였던 용수기관들에게 현재 설치되어 있는 PVC 배관의 샘플 제공을 요청하였으며, 이러한 샘플들은 현재도 제작되고 있는 대표적인 PVC 배관이다. 미국 전체 16개 용수기관은 총 10개 제작사가 제작한 배관 샘플을 제공하였다.

시험방법 기본 성분과 압출 품질을 결정하기 위해 배관 샘플에 대해 다음 시험을 수행하였다.

1. 융해 정도(degree of fusion) 시험: 시험절차는 ASYM D2152에 기술된 규정에 따른다.
2. 충격시험: ASTM D2241에 기술된 기준과 ASTM D2444에 기술된 시험 절차에 따른다.
3. 충진재 내용물 시험: 다음 시험 방법 중 하나 또는 두 방법을 사용하여 충진재 내용물을 결정하였다(셀 클래스 정보는 ASTM D1784에 주어진다).
   a. 약 $1 in^2$ 배관 샘플의 무게로 구성된 배관 샘플의 연소(burnout) 시험. 충분한 시간 동안 샘플을 연소하여 수지를 날려버리고 충진재의 양을 얻기 위해 잔류물 중량을 확인한다.
   b. 공기 중에 샘플의 중량을 측정하고 액체 배제 부피를 결정하여 비중(밀도)을 결정한다.

문제 배관의 샘플 시험 전술한 것과 같이 오직 2개 용수기관만이 문제의 배관으로부터 샘플을 제공하였다. 용수기관 번호 70이 제공한 모든 배관은 1970~1972년에 단일 제작사가 제작하여 설치된 것이다. 이 용수기관은 미국 내에서 가장 큰 PVC 배관 사용자 중 한 기관으로서 수백마일의 PVC 배관이 설치되었다. 용수기관 관리자는 1970~1972년에 걸쳐 문제가 지속적으로 발생하였기 때문에 저질 배관 제품으로 확신하였다. 사고율은 시간에 따라 감소하고 있었으나 이는 단순히 배관을 점차적으로 대체하였기 때문이다. 용수기관 번호 166이 제공한 배관은 약간의 문제를 나타내었으나 의심이 되는 특정 배관 샘플들을 문제와 관련시키기에는 기간이 충분하지 못하였다. 또한 제공한 샘플들은 단일 제작사에서 제작된 것이나 배관 제작일자에 대한 자료가 명확하지 않았다.

표 7.14는 상기 두 용수기관으로부터 얻은 배관 샘플들에 대해 수행한 시험 결과들을 요약한 것이다. 충진재료를 중량기준 %와 성분기준 %로 나타내었으며 열거된 충진재료의 성분들은 PVC 수지 성분 100에 기초한다. 표에서 볼 수 있는 것과 같이 용수기관 번호 70이 제공한 샘플들은 품질이 의심스럽다. 즉, 2인치 및 3인치 배관 샘플

표 7.14 문제가 보고된 배관의 실험실 시험 결과

용수 기관번호	아세톤 시험			충진재 내용물 시험			
	배관규격 (인치)	샘플 ID	Attack/ no attack	배관규격 (인치)	샘플 ID	중량기준 %	성분기준 %
70	2	70-2-1A	No attack	2	70-2-1F 70-2-2F 70-2-3F 70-2-4F	15 17 14 14	18 20 16 15
	3	70-3-1A	No attack	3	70-3-1F 70-3-2F 70-3-3F	9 9 8	10 9 9
	4	70-4-1A	Attack	4	70-4-1F 70-4-2F 70-4-3F	9 9 7	10 11 8
	6	70-6-1A	Attack	6	70-6-1F 70-6-2F 70-6-3F	8 8 8	9 9 9
	8	70-8-1A	Attack	8	70-8-1F 70-8-2F 70-8-3F	5 11 8	5 12 9
166	6	166-6-1A	No attack	6	166-6-1F	0	0
	6	166-6-2A	No attack	6	166-6-2F	0	0

들은 과도한 충진재를, 그리고 4인치, 6인치, 8인치 샘플들은 융해품질이 불량하며, 이러한 배관들은 압출기의 한쪽 면에서 저온으로 twin-screw 기계로부터 압출되었던 것으로 보인다. 아세톤 시험을 통과한 용수기관 번호 166으로부터의 샘플들은 거의 충진재 내용물이 없었으며 전반적으로 양호해 보인다.

설치되지 않았던 신규 PVC 배관 샘플 시험 16개 용수기관으로부터 10개 제작사가 제작한 직경 2~12인치 PVC 배관 샘플을 제공 받았다. 모든 샘플들은 융해 품질 아세톤 시험을 통과하였다. 샘플의 밀도를 결정하여 대략적으로 충진재료를 분석할 수 있다. 이 방법은 연소 시험과 같이 정확하지 않으나 수행하기 단순하고 환경 관점에서 상당히 안전하다. 밀도 시험으로 충진재료를 결정할 때 발생 가능한 오차는 ±2% 정도이다. 예를 들어 밀도 시험으로 계산한 충진재료가 5%로 결정되면 실제 충진재료는 3~7%가 된다. 밀도 시험으로 결정한 결과가 의심스럽거나 계산된 충진재료가 비정상적으로 높게 나타나는 경우에 연소 시험을 수행하였다. 압력배관의 경우 충진재료는 성분기준 10 part 이하가 되어야 하며 이는 중량으로 약 9% 정도이다. 이와 같이 수행한 시험결과들을 표 7.15에 나타내었다.

용수기관들이 제공한 각 배관 샘플로부터 하나의 시편을 준비하여 ASTM D2241에 명시된 에너지 수준(energy level) 시험을 하였다. AWWA C900/C905 배관의 경우 충격 강도가 필요하지 않은 반면 ASTM D2241에 열거된 특정 직경을 갖는 배관의 경우 에너지 수준으로 샘플에 충격을 가하도록 결정되었다. 이러한 시험 결과들을 표 7.15에 나타내었다. 충격 시험한 60개 샘플들 중 4개를 제외하고 나머지 모두는 구조적 문제점을 보이지 않았다. 용수기관들이 제공한 PVC 배관 샘플들 중 많은 샘플들은 어느 정도 햇볕에 그을렸다. 충격 시험에 실패한 4개의 샘플들은 햇볕에 탄 정도가 심하였고 아마도 이러한 이유로 구조적 문제점을 보인 것으로 판단된다.

결론

상기 PVC 배관 조사 및 시험들로부터 다음과 같은 결론에 도달하였다.

1. PVC 배관에서 경험한 문제들 중 거의 50%는 설치 후 첫 해 발생한다.
2. PVC 배관에서 발생하는 재료와 관련된 장기 문제는 거의 없으며, 시간에 따라 감소한다. 이는 이러한 문제들은 노화의 결과가 아니라는 것을 의미한다.
3. 보고된 자료들을 해석한 결과 PVC 용수 배관에서 발생하는 임의 문제의 가능성은 ASTM D2241 기준에 따라 제작된 배관은 AWWA C900 기준에 따라 제작된 배관의 2배 정도가 되는 것을 보여준다.

■ 표 7.15 ■ 용수기관이 현재 설치하고 있는 배관 샘플에 대한 실험실 시험 결과

용수 기관번호	배관직경 (인치)	제작사	시방서/ 클래스	아세톤시험 통과	중량기준 충진재 내용물 %	충격시험 통과
115	4	A	C900/150	Yes	5	Yes
	6	A	C900/모름	Yes	2	No
	8	?	C900/150	Yes	2	Yes
	10	A	C900/150	Yes	1	Yes
	12	A	C900/150	Yes	1	Yes
138	2	C	D2241/200	Yes	1	Yes
	4	B	D2241/200	Yes	15	Yes
	6	B	C900/150	Yes	6	Yes
	8	B	C900/200	Yes	6	Yes
	10	A	C900/150	Yes	6	Yes
	12	A	C900/150	Yes	7	Yes
6	6	E	C900/150	Yes	2	Yes
	8	E	C900/150	Yes	3	Yes
	12	E	C900/150	Yes	4	Yes
64	6	F	C900/150	Yes	3	Yes
	8	F	C900/150	Yes	3	Yes
	12	F	C900/150	Yes	3	Yes
20	2	G	D2241/200	Yes	3	Yes
	4	F	C900/200	Yes	5	Yes
	6	E	C900/200	Yes	2	Yes
	8	B	C900/200	Yes	5	Yes
	12	A	C900/200	Yes	7	Yes
150	4	A	C900/150	Yes	4	No
	6	A	C900/150	Yes	4	No
	8	A	C900/150	Yes	6	Yes
	10	A	C900/150	Yes	6	Yes
	12	A	C900/150	Yes	3	Yes
60	4(A)	H	C900/150	Yes	3	Yes
	4(B)	A	C900/150	Yes	4	Yes
	6	A	C900/200	Yes	3	Yes
	8	H	C900/200	Yes	1	Yes
	10	A	C900/150	Yes	5	Yes
	12	H	C900/200	Yes	0	Yes
25	6	B	C900/150	Yes	4	Yes
	8	B	C900/150	Yes	3	Yes
	12	B	C900/150	Yes	4	Yes

■ 표 7.15 ■ 용수기관이 현재 설치하고 있는 배관 샘플에 대한 실험실 시험 결과(계속)

용수 기관번호	배관직경 (인치)	제작사	시방서/ 클래스	아세톤시험 통과	중량기준 충진재 내용물 %	충격시험 통과
85	6	E	C900/150	Yes	2	Yes
	8	E	C900/150	Yes	0	Yes
	12	E	C900/150	Yes	3	Yes
70	2	C	D2241/200	Yes	4	Yes
	3	I	D2241/200	Yes	3	Yes
	4	C	D2241/200	Yes	0	Yes
	6	J	D2241/200	Yes	4	Yes
160	2	A	D2241/160	Yes	3	Yes
	4	E	C900/150	Yes	2	No
	6	A	C900/150	Yes	5	Yes
	8	A	C900/150	Yes	5	Yes
50	6	F	C900/150	Yes	3	Yes
	8	F	C900/150	Yes	5	Yes
40	6	F	C900/150	Yes	5	Yes
	8(A)	F	C900/150	Yes	7	Yes
	8(B)	F	C900/150	Yes	4	Yes
7	2	B	D2241/200	Yes	1	Yes
	6	B	D2241/200	Yes	3	Yes
79	6	H	C900/200	Yes	2	Yes
	8	A	C900/200	Yes	2	Yes
151	6	모름	D2241/160	Yes	6	Yes
	8(A)	D	D2241/160	Yes	3	Yes
	8(B)	모름	D2241/160	Yes	4	Yes
	10	F	D2241/160	Yes	3	Yes

4. 자외선 또는 유해한 화학성분에 노출과 관련하여 보고된 문제의 경험 횟수는 적다.
5. 용수기관이 경험을 축적하면서 PVC 배관과 관련된 태핑 문제들은 시간에 따라 감소한다. 5년 동안 급격한 태핑 사고를 보고한 용수기관들 중 오직 27%만이 평균적으로 1년에 1회 이상의 사고가 발생한 것으로 보고하였다. 아울러 급격한 사고를 보고한 이러한 용수기관들 중 약 80%는 태핑 문제들을 해결하였고, 조사 직전 2년간 사고가 발생하지 않았다고 보고하였다. 배관 태핑 작업자들은 비공식적인 견습생 프로그램을 통해 태핑 절차를 배우는 것으로 판단된다.
6. 일부 용수기관들은 PVC 배관의 태핑시 새들을 사용하면 태핑 문제가 감소하는

것으로 믿고 있지만 자료 분석결과 평균적으로 새들을 사용하여 태핑한 것과 직접 태핑하는 것 모두 동일한 빈도로 문제가 발생한 것으로 나타났다.

7. 설치되었던 PVC 배관은 품질이 양호한 것으로 판단된다.
8. 1970년대에 제작되었던 PVC 배관의 일부 샘플들의 압출 품질을 위한 아세톤 시험 결과 품질이 불량한 것으로 판단된다. 단일 용수기관과 단일 제작사가 제작한 일부 배관 샘플의 시험결과에 기초하여 이러한 결론에 도달한 것에 유의해야 한다. 따라서 이러한 결론은 보편적이지 않고 다른 모든 PVC 배관 샘플들은 품질이 우수한 것으로 판단된다.

7.2 PE(Polyethylene) 배관

ASTM D1248에 따라 배관을 제작하기 위해 여러 형식과 등급이 유효한 폴리에틸렌 재질을 사용할 수 있다. 폴리에틸렌의 일부 등급들은 특정 수준의 응력을 받거나 또는 특정 화학성분에 접촉하면 균열 또는 잔금(craze)이 발생할 수 있다. 통상적으로 높은 응력과 특정 화학성분이 동시에 작용하면 퇴화(degradation)가 가속된다. 이러한 현상은 환경 응력균열로 알려졌다. 특정 등급들은 환경 응력균열에 매우 높은 저항을 갖는다. 형식 III, 클래스 C, 범주 5, 등급 P34 폴리에틸렌은 고밀도, 기후-저항, 응력-균열-저항 재료이다(표 7.16 참조).

폴리에틸렌 배관들은 규격이 다양하고 매설 용도의 경우 다양한 벽 형상을 가지며, 이 배관의 일부를 표 7.17에 열거하였다. 특별한 용도를 위한 다른 규격들의 배관은 특정 제작사로부터 구할 수 있다. 폴리에틸렌 표준은 표 7.18을 참조한다.

표 7.16 폴리에틸렌 설계 특성

정수압 설계기준(HDB : Hydrostatic-design basis)	1,250lb/in^2
정수압 설계응력(HDS : Hydrostatic-design stress)	625lb/in^2
탄성 계수	100,000lb/in^2
인장응력(단기)	3,200lb/in^2
하젠-윌리엄 공식 유속계수 C	150
매닝 공식 조도계수 n	0.009

대구경 중력 하수도 폴리에틸렌 배관들 중 대부분 배관의 배관 강성도 $F/\Delta y$는 10lb/in^{2}이고, 더욱 낮은 것은 4lb/in^{2}이다. 흙 하중에 기인한 좌굴과 과도한 처짐의 가능성 때문에 이와 같이 강성도가 낮은 배관을 설치할 경우 극도로 조심해야 한다.

표 7.17 폴리에틸렌 배관

용도	형식	규격(인치)
산업용(가스포함)	솔리드 벽	3/4–48
물(신규서비스)	솔리드 벽	1/2–3
물(삽입용)	솔리드 벽	1/2–4
중력하수(라이닝)	솔리드 벽	4–48
중력하수	프로파일(리브) 벽	18–96

표 7.18 PE 관련 기준

표준	내용
ASTM D 3287	Biaxially Oriented Polyethyelne(PEO) Plastic Pipe(SDR–PR) Based on Controlled Outside Diameter
ASTM D 3261	Butt Heat Fusion Polyethylene(PE) Plastic Fitting for Polyethylene Plastic Pipe and Tubing
ASTM D 405	Corrugated Polyethylene Tubing and Fitting
ASTM D 3197	Insert–type Polyethylene Fusion Fitting for SDR 11.0 Polyethylene Pipe
ASTM D 2609	Plastic Insert Fitting for Polyethylene Plastic Pipe
ASTM D 2104	Polyethylene Plastic Pipe, Schedule 40
ASTM D 2239	Polyethylene Plastic Pipe(SIDR–PR) Based on Controlled Inside Diameter
ASTM D 3350	Polyethylene Plastis Pipe and Fittings Materials
ASTM F 714	Polyethylene Plastic Pipe(SDR–PR) Based on Controlled Outside Diameter
ASTM D 3035	Polyethylene Plastic Pipe(SDR–PR) Based on Outside Diameter
ASTM D 2447	Polyethylene Plastic Pipe, Schedules 40 and 80, Based on Outside Diameter
ASTM D 2737	Polyethylene Plastic Tubing
ASTM F 771	Polyethylene Thermoplastic High–Pressure Irregulation Pipeline system
ASTM D 2683	Socket–Type Polyethylene Fittings for Outside Diameter–Controlled Polyethylene Pipe and Tubing
ASTM F 810	Smooth–Wall Polyethylene Pipe for Use in Drainage and Waste Disposal Absorption Fields
ASTM D 1248	Polyethylene Plastic Molding and Extrusion Materials
AWWA C901	Polyethylene Pressure Pipe, Tubing and Fittings, 1/2in through 3in, for Water

7.2.1 취급계수 (Handling factor)

링의 처짐에 저항하는 배관의 능력인 링 강성도는 EI/D^3의 함수이다(3장 참조). 폴리에틸렌 배관을 장려하는 일부 문헌은 처짐에 대한 배관 저항을 나타내기 위한 하나의 수단으로 EI/D^2를 사용한다.

"*취급계수(handling factor)*"로 불리는 EI/D^2는 때로는 손상없이 취급의 용이성을 등급매기기 위해 사용된다. 이 계수의 역수 D^2/EI는 "*연성계수(flexibility factor)*"로 불리며, 파형강관의 취급 유연성을 등급 매기기 위해 사용된다. 휨 변형률을 고려하여 다음과 같이 이 계수들을 나타낼 수 있다.

$$\text{휨 변형률} = \frac{Mc}{EI} = \frac{C_1(PD)(D/2)(t/2)}{EI} = \frac{D^2}{EI}\frac{C_1Pt}{4} \tag{7.14}$$

여기서 C_1 : 상수
P : 압력
D : 직경
PD : 단위길이당 수직 하중
$D/2$: 모멘트 길이
$t/2$: 관두께의 절반
I : 벽 관성모멘트
E : 탄성계수

상기 공식에서 $D^2/(EI)$는 하나의 계수인 것을 쉽게 알 수 있다. 따라서 주어진 압력에서 휨 변형률은 이 계수에 직접적으로 비례한다. 이 계수의 역수는 휨 변형률에 대한 특정 제품의 저항능력의 측정 수단이다. 물론 링의 처짐은 $D^2/(EI)$의 직접 함수가 아니고, $D^3/(EI)$의 직접함수이다. 처짐을 야기시키는 원인(취급, 설치, 집중하중, 또는 토압)들과 관계없이 처짐은 $D^2/(EI)$이 아닌 $D^3/(EI)$의 하나의 함수이다. 정수압 또는 토압에 기인한 좌굴도 $D^3/(EI)$의 하나의 함수이다. 따라서 배관 설치 또는 설계시 처짐량 제어를 위해 배관의 강성도 특성을 분류할 때 $D^2/(EI)$ 또는 EI/D^2 계수를 사용하지 않아야 한다.

예제 7.12 150lb/in^2 PE관

PE 압력배관의 필요한 치수비 DR를 계산하라. 최대 운영 압력은 150lb/in^{2}이고, 서지 압력은 예상되지 않는다. 그리고 안전계수는 2.5이다.

해답

1. 정수압 설계응력 계산

$$HDS = \frac{HDB}{\text{safery factor}}$$

표 7.16으로부터

$$HDB = 1{,}250\text{lb/in}^2$$

$$HDS = \frac{1{,}250}{2.5} = 500\text{lb/in}^2$$

2. 공식 7.10을 사용하여 DR를 계산한다.

$$DR = \frac{2\sigma}{P} + 1$$

여기서 $\sigma = HDS$

$$DR = \frac{2 \times 500}{150} + 1 = 7.67$$

다음 낮은 단계의 DR를 선정하면 $DR = 7.0$이다.

예제 7.13 6인치 압력 하수도 배관

압력 하수도 관로로 6인치(외경 6.625인치) PE 배관을 사용하고자 한다. 서지를 포함한 최대 압력은 50lb/in^{2}이고, 토피두께의 최대 깊이는 20ft이다. (a) 적합한 벽 두께를 선정하라. (b) 배관 영역의 흙의 종류와 다짐에 관련하여 필요한 요구사항은?(안전계수=2.0, OD=6.625인치, 그리고 처짐 한계는 5%이다)

해답

(a) 경우

1. 정수압 설계응력은 HDB/안전계수와 동일하므로

$$HDS = \frac{1250}{2} = 625\text{lb/in}^2$$

2. 공식 7.10을 사용하여 치수비를 계산한다.

$$DR = \frac{2\sigma}{P} + 1 = \frac{2 \times 625}{50} + 1 = 26$$

벽 두께

$$t = \frac{OD}{DR} = \frac{6.625}{26} = 0.25\text{in}$$

(b) 경우

1. 공식 3.3c를 이용하여 배관 강성도를 결정한다.

$$\frac{F}{\triangle y} = \frac{6.7EI}{r^3}$$

표 7.16으로부터 $E = 100{,}000\text{lb/in}^2$

$$I = \frac{t^3}{12} = \frac{0.25^3}{12} = 0.0013$$

$$r = \text{평균 반경} = \frac{OD - t}{2} = \frac{6.625 - 0.25}{2} = 3.19\text{in}$$

따라서

$$\frac{F}{\triangle y} = \frac{6.7 \times 100{,}000 \times (0.25/3.19)^3}{12} = 27\text{lb/in}^2$$

2. 필요한 흙의 탄성계수 E'를 구하기 위해 Spangler 공식 7.5를 사용한다.

$$E' = \frac{0.56H/(\triangle y/D) - PS}{0.41}$$

여기서 PS=배관 강성도=$F/\triangle y$, 따라서

$$E' = \frac{0.56 \times 20/(0.05) - 27}{0.41} = 480\text{lb/in}^2$$

따라서 표 3.4로부터 배관 영역에서는 최소 85% 프록터 밀도로 다짐된 조립질의 흙이 필요하다.

예제 7.14 직경 96인치 우수 하수도 배관

직경 96인치 우수 하수도 배관을 설치하고자 한다. 배관 가장 깊은 곳은 14ft 토피두께가 필요하다. 프로파일 벽 PE 배관을 사용하고자 한다. 이 PE관의 벽 관성모멘트는 I=0.524in^4/in이다. 연직 처짐량이 5% 이하가 되도록 배관을 설치하고자 할 때 (1) 배

관 강성도 $F/\triangle y$를 계산하라. (2) 배관을 선정한 후 이 배관의 설치방법은? (3) 이와 같은 경우 배관의 적합성에 대해 논하라.

해답

1. 공식 3.3c를 이용하여 배관 강성도를 계산한다.

$$F/\triangle y = \frac{6.7EI}{r^3}$$

여기서 $E = 100{,}000\text{lb/in}^2$

$I = 0.524\text{in}^4/\text{in}$

$r = 96/2 = 48\text{in}$

따라서

$$\frac{F}{\triangle y} = \frac{6.7 \times 100{,}000 \times (0.524)}{48^3} = 3.17\text{lb/in}^2$$

상기 수치는 매우 낮으며, 배관은 극도로 유연하다.

2. 배관 설치를 위해 Spangler 공식 7.5를 사용하여 필요한 흙의 탄성계수 E'를 계산한다.

$$E' = \frac{0.56H/(\triangle y/D) - PS}{0.41}$$

$$= \frac{0.56 \times 14/0.05 - 3.17}{0.41} = 374\text{lb/in}^2$$

표 3.4로부터 $E' = 374\text{lb/in}^2$인 경우 최소 85% 프록터 밀도로 다짐된 조립질의 흙이 필요한 것을 알 수 있다. 이 특정 배관은 설치시 엄격한 제어가 필요한 것으로 보인다. 이와 같이 낮은 강성도를 갖는 배관의 경우 흙 하중에 기인하여 좌굴이 발생하기 쉽다. 이러한 파괴 모드는 예제 7.16과 7.17에서 상세하게 기술한다.

3. 강성도가 10lb/in^2 이하인 배관은 처짐에 대한 저항이 상당히 적기 때문에 배관 둘레 흙을 다짐할 때 배관 내부에 버팀대가 필요할 수 있으며, 필요한 흙 밀도를 얻은 후 버팀대를 제거한다. 플라스틱 배관의 경우 버팀대를 조심스럽게 설계 및 설치하지 않으면 버팀대가 배관 벽을 침투할 수 있다. 이와 같은 이유로 상기 조건을 만족시킬 수 있도록 배관을 선정해야 한다. 또한 배관 영역에서는 최소 표준 프록터 밀도의 85%로 다져지는 입상 재료들을 사용해야 한다.

7.2.2 PE 재료의 장기 연성(延性, ductility)

소개 플라스틱 배관의 현저한 성능 특성은 변형 능력과 주변 지반에 흙 하중을 전달하는 능력이 매우 탁월하다는 것이다. 이와 같은 성능의 근본 원리는 배관의 연성(국부 변형률에 대처 능력과 균열 또는 구조적 파괴없이 변형)에 근거하며 모든 열가소성 재료는 이러한 연성을 갖고 있으나 PE의 연성은 더욱 우수하다.

매설 용도의 열가소성 재료 배관의 주된 장점은 매설배관을 안정시키고 강화시키는 배관-흙 상호작용을 고려한다는 것이다. 즉, 이 배관은 안전하게 응력집중을 감소시키며, 취급 및 설치가 용이하고, 배관제작과 설치설계가 단순하며, 관대하고 내구성 있는 설치를 할 수 있다. 열가소성재료 매설 연성 거동을 가정하여 배관의 설계 규약과 건설 권장사항들을 전개하여 왔다. 열가소성 배관의 표준은 높은 변형률 능력을 갖는 재료를 사용하여 제품을 제작하는 것을 보장하기 위한 취지로 재료 및 제품 요구사항들을 제시하고 있다.

연성(延性, ductility) 재료는 파괴 전에 현저한 변형을 허용하는 것이 가능하여 응력을 재분산시켜 감소시킬 수 있다. 따라서 연성 구조는 안전하게 응력집중을 분산시킬 수 있다. 연성 재료를 사용하는 경우 평균 응력에 기초하여 설계할 수 있으며, 설계가 상당히 단순화될 수 있다. 반면 취성 재료를 사용하는 경우 설계시 반드시 최대 변형률을 예상하고 이 변형률이 작용하는 지점을 알아야 하기 때문에 취성 재료는 필연적으로 더욱 복잡한 설계 절차가 필요하다.

배관 시스템을 설계하는 기술자는 회주철 배관에 비해 덕타일주철관의 성능이 양호한 것을 잘 알고 있다. 덕타일주철관은 연성(軟性, flexible) 배관이고, 설치 요구조건도 덜 엄격하다. 개선된 성능 특성들은 연성(延性, ductility)에 직접적으로 기인한다. 또한 강도가 크고 더욱 취성인 강과 비교하여 배관 재료가 연성(延性)이고, 통상적으로 부드러울수록 설계 절차가 단순하여 현장 성능을 개선할 수 있다는 것을 기술자들은 인식하고 있다. 연성(延性) 구조는 설계자가 고려하지 않은 응력들을 어느 정도 수용할 수 있지만 부적절한 취급 및 설치로 인해 발생하는, 그리고 제작 과정 동안 발생하는 응력들은 포함하지 않는다.

항상 연성(延性, ductility)이지는 않다 설계자는 특성이 잘 알려져 있고, 특성이 시간에 따라 변화하지 않는 재료 사용을 선호한다. 일부 PE 배관은 낮은 변형률 수준에서 취성과 유사한 방식으로 파괴한 사례가 보고되었다. 연성(延性) 재료로부터 유사취성 재료로의 변이는 완만하게 성장하는 균열이 발생되어 전파된 결과이다. 이러한 균열들이 발생하면 PE 재료는 반드시 결정체 구조를 갖는다. 구조가 결정체일수록 균열 개시가 더욱 용이하다. 연성으로부터 유사취성 상태로 변이하면 장기 변형률이 감소할 뿐만 아니라 장기 강도가 감소하고 주기적 응력에 대한 내구성도 감소한다.

비압력 배관의 경우 균열이 발생되어 궁극적으로 배관으로의 유입 및 유출(infiltration and exfiltration)에 대한 설계 요구사항을 만족시키지 못할 정도로 성장하는 것이 가능하고, 배관–흙 시스템의 구조적 무결성(integrity)을 파괴한다. 통상적으로 압력배관 내에서 균열의 발생 및 지속적인 성장 가능성을 수용할 수 없으며, 특히 배관이 천연가스와 같이 위험물질을 수송할 때는 더욱 수용할 수 없다.

배관을 제작하기 위해 사용하는 PE 재료는 반드시 균열 형성과 전파에 충분히 높은 저항력을 가져야 한다. PE 폴리머 재료는 부분적으로 결정성(crystalline)이고 부분적으로 무결정성(amorphous)이다. 밀도와 분자량은 특정 PE 특성에 상당한 영향을 미친다. 독자는 고분자량과 고밀도는 동일하지 않고 항상 상호적으로 이롭지만은 않다는 것을 이해해야 한다. PE 재료들은 밀도가 높을수록 구조적으로 더욱 결정성을 띠고 있어 강성도, 인장강도 및 경도(硬度, hardness)가 높다. 따라서 밀도가 높을수록 좋은 것으로 생각할 수 있지만 인성(toughness), 저온에서 충격강도, 그리고 장기 균열 저항의 감소를 동반한다. PE의 분자량을 증가시켜 이러한 손실을 다소 보상할 수 있으나 분자량을 증가시키면 용해점도(melt viscosity)가 증가한다는 것이다. 용해점도가 높아지면 제작공정이 어려워지는 점을 배관 제작사는 우려한다. 도전과제는 장기 연성(延性, ductility)과 응력 균열에 대한 저항, 그리고 배관 제작공정의 용이성을 만족시킬 수 있도록 밀도와 분자량의 균형을 맞추는 것이다.

이러한 도전과제를 성공적으로 수행하기 위해 수지 공급자는 다른 단량체(monomer)를 소량 첨가하여 에틸렌을 혼성중합체(copolymerized)로 만든다. 이와 같은 혼성중합체는 시간에 따라 더욱 결정성을 띠기 때문에 폴리머 화학자는 극도로 조심해야 한다. 비결정성 구조에서 결정성 구조로의 변화시키는 공정률은 온도의 함수로서 PVC와 같은 단순 단일중합체(homopolymer)들과 비교할 때 상업적으로 유효한 PE 폴리머는 분자 구조의 다양성 때문에 더욱 중요하게 된다. PVC의 경우 밀도, 분자량, 그리고 용해점도와 같은 기본적인 폴리머 특성들을 변형률 및 장기 강도와 같은 기계적 특성에 매우 정확하게 연계시키는 것이 가능하다.

통상적으로 금속의 연성(延性, ductility) 측정수단인 인장시험으로 연신율을 사용한다. 그러나 다축 응력장(multiaxis stress field)을 받거나 작은 재료적 결함(균열)이 존재하면 낮은 변형률에서도 연성 재료들은 취성 형태로 파괴할 수 있다고 잘 알려져 있다. 따라서 PE와 같은 재료의 경우 의도한 압력 또는 비압력 용도의 매설배관으로 충분한 장기 변형률 능력을 만족시킬 수 있는 재료만을 사용하는 것을 보장하기 위해 재료시험을 할 필요가 있다.

이와 같은 시험은 오직 시험 시기에서의 재료 특성들만을 결정할 것이다. 따라서 시간이 경과함에 따라 재료가 연성(延性)으로부터 취성 거동이 변이하지 않도록 보장해야 한다. PE 재료의 경우 균열 형성과 완만한 성장에 의해 연성(延性, ductility)이 감소할 수 있기 때문에 시험의 필요성은 매우 중요하다.

7.2.3 SECR 시험

1959년도에 ASTM 표준 시험방법 D 1693이 발간되었으며 이 직후 PE 성분을 분류하기 위한 환경적 응력 균열저항(ESCR : Environmental stress crack resistance) 판단 기준이 ASTM 규격에 첨부되었다. ESCR 시험은 부정확하고 장기 균열저항의 대략적인 측정수단일 뿐이다. 배관 재료의 최소 균열저항 요구사항을 정의하기 위해 bent-strip ESCR 시험을 한 번도 적용하지 않았다. 대신 산업계에서는 충분한 강도(이는 장기 균열에 대한 충분한 저항을 고려한다)를 보장하기 위해 HDB 요구사항을 채택하였다. 압력배관의 경우 정격 HDB 수지들이 필요하다.

7.2.4 PE 배관의 HDB 요구사항

HDB 요구사항을 만족시키는 재료들을 사용하여 배관을 제작하면 압력관과 비압력관 모두에서 성능을 제대로 수행할 수 있다. 그러나 낮지만 충분한 장기 균열 저항을 갖는 비압력 용도의 배관에는 HDB 요구사항을 적용하지 않는다.

낮은 균열저항의 재료를 배제한 HDB의 절차를 그림 7.42에 따라 기술할 수 있다. 이 그림은 대기 온도에서 시간이 경과함에 따라 PE 배관이 파괴되는 파열 강도가 완만한 퇴화의 초기 영역[이 영역에서 배관은 연성항복(ductile yielding)에 의해 파괴된다]과 더욱 급격하게 퇴화하는 영역[이 영역에서는 파괴는 분명한 항복점이 없는 작은 유사취성이다]이 발생하는 응력-파열 거동을 묘사한 것이다. 이 변이 영역이 나중에 발생할수록 재료는 균열의 개시와 성장에 대한 저항이 크게 된다. 1986년도에 PE 배관의 요구사항이 ASTM D 2837에 첨부되었다. 이 새로운 요구사항은 응력-파열 특성이 연성(延性, ductile)에서 유사취성 영역으로의 전이가 100,000시간 이상에서 발생하는 것으로 증명되지 않는 한 PE에 HDB를 사용할 수 없다는 내용이다. 이러한 요구

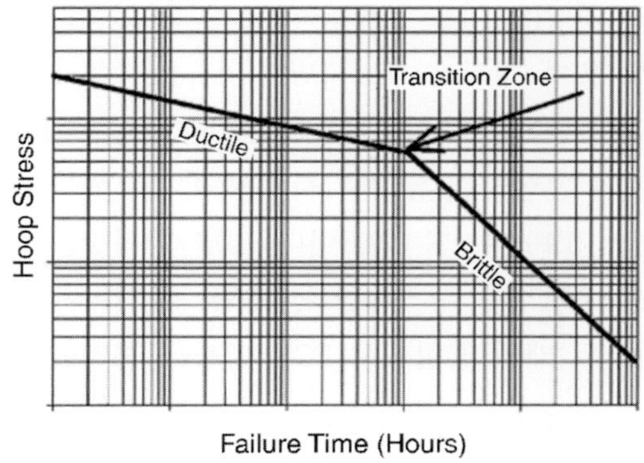

그림 7.42 PE 배관의 응력 퇴행 개략도

사항은 연성(延性, ductility)을 충분히 보장하지만 중력배관으로 사용하는 PE 재료의 경우에 적용하기가 너무 과도한 것으로 일부 기술자들은 믿는다.

7.2.5 NCTL(notched constant tensile load) 시험

지속하는 변형률을 안전하게 허용하기 위해 매우 단순하고 신속하게 시험을 수행하여 PE 배관의 성능을 신뢰성 있게 측정할 수 있는 수단을 제공할 필요가 있다. Drexel 대학의 Grace Hsuan 박사는 그와 같은 시험 방법을 찾았다고 그의 연구 프로그램을 발표하였다. 사전평가를 통해 노치가 있는 일정 인장하중시험(NCTL : notched constant tensile load tes)인 ASTM 방법은 이러한 시험방법을 수행할 수 있는 것으로 나타났다. 또한 이 평가는 재생 수지를 함유하는 PE 재료에서도 이 시험을 사용할 수 있다는 것을 보여준다. 중간 밀도 폴리에틸렌 지오멤브레인(geomembrane)의 응력 균열저항(SCR : stress crack resistance)을 평가하기 위한 시험방법인 ASTM D 5397 (NCTL)이 개발되었다. Hsuan 박사는 온도가 제어된 표면활성용액 내에서 일정한 인장응력 아래 노치가 있는 아령모양(dumbbell) 시편을 사용하여 시험을 수행했으며 결과를 요약하면 다음과 같다.

"불행하게도 완전한 NCTL 응력 파열 특성곡선을 얻기 위해서는 상대적으로 긴 시험 시간이 필요하였다. 따라서 MQC 시험에 적합하지 않다. 그러나 단일 점(single point) 평가에 기초하여 약식 시험 버전을 전개하였으며 이를 SP-NCTL 시험이라 부른다. 완만한 균열 성장 메카니즘에 의해 응력 균열이 발생하기 때문에 덕타일 취성 곡선의 가장 중요한 부분은 취성 영역이다. 변이(transition)응력 영역 이하 임의 위치에서 선정한 단일 응력수치를 사용할 수 있다. 이 단일 점 시험은 전체시험 시간을 극적으로 짧게 만들고 MQC 시험으로 적용할 수 있다."

또한 Hsuan 박사는 응력 균열저항(SCR)을 포함한 재료의 장기 관점에서 재생 수지(PCR: postconsumer resins) 이용에 대해서 보고하였다. Hsuan 박사는 그녀의 연구에서 순수 PE 수지의 SCR에 대한 PCR의 영향을 합체시켰다. 단일 PCR을 25, 50, 그리고 75%로 두 개의 순수 수지와 혼합시켰다. 여기서 사용한 두 형식의 순수 수지는 중공성형업(blow molding) 등급 HDPE와 PE 3408이다. 10% 항복강도에서 SP-NCTL 시험을 통해 혼합 및 순수 재료의 SCR을 평가하였다. 그림 7.43과 7.44는 PCR 비율에 따른 파괴 시간을 보여준다. 두 개의 혼합에서 PCR 비율이 증가하면서 파괴 시간은 감소하였다.

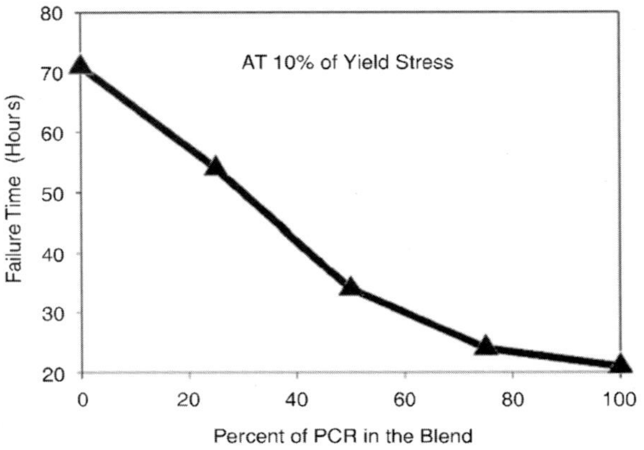

그림 7.43 HDPE 수지의 blow molding 등급에 대한 PCR 영향

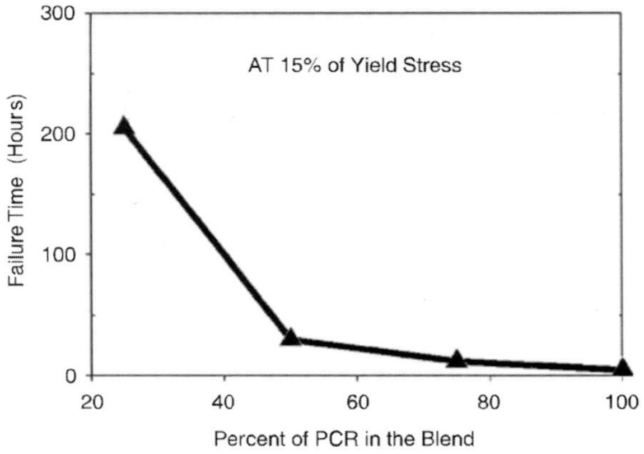

그림 7.44 HDPE 3408 수지에 대한 PCR 영향

Hsuan 박사의 연구로부터 상대적으로 단순하고 신속한 SP-NCTL 시험을 통해 PE의 장기 균열을 확립할 수 있다는 것이 명백해진다. SP-NCTL 시험결과와 PE 배관의 현장 성능 사이 적합한 경험적(실험적) 상관관계를 확립하기 위해 추가 연구를 수행할 필요가 있다. PE 배관의 제작에서 재생 수지의 사용은 장기 균열 파괴를 선도할 수 있다.

7.2.6 매설된 프로파일 벽 HDPE 배관의 구조적 성능

HDPE 프로파일-벽 배관 파형 또는 프로파일-벽 폴리에틸렌 배관의 경우 제작기법에 따라 매끄러운 라이너를 제공하는 것이 가능하다. 리브 보강 프로파일 벽은 설치 동안 단면 형상을 유지하고 흙으로 된 상재하중을 지지하기 위해 배관에 링 강성도를 보강한다. 유동 특성이 개선되면 플라스틱 벽은 매우 낮은 마찰저항을 갖는다. 또한 플라스틱 벽은 배관 대부분의 길이방향 강성도를 제공한다.

실물크기(full-scale) 시험 매설배관의 성능을 예측하기 위한 해석적 방법을 올바르게 활용하기 위해서는 경험적 상수들이 필요하며, 이 미지의 경험적 상수들을 결정하기 위해 실험적 조사가 필요하다.[13,18,22,29,61] 유타대학, 미국개척국, 그리고 오하이오 대학과 같은 여러 실험실에서 실물크기 시험 절차를 성공적으로 수행하였다. 이러한 시험으로 취득한 자료들을 배관-흙 시스템 및 전반적인 성능 예측에 직접 사용할 수 있다. 실제 시험을 통해 좌굴, 과도한 처짐, 그리고 벽 파쇄의 가능성을 동시에 평가할 수 있다. 이러한 방법의 사용에 있어 배관-흙 상호작용 현상을 설명할 필요가 없으며, 판단 기준에 따라 추정해야 할 것이 아무것도 없다. 시험자료의 수집에 있어 실제 사용하는 유사한 방법은 배관을 설치하고 성능 수준을 초과할 때까지 토피두께를 증가시킨다. 경험적 곡선 또는 자료를 사용하면 토피두께의 함수로서 배관 성능을 결정할 수 있기 때문에 실제 토압을 결정할 필요가 없다.

프로파일 벽 배관 배관 벽 단면계수를 증가시켜 재료의 사용량이 최소가 되도록 프로파일-벽 배관들을 설계 및 제작한다. 파형 강관은 실질적인 프로파일-벽 배관이고 수년 동안 사용되어 온 것으로써 프로파일-벽 배관의 개념은 새로운 것이 아니다. 새로운 플라스틱 배관 제품들 중 일부는 프로파일-벽 형식이다. 이러한 제품들 중 많은 제품은 설계한 것과 같이 하나의 단위로 동작하는 프로파일 단면을 갖고 성능을 발휘하는 것으로 나타났다. 이와 같은 제품의 경우 안전을 충분히 확보하기 위해 설계시 내부와 외부 벽 사이 또는 리브들 사이에 충분한 플라스틱을 충진시켜 전단력을 전달하고 프로파일 단면이 실제로 하나의 단위로 동작하도록 해야 한다. 또한 단위길이당 단면적과 각 벽 구성요소의 두께는 국부 좌굴에 저항하기에 충분해야 한다.

연성배관의 해석 및 설계시 가장 중요한 매개변수들은 (1) 하중, (2) 흙의 강성도, (3) 배관 강성도, 그리고 (4) 프로파일 설계이다.[37] 설계시 이러한 매개변수들을 고려하지 않으면 불완전한 설계가 된다. 많은 연성배관의 경우 연직 처짐은 적정 설치 설계로 반드시 제어해야 할 변수이다. 처짐은 상기에 기술한 처음 3개 매개변수의 함수이다. 하나의 성능한계로서 연직 처짐을 제어한다고 하여 국부 좌굴을 제어할 수 있다고는 볼 수 없다.

시험 결과 성능에 관한 정보들을 구하기 위해 프로파일-벽 폴리에틸렌 배관에 대한 시험들을 수행하였으며, 수행한 시험 항목들을 표 7.19에 나타내었다.

절차 유타대학에서 고밀도 폴리에틸렌 배관을 시험하였다. 이 시험의 목적은 토피두께의 함수로서 구조적 성능 특성을 결정하는 것이다. 관측된 매개변수들(종속 변수들)은 링 처짐 및 육안상 문제 발생의 증거이다. 독립변수들은 흙의 종류, 흙의 밀도(다짐), 그리고 토피두께를 나타내는 연직 흙 하중이다.

기본적인 흙의 종류는 실트질 모래로서 ASTM D2321에 의거 클래스 III 흙에 해당된다. 이 흙은 통일토질분류시스템에 따라 SM으로 분류된다. 최대 건조 밀도(T-99)는 $124.8lb_m/ft^3$($1,997kg/m^3$)이고, 최적 함수비는 9.5%이다. 가장 일반적이기 때문에 SM

표 7.19 전반적인 시험 결과

시험 자료				국부 좌굴		일반 좌굴	
시험 No.	제작사	직경(in)	% 프록터 밀도	토피두께 (m)	처짐 (%)	토피두께 (m)	처짐 (%)
X-1	X	48	95	10.4	2.0	21.0	6.0
X-2	X	48	75	6.7	6.5	10.4	9.0
X-3	X	48	85	5.8	3.0	14.0	8.7
X-4*	X	48	85	10.4	5.5	15.8	9.8
X-5	X	60	94	20.0	5.3	32.0	12.2
X-6	X	60	85	16.0	6.5	22.0	11.7
Y-1	Y	48	75	8.5	10.0	10.4	13.1
Y-2	Y	48	85	8.8	5.0	18.0	11.5
Y-3	Y	48	96.5	36.6	3.5	55.0	6.3

* 이중-두께 라이너

토질을 사용하고, 뒷채움으로서 명시되는 대부분의 흙보다 품질이 좋지 않고(그리고 대부분 설치의 경우 최악의 시험이 된다), 광범위한 밀도에 걸쳐 다짐할 수 있다.

이러한 시험들을 통해 외부 토압을 받는 배관의 성능한계를 조사할 수 있다. 유타 대학에 소재한 대규모 시험토조에 샘플 배관을 매설하고 50개 유압 실린더로 배관 상부에 연직 흙 하중을 작용시켜 시험을 수행하였다(그림 7.55 참조).

대규모 배관 시험토조는 하나의 빔에 5개 실린더가 장착된 10개 하중 빔으로 구성되어 총 50개 유입 실린더로 구성된다. 이러한 실린더들(rams)은 제방 조건을 모의한 지반에 수직 하중을 제공한다. 그림 7.45는 시험토조 내부에 설치되는 강-리브 보강 HDPE 배관을 보여준다.

시험 X-1 표준 프록터 밀도의 95%로 다짐된 지반 내부에 단일 두께 라이너를 갖는 직경 48인치 배관을 설치하였다. 10.4m 토피두께와 2% 연직 처짐에서 내부 벽에서 국부 좌굴의 전조인 딤플링 패턴이 2시와 10시 위치에서 육안으로 확인되었다. 딤플들의 간격은 외부 리브 간격과 거의 동일하다. 이러한 딤플링 패턴은 외관상으로 체커판(checkerboard)과 다소 유사하며, 얇은 내부 벽의 국부적인 불안정(localized in-stability)의 개시를 나타낸다.

그림 7.45 시험토조 내 시험 배관 설치

23m 토피두께에서 3시와 9시 위치에서 일반적인 벽 좌굴이 시작하였다. 하중이 증가하면서 일반적인 좌굴은 더욱 현저하게 되었다. 흙 내부에서 배관의 좌굴은 전통적인 좌굴과는 다르다. 전통적인 좌굴에서는 한 번 임계 하중에 도달하면 곧바로 급격한 파괴가 발생한다. 그러나 매설배관의 경우 통상적으로 한 번 좌굴 현상이 발생하여 더욱 진행하려면 또 다른 하중 증가가 필요하다. 30m 토피두께에서 시험을 종료하였으며 이 시험 자료들을 그림 7.46에 나타내었다.

시험 X-2 이 시험에서는 표준 프록터 밀도의 75%로 다짐된 지반 내부에 단일 두께 라이너를 갖는 하나의 배관을 설치하였다. 6.7m 토피두께와 약 6.5% 연직 처짐에서 시험 X-1에서 기술한 국부 좌굴이 형성되기 시작하였다. 10.4m 토피두께에서 3시와 9시 위치에서 일반적인 벽 좌굴이 시작하였다. 12.2m 토피두께에서 일반적인 좌굴이 극도로 현저하게 나타나 시험을 종료하였으며 시험 자료들을 그림 7.46에 나타내었다.

시험 X-3 이 시험에서는 표준 프록터 밀도의 85%로 다짐된 지반 내부에 단일 두께 라이너를 갖는 직경 48인치 배관을 설치하였다. 5.8m 토피두께와 약 3% 연직 처짐에서 국부 좌굴이 형성되기 시작하였다. 16m 토피두께의 3시와 9시 위치에서 일반적인 벽 좌굴이 시작하였다. 토피두께를 16m 이상으로 증가시켰을 때 좌굴은 더욱 현저하게 나타났다. 17.7m 토피두께에서 일반적인 좌굴이 극도로 현저하게 나타나 시험을

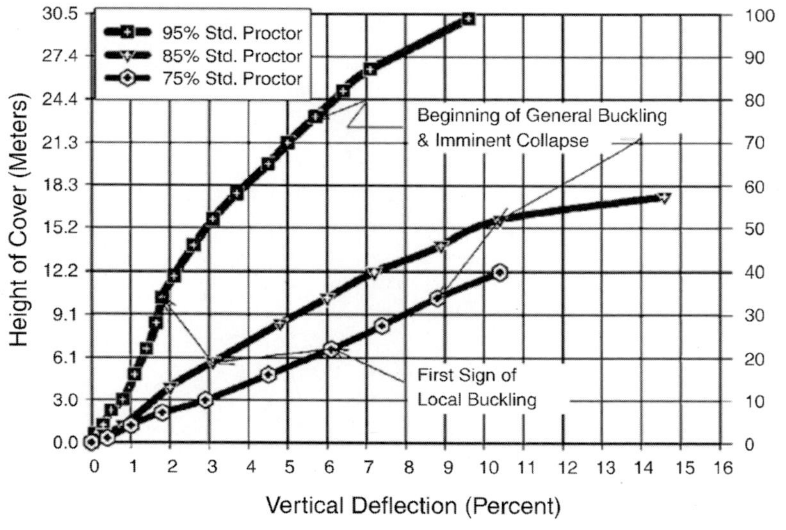

그림 7.46 시험 X-1, X-2, X-3 자료

종료하였으며 시험 자료들을 그림 7.46에 나타내었다.

시험 X-4 이 시험에서는 이중 두께 라이너를 제외하고 시험 X-3과 동일하다. 흙은 표준 프록터 밀도의 85%로 다짐하였다. 10.4m 토피두께와 약 5.5% 연직 처짐에서 시험 X-1에서 기술한 국부 좌굴이 형성되기 시작하였다. 흙 하중이 증가하면서 이 좌굴은 더욱 현저해졌으며 3시와 9시 방향으로 이동하였다. 15.8m 토피두께의 3시와 9시 위치에서 일반적인 좌굴(배관 벽 내부에서 힌지)이 극도로 현저하게 나타나 시험을 종료하였다. 그림 7.46은 배관 연직 처짐 제어에서 흙 밀도의 중요성을 도해적으로 보여준다. 그림 7.47은 이중 두께 라이너를 갖는 배관의 자료와 단일 두께의 라이너를 갖는 배관의 자료를 비교한 것을 보여준다. 이중 두께 라이너 배관의 경우 국부 좌굴의 첫 번째 육안 표시가 10.4m 토피두께에서 발생하였으나, 단일 두께 라이너 배관시험 X-3의 경우 국부 좌굴이 오직 5.8m 토피두께에서 발생하였다는 점이 흥미롭다.

시험 X-5 이 시험에서는 표준 프록터 밀도의 94%로 다짐된 지반 내부에 직경 60인치 배관을 설치하였다. 20m 토피두께와 약 5.3% 연직 처짐에서 벽 측면에서 딤플링 패턴이 선명하게 나타났다(그림 7.48 참조). 국부 좌굴의 시작인 이러한 패턴은 2시와 10시 위치에서 시작하였다. 딤플들 사이 중심 간격은 외부 리브 간격과 거의 동일하

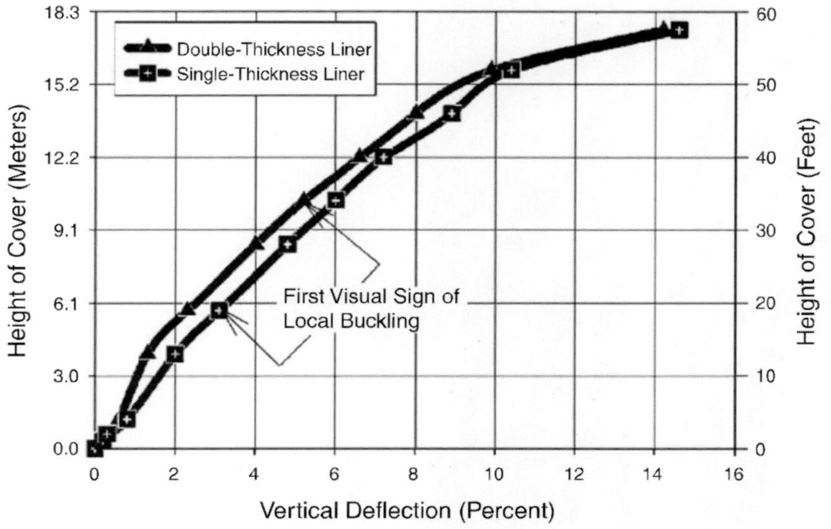

그림 7.47 시험 X-4 자료 및 시험 X-3과의 비교

였다. 토피두께가 증가하면서 이 딤플링은 현저해졌고 크라운과 3시 및 9시 위치 방향으로 전개되었다. 25m 토피두께에서 딤플링은 와플(waffle) 패턴으로 나타났으며, 이와 같은 와플 패턴은 압력 용기 내에서 전통적인 벽 좌굴의 대표적인 형상이다. 이 와플링 패턴은 외관으로는 체커판과 유사하며, 배관 벽의 불안정의 시작을 나타낸다. 또한 8시 위치에서 약간의 플래트닝이 관측되었다. 그림 7.49는 와플링(waffling) 패턴과 일부 국부 좌굴을 보여준다.

수직 토피두께가 32m에 도달하자 일반적인 벽 좌굴은 선명하게 나타났다. 34m 토피두께에서 배관 상단부는 배관 벽의 일반적인 좌굴로 간주되는 역곡률이 형성되기 시작하였다. 배관은 하중을 유지할 수 없어 부과된 34m 토피두께에서 시험을 종료하였으며 이 시험 자료들을 그림 7.50에 나타내었다.

시험 X-6 이 시험에서는 표준 프록터 밀도의 85%로 다짐된 지반 내부에 직경 60인치 배관을 설치하였다. 16m 토피두께, 3시 위치에서 국부 좌굴이 시작되었다. 수직 하중을 증가시키자 국부 좌굴은 2시 위치로 전개되었다. 18m 토피두께에서 좌굴은 와플 패턴으로 나타났으며, 22m 토피두께에서 배관의 동쪽 측면에 배관 벽이 좌굴되기

그림 7.48 시험 x-5, 딤플링 개시(토피 18m)

시작하였다. 23m 토피두께에서 배관의 크라운에서 일반 벽 좌굴이 발생하였으며 배관은 부과된 하중을 유지할 수 없어 시험을 종료하였다(그림 7.51 참조).

그림 7.49 시험 X-5, 와플링 패턴 및 국부 좌굴(토피 25m)

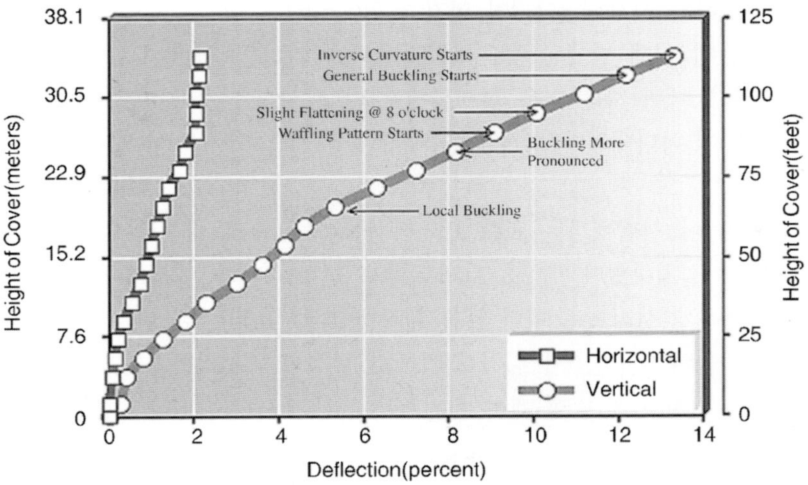

그림 7.50 시험 X-5, 94% 표준 프록터 밀도로 다짐된 실트질 모래 흙에서 시험된 직경 60인치 HDPE 배관

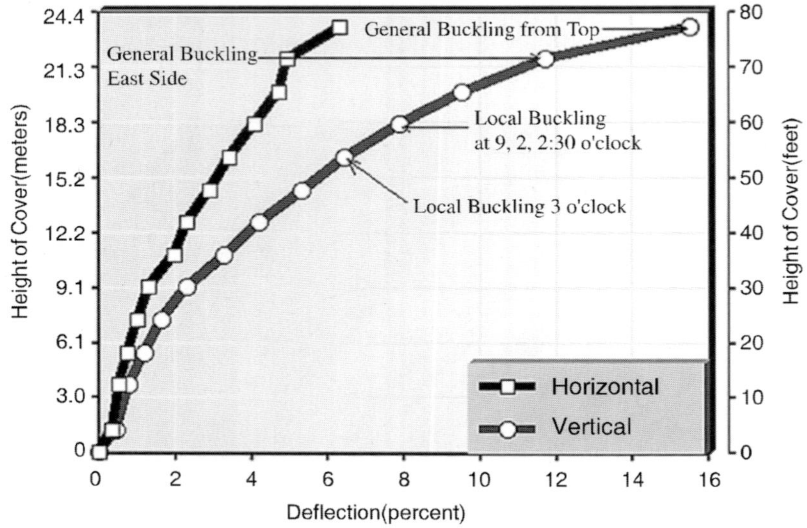

그림 7.51 시험 X-6, 85% 표준 프록터 밀도로 다짐된 실트질 모래 흙에서 시험된 직경 60인치 HDPE 배관

시험 Y-1 이 시험에서는 표준 프록터 밀도의 75%로 다짐된 지반 내부에 직경 48인치 배관을 설치하였다. 8.5m 토피두께와 약 10% 연직 처짐에서 내부 벽에서 딤플링 패턴이 육안으로 확인되었다. 10.4m 토피두께에서 벽 내부 3시와 9시 위치에서 힌지 라인이 발생하기 시작하였다. 이 힌지 라인(crase)은 링 압축, 링의 휨, 그리고 국부 좌굴의 조합에 의해 발생된 높은 압축 응력에 기인한다. 10.4m 토피두께 이상 하중을 증가시키자 이 힌지는 더욱 현저하게 나타나 시험을 종료하였으며 이 시험 자료들을 그림 7.52에 나타내었다.

시험 Y-2 이 시험에서는 표준 프록터 밀도의 85%로 다짐된 지반 내부에 직경 48인치 배관을 설치하였다. 5.8m 토피두께와 약 3% 연직 처짐에서 weld/ribbing이 현저해지기(더욱 가시적으로 나타났다) 시작하였다. 약 8.8m 토피두께와 약 5% 처짐에서 작은 딤플들이 3시와 9시 위치 근방에서 형성되기 시작하였다. 18m 토피두께에서 벽 내부 9시 위치(서쪽 방향)에서 힌지가 형성되기 시작하였다. 19.8m 토피두께에서 하중을 종료하였으며 이 시험 자료들을 그림 7.52에 나타내었다.

시험 Y-3 이 시험에서는 표준 프록터 밀도의 96.5%로 다짐된 지반 내부에 직경 48인

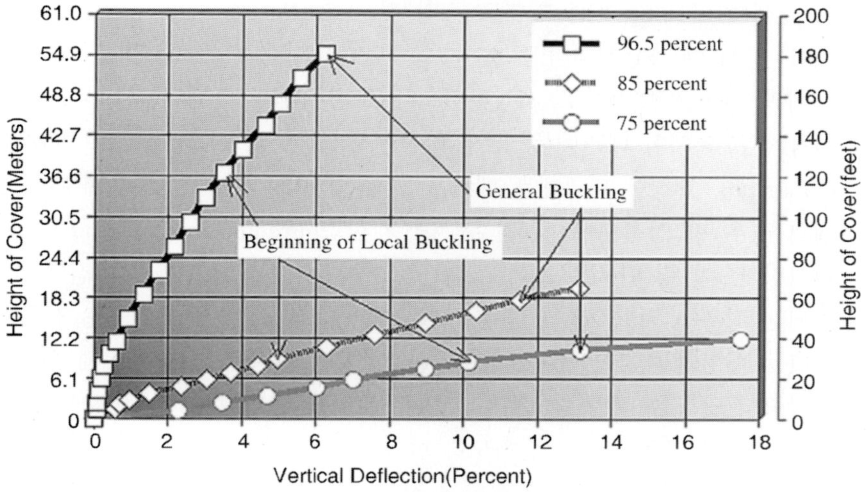

그림 7.52 시험 Y-1, Y-2, Y-3 자료; 시험된 3개 흙 밀도에서 수직 배관 처짐

치 배관을 설치하였다. 18.9m 토피두께와 약 1.35% 연직 처짐에서 weld/ribbing이 육안으로 확인되기 시작하였다. 36.6m 토피두께와 약 3.5% 연직 처짐에서 약간의 딤플링 패턴이 시작되었다. 55m 토피두께에서 벽의 일반적인 국부 좌굴이 3시와 9시 위치에서 시작하였다. 이 시험자료를 그림 7.52에 나타내었으며 이 그림은 배관 처짐 제어시 흙 밀도의 중요성을 도표로 보여준다.

시험 결과에 대한 의견 배관 링에 문제없이 적용할 수 있는 높은 하중은 주목할 만하다. 저밀도 흙은 더욱 압축하기 때문에 밀도가 높은 흙보다는 배관이 동일한 하중에서 더욱 처진다. 구조적 관점으로 볼 때 고밀도 폴리에틸렌 배관이 성능을 제대로 발휘할 수 없을 이유가 없다. 만일 큰 토피두께 또는 무거운 표면 하중 아래에 배관을 매설하려면 반드시 조립질토를 사용하고 조심스럽게 다짐해야 한다. 배관영역에 중간~높은 밀도의 조립질 뒷채움 재료를 사용하면 큰 흙의 토피두께에서도 배관이 제대로 성능이 발휘되는 것을 보장할 수 있다.

국부 좌굴이 발생하는 하중은 주로 링 압축 응력에 기인하며 흙 밀도의 함수이다. 현재로는 좌굴을 방지함에 있어 흙 밀도의 정확한 역할이 무엇이지 전반적으로 분명하지 않다. 밀도가 높은 지반에 설치된 배관은 좌굴 없이 높은 하중을 지지하는 것이 분명하지만 표준 프록터의 75%~85% 범위에서 흙 밀도의 영향은 분명하지 않다.

이 시험들에서 일반적인 벽 좌굴을 상한 성능한계로 간주하였다. 일반적인 벽 좌굴이 발생하는 토피두께는 저밀도 흙의 경우 최저 10.4m이였지만 잘 다져진 흙의 경우 높이는 55m에 도달하였다.

배관 단면은 원형으로 시작하였으나 토피두께가 증가하면서 타원형으로 변화하기 시작하였다. 시험 배관들 중 임의 하중에서 소위 정사각형 형태로 변화하는 "사각형화(squaring)" 현상을 나타내는 배관은 전혀 없었다. 상당히 낮은 계수를 갖는 폴리에틸렌의 경우 링 압축 응력은 원주방향 링 단축(circumferential ring shortening)을 야기시킨다. 이 링 단축은 토피두께가 작고 낮은~중간 정도까지 다짐된 흙에 배관이 설치되는 경우가 적고, 흙의 높은 토피두께와 고밀도 흙에 설치되는 경우 매우 커서 발생하는 변형의 대부분을 차지한다. 원주방향의 단축은 배관 성능에 매우 유익하다. 원주방향의 단축은 배관 링으로부터 일부 토압을 완화시키고 주변 배관 영역 입상 재료들이 하중의 많은 양을 부담하도록 한다. 이는 파형 금속관 내부 슬롯 가공된 볼트 구멍과 같이 동일한 원리로 정확하게 작용한다. 이러한 시험들에서 상당한 원주방향 단축이 발생하여 대부분 배관들은 높은 하중에도 견딜 수 있었다.

강 리브를 갖는 HDPE 배관 폴리에틸렌 프로파일 단면을 원통에 따라 나선형 형상으로 감은 후, 폴리에틸렌의 프로파일 단면을 기계적으로 인터로킹하기 위해 강 리브를 나선형 형상으로 감으면 외부 강 리브를 갖는 폴리에틸렌 배관이 된다. 이 배관에서 강 리브는 플라스틱보다 상당히 강(stiff)하여 링이 처질 때 강 리브는 하중 대부분을 부담한다. 흙 속에 이 배관을 매설하였을 때 링 형상을 유지하면 폴리에틸렌은 시간에 따라 이완된다. 즉, 양호한 뒷채움과 임의 높이 토피두께 내부에 이 배관을 매설하는 경우 흙은 배관을 일정한 단면으로 유지시킨다. 따라서 폴리에틸렌은 응력이완을 경험하고, 강 리브는 본질적으로 배관에 작용하는 모든 하중을 부담한다. 더욱이 합성배관(강과 HDPE)은 유연하여 흙이 수직 하중의 상당한 부분을 부담한다. 정적으로 중간 정도의 흙-구조 상호작용은 유익하다. 배관은 흙 아치를 위한 하나의 형상으로서 기여하고, 흙은 흙의 아칭작용에 의해 연직 하중으로부터 배관을 지지하고 보호한다. 강 리브는 배관의 강성을 높여서 뒷채움 동안 단면 형상을 유지하는데 도움을 준다. 그러나 강 리브를 갖는 HDPE 배관의 경우 강 리브에서 좌굴 또는 항복(yielding)을 야기시키기에 충분한 하중이 배관에 작용하면 급격한 파괴가 발생할 수 있다.

C-1 시험 표준 프록터 밀도의 87%로 다짐된 흙 속에 직경 1,900mm 강 리브 보강 HDPE 배관을 설치하였다. 8.5m 토피두께에서 플라스틱과 관련하여 강이 미끄러지는 것을 나타내는 청취 가능한 음이 발생하였다. 강의 항복이 발생할 수 있다. 10.4m 토피

두께의 3시와 9시 위치 근방에서 약간의 불룩 튀어나오는 것(bulging)이 인지되었으며 수직 하중이 증가하면서 벌징이 증가하였다. 12m 토피두께와 연직 처짐 2.8%에서 국부 좌굴이 발생하였다. 18m 토피두께와 연직 처짐 6.7%에서 일반적인 벽 좌굴이 명백해졌고 배관은 붕괴하기 시작하여 시험을 종료하였으며 시험결과 자료를 그림 7.53에 나타내었다.

C-2 시험 표준 프록터 밀도의 86%로 다짐된 흙 속에 직경 2,000mm 배관을 설치하였다. 10.4m 토피두께에서 플라스틱과 관련하여 강이 미끄러지는 것을 나타내는 청취 가능한 음이 발생하였다. 강의 항복이 발생할 수 있다. 약 12.2m 토피두께와 연직 처짐 3.5%에서 국부 벽 좌굴이 인지되었고, 조인트라이너가 좌굴되었다. 15.8m 토피두께와 연직 처짐 5%에서 배관 상단부에서 일반적인 좌굴이 발생하였다. 17.7m 토피두께에서 배관은 더 이상 하중을 지지할 수 없어 시험을 종료하였으며 시험결과 자료들을 그림 7.53에 나타내었다.

C-3 시험 표준 프록터 밀도의 91%로 다짐된 흙 속에 직경 2,000mm 배관을 설치하였다. 12.2m 토피두께와 연직 처짐 0.9%에서 5시와 7시 위치에서 국부 좌굴이 시작되

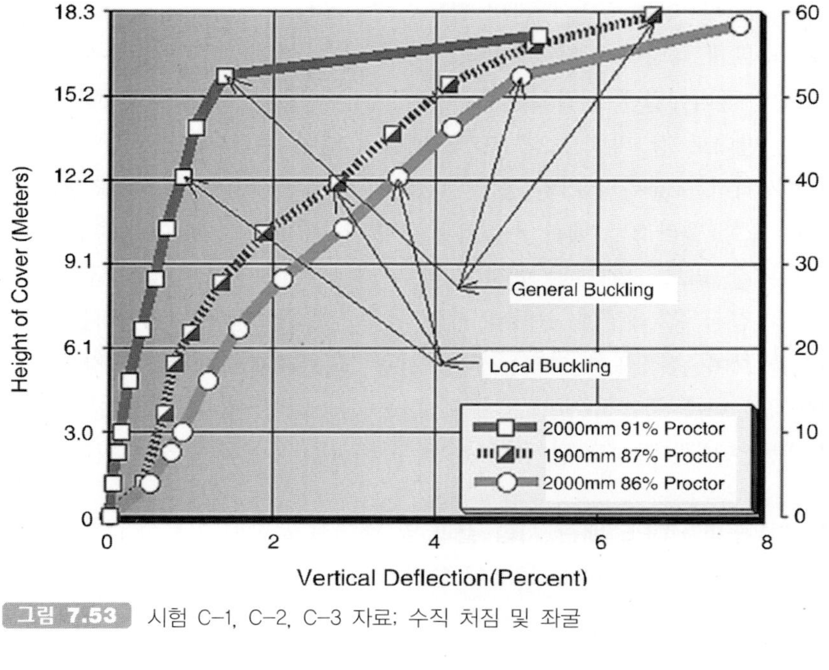

그림 7.53 시험 C-1, C-2, C-3 자료; 수직 처짐 및 좌굴

표 7.20 강-리브 보강 HDPE 배관의 전반적인 시험 결과

시험 자료				국부 좌굴		전체 좌굴	
시험 No.	제작사	직경(in)	% 프록터 밀도	토피두께 (m)	처짐 (%)	토피두께 (m)	처짐 (%)
C-1*	C	1900	87	12.0	2.8	18.0	6.7
C-2*	C	2000	86	12.2	3.5	15.8	5.0
C-3*	C	2000	91	12.2	0.9	15.9	1.4

*강-리브 보강 폴리에틸렌 배관

었으며 약 14m 토피두께의 5시와 7시 위치에서 국부 벽 좌굴이 더욱 현저해졌다. 이 좌굴은 연직 하중이 증가하면서 더욱 현저해졌다. 15.9m 토피두께와 연직 처짐 1.4%에서 2시, 3시, 9시, 그리고 10시 위치 근방에서 일반적인 좌굴이 시작하였다. 17.4m 토피두께에서 배관은 더 이상 하중을 지지할 수 없어 시험을 종료하였으며 시험결과 자료들을 그림 7.53에 나타내었다.

강-리브 보강 배관은 본질적으로 낮은 강성도 파형 금속 배관과 동일하게 거동한다. 이는 강 리브가 폴리에틸렌 재료보다 상당히 강성하기 때문이다. 강성도가 높은 강은 본질적으로 모든 하중을 부담한다. 따라서 강 리브의 거동은 본질적으로 배관의 거동이다. 강-리브 보강 배관의 경우 하중-처짐 곡선들은 다른 플라스틱 배관의 곡선과는 다르게 나타나고 낮은 강성도 파형 금속 배관의 곡선과 유사하게 나타난다. 예를 들어 폴리에틸렌 배관의 경우 수평 처짐은 연직 처짐보다 상당히 적다(그림 7.50 참조). 반대로 강 리브 보강 HDPE 배관의 경우 수평 및 연직 처짐량은 배관이 파괴되기 시작하는 점까지 거의 동일하다(그림 7.54 참조). 이는 금속 배관의 거동과 일치한다. 또한 플라스틱 배관 시험에서 5~7시 위치에 문제의 징후가 발생하지 않았다. 그러나 강-리브 보강 배관에서는 국부 좌굴이 배관의 인버트 단면에서 발생하였다. 높게 다짐된 흙 내부에 설치된 파형 금속 배관에 대한 시험결과들은 동일한 형식의 거동을 보여준다. 또한 파괴는 파형 강관 또는 HDPE 배관보다 강-리브 보강 폴리에틸렌에서 더욱 급격히 발생된다(즉, 하중 증가없이 붕괴가 진행할 수 있다). 이 배관의 거동은 배관 강성도 단독으로는 국부 좌굴을 제어하지 않는다는 것을 보여준다.

프로파일-벽 HDPE 배관 시험 결과 앞 절에서 포함된 자료들을 Transportation Research Record No. 1624, 1998에 출판하였다. 본서에서 사용된 자료들은 추가 연구로부터 발췌한 것이다. 이 자료들은 직경 42, 48, 그리고 60인치 배관에 대한 것이다.

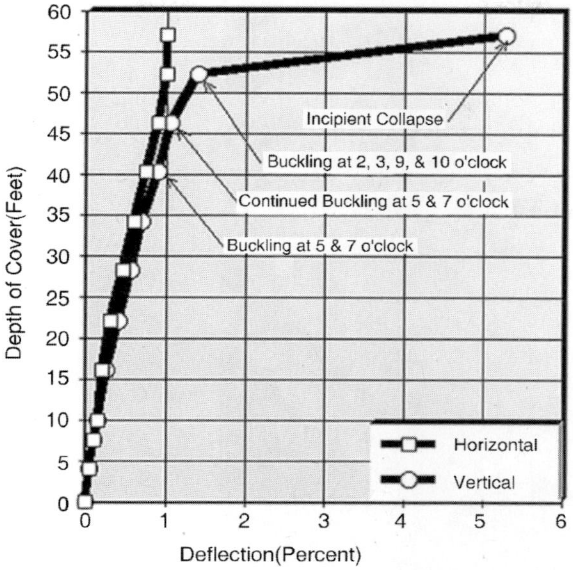

그림 7.54 91% 표준 프록터 밀도로 다짐된 실트질 모래 흙에서 시험된 직경 2,000mm 강-리브보강 HDPE 배관의 성능은 수평 및 수직 처짐이 거의 동일한 것을 보여준다.

프로파일 설계 매개변수들은 배관의 구조적 성능에 큰 영향을 미친다. 안정된 벽 설계는 덜 안정된 설계보다 내부 딤플링과 극한 파괴 모두 높은 성능한계를 보여줄 것이다.

절차 1999년 여름 동안 프로파일 벽 폴리에틸렌 배관에 대해 시험을 수행하여 외부 토압을 받는 배관의 성능한계를 조사하였다. 유타대학 소재 대규모 시험토조에 샘플 배관을 매설하고 50개의 유압실린더로 연직 흙 하중을 작용시켜 시험을 수행하였다(시험 격실 및 시험 절차는 그림 7.55~7.60 참조). 흙의 종류는 실트질 모래로서 ASTM D2321에 의거 클래스 III 흙에 해당된다. 이 흙은 통일토질분류시스템에 따라 SM으로 분류된다. 흙 등급 및 프록터 밀도 자료는 그림 6.11과 6.12를 참조한다.

그림 7.55는 대규모 시험토조에 설치되었던 배관 시험 장면을 보여준다. 그림 7.56은 흙 제방을 모의하는 수직 하중을 작용시키기 위해 사용했던 載荷 램(loading ram) 사진이다. 그림 7.57은 필요한 밀도로 다짐하였던 채움재료 흙을 보여준다. 그림 7.58과 7.59는 시험 격실을 채움(fill)하기 위해 사용했던 과정의 일부분을 보여준다. 그림 7.60은 작용된 수직 하중과 함께 완전히 채워진 토조를 보여준다.

그림 7.55 시험토조 내에 설치되는 직경 60인치 HDPE 배관

시험 결과

Test 1

- 배관 : 직경 60인치. 프로파일 형식 1, HDPE
- 채움재료 흙 : 실트질 모래
- 다짐 : 표준 프록터 밀도의 83%
- 시험일자 : 6/24/99

Test 2

- 배관 : 직경 60인치. 프로파일 형식 1, HDPE
- 채움재료 흙 : 실트질 모래
- 다짐 : 표준 프록터 밀도의 95%
- 시험일자 : 7/07/99

그림 7.56 載荷를 위해 사용된 50개 유압 실런더

Test 3

- 배관 : 직경 60인치. 프로파일 형식 1, HDPE
- 채움재료 흙 : 실트질 모래
- 다짐 : 표준 프록터 밀도의 75%
- 시험일자 : 7/15/99

Test 4

- 배관 : 직경 42인치. 프로파일 형식 2, HDPE
- 채움재료 흙 : 실트질 모래
- 다짐 : 표준 프록터 밀도의 83%

그림 7.57 흙 채움, 다짐, 그리고 밀도 측정

- 시험일자 : 7/30/99

Test 5

- 배관 : 직경 42인치. 프로파일 형식 2, HDPE
- 채움재료 흙 : 실트질 모래
- 다짐 : 표준 프록터 밀도의 95%
- 시험일자 : 8/09/99

Test 6

- 배관 : 직경 42인치. 프로파일 형식 2, HDPE

그림 7.58 시험토조 내 흙을 載荷하는 백호우

- 채움재료 흙 : 실트질 모래
- 다짐 : 표준 프록터 밀도의 75%
- 시험일자 : 8/15/99

Test 7

- 배관 : 직경 48인치. 프로파일 형식 3, HDPE
- 채움재료 흙 : 실트질 모래
- 다짐 : 표준 프록터 밀도의 77%
- 시험일자 : 9/14/99

Test 8

- 배관 : 직경 48인치. 프로파일 형식 3, HDPE
- 채움재료 흙 : 실트질 모래
- 다짐 : 표준 프록터 밀도의 95%
- 시험일자 : 9/22/99

그림 7.59 흙 채움 과정

그림 7.60 흙을 채우고 載荷 빔(beam)을 내리고 지반 표면에 하중을 적용

Test 1 결과 표준 프록터 밀도의 83%로 다짐된 흙 속에 배관을 설치하고, 연직 흙 하중을 8,664lb/ft^{2}까지 증가시켰다(흙의 단위중량 120lb/ft^3 기준으로 72.2ft 토피두께). 52ft 토피두께에 상응하는 토압, 약 12% 연직 처짐의 내부 벽에서 국부 좌굴의 전조인 딤플링 패턴이 3시 위치에서 시작하는 것이 육안으로 확인되었다. 딤플 사이 중간 간격은 내부 리브 간격과 거의 동일하였다. 이 패턴은 외관상 굴곡진 체커판과 다소 유사하고, 내부 벽의 국부 불안정(localized instability)의 시작이었으나, 이 딤플링은 작고 배관 구조적 성능을 방해하지는 않는 정도였다.

흙 하중이 증가하면서 이러한 딤플들은 약간 더 현저하게 나타났으나 성능한계에 도달하지는 않았다. 58ft 토피두께에 해당하는 토압에서 조인트로부터 1ft 떨어진 인버트에서 플래트닝이 인지되었다. 65ft 토피두께에 해당하는 토압에서 딤플링 패턴은 3시와 9시 위치 둘레 영역에서 매우 명백하게 나타났다. 65ft 토피두께 이상으로 하중이 증가하자 딤플링 패턴은 더욱 현저해지기 시작하였고 시험 단면의 중앙 근처와 수평직경(horizontal diameter) 부분에서 두 개의 균열이 형성되었다. 이러한 작은 균열들은 나선 조인트를 따라 길이방향으로 약 2ft 떨어져서 발생하였다. 72ft 토피두께에 해당하는 토압에서 시험을 종료하였으며 시험결과 자료들을 그림 7.61에 나타내었다.

Test 2 결과 표준 프록터 밀도의 95%로 다짐된 흙 내부에 배관을 설치하고, 143ft 토

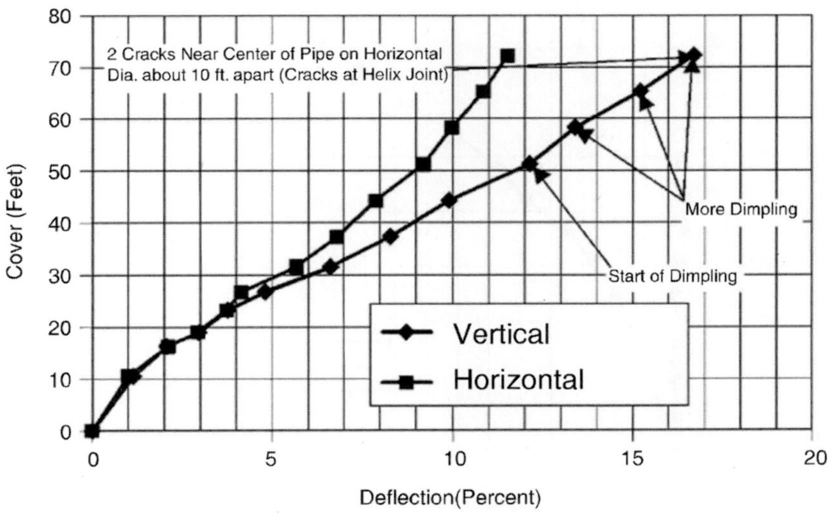

그림 7.61 직경 60인치 HDPE 배관의 하중-처짐 곡선. 실트질 모래 흙은 83% 표준 프록터 밀도로 다짐된다. 배관 센터에서 측정

피두께에 해당하는 연직 흙 하중을 17,167lb/ft^{2}까지 증가시켰다. 108ft 토피두께에 상응하는 토압과 약 3.5% 연직 처짐에서 작은 딤플들이 3시와 9시 위치 근방에서 형성되기 시작하였다. 이 딤플링은 극도로 작았으며 배관 구조적 성능을 방해하지는 않는 정도였다. 하중을 증가시키자 이러한 딤플들은 더욱 현저해졌고 3시와 9시 위치에 집중되었으나 성능한계에 도달하지는 않았다. 143ft 토피두께에서 시험을 종료하였으며 이 시험 결과자료들을 그림 7.62에 나타내었다.

Test 3 결과 표준 프록터 밀도의 75%로 다짐된 흙 속에 배관을 설치하였다. 연직 흙 하중을 7340lb/ft^{2}까지 증가시켰다(흙의 단위중량 120lb/ft^3 기준으로 61ft 토피두께에 해당됨). 44ft 토피두께와 약 16% 연직 처짐에서 미소한 딤플링 패턴이 시작되었다. 하중이 증가하면서 이 패턴은 3시와 9시 위치에서 시작하여 전개하였다. 딤플 사이 중간 간격은 내부 리브 간격과 거의 동일하였다. 이 패턴은 외관상 굴곡진 체커판과 다소 유사하고, 내부 벽의 국부 불안정(localized instability)의 시작이었다. 그러나 이 딤플링은 극도로 작아 배관 구조적 성능을 방해하지는 않는 정도였다.

하중이 증가하면서 이 딤플들은 더욱 현저해지기 시작하였으나 아직 배관의 성능한계로 판단되지는 않았다. 61ft 토피두께에서 시험을 종료하였으며 이 시험 결과자료들을 그림 7.63에 나타내었다.

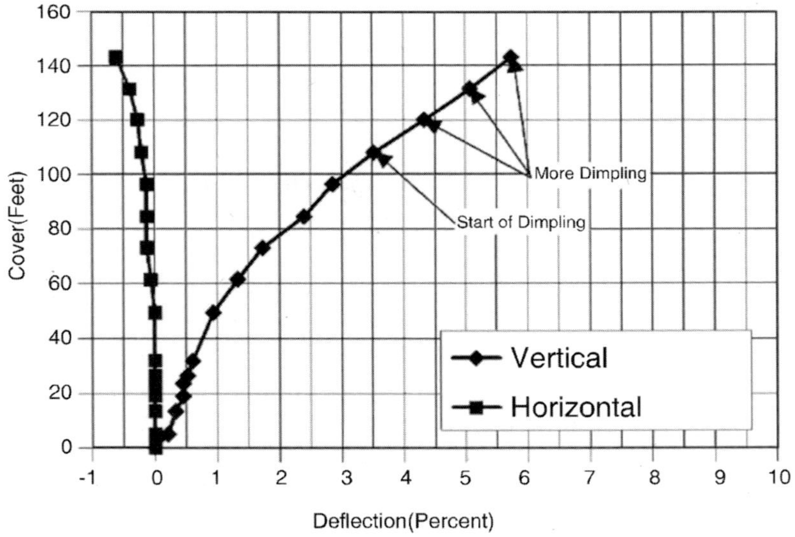

그림 7.62 직경 60인치 HDPE 배관의 하중-처짐 곡선. 실트질 모래 흙은 95% 표준 프록터 밀도로 다짐된다. 배관 센터에서 측정

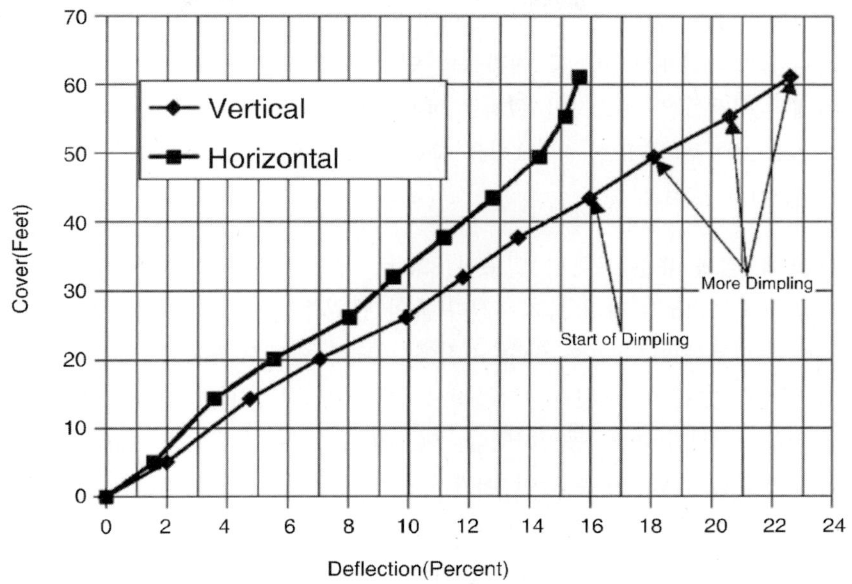

그림 7.63 직경 60인치 HDPE 배관의 하중-처짐 곡선. 실트질 모래 흙은 75% 표준 프록터 밀도로 다짐된다. 배관 센터에서 측정

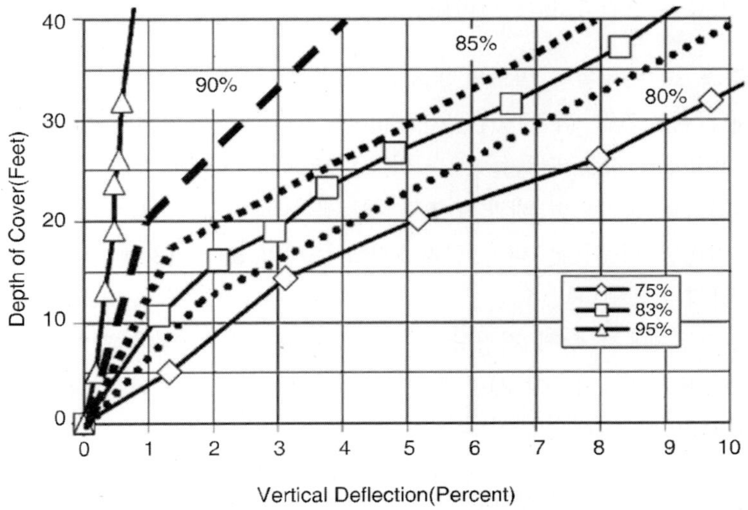

그림 7.64 다양한 흙 밀도에서 직경 60인치 HDPE 배관의 수직 처짐 곡선. 점선은 중간 밀도에서 추정된 곡선이다.

그림 7.64는 75%, 83%, 95% 3개의 흙 밀도와 실제 현장에서 사용하는 대표적인 토피두께의 범위에서 시험한 배관들의 연직 처짐 곡선을 보여준다. 토피두께 0~40ft 범위에서 곡선들은 대표적인 설치로 배관 연직 처짐 제어에서 흙의 밀도의 중요성을 그래프로 보여준다. 또한 이 그림은 중간 밀도 흙의 경우 근사하게 추정된 연직 처짐 곡선(점선)을 보여준다.

Test 4 결과 표준 프록터 밀도의 83%로 다짐된 지반에 배관을 설치하였다. 연직 흙 하중을 9,972lb/ft^{2}까지 증가시켰다(흙의 단위중량 120lb/ft^3 기준으로 83ft 토피두께). 55ft 토피두께와 약 12% 연직 처짐에서 내부 벽에서 딤플링 패턴이 육안으로 인지되기 시작하였다. 이 패턴은 3시와 9시 위치에서 시작하였다. 딤플 사이 중간 간격은 내부 리브 간격과 거의 동일하였다. 이 패턴은 외관상 굴곡진 체커판과 다소 유사하였다. 그러나 이 딤플링은 작아 배관 구조적 성능을 방해하지 않는 정도였다.

하중이 증가하면서 이 딤플들은 더욱 현저해지기 시작하였으나 성능한계에 도달하지는 않았다. 69ft 토피두께에서 딤플링 패턴이 3시와 9시 위치 부근 영역에서 매우 명백해졌으며, 3시와 9시 위치에서 힌징이 시작되었다. 토피두께가 69ft 이상으로 두터워져 하중이 증가하자 나선심(helix seam)이 풀어졌다. 76ft 토피두께에서 시험 단면의 중앙 부근과 수평 직경에서 균열들이 발생하였다. 이러한 작은 균열들은 나선 조인트(helix joint)를 따라 발생하였다. 83ft 토피두께에서 하중을 종료하였으며 이 시험결과 자료를 그림 7.65에 나타내었다.

Test 5 결과 표준 프록터 밀도의 95%로 다짐된 지반에 배관을 설치하고, 168ft 토피두께에 해당하는 연직 흙 하중을 20,196lb/ft^{2}까지 증가시켰다. 126ft 토피두께와 약 6% 연직 처짐에서 작은 딤플들이 3시와 9시 위치 근방에서 형성되기 시작하였다. 이 딤플링은 극도로 작았으며 배관 구조적 성능을 방해하지는 않는 정도였다. 하중을 증가시키자 이러한 딤플들은 더욱 현저해졌고, 3시와 9시 위치에 집중되었으나 성능한계에 도달하지는 않았다.

168ft 토피두께에서 수평 직경상에 원주방향 균열들이 인지되었다. 이 균열들은 나선 용접에서 발생하였다. 이 시점에서 시험을 종료하였으며 이 시험결과 자료를 그림 7.66에 나타내었다.

Test 6 결과 표준 프록터 밀도의 75%로 다짐된 지반에 배관을 설치하였다. 연직 흙 하중을 8,268lb/ft^{2}까지 증가시켰다(흙의 단위중량 120lb/ft^3 기준으로 69ft 토피두께). 48ft 토피두께와 약 13.5% 연직 처짐에서 아주 작은 딤플링 패턴이 시작하였다.

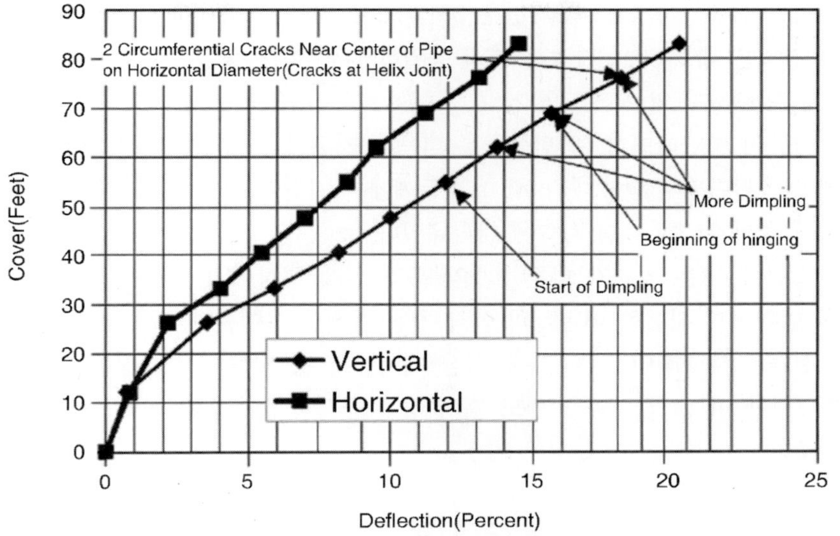

그림 7.65 직경 42인치 HDPE 배관의 하중-처짐 곡선. 실트질 모래 흙은 83% 표준 프록터 밀도로 다짐된다. 배관 센터에서 측정

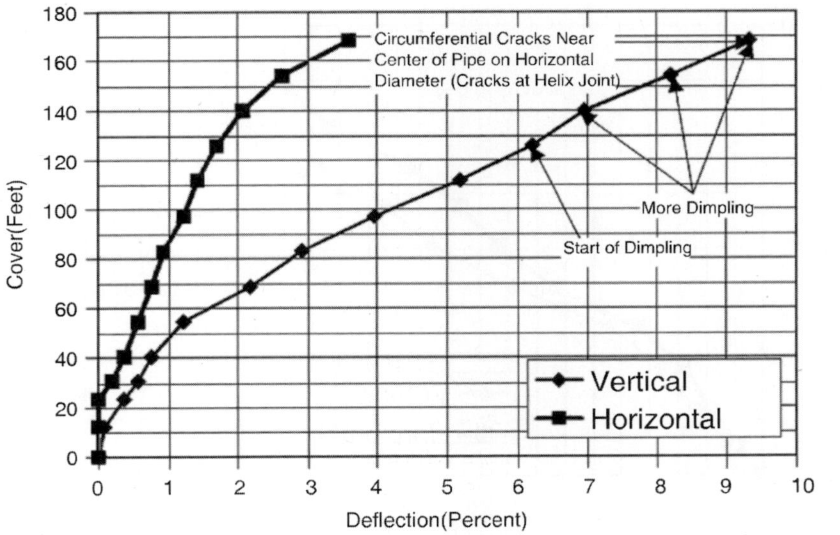

그림 7.66 직경 42인치 HDPE 배관의 하중-처짐 곡선. 실트질 모래 흙은 95% 표준 프록터 밀도로 다짐된다. 배관 센터에서 측정

하중이 증가하면서 이 패턴은 3시와 9시 위치 근방에서 시작하였다. 딤플 사이 중간 간격은 내부 리브 간격과 거의 동일하였다. 이 딤플링은 아주 작아 배관 구조적 성능을 방해하지 않는 정도였다.

하중이 증가하면서 이 딤플들은 더욱 현저해지기 시작하였으나 아직 배관의 성능한계로는 판단되지 않았다. 69ft 토피두께에서 힌징이 인지되어 시험을 종료하였으며 이 시험 결과자료를 그림 7.67에 나타내었다.

그림 7.68은 밀도가 다른 3개의 흙과 실제 현장에서 사용하는 대표적인 토피두께의 범위에서 시험한 배관들의 연직 처짐 곡선을 보여준다. 토피두께 0~40ft 범위에서 곡선들은 대표적인 설치 배관 처짐 제어에서 흙 밀도의 중요성을 도해적으로 보여준다. 또한 이 그림은 중간 밀도 흙의 경우 근사하게 추정된 연직 처짐 곡선(점선)을 보여준다.

Test 7 결과 표준 프록터 밀도의 77%로 다짐된 지반에 배관을 설치하였다. 연직 흙 하중을 6,918lb/ft^{2}까지 증가시켰다(흙의 단위중량 120lb/ft^3 기준으로 57.7ft 토피두께). 그림 7.69와 같이 46ft 토피두께와 연직 처짐 15%의 5시 위치에서 플래트닝이 시작하였다. 시험 후 굴착한 결과 이는 그 지점에서 리브의 좌굴이었던 것으로 나타났다.

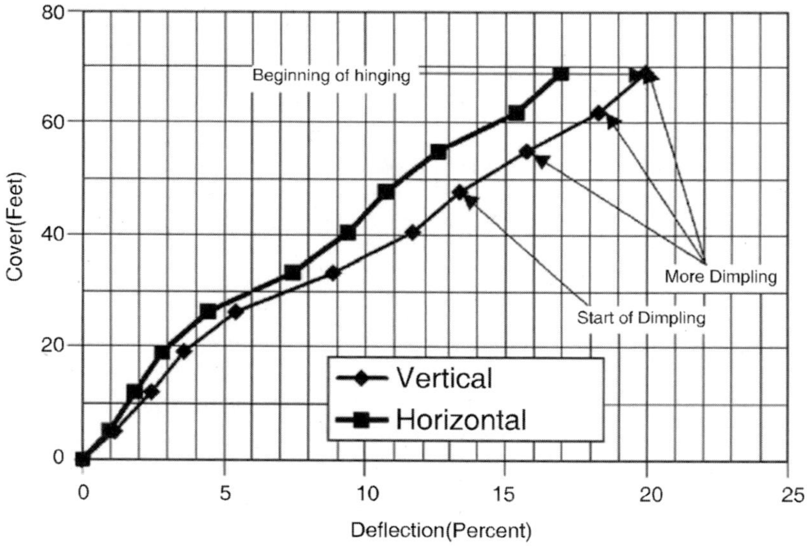

그림 7.67 직경 42인치 HDPE 배관의 하중-처짐 곡선. 실트질 모래 흙은 75% 표준 프록터 밀도로 다짐된다. 배관 센터에서 측정

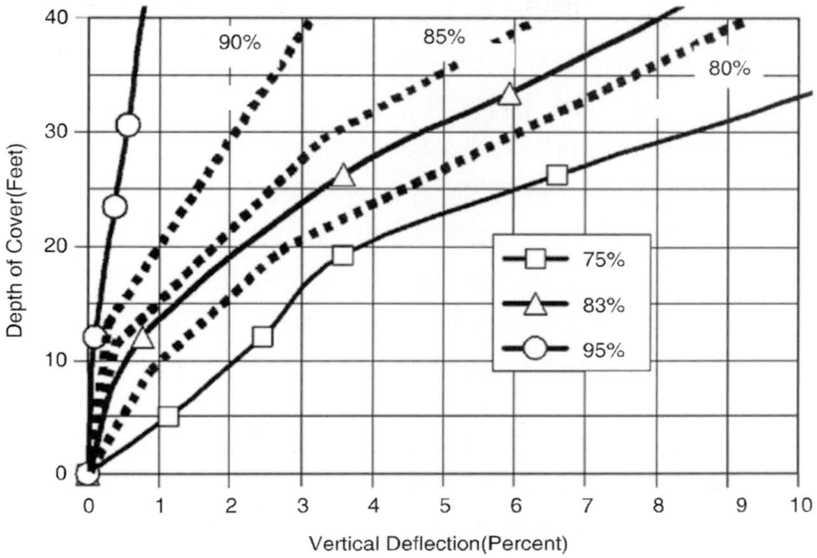

그림 7.68 다양한 흙 밀도에서 직경 42인치 HDPE 배관의 수직 처짐 곡선. 점선은 중간 밀도에서 추정된 곡선이다.

그림 7.69 5시 방향에서 국부 좌굴(밀도 77%, 토피 46ft)

52ft 토피두께와 약 18% 연직 처짐에서 내부 벽에서 딤플링이 육안으로 인지되기 시작하였다. 국부 좌굴의 시작인 이 패턴은 3시와 9시 위치에서 시작하였다. 딤플 사이 중간 간격은 외부 리브 간격과 거의 동일하였다. 이 패턴은 외관상 굴곡진 체커판과 다소 유사하였으며, 내부 벽의 국부 불안정의 시작이었다.

하중이 증가하면서 이 딤플들은 더욱 현저해지기 시작하였다. 58ft 토피두께에서 배관은 11시와 1시 위치에서 배관이 좌굴되었고(그림 7.70 참조), 3시와 9시 위치에서 조인트가 파괴되었다. 흙 내부에서 배관의 좌굴은 전통적인 좌굴과는 달리 좌굴 현상을 증가시키기 위해 하중의 증가가 필요하다. 58ft에서 하중을 종료하였으며 이 시험 결과 자료들을 그림 7.71에 나타내었다.

Test 8 결과 표준 프록터 밀도의 95%로 다짐된 지반에 배관을 설치하고, 152ft 토피두께에 해당하는 연직 흙 하중을 18,228lb/ft^{2}까지 증가시켰다. 87ft 토피두께와 연직 처짐 3.7%의 5시와 6시 위치 사이에서 플래트닝이 시작하였다. 시험배관의 굴착 후 외부 리브의 육안 검사를 통해 리브 좌굴에 의해 플래트닝이 발생하였던 것으로 나타났다.

그림 7.70 11시 방향에서 일반 좌굴(밀도 77%, 토피 58ft)

113ft 토피두께와 약 5.6% 연직 처짐에서 딤플들이 3시와 9시 위치 근방에서 형성되기 시작하였다. 이 딤플링은 작았으며 배관 구조적 성능을 방해하지는 않는 정도였다. 하중을 증가시키자 이러한 딤플들은 더욱 현저해졌고 3시와 9시 위치에 집중되었다. 토피두께를 126ft로 증가하자 딤플들은 2시와 4시 위치로 전개하였다.

139ft 토피두께의 9 : 30시와 2 : 30시 위치에서 벽 파쇄(wall crushing)가 시작하였다. 하중을 139ft 이상으로 증가시키자 파쇄와 딤플링은 더욱 현저해지기 시작하였다. 152ft 토피두께에서 시험을 종료했으며 이 시험결과 자료를 그림 7.72에 나타내었다.

그림 7.73은 2개의 흙 밀도에서 시험한 배관들의 연직 처짐 곡선을 보여준다. 이 그림은 배관 처짐 제어에서 흙 밀도의 중요성을 그래프로 보여준다. 또한 이 그림은 중간 밀도 흙의 경우 근사하게 추정된 연직 처짐 곡선(굵은 실선)을 보여준다.

딤플링(dimpling) 본 서에서 사용한 딤플링 용어는 벽의 국부 불안정에 기인한 배관 내부 벽에서 발생하는 주름(wavy) 패턴을 의미한다. 이는 일반적인 좌굴이 아니며, 구조적 성능한계도 아니다.

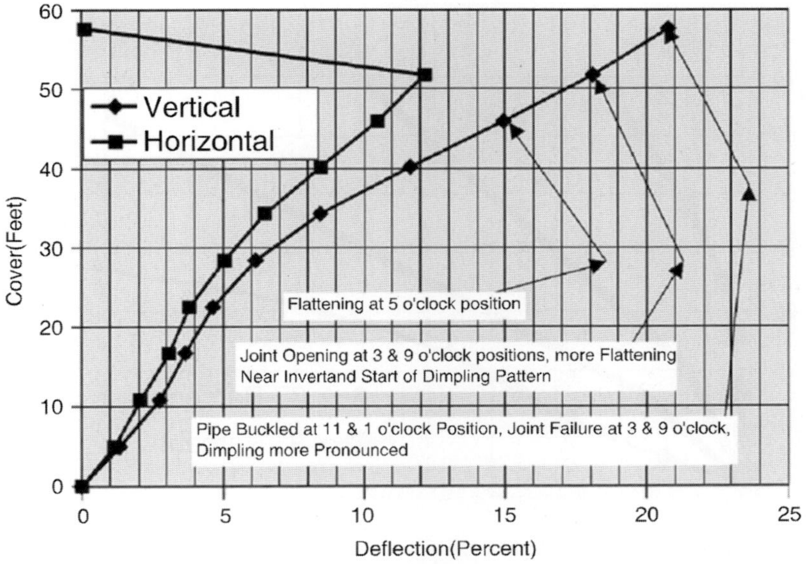

그림 7.71 직경 48인치 HDPE 배관의 하중-처짐 곡선. 실트질 모래 흙은 77% 표준 프록터 밀도로 다짐된다. 배관 센터에서 측정

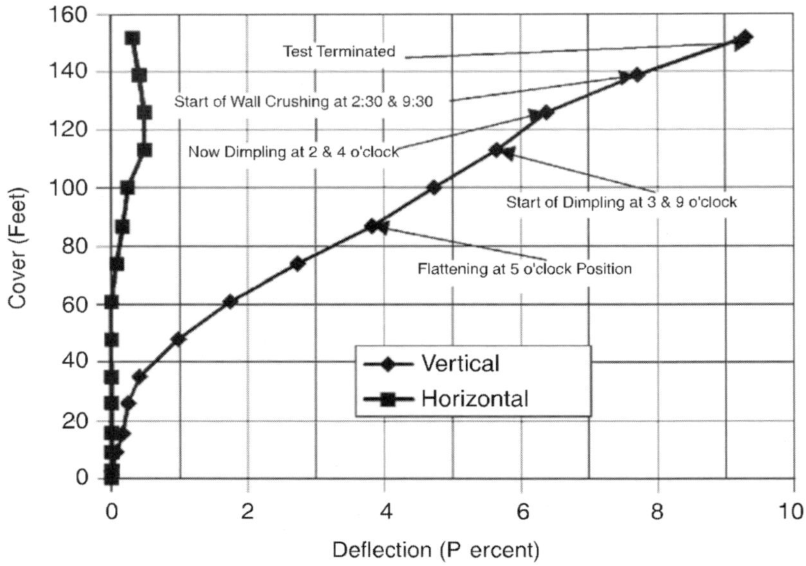

그림 7.72 직경 48인치 HDPE 배관의 하중-처짐 곡선. 실트질 모래 흙은 95% 표준 프록터 밀도로 다짐된다. 배관 센터에서 측정

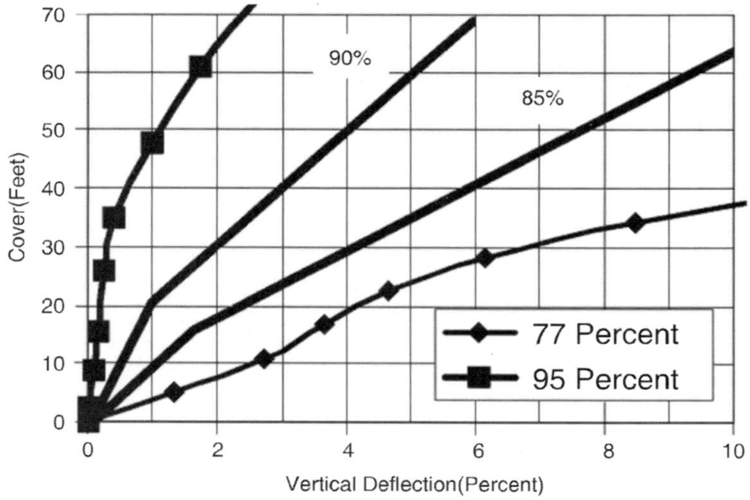

그림 7.73 다양한 흙 밀도에서 직경 48인치 HDPE 배관의 수직 처짐 곡선. 굵은선은 중간 밀도에서 추정된 곡선이다.

힌징(hinging) 벽 내부에서 과도한 굽힘 모멘트에 기인한 재료의 항복을 기술하기 위해 *힌징* 용어를 사용한다. 통상적으로 이러한 힌지(hinge)들은 3시와 9시 위치에서 발생한다. 주로 굽힘에 기인하지만 이러한 소성 힌지들은 배관 벽 내부에서 추력에 의해 야기된 벽 항복과 국부 좌굴의 조합에 의해 영향을 받을 수 있다. 통상적으로 힌징은 하나의 구조적 성능한계로 간주된다.

벽 파쇄(wall crashing) 벽 내부 추력에 기인한 과도한 압축 응력에 의해 발생된 벽 내부에서 항복을 기술하기 위해 *벽 파쇄* 용어를 사용한다. 이와 같이 큰 압축 응력들은 국부 항복, 또는 국부 좌굴을 발생시킨다. 통상적으로 파쇄는 하나의 구조적 성능한계로 간주된다(그림 7.74와 7.75 참조).

요약 및 결론 배관 단면은 원형으로 시작하였으나 토피두께가 증가하면서 타원형으로 변하였다. 흙의 밀도가 75%와 77%의 경우 원형과 타원 형상의 차이는 상당히 현저하고, 흙의 밀도가 83%인 경우 배관의 처진 형상은 타원형이었으나 덜 현저하였다. 흙의 밀도가 95%일 때 배관 형상은 상당히 높은 토피두께에서도 거의 원형을 유지하였다. 시

그림 7.74 좌측에서 벽 파쇄 및 딤플링 패턴(밀도 95%, 토피 152ft)

험 배관들 중 임의 하중에서 원형에서 정사각형으로 변형하는 소위 "사각화(squaring)" 현상을 보여주는 배관은 전무하였다. 흙의 밀도가 75%인 경우 휨 응력에 대한 링 압축응력의 비는 1보다도 상당히 작다. 밀도가 83%인 경우 비율은 작으나 1에 가깝다. 표준 프록터 밀도의 95%로 다짐된 지반에서 시험한 배관의 경우 휨 응력에 대한 링 압축응력의 비율은 1보다 상당히 크다.

상당히 낮은 탄성계수를 갖는 폴리에틸렌의 경우 링 압축응력은 원주방향 링 단축을 야기한다. 낮거나 중간 정도로 다짐한 지반에서 작은 토피두께로 설치된 배관의 경우 이 링 단축은 작다. 고밀도 흙과 흙의 높은 토피두께에서 이 원주방향 링 단축은 매우 크고 변형의 가장 큰 부분을 차지한다. 이 원주방향 단축은 배관의 성능에 매우 유익하다. 즉, 원주방향의 감소는 배관 링에 작용하는 토압의 일부를 완화시키고 주변

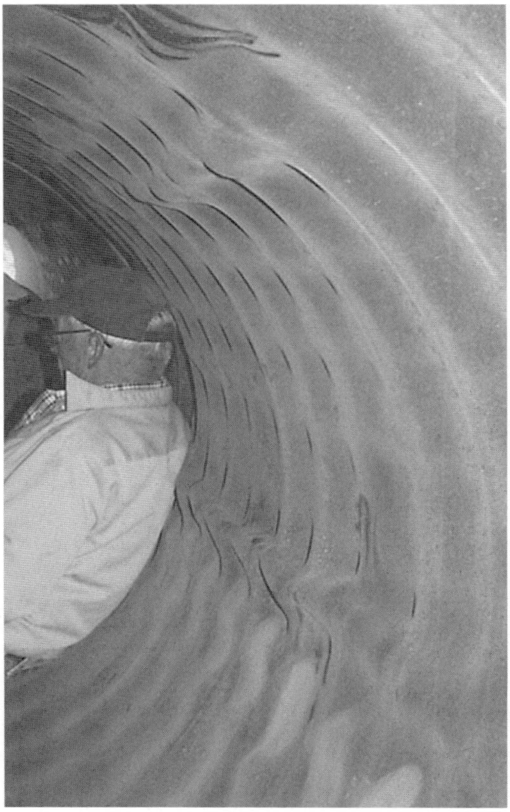

그림 7.75 우측에서 벽 파쇄 및 딤플링 패턴(밀도 95%, 토피 152ft)

배관 영역 조립질 흙이 하중의 많은 부분을 부담하도록 한다. 이는 파형 금속 배관 내 슬롯 가공된 볼트 구멍과 동일한 원리로 동작한다. Test 3에서 배관은 상당한 원주방향 단축이 발생하여 극도로 높은 하중에도 꽤 많이 견딜 수 있었다.

배관 링에 응력이완을 주지 않고 높은 하중을 적용할 수 있는 것은 주목할 만하다. 고밀도 흙에서보다 저밀도 흙은 더욱 압축하기 때문에 저밀도 흙에서 배관은 더욱 처진다.

높은 토피두께 아래 또는 무거운 표면 하중 아래 배관을 매설하면 반드시 조립질의 흙 재료를 사용하며 조심스럽게 다짐해야 한다. 중간~높은 밀도의 입상 배관 영역 뒷채움 재료는 큰 토피두께에서 배관이 성능을 제대로 발휘하는 것을 보장한다.

44~126ft 범위의 토피두께에 상응하는 하중에서 초기 딤플링이 발생하였다(표 7.21 참조). 이 시험에서 초기 딤플링 하중은 주로 흙 밀도의 함수이며, 딤플링은 하나의 구조적 성능한계가 아니다.

또한 구조적 성능한계를 발생시키는 하중은 흙 밀도의 함수이다. 상대적으로 불량한 설치(75% 표준 프록터)의 경우 성능한계는 55ft였다. 양호한 설치(83% 표준 프록터)의 경우 힌징 또는 균열은 약 70ft 토피두께에서 발생하였다. 우수한 설치(95% 표준 프록터)의 경우 가장 낮은 성능한계는 143ft 토피두께이다(표 7.22 참조).

7.2.7 프로파일 벽 HDPE 배관의 성능한계 및 사전 설계 권장사항

배관이 더 이상 성능을 발휘하지 못할 때 성능한계에 도달한다. 폴리에틸렌 배관의 경우 통상적으로 과도한 처짐, 벽 좌굴, 그리고 벽 파쇄를 성능한계로 간주한다. 통상적으로 적합하게 배관을 설치하면 처짐을 제어할 수 있다. 변형률 제어 및 적합한 벽

표 7.21 시험한 HDPE 배관의 딤플링

시험 번호	제작사, 형식	직경 (인치)	프록터 밀도(%)	딤플링 개시 하중 (토피두께) (ft)	딤플링 개시에서 처짐(%)
1	Y, 형식 1	60	83	52	12
2	Y, 형식 1	60	95	108	3.5
3	Y, 형식 1	60	75	44	16
4	Y, 형식 2	42	83	55	12
5	Y, 형식 2	42	95	126	6
6	Y, 형식 2	42	75	48	13.5
7	Z, 형식 3	48	77	52	18
8	Z, 형식 3	48	95	113	5.6

■ 표 7.22 ■ 시험한 HDPE 배관의 성능한계

시험 번호	제작사, 형식	직경 (인치)	프록터 밀도 %	성능한계에서 하중	성능한계에서 처짐(%)
1	Y, 형식 1	60	83	65ft 토피두께에서 과도한 처짐 및 딤플링	17
2	Y, 형식 1	60	95	143ft 토피두께 에서 균열	5.5
3	Y, 형식 1	60	75	61ft 토피두께에서 과도한 딤플링	22.5
4	Y, 형식 2	42	83	69ft 토피두께에서 과도한 처짐	15.6
				76ft 토피두께에서 힌징	18
5	Y, 형식 2	42	95	168ft 토피두께에서 균열	9.3
6	Y, 형식 2	42	75	69ft 토피두께에서 힌징	20
7	Z, 형식 3	48	77	57ft에서 과도한 처짐 및 리브 좌굴	20
8	Z, 형식 3	48	95	139ft 토피두께에서 벽 파쇄	7.7

두께 유지로 벽 좌굴을 제어할 수 있다. 단위길이당 충분한 배관 면적을 유지하여 벽 파쇄를 제어할 수 있다. 따라서 벽 두께는 배관 면적과 직접적으로 관련되기 때문에 단위길이당 면적의 가장 중요한 매개변수이다.

배관 강성도는 관성모멘트와 직접적으로 관련되고 면적, 형상, 그리고 파형 높이의 함수이다. 배관 강성도 최소 요구사항을 만족시키는 것은 중요하다. 배관 강성도를 최소치 이상으로 증가시키면 성능이 약간 증가하나 벽 면적이 충분하지 않은 상태에서 높은 배관 강성도는 오히려 배관 파괴를 초래할 수 있다. 이와 같이 특별한 조건에 적합한 설계 절차는 다음과 같다.

1. 벽 파쇄를 방지하기 위한 면적 결정
2. 좌굴을 방지하기 위한 벽 두께 결정
3. 피치와 형상들이 사전 결정되면 상기 2 항목으로 파형 높이를 정확하게 결정

시험 자료를 분석하고, 실트질-모래 지반 내부에 설치된 HDPE 배관을 위한 전산 프로그램 PIPE5를 사용하여 유한요소해석(FEA : Finite element analysis)을 여러 번 수행하였다. 여러 토피두께에서 최소 벽 면적을 결정하기 위해 벽 두께, 파형 높이를 다양하게 조합하여 수행하였다. 본 서의 지면 한계로 인해 FEA 자료는 수록하지 않았다. 또한 다음 토론의 대부분인 기본이론은 때로는 상사(similitude)라 불리는 차원 해석분야이다. 다른 유사 시스템의 거동을 예측하기 위해 차원 해석과 무차원수를 사용하여 하나의 시험 시스템으로부터 얻은 결과들을 사용할 수 있는 조건들을 결정한다. 이와 같은 이론의 큰 장점은 하나의 배관직경에 대한 해답을 이용하여 직경이 다른

배관에 대해 즉각적으로 추정할 수 있다는 것이다.

면적 및 두께 성능 제어에 가장 중요한 매개변수들은 단위길이당 면적과 벽 두께이다. 파형 높이는 면적과 두께의 직접 함수로서 단위길이당 면적, 두께, 그리고 형상을 알고 있으면 계산할 수 있다.

라이너는 파형 크라운(리브 상단부)과 동일한 수준의 변형률을 갖기 때문에 가능하면 라이너 두께를 포함하여 모든 두께는 거의 동일한 두께 사용을 권장한다. 스프링라인에서 높은 링 압축 응력으로 인해 벽 두께가 얇을수록 국부 좌굴이 발생하기 쉽다. 프로파일의 한 부분을 두껍게, 그리고 다른 부분을 얇게 만드는 것은 손상의 원인이 된다. 두꺼운 부분에서 라이너가 파형 계곡에 연결된다. 변형률의 주된 발생 원인은 단면 전체에 걸쳐 균등하게 작용하는 추력이기 때문에 단면에 걸친 변형률들은 상당히 균일하다. 지지되지 않은 부분의 길이를 제어하는 것은 매우 중요한 것으로 잘 알려져 있기 때문에 상기 기술내용은 두께 하나만으로 좌굴을 제어할 수 있다는 의미는 절대 아니다.

파형 높이 파형 높이가 너무 크면 휨 변형률이 크게 된다. 그리고 단면적을 일정하게 유지하면서 파형 높이를 증가시키면 두께가 감소하여 벽 좌굴이 쉽게 발생할 수 있다.

피치(pitch) 기하학적으로 피치는 직경의 함수이다. 즉, 직경 24인치 배관에 4인치 피치가 적정하면 직경 48인치 배관에 8인치 피치가 적정하다.

표 7.23 제어해야 할 프로파일 벽 배관의 무차원 기하학적 매개변수

무차원 매개변수	가능한 HDPE 수치
$t_{\min}/r$	≥ 0.005
$t_{\min}/l_{\text{uns}}$	≥ 0.02
I/r^3	$\geq 4\times10^{-5}$
A/r	≥ 0.02
L_p/r	≤ 0.3

A : 프로파일 단면의 단위길이당 면적
r : 유효 배관 반경
$t_{\min}$: 프로파일 임의 부분의 최소 두께
l_{uns} : 프로파일의 임의 특정부분의 지지되지 않은 길이(또는 폭)
I : 프로파일 단면의 단위길이당 관성모멘트
L_p : 프로파일 단면의 길이

무차원 매개변수(nondimensional parameters) 시험 자료와 유한요소 자료들은 프로파일 벽 배관의 경우 흙 하중을 받는 배관의 만족스러운 성능을 보장하기 위해 특정 무차원 매개변수들을 한계 이내로 설정해야 한다고 제안한다. 표 7.23은 자료들로부터 유도한 매개변수들과 제안된 한계 수치들을 보여준다. 이 수치들은 충분한 구조적 안정성을 제공하는 것으로 보인다. 시험한 배관들은 전반적으로 이러한 요구사항들을 만족시킨다. 그러나 이러한 연구들은 아직 진행 중이고, 이 수치들은 오직 지침으로만 사용해야 한다.

7.3 ABS(Acylonitrile-Butadiene-Styrene) 배관

ABS 플라스틱 배관은 ASTM D 1788에 따라 여러 형태와 등급으로 제작된다. 다양한 ABS 재료의 물리적 특성은 표 7.24에 나타낸 것과 같이 상당히 다르다. 대부분 ABS 배관들, 특히 압력배관들은 높은 인장 특성을 갖는 등급의 재료로 제작된다.

솔리드-벽 ABS는 배수, 오수, 그리고 배기배관으로 광범위하게 사용되고 있다. 또한 소구경 위생 하수배관으로 사용되고 있다. 소구경 압력배관의 경우 매우 제한된 범위에서 사용되고 있다.

설계 방법과 절차들은 본질적으로 배관 강성도를 계산하기 위해 탄성계수를 사용하고 압력배관 설계를 위해 HDS를 사용하는 PVC 배관의 설계 방법 및 절차와 동일하다. ABS 플라스틱 배관과 관련된 ASTM 표준들의 목록을 표 7.25에 나타내었다.

표 7.24 ABS 설계 특성

구 분	수 치
HDB, lb/in^2	1,600~3,200
HDS, lb/in^2	800~1,600
탄성계수, lb/in^2	200,000~400,000
인장응력, lb/in^2	2,500~7,000
하젠-윌리엄 계수, C	150
매닝 계수, n	0.009

표 7.25 ABS 플라스틱 배관 관련 기준

표준	내용
ASTM D 1788	Rigid Acrylonitrile–Butadiene–Styrene(ABS) Plastic
ASTM D 2680	Acrylonitrile–Butadiene–Styrene Composite Sewer Piping
ASTM D 2661	Acrylonitrile–Butadiene–Styrene Plastic Drain, Waste and Vent Pipe, and Fitting
ASTM D 628	Acrylonitrile–Butadiene–Styrene Plastic Drain, Waste and Vent Pipe Having a Foam Core
ASTM D 2468	Acrylonitrile–Butadiene–Styrene Plastic Pipe Fittngs, Schedule 40
ASTM D 1527	Acrylonitrile–Butadiene–Styrene Plastic Pipe Schedule 40 & 80
ASTM D 2282	Acrylonitrile–Butadiene–Styrene Plastic Pipe (SDR–PR)
ASTM D 2750	Acrylonitrile–Butadiene–Styrene Plastic Utilities Conduit & Fitting
ASTM D 2751	Acrylonitrile–Butadiene–Styrene Sewer Pipe & Fitting
ASTM D 2469	Socket type Acrylonitrile–Butadiene–Styrene Plastic Pipe Fitting, Schedule 80
ASTM D 2235	Solvent Cement for Acrylonitrile–Butadiene–Styrene Plastic Pipe & Fitting
ASTM D 3138	Solvent Cement for Transition Joints between Acrylonitrile–Butadiene –Styrene and Poly(vinyl Chloride)(PVC) Nonpressure Piping Components
ASTM D 2465	Threaded Acrylonitrile–Butadiene–Styrene Plastic Pipe Fitting, Schedule 80

예제 7.15 직경 8인치 ABS 배관

하수도 배관 설치를 위해 직경 8인치 솔리드–벽 ABS 배관을 선정하였다. 원지반 흙은 점토이고, 지하수 면은 약 8ft 깊이이다. 관로 대부분은 약 10ft 깊이로 설치되나, 특정 부분은 최대 20ft 깊이로 설치된다. 장기 연직 처짐은 5%를 초과하지 않아야 한다. 이때 배관 영역 흙과 흙의 밀도를 명시하라.

해답

ASTM D 2751로부터 $SDR = 42$, 그리고 $F/\Delta y = 20\text{lb/in}^2$이다. Spangler 공식을 사용한다. 공식 7.5로부터 필요한 E'는

$$E' = \frac{0.56H/(\Delta y/D) - PS}{0.41} = \frac{0.56 \times 20/0.05 - 20}{0.41} = 498\text{lb/in}^2 \approx 500\text{lb/in}^2$$

여기서 H=20ft, PS=20lb/in^2, $\Delta y/D$=0.05이다. 표 3.4로부터 배관 영역 흙으로 입상 재료, 또는 파쇄된 각진 돌을 사용하고 표준 프록터 밀도의 90%로 다짐해야 한다. 그러나 지하수면이 높기 때문에 다짐이 거의 필요 없는 파쇄석을 선정한다.

7.4 다른 열가소성 배관

앞에서 토론한 열가소성 재료들 이외 많이 사용하지 않는 PB(polybutylene), CAB (cellulose acetate butyrate), 그리고 SR(styrene-rubber)를 포함한 다른 형식의 열가소성 재료들이 있다. 이러한 재료들의 관련 표준 목록을 표 7.26, 7.27, 7.28에 나타내었다. PVC와 같은 열가소성 배관에서 사용하는 설계 기술을 열가소성 재료들에도 적용할 수 있다. 설계 기술자는 특정 배관의 HDS 및 배관 강성도와 같은 필요한 설계 매개변수들을 반드시 확보해야 한다. 앞에서 기술한 설계 공식들에 이러한 매개변수들을 사용할 수 있다.

표 7.26 PB 배관 관련 기준

표준	내용
ASTM F 809	Large-Diameter Polybutylene Plastic Pipe
ASTM F 809M	Large-Diameter Polybutylene Plastic Pipe(Metric)
ASTM F 845	Plastic Insert Fittings for Polybutylene(PB) Tubing
ASTM F 2662	Polybutylene Plastic Pipe(SDR-PR)
ASTM F 3000	Polybutylene Plastic Tubing
ASTM F 2666	Polybutylene Pressure Pipe, Tubing, and Fitting 1/2 in through 3 in,
AWWA C902	for Water

표 7.27 CAB 배관 관련 기준

표준	내용
ASTM D 2446	Cellulose-Acetate-Butyrate-Plastic Pipe(SDR-PR) and Tubing
ASTM D 1503	Cellulose-Acetate-Butyrate-Plastic Pipe, Schedule 40
ASTM D 2560	Solvent, Cement for Cellulose-Acetate-Butyrate-Plastic Pipe, Tubing, and Fittings

표 7.28 SR(Styrene-Rubber) 배관 기준

표준	내용
ASTM D 3122	Solvent Cement for Styrene-Rubber Plastic Pipe and Fittings
ASTM D 3298	Styrene-Rubber Plastic Drain Pipe, Perforated
ASTM D 2852	Styrene-Rubber Plastic Drain Pipe and Fittings

예제 7.16 취성 거동(Brittle behavior)

팽창성(expansive) 흙이 존재하는 것으로 알려진 지역에 변형률에 민감한 플라스틱 하수도 배관을 설치하였다. 배관은 연성배관과 같이 처지고, 높은 배관 강성도를 갖고, 다소 취성 거동을 갖는다. 설치 2년 후 실시한 TV 검사를 통해 많은 배관 단면들에서 3시와 9시 위치에 따라 길이방향 균열과 함께 수직으로 신장된(elongated) 것을 보여주었다. 배관 영역과 상부 10ft 토피두께를 입상 재료를 사용하여 다짐했다. 팽창성 흙은 배관 측면과 하부이고 상부는 아니다. TV 사진을 통해 배관은 연직 3~8% 범위로 신장된 것을 알 수 있다. 흙에 의한 수평 팽창(swell)압력을 추정하라. 단, $E' = 1000\text{lb/in}^2$, $PS = F/\Delta y = 100\text{lb/in}^2$으로 가정한다.

해답

실제로 매설된 배관을 하나의 변위계로 사용하고 Iowa 공식과 실제 배관의 처짐 거동을 사용하여 본래의 장소에서 수평 팽창압력을 정확하게 추정할 수 있다. 요컨대 배관 특성, 흙의 특성, 그리고 배관 처짐을 Iowa 공식에 입력한 후 그 처짐을 발생시키기 위해 필요한 압력을 역으로 계산한다.

$$\text{압력} = (\text{defelction ratio})(10)\left[\frac{\text{pipe stiffness}}{6.7} + 0.061(\text{흙 계수})\right]$$

또는

$$P = 10\frac{\Delta y}{D}\left(\frac{F/\Delta y}{6.7} + 0.061E'\right)$$

공식 3.3c로부터 배관 강성도는

$$PS = \frac{F}{\Delta y} = 6.7\frac{EI}{r^3}$$

상기 식으로부터

$$\frac{EI}{r^3} = \frac{F}{\Delta y}\frac{1}{6.7}$$

상기 결과를 공식 7.1에 대입하면

$$P = (10)\left(\frac{\triangle y}{D}\right)\left(\frac{F/\triangle y}{6.7} + 0.061E'\right)$$

표 7.29는 처짐 3~8%에서 팽창압력 23~60lb/in^{2}을 보여준다.

표 7.29 다양한 수직 처짐에서 수평 팽창압력

처짐(%)	팽창압력(lb/in^2)
3	22.8
4	30.4
5	38.0
6	45.5
7	53.1
8	60.7

7.5 열경화성 플라스틱 배관

양생 과정(exothermic) 도중 열경화성 수지들은 열을 발산한다. 이와 같은 수지들은 열가소성과 같이 용해 및 리폼(reformed)이 불가능하다. 에폭시, 폴리에스터, 그리고 피놀 수지들은 열경화성 수지 계통의 재료이다. 이와 같은 수지로 제작된 배관들은 통상적으로 E-형식 유리를 사용한 섬유로 보강(fiber-reinforced)된다. 이 유리는 연속적인 섬유 스트랜드(strand), 또는 와인딩 처리된 조방사(roving)이다. 또한 유리섬유(glass fabric)와 유리 매트(mat)를 사용할 수 있다.

보강 열경화성 배관들은 (1) 보강 플라스틱 몰탈(RPM : reinforced plastic mortar), (2) 보강 열경화성 수지(RTR : reinforced thermosetting resin) 배관으로 대분류된다. 이 형식의 배관을 유리섬유보강 플라스틱(FRP : fiberglass reinforced plastic) 배관이라 부른다. 두 배관에 사용되는 열경화성 수지는 충진 또는 비충진될 수 있다. 수지 충진재는 수지 증량제(extender)로 사용되고 통상적으로 화학적 및 물리적 특성에 영향을 미친다.

보강 열경화성 플라스틱 배관의 유효규격은 매우 광범위하다. 보강 플라스틱의 높은 인장 강도 때문에 특히, 대구경의 매끄러운-벽 배관은 강성도가 작을 수 있다. 이러한 단점을 극복하기 위해서 길이방향에 따라 원주방향으로 외부 리브를 몰딩하여 배관을 강화한다. 배관 벽과 벽 보강제는 하나의 단위로 동작하는 것으로 가정하여 배관 강성도를 결정한다. 변화하는 조건에 따라 특정용도를 만족시키기 위해 이러한 배관들을 설계 및 제작할 수 있다. 표 7.30은 보강 열경화성 수지 배관과 관련된 표준을 보여주며 추가 정보 및 설계 판단기준은 제4장을 참조한다.

표 7.30 보강 열경화성 수지 배관 관련 기준

표준	내용
ASTM D 3517	Reinforced Plastic-Mortar Pressure Pipe
ASTM D 3262	Reinforced Plastic-Mortar Sewer Pipe
ASTM D 2992	Standard Method for Obtaining Hydrostatic-Design Basis for Reinforced Thermosetting Resin Pipe and Fittings
ASTM D 2290	Standard Test Method for Apparent Tensile Strength of Ring or Tubular Plastics and Reinforced Plastics by Split-Disk Method
ASTM D 2997	Centrifugally Cast Reinforced Thermosetting Resin Pipe
ASTM D 2996	Filament-Wound Reinforced Thermosetting Resin Pipe
ASTM D 2310	Machine-Made Reinforced Thermosetting Resin Pipe
ASTM D 2517	Reinforced Epoxy Resin Gas Pressure Pipe and Fittings
ASTM D 3840	Reinforced Plastic Mortar Pipe Fittings for Nonpressure Application
ASTM D 3754	Reinforced Plastic Mortar Sewer and Industrial Pressure Pipe
ASTM D 4160	Reinforced Thermosetting Resin Pipe(RTRP) Fittings for Nonpressure Application
ASTM D 4163	Reinforced Thermosetting Resin Pressure Pipe(RTRP)
ASTM D 4024	Reinforced Thermosetting Resin Flanges
ASTM D 4162	Reinforced Thermosetting Resin Sewer and Industrial Pressure Pipe (RTRP)
ASTM D 4184	Reinforced Thermosetting Resin Sewer Pipe(RTRP)
ASTM D 1694	Threads for Reinforced Thermosetting Resin Pipe
AWWA C950	Glass-Fiber-Reinforced Thermosetting-Resin Pipe

7.5.1 보강 열경화성 수지(RTR : reinforced thermosetting resin) 배관

RTR 배관은 열경화성 수지 및 유리섬유보강재로 제작된다. 수지는 충진 또는 비충진될 수 있다. 이 형식의 배관은 유효 규격이 광범위하고 압력 및 비압력 용도 모두에 다양하게 사용된다. 다양한 화학적 요구사항을 만족시키기 위해 라이너를 사용할 수 있다.

예제 7.17 직경 84인치 냉각수 배관

대규모 발전소 냉각수 공급을 위한 배관으로 유리섬유보강 폴리에스터 수지 재료를 선정하였다. 선정한 배관 설계 매개변수들을 표 7.31에 나타내었다. 설계절차는 AWWA C950 참조한다.

표 7.31 선정된 설계 매개변수

구 분	수 치
배관 내경	84인치
매설 깊이	5.5ft(최대)
흙 단위중량	$110 lb/ft^3$
활 하중	$300 lb/ft^2$
내부 압력(최대)	$60 lb/in^2$
내부 압력(최소)	$14.7 lb/in^2$ 진공
수온(최대)	140°F
후프 계수(배관) E	$3.5\times10^6 lb/in^2$
휨 변형률 기준	0.0054인치/인치
설계 변형률 기준	0.0036인치/인치
뒷채움 흙	90% 프록터 밀도에서 중간 모래
흙 탄성계수 E'	$650 lb/in^2$ 사용
처짐 한계	3%
HDB(hydrostatic design basis)	$10,000 lb/in^2$

1. 처짐량 설계

흙 하중 $W_e = 5.5 \times 110 = 605\text{lb/ft}^2$

활 하중 $W_L = 300\text{lb/ft}^2$

전체 하중 $W = 605 + 300 = 905\text{lb/ft}^2 = 6.28\text{lb/in}^2$

링의 처짐량 제어를 위해 필요한 배관 강성도를 결정하기 위해 Spangler 공식을 사용한다. 통상적으로 RTR 배관의 경우 처짐량을 5% 이하로 제한하나 본 예제에서는 처짐량 한계를 3%로 결정한다. Spangler 공식 7.3a로부터

$$\frac{\Delta y}{D} = \frac{0.1\gamma H}{PS/6.7 + 0.061E'}$$

여기서 γH를 전체 하중 W로 대체할 수 있고, PS를 구하기 위해 상기 공식을 다시 작성하면

$$PS = \left(\frac{0.1\,W}{\Delta y/D} - 0.061E'\right)(6.7)$$

여기서 $W = 6.28\text{lb/in}^2$, $\Delta y/D = 0.03$, 그리고 $E' = 650\text{lb/in}^2$를 상기 식에 대입하면 PS는 -18.7lb/in^2가 된다. 따라서 흙의 탄성계수 $E' = 650\text{lb/in}^2$를 유지하여 배관을 설치하면 배관은 처지지 않는다.

2. 설계 시방에 따라 배관이 설치되지 않는다고 가정한다. 수용할 수 있고, 3% 처짐량 한계를 만족시킬 수 있는 최소 흙의 탄성계수 E'는? 단, 배관 강성도 $PS = 10\text{lb/in}^2$으로 가정한다.

E'를 구하기 위해 Spangler 공식 7.3a를 사용한다.

$$\begin{aligned} E' &= \left(\frac{0.1\,W}{\Delta y/D} - \frac{PS}{6.7}\right)\left(\frac{1}{0.061}\right) \\ &= \left(\frac{0.1 \times 6.28}{0.03} - \frac{10}{6.7}\right)\left(\frac{1}{0.061}\right) \\ &= 319\text{lb/in}^2 \end{aligned}$$

3. 좌굴 설계(AWWA C950 참조). AWWA C950에 주어진 좌굴 공식은 다음과 같다.

$$q_a = \frac{32R_w B' E' (EI/D^3)^{1/2}}{SF} \tag{7.15}$$

또는

$$q_{cr} = \left[32R_w B' E' \left(\frac{EI}{D^3}\right)\right]^{1/2} \qquad 7.16$$

여기서 q_a : 허용 좌굴 압력

SF : 안전계수 또는 설계계수 통상적으로 2.5 이상 취한다.

R_w : 부력계수($1-0.33h_w/h \quad 0 \le h_w \le h$) 본 예제의 경우 1.0

h_w : 배관 상단부 상부 지하수위(인치)

h : 배관 상단부로부터 매설된 깊이(ft)

B' : 탄성 지지의 경험 계수(제3장 좌굴 참조, 본 예제의 경우 0.57)

$$B' = \frac{4(h^2+Dh)}{1.5(2h+D)^2} = \frac{4\left(5.5^2+\frac{84}{12}5.5\right)}{1.5\left(2\times5.5+\frac{84}{12}\right)^2} = 0.57$$

D : 배관 직경(ft)

작용압력

$$q_a = 14.7\text{lb/in}^2 \text{ 진공} + 6.28\text{lb/in}^2 \text{ 토압} = 20.98 \approx 21\text{lb/in}^2$$

EI/D^3를 구하기 위해 상기 AWWA 공식을 사용한다.

$$\frac{EI}{D^3} = \frac{q_a^2 SF^2}{32R_w B' E'}$$

$$= \frac{21^2\times2.5^2}{32\times1\times0.57\times650} = 0.23\text{lb/in}^2$$

따라서 필요한 배관 강성도는 공식 3.3c로부터

$$PS = 6.7\frac{EI}{r^3} = 6.7\times2^3\left(\frac{EI}{D^3}\right) = 53.6\frac{EI}{D^3} = 53.6\times0.23 = 12.33\text{lb/in}^2$$

상기 수치들을 공식 7.16에 대입하면

$$q_{cr} = [32\times1\times0.57\times650\times0.23]^{1/2} = 52.2\text{lb/in}^2$$

직선-벽 배관의 경우 상기 강성도를 사용하여 공식 3.3c로부터 다음과 같이 필요한 두께를 결정할 수 있다.

$$PS = 6.7\frac{EI}{r^3} = 53.6\frac{EI}{D^3}$$

또는

$$I = \frac{(PS)D^3}{53.6E}$$

그리고 배관의 관성모멘트는 다음 식과 같으므로

$$I = \frac{t^3}{12}$$

상기 두 식으로부터

$$t^3 = \frac{12(PS)D^3}{53.6E}$$

$$t = \left(\frac{0.224(PS)D^3}{E}\right)^{1/3}$$

$$= \left(\frac{0.224 \times 12.33 \times 84^3}{3.5 \times 10^6}\right)^{1/3} = 0.78\text{in}$$

4. 압력 설계 확인. 서지를 포함한 내부 압력은 60lb/in^{2}으로 주어진다. 내부 압력에 기인한 응력은 확인 결과 낮은 것으로 나타난다.

$$\sigma = \frac{PD}{2t} = \frac{60 \times 84}{2 \times 0.78} = 3{,}231\text{lb/in}^2 \ll 10{,}000(HDB)$$

따라서 내부 압력 단독으로는 임계요소가 될 수 없다.

5. 링 처짐량에 의한 변형률 확인. 공식 3.20을 사용하여 3% 설계 링 처짐량에 의해 발생된 휨 변형률을 계산할 수 있다.

$$\epsilon_b = 6\left(\frac{t}{D}\right)\left(\frac{\Delta y}{D}\right) = 6\left(\frac{0.78}{84}\right)0.03 = 0.00167$$

상기 변형률은 설계 변형률 0.0036보다 적다.

6. 조합 하중에 기인한 변형률 계산(제4장 및 AWWA C950 참조). 링 휨과 내부 압력의 동시 작용시 발생하는 변형률을 계산하는 2개의 공식은 AWWA C950에 주어진다. 압력이 낮은 경우에는 Molin 공식을, 압력이 높은 경우에는 Spangler의 Iowa 공식에 기초한 다른 공식을 사용한다. 계산된 2개 수치 중 낮은 수치가 최대 변형률이다. 본 예제의 경우 내부 압력은 상당히 작아 Molin 공식을 적용한다. 공식 4.22로부터 조합된 변형률은

$$\epsilon_c = \frac{PD}{2Et} + 6\left(\frac{t}{D}\right)\left(\frac{\Delta y}{D}\right)$$

상기 식은 단순히 링 휨에 기인한 변형률에 내부 압력에 기인한 변형률을 더한 것이다.

$$\epsilon_c = \frac{60 \times 84}{2 \times 3.5 \times 10^6 \times 0.78} + 6\left(\frac{0.78}{84}\right)0.03$$

$$= 0.923 \times 10^{-3} + 1.67 \times 10^{-3}$$

$$= 0.00259$$

상기 수치는 설계 변형률 0.0036보다 작으므로 O.K

예제 7.18 직경 84인치 리브 보강 배관

직경 84인치 배관 벽 두께는 1.02인치, 배관 강성도 PS=27.34lb/in^{2}인 섬유보강 플라스틱 배관을 사용하여 왔다. 이 솔리드-벽 배관을 리브 보강 배관으로 대체하고자 한다. 리브의 중심 간격은 78인치이고, 리브 사이 벽 두께는 0.6인치이다. 솔리드-벽 배관의 강성도=27.34lb/in^{2}와 동등하도록 리브를 벽과 한 몸체로 동작하도록 제작한다. 예제 7.17에서 동일한 배관 설치 조건으로 설치할 때 리브 보강 배관의 충분한 성능 발휘여부를 확인하기 위해 필요한 계산을 수행하라.

1. 압력 설계 확인(예제 7.17 참조)

$$\sigma = \frac{PD}{2t} = \frac{60 \times 84}{2 \times 0.6} = 4,200\text{lb/in}^2$$

HDB는 10,000lb/in^{2}이므로 안전계수는 10,000/4,200=2.38이다.

2. 휨 변형률 확인(예제 7.17 참조). 첫 번째로 리브가 아닌 지점의 벽에서 변형률을 구한다. 공식 3.20으로부터

$$\epsilon_b = 6\left(\frac{t}{D}\right)\left(\frac{\Delta y}{D}\right) = 6\left(\frac{0.6}{84}\right)0.03 = 0.00129$$

두 번째로 리브 근방 지점 벽에서 변형률을 구한다. 내부 벽에서 리브의 외측까지 리브 두께는 2.10인치로 가정한다. 또한 내부 벽부터 벽 단면의 도심(centroid)까지 거리는 $X_c = 0.68\text{in}$로 가정한다.

벽 두께가 0.6인치이므로 벽 외측에서 도심까지 거리는 0.08인치가 된다.

$$\epsilon_b = 6\left(\frac{t}{D}\right)\left(\frac{\Delta y}{D}\right) = 12\left(\frac{t}{2D}\right)\left(\frac{\Delta y}{D}\right)$$

상기 식에서 $t/2$를 0.68로 대체하면

$$\epsilon_b = 12\left(\frac{0.68}{84}\right)0.03 = 0.00291$$

따라서 벽의 휨 변형률은 설계 한계 이내가 된다.

3. 공식 4.22로부터 리브 근방에서 조합 변형률 확인(예제 7.17 참조).

$$\epsilon_c = \frac{PD}{2Et} + 6\left(\frac{t}{D}\right)\left(\frac{\Delta y}{D}\right)$$

$$= \frac{PD}{2Et} + 12\left(\frac{t}{2D}\right)\left(\frac{\Delta y}{D}\right)$$

상기 식에서 $t/2$를 0.68로 대체하면

$$\epsilon_c = \frac{60 \times 84}{2 \times 3.5 \times 10^6 \times 0.6} + 12\left(\frac{0.68}{84}\right)(0.03)$$

$$= 1.20 \times 10^{-3} + 2.91 \times 10^{-3} = 4.11 \times 10^{-3}$$

이 변형률은 설계 변형률 0.0036을 초과한다. 그러나 설계 변형률은 안전계수와 서지 압력을 포함한다. 또한 리브 인근 유효 두께는 계산에 사용된 0.6인치보다 크다. 결론은 이와 같은 점들을 감안하고 제한 장기 변형률 5.4×10^{-3}를 초과하지 않고, 조합 변형률도 설계 변형률 이하가 되므로 설계조건을 만족시킬 수 있다는 것이다. 리브로부터 멀리 떨어진 벽에서 조합 변형률은 다음과 같다.

$$\epsilon_c = \frac{60 \times 84}{2 \times 3.5 \times 10^6 \times 0.6} + 6\left(\frac{0.6}{84}\right)(0.03)$$

$$= 1.20 \times 10^{-3} + 1.29 \times 10^{-3} = 2.49 \times 10^{-3}$$

4. 좌굴 확인. 본 예제에서 리브보강 배관은 예제 7.17의 솔리드-벽 배관의 강성도 보다 크다. 따라서 일반적인 좌굴은 발생하지 않을 것이므로 국부 좌굴에 대해 설계한다. 고급 재료역학 또는 탄성이론을 다루는 문헌은 일반적으로 링 강화재를 갖는 튜브의 일반 좌굴에 대한 해를 제공한다. Timoshenko와 Gere가 저술한 "Theory of Elasticity Stability" 도서의 480쪽에서 그와 같은 해를 그림 7.76의 그래프 형태로 제공한다. 이 해답들은 흙에 의해 구속되지 않고 정수압을 받는 튜브들을 위한 것이다. 주변 흙은 배관을 효과적으로 강화시킨다. 따라서 지반 내부의 배관은 단순한 정수압을 받는 배관보다 더 큰 좌굴 하중을 지지할 수 있을 것이다. 따라서 정수압에 대한 해는 보수적이다. 문제에서 주어진 자료는 다음과 같다.

리브 간격 $l = 78\text{in}$

배관 반경	$r = 42\text{in}$
포와송 비	$\nu = 0.3$
배관 두께	$t = 0.6\text{in}$
배관 탄성계수	$E = 3.5 \times 10^6 \text{lb/in}^2$
좌굴 압력	q_{cr}

그림 7.76에서 α는 다음과 같다.

$$\alpha = \frac{t^2}{12r^2} = \frac{0.6^2}{12 \times 42^2} = 1.7 \times 10^{-5}$$

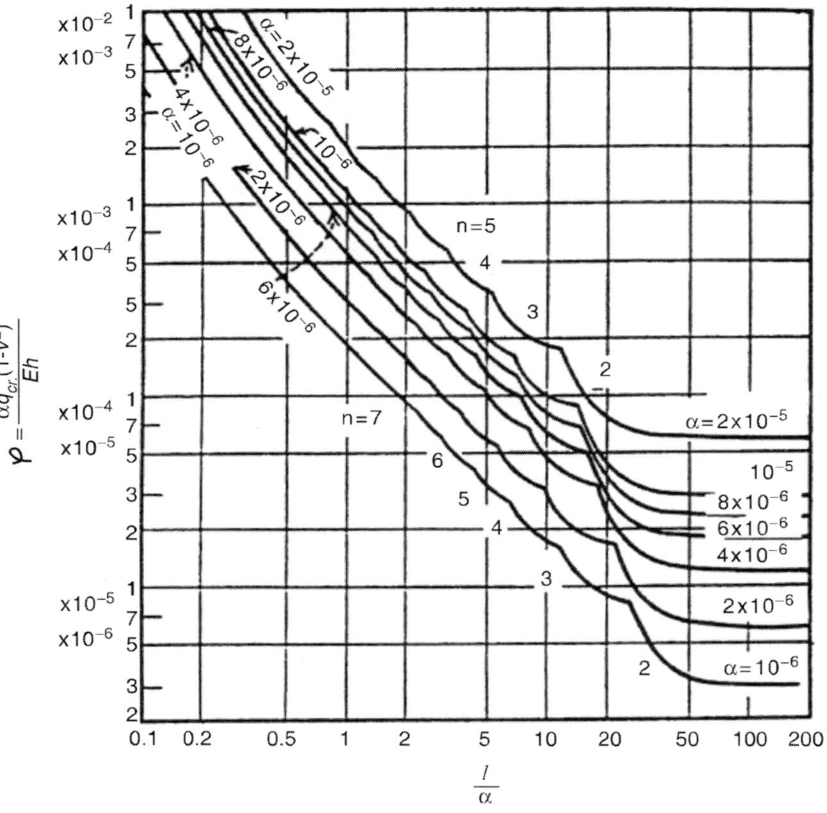

그림 7.76 균등 정수압을 받는 보강된(stiffened) 원형 실린더의 임계 좌굴 압력 q_{cr} 곡선

그림 7.76에서 $\alpha = 1.7 \times 10^{-5}$와 $\ell/r = 78/42 = 1.86$인 경우 ψ는 다음과 같다.

$$\psi = \frac{rq_{cr}(1-\nu^2)}{tE} = 9 \times 10^{-4}$$

따라서 상기 식으로부터

$$q_{cr} = \frac{\psi Et}{r(1-\nu^2)}$$

$$= \frac{(9\times10^{-4})(3.5\times10^6)\times0.6}{42(1-0.3^2)} = 49.5\text{lb/in}^2$$

재차 강조하지만 배관이 받는 좌굴 압력은 흙의 지지력이 없는 정수압이다. 따라서 매설배관의 경우 실제 좌굴 압력은 이보다 클 것이고 다음과 같이 추정할 수 있다.

오직 정수압 하중을 받는 솔리드 벽을 갖는 긴 튜브(배관)의 경우 일반적인 좌굴 압력은 공식 3.14로부터 다음과 같이 주어진다.

$$q_{cr} = \frac{3EI}{r^3(1-\nu^2)} \quad \text{여기서 } I = \frac{t^3}{12}$$

본 예제의 배관의 경우

$$q_{cr} = \frac{3EI/r^3}{(1-\nu^2)} = \frac{3\times4.08}{0.91} = 13.5\text{lb/in}^2$$

지반 내 배관의 일반 좌굴 압력은 예제 7.17에서 계산하였다.

$$q_{cr} = \left[32R_wB'E'\left(\frac{EI}{D^3}\right)\right]^{1/2}$$

$$= \left[32\times1.0\times0.57\times650\times\left(\frac{4.18}{2^3}\right)\right]^{1/2} = 78.7\text{lb/in}^2$$

이 좌굴 압력은 흙의 지지력이 없는 배관의 압력보다 5.8(78.7/13.5)배가 크다. 결과적으로 본 예제에서 지반 내 국부 좌굴의 경우 보수적으로 계수 3을 사용할 수 있다. 따라서 지지되지 않는 정수압 좌굴 압력에 3을 곱하여 지반 내 국부 좌굴을 추정할 수 있다.

$$q_{cr} = 49.5 \times 3 = 148\text{lb/in}^2$$

예제 7.17에서 배관에 작용하는 압력은 21lb/in^{2}이다. 따라서 본 예제의 경우 배관에서 국부 좌굴은 발생하지 않을 것이다. 재차 강조하지만 일반 좌굴은 국부 좌굴보다 낮은 압력에서 발생할 것이다. 사실 국부 좌굴은 흙의 지지력이 없어도 발생하지 않을 것이다.

상부 해석은 상당히 균등한 압력으로 가정하였다. 균일하지 않은 압력 또는 높은 압력 집중은 임계 좌굴 압력을 상당히 낮출 것이고 국부 좌굴을 유발할 수 있다. 배관 인근 큰 바위 또는 다른 단단한 암설(debris)과 같은 극도의 결정체 지점은 이와 같은 압력 집중을 야기할 수 있으나 배관 설치시 주의를 기울이면 응력집중을 피할 수 있다. 대구경 배관에 낮은 정수압 수두가 작용하면 균일하지 않은 압력을 발생한다. 이 경우 배관 주변에서 정수압은 균일하지 않고, 통상적으로 배관 바닥에서 좌굴이 발생한다. 이와 같은 형식의 많은 파괴가 매설된 탱크에서 발생하였으며 이와 같은 경우들에 대한 정량적 해석은 정확하지 않으므로 큰 안전계수가 필요하다.

[참고문헌]

1. American Association of Civil Engineers and Water Pollution Control Federation. 1982. *Gravity Sanitary Sewer*: Design and Construction.
2. ASTM D 1784. 1990. *Standard Specification for Rigid Poly(Vinyl Chloride) (PVC) Compounds and Chlorinated Poly(Vinyl Chloride) (CPVC) Compounds*. Philadelphia.
3. ASTM D 2152. 1995. *Standard Test Method for Degree of Fusion of Extruded Poly(Vinyl Chloride) (PVC) Pipe and Molded Fittings by Acetone Immersion*. Philadelphia.
4. ASTM D 2241. 2005. *Standard Specification for Poly(Vinyl Chloride)(PVC) Plastic Pipe (SDR-PR)*. Philadelphia.
5. AWWA C900. 1989, and 2007. *AWWA Standard for Polyvinyl Chloride (PVC) Pressure Pipe, 4in. through 12 in. for Water*. Denver.
6. AWWA C905. 1988, and 1997. *AWWA Standard for Polyvinyl Chloride (PVC) Water Transmission Pipe, Nominal Diameters 14 in. through 36 in.* Denver.
7. AWWA Standards M11, M9, M23, C150, C200, C206, C300, C301, C303, C400, C401, C402, C403, C900, C901, C905, C909 and C950; American Water Works Association, Denver.
8. Bauer, D. E. 1990. 15 Year Old Polyvinyl Chloride (PVC) Sewer Pipe: A Durability and Performance Review. In *Buried Plastic Pipe Technology*, ASTM STP 1093. George S. Buczala and Michael J. Cassady, eds. Philadelphia.
9. Berens, A. R. 1985. Prediction of Organic Chemical Permeation Through PVC Pipe. *Journal of AWWA* 77(11):57-.65.
10. Bishop, R. R. 1983. *Course Notebook*. Logan: Utah State University.
11. Bishop, R. R. 1981. Time Dependent Performance of Buried PVC Pipe. In *Proceedings of the International Conference on Underground Plastic Pipe*, American Society of Civil Engineering Conference, New York, pp. 202-.212.
12. Boscardin, M. D., E. T. Selig, R. S. Lin, and G. R. Yang. January 1990. Hyperbolic Parameters for Compacted Soils. *ASCE Journal of Geotechnical Engineering* 116(1).
13. Burns, J. Q., and R. M. Richard. 1964. Attenuation of Stresses for Buried Cylinders. In *Pro-*

ceedings of the Symposium on Soil-Structure Interaction. Tucson: University of Arizona Engineering Research Laboratory.

14. Chambers, R. E., and F. J. Heger. 1975. *Buried Plastic Pipe for Drainage of Transportation Facilities*. Cambridge, Mass.: Simpson Gumpertz and Heger, Inc.
15. Concrete Pipe Division of U.S. Pipe and Foundry Company. (No date.) *Bulletin 200*. Birmingham, Ala.
16. Devine, Miles. 1980. *Course Notebook*. Logan: Utah State University.
17. Ductile Iron Pipe Research Association. 1984. Thrust Restraint Design for Ductile Iron Pipe. Birmingham, Ala.
18. Duncan, J. M., P. Byrne, K. S.Wong, and P. Mabry. 1980. *Strength, Stress-Strain and Bulk Modulus Parameters for Finite Element Analysis of Stress and Movements in Soil Masses*. Report no. UCB/GT/80-0. Berkeley: University of California, Office of Research Services.
19. Dunn, I. S., L. R. Anderson, and F. W. Kiefer. 1980. *Fundamentals of Geotechnical Analysis*. New York:Wiley.
20. Federal Aviation Authority (FAA). Aircraft Pavement Design and Evaluation. AC 150/5320-6C.
21. Federal Aviation Authority (FAA). Aircraft Data. AC 150/5325-5C.
22. Goddard, J. B. 1996. *An Analysis of Flexible Pipe Using the Burns & Richard Solution*. A computer program provided by Advanced Drainage Systems, Inc., Columbus, Ohio.
23. Howard, Amster K. 1977. Modulus of Soil Reaction (*E'*) Values for Buried Flexible Pipe. *Journal of the Geotechnical Engineering Division, ASCE* 103(GT). Proceedings Paper 127000.
24. Hsuan, Grace. 1996. Evaluation of Stress Crack Resistance of Polyethylene Pipe Resins via the Notched Constant Tensile Load (NCTL) Test. Paper presented at the Transportation Research Board Annual Meeting, Culverts and Hydraulic Structures A2C06,Washington, D.C. January 10.
25. Janbu, N. 1963. Soil Compressibility as Determined by Odometer and Triaxial Tests. In *Proceedings of European Conference on Soil Mechanics and Foundation Engineering*, pp. 19 –.25.Wissbaden, Germany: Soil Mechanics Foundation.
26. Janson, L-E. 1981. Plastic Gravity Sewer Pipes Subjected to Constant Strain by Deflection. In *Proceedings of the International Conference on Underground Plastic Pipe*, American Society of Civil Engineering Conference, New York, pp. 104–.116.
27. Janson, L-E. 1996. *Plastic Pipes for Water Supply and Sewage Disposal*. Borealis, Stockholm, Sweden.
28. Jensen, Brent M. 1977. Investigation of Stain Limits Proposed for Use in Designing PVC Pipe Subjected to External Pressure. Master's thesis. Logan: Utah State University.
29. Katona, M. G., J. B. Forrest, R. J. Odello, and J. R. Allgood. 1976. *CANDE— Modern Approach for the Structural Design and Analysis of Buried Culverts*. Report FHWARD-77-5. FHWA, U.S. Department of Transportation.
30. Katona, M. G., P. D. Vittes, C. H. Lee, and H. T. Ho. 1981. CANDE-1980: Box Culverts and Soil Models. Springfield, Va.: National Technical Information Service.
31. Konder, R. L., and J. S. Zelasko. A Hyperbolic Stress-Strain Formulation of Sands. In *Proceedings of the Second Pan American Conference on Soil Mechanics and Foundation Engineering*. 1:209.
32. Krizek, R. J., R.A. Parmelee, N. J. Kay, and H. A. Elnaggar. 1971. Structural Analysis and Design of Buried Culverts. National Cooperative Highway Research Program Report 116. Washington: National Research Council.
33. Kulhawy, F. H., J. M. Duncan, and H. B. Seed. 1969. Finite Element Analysis of Stresses and

Movements in Embankments during Construction. Report TE-69-4. Berkeley: University of California, Office of Research Services.
34. Kunz, Walter M. 1982. Mechanical Properties of Filled Poly Vinyl-Chloride. Master's thesis. Logan: Utah State University.
35. Marston, A. 1930. The Theory of External Loads on Closed Conduits in the Light of the Latest Experiments. *Bulletin* 96. Ames: Iowa Engineering Experiment Station.
36. Molin, J. 1985. Long Term Deflection of Buried Plastic Sewer Pipes. In *Advances in Underground Pipeline Engineering*. American Society of Civil Engineers, New York, pp. 263–77.
37. Moser, A. P. 1990. *Buried Pipe Design*, 1st ed. New York: McGraw-Hill.
38. Moser, A. P. 1983. *Course Notebook*. Logan: Utah State University.
39. Moser, A. P. 1981. Strain as a Design Basis for PVC Pipes? In *Proceedings of the International Conference on Underground Plastic Pipe*, American Society for Civil Engineering Conference, New York, pp. 89–02.
40. Moser,A. P., John Clark, and D. P. Blair. 1985. Strains Induced by Combined Loading in Buried Pressurized Fiberglass Pipe. In *Proceedings ASCE International Conference on Advances in Underground Pipeline Engineering*. Madison, Wis.: ASCE.
41. Moser, A. P., and K. G. Kellogg. 1994. *Evaluation of Polyvinyl Chloride (PVC) Pipe Performance*. Denver: AWWARF.
42. Moser, A. P., and O. K. Shupe. 1989. *Testing Fifteen Year Old PVC Sewer Pipe*. Logan: Buried Structures Laboratory, Utah State University.
43. Moser, A. P., O. K. Shupe, and R. R. Bishop. 1990. Is PVC Pipe Strain Limited after All These Years? In *Buried Plastic Pipe Technology*, ASTM STP 1093. George S. Buczala and Michael J. Cassady, eds. Philadelphia.
44. Moser, A. P., R. K.Watkins, and O. K. Shupe. 1976. Design and Performance of PVC Pipes Subjected to External Soil Pressure. Logan: Buried Structures Laboratory, Utah State University.
45. Nyby, D. W. 1981. Finite Element Analysis of Soil Sheet Pipe Interaction. Ph.D. Dissertation. Logan: Department of Civil and Environmental Engineering, Utah State University.
46. Ozawa, Y., and J. M. Duncan. 1973. ISBILD: A Computer Program for Analysis of Static Stresses and Movements in Embankments. Report no. TE-73-4. Berkeley: Office of Research Services, University of California.
47. Paris, J. M. November 10, 1921. Stress Coefficients for Large Horizontal Pipes. *Engineering News Record* 87(19).
48. Piping Systems Institute. 1980. *Course Notebook*. Logan: Utah State University.
49. Spangler, M. G. 1950. Field Measurements of the Settlement Ratios of Various Highway Culverts. *Bulletin 170*. Iowa State College.
50. Spangler, M. G. 1941. The Structural Design of Flexible Pipe Culverts. *Bulletin 153*. Ames: Iowa Engineering Experiment Station.
51. Spangler, M. G. 1933. The Supporting Strength of Rigid Pipe Culverts. *Bulletin 112*. Iowa State College.
52. Spangler, M. G., and R. L. Handy. 1973. Soil Engineering, 4th ed., New York: Harper & Row.
53. Spangler, M. G., and W. J. Schlick. 1953. Negative Projecting Conduits. Report 14. Iowa State College.
54. The Asphalt Institute. March 1978. *Soils Manual for the Design of Asphalt Pavement Struc-*

tures. Manual Series no. 10 (MS-10). College Park, Md.

55. Thompson, C., and D. Jenkins. 1987. *Review of Water Industry Plastic Pipe Practices*. Denver, AWWARF.
56. Timoshenko, S. P., and J. M. Gere. 1961. *Theory of Elastic Stability*, 2d ed. New York: McGraw-Hill.
57. Timoshenko, S. 1956. *Strength of Materials, Part 11*, 3d ed. New York: D. Van Nostrand.
58. Uni-Bell PVC Pipe Association. 1982. *Handbook of PVC Pipe Design and Construction*. Dallas.
59. Uni-Bell PVC Pipe Association. 1991. *Handbook of PVC Pipe Design and Construction*. Dallas.
60. Walker, Robert P. 1983. *Course Notebook*. Logan: Utah State University.
61. Watkins, R. K., and M. G. Spangler. 1958. Some Characteristics of the Modulus of Passive Resistance of Soil—.A Study in Similitude. In *Highway Research Board Proceedings*. 37:576–.583.
62. Walsh, Thomas, and Stanley Mruk. 1996. A New Index of Long Term Ductility for Polyethylene Piping Materials. Paper presented at the Transportation Research Board Annual Meeting, Culverts and Hydraulic Structures A2C06, Washington, D.C. January 10.
63. Wong, K. S., and J. M. Duncan. 1974. Hyperbolic Stress-Strain Parameters for Nonlinear Finite Element Analysis of Stresses and Movements in Soil Masses. Report TE-74-3. Berkeley: Office of Research Services, University of California.
64. Zienkiewitcz, O. C. 1977. *The Finite Element Method*, 3d ed., New York: McGraw-Hill.

Chapter 08

배관설계 일반

본 장에서는 가압된 물, 하수, 그리고 슬러지를 이송하기 위한 펌프장, 주 송수관로 및 송수관로에 주로 사용되는 배관, 피팅의 형식에 대해서 기술한다. 직경 100mm 이상의 배관에 대해서 중점적으로 기술하나 이보다 직경이 작은 연료, 밀봉수, 그리고 건축 배관으로 사용되는 배관도 포함한다. 본 장은 개념적으로 4개 부분으로 나누어 기술한다.

○ 배관 재질 선정
- 노출배관(펌프장 내 배관)
- 매설배관(주 송수관로 및 송수배관)

○ 배관, 피팅, 조인트, 개스킷, 그리고 라이닝에 대한 기술
- 주철관
- 강관
- 플라스틱배관
- 석면시멘트배관
- 보강 콘크리트 압력관

○ 배관 설계
- 플렉시블 커플링의 지지봉(tie rod)
- 노출배관의 배관 두께
- 행거, 지지물, 간격

○ 특수 배관
- 물
- 경유
- 하수

- 염소
- 공기
- 건축배관 시스템 설계

상기 분류 체계는 본 장의 관련 없는 부분을 읽을 필요 없이 배관 형식을 선정하는 것을 가능하게 해준다. 배관 형식을 선정한 후 배관의 상세한 기술을 참조하기 위해서 관련된 절로 이동하면 된다. 8.8절에서 배관설계 및 설계 예제는 노출배관에 대해서 강조하였다. 매설배관의 설계는 앞 장에서 충분히 기술하였기 때문에 여기에서는 일반적인 사항들로 제한하였다. 여기에서 인용한 기준 또는 사양들은 ANSI B36.10과 같이 생략된 형식으로 나타내었다. ANSI/AWWA C115/A21.15와 같은 이중 명시는 AWWA C115는 ANSI A21.15와 동일하다는 것을 의미한다. 대부분의 기준들은 주기적으로 개정되므로 최근 발행된 기준을 참조해야 한다.

8.1 노출배관 선정

배관 선정시 고려해야 사항들은 다음과 같다.

- 유체 특성
  - 부식성 또는 스케일 형성 특성
  - 예를 들어 슬러지 점성과 같은 색다른 특성
  - 사용 조건
  - 압력(서지 및 부정류 포함)
  - 노출배관의 부식성 환경
  - 흙 하중, 지지력 및 침하, 외부 하중, 그리고 매설배관의 부식 잠재성
- 구입 가능한 유효성
  - 규격
  - 두께
  - 피팅

○ 배관 특성
- 강도(사 하중 및 피로 하중, 특히 수충격시)
- 연성
- 내부식성
- 배관 또는 라이닝의 유체 마찰저항

○ 경제성
- 요구 수명
- 유지관리
- 비용[FOB(free on board) 및 현장 도착 비용]
- 보수(repair)

상기 대부분의 요소들을 본 장에서 기술한다. 여기에서 고려하지 않은 요소들이 배관 선정에 영향을 미치면 제작사와 상의해야 한다.

표 8.1 노출용도 배관의 비교

배 관	장점	단점/제한
덕타일 주철관 (DIP)	• 항복강도 : 290,000kPa • 극한강도 : 414,000kPa • E=166×10^{6}kPa • 덕타일, 연신율=10% • 부식저항 양호 • 다양한 피팅 및 조인트 • 유효 규격 : 100~1350mm • 다양한 관 두께 • 수충격에 대한 저항 양호	• 최대압력=2,400kPa • 고가, 특히 수송거리가 길수록 • 직경은 최대 1350mm • 용접이 어렵다. • 플랜지 배관에서 허용되는 최소 Class 53이다.
강관	• 항복강도 : 207,000~414,000kPa • 극한강도 : 338,000~518,000kPa • E=207×10^{6}kPa • 덕타일, 연신율=17~35% • 최대 압력등급=17,000kPa • 최대 직경=3.66m(12ft) • 다양한 피팅 및 조인트 • 다양한 관 두께 • 수충격에 대한 저항 매우 우수	• 라이닝되지 않으면 부식 저항성이 낮다.

8.1.1 재질

펌프 집합관(manifold) 배관은 (1) 강도, 경도, 연성(ductility)의 확보, 수충격에 대한 저항, (2) 광범위한 규격 및 관두께, (3) 다양한 피팅 종류를 고려하면 강, 또는 덕타일주철(DIP)관으로 구성된다. 이 두 배관 재질의 특성들을 표 8.1에 비교하였고, 대부분의 상황에서 DIP와 강관 선정시 결정적인 요소는 비용이다. 미국에서는 수송비용 때문에 통상적으로 동부에서는 주철관이 사용되고 강관은 서부에서 사용된다. 때로는 용접이 가능하여 어떠한 형상으로도 제작이 가능한 강관이 선호된다(그림 8.1 참조). 예를 들어 79° 엘보와 같은 특이한 요구사항을 만족시키기 위해 마이터 피팅(mitered fitting)을 제작할 수 있다. 그러나 DIP 피팅은 AWWA C110에서 기술한 표준 형상들만이 유효하다.

8.1.2 조인트 (Joints)

가장 실용적인 접합은 홈단면 커플링, 돌출형(bridle 및 harness)의 개스킷 슬리브 형식 압축 커플링, 분해조립이 용이하고 스풀(spool, 표준 길이보다 짧은 배관 즉, 단관)의 길이 내에서 약간의 설치 오차를 허용하는(그림 8.3 및 8.4 참조) 플랜지 접합(그림 8.2)이다. 볼트로 체결되는 플랜지는 처짐을 허용할 수 없으나 상당한 휨 모멘트를 견딜 수 있다.

플랜지 기준을 준수하지 않으면 플랜지 볼트 원주 및 볼트 구멍의 불일치는 물론 압

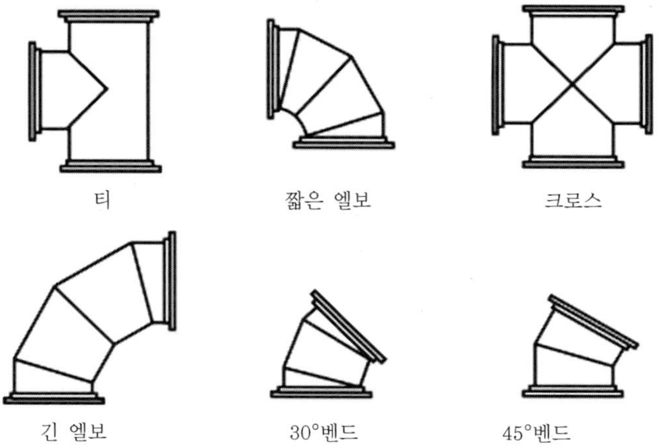

그림 8.1 대표적인 마이터가공 강관 피팅

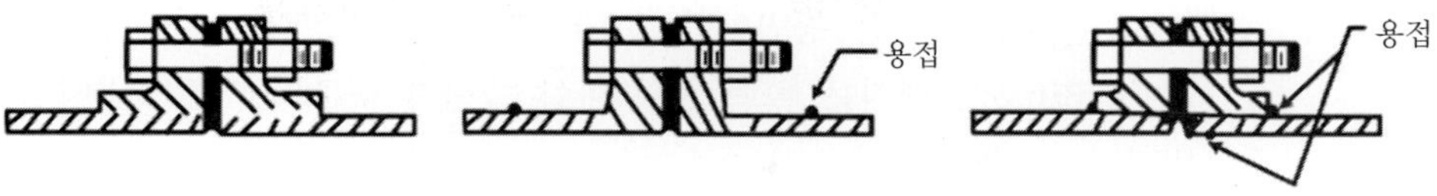

(a) 나사연결(덕타일주철관) (b) 말단부 봉접(강관) (c) slip-on(강관)

그림 8.2 대표적인 플랜지 연결(매설 또는 노출)

력등급을 그릇되게 적용하는 결과를 초래할 수 있다. 다음은 플랜지에 적용되는 기준들에 대한 요약이며 이 요약의 대부분은 플랜지 등급이 Class 2500인 것도 있지만 최대 Class 300의 플랜지에 대해서 기술한다.

8.1.2.1 기준 (Standards)

상수도 배관 설계에서 가장 빈번하게 사용되는 플랜지 기준은 다음 문헌에서 기술된다.

- ANSI B16.1, "덕타일주철관 플랜지 및 플랜지 연결 피팅", 이 기준은 Class 25, 125, 250 및 800에 대해 기술한다.
- ANSI B16.5, "상수도용 강관 플랜지(규격 4~144인치)", 이 기준은 Class 150, 300, 400, 600, 900, 1500, 그리고 2500에 대해 기술한다.
- ANSI B16.42, "주철관 플랜지 및 플랜지 연결 피팅", Class 150 및 300에 대해 기술한다.
- AWWA C207, "상수도 용도의 강관 플랜지(규격 4~144인치)", Class B, D, E, 및 F 4개 압력등급 설계에 대해 기술한다.
- AWWA C115, "나사 플랜지를 갖는 플랜지 주철관"

ANSI 기준에 따라 제작된 플랜지들은 AWWA C207 기준에 따라 제작된 플랜지와 압력등급이 일치하지 않으나 일부는 볼트 원주, 볼트 구멍 및 직경은 일치한다.

더욱 복잡하게 만드는 것은 ANSI 또는 AWWA 기준과 일치하지 않는 미국 석유협회(API, American Petroleum Institute) 플랜지 기준 APO 605이다.

8.1.2.2 면(facings)에 대한 기준

AWWA C207과 ANSI B16.1 및 B16.5 사이의 주요 차이점은 다음과 같다.

- AWWA 강 플랜지는 평면이나 ANSI B16.5 강 플랜지는 돌출된 면을 갖는다. 즉, ANSI B16.5 플랜지는 볼트 원주 바깥 플랜지 부분보다 볼트 원주 내부 플랜지가 약 1.5mm 높다.
- 1200mm 이상에서는 ANSI B16.1 및 B16.5, 그리고 AWWA Class B, D, E 플랜지는 볼트 구멍 크기가 일치하지 않으나 볼트 원주 및 볼트 구멍 수는 일치한다.
- ANSI 플랜지의 면은 평면인 반면 AWWA 플랜지는 면이 톱니(serrated) 모양으로 가공된다.

강 플랜지를 덕타일주철 플랜지에 연결할 때는 강 플랜지의 돌출된 면을 제거해야 하며 주철 플랜지에 연결되는 강 플랜지는 평편한 면을 가져야 한다. 돌출된 강 플랜지의 면이 제거되지 않으면 플랜지들을 서로 연결하기 위한 볼트 체결로 인해 발생하는 응력은 주철관을 파괴할 수 있다.

600mm까지의 AWWA Class D 플랜지의 치수(플랜지 외경, 볼트 원주 직경, 그리고 볼트 구멍의 숫자 및 크기)들은 ANSI B16.5의 치수와 동일하다. AWWA D 플랜지 치수는 ANSI B16.1 Class 125 주철 플랜지의 모든 규격에서 일치한다.

규격 600mm 이하 ANSI B16.1, Class 125 주철 플랜지는 ANSI B16.5, Class 150 강 플랜지의 드릴링 및 볼트 치수가 동일하다. 규격 600mm 이하 ANSI B16.1, Class 250 주철 플랜지는 ANSI B16.5, Class 300 강 플랜지의 드릴링 및 볼트 치수가 동일하다. Class 125/150 플랜지는 Class 250/300 플랜지 임의 규격에서도 전혀 일치하지 않는다.

AWWA Class E 플랜지는 1900kPa의 압력등급을 가지나 ANSI B16.1, Class 125의 치수를 따른다. 오직 AWWA Class F 플랜지만이 ANSI Class 250/300 치수를 따른다(1200mm 이하).

다양한 AWWA 및 ANSI 압력 등급, 재질, 그리고 배관 규격에 상응하는 플랜지 기준을 표 8.2에 요약하였다.

8.1.2.3 압력등급

플랜지에 대한 AWWA 사양(specification)에서 온도는 언급하지 않았으나 38℃ 이상 온도는 허용 압력 등급을 감소시키며, ANSI 플랜지의 경우 압력-온도 상관 관계가 존재한다. ANSI B16.5, Class 150에서 강 플랜지는 온도 38℃에서 197kPa 압력등급을 갖는다. 따라서 Class 150 플랜지는 전형적인 수도 관로에서 직면하는 압력 및

표 8.2 플랜지 기준

압력등급			최대 배관 규격		상응 ANSI 기준[a]
kpa	lb/in.^{2}	재질	mm	in	
860	125	C.I.[c]	2400	96	B16.1,CL.125
1030	150	Steel[b]	600	24	B16.5,CL.150
1730	250	C.I.[b]	1200	48	B16.1,CL.250
2070	300	Steel[b]	600	24	B16.1,CL.300
AWWA "D"		Steel[c]	3600	144	B16.1,CL.125
AWWA "E"		Steel[c]		144	B16.1,CL.125
AWWA "F"		Steel[c]		48	B16.1,CL.250;and B16.5,CL.300

a 볼트 원주 및 간격 및 플랜지 외경 동일
b 돌출 면
c 평편한 면

온도 이하에서 충분하다.

수도 관로에서 통상적으로 사용되는 다양한 형식의 플랜지의 일부 압력등급(정수두+수충압)을 표 8.3에 요약하였다. 플랜지 치수는 AWWA C207, ANSI B16.1, 그리고 ANSI B16.5를 참조하고, 볼트 및 너트 치수는 ASTM A307 및 ANSI B31.1 및 B31.3를 참조한다.

Dresser와 같은 슬리브 커플링(sleeve coupling)은 길이방향으로 제한하지 않으므로(신뢰성이 없는 마찰은 제외) 배관이 상당한 길이방향 이동을 하지 않도록 앵커로 고정되지 않은 한 커플링은 반드시 그림 8.3a 및 b와 같이 harness 되어야 한다. 지지봉의 숫자 및 규격은 예제 8.1에서 기술한 것과 같이 지지봉의 이뿌리 단면적에 의해 결정된다. Harness 장치는 설치 길이 및 조인트의 비용이 추가되므로 필요 없는 harness는 생략해야 한다.

플랜지 체결 어댑터(그림 8.3c 및 d)는 슬리브 커플링과 동일한 목적을 수행하나 (1) 길이가 짧고 (2) 플랜지 숫자가 적은 이유로 더욱 경제적이다. 길이방향 이동은 고정핀(lock-pin)(그림 8.3e)을 사용하여 고정시킬 수 있으나 길이방향으로 힘이 반복하여 작용하면 배관의 고정핀 구멍이 마모되어 최종적으로 파괴될 수 있다. 그러나 플랜지로 체결되는 어댑터는 도움이 되고 외부적으로 확실히 배관을 고정시킨다.

홈 단면(grooved-end) 커플링은 (1) 설치 길이가 짧고, (2) 두 개의 플랜지를 생략할 수 있기 때문에 가장 경제적이다. 홈 단면은 두께가 두꺼운 배관(표 8.4 및 8.5 참조)

표 8.3 플랜지 압력등급

Class	기준	재질	온도 범위		압력등급			
					kPa	lb/in^2	배관 직경	
			℃	°F			mm	in
125	ANSI	C.I.	−29 to +66	−20 to +150	1380	200	300	12
	B16.1				1030	150	350−	14−48
							1200	
150	ANSI	Steel	−29 to +66	−20 to +10	1970	285		
	B16.5							
250	ANSI	C.I.	−29 to +66	−20 to +150	3450	500	≤500	12
	B16.1				2070	300	350−	14−48
							1200	
300	ANSI	Steel	−29 to +66	−20 to +100	5100	740		
	B16.5							
"B"	AWWA	Steel	−29 to +66	−	590	86		
	C207							
"D"	AWWA	Steel	−29 to +66	−	1210	175	100−300	4−12
	C207				1030	150	〉300	12
"E"	AWWA	Steel	−29 to +66	−	1900	275		
	C207							
"F"	AWWA	Steel	−29 to +66	−	2070	300		
	C207							

에서만 사용될 수 있으나 그림 8.4에서 보는 것과 같이 얇은 강관은 배관에 shoulder를 용접하여 사용할 수 있다. 각 홈 단면 커플링은 ±3mm의 팽창 및 축소 또는 커플링에서 전체 6mm의 이동을 허락한다. 따라서 통상적으로 익스팬션 조인트를 생략할 수 있다. 홈 단면 피팅을 위한 기준은 AWWA C606에 포함된다. 강관 및 덕타일주철관을 위한 홈 단면 커플링은 ASTM A47 또는 A536에 따라 연성이 있는 철로 제작된다. 탄소강 볼트는 ASTM A183 기준을 따라야 한다. 스테인레스 볼트는 ASTM A193, Class2 기준을 따라야 한다. 개스킷은 ASTM D2000을 따라야 한다.

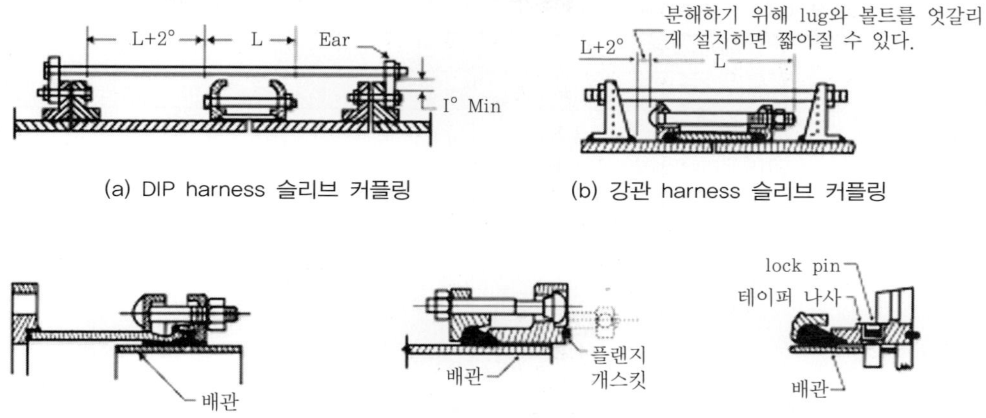

(a) DIP harness 슬리브 커플링 (b) 강관 harness 슬리브 커플링

(c) 플랜지 어댑터, 짧은 형식 (d) 플랜지 어댑터, 긴 형식 (e) 플랜지 어댑터 고정핀

그림 8.3 슬리브 커플링 및 플랜지 어댑터

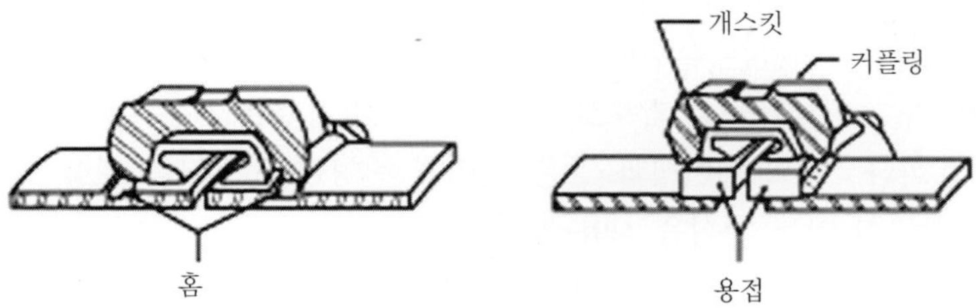

(a) (b)

그림 8.4 홈단면 커플링

표 8.4 홈 단면 커플링의 덕타일주철관 최소 두께

배관 공칭 직경		AWWA C151 및 C600에 따른 덕타일 배관 두께(mm)
mm	in	
100~400	4~16	53
450	18	54
500	20	55
600	24	56

표 8.5 AWWA C606에 따른 강관 홈단면 플링의 배관 최소 두께

배관 공칭 직경		두께[a,b]		ANSI B36.10 Schedule no.
mm	in	mm	in	
75	3 ID	4.7	0.188	40[c]
100	4 ID	5.2	0.203	40[c]
150	5 ID	5.6	0.219	40[c]
200	6 ID	6.0	0.238	20[c]
250	8 ID	6.4	0.250	20
300	10 ID	7.0	0.279	30[c]
350	12 ID	7.1	0.281	20[c]
400	14 OD	8.0	0.312	20
450	18 OD	8.0	0.312	20
500	20 OD	8.0	0.312	20[c]
600	24 OD	9.5	0.375	30[c]

[a] 두께가 얇은 배관은 shouldered 커플링과 함께 사용될 수 있다(그림 8.4b 참조).
[b] 600mm까지 표준 중량 배관을 사용할 수 있다.
[c] 가장 가까운 schedule 번호

슬리브 커플링, 플랜지 어댑터, 그리고 홈 단면 커플링은 어느 정도의 처짐을 수용할 수 있다. 그러나 이들은 실수로 잘못된 설치, 팽창, 그리고 설치 및 분해의 용이성을 위한 것이다. 계산된 굽은 각도로 배관을 설치하기 위해서는 벤드 또는 다른 피팅을 사용해야 한다. 펌프 케이싱과 같은 설비에 변형이 전달되는 것을 방지하기 위해 전단력을 전달하지 않는 형식을 사용해야 한다.

예를 들어 노출 주철관으로부터 매설되는 PVC 배관으로 바뀌는 즉, 배관의 재질이 달라져야 하는 경우가 가끔 발생한다. 이러한 목적을 위해 대부분의 재질과 형식에 채택 가능한 어댑터들이 유효하다. 특수한 경우에 배관 제작사와 상의한다.

8.1.3 개스킷 (Gasket)

주철관 또는 덕타일주철 플랜지 조인트를 위한 개스킷은 두께가 3.2mm이고 강 플랜지에 사용되는 개스킷은 1.6mm 또는 3.2mm이다(상세한 내용은 8.3절 및 8.4절을 참조한다).

8.1.4 관두께

871~927℃를 초과하는 온도는 연성 및 덕타일주철의 강도를 감소시키므로 덕타일

주철관을 사용할 경우에는 용접시 과열되는 것을 방지하기 위해 주의를 기울여야 한다. 따라서 미국에서는 배관을 위한 플랜지를 배럴(barrel)에 연결하기 위해 나사로 조립할 수 있도록 가공한다. 나사 배럴을 위해 허용할 수 있는 가장 얇은 DIP는 Class 53이다. Class 53 DIP의 두께는 표 B.1 및 B.2에 주어졌다. 때로는 스풀(spool, 짧은 길이의 배관, 단관)은 플랜지를 갖는 일체형으로 제작될 수 있다. 이 스풀은 Class 50 배관을 사용할 수 있다. 주철 또는 덕타일주철 밸브 및 피팅을 위한 플랜지는 항상 일체형으로 주물 제작된다. 유럽에서는 플랜지를 DIP 배럴에 용접하여 사용하므로 Class 53 배관 대신 Class 50 배관을 사용해야 한다.

강관의 두께 및 직경은 광범위하다. 플랜지는 강관 배럴에 용접된다. 탄소강의 두께는 스케쥴 10부터 160까지, 그리고 표준 중량으로부터 표준 중량의 두 배까지 다양하다. 배관의 표준 중량은 표 B.3 및 B.4에 나타내었다. 250mm까지 표준 중량과 스케쥴 40은 동일하다. 이 이상의 표준 중량 배관의 규격은 두께가 9.5mm이다.

배관 규격 및 내부 압력에 따라 강관은 티(tee), wye, 그리고 다른 개구부에서 보강될 수도 있다. 8.4절에서 기술한 것과 같이 보강은 collar, wrapper 또는 crotch 중 하나가 된다.

8.1.5 라이닝 및 코팅

저렴한 비용, 긴 수명, 그리고 조도 유지(3장에서 "마찰계수" 참조)를 고려할 때 주철관 및 강관의 시멘트라이닝이 가장 유익하고 가장 많이 사용된다. 공장 라이닝의 표준 두께는 표 8.6(DIP), 표 B.1 및 B.2에 나타내었다. 현장에서 배관 청소 후 표 8.7에 따라 라이닝할 수 있다. 시멘트 몰탈의 내구성은 좋지만 전체 용해된 고형물 농

표 8.6 시멘트 모르타르 라이닝의 강도

관의 지름		라이닝 관 두께			
		덕타일주철관		강관	
mm	in.	mm	in.	mm	in.
100~250	4~10	1.6	1/16	6.4	1/4
300	12	1.6	1/16	7.9	5/16
350~550	14~22	2.4	3/32	7.9	5/16
600	24	2.4	3/32	9.5	3/8
750~900	30~36	3.2	1/8	9.5	3/8
1,050~1,350	42~54	3.2	1/8	12.7	1/2
>1,350	>54	–	–	–	–

▌표 8.7▐ AWWA C602에 따른 현장 시멘트-몰탈 라이닝 두께

공칭 배관 직경		DIP 또는 회주철 (신관 및 구관)		강 관			
				구관		신관	
mm	in	mm	in	mm	in	mm	in
100~250	4~10	3.2	1/8	6.4	1/4	4.8	3/16
300	12	4.8	3/16	6.4	1/4	4.8	3/16
350~550	14~22	4.8	3/16	7.9	5/16	6.4	1/4
600~900	24~36	4.8	3/16	9.5	3/8	6.4	1/4
1050~1350	42~54	6.4	1/4	9.5	3/8	9.5	3/8
1500	60	–	–	9.5	3/8	9.5	3/8
1650~2250	66~90	–	–	12.7	1/2	11.1	7/16
〉2250	〉90	–	–	12.7	1/2	12.7	1/2

도가 낮은(40mg/L 이하) 연수(soft water)에 의해, 황산염의 농도가 매우 높은 물, 또는 칼슘 탄산염이 불포화된 물에 의해 서서히 공격받을 수 있다. 이와 같은 경우에는 시멘트 몰탈의 예상되는 내구도를 조심스럽게 조사하고 다른 라이닝의 사용을 고려한다. 칼슘 탄산염 포화도를 결정하는 단순하고, 정확하고, 저렴한 방법은 마블 시험(marble test)이다[10]. 황산염 및 전체 용해된 고형물은 대부분의 수질 검사소에서 쉽게 시험할 수 있다. 표준, 공장 몰탈 라이닝은 상대적으로 얇기 때문에 일부 설계자는 공장 라이닝의 두께를 두 배로 할 것을 선호한다.

몰탈 라이닝을 명시할 때 배관 내경을 사용하고자 하는 밸브의 내경과 일치시키고, 면간 거리가 짧은 버터플라이 밸브는 디스크가 배관 내부로 돌출하기 때문에 반드시 내경을 일치시켜야 한다. 만일 내경이 일치하지 않으면 밸브를 완전 개방할 수 없다.

다른 라이닝 재질들을 표 8.8에 나타내었다. 플라스틱 라이닝은 통상적으로 두께가 약 0.3mm이며, 유리(glass) 라이닝은 약 0.25mm이다. 일반적으로 시멘트 몰탈 라이닝의 비용은 다른 라이닝 비용의 약 20% 정도이므로 시멘트 몰탈 라이닝을 사용할 수 없는 경우를 제외하곤 다른 라이닝을 사용하는 것은 정당화되지 않는다. 하나의 예외는 유리 라이닝으로서 이 라이닝은 그리스 및 고형물 형성을 방지하고 화학적 공격에 대해 높은 저항력을 갖기 때문에 원수 1차 슬러지에 최적이다. 배관에 유리 라이닝을 적용하려면 760℃ 정도의 온도가 요구되며, 이 온도는 당초 두께가 150~500mm 배관의 경우 최소 Class 54, 100mm 배관의 경우 최소 Class 56이면 안전하게 적용할 수 있는 온도이다. 내부는 반드시 매끄러워야 하고, 배관을 보어(bore) 가공(예를 들어 Class 56에서 Class 53까지)하거나 마모성 모래를 갖고 블래스팅(blasting)해야 한다.

제작사마다 라이닝 두께가 다를 수 있으므로 라이닝 두께를 명시하기 전에 제작사와 상의해야 한다. 강관 용접 심(seam)은 라이닝 도포가 되지 않으므로 심이없이 가공해야 한다. 그러나 용접 심을 매끄럽게 기계 가공하면 용접 배관을 사용할 수 있다. DIP의 모든 말단 접합부에 유리 라이닝을 사용할 수 있다. 그러나 강관의 경우 평면 끝단, 플랜지, 또는 홈 단면 접합부에만 유리 라이닝을 사용할 수 있다. 강관 벨(bell) 그리고 스피곳(spigot) 접합부들은 열에 의해 변형된다. 유리 라이닝은 배관 직경이 250mm 이상이 되면 매우 고가가 되기 때문에 시멘트 몰탈과 같은 다른 라이닝을 고려해야 한다.

통상적으로 주철관의 외부는 아스팔트 코팅 처리된다. 이 아스팔트 코팅은 두께가 1mm이고 부식으로부터 거의 보호되지 않는다. 만일 배관을 외부 도장하려면 에나멜 또는 에폭시와 조화되는 공장 시공 프라이머 코팅을 해야 한다.

8.1.6 피팅 (Fitting)

주철의 일부 표준 피팅들을 그림 8.5에 나타내었다. 포괄적인 표준 및 특수 피팅의 목록은 표 8.9에 나타내었다. 통상적으로 특수 피팅은 비용이 고가이고 제작기간도 오래 소요된다. 피팅은 개구부의 크기와 각도의 순서로 명시된다. 예를 들어 250mm의 90° 엘보는 "250mm 90° 엘보(또는 벤드 bend)"로 명시한다. 축소관, 축소 티, 또는 축소 크로스(cross)들은 가장 큰 개구부의 직경, 그 다음 큰 개구부의 직경으로 순서가 명시된다. 따라서 그림 8.6에서 축소 티는 250×200×250mm 티로 명시된다.

표 8.8 DIP 및 강관 라이닝

라이닝 재질	기준	권장 용도
시멘트 몰탈	AWWA C104, C205	음용수, 원수 및 하수, 활성 및 2차 슬러지
유리	None	1차 슬러지
에폭시	AWWA C210	원수 및 음용수
융접	AWWA C213	음용수, 원수 및 하수 에폭시
콜탈 에폭시	AWWA C210	음용수에는 권장되지 않음
콜탈 에나멜	AWWA C203	음용수
폴리우레탄	None	원수 하수, 물
폴리에틸렌	ASTM D 1248	원수 하수

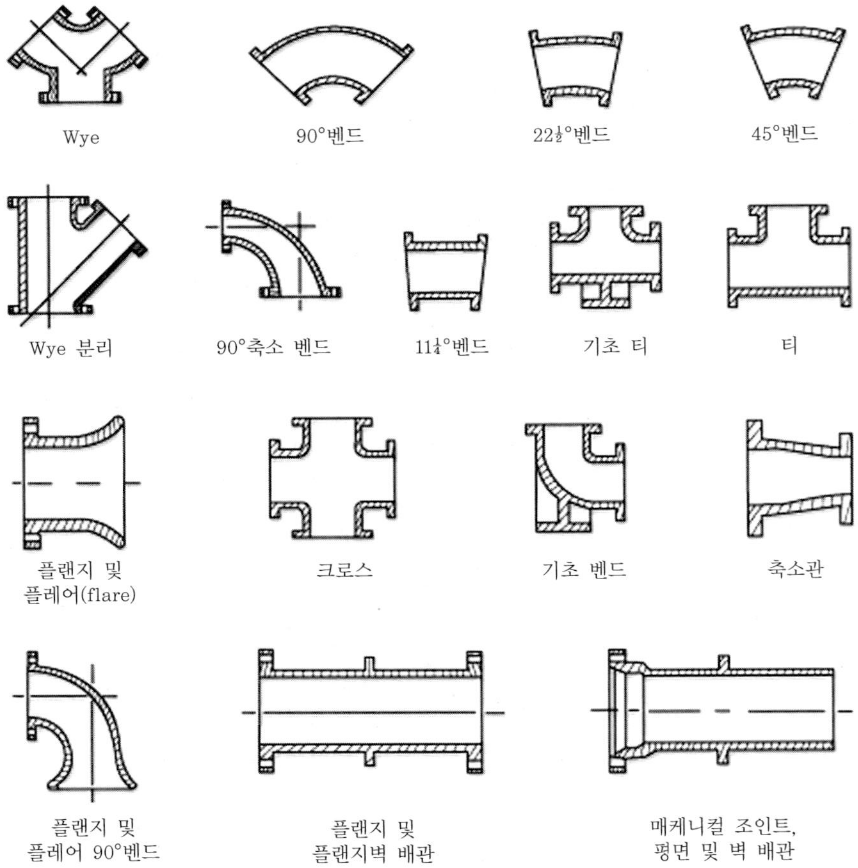

그림 8.5 DIP 또는 회주철 플랜지 피팅

대부분의 강 피팅들은 마이터 가공되나 마이터 가공되지 않은 피팅들도 사용된다. 마이터 가공 및 가공되지 않은 강 피팅 목록을 표 8.10에 나타내었다(AWWA M11 참조).

8.1.7 팽창(Expansion), 수축(Contraction) 및 진동(Vibration)

펌프 진동 또는 배관의 팽창 및 수축이 상당할 수 있다. 이러한 형식의 이동을 보상하기 위해 플렉시블 조인트를 사용한다. 통상적으로 이 플렉시블 조인트는 고무로 제작되며 설비 및 배관의 플랜지에 직접 볼트로 체결될 수 있다. 이러한 용도로 많은 플렉시블 조인트는 주름을 갖고 있고 다양한 형상이 사용된다.

표 8.9 덕타일 및 회주철 피팅, 플랜지, 미케니컬 조인트, 또는 벨 및 스피곳[a]

표준 피팅	특수 피팅
Bends(90°, 45°, $22\frac{1}{2}$°, $11\frac{1}{4}$°)	Reducing Bends(90°)
Base bends	Flared vends(90°, 45°)
Caps	flange and flares
Crosses	Reducing tees
Blind flanges	Side outlet tees
Offsets	Wall pipes
Plugs	True wyes
Reducers	Wye branches
Eccentric reducers	
Tees	
vase tees	
Side outlet teer	
Wyes	

[a] 규격은 100~1350mm

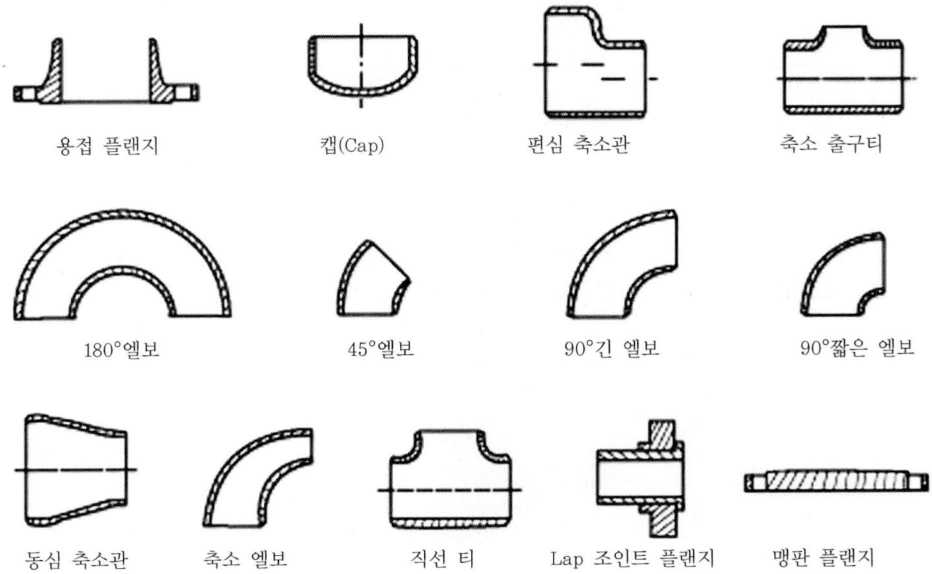

그림 8.6 용접 플랜지 사용을 위한 단조강 피팅

표 8.10 강관 피팅

마이터 피팅	연철 피팅
Crosses	Caps
2-piece elbows, 0~30°bend	45° elbows
3-piece elbows, 31~60°bend	90° elbows, long radius
4-piece elbows, 61~90°bend	90° elbows, short radius
4-piece, long radius elbows	90° reducing elbows, long radius
Laterals, equal diameters	Multiple-outlet fittings
Laterals, unequal diameters	Blind flanges
Reducers	Lap joint flanges
eccentric reducers	Slip-on flanges
Tees	Socket-type welding flanges
Reducing tees	Reducing flanges
True wyes	Threaded flanges
	Welding neck flanges
	Reducers
	Eccentric reducer
	180°returns, long radius
	Saddles
	Reducing outlet tees
	Split tees
	Straight tees
	True Wyes

8.2 매설배관 선정

매설배관은 내부 압력, 외부 하중, 부등 침하, 그리고 흙의 부식 작용에 대해 저항할 수 있어야 한다. 관로 형상, 유속, 그리고 배관의 규격 및 강도 모두 수충격에 영향을 미치므로 주 송수관로는 물론 펌프장 자체의 설계에 영향을 미친다. 배관 선정에 영향을 미치는 일반적인 요소들을 8.1절에 열거하였다.

8.2.1 재질

매설배관은 트렌치 바닥에 의해 지지되므로 배관 재질 및 조인트 선정에 더 많은 가능성이 존재한다. 주 송수관로는 펌프장 내 배관보다 상당히 길므로 가장 경제적인 배관을 선정하면 상당한 비용 절감이 가능하다. 권장되는 매설배관의 재질들을 표 8.11에 비교하였다. 산 및 화학 용도로 PVC 보다 플라스틱 배관이 사용된다. 하수 용도로 ABS(Acrylonitrile butadiene styrene) 및 PVC가 주로 사용되나 음용수 용도로는 오직 플라스틱 배관이 사용된다.

표 8.11에 대략적으로 기술된 콘크리트 보강 압력배관은 표 8.12에서와 같이 4개의 형식으로 세분화 된다.

표 8.11 매설 용도 배관 비교

배관	장점	단점/제한
덕타일주철관 (DIP)	표 8.1 참조; 흙 하중 지지를 위한 높은 강도, 긴 수명	표 8.1 참조; 부식성 흙에서는 랩핑 또는 음극방식 필요
강관	표 8.1 참조; 흙 하중 지지를 위한 높은 강도	표 8.1 참조; 부식에 대한 저항력이 불량하여 라이닝 및 코팅 또는 랩핑되지 않으면 음극방식 필요
PVC	• 인장강도(수력적 사 하중 설계기준) =26,400kPa • E=2.6×10^{6}kPa • 가볍고, 내구성 우수, 조도 양호 • 라이닝 불필요 • 다양한 피팅 • 어댑터를 사용하거나 솔벤트 용접으로 100~375mm 덕타일 또는 주철에 연결 가능	• 최대압력=2,400kPa • ASTM D2241을 준수하면 수충격에 대해 약간의 여유가 있고, AWWA C900은 수충격을 고려한다. • 피로한도가 매우 낮으므로 주기 부하에 대해 극히 제한됨 • 옥외 노출 용도에 부적합

▌표 8.11▐ 매설 용도 배관 비교(계속)

배관	장점	단점/제한
고밀도 폴리에틸렌 배관(HDPE)	• 인장강도(수력적 사 하중 설계기준) =8,600~11,000kPa • 가볍고, 내구성 우수, 조도 양호 • 라이닝 불필요 • 통상적으로 열 버트 융접을 사용하며 이는 배관의 강도와 동일 • 플랜지 사용 가능 • 100~1575mm 설치비 저렴	• PVC를 포함한 다른 플라스틱 배관과 같이 저 분자량 유기 솔벤트 및 석유제품에 의한 침투에 노출됨 • 펌프장 집합관 배관으로 부적합 • 배관에 스크레치 발생시 상당한 수명 감소 • 조심스런 스프링라인 및 성층 및 다짐 필요 • 솔벤트 용접 및 나사 접합 불가
석면시멘트 배관(ACP)	• 항복강도; 적용 불가; 파쇄강도기준 설계, ASTM C296 및 C500 참조 • $E=23.5\times10^6$kPa • 강성체, 길이당 중량 가볍고, 비용 저렴 • 직경 100~1050mm, 주철 피팅과 호환가능, 450mm 이상 배관의 압력 등급은 1,600~3,100kPa	• 연수, 산성, 황화물에 의한 공격에 약함 • 엘보, 티, 사수부(dead end)에 추력 보호공 필요 • 400mm까지 최대압력=1380kPa • 취성으로 인해 설치시 주의 필요
콘크리트 보강 압력배관 (RCPP)	• 상이한 조건을 만족시키기 위한 여러 형식이 유효(표 8.12 참조) • 흙 하중 지지를 위한 높은 강도 • 다양한 규격 및 압력등급 • 비용 저렴 • 규격은 600~3,660mm	• 연수, 산성, 황화물, 염소에 의한 공격에 약해 보호 코팅 필요 • 수충격에 의해 외부 쉘에 크랙 발생시 부식에 노출되어 수명 단축 • 최대압력=1,380kPa

▌표 8.12▐ 강화된 콘크리트 압력 파이프(RCPP)

타입	기준	설명
강철 실린더	AWWA C300	강화된 철근 내에 강철 실린더, 밀도 높은 콘크리트, 실린더에 용접한 강철 연결 조인트, 고무 개스킷 조인트
응력 강철 실린더	AWWA C301	시멘트를 입힌 강철 실린더 모르타르와 콘크리트를 입힌 철근, 두 가지가 약간 틀림
Noncylinder	AWWA C302	강철 실린더 없이 응력시키지 않고 주위만을 강화시킨 콘크리트관
장력 강철 실린더	AWWA C303	지속적인 장력 강철 막대와 모르타르를 입힌 시멘트-모르타르 강철 실린더

8.2.2 실용적인 선정

하수 주 송수관로에 유효한 다양한 배관 재질의 특성 및 경험을 고려할 때 다음 재질을 권장한다. 하수 주 송수관로의 경우 600mm까지는 HDPE 또는 PVC를 사용한다. 그러나 배관 사용 압력의 75% 이상 또는 정속 펌프의 주기적인 기동 정지와 같이 압력주기를 반복하면 배관이 파괴되는 사례가 많았다. 600mm 이상의 배관은 폴리우레탄 또는 융착(fusion−bonded) 에폭시 코팅 주철관 또는 강관을 사용한다. 직경 900 mm 또는 1050mm 이상에서는 PVC 라이닝된 RCPP를 고려한다. 주 송수관로에 공기 유입 가능성이 있으면 산 부식의 가능성에 대비하여 RCPP의 상부를 PVC로 라이닝한다. 배관 선정시 프로젝트의 용도를 감안하여 배관 내부 압력, 외부 하중, 하수의 부식성, 그리고 흙 부식성과 관련하여 조심스럽게 평가해야 한다.

8.2.3 조인트

주 송수관로 또는 용수공급 관로가 매설되면 길이방향으로 완전하게 지지되기 때문에 작은 침하를 수용하기 위해 유연성 있는 조인트를 사용해야 한다. 따라서 볼트로 체결되는 플랜지 조인트보다 매립 용도로 적합한 저렴한 조인트를 사용할 수 있다(그림 8.7 및 8.8 참조).

많은 종류의 조인트들이 유효하며(그림 8.7~8.13 참조), 공통적으로 많이 사용되는 조인트를 표 8.13에 열거하였다. 확인 표시(√)는 조인트가 적합한 배관의 형식을 나타낸다. 매설 용도의 슬라이딩 커플링은 추력 블록이 곡관부에 설치되거나 추력에 저항하기에 충분한 흙 마찰이 배관 양쪽 길이에 충분이 작용하면 harness가 필요 없다. 홈 단면 커플링(그림 8.4)은 배관 설치시 커플링 하나에 약 5°의 오차를 허용할 수 있

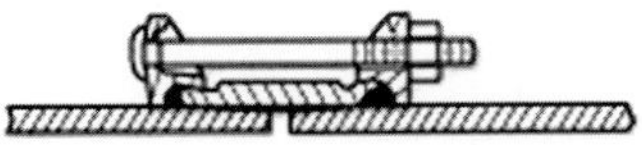

(a) 슬리브 커플링

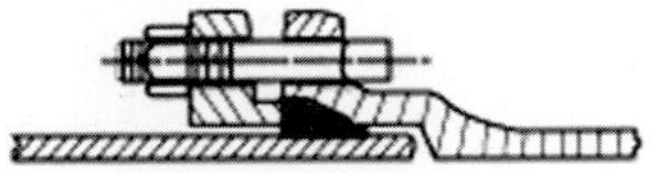

(b) 매케니컬 조인트

(c) 푸시－온 조인트

(d) 볼(ball) 조인트

그림 8.7 매설용도의 DIP 커플링 및 조인트

으나 이러한 유연성을 고의로 사용하면 안 되고 대신 밴드(bend) 또는 볼 조인트를 사용해야 한다.

주철관의 경우 push-on 및 기계 조인트는 누수를 발생시키지 않고 약간의 배관 처짐(배관 규격에 따라 2~5°)을 허용할 수 있다. 불안정한 지반에 매설되는 경우를 제외하고 매설된 조인트는 배관의 중량을 지지하도록 요구되지 않는다.

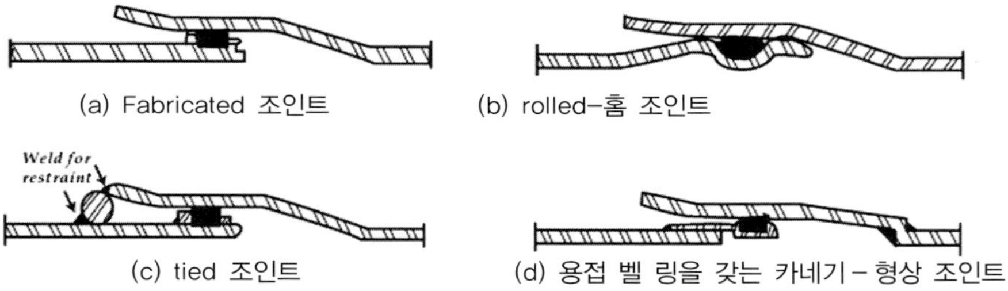

그림 8.8 매설용도의 고무-개스킷 푸시-온 조인트

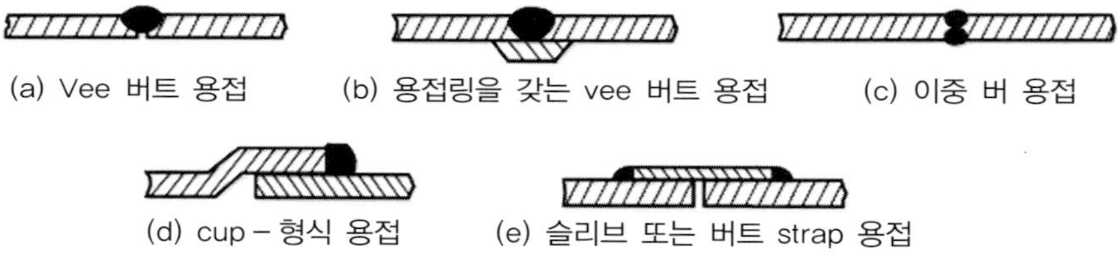

그림 8.9 매설 또는 노출용도 강관의 용접 조인트

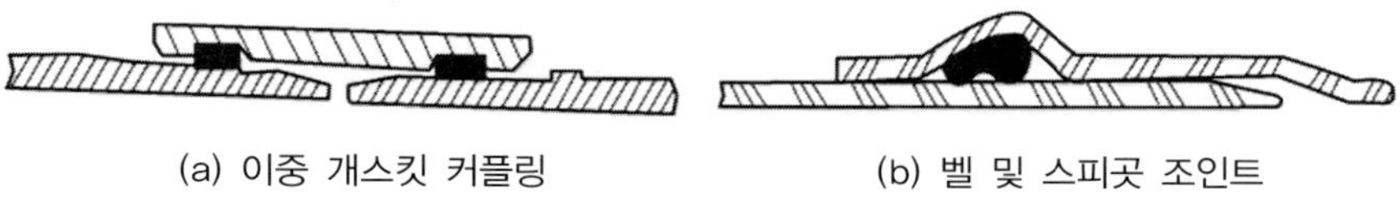

그림 8.10 매설용도 PVC의 커플링 및 조인트

8.2.4 개스킷 (Gasket)

다양한 조인트를 위한 개스킷은 8.3~8.5절에서 기술하였다.

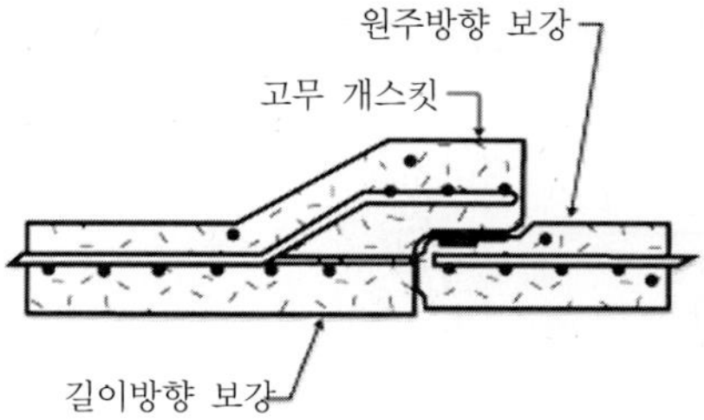

(a) 고무 및 콘크리트 조인트를 갖는 보강 압력 배관

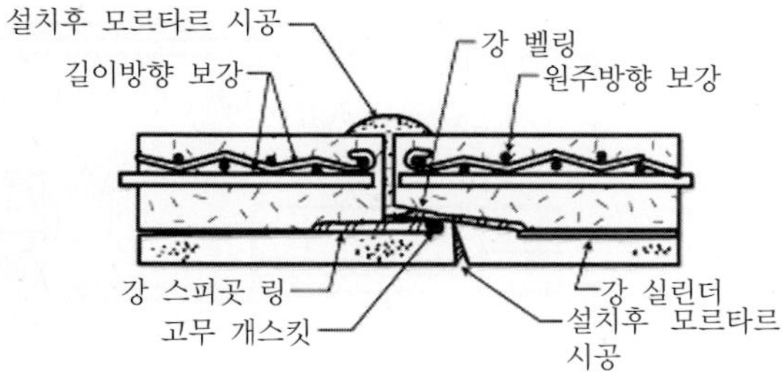

(b) 고무 및 강 조인트를 갖는 보강 실린더 배관

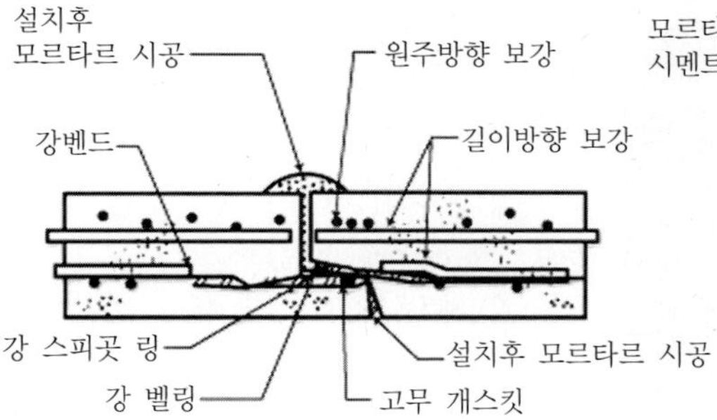

(c) 고무 및 강 조인트를 갖는 보강 압력 배관

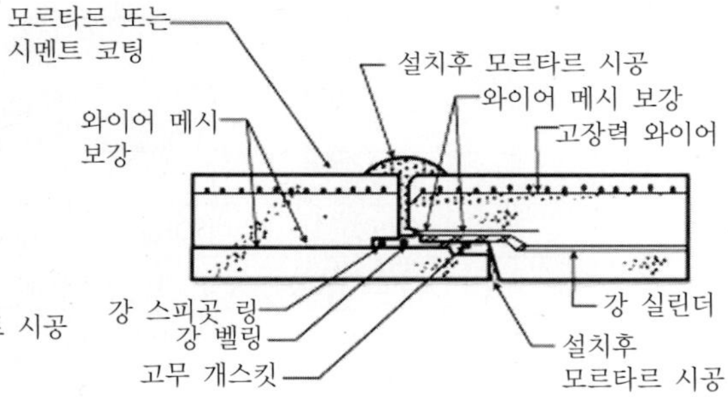

(d) 고무 및 강 조인트를 갖는 prestressed embedded 실린더 배관

그림 8.11 매설용도 콘크리트 배관의 push-on 조인트

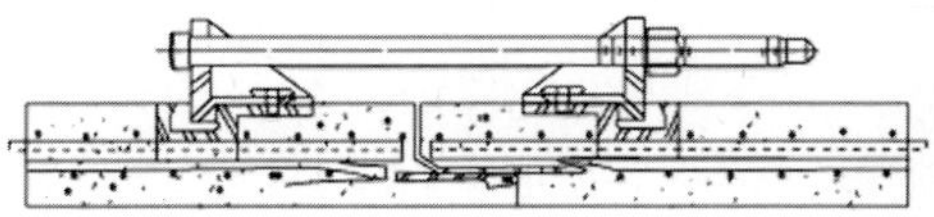

(a) 고무 및 강 조인트를 갖는 보강 압력 배관

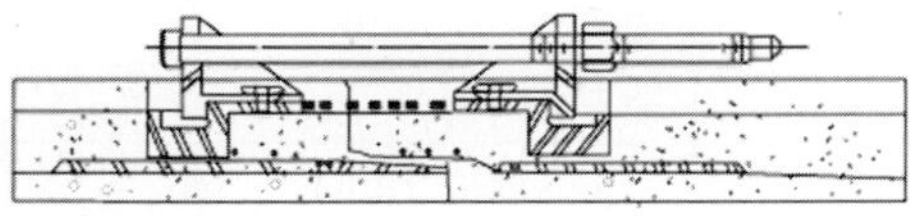

(b) 고무 및 강 조인트를 갖는 보강 실린더 배관

그림 8.12 매설, 노출 또는 수중용도 콘크리트 배관의 체결 조인트

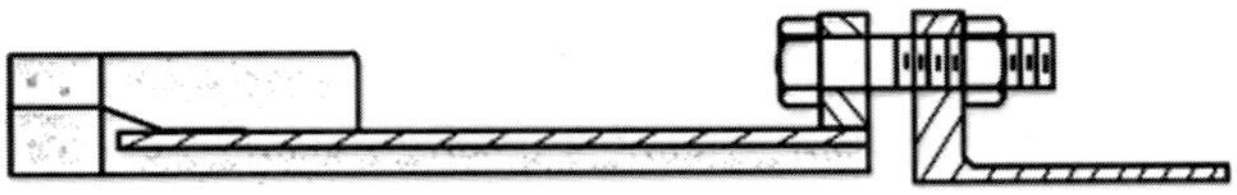

(a) 플랜지 어댑터

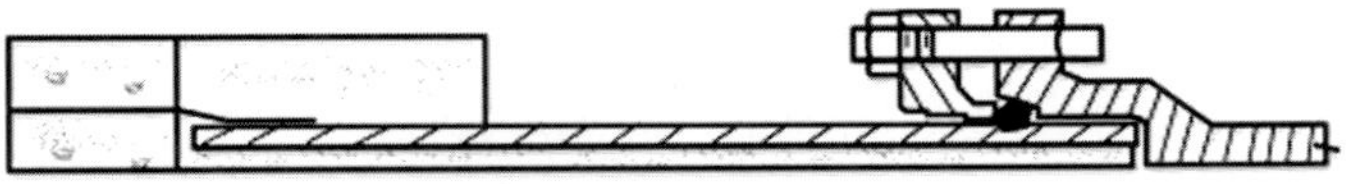

(b) 매케니컬 조인트 어댑터

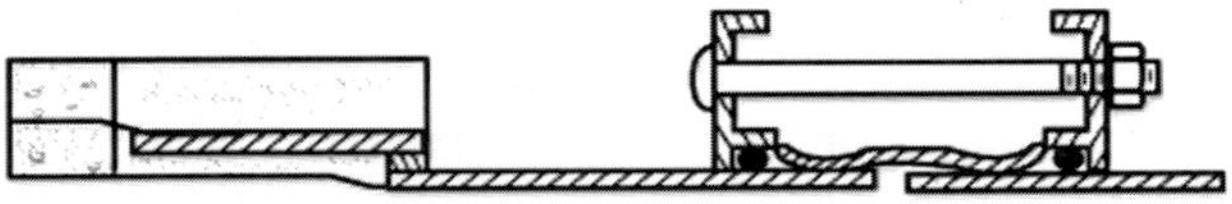

(c) 슬리브 커플링 어댑터

그림 8.13 콘크리트 배관을 DIP 또는 강관에 연결하기 위한 어댑터

표 8.13 매설배관 조인트 형식

조인트	그림	조인트 형식	배관 형식				
			덕타일 주철관	강관	PVC	AC	RCPP
플랜지 조인트	8.1,2	R	√	√			
돌출형 슬리이브 커플링(Dresser®), harnessed	8.3a,b	F	√	√			
슬리브 커플링(Dresser®), unharnessed	8.7a	S	√	√			
미케니컬 조인트	8.7b	F	√				
Push-on joint	8.7c	F	√				
Push-on joint	8.8	F		√			
Ball (also for exposed service)	8.7d	F	√				
Twin-gasketed coupling	8.10a	F			√	√	
Bell and spigot	8.10b	F,S			√		
홈 단면 커플링[Grooved-end coupling (victaulic®)]	8.4a	F	√	√			
용접 조인트	8.9	R		√			
RCPP							
Push on	8.11	S					√
Lugged, rigid	8.12	R					√
RCPP to iron or steel							
플랜지	8.13a	R					√
Mechanical or sliding	8.13b,c	S					√

8.2.5 관두께

매설배관의 두께는 외부 흙, 내부 압력은 물론 상재하중(overburden)에 대해 충분히 대항할 수 있어야 한다. 차량 하중이 없고 매설 깊이가 깊지 않으면(2m 정도) 내부 압력이 배관 압력등급보다 작은 Class 50의 덕타일주철관이 자주 사용된다.

흙 및 상재하중 재하에 따른 배관의 내부 응력 및 처짐은 (1) 배관 재질, 직경, 그리고 배관 두께, (2) 성층 조건, (3) 흙의 특성, (4) 트렌치 폭 및 깊이, (5) 결빙, (6) 상재하중 및 이 하중 분산의 복잡한 함수로 나타날 수 있다.

8.2.6 라이닝, 코팅, 그리고 음극방식 보호

노출 용도의 배관 라이닝을 매설 용도에도 적용할 수 있다. 매설배관의 경우 유리-라이닝은 반드시 DIP에만 적용해야 하나, 강관에 유리-라이닝을 적용할 경우 미케니컬 커플링에 의해 연결되는 끝 면이 평면(plain-end)인 배관에만 적용해야 한다.

강관, 그리고 때로는 주철관이 일부 흙과 접촉되는 곳에서는 부식이 발생한다. 석면 시멘트 및 콘크리트는 산성수 또는 고농도 황산염 흙에 의해 공격받을 수 있다. 부식성 있는 환경에서 배관을 반드시 코팅해야 한다(상세한 것은 8.3절 참조).

보호 코팅 이외에도 음극방식법을 사용할 수 있다. 주철 및 강관의 부식은 전기화학 반응이다. 음극방식법은 자연파괴전류(natural destructive current)에 대항하는 제어된 직류 전류를 도입하는 것이다. 대안은 전류를 역류시키는 희생 양극을 매설하는 것이다. 부식성 흙 또는 누설 전류가 존재하는 곳에 매설된 덕타일주철 및 강관의 부식을 방지하기 위해 음극방식법을 사용한다. 누설 전류는 매설 동력공급전선 및 다른 음극방식법을 채택한 관로 근처에서 발생될 수 있다. 대부분의 석유 및 가스 공급배관에는 인가 전류 음극방식법을 사용한다. 이 경우 인근에 매설된 철은 양극이 되어 시간이 지남에 따라 철을 잃고, 그리고 보호되지 않으면 궁극적으로 파괴되므로 부식 전문가와 상의한다. 경험 및 습도, 화학성분, 그리고 토지 저항과 같은 주변 조건의 현장 조사에 의해 요구되는 최소 전압을 결정해야 한다. 더욱 상세한 내용은 AWWA M11[9] 및 NACE 기준 RP 05-72를 참조한다.

석면시멘트 배관은 통상적으로 내부 또는 외부 코팅없이 사용된다. 부식이 발생하면 다른 재질 사용을 고려한다. 부식성 액체를 이송하는 콘크리트 보강 압력배관은 콜탈 에나멜 또는 콜탈 에폭시로 라이닝될 수 있다(콜탈 에나멜 및 에폭시는 음용수 용도에는 사용되지 않는다). 그러나 이러한 라이닝들은 유지보수가 필요하므로 주기적으로 검사가 가능한 경우와 배관 직경이 충분히 커서 현장에서 페인팅이 가능한 곳에서만 사용되어야 한다. 대안으로 배관 형상의 플라스틱 쉬트(sheet)를 T-형상의 리브(rib)로 고정시켜 배관을 라이닝할 수 있다. 리브는 라이닝을 배관 내부에 확고하게 고정한다. 각 배관 조인트를 트렌치 내부에서 설치한 후 플라스틱 스트립을 용접하여 현장에서 조인트부를 라이닝한다. 또한 배관을 부식성 흙(높은 황산염 또는 산성)으로부터 보호하기 위해 플라스틱으로 배관 외부에 감싼다.

8.2.7 피팅 (Fitting)

표 8.9에서의 주철 및 회주철 피팅들은 미케니컬 조인트와 함께 유효하다. 다른 종류의 배관을 위한 피팅을 표 8.13에 나타내었다. 주철 피팅들은 석면시멘트관 및 PVC관(AWWA C900)에 사용된다. 제작된 강재 피팅들도 사용할 수 있다.

8.2.8 경제성

배관 비용은 현장에서 고려할 여러 요소들 중 한 가지일 뿐이며, 경제성 검토시 포함할 사항들은 다음과 같다.

- 규격
- 중량 및 길이, 취급의 용이성 및 설치시 필요 장비
- 성층(bedding). 플라스틱 하수 배관과 같은 플렉시블 배관은 특별한 기반 조건이 필요하다(Uni-Bell handbook[12] 참조).
- 조인트 형식 및 현장 노동량
- 유지관리(보수의 빈도 및 난이도)
- 수충격 제어(재질이 다르면 다르게 나타난다)
- 마찰계수
- 지반의 안정성에 따라 깊이가 1.2 또는 1.5m 이상인 트렌치 접근에 필요한 작업자를 위한 버팀목(shoring)이 필요하다. 특히 깊이가 3m 이상인 트렌치는 심각하다. 버팀목 요구에 대해서는 OSHA 규정을 참조한다.

비용에 상당한 영향을 미치는 현지 조건에 따라서 배관재질 선정은 더욱 복잡하게 되고, 이러한 조건들은 시간에 따라 급격하게 변한다. 적합한 모든 형식은 배관의 유효성과 비용을 조심스럽게 조사해야 한다. 예를 들어 API 강관은 대량으로 제작되므로 쉽게 구할 수 있고, 다른 강관들보다 저렴하다. 코팅 및 라이닝은 다른 강관에 적용된 동일한 방법으로 API 배관에 적용할 수 있다.

8.3 덕타일주철관 (DIP; Ductile Iron Pipe)

DIP, 피팅, 조인트, 설치, 추력 보호장치, 그리고 여러 중요한 ANSI/AWWA 규격은 물론 설계에 관련된 다른 요소들은 DIPRA handbook[11]에 기술되었다(8.1절 및 표 8.1 및 8.11 참조).

8.3.1 재질

주철관은 모래 또는 금속 모형 내부에 원심력을 이용하여 주물로 제작된다. 1970년 이전에는 대부분이 주철관 및 피팅들은 회주철로서 취성이 있어 인장에 취약하였다. 그러나 이제 위생배관으로 사용되는 배관을 제외한 모든 주철관은 마그네슘을 첨가하고 열처리하여 흑연이 구(spheroid) 형태로 형성된 덕타일주철로 제작되며, 이는 강과 거의 동일한 강도를 갖게 한다. 주철 피팅은 아직도 덕타일주철은 물론 회주철(gray iron)로 제작된 것이 유효하다.

공차, 강도, 코팅 및 라이닝, 그리고 매설 부하에 대한 저항은 ANSI/AWWA C151/A21.51에 주어진다.

슬러리 및 모래와 같은 마모성 물질을 이송하기 위한 특수한 내마모성 덕타일주철관은 여러 제작사들이 제작하고 있다. 통상의 덕타일주철관(AWWA C151)은 165 정도의 브리넬 경도(BNH, Brinell hardness)를 갖는다. 내마모성 덕타일주철관은 약 280 BNH를 갖는다. 유효한 규격은 표준 AWWA 관두께 등급에서 AWWA C151에 따라 150~600mm이다.

8.3.2 유효한 규격 및 두께

표 B.1 및 B.2에서 보는 것과 같이 유효한 규격은 100~1350mm이다. 압력등급 1,380~2,400kPa인 배관의 표준 길이는 5.5m이다. 두께는 Class 50부터 Class 56까지 등급에 의해 명시된다(DIPRA handbook[11] 또는 ANSI/AWWA C150/A21.50 참조). 이보다 두께가 두꺼운 배관은 특별 주문해야 한다.

8.3.3 조인트

매설에 사용되는 조인트는 기계 조인트 또는 고무 개스킷 push-on 형식이어야 한다. 매설 용도로 구속 조인트의 다양한 형식들이 유효하다.

노출용 조인트는 플랜지(AWWA C115 또는 ANSI B16.1) 또는 홈 단면(AWWA C606) 형식이어야 한다(8.1절 “조인트” 참조).

8.3.4 개스킷 (Gasket)

덕타일주철관 또는 주철 플랜지용 개스킷은 3.2mm 고무로 제작된다. 홈 단면 조인트용 개스킷은 ethylene propylene diene monimer(EPDM), nitrile(Buna N), halogenated butyl 고무, Neoprene, silicone, 그리고 fluorelastomer으로 제작된다. EPDM은 수도용으로 주로 사용되고 하수 또는 슬러지 용도로는 Buna N이 사용된다.

덕타일주철관 push-on, 그리고 AWWA C111에 기술된 미케니컬 조인트용 개스킷은 고온에서 가황(加黃) 처리된 천연고무와 합성고무로 제작된다. 천연고무는 수도 관로에 적합하나 하수 또는 슬러지에 노출되면 성능이 저하된다.

8.3.5 피팅 (Fitting)

주철 및 덕타일주철 플랜지로 연결되는 피팅들의 치수는 ANSI B16.1 및 AWWA C110에 기술되었고, 내마모성 배관을 위한 피팅들은 통상적으로 다음 범주들 중 하나로 제공된다.

- 형식 1 : 최소경도가 약 260BNH인 플랜지, 홈 단면, 또는 기계 조인트를 갖는 저합금(low alloy) 피팅
- 형식 2 : 최소경도가 약 400BNH인 특수한 덕타일주철 피팅 및 플랜지 또는 기계 조인트

8.3.6 라이닝 및 코팅

라이닝에 대한 내용은 8.1절을 참조한다. 덕타일주철은 상대적으로 부식에 강하지만 특정 흙[이탄(peat), 슬래그(slag), cinder, muck, 광산 하수, 또는 누설 전류]에서는 약하다. 이러한 경우 덕타일주철관 제작사는 배관을 0.2mm 두께의 유연한 폴리에틸렌 튜브로(ANSI/AWWA C105/A21.5 참조) 도포(encase)할 것을 권장한다. 일부 특별한 부식성이 있는 환경에서는 배관을 접착성이 있는 가열·사출 폴리에틸렌으로 도포해야 한다.

부식성이 없는 흙에서는 배관 외부를 약 0.025mm 두께의 아스팔트로 코팅하여 사용한다. 부식성 흙의 경우 배관 외부를 보호하기 위해 다음 코팅을 고려한다.

- 접착성, 사출되는 폴리에틸렌 도포
- 플라스틱 도포(AWWA C105)
- 가열(hot-applied) 콜탈 에나멜(AWWA C203)
- 가열 콜탈 테이프(AWWA C203)
- 가열 사출 폴리에틸렌[ASTM D1248(재질)]
- 콜탈 에폭시
- 냉간 테이프(Cold-applied tape)(AWWA C209)
- 융접 에폭시(AWWA C213)

각 코팅은 AWWA 시방에서 상세하게 기술된다. 각 코팅의 용도는 NACE 기준에 따라 확실하게 구분·제한되므로 용도에 적합한 코팅을 선정해야 한다.

8.4 강관 (Steel Pipe)

강관의 주요 장점은 높은 강도, 파괴되지 않고 처짐, 설치 용이성, 충격 저항, 덕타일주철관보다 경량, 큰 규격 배관 제작의 용이, 용접에 의한 특별한 형상 제작, 다양한 강도의 유효성, 현장 수정의 용이성(8.1절, 표 8.1 및 8.11 참조) 등이다.

8.4.1 재질

전통적인 명명법은 공장 배관과 현장제작 배관 두 형식으로 구분된다. 공장 배관은 완성된(finished) 배관의 시방을 만족시키기 위해 강관 공장에서 생산되는 임의 규격의 강관을 의미한다. 공장 배관은 심레스(seamless)로 제작될 수 있고, 로(furnace) 버트 용접, 전기저항 용접, 또는 직선 또는 스파이럴 심(seam)을 사용한 용접으로 제작될 수 있다. 주어진 규격의 공장 배관은 일정한 외경 및 요구되는 두께에 따라 일정한 내부 직경으로 제작된다.

현장제작 배관은 판(plate)이나 쉬트(sheet)로부터 제작되는 강관이다. 이 배관은 직선 또는 스파이럴 심 용접 배관이 될 수 있고, 내경 또는 외경으로 명시될 수 있다. 스파이럴 심, 용접 배관은 공장 배관 또는 현장제작 배관이 될 수 있다는 것을 유의한다.

강관은 항복점 극한강도가 다른 다양한 강 합금으로 제작될 수 있다. 내부 사용 압력은 합금, 직경 그리고 관두께에 따라 690~17,000kPa이 된다. 주 송수관로로서 강관 재질은 많은 ASTM 기준이 있는 AWWA C200에 따라야 한다(제작과정은 ANSI B31.1을 참조한다).

8.4.2 규격 및 두께

비록 표 B.3 및 B.4에 최대 750mm까지만 나타냈지만, 유효한 직경은 3~6,000mm이고, 주 송수관로에 사용되는 강관의 규격, 두께, 그리고 사용 압력은 100~3,600mm 범위이며 두께는 AWWA M11[9] 및 표 8.2에 주어졌다.

유효한 강관의 규격에 대해서는 제작사와 상의해야 한다(또한 상당한 규격 및 두께의 범위를 나타내는 AWWA M11의 표 8.2를 참조한다). ANSI B36.10에 따르면

- 표준 중량(STD, Standard weight) 및 스케줄 40은 배관 직경 250mm까지는 배관두께가 동일하다. 그 이상 규격의 표준 중량 배관은 두께 9.5mm이다(3~750mm 표준 중량 배관은 표 B.3 및 B.4를 참조한다). 300mm 이하의 배관의 경우 내경은 대략 공칭 직경과 동일하다. 그 이상 배관의 경우 외경은 공칭 직경과 동일하다.
- 200mm까지의 배관의 경우 특별 강도(XS) 및 스케줄 80은 동일하다. 이 보다 큰 특별 강도-중량 배관은 두께가 모두 12.7mm이다.
- 이중 특별 강도(XXS)는 300mm 이하 강관 배관에만 적용된다. XXS와 스케줄 번호와는 상관관계가 없다. XS 배관 두께의 두 배인 XXS 배관 두께는 ANSI B36.10을 참조한다.

스파이럴 용접 기계를 사용하여 350mm 이상의 모든 배관들을 제작할 수 있으며 이론적으로 원하는 규격의 배관을 제작할 수 있다. 그러나 실제로 대부분의 강관 제작사는 주어진 외경을 생산하기 위한 장비를 선정하여 설치하므로 규격이 제한된다. 예를 들어 일부 제작사는 공칭 525mm 배관을 위해 578.6mm 외경 실린더를 사용한다. 제작사의 표준 제작 규격을 벗어나면 비용이 고가가 된다.

펌프장 내 집합관 배관은 커다란 특수 피팅 또는 일련의 서로 연결된 피팅을 고려해야 한다. 다음 사항들을 언급하지 않았기 때문에 헤더, 또는 집합관과 같은 설계를 AWWA C200에만 의존하기에는 충분하지 않다.

- 개구부(티, 수평, 분지관)에서 보강(8.8절 "배관 두께" 참조)
- 홈 단면 커플링의 배관 두께(표 8.5 참조)

- 플렉시블 배관 커플링을 위한 추력 harness lug(예제 8.1 참조)
- 응력 집중계수로 인해 요구되는 추가적인 배관 두께(다음 절 피팅 참조)

따라서 강관 집합관의 설계는 요소들의 조합에 따라 결정된다. 때로는 강관은 노즐 및 개구부(티, wye 분지관)에서 보강되거나 두께가 두꺼운 배관을 사용해야만 한다. 추가 보강의 필요 여부를 결정하는 상세한 절차는 ANSI B31.3의 제8장 및 부록 H에 기술되었다. 추가 보강이 필요하면 칼라(collar) 또는 노즐 및 분지관 주변 패드, 래퍼 플레이트(wrapper plate), 또는 크로치 플레이트(crotch plate)에 의해 보강될 수 있다. 이러한 보강들을 그림 8.14에 나타내었고 설계를 위한 계산절차에 대해서는 AWWA M11[9]에 기술되었다.

500mm 이하 강관 분배기(mainfold)는 ANSI B36.10을 준수하여 제작된다. 통상적으로 재질은 ASTM A53, A135, 또는 API 5L을 따른다. 600mm 이상 집합관의 경우 제작사는 ASTM A 134 또는 A139를 따르는 배관을 사용할 수 있다. 표 B.3 및 B.4에서 보는 것과 같이 배관 규격(공칭 직경)은 300mm 이하의 경우 내경과 가깝다. 그러나 350mm 이상의 배관 규격은 외경과 동일하다. 500mm 이상의 배관인 경우 강관 규격은 임의 규격으로 특수 제작될 수 있다.

강관의 내경은 밸브, 특히 버터플라이 밸브의 내경과 일치해야 한다. 내경을 일치시키는 한 가지 방법은 공칭 배관 규격보다 한 규격 큰 배관을 선정하여 시멘트 몰탈로 라이닝하여 몰탈 라이닝된 배관의 내경이 공칭 배관 규격과 일치하도록 하는 것이다. 예를 들어 공칭 400mm 내경을 갖는 강관 헤더의 요구사항을 고려한다. 배관 제작사는 실제 외경 457mm ANSI B36.10 표준 중량 배관을 사용할 수 있다. 강관의 두께는 9.5mm이므로 내경은 438mm가 된다. 13mm 몰탈 라이닝은 순수 내경을 412mm이 되게 하고, 이는 원하는 규격 400mm에 가깝고, 만약 몰탈 라이닝 두께가 16mm이면 내경은 정확하게 406mm가 된다. 표 8.6에서 보는 것과 같이 시멘트 몰탈 라이닝의 최소 두께는 7.9mm이다.

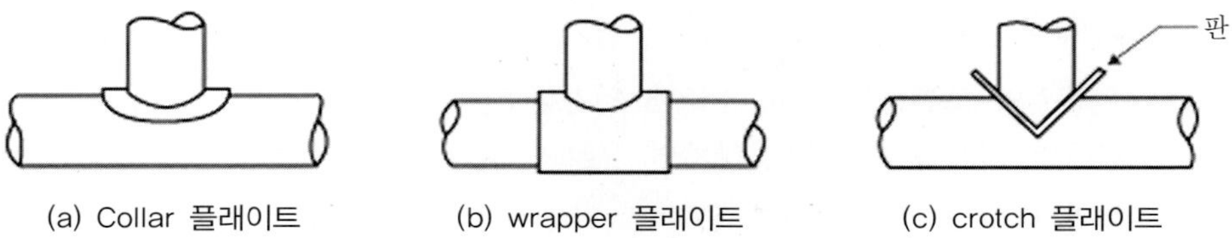

그림 8.14 강관 개구부 보강

■ 표 8.14 ■ 공장 시멘트-몰탈 라이닝 두께

공칭 배관 직경		라이닝 두께			
		덕타일주철관[a]		강관[b]	
mm	in	mm	in	mm	in
100~250	4~10	1.6	1/16	6.4	1/4
300	12	1.6	1/16	7.9	5/16
350~550	14~22	2.4	3/32	7.9	5/16
600	24	2.4	3/32	9.5	3/8
750~900	30~36	3.2	1/8	9.5	3/8
1050~1350	42~54	3.2	1/8	12.7	1/2
〉1350	〉54	–	–	–	–

[a] 두AWWA C104에 따른 단일 두께. 이중 두께의 라이닝도 유효하다
[b] AWWA C205에 따름

350mm 이하 강관 배관의 경우 동일한 규격의 내경을 얻는 것은 플라스틱 라이닝에 의해 가능하다. 예를 들어 250mm 표준 중량 배관은 외경이 273mm이고 두께는 9.27 mm이다. 최소 시멘트 몰탈 두께 6.4mm의 경우 내경은 오직 242mm가 된다. 실용적인 대안은 내경을 공칭 250mm 직경과 동일하게 만들기 위해 융착 에폭시와 같은 플라스틱 라이닝을 사용하는 것이다.

표준 중량 ANSI B36.10 배관 사용의 이점은 (1) 배관을 쉽게 구할 수 있고, (2) 배관 두께는 다음과 같다.

- 두께가 충분하여 개구부에서(래퍼, 칼라 또는 크로치 플레이트) 보강이 필요 없다.
- 플렉시블 배관 커플링상 추력 체결장치를 갖고 펌프장에서 사용하기에 충분하여 추가적인 두께가 필요 없다.
- AWWA C606 홈 단면 커플링을 갖고 배관 말단부에서 추가적인 보강 없이 사용이 충분하다.

8.4.3 조인트

강관의 조인트들을 표 8.13에 열거하였다. 매설 용도의 경우 고무 개스킷 또는 미케니컬 커플링(추력 체결장치의 유무와 관계없이)을 갖는 벨(bell) 및 스피곳(spigot) 조인트가 선호된다. 규격 600mm 이상의 배관에는 용접 조인트가 주로 사용된다. 용접열로 인해 라이닝이 부분적으로 손상되므로 배관 말단부는 미처리 상태로 제작되어

현장에서 조인트부를 라이닝해야 한다. 현장에서 용접하여 조인트할 경우 용접부를 철저히 검사하고 적정하게 용접되면 다른 조인트보다 강하다.

8.4.4 피팅 (Fittings)

강관 피팅을 위한 시방(specification)은 일반적으로 사용되는 조인트 및 배관 규격에 따라 다음과 같이 3등급으로 나누어진다.

- 75mm 이하 배관은 나사(ANSI B16.3 또는 B16.11)
- 플랜지, 용접(ANSI B16.9)
- Fabricated(AWWA C208)

75mm 이상의 피팅은 ANSI B16.9(smooth 또는 wrought) 또는 AWWA C208(마이터 가공된) 규정을 따라야 하며, 75mm 이상의 피팅은 나사 접합을 피해야 한다. 직경 300~400mm 이상인 경우 ANSI B16.9 피팅들을 쉽게 구할 수 있다. 이보다 직경이 큰 경우 마이터 가공된 피팅들은 더욱 저렴하고 용이하게 구할 수 있다.

마이터 가공된 엘보의 반경은 배관 직경의 1~4배가 된다. 배관 직경의 2.5배 이하의 반경을 갖는 엘보 내측에 작용하는 후프 응력 집중은 안전 사용 응력을 초과할 수 있다. 이러한 응력 집중은 ANSI B31.1에서 기술한 것과 같이 두께를 증가시켜 안전한 수준으로 감소시킬 수 있다. 마이터 가공 벤드를 위한 Piping Engineering[16] 설계 절차는 ANSI B31.1 및 B31.3에 기술되었다.

8.4.5 개스킷

통상적으로 강 플랜지의 개스킷은 고무에 섬유를 삽입하여 1.6mm 또는 3.2mm 두께로 다음 두 형식으로 제작된다.

- 플랜지 내경으로부터 볼트 구멍의 내부 가장자리까지 연장된 링의 형식
- 플랜지 내경으로부터 외경까지 연장된 full face

미케니컬 및 push-on 조인트의 경우 8.4절의 "개스킷" 참조

8.4.6 라이닝 및 코팅

시멘트 몰탈은 강관에 매우 우수한 라이닝이다(라이닝 두께는 표 8.6 및 AWWA C205 참조, 더욱 상세한 내용은 8.1절의 "라이닝 및 코팅" 참조).

또한 강관은 몰탈로 보호될 수 있으나 지반 조건에 따라 몰탈 코팅의 두께가 달라진다. 부식성 흙에서는 배관의 규격과 관계없이 25mm 몰탈 두께가 필요하다. 대안으로 ASTM D1248을 따르는 조인트의 경우 열-수축 재킷(heat-shrink jacket)을 갖는 열간 압출된 폴리에틸렌 코팅은 강관 및 주철관 모두에게 우수한 코팅이다.

또 다른 대안으로 에폭시 라이닝 및 코팅 강관을 사용할 수 있다. 이 라이닝은 두께가 오직 0.3~0.6mm 정도이므로 배관의 내경은 아주 적게 감소한다(표 B.1 및 B.2 참조). 에폭시 라이닝된 강관은 AWWA C203, C210, 그리고 C213 기준에서 기술된다.

에폭시로 라이닝될 수 있는 배관의 규격 및 길이의 제한에 대해서는 제작사와 상의해야 한다. 플랜지가 AWWA C207에 따라 톱니모양으로 가공되어야 한다면 플랜지 면은 코팅되면 안 된다.

8.5 플라스틱 배관

PVC는 상수 및 하수 모두에 가장 많이 사용되는 플라스틱 배관이다. PVC는 열과 압력으로 사출된 열가소성(thermoplastic) 폴리머로서 대부분의 산, 알칼리, 연료, 그리고 부식성 물질에 노출될 때 거의 비활성이나, 산업 하수에서 가끔 발견되는 케톤(ketone) 및 다른 용매(solvent)에 의해 공격받을 수 있다. PVC는 중량에 비해 강도가 높고, 내구성 및 탄력성이 있으나, 노출 용도에 필요한 강성(stiffness)이 부족하고 지하수 조건에서 부력에 민감하다. 대부분 형식의 PVC 배관은 직사광선에 노출되면 안 된다(ANSI/AWWA C900 참조). 일부 설계자는 솔벤트 용접된 플랜지에 대해 좋지 않은 경험을 갖고 있어 임의 규격 매설 압력배관으로 PVC를 더 이상 사용하지 않는다. 주철 피팅을 갖는 AWWA C900 또는 C905를 따르는 PVC 배관은 규격 1,000mm 이하 매설 용도로 사용될 수 있다. 1,000mm 이상 배관의 경우 일부 용도에서는 AWWA C905는 충분히 보수적이지 않을 수 있다. 외부 압력 및 배관 내부 정압력 및 부정류에 대한 해석이 필요하다. PVC 배관의 피로 한도는 매우 낮고, 과도한 압력 주기로 인한 파괴에 약한 것을 유의해야 한다. 이와 같은 반복재하(cyclic loading)에는 HDPE 배관이 좋다.

고밀도 폴리에틸렌(HDPE, High-density polyethylene) 배관 및 PVC 배관은 음용수 및 원수 하수용도 모두 적합하다. 플라스틱 재질 내부에서 긴 분자 체인(long molecular chain) 때문에 일반적으로 HDPE는 PVC 보다 서지 압력에 덜 민감하다. 요구되는 압력등급을 계산하는 방법은 AWWA C906을 참조한다. HDPE 배관의 열 융해(heat fused) 버트 용접 시스템은 만족스런 조인트로서 이는 현장에서 쉽게 시공할 수 있다.

PVC 또는 HDPE를 명시할 때 중요하게 고려할 사항은 지상 긴 거리에 걸쳐 배관의 연결된 부분을 끌고 갈 때 배관에 발생할 수 있는 스크레치에 대한 민감도이다. 통상적으로 바위는 깊이 약 3mm 이상의 스크레치를 발생시킨다. HDPE 배관에서 0.04T 깊이의 스크레치는 피로 강도에 거의 영향을 미치지 않는 반면 0.19T(T는 배관 두께) 깊이의 스크레치는 반복 재하 수명(cyclic loading life span)을 90% 감소시킨다. 철도 이음부와 같은 부드러운 표면에서 배관을 끌고 가는 것을 명시하는 것도 깊은 스크레치를 방지하는 방법 중 하나이다.

공극이 없이 또는 스프링라인(springline ; 트렌치, 터널 또는 굴착부에서 가장 폭이 넓은 곳) 아래 불량하게 다져진 지역이 아닌 곳에 배관이 완전하게 설치되는 것을 보장하기 위해 설치 후 철저히 검사를 해야 한다. HDPE는 가솔린과 같은 낮은 분자 중량(low molecular weight)을 갖는 유기 솔벤트(organic solvent)에 대한 침투성에 약하므로 가솔린이 지하 내부로 침투할 수 있는 도로 옆에 음용수 용도로 HDPE를 사용해서는 안 된다. 상기 고려사항 이외에 중간 압력을 갖는 시스템에도 HDPE는 이상적이다. 배관 비용 자체는 강관과 거의 비슷할지라도 취급 용이성 및 속도 때문에 강관보다 비용이 적다.

많은 설계자들은 펌프장 내 밀봉수를 이송하는 규격이 작은 배관(75mm 이하)의 경우 PVC 배관을 사용하지 않는다. 주된 이유는 PVC 배관 설치 작업을 제대로 수행할 수 있는 작업자를 구하기 어렵기 때문이다. PVC 배관 설치시 발생할 수 있는 문제들은 다음과 같다.

- 연결부에 불충분하거나 과도한 양의 솔벤트-시멘트 적용. ASTM D2855 참조.
- 솔벤트-시멘트 연결부를 갖는 배관을 이동하기 전 불충분한 건조 시간. 배관을 이동하기 전에 8시간의 건조 시간을 주는 것이 현명하다(제작사가 2시간의 건조 시간이 충분하다고 주장할지라도).
- 배관 설치시 발생하는 오차를 줄이기 위해 배관에 무리한 힘을 가하면 배관 내부에 응력이 존재한다. 배관 내부 과응력으로 인해 1년도 지나지 않아 배관이 파괴된다. 설치동안 충분한 검사만이 과응력을 방지할 수 있으나 설치 후 검사는 아무런 소용이 없다.

이러한 문제 때문에 규격이 유효하지만 동, 강, 또는 스테인레스 강을 선호한다. 플라스틱 배관보다 금속 배관 시스템이 상기와 같은 잘못된 설치에 대해 저항력이 좋다. 게다가 펌프장 내 노출배관으로 플라스틱 배관을 사용하면 화재시 배관이 용해되는 위험이 있으므로 노출배관으로 사용하는 것을 피해야 한다. 그러나 플라스틱 배관은 염소용해수 또는 다른 화학용도에 유일하게 실용적인 배관이다. 다른 플라스틱 배관 재질은 다음과 같다.

- Acrylonitrile–butadiene–styrene(ABS)
- Chlorinated polyvinyl chloride(CPVC)
- Polypropylene(PP)
- Polyethylene(PE)
- Polyvinylidne fluoride(KYNAR 또는 PVDF)
- Fiberglass–reinforced plastic(FRP)

상기 대부분의 재질들은 부식성 화학물에 사용할 수 있으나 일부는 상수, 하수 또는 슬러지에 특별한 용도를 가질 수 있다. 특성, 접합부, 피팅에 대해서는 제작사와 상의해야 한다. 직사광선에 노출되면 대부분 플라스틱의 충격 강도는 감소한다. 결과적으로 폴리우레탄과 같은 자외선 저항 페인트로 코팅되지 않으면 실외 노출 용도로써 플라스틱 배관 사용을 자제해야 한다. 그러나 FRP는 노출되어 쉽게 검사할 수 있는 곳에서만 설치되어야 한다. 만일 매설될 경우에는 매우 보수적인 안전계수와 상당한 주의를 갖고 사용해야 한다.

8.5.1 유효 규격 및 두께

유효한 규격의 범위는 표 8.11에 주어졌으나 정확한 규격, 두께, 그리고 압력등급을 찾기 위해서는 관련된 ASTM 기준(D1785 및 D2241)을 참고한다.

PVC 배관의 두께는 표준 치수 비율(SDR, Standard dimension ratios)과 스케줄 두 개의 명명법에 의해 정의된다. 배관의 외경과 두께의 비율은 "SDR"이라 불린다. PVC 배관의 경우 SDR은 배관의 평균 외경을 최소 두께로 나누어 계산한다. 유효한 두께는 SDR 35~SDR 14이다(SDR의 완벽한 기술 및 이에 상응하는 압력등급은 ANSI/ASTM D2241 참조, 다양한 스케줄에 따른 PVC 배관의 두께 및 압력등급은 ANSI/ASTM D1785를 참조한다).

8.5.2 조인트

PVC 배관은 솔벤트 용접, 플랜지, 고무 개스킷을 사용한 push-on, 또는 나사로 접합될 수 있다. 100mm 이하 배관은 나사 접합을 사용하고 가장 얇은 나사 배관은 스케쥴 80이어야 한다(AMSI/ASTM D2464 참조). 솔벤트 용접 스케쥴 40 배관은 나사 접합 스케쥴 80 배관보다 강하고 솔벤트 용접 스케쥴 80 배관은 모든 조인트들 중 가장 강하다.

8.5.3 개스킷

PVC 플랜지에 사용되는 개스킷은 3.2mm 두께의 에틸렌 프로필렌 고무(EPR, Ethylene propylene rubber), 전면(full faced) 개스킷으로 제작된다. 50~70의 Durometer 경도, Shore 경도 A를 갖는다. 돌출된 면의 금속 플랜지에 PVC 플랜지를 연결할 때 볼팅 체결시 모멘트로부터 PVC 플랜지를 보호하기 위해 금속의 돌출된 면을 제거해야 한다.

8.5.4 밸브 압력등급

PVC 밸브의 최대 허용 사용압력은 스케쥴 80 나사 PVC 배관의 최대 허용 사용압력보다 낮다. 대부분의 PVC 밸브들은 온도 38℃에서 압력 1,040kPa으로 압력등급이 매겨진다. 임의 플랜지 체결 플라스틱 배관 시스템(PVC, CPVC, PP, PVDF)의 최대 권장 압력은 동일하다.

8.5.5 피팅

직경 100mm 이하 노출 및 매설용 PVC 배관에는 나사, 플랜지, 또는 솔벤트 용접 피팅들이 사용된다. 100mm 이상의 매설배관에는 Class 125 미케니컬 조인트 덕타일 주철 또는 주철 피팅은 매설 용도로 사용되어야 한다. 어댑터는 제작사에 의해 지시된 방법으로 설치되어야 한다.

PVC 배관의 피팅으로는 티, 크로스, wye, 축소관, 그리고 22.5°, 45°, 그리고 90° 벤드가 있다.

8.5.6 PVC 압력배관의 선정 기준

압력배관으로 사용되는 PVC 배관의 판단기준은 다음과 같이 권장된다.

- 75mm 이하 노출 및 매설용도: ASTM D1784 및 D1785에 따른 스케쥴 80. 다른 용도 PVC 배관에 적용 가능한 기준은 ASTM D2464 스케쥴 80 나사 피팅; D2467 스케쥴 80 소켓 형식 플라스틱 피팅; PVC 배관을 위한 D2564 솔벤트 시멘트. 다양한 경험과 기술자들의 관찰에 기초할 때 이 배관은 운전압력이 550 kPa 이상 되는 곳에서는 사용하면 안 된다. 수도 용도로는 동 또는 강관을 사용하고 PVC 배관은 오직 화학 용도에만 사용한다.
- 100mm 및 150mm 노출용도: ASTM D1748 및 D1785에 따른 스케쥴 80. 나사 접합이 아닌 솔벤트 융접을 사용한다. 다양한 경험과 기술자들의 관찰에 기초할 때 이 배관은 345kPa 이상 되는 곳에서는 사용하면 안 된다. PVC 배관은 오직 화학 용도에만 사용하고 다른 용도로는 강관 또는 주철관을 사용한다.
- 200mm 이상 노출용도: 이 규격에서는 PVC 배관을 사용하면 안 된다.
- 100~300mm 매설용도: AWWA C900, 피팅은 반드시 주철 또는 덕타일주철을 사용한다.
- 300~900mm 매설용도: AWWA C905. 이 기준에서 일부 압력등급은 충분히 보수적이지 않을 수 있다. 압력등급 1,035kPa에서 350~600mm 배관의 경우 18 SDR, 750~900mm 배관의 경우 21 SDR을 사용한다. 이 SDR 수치는 배관 압력등급에 350~600mm 배관의 경우 2.5의 안전계수, 750~900mm 배관의 경우 2.0 안전계수 및 345kPa의 서지 압력 허용을 고려한 것이다.
- 공기 또는 압축된 가스 용도에는 플라스틱 배관을 절대 사용하면 안 된다.

8.6 콘크리트 보강 압력배관 (RCPP, Reinforced Concrete Pressure Pipe)

콘크리트 보강 압력배관은 그림 8.11 및 8.12, 표 8.12에서 보는 것과 같이 강 실린더 및 강 케이지(cage), 하나 이상의 강 케이지, 또는 스파이럴 로드(rod)를 갖는 구조물에 프리스트레스(prestress)를 가해 특별한 강도를 만족시킬 수 있도록 제작된다.

프리스트레스를 가한 콘크리트 실린더 배관(AWWA C301)의 상당량이 파괴되는 사고가 최근 20년간 미국에서 발생하였다. 콘크리트의 외측 쉘(shell)의 균열은 보강물을 부식시켜 결과적으로 RCPP가 파괴된다. 따라서 AWWA 시방 또는 제작사의 보증에 의존하지 말고 내부 압력(수충격 포함) 및 외부 하중을 신중하게 해석한다. 외측 콘크리트 쉘 내부에 인장 변형은 충분히 적어 균열이 발생하지 않고, 최악의 내·외부 하중의 조합에서도 균열이 강으로 전파되지 않도록 해야 한다. 재차 강조하지만 중요한 것은 강도가 아니라 외측 콘크리트 내부에서 인장 변형이라는 것을 유의한다. 균열이 발생하면 18~25mm 깊이까지 전파되므로 외측 콘크리트 두께는 최소 38mm 이상이어야 한다. 수충격에 대해서 조심스럽게 분석하여 제어해야 한다. Wire-wrapped, 프리스트레스를 가한 콘크리트 배관은 수충격에 가장 취약하며 콘크리트 보강배관은 이보다 양호하다. 상당한 크기의 수충격 발생이 예상되면 덕타일주철관 또는 강관이 가장 좋다. 염수의 경우 PVC, HDPE 또는 음극방식법을 채택한 덕타일주철관을 사용해야 한다.

8.6.1 규격 및 조인트

표 8.11에서 보는 것과 같이 규격은 600~3,600mm 범위이다. 조인트는 그림 8.11 및 8.12와 같다. 매설용도의 조인트는 다음과 같다.

- 고무 개스킷 및 콘크리트(그림 8.11a)
- 고무 개스킷 및 강(그림 8.11b, c, d)
- Lugged 고무 개스킷 및 강(그림 8.12)

고무 개스킷 및 콘크리트 조인트(그림 8.11)는 압력 380kPa 이하에서만 사용되어야 한다. 다른 조인트는 압력 2,800kPa까지 견딜 수 있으나 조인트 압력등급에 대해서 제작사와 상의해야 한다.

표 8.15 콘크리트 보강 압력배관(RCPP)

형식	시방	내용
강 실린더	AWWA C300	보강 케이지 내 강 실린더; 내외 벽은 리도 높은 콘크리트, 강 조인트 링은 실린더에 용접, 고무 개스킷 조인트
Prestressed, 강 실린더	AWWA C301	시멘트-몰탈 라이닝 실린더, 철선 랩 및 놀탈 또는 콘크리트로 코팅; 두 형식은 약간 상이함
실린더 없음	AWWA C302	강 실린더 없이 그리고 prestess를 주지 않고 원주방향 보강 콘크리트 배관
Pretensioned, 강 실린더	AWWA C303	시멘트-몰탈-라이닝 된 강 실린더에 나선형 방향으로 연속적인 pretensioned 강으로 랩핑하고 몰탈로 코팅처리된다.

8.6.2 관두께 설계

관두께 설계는 외부 트렌치 부하와 수충격 및 서지 압력을 포함한 펌핑 시스템의 상세한 수력 해석에 기초해야 한다. 서지 압력으로 인해 관의 외부 표면에 실 크랙조차도 발생해서는 안 된다. 각 배관 직경에 따른 다양한 벽두께 및 보강 설계가 유효하다. 이러한 배관 형식 중 일부는 내부 압력이 상당히 제한된다. 표 8.12에 인용된 AWWA 기준은 적용하기 전에 제작사와 상의해야 한다.

8.6.3 피팅

콘크리트 배관을 강관 또는 덕타일주철관(그림 8.13)에 연결하기 위한 표준 피팅들은 티, 크로스, 45° wye, 편심 축소관, 동심 축소관, 플랜지 및 미케니컬 조인트 어댑터, 그리고 7.5~90°(7.5° 간격으로) 벤드가 있다.

8.6.4 라이닝

부분적으로 하수로 만수된 배관 또는 온도변화, 습식정 내부의 볼텍스, 또는 누수에 의해 공기가 유입되는 배관은 박테리아 작용에 의해 발생하는 부식으로부터 보호되어야 한다. 이러한 부식으로부터 배관을 보호하지 않으면 때로는 배관은 수년도 지나지 않아 파괴될 수 있다. 혐기성, 수표면 하수 슬라임(slime), 내부에 살고 있는 탈황비브리오(desulfovibrio)와 같은 환원성 항산염 박테리아는 황산염 내부 산소를 이용하여 황화수소를 발생시켜 수표면으로부터 대기 상부로 빠져나간다. 배관의 측면 및 내부 관저부(soffit)에 있는 치오바실러스(thiobacillus)와 같은 혐기성 박테리아는 pH 2 이하에서 황화수소를 황산으로 변화시킨다. 배관이 항상 만수일 때 치오바실러스는 생존할 수 없으므로 주 송수관로(콘크리트, 강, 또는 덕타일주철관)를 항상 만수되도록 유지하는 것이 중요하다. 따라서 맨홀로 끝나는 주 송수관로는 어느 부분도 공기에 노출되지 않도록 설계해야 한다. 주 송수관로 상부를 맨홀의 바닥을 통해 연결하거나, 또는 맨홀의 측면으로 연결되면 (1) 하수 하류 관거의 인버트를 주 송수관로의 내부 천단(crown)으로 설정하거나 (2) 맨홀 근처에 플라스틱 배관을 사용한다.

라이닝 및 코팅은 브러쉬 또는 스프레이를 사용하여 배관을 에폭시, 수지(resin), 폴리우레탄, 그리고 콜탈로 라이닝 및 코팅한다. 경험상 콜탈 에폭시와 같은 코팅은 황화수소 환경에서는 성능이 불량하게 나타난다. 더욱 효과적인 라이닝 시스템은 PVC 라이너 쉬트(sheet)로서 이는 쉬트의 한쪽에 돌출된 키이(key), 또는 리브(rib)를 갖는다. 콘크리트를 캐스팅하기 전에 매끄러운 PVC 면을 폼(form)에 직접 부착시킨다. 리브는 콘크리트 내부로 돌출하여 미케니컬 본드를 형성한다. PVC 라이너는 배관의 전체 원주 둘레로 캐스팅될 수 있으나, 저수위 상부만을 라이닝하는 것이 저렴하다. 이러한 라이너는 부식성 환경에 노출되는 맨홀 및 콘크리트 배관을 최대로 보호할 수 있으며, 40년 동안 성공적으로 이러한 기능을 수행한 기록을 갖고 있다. 만일 능숙한 숙련공을 확보하고 조인트에서 용접 검사를 철저하게 수행하면 시스템은 문제없이 긴 수명을 갖게 된다. 설계자들의 문제는 (1) 이러한 중요 작업을 수행하는 동안 쫓기지 않고 충분한 시간을 주어야 하고, (2) 고품질의 검사가 보장되어야 한다. 통상적으로 PVC 라이너는 900mm 이상의 배관에만 적용되고 상부 원주 270°만 적용한다. 규격이 작은 하수 배관에는 유리화된 점토(vitrified clay), PVC, 또는 HDPE와 같은 방식성 재질을 사용해야 한다.

8.7 배관 설계

본 절에서는 펌프장 내 배관, 그리고 배관 두께, 플랜지 볼트, 그리고 배관 지지와 같은 문제들에 대해서 중점적으로 기술한다. 노출 또는 매설배관의 설계에 대해서 기술된 문헌들이 많기 때문에 일반적인 사항들에 대해서만 기술한다.

배관 규격 선정시 외경은 고정되고 내경은 관 두께에 따라 변화한다. 이는 모든 덕타일주철관, 동관, 황동관, 플라스틱 배관 그리고 펌프장 내 사용되는 대부분의 강관에도 적용된다.

8.7.1 노출배관

수리적으로 지배되는 배관 규격의 선정은 다른 문헌을 참조하기로 하며, 유효한 배관 직경, 관 및 라이닝 두께 결정시 고려할 다른 사항들은 8.3절 및 8.4절에서 기술하였다.

8.7.1.1 지지봉 (Tie rod)

배관이 매설되면 흙 마찰 또는 그림 8.3 및 8.12에서 보는 것과 같이 배관이 노출되면 지지봉에 의해 미케니컬 커플링, 미케니컬 조인트, 그리고 push-on 조인트(그림 8.7, 8.8, 8.10, 그리고 8.11)가 분리되지 않도록 유지해야 한다. 항상 나사의 뿌리 단면적에 작용하는 인장응력을 기초하여 지지봉과 볼트를 설계한다(표 8.14 참조).

예제 8.1 슬리브 커플링의 지지봉 설계

최대 정압력 및 서지 압력 1,070kPa을 받는 600mm DIP 배관의 슬리브 커플링에 필요한 지지봉의 수량 및 크기를 결정하라.

해답

배관의 외경은 655mm이다. 압력은 배관의 말단부의 전체 면적에 작용하므로 추력을 계산하기 위해 내경이 아닌 외경을 사용한다.

$$\text{배관 면적} = \frac{\pi \times 0.655^2}{4} = 0.337\text{m}^2$$

$$\text{추력} = 1{,}070\text{kPa} \times 0.337\text{m}^2 = 361\text{kN}$$

표 8.16 나사 지지봉의 이뿌리 단면적

공칭 지지봉 직경		이뿌리 단면적	
mm	in	mm^2	in^2
10	3/8	43.9	0.068
13	1/2	81.3	0.126
16	5/8	130.3	0.202
19	3/4	194.8	0.302
22	1/8	270.3	0.419
25	1	356.1	0.552
28	11/8	447.1	0.693
31	11/4	573.5	0.889
35	13/8	679.4	1.053
38	11/2	834.2	1.293
41	15/8	977.4	1.515
44	13/4	1125	1.744
47	17/8	1321	1.048
50	2	1479	2.292
63	21/2	2397	3.716
75	3	3626	5.672

AWWA M11[9]에서 권장하는 방법은 (1) 지지봉 및 볼트(ASTM A193, Grade B7 또는 725,000kPa 항복 강도와 동등한 것), (2) 용접된 체결구(lug)(ASTM A 283, Grade B 또는 ASTM A 285, Grade C 또는 186,000kPa 항복 강도와 동등한 것 또는 항복 강도 248,000kPa을 갖는 ASTM A 36 강)를 사용하는 것이다.

허용 사용응력을 구하기 위해 안전계수 2를 적용하여 나사의 뿌리에서 인장 항복 강도를 감소시킨다. 따라서 요구되는 전체 뿌리 단면적은 다음과 같다.

$$A = \frac{361\text{kN}}{725{,}000/2\text{kPa}} = 0.0010\text{m}^2$$

많은 지지봉 규격과 수량의 조합이 가능하다. 여러 개의 조합을 수행한 후 적합한 것을 선정한다(그러나 배관 쉘 내부의 합성 휨 응력을 반드시 확인한다. 예를 들어 직경이 큰 2개의 지지봉을 사용하는 것은 직경이 적은 4개의 지지봉을 사용하는 것 보다 큰 휨 응력을 발생시킨다. 때로는 응력을 감소시키기 위해 배관 두께를 증가시킨다). 표 8.14로부터 22mm 볼트의 뿌리 단면적은 270mm^{2}이다. 따라서 요구되는 지지봉의 수량은 다음과 같다.

$$N = \frac{0.0010\text{m}^2 \times 10^6}{270} = 3.7$$

따라서 22mm 지지봉 4개를 사용한다.

지지봉 재질은 고강도 강(ASTM 193 Grade B7)인 점을 유의해야 한다. 만일 강도가 낮은 강을 사용하면 지지봉의 수량은 상당히 다르게 된다.

지지봉은 배관에 용접된 체결구에 의해 지지될 수 있으며 이는 강관에서 우수하나 덕타일주철관에서는 주철이 과열되지 않도록 많은 주의를 기울여야 지지봉을 지지할 수 있다. DIPRA 핸드북 [11] 및 제작사의 카다로그로부터 상기 배관의 중요 치수들은 (1) 플랜지 볼트 원주(749mm), (2) 볼트의 규격 및 수량(32mm 볼트 20개), (3) 플랜지 외경(813mm), (4) 플랜지 두께(48mm), 그리고 (5) 커플링 외경(782mm)이다. 만일 지지봉 및 플랜지 사이 간극을 8mm로 선정하면 지지봉은 플랜지 외경으로부터 19mm가 중심이 된다. 지지봉의 계산된 힘을 견딜 수 있도록 항복응력에 충분한 안전계수를 적용하여 "손잡이(ear)"을 설계할 수 있으나, "손잡이" 및 지지봉에 동시에 항복응력이 도달하도록 규격을 설계해야 한다. "손잡이"에서의 휨 모멘트는 레버 암과 지지봉에 작용하는 힘의 곱과 동일하다.

$$\begin{aligned} M &= L(A \times \sigma_y) \\ &= 0.019\text{m}\,(2.7 \times 10^{-4}\text{m}^2 \times 7.25 \times 10^8\text{N/m}^2) \\ &= 3.720\text{N} \cdot \text{m} \end{aligned}$$

휨 응력의 공식은 다음과 같다.

$$s = \frac{Mc}{I} = \frac{M}{S} = \frac{6M}{bd^2} \qquad (8.1)$$

상기 식에서 s는 응력으로 단위는 N/m^2, M은 모멘트로 단위는 N·m, I는 관성 모멘트로서 단위는 m^4, 그리고 S는 단면계수로서 단위는 m^2이다. 사각 단면의 경우 $S=bd^2/6$이고, 여기서 b는 폭로서 단위는 m, d는 깊이로서 단위는 m이다. 공식 8.1을 재정열하고 A36강의 항복응력을 사용하면

$$bd^2 = \frac{6 \times 3{,}720\text{N} \cdot \text{m}}{248{,}000{,}000\text{N/m}^2}$$

$$= 9.00 \times 10^{-5}\text{m}^3$$

$b=0.063$m로 설정하면

$$d = \sqrt{\frac{9.0 \times 10^{-5}}{0.063}} = 0.038\text{m}$$

따라서 63×38mm 판을 사용한다.

8.7.1.2 배관 두께

사용 압력에 기인한 금속 배관 내부 후프(원주방향) 인장응력은 항복 강도의 50%를 초과하면 안 된다. 사용 압력에 수충격으로 인한 서지 압력을 더한 것이 항복 강도의 75% 또는 공장 시험 압력(mill test pressure)을 초과하면 안 된다. 사용되는 강의 등급에 따라 항복 강도는 248,000~414,000kPa 사이가 된다. DIP 항복 강도는 더욱 균일하며 최소 290,000kPa이 된다. 후프 인장응력은 다음 공식으로 주어진다.

$$s = \frac{pD}{2t} \qquad (8.2)$$

상기 식에서 s는 허용 원주방향 응력으로서 단위는 kPa, p는 압력으로 단위는 kPa, D는 외경으로 단위는 m이다. 이론적으로 D는 내경이나 대부분 코드에서 보수적으로 외경으로 명시하고 있으며, 그 이유 중 하나는 내경을 초기에 알 수 없기 때문이다. 직관의 길이방향 응력은 원주방향 응력의 절반이다.

8.7.1.3 행거 및 지지물

지지물 또는 행거는 배관 및 배관 시스템에 포함된 액체의 중량을 부담해야 한다. 지지물과 행거의 위치는 배관 규격, 조인트 시스템, 배관 형상, 밸브 및 피팅의 위치, 배관 및 액체의 중량, 배관의 빔(beam) 강도, 그리고 팽창 및 수축을 포함한 모든 정적 및 동적 힘과 중량을 지지하는 구조물에 따라 결정된다.

지지물 또는 행거는 지진에 기인한 횡방향 힘을 부담한다. 배관 및 유체의 수평력을 지탱하기 위한 수직 지지물을 설계하거나, 수평 지지물과 함께 수직 지지물 및 행거를 보강한다. 벽 앵커 내부 인장력은 전체 수평력을 지지한다. 대표적인 배관 지지물은 그림 8.15와 같으며 제작된 많은 행거들 중 일부를 그림 8.16에 나타내었다.

배관 지지물 시스템 설계시 고려할 일반적인 사항들은 다음과 같다.

- 배관 시스템에 연결되는 펌프 케이싱은 접합부를 통해 전달되는 임의 부하를 지지하도록 설계되지 않으므로 배관 부하가 펌프 케이싱에 전달되는 것을 방지하기 위해 펌프의 흡입 및 토출측 배관은 모두 지지되어야 한다.
- 펌프 흡입 및 토출측에 신축관 사용을 권장한다. 이 신축관은 (1) 계약자가 펌프 설치시 아주 작은 수직 및 수평 조정이 가능하도록 하고, (2) 적정하게 선정되면 신축관을 약간 이동시켜 펌프를 용이하게 분리할 수 있도록 해주고, (3) 진동 및 소음을 감소시켜주기 때문에 매우 유용하다.
- 배관 지지물은 배관의 팽창 및 수축으로 인한 이동을 허락해야 한다.
- 미케니컬 조인트와 같은 신축관은 부하를 전달하도록 설계되지 않기 때문에 양쪽에서 지지되어야 한다. 신축관은 내부 관로 압력에 의해 야기된 길이방향 이동을 방지하기 위해 체결구(lug) 및 체결(lug) 볼트로 지지되어야 한다.

ANSI B31.1에서는 최소 표준 중량의 두께를 갖는 강관을 위한 행거 및 지지물 간격(spacing)에 대해 기술되었다. ANSI 기준에서 배관지지 간격 계산시 물로 채워진 배관에 16,000kPa의 최대 휨 응력이 작용하고 최대 처짐은 2.5mm로 가정하였다. 표 8.15에 주어진 간격을 초과하면 안 되고 행거 지지봉 직경은 다음과 같다.

- 50mm 이하 배관의 경우 최소 9.5mm
- 63mm 이상 배관의 경우 최소 13mm

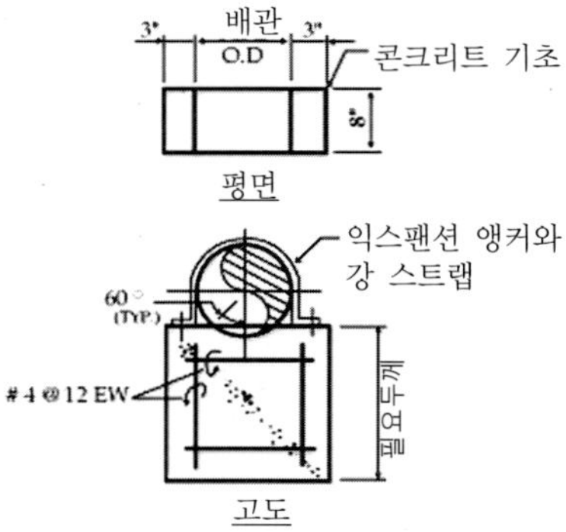

(a) 콘크리트 배관 지지

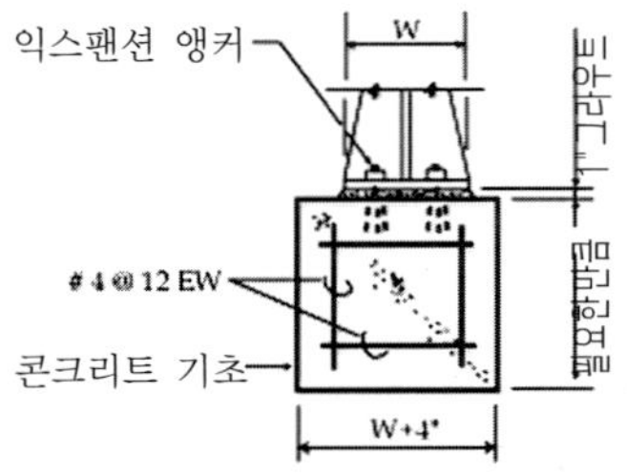

(b) 콘크리트 기초 엘보우 지지

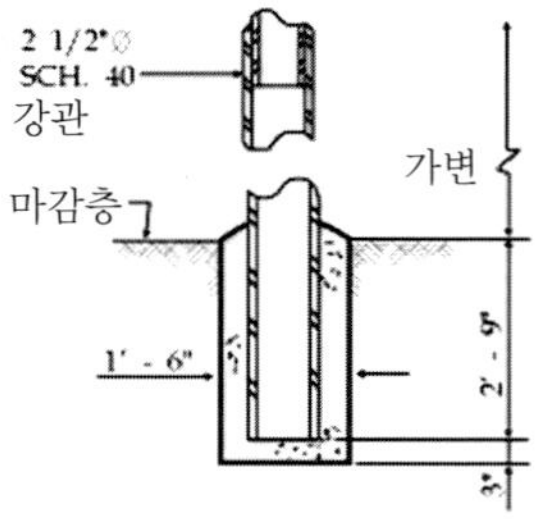

(c) 지중 기초 강관 지지

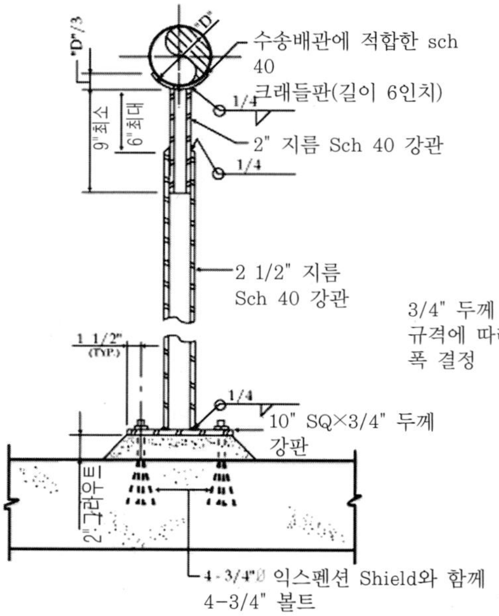

(d) 바닥 강관 지지

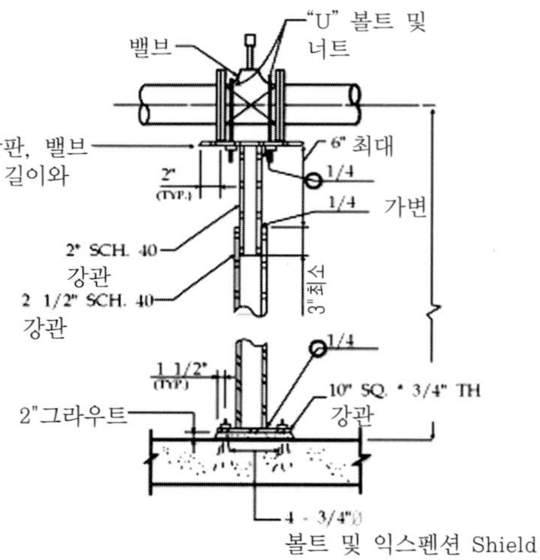

(e) 바닥 강 밸브 지지, 지진력에 대항
하기 위해 유사한 수평 지지 필요

그림 8.15 배관지지

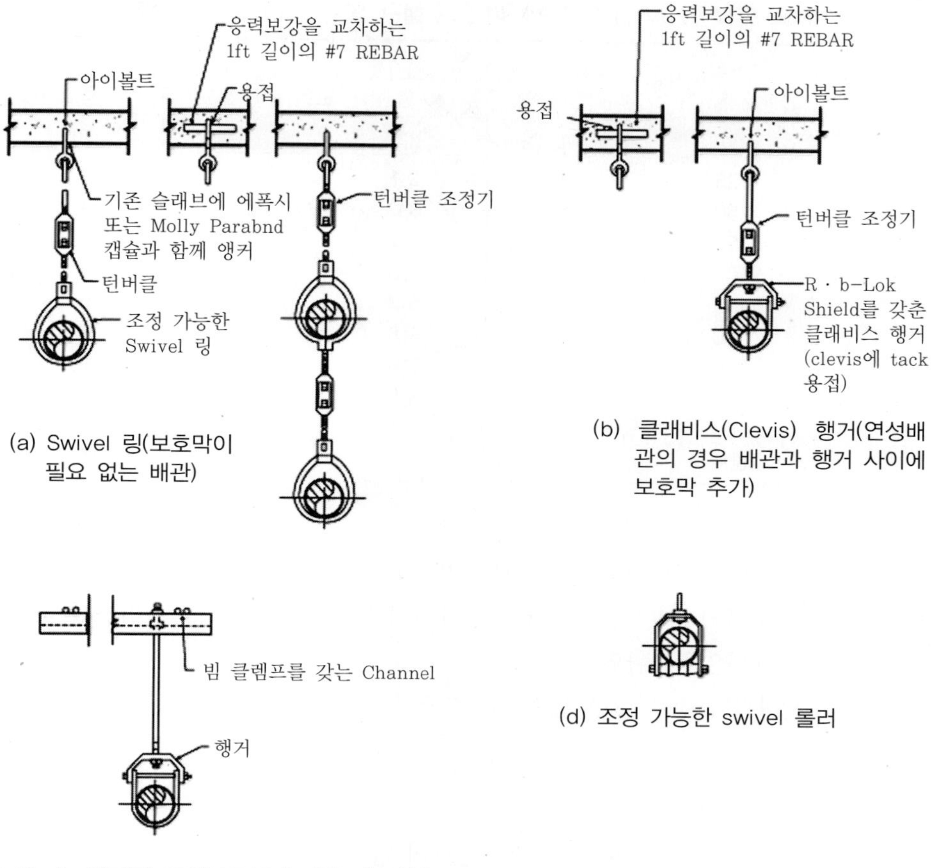

(a) Swivel 링(보호막이 필요 없는 배관)

(b) 클래비스(Clevis) 행거(연성배관의 경우 배관과 행거 사이에 보호막 추가)

(c) Clevis 행거(강 조인트로부터 매달 때 사용)

(d) 조정 가능한 swivel 롤러

그림 8.16 배관 행거 상세도

지지봉 설계시 나사 뿌리 면적에서 최대 사용응력은 항복응력의 20~40%로 제한한다(표 8.14 참조). 행거가 콘크리트 내부에 매설되면 매설 강도는 지지봉 나사부와 동일한 강도가 되거나 허용 부하를 UBC Section 2624의 시방에 명시된 수치로 제한해야 한다. Emhart Molly Parabond와 같은 두 종류의 수지로 구성된 캡슐 앵커는 뽑히는 것에 저항하기 위해 마찰을 사용하는 팽창 앵커(expansion anchor)보다 우수하다. 그림 8.16a 및 b와 같이 아이 볼트를 콘크리트 속에 매설된 보강 바(bar)에 용접해야 한다.

표 8.17 ANSI B31.1에 따른 주철관 또는 강관의 지지 간격

공칭 배관 규격		Span			
		수도용		스팀, 가스, 또는 공압용	
mm	in.	m	ft	m	ft
25	1	2.1	7	2.7	9
50	2	3.0	10	4.0	13
75	3	3.7	12	4.6	15
100	4	4.3	14	5.2	17
150	6	5.2	17	6.4	21
200	8	5.8	19	7.3	24
300	12	7.0	23	9.1	30
400	16	8.2	27	10.7	35
500	20	9.1	30	11.9	39
600	24	9.8	32	12.8	42

플라스틱 배관의 경우 행거 지지봉 규격은 강관 배관의 경우와 동일하나 행거의 간격은 플라스틱 배관 제작사와 상의해야 한다. 전형적인 플라스틱 배관의 간격은 강관 및 덕타일주철관의 절반이다.

직관의 경우 다음 장소에는 행거 또는 지지물을 추가로 설치한다.

- 밸브와 같은 집중된 부하
- 피팅
- 비강성체(nonrigid) 조인트의 양쪽
- 펌프의 흡입 및 토출 케이싱에 연결된 배관

다양한 표준 행거 및 지지물이 유효하다. 휨 응력을 구하기 위한 공식 8.1($s = Mc/I$)과 단순보를 위한 휨 모멘트 공식($M = wL^2/8$)을 조합하여 재정리하면 응력에 기초한 직관의 경우 배관 지지물 간격 L를 구하기 위한 공식은 다음과 같다.

$$L = \sqrt{\frac{8sI}{wc}} \qquad 8.3$$

상기 식에서 L은 지지물 간격으로서 단위는 m, s은 허용응력으로서 단위는 N/m^2, I는 관성 모멘트로서 단위는 m^4, w는 단위길이당 배관 및 물의 중량으로서 단위는 N/m, 그리고 c는 중립축으로부터 외경까지의 거리(OD/2)로서 단위는 m, 배관의 I는 다음과 같다.

$$I = \frac{\pi\left[(OD)^4 - (ID)^4\right]}{64} \qquad 8.4$$

균등분포 하중 단순보의 처짐 공식은 다음과 같다.

$$\delta = \frac{5wL^4}{384EI} \qquad 8.5$$

그리고 L를 구하기 위해 다시 정렬하면

$$L = \left(\frac{384EI\delta}{5w}\right)^{0.25} \qquad 8.6$$

상기 식에서 E는 탄성계수로서 표 A.10에 주어진다.

예제 8.2 행거 지지봉 규격 및 간격

표준 중량의 600mm 배관은 물로 채워진다. 안전계수를 포함한 행거 지지봉의 허용 인장응력은 62,000kPa이다. 배관 내 ANSI 최대 휨 응력에 안전계수 1.5를 적용하는 것으로 가정하여 응력은 $1.07 \times 10^7 \text{N/m}^2$으로 제한하려고 할 때 지지봉의 간격을 구하라.

해답

공식 8.4로부터 I를 계산한다(배관 배럴의 치수 및 중량은 표 B.3 또는 B.4 참조).

$$I = \frac{\pi}{64}(0.610^4 - 0.591^4) = 8.08 \times 10^{-4}\text{m}^4$$

전체 배관 및 물의 질량 w를 계산한다.

$$w = 141\text{kg/m} + 0.273\text{m}^2 \times 1{,}000\text{kg/m}^3 = 414\text{kg/m}$$

질량을 힘으로 변화시키면

$$w = 414\text{kg/m}\,\frac{9.81\text{N}}{\text{kg}} = 4{,}060\text{N/m}$$

공식 8.3으로부터 최대 간격은

$$L = \sqrt{\frac{8 \times 1.07 \times 10^7 \times 8.08 \times 10^{-4}\text{m}^4}{4{,}060\text{N/m} \times 0.305\text{m}}} = 7.47\text{m}$$

공식 8.6으로부터 허용 처짐 2.5mm을 위한 보는

$$L=\left(\frac{384\times 2.07\times 10^{11}\text{N/m}^2}{5}\times\frac{8.08\times 10^{-4}\times 0.0025\text{m}}{4{,}060\text{N/m}}\right)^{0.25}=9.43\text{m}$$

따라서 지지봉의 간격은 처짐량이 아닌 응력에 의해 결정해야 한다. 표 8.15로부터 허용응력 15,900kPa에 기초한 허용 스팬은 9.8m일지라도 본 예제에서는 허용응력 10,700 kPa의 경우 7.3m 간격을 사용한다. 단위 행거당 힘은

$$F=4{,}060\text{N/m}\times 7.3\text{m}=30{,}000\text{N}$$

나사 뿌리의 면적은

$$A=\frac{30{,}000\text{N}}{62\times 10^6\text{N/m}^2}=4.8\times 10^{-4}\text{m}^2=480\text{mm}^2$$

표 8.14로부터 직경 31mm 지지봉을 사용한다. 그러나 지지봉이 콘크리트 내부에 매설되어 앵커되면 UBC Section 2624는 단위 볼트당 오직 14,000N의 최대 부하만을 허용한다는 것을 유의해야 한다. 이에 따라 간격은 다음과 같다.

$$L=\frac{14{,}000\text{N}}{4{,}060\text{N/m}}=3.45\text{m}$$

8.7.2 매설배관

8.7.2.1 외부 하중

매설배관은 배관 상부 흙의 중량에, 관로가 철도, 도로 등을 횡단할 경우, 차량에 의한 차량 하중에 의해 부과되는 하중을 포함하는 외부 구조물 하중을 반드시 지지할 수 있어야 한다. 외부 구조물 설계시 배관은 강성배관 및 탄성배관으로 구분된다. 강성배관은 배관 자체의 강도 때문에 외부 하중 전체를 부담해야 한다. 탄성배관은 외부 하중을 주변의 흙 및 관로 성층재질에 분산시킨다. 석면 시멘트배관 및 RCPP 배관은 강성배관인 반면 DIP, 강관, 그리고 PVC는 탄성배관으로 고려된다.

탄성배관의 지지(support) 강도는 일반적으로 직경의 %로 나타내는 처짐량을 제한하기 위해 필요한 힘으로 나타낸다. 덕타일주철관은 ANSI A21.50에 따라 최대 직경의 3%까지 처짐량을 고려하여 설계한다. 최근까지 플라스틱 배관 제작사는 배관 직경의 5%까지 처짐량을 허용할 수 있는 것으로 동의한다. 일부 제작사는 배관 직경의 7%까지 처짐량을 허용할 수 있다고 제의한다. 그러나 많은 기술자들은 이 수치들은 너

무 과다한 것으로 믿고 있으며 설계시 2~3%의 처짐량을 고려한다.

관로 성층조건은 강성 및 탄성배관의 안전한 지지 강도에 영향을 미친다. screening, 실트(silt), 또는 다른 세밀한 재질들은 안정된 관로 성층으로 부적합하며 지하수 수위가 트렌치 바닥보다 높은 경우에는 특히 피해야 한다. 보다 개선된 시스템은 (1) 단순히 트렌치 바닥을 형성하는 것, (2) 선정된 성층재질을 사용하는 것, (3) 일체형으로 타설된 콘크리트 크래들(cradle)의 순서이다. 최대 입자 크기가 3/4인치이고 8번 체(sieve)에 중량으로 95% 이상이 남는 제대로 걸러진 분쇄된 돌을 사용하면 안정된 조립질의 성토재료들을 얻을 수 있다.

외부 부하에 저항하기 위한 배관의 설계는 배관 경도, 트랜치의 폭 및 깊이, 성층종류, 흙의 종류, 그리고 배관 규격에 따라 결정된다. 이에 대한 내용은 AWWA M11[9], AWWA M9[13], DIPRA 핸드북[11], Spangler[14, 15]의 문헌에 기술되었다.

8.7.2.2 추력 보호공 (Thrust Block)

노출배관의 경우 유동 방향의 변화가 있는 곳에서는 합성 추력이 발생한다. 따라서 합성 추력으로 인해 배관이 이동하지 않도록 고정시켜야 한다. 모든 벤드, 티, 플러그, 캡(cap), 그리고 크로스에서는 유동 방향의 변화가 발생한다. 제작사의 압력등급을 만족시킬 수 있도록 플랜지, 용접, 그리고 홈 커플링과 같은 조인트 시스템은 구속력(restraint)을 제공하도록 설계된다. 그러나 조인트 시스템이 계산된 추력을 수용하기에 불충분하면 외부 구속이 필요하다. 추력 계산은 예제 3.5에 나타내었다.

미케니컬 또는 push-on 조인트를 갖는 매설배관의 경우 벤드, 티, 플러그, 또는 다른 유동 변화가 발생하는 지점에 추력 보호공이 필요하다. 관로 설치 동안 현장에서 트렌치 내부에 콘크리트를 타설하여 추력 보호공을 제작한다. 추력 보호공은 합성력을 트렌치 벽에 분산시키는 역할을 한다. 필요한 추력 보호공의 면적은 벤드에 작용하는 힘과 지반의 허용 지지력의 합성력에 의해 결정된다(예제 3.5 참조). 합성력의 경우 (1) 전체 압력(사용압력에 수충격을 더한 것), (2) 관로시험 압력 중 큰 것을 사용한다. 지반의 허용 수평지지력은 토질 역학의 원리로부터 랜킨 수동토압(Rankine passive pressure)을 계산하여 구할 수 있다(또한 DIPRA [11] 또는 UBC 표 29.B을 참조한다).

추력 보호공의 콘크리트는 13,800kPa의 28일 최소 압축 강도를 가져야 한다. 콘크리트 면적은 교란되지 않은 지반에 직접 타설되어야 한다. 그림 8.17 및 8.18은 대표적인 추력 보호공을 보여준다.

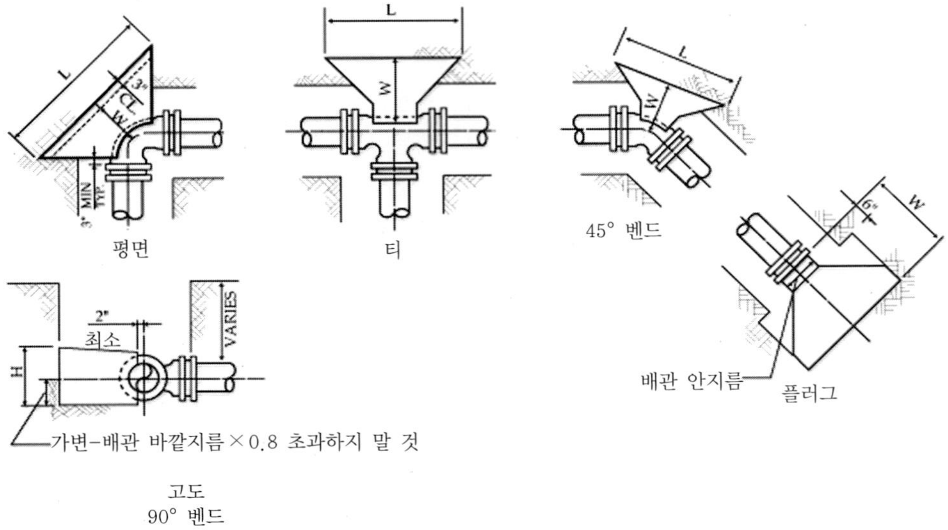

그림 8.17 대표적인 매설배관의 추력 보호공 상세도

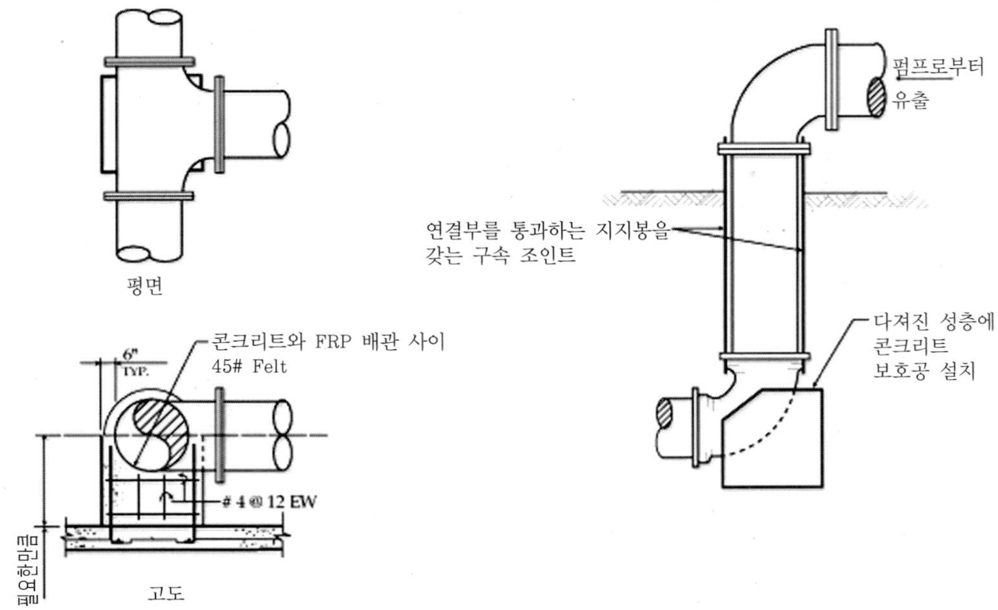

(a) 조합된 배관지지 추력 보호공

(b) 유출배관 지지를 위한 추력 보호공

그림 8.18 대표적인 노출배관의 추력 보호공 상세도

추력 보호공을 사용할 때는 상당히 주의를 기울여야 한다. 추력 보호공은 지반이 안정된 조건에서만 사용해야 한다. 향후 굴착에 의해 지반이 교란될 수 있는 위치(구내 배관, 처리장 현장, 상업 지역 등)에서는 추력 보호공에 의지하는 것은 매우 좋은 구상이 아니다. 대신 구속된(lugged 또는 harnessed) 조인트 및 트렌치 마찰을 사용하는 것이 보다 개선된 방법이다.

8.7.3 청소구 (Cleanout)

배관 내부에 축적될 수 있는 그리스, 그리트(grit), 또는 슬라임과 같은 다른 물질을 이송하는 슬러지 및 슬러지 배관에는 청소구를 반드시 설치해야 한다(대표적인 설계는 그림 8.19 및 8.20과 같다). 소석회수를 이송하는 배관은 특히 문제가 될 수 있으므로 가능하면 배관 대신 트러프를 사용하도록 한다.

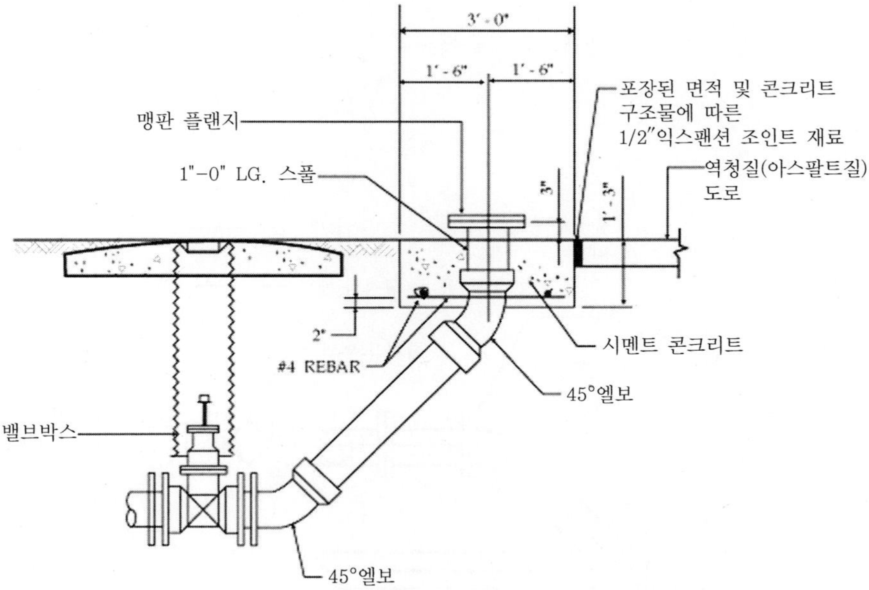

그림 8.19 지하배관 청소구

8.7.4 피그 투입 및 회수(Pig Launching and Recovery)

대표적인 피그 투입 및 회수구를 그림 8.21 및 8.22에 나타내었다. 그림 8.23 피그 마개(stop)는 피그 청소에 앞서 피그 회수 배관에 설치된다. 배럴 길이는 2.5D가 표준이나 공간이 협소하면 1.5D를 사용할 수 있다. 압력 게이지는 불필요하다. 피그의 통과 여부를 결정하는 최선의 방법은 투입 배럴을 차단하고 투입 밸브 연결부를 통해

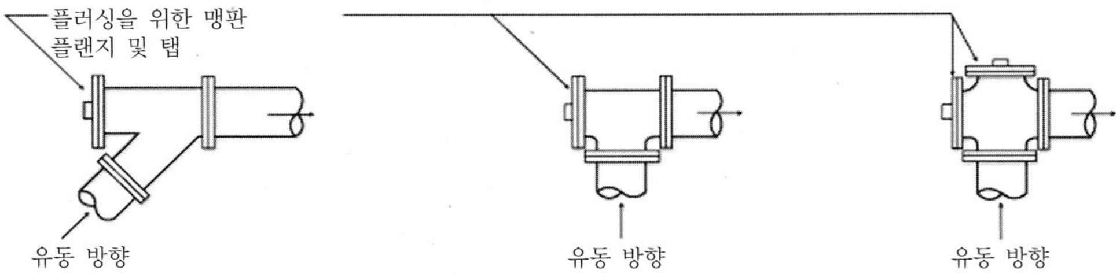

그림 8.20 노출배관 in-line 청소구

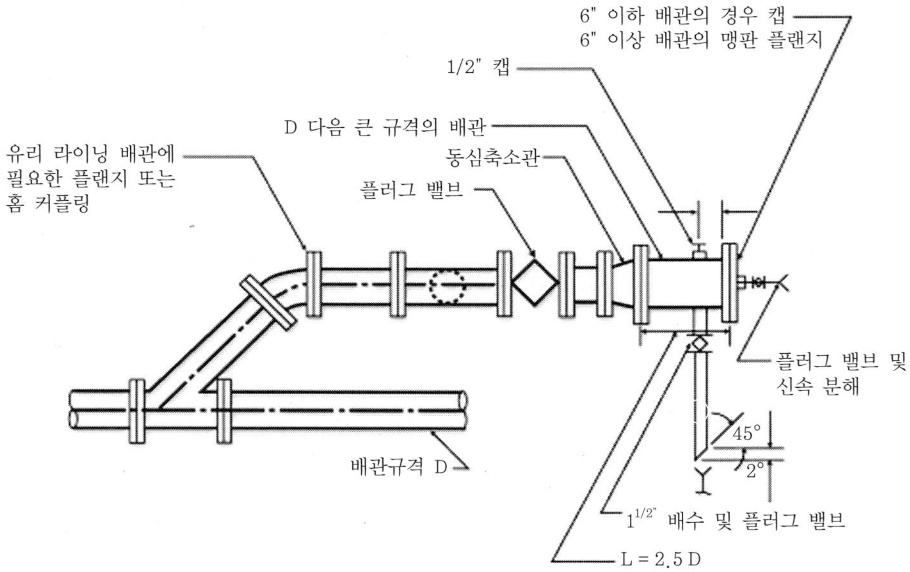

그림 8.21 대표적인 피그 투입장치

봉을 삽입하여 피그를 손으로 감지하는 것이다. 그 다음 방법은 회수 말단부에서 피그 도착 음을 듣는다.

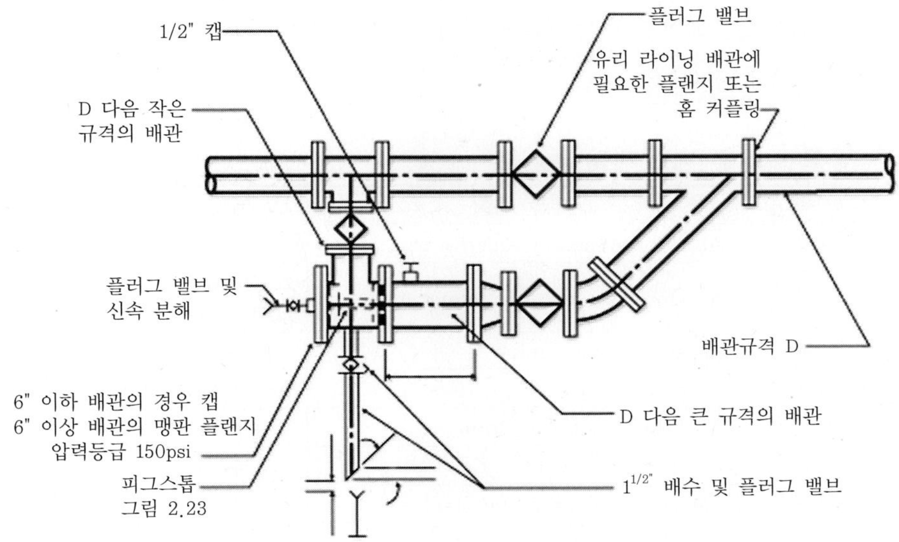

그림 8.22 대표적인 피그 회수장치

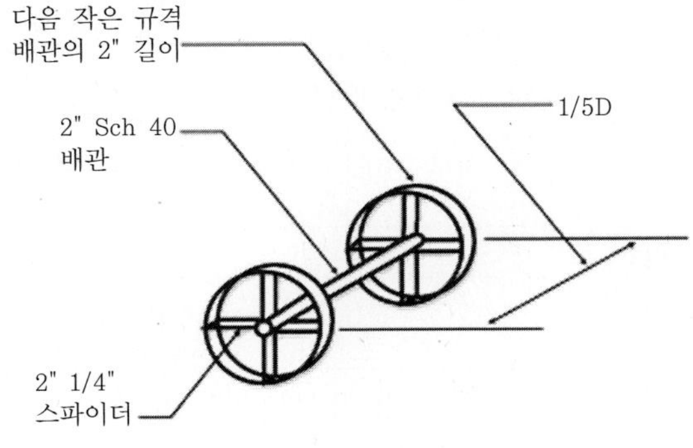

그림 8.23 대표적인 피그 스톱(stop)

8.8 특별 배관 및 위생 배관

청소수, 연료, 냉각수, 그리고 집수정 배수와 같은 적은 유량을 이송하는 배관은 상황에 따라 완전히 다를 수 있다. 연료, 청소수, 밀봉수, 그리고 공기 배관은 동 또는 스테인레스 배관을 사용해도 상대적으로 저렴하다. 특수 배관 재질들을 표 8.16에 열거하였다.

표 8.18 배관 재질 및 기준

약어	배관 재질	기준
ABDI	Abrasion–resistant ductile iron	None
ABS	Acrylonitrile–butadiene–styrene	ASTM D1527,D 2751, D2680, F409, F545
ACP	Asbestos cement pipe	AWWA C400, C402; ASTM C296
ALUM	Aluminum pipe	ASTM B241, B361
ARCI	Acid–resistant cast iron	ASTM A518
BR	Brass	ASTM B43
CASST	Carpenter 20 stainless steel	ASTM B464, B474
CCP	Concrete cylinder pipe(pretensioned)	AWWA C303
CISP	Cast–iron soil pipe	CISPI 301; ASTM A 74, A 888
CML	Cement–mortar–lined steel pipe	AWWA C200, C205, C208; ASTM A53, A134, A135, A139, A234, A283, A570, A572
CMP	Corrugated metal pipe	AASHTO M36
CPE	Corrugated polyethylene	ASTM F 405, F667, ASTO M252
CPVC	Chlorinated polyvinyl	ASTM D1784, F437, F441, F493
CTEL	Coal–tar enamel–lined steel	AWWA C200, C203; ASTM A53, A134, A135, A139, A234
CTXL&C	Coal–tar epoxy–lined and –coated steel pipe	AWWA C200, C210; ASTM A53, A120, A134, A135, A139, A234
CU	Copper	ASTM B42 B75, B88
DIP	Ductile iron pipe	AWWA C150, C151, C110 C111, C115; ASTM A 395, A436
DWV	Drainm waste, and vent copper tubing	ASTM B306
FRP	Fiberglass–Reinforced plastic pipe	ASTM D2310, D2992, D2996, D2997; PS–15–69; AWWA C950

▌표 8.18▌ 배관 재질 및 기준(계속)

약어	배관 재질	기준
FXL&C	Fusion-bonded epoxy-lined and -coated steel pipe	AWWA C213; ASTM A53, A120, A134, A135, A139, A324
GALVS	Galvanized steel pipe	ASTM A53
HDPE	High-density polyethylene	AWWA C906
PCCP	Prestressed concrete-cylinder pipe	AWWA C301
PP	Polypropylene	ASTM D214, D4101
PPLS	Polypropylene-lined steel pipe	ASTM F492
PTFELS	Polytetrafluoroethylene-(TeflonTM) lined steel pipe	ASTM F 423
PVC	Polyvinyl chloride(pressure) pipe	ASTM D1784, D1785, D2464, D2466, D2467, D2564;AWWA C900,C905
PVC(G)	Polyvinyl chloride(gravity) pipe	ASTM D2688, D3034
PVDF	Polyvinylidene fluoride(KYNARTM) pipe	None
PVDFLS	PVDF-lined steel pipe	ASTM F491
RCP	Reinforced concrete pipe(gravity)	ASTM C76, C679
RCPP	Reinforced concrete pressure pipe	AWWA C300,C302; ASTM C361
RPMP	Reinforced plastic mortar pipe	ASTM D3517, D3262; AWWA C950
SP	Steel pipe	ASTM A64, A134, A135, A139, A324, A283, A570, A572, A795; AWWA C200
SST	Stainless-steel pipe	ASTM A240, A312, A403, A774, A778
VCP	Vitrified clay pipe	ASTM C301, C700
WSP	Welded steel pipe	AWWA C200, C208
YOL	YolloyTM	ASTM A714

8.8.1 물

실험실 또는 청소수 공급을 위한 배관은 통상적으로 규격이 38mm를 초과하지 않으므로 나사 접합되는 아연도 강관이 실용적이다. 통상적으로 배관 피팅은 가단철로 제작된다. 나사 콤파운드 또는 테프론 테이프를 나사에 적용해야 한다. 분해 및 대체가 가능하도록 전략적으로 충분한 수량의 유니온(union)을 설치해야 한다. 나사 가공된 배관은 반드시 ANSI B36.10에 따른 표준 중량 이상의 두께를 가져야 한다.

또한 주석-안티몬(ASTM B32, Grade SbS)으로 납땜되는 조인트를 갖는 동 튜브도 실용적이다. 납은 물에 용해될 수 있다는 증거가 있으므로 납땜을 피하도록 한다. 그러나 동은 황화수소로 피복되었다. 따라서 황화수소가 대기에 노출되는 하수 펌프장 지역에 동관 또는 황동 배관을 사용할 때는 주의를 기울여야 한다. 또한 황산암모늄은 동에 매우 강한 부식성을 띠므로 동 튜브는 황산암모늄 방염 처리된 목재 지지목과 접촉하면 안 된다. 따라서 동 튜브는 배관 행거에 의해 목재 지지목에 연결되도록 하며 직접 목재에 부착되지 않도록 해야 한다.

스케쥴 40 PVC 배관은 솔벤트 융접 연결 또는 스케쥴 80은 나사로 연결될 수 있으나 지지물의 간격이 좁아진다. 습식정과 같은 부식성이 있는 환경에서 아연도 강관은 신속하게 부식하므로 스테인레스 또는 PVC 재질을 사용해야 한다.

대부분의 펌프장 용도로 사용되는 스테인레스관의 재질은 직경 3~750mm은 ASTM A312, 75~1200mm은 A778에 의해 기술되고, 치수는 ANSI B36.19에 의해 기술된다. 나사 배관을 위한 최소 관두께는 스케쥴 40S인 것을 유의해야 한다. 50 또는 75mm 이하 피팅은 나사 가공되어야 하며 ASTM A403 및 ANSI B16.3을 따라야 한다. 75mm 이상 피팅은 버트 용접, 홈 단면 또는 플랜지 접합을 사용하며 ASTM A403 또는 A774, 그리고 ANSI B16.9를 따라야 한다. 스테인레스 관의 스케쥴에 따른 관두께는 다음과 같다.

- 10인치 이하의 스케쥴 40S 스테인레스관은 스케쥴 40 탄소강관의 규격과 동일하다.
- 12인치 이상의 스케쥴 40S 스테인레스관은 표준 중량 탄소강관의 규격과 동일하다.
- 8인치 이하의 스케쥴 80S 스테인레스관은 스케쥴 80 탄소강관의 규격과 동일하다.

상기에서 S는 40S와 같이 항상 스테인레스 강의 스케쥴 번호 뒤를 따른다는 것을 유의해야 한다.

8.8.2 나사 조인트

나사 가공된 가단철 피팅 및 커플링(ANSI B16.3)은 강관 배관과 함께 사용될 수 있으며 통상적으로 ANSI B16.11에 따른 단조강 피팅보다 저렴하다. 가단철 및 단조강 피팅의 나사는 ANSI B1.20.1을 따른다.

ANSI B16.11에 따른 단조강 피팅(90°, 45° 엘보, 티, 크로스, 커플링, 캡, 플러그,

그리고 부싱)은 규격 3~100mm까지 유효하다. 50~75mm 이상의 나사 피팅 및 조인트의 조립 및 분해는 인력이 많이 소요되므로 소형 배관만 나사 접합을 사용하도록 해야 한다.

적정 위치에 설치된 유니온은 분해시 필요하다. 강 유니온은 MSS SP-83을 따르며 가단철 유니온은 ANSI B16.39를 따른다.

8.8.3 Van Stone 플랜지

스테인레스 배관의 경우 Van Stone 플랜지는 특히 경제적이다. 플랜지는 액체와 접촉되지 않으므로 플랜지는 탄소강 또는 덕타일주철로 제작될 수 있어 외부 부식에 대한 우려가 없으면 부식에 대한 저항이 필요없다. 조인트는 배관 말단부를 roll flaring하여 제작된다. slip-on 플랜지는 배관 상부에 위치하여 접합할 수 있다. 이와 같은 플랜지는 스테인레스 관에서 특히 매력적이며 플랜지 체결된 연결부가 부식성 조건에(하수 펌프장 습식정) 노출되어야 하는 경우에는 스테인레스 플랜지를 사용해야 한다.

8.8.4 경유 배관

미국의 Uniform Fire Code 및 Standard Fire Prevention Code에서는 "인화성 액체 용도의 배관은 ANSI B31.1 및 B31.4에 따라 결정된 관두께 및 표준 중량의 최소관 두께를 가져야 한다"라고 규정되었다. 또한 ANSI B31.1, B31.3, 그리고 B31.4는 다음과 같이 요약된 가연성 액체 배관을 위한 설계지침을 포함한다.

- 금지된 배관 : (1)노(furnace) 버트 용접 배관, (2)주철, (3)동, (4)황동, (5)알루미늄, 그리고 (6)지상에 사용되는 열가소성(thermoplastic)
- 금지된 접합 : (1)주철, 가단철, 또는 연철 나사 커플링, (2)주철 플랜지, 주철 밸브와 일체형이 아닌 압력용기, 그리고 다른 설비
- 요구 : (2)slip-on 플랜지의 이중 용접, (2)주철 플랜지에 연결되는 평면 강 플랜지
- 권장 재질: (1)ASTM A53 Type S와 같은 심레스 강, (2)ASTM A Type E, ASTM A134, ASTM A155에 따른 직선 심을 갖는 용접 강, (3)효율 요소가 포함된 적정한 길이방향 조인트를 갖고 ASTM A53 Type S보다 높지 않은 허용 응력을 갖고 API SL 전기 저항 또는 이중 서브머지드 아크 용접

- 권장 : (1) 강 요소들 사이 용접된 조인트, (2) 볼트 체결 조인트가 필요한 곳에서 사용되는 개스킷은 경유 용도에 적합해야 한다, (3) 나사접합이 필요한 곳에는 최소 스케쥴 80(특별 강도) 배관을 사용하며, 특히 조립시 누유가 되지 않도록 각별한 주의가 필요, (4)아연은 연료를 오염시키고, 아연도 강관은 가끔 도금된 것이 벗겨져 연료 미터 오리피스를 막히게 하므로 아연도 강관은 절대 사용하면 안 되고 흑관을 사용해야 한다.

8.8.5 하수(유입)

50~375mm 이상의 배수 배관으로 주철토양배관(CISP, Cast-iron soil pipe)이 적합하며, 이 배관은 no-hub end 그리고 neoprene sealing 슬리브 및 Type 301 또는 303 스테인레스 관 클램프(CISP1301에 따른)로 구성된다. 이 배관이 매설 또는 슬래브 및 빌딩 하부에 사용되면 hub-and-spigot end를 사용한다. CISP 대신 ABS 배관이 빈번하게 사용된다. 50mm 이하의 배수 배관으로 강, 동, 또는 PVC 배관을 사용한다.

8.8.6 건식염소가스 (Dry Chlorine gas)

ANSI B31 및 염소협회(Chlorine Institute[18])가 권장한 것과 같이 건식염소가스 배관은 가능한 배관 배열을 단순하게 한다. 플랜지 또는 나사 접합을 최소로 유지한다. 배수가 가능하도록 배관 경사를 주고, 관의 일부가 저부(low spot)로 되는 것을 피하고, 온도 변화에 기인한 팽창을 고려하고 배관이 제대로 지지되는지 확인해야 한다.

재질 및 설치에 대한 상세한 내용은 염소협회의 팜플렛 No.6[18]로부터 얻을 수 있다. 조립 및 압력시험 후 염소가스 배관을 철저하게 청소하여 모든 습기들이 제거되도록 해야 한다.

8.8.7 염소 용해수

염소 용해수를 이송하기 위해 PVC 배관을 사용한다. 모든 피팅들은 플라스틱, 유리, 또는 해스텔로이 재질이어야 한다. 스테인레스 316을 포함한 대부분 재질들은 농축된 염소 용해수에서 급속히 부식한다.

8.8.8 공기

공기를 이송하기 위해 스테인레스 또는 동관을 사용한다. 열에 의해 배관이 파괴될 수 있으므로 PVC는 사용하지 않는다. 아연도 강관을 사용할 경우 공기 속 습기는 배관을 부식시킬 수 있다. 이를 방지하기 위해 압축기에 건조기를 설치할 수 있으나 유지 관리가 항상 보장되지 않으므로 아연도 강관을 사용하지 않는 것이 좋다.

8.9 수충격을 고려한 관로 설계

관로 운영에서 예상되는 압력을 견딜 수 있도록 관 두께를 선정하는 것은 매우 중요하다. 관 두께는 정상 운영, 상승서지, 하강서지의 압력, 그리고 배관 재질 및 안전계수에 따라 결정된다. AWWA와 같은 사용자 그룹, ANSI(American National Standards Institute 등)와 같은 기관에 의해 안전계수는 결정된다. 일부 기준에서는 구체적인 과압력(overstress) 허용기준을 명시하나 다른 기준에서는 배관 재질의 항복강도를 기준으로 안전계수를 명시한다.

8.9.1 상승서지

정상적인 상승서지의 경우 요구되는 배관의 두께는 다음 식으로 주어진다.

$$e = \frac{PD(SF)}{2s_y E_j} \qquad 8.7$$

상기 식에서 e는 배관 두께로 단위는 m, P는 내부 압력으로 단위는 N/m^2, D는 외경으로 단위는 m, SF는 안전계수, s_y는 항복강도로 단위는 N/m^2, E_j는 용접과 관련된 길이방향 조인트 효율이다.

허용응력 s는 항복강도의 %로 또는 s_y/SF로 명시될 수 있다. 물산업분야의 대표적인 SF 수치를 표 8.17에 나타내었다. 길이방향 조인트 효율 E_j는 용접형식에 의해 결정되거나 허용응력 안에 포함된 것으로 고려할 수 있다(ANSI B31.1 참조). 표 8.18에서 조인트 효율계수는 용접강관 관로에서 주로 사용된다.

일부 배관의 강도 기준은 수력 부정류에 기인한 압력을 고려한다. 예를 들어 ACP의 경우 안전계수 4.0은 "일반적인(ordinary)" 서지 압력을 포함하나 이는 조합 하중(combined load)에서 내부 압력을 위한 AWWA C400 기준을 준수한 것이나 "일반적인(ordinary) 서지 압력"은 정의되지 않았다. 설계운영 압력이외 대표적인 여유 압력의

▌표 8.19 ▌ 배관의 대표적인 안전계수(SF)

압력 조건	배관 형식			
	덕타일주철관	강관	PVC	AC
최대 운영	2.0	2.0	2.0–2.5	2.0–4.0
상승 서지 부정류	a	1.5	a	a
하강 서지 붕괴	4.0	4.0	None	None

[a] 최대운영압력에 상승서지 포함

▌표 8.20 ▌ 강관 용접 조인트 효율(ANSI B31.1)

길이방향 조인트 형식	용접 조인트 효율(E_j)
아크 또는 가스용접	
단일 버트용접	0.80
이중 버트용접	0.90
100% 방사선 검사 단일 또는 이중 버트용접	1.00
전기저항용접	0.85
노 버트용접(furnace butt weld)	0.60
대부분의 강관 수도 관로	0.85

최대 수치는 350kPa이다. 높은 서지 압력의 경우 배관 두께를 증가시켜야 한다. ACP 설계에서 이와 같은 예외적인 서지 압력을 포함하는 설계 절차는 AWWA C401에 기술되었다.

AWWA C151에 따르면 450mm까지의 덕타일주철관은 정격 사용압력 2,400kPa에 서지 허용 690kPa의 압력에도 강도가 충분하다. 그 이상 배관의 경우 서지 허용 690 kPa이 동일할지라도 배관 두께 분류에 따라 운영압력이 변화한다.

8.9.2 하강 서지

배관을 좌굴(buckle)시키는 경향이 있는 부압으로부터 관을 보호하기 위해 필요한 최소 관두께는 하강서지의 영향을 받는 관로의 높은 지점에서 증기 기포가 형성되는 저압력에 의해 결정된다. 균일한 관두께의 원형 배관을 붕괴시키기 위한 게이지 압력은 다음과 같다.

$$\Delta P_c = P_{atm} - P_v = \frac{2E}{(1-\mu^2)(SF)}\left(\frac{e}{D}\right)^3 \qquad 8.8$$

상기 식에서 $\triangle P_c$는 배관에 작용하는 외부 및 내부 압력의 차이, P_{atm}은 대기압력, P_v는 배관 내부 액체의 포화증기압력, E는 탄성계수, μ는 포아송 비, SF는 안전 계수, e는 배관 두께, D는 외경이다. 덕타일주철관 및 강관의 경우 공식 8.8은 대체로 정확하다. 그러나 말단부 효과(effect of end), 배관 두께의 변화, 원형도의 결함, 그리고 강관의 경우 제작상 허용오차 때문에 다음 식을 사용한다.

$$\triangle P_t = P_{atm} - P_v = \frac{C}{SF}\left(\frac{e}{D}\right)^3 \qquad 8.9$$

상기 식에서 $C=3.45\times10^8$kPa이다. 안전계수 SF는 표 8.17에 주어졌다. 예제 8.3에서 생략된 다른 중요한 관로 설계시 고려할 사항은 다음과 같다.

- 매설배관의 흙 하중
- 분지관 및 개구부에서 추가적인 보강 또는 두께
- 내부 또는 외부 부식 허용량
- 온도에 의한 영향을 고려한 강관 응력수치
- 수주분리 및 재결합의 영향

예제 8.3 최소 배관 두께 결정

다음과 같은 특성을 갖는 500mm 강관 송수관로의 최소 관두께를 구하라.

- 배관 재료 : ASTM A53, Type E, Grade A
- 항복강도 : 210,000kPa
- 최대 운영압력 : 1,750kPa
- 서지에 기인한 최대 압력(정압력+동압력+부정류)=2,500kPa
- P_{atm} =94.5kPa
- P_v =1.7kPa
- 길이방향 조인트 효율=0.85

해답

다음과 같이 3개 기준에 기초하여 필요한 최소 관 두께를 구한다: (1) 최대 운영압력, (2) 최대 부정류 압력, 그리고 (3) 붕괴압력

(1) 최대 운영압력

표 8.17로부터 안전계수 2.0를 택하고 공식 8.7로부터

$$e = \frac{1{,}750 \times 500 \times 2}{2 \times 210{,}000 \times 0.85} = 4.90\text{mm}$$

그러나 ASTM A53 배관에서 관 두께의 허용오차는 12.5%이므로 e를 12.5% 증가시킨다.

$$e' = 1.125 \times 4.90 = 5.51\text{mm}$$

(2) 최대 부정류 압력

상승압력의 경우 표 8.17로부터 안전계수는 1.5이므로

$$e = \frac{2{,}500 \times 500 \times 1.5}{2 \times 210{,}000 \times 0.85} = 5.25\text{mm}$$

다시 e를 12.5% 증가시킨다.

$$e' = 1.125 \times 5.25 = 5.91\text{mm}$$

(3) 붕괴압력

표 8.17로부터 안전계수를 구하고 e를 구하기 위해 공식 8.9를 재정리하면

$$e = D\left(\frac{SF}{C}(P_{atm} - P_v)\right)^{1/3}$$

$$e = 500\left(\frac{4}{3.45 \times 10^8}(94.5 - 1.7)\right)^{1/3} = 5.12\text{mm}$$

다시 e를 12.5% 증가시킨다.

$$e' = 1.125 \times 5.12 = 5.76\text{mm}$$

상기 계산결과로부터 최소 관두께는 5.91mm로서 최대 부정류 압력에 의해 결정된다. ASTM A35에 따르는 배관은 ANSI B36.10에 의해 주어진 치수에 따라 제작되고, 적용할 수 있는 가장 관 두께가 얇은 관은 스케줄 10으로 두께는 6.35mm이다.

Appendix

부록

A 물리자료

이 부록에서 SI(System International)는 국제규격으로 미터단위를 나타내고 U.S.는 미국 상용단위(영국계 시스템)를 나타낸다. 6.22 E−2라고 표기된 것은 6.22×10^{-2}을 의미한다. 공학자료에서 오류는 1%보다 작은 것은 드물기 때문에 표에 기록하는 수치는 3자리 표기하였다. 정확도가 요구되는 곳에서는 표 A.3에 나와 있는 환산계수를 사용해야 한다.

환산시 힘의 단위인 lb_f는 lb로 표기하고 질량단위인 lb_m은 항상 lb_m으로 표기한다.

표 A.1 기본 국제단위

양	명 칭	기 호
길 이	미터	m
질 량	킬로그램	kg
시 간	초	s
전 류	암페어	A
온 도	켈빈	°K
물질량	몰	mol
빛 광도	칸델라	cd
면 각도[a]	라디안	rad
Solid 각도[a]	스테라디안	sr

a : 보충단위

표 A.2 유도(drived) 국제단위와 양

양	기 호	명 칭	공 식
가속도, 원운동	–	라디안/second^2	rad/s^2
가속도, 직선운동	–	Meter/second^2	m/s^2
각	rad	라디안	
면적	–	Meter^2	m^2
Capacitance	F	Farad	C/V
Charge	C	Coulomb	A · s
농도, molar	–	Molecular mass/meter^3	mol/m^3
농도, gravimetric	–	Milligram/liter or	mg/L
	–	gram/meter^3	g/m^3
Conductance	S	Siemen	A/V
밀도, mass	–	Kilogram/meter^3	kg/m^3
Electric field intensity	–	Volt/meter	V/m
Electric flux	C	Coulomb	A · s
Electric flux density	–	Coulomb/square meter	C/m^2
Electric potential	V	Volt	
Electric resistance	Ω	Ohm	V/A
에너지	J	Joule	N · m
힘	N	Newton	kg · m/s^2
주파수	Hz	Hertz	cycle/s
임피던스	Ω	Ohm	V/A
인덕턴스	H	Henry	Wb/A
Luminous flux	lm	Lumen	cd · sr
Magnetic field intensity	–	Ampere/meter	A/m
magnetic flux	Wb	Weber	V · s
Magnetic flux density	T	Tesla	Wb/m^2
모멘트	–	Newton–meter	N · m
동력	W	Watt	J/s

표 A.2 유도(drived) 국제단위와 양(계속)

양	기 호	명 칭	공 식
동력, apparent	–	Volt–ampere	V · A
동력, reactive	–	Volt–ampere reactive	var
압력	Pa	Pascal	N/m^2
Reactance	Ω	Ohm	V/A
Resistance	Ω	Ohm	V/A
Resistivity	–	Ohm–meter	W · m
응력	–	$Newton/meter^2$	N/m^2
각 속도	–	라디안/second	rad/s
직선 속도	–	Meter/second	m/s
Viscosity, dynamic	–	Pascal · second	Pa · s
Viscosity, kinematic	–	$Meter^2/second$	m^2/s
전압	V	Volt	W/A
부피	–	$Meter^3$	m^3
비체적	–	$Meter^3/kg$	m^3/kg
일	J	Joule	N · m

표 A.3 각종 상수들

명 칭	국제단위	미국 상용단위
중력 가속도[a]	$9.80665 m/s^2$	$32.174 ft/s^2$
대기압(standard)	101.325kPa	$14.696 lb/in.^2$
대기압(standard)	10.333m of WC	33.899ft of WC
Bar[b]	100.0kPa	$14.504 lb/in.^2$
물의 밀도[b]	$1000 kg/m^3$	$1.94 slugs/ft^3$
공기 비열[c]	1003N · m(kg · ℃)	0.2395 Ftu/lb · °F=6000ft · lb/(slug · °F)

[a] 표준수치로서 고도와 위도에 따라 다르다.
[b] 5℃(41°F)에서 기준
[c] 20℃(68°F)와 1 atm 기준

표 A.4 국제단위 접두어

Multiplication factor		접두어[a]	기 호
1,000,000,000,000	E+12	tera	T
1,000,000,000	E+9	giga	G
1,000,000	E+6	mega	M
1,000	E+3	kilo	k
100	E+2	hecto[b]	h
10	E+1	deka[b]	da
0.1	E−1	deci[b]	d
0.01	E−2	centi[b]	c
0.001	E−3	milli	m
0.000 001	E−6	micro	μ
0.000 000 001	E−9	nano	n
0.000 000 000 001	E−12	pico	p

[a] 모든 접두어는 첫 음절에 강세를 둔다. 따라서 킬로미터와 같은 것은 *ki*−lometer와 같이 첫 음절을 강조한다.
[b] 면적, 부피 및 공학적 사용이 아닌 센티미터를 제외하고는 이와 같은 접두어의 사용은 금지한다.

표 A.5 미국 상용단위의 국제단위 환산

미국 상용단위를		곱하여	국제단위로 환산	
명 칭	기 호		기 호	명 칭
가속도[a]	ft/s^2	3.0480 E−1[a]	m/s^2	Meters per second square
각도	도(°)	1.745 E−2	rad	라디안
면적				
Acre	에이커	4.047 E−1	ha	헥타
Square foot	ft^2	9.2903 E−2	m^2	Square meter
Square inch	in.^{2}	6.4516 E−4[a, b]	m^2	Square meter
농도(기체)				
parts per million	ppm		mg/m^3	Milligrams per cubic meter
에너지				
영국 열 단위	Btu	1.0551 E+0	kJ	Kilojoule
Foot−pound(힘)	ft·lb	1.3558 E+0	J	Joule
Horsepower−hour	hp·h	2.6845 E+0	MJ	Megajoule
Kilowatt−hour	kW·h	3.600 E+3[a]	kJ	Kilojoule
힘				
Pound force	lb	4.4482 E+0	N	뉴턴

표 A.5 미국 상용단위의 국제단위 환산(계속)

미국 상용단위를		곱하여	국제단위로 환산	
명 칭	기 호		기 호	명 칭
유 량				
Cubic feet per second	ft^3/s	2.8317 E−2	m^3/s	Cubic meters per second
Gallons per minute	gal/min	6.3090 E−2	L/s	liters per second
Gallons per minute	gal/min	2.2712 E−1	m^3/h	cubic meters per hour
Million gallons per day	Mgal/d	4.3813 E+1	L/s	Liters per second
Million gallons per day	Mgal/d	3.7854 E+0	ML/d	Million liters per day
길 이				
Foot	ft	3.0480 E−1[a]	m	Meter
Inch	in.	2.5400 E+1[a]	mm	Millimeter
Mile	mi	1.6093 E+0	km	Kilometer
광 도				
Foot−candle	ft·cd	1.076 E+1	lx	Lux
질 량				
Pound	lbm	4.5359 E−1	kg	Kilogram
Slug(32.174 1bm)	slug	1.4594 E+1	kg	Kilogram
모멘트				
Pound−inch	lb·in.	1.1298 E−1	N·m	Newton meter
동 력				
Horsepower	hp	7.457 E−1	kW	Kilowatt
압력(힘/면적)				
Atmosphere(standard)	atm	1.0133 E+2	kPa	Kilopascal(kN/m^2)
Pounds(force) per square inch	$lb/in.^2$	6.8948 E+0	kPa	Kilopascal
비 열	Btu/(lbm·°R)	4.188 E+0	J/(g·K)	Joules per gram−degrees Kelvin
	ft·lb/(slug·°R)	1.672 E−1	N·m(kg·K)	Newton−meter per Kilogram−degrees kelvin
응 력				
Pounds(force) per square inch	$lb/in.^2$	6.8948 E+0	kPa	Kilopascal
Kips(force) per square inch	$k/in.^2$	6.8948 E+0	MPa	Megapascal

표 A.5 미국 상용단위의 국제단위 환산(계속)

미국 상용단위를		곱하여	국제단위로 환산	
명 칭	기 호		기 호	명 칭
온 도				
Degrees Fahrenheit	°F	0.5556(°F−32)	℃	Degrees celsious
Degrees Fahrenheit	°F	0.5556 (°F+459.67)	°K	Degrees kelvin
Degrees Rankine	°R	0.5556(°R)	°K	Degrees kelvin
속 도				
Feet per second	ft/s	3.048 E−1[a]	m/s	Meters per second
Miles per hours	mi/h	1.6093 E+0	km/h	Kilometers per hour
부 피				
Cubic foot	ft^3	2.8317 E+1	L	Liter
Cubic foot	ft^3	2.8317 E−2	m^3	Cubic meter
Gallon	gal	3.7854 E−3	m^3	Cubic meter
Gallon	gal	3.78454 E+0	L	Liter
중 량				
Pound per cubic foot	lb/ft^3	1.5708 E−1	kN/m^3	Kilonewtons per cubic meter

[a] 정확한 수치 또는 환산

[b] $mg/m^3 = \frac{(ppm)(grams/mol)}{22.4L/mol} \times \frac{273}{273+℃}$

주 : Regulations use ℃=25, but source measurements are referenced to ℃=21.1.

표 A.6 대기압 (국제단위)

고도(m)	대기압[a]			20℃(kN/m^3)[b]에서의 공기 비중량(g)
	kPa	수두(m)	수은 기둥(mm)	
0	101.3	10.33	760	1.18 E−2
500	95.6	9.74	717	1.11 E−2
1000	90.1	9.19	676	1.05 E−2
1500	84.8	8.64	636	9.87 E−3
2000	79.8	8.13	598	9.29 E−3
2500	73.3	7.47	550	8.53 E−3
3000	70.3	7.17	527	8.19 E−3
3500	66.1	6.74	496	7.70 E−3

[a] 태풍 발생시 대기압은 약 1.7% 정도 감소된다.

[b] 다른 온도에서의 압력은 다음의 공식을 사용하라. $p_1v_1/K_1 = p_2v_2/K_2$, 여기서 p는 압력, v는 부피, 그리고 K는 온도 Kelvin(℃+273)이다.

표 A.7 대기압(미국 상용단위)

고도(m)	대기압[a]				68°F(lb/ft³)[b] 에서의 공기 비중량(g)
	lb/in.²	수두 ft	수두 in.	수은 기둥(mm)	
0	14.7	33.9	29.92	760	7.52 E−2
1,000	14.2	32.7	28.90	734	7.26 E−2
2,000	13.7	31.6	27.87	708	7.00 E−2
3,000	13.2	30.4	26.81	681	6.73 E−2
4,000	12.7	29.4	25.90	658	6.51 E−2
5,000	12.1	28.2	24.92	633	6.26 E−2
6,000	11.8	27.2	24.01	610	6.04 E−2
7,000	11.4	26.3	23.19	589	5.83 E−2
8,000	10.7	24.8	21.89	556	5.50 E−2
9,000	10.5	24.2	21.38	543	5.37 E−2
10,000	10.1	23.4	20.63	524	5.18 E−2

[a] 태풍 발생시 대기압은 약 1.7% 정도 감소된다.

[b] 다른 온도에서의 압력은 다음의 공식을 사용하라. $p_1 v_1 / T_1 = p_2 v_2 / T_2$ 여기서 $T = {}^\circ\mathrm{F} + 460$ 또는 대기압의 일반공식을 사용하라.

$$\frac{P_b}{P_a} = \exp\left[-\frac{gM(z_b - z_a)}{g_c RT}\right]$$

여기서 $g_c = 32.2\,\mathrm{ft\cdot lb_m/lb\cdot s^2}$, $g = 32.2\,\mathrm{ft/s^2}$, $M = 29\,\mathrm{lb_m/lb_{mol}}$, $R = \dfrac{1545\,\mathrm{ft\cdot lb}}{\mathrm{lb_{mol}\cdot T}}$, and $T = 460 + {}^\circ\mathrm{F}$

표 A.8 물의 특성(국제단위)[a]

온도 (℃)	단위중량[b] γ (kN/m³)	밀도 ρ (kg/m³)	체적 탄성률[c] K(kPa)	점성계수 μ (Pa · s)	동점성계수 v (m²/s)	표면장력[d] σ (N/m)	포화증기압 P_v(kPa)	포화증기압 수두(m)
0	9.805	9.998 E+2	1.98 E+6	1.78 E−3	1.79 E−6	0.0765	0.61	0.06
5	9.807	1.000 E+3	2.05 E+6	1.52 E−3	1.52 E−6	0.0749	0.87	0.09
10	9.804	9.997 E+2	2.10 E+6	1.31 E−3	1.31 E−6	0.0742	1.23	0.13
15	9.798	9.991 E+2	2.15 E+6	1.14 E−3	1.14 E−6	0.0735	1.70	0.17
20	9.789	9.982 E+2	2.17 E+6	1.00 E−3	1.00 E−6	0.0726	2.34	0.24
25	9.777	9.970 E+2	2.22 E+6	8.90 E−4	8.93 E−7	0.0720	3.17	0.32
30	9.642	9.957 E+2	2.25 E+6	7.98 E−4	8.00 E−7	0.0712	4.24	0.43
40	9.730	9.922 E+2	2.28 E+6	6.53 E−4	6.58 E−7	0.0696	7.38	0.76
50	9.689	9.880 E+2	2.29 E+6	5.47 E−4	5.53 E−7	0.0679	12.33	1.27
60	9.642	9.832 E+2	2.28 E+6	4.66 E−4	4.74 E−7	0.0662	19.92	2.07
70	9.589	9.778 E+2	2.25 E+6	4.04 E−4	4.13 E−7	0.0644	31.19	3.25
80	9.530	9.718 E+2	2.20 E+6	3.54 E−4	3.64 E−7	0.0626	47.34	4.97

■ 표 A.8 ■ 물의 특성(국제단위)[a](계속)

온도 (℃)	단위중량[b] γ (kN/m^3)	밀도 ρ (kg/m^3)	체적 탄성률[c] K(kPa)	점성계수 μ (Pa · s)	동점성계수 v (m^2/s)	표면장력[d] σ (N/m)	포화증기압 P_v (kPa)	포화증기압 수두(m)
90	9.466	9.653 E+2	2.14 E+6	3.15 E−4	3.26 E−7	0.0608	70.10	7.41
100	9.399	9.584 E+2	2.07 E+6	2.82 E−4	2.94 E−7	0.0589	101.33	10.78

[a] Vennard and Street[1]부터 채택하였다.
[b] 단위중량 γ는 단위부피에 작용하는 힘이다. 단위중량 γ, 밀도 ρ, 중력 g에 의한 가속도의 관계는 $\gamma = \rho g$이고, g 값은 표 A · 3을 참조하라.
[c] 대기압 상태에서의 수치이다.
[d] 공기와 접촉상태이다. 또한 1000 N/m = dynes/cm이다.

■ 표 A.9 ■ 물의 특성(미국 상용단위)[a]

온도 (°F)	단위중량[b] γ (lb$_m$/ft^3)	밀도 ρ (slug/ft^3)	체적 탄성률[c] K (lb/in^2)	점성계수 μ (lb · s/ft^2)	동점성 계수 (ft^2/s)	표면장력[d] σ (lb/ft)	포화증기압 P_v (lb/in^2)	포화증기압 수두 (ft)
32	62.42	1.940	2.87 E+5	3.746 E−5	1.93 E−5	0.00518	0.09	0.2
40	62.43	1.940	2.96 E+5	3.229 E−5	1.66 E−5	0.00614	0.12	0.3
50	62.41	1.940	3.05 E+5	2.735 E−5	1.41 E−5	0.00509	0.18	0.4
60	62.37	1.938	3.13 E+5	2.359 E−5	1.22 E−5	0.00504	0.26	0.6
70	62.30	1.936	3.19 E+5	2.112 E−5	1.06 E−5	0.00498	0.36	0.8
80	62.22	1.934	3.24 E+5	1.799 E−5	9.30 E−6	0.00492	0.51	1.2
90	62.11	1.931	3.28 E+5	1.595 E−5	8.26 E−6	0.00486	0.70	1.6
100	62.00	1.927	3.31 E+5	1.424 E−5	7.39 E−6	0.00480	0.95	2.2
110	61.86	1.923	3.32 E+5	1.284 E−5	6.67 E−6	0.00473	1.27	2.9
120	61.71	1.918	3.32 E+5	1.168 E−5	6.09 E−6	0.00467	1.69	3.9
130	61.55	1.913	3.31 E+5	1.069 E−5	5.58 E−6	0.00460	2.22	5.2
140	61.38	1.908	3.30 E+5	0.981 E−5	5.14 E−6	0.00454	2.89	6.8
150	61.20	1.902	3.28 E+5	0.905 E−5	4.76 E−6	0.00447	3.72	8.8
160	61.00	1.896	3.26 E+5	0.838 E−5	4.42 E−6	0.00441	4.74	11.2
170	60.80	1.890	3.22 E+5	0.780 E−5	4.13 E−6	0.00434	5.99	14.2
180	60.58	1.883	3.18 E+5	0.726 E−5	3.85 E−6	0.00427	7.51	17.9
190	60.36	1.876	3.13 E+5	0.678 E−5	3.62 E−6	0.00420	9.34	22.3
200	60.12	1.868	3.08 E+5	0.637 E−5	3.41 E−6	0.00413	11.52	27.6
212	59.83	1.860	3.00 E+5	0.593 E−5	3.19 E−6	0.00404	14.70	35.4

[a] 단위중량 γ는 단위부피에 작용하는 무게이다. 단위중량 γ, 밀도 ρ, 중력 g에 의한 가속도의 관계는 $\gamma = \rho g$이고, g값은 표 A·3을 참조하라.
[b] 표준 대기압 상태에서는 1 slug = 32.2 lbm×s^{2}이다.
[c] 많은 공식에서 K는 lb/ft^{2}이며 이때는 144 in.^{2}/ft^{2}로 곱한다.
[d] 공기와 접촉상태이다(ft).

표 A.10 배관재질의 물리적 특성

재 질	포아송 비, μ(무차원)	탄성계수(E)		
		국제단위(N/m^2)	미국 상용단위	
			($lb/in.^2$)	(lb/ft^2)
알루미늄	0.33	7.30 E+10	1.05 E+7	1.51 E+9
석면-시멘트	0.30	2.30 E+10	3.40 E+6	4.90 E+8
황 동	0.34	1.03 E+11	1.50 E+7	2.16 E+9
동	0.30	1.10 E+11	1.60 E+7	2.30 E+9
덕타일주철	0.28	1.66 E+11	2.40 E+7	3.46 E+9
회주철	0.28	1.03 E+11	1.50 E+7	2.16 E+9
HDPE[a]	0.45	1.03 E+9	1.50 E+5	2.16 E+7
PVC	0.45	2.70 E+9	4.00 E+5	5.76 E+7
강	0.30	2.07 E+11	3.00 E+7	4.32 E+9

[a] 수치의 변화가 있을 수 있음

표 A.11 등가 길이, 면적, 부피 등

길 이						
미국 상용단위				국제단위		
마일	야드	피트	인치	km	m	mm
1	1.76 E+3	5.28 E+3	6.36 E+4	1.61 E+0	1.61 E+3	1.61 E+6
5.68 E−4	1	3.00 E+0	3.60 E+1	9.14 E−4	9.14 E−1	9.14 E+2
1.89 E−4	3.33 E−1	1	1.20 E+1	3.05 E−4	3.05 E−1	3.05 E+2
1.58 E−5	2.78 E−2	8.33 E−2	1	2.54 E−5	2.54 E−2	2.54 E+1
6.21 E−1	1.09 E+3	3.28 E+3	3.94 E+4	1	1.00 E+3	1.00 E+0
6.21 E−4	1.09 E+0	3.28 E+0	3.94 E+1	1.00 E−3	1	1.00 E+3
6.21 E−7	1.09 E−3	3.28 E−3	3.94 E−2	1.00 E−6	1.00 E−3	1

면 적						
미국 상용단위				국제단위		
$miles^2$	에이커	$feet^2$	$inches^2$	km^2	Hectares	m^2
1	6.40 E+2	2.79 E+7	4.01 E+9	2.59 E+0	2.59 E+2	2.59 E+6
1.56 E−3	1	4.36 E+4	6.27 E+6	4.05 E−3	4.05 E−1	4.05 E+3
3.59 E−8	2.30 E−5	1	1.44 E+2	9.29 E−8	9.29 E−6	9.29 E−2
2.49 E−10	1.59 E−7	6.94 E−3	1	6.45E−10	6.45 E−8	6.45 E−4
3.86 E−1	2.47 E+2	1.08 E+7	1.55 E+9	1	1.00 E+2	1.00 E+6
3.86 E−3	2.47 E+0	1.08 E+5	1.55 E+7	1.00 E−2	1	1.00 E+4
3.86 E−7	2.47 E−4	1.08 E+1	1.55 E+3	1.00 E−6	1.00 E−4	1

표 A.11 등가 길이, 면적, 부피 등(계속)

부피							
미국 상용단위					국제단위		
$yard^3$	$feet^3$	Imperial gallons	U.S. gallons	$inches^3$	m^3	Liters	Milliliters
1	2.7 E+1	1.68 E+2	2.02 E+2	4.67 E+4	7.65 E−1	7.65 E+2	7.65 E+5
3.70 E−2	1	6.23 E+0	7.48 E+0	1.73 E+3	2.83 E−2	2.83 E+1	2.83 E+4
5.95 E−3	1.61 E−1	1	1.20 E+0	2.77 E+2	4.55 E−3	4.55 E+0	4.55 E+3
4.95 E−3	1.34 E−1	8.33 E−1	1	2.31 E+2	3.79 E−3	3.79 E+0	3.79 E+3
2.14 E−5	5.79 E−4	3.60 E−3	4.33 E−3	1	1.64 E−5	1.64 E−2	1.64 E+1
1.31 E+0	3.53 E+1	2.20 E+2	2.64 E+2	6.10 E+4	1	1.00 E+3	1.00 E+6
1.31 E−3	3.53 E−2	2.20 E−1	2.64 E−1	6.10 E+1	1.00 E−3	1	1.00 E+3
1.31 E−6	3.53 E−5	2.20 E−4	2.64 E−4	6.10 E−2	1.00 E−6	1.00 E−3	1

유량						
미국 상용단위			국제단위			
1,000,000 gal/day	ft^3/sec	gal/min	m^3/sec	m^3/hr	l/sec	1,000,000 l/day
1	1.55 E+0	6.94 E+2	4.38 E−2	1.58 E+2	4.38 E+1	3.79 E+0
6.46 E−1	1	4.49 E+2	2.83 E−2	1.02 E+2	2.83 E+1	2.45 E+0
1.44 E−3	2.23 E−3	1	6.31 E−5	2.27 E−1	6.31 E−2	5.45 E−3
2.28 E+1	3.53 E+1	1.58 E+4	1	3.60 E+3	1.00 E+3	8.64 E+1
6.34 E−3	9.81 E−3	4.40 E+0	2.78 E−4	1	2.78 E−1	2.40 E−2
2.88 E−2	3.53 E−2	1.59 E+1	1.00 E−3	3.60 E+0	1	8.64 E−2
2.64 E−1	4.09 E−1	1.83 E+2	1.16 E−2	4.17 E+1	1.16 E+1	1

힘					
미국 상용단위				국제단위	
Tons	Kilopounds	Pounds	Grams	Kilonewtons	Newtons
1	2.00 E+0	2.00 E+3	1.40 E+7	8.90 E+0	8.90 E+3
5.00 E−1	1	1.00 E+3	7.00 E+6	4.45 E+0	4.45 E+3
5.00 E−4	1.00 E−3	1	7.00 E+3	4.45 E−3	4.45 E+0
7.14 E−8	1.43 E−7	1.43 E−4	1	6.35 E−7	6.35 E−4
1.12 E−1	2.25 E−1	2.25 E+2	1.57 E+6	1	1.00 E+3
1.12 E−4	2.25 E−4	2.25 E−1	1.57 E+3	1.00 E−3	1

표 A.11 등가 길이, 면적, 부피 등(계속)

질량				
미국 상용단위		국제단위		
slugs	Pounds mass	Kilograms	Grams	Milligrams
1	3.22 E+1	1.46 E+1	1.46 E+4	1.46 E+7
3.11 E−2	1	4.54 E−1	4.54 E+2	4.54 E+5
6.85 E−2	2.20 E+0	1	1.00 E+3	1.00 E+6
6.85 E−5	2.20 E−3	1.00 E−3	1	1.00 E+3
6.85 E−8	2.20 E−6	1.00 E−6	1.00 E−3	1

압력 또는 응력(힘/면적)						
표준 대기압	미국 상용단위			국제단위		
	lb/m^2	수은주(in.)	수두(ft)	수두(m)	Kilopascals	수은주(mm)
1	1.47 E+1	2.99 E+1	3.40 E+1	1.04 E+1	1.01 E+2	7.60 E+2
6.80 E−2	1	2.04 E+0	2.31 E+0	7.04 E−1	6.90 E+0	5.17 E+1
3.34 E−2	4.91 E−1	1	1.14 E+0	3.46 E−1	3.39 E+0	2.54 E+1
2.94 E−2	4.33 E−1	8.81 E−1	1	3.05 E−1	2.98 E+0	2.24 E+1
9.66 E−2	1.42 E+0	2.89 E+0	3.28 E+0	1	9.79 E+0	7.34 E+1
9.87 E−3	1.45 E−1	2.95 E−1	3.35 E−1	1.02 E−1	1	7.50 E+0
1.32 E−2	1.93 E−2	3.94 E−2	4.47 E−2	1.36 E−2	1.33 E−1	1

동력				
미국 상용단위				국제단위
British thermal units per second	마력	foot−pounds per second	foot−pounds per minute	Kilowatts
1	1.41 E+0	7.78 E+2	4.67 E+4	1.06 E+0
7.07 E−1	1	5.50 E+2	3.30 E+4	7.46 E−1
1.29 E−3	1.82 E−3	1	6.00 E+1	1.36 E−3
2.14 E−5	3.03 E−5	1.67 E−2	1	2.26 E−5
9.48 E−1	1.34 E+0	7.38 E+2	4.43 E+4	1

에너지				
미국 상용단위			국제단위	
horsepower −hours	British thermal units	foot−pounds	Kilowatt−hours	Joules
1	2.54 E+3	1.98 E+6	7.46 E−1	2.68 E+6
3.93 E−4	1	7.78 E+2	2.93 E−4	1.05 E+3
5.05 E−7	1.29 E−3	1	3.77 E−7	1.36 E+0
1.34 E+0	3.41 E+3	2.66 E+6	1	3.60 E+6
3.73 E−7	9.48 E−4	7.38 E−1	2.78 E−7	1

[참고문헌]

(1) Vennard, J., and R. L. Street. Elementry Fluid Mechanics, 5th ed. John Wiley, New York (1975).

(2) Metcalf & Eddy, Inc. *Wastewater Engineering*, *Treatment*, Disposal, and Reuse, 3rd ed. Revised by G. Tchobanoglous. McGrow-Hill, New york(1991).

B 배관, 피팅, 밸브에서의 유체흐름 자료

표 B.1에서 표 B.4까지 사용하는 것은 1.3절에서 설명하였다. C값을 120으로 하젠 윌리엄식을 이용하여 시멘트-모르타르 라이닝된 100mm 이상인 배관에서의 손실수두를 계산하였다. 표 B.3와 B.4에서 소구경 배관에서의 손실수두는 다르시 공식을 사용하였다. 다르시 공식에서 ϵ (0.23mm or 0.008in.)값은 C 120인 하젠 윌리엄을 사용할 때 지름 100mm(4-in.)에서 같은 손실수두가 발생하는 수치이다. 배관지름이 이보다 작을 때는 정확한 다르시 공식은 하젠 윌리엄 공식보다 손실수두가 커진다. 따라서 100mm(4-in.) 이하의 배관에서 하젠 윌리엄 공식을 사용하면 커다란 오류가 발생되어 안전하지 못하다. 표 B.5에서의 배관조도는 안전계수가 포함되지 않았다.

표 B.6과 B.7에서의 에너지 손실계수 K는 다양한 자료에서 발췌한 것이다. 기재된 수치는 시험과정이 공개되지 않는 것이라면 매우 신중하게 사용되어야 한다. 전반적으로 실제수치는 표에 나와 있는 수치보다 20% 적게 또는 30% 정도 많을수도 있다. 그러나 어떤 수치는 100% 이상 차이가 있는 것도 있다. K값은 부분적으로 규격에 따라 다르다는 것에 유의해야 한다. 펌프장 내에서 피팅들이 근접하여 그룹으로 설치되면 유체 내에서 추가적인 난류가 발생하여 30% 이상 더 큰 손실수두가 발생한다. 역지변 내에서 유속이 늦으면 K값은 표 B.7에 주어진 K값보다 훨씬 커져 수배에 이를 수도 있다.

다르시 공식에서 f값을 결정하기 위한 무디 선도를 그림 B.1에 나타내었다. 밸브에서의 손실수두는 속도와 항상 같은 마찰손실 계수와의 곱이라 추측하나, 스프링이나 균형추가 달린 역지변의 경우에는 다르다. 그와 같은 경우는 Mueller 밸브의 시험을 기초로 한 손실수두를 그림 B.2 및 그림 B.3에 나타내었다.

▌표 B.1▌ 모르타르 라이닝 Class 53 덕타일주철관[2], 하젠-윌리엄 C=120, 국제단위. 사전검토 용도로 사용. 정확한 수치는 다르시 공식과 정확한 단위를 사용하여 구한다.

공칭 구경 (mm)	바깥지름 OD (mm)	관두께(mm)		안지름	
		관	모르타르 라이닝[a]	지름(mm)	단면적(m^2)
75e	101	7.87	1.59	82	5.24 E−3
100	122	8.13	1.59	102	8.25 E−3
150	175	8.64	1.59	155	1.88 E−2
200	230	9.14	1.59	208	3.41 E−2
250	282	9.65	1.59	259	5.29 E−2
300	335	10.2	1.59	312	7.63 E−2
350	389	10.7	2.38	363	1.03 E−1
400	442	10.9	2.38	415	1.35 E−1
450	495	11.2	2.38	468	1.72 E−1
500	549	11.4	2.38	521	2.13 E−1
600	655	11.9	2.38	627	3.08 E−1
750	813	13.0	3.18	781	4.79 E−1
900	973	14.7	3.18	937	6.90 E−1
1050	1130	16.5	3.18	1090	9.35 E−1
1200	1290	18.3	3.18	1250	1.22 E+0
1350	1450	20.6	3.18	1550	1.55 E+0

유속이 2m/s일 경우				중 량[c]		플랜지 또는 flare 바깥지름, mm(실제)
유량, Q			손실수두,[b] hf (m/1000m)	배관[c] (kg/m)	플랜지,[d] 1개 (kg)	
m^3/s	m^3/h	ML/d				
1.05 E−2	3.77 E+1	9.05 E−1	66	16.2	3	191
1.65 E−2	5.94 E+1	1.43 E+0	50	20.6	6	229
3.76 E−2	1.36 E+2	3.25 E+0	31	31.9	8	279
6.82 E−2	2.46 E+2	5.89 E+0	22	44.8	12	343
1.06 E−1	3.81 E+2	9.14 E+0	17	58.3	17	406
1.53 E−1	5.50 E+2	1.32 E+1	14	73.3	26	483
2.06 E−1	7.43 E+2	1.78 E+1	12	89.5	33	533
2.71 E−1	9.76 E+2	2.34 E+1	9.8	104	41	597
3.44 E−1	1.24 E+3	2.97 E+1	8.5	120	41	635
4.26 E−1	1.54 E+3	3.68 E+1	7.5	136	52	699

▌표 B.1▌ 모르타르 라이닝 Class 53 덕타일주철관[2], 하젠-윌리엄 C=120, 국제단위. 사전검토 용도로 사용. 정확한 수치는 다르시 공식과 정확한 단위를 사용하여 구한다.(계속)

유속이 2m/s일 경우				중 량[c]		플랜지 또는 flare 바깥지름, mm(실제)
유량, Q			손실수두,[b] hf (m/1000m)	배관[c] (kg/m)	플랜지,[d] 1개 (kg)	
m^3/s	m^3/h	ML/d				
6.17 E−1	2.22 E+3	5.33 E+1	6.1	170	73	813
9.57 E−1	3.45 E+3	8.27 E+1	4.7	229	109	984
1.38 E+0	4.96 E+3	1.19 E+2	3.8	313	159	1168
1.87 E+0	6.73 E+3	1.62 E+2	3.2	408	227	1346
2.44 E+0	8.80 E+3	2.11 E+2	2.7	517	284	1511
3.09 E+0	1.11 E+4	2.67 E+2	2.4	652	345	1683

[a] 1회 라이닝 두께. 2회 라이닝한 경우 같은 유량을 송수하기 위해서는 유속 2%, 손실수두 6%가 증가된다.
[b] 공식 (1-9a)를 사용하여 계산한 것으로 다른 유속 또는 C값을 사용할 경우 손실수두를 $[(v/2)(120/C)]^{1.85}$로 곱한다.
[c] 금속재료인 경우에 한한다.
[d] 배관 제작사가 배관 몸통에 나사로 플랜지를 체결한 경우
[e] 취득이 불가능할 수 있다.

▌표 B.2▌ 모르타르 라이닝 Class 53 덕타일주철관[2], 하젠-윌리엄 C=120, 미국 상용단위. 사전검토 용도로 사용. 정확한 수치는 다르시 공식과 정확한 단위를 사용하여 구한다.

공칭 구경 (in.)	바깥지름 OD (in.)	관두께(in.)		안지름	
		관	모르타르 라이닝[a]	지름(in.)	단면적(ft^2)
3[e]	3.96	0.31	1/16	3.22	5.64 E−2
4	4.80	0.32	1/16	4.04	8.88 E−2
6	6.90	0.34	1/16	6.10	2.03 E−1
8	9.05	0.36	1/16	8.21	3.67 E−1
10	11.10	0.38	1/16	10.2	5.69 E−1
12	13.20	0.40	1/16	12.3	8.22 E−1
14	15.30	0.42	3/32	14.3	1.11 E+0
16	17.40	0.43	3/32	16.3	1.46 E+0
18	19.50	0.44	3/32	18.4	1.85 E+0
20	21.60	0.45	3/32	20.5	2.29 E+0
24	25.80	0.47	3/32	24.7	3.32 E+0
30	32.00	0.51	1/8	30.7	5.15 E+0

표 B.2 모르타르 라이닝 Class 53 덕타일주철관[2], 하젠-윌리엄 C=120, 미국 상용단위. 사전검토 용도로 사용. 정확한 수치는 다르시 공식과 정확한 단위를 사용하여 구한다.(계속)

공칭 구경 (in.)	바깥지름 OD (in.)	관두께(in.)		안지름	
		관	모르타르 라이닝[a]	지름(in.)	단면적(ft^2)
36	38.30	0.58	1/8	36.9	7.42 E+0
42	44.50	0.65	1/8	43.0	1.01 E+1
48	50.80	0.72	1/8	49.1	1.32 E+1
54	57.10	0.81	1/8	55.2	1.66 E+1

유속이 5ft/s일 경우				중 량[c]		플랜지 또는 flare 바깥지름, in.
유 량, Q			손실수두,[b] hf (ft/1000ft)	배관 (lb/ft)	플랜지,[d] 1개 (lb)e	
gal/min	ft^3/s	Mgal/d				
1.27 E+2	2.82 E−1	1.81 E−1	39	10.9	10	7.50
1.99 E+2	4.44 E−1	2.87 E−1	30	13.8	13	9.00
4.55 E+2	1.01 E+0	6.55 E−1	19	21.4	17	11.00
8.24 E+2	1.84 E+0	1.19 E+0	13	30.1	27	13.50
1.28 E+3	2.85 E+0	1.84 E+0	10	39.2	38	16.00
1.84 E+3	4.11 E+0	2.66 E+0	8.2	49.2	58	19.00
2.49 E+3	5.56 E+0	3.59 E+0	6.9	60.1	72	21.00
3.27 E+3	7.29 E+0	4.71 E+0	5.8	70.1	90	23.50
4.16 E+3	9.27 E+0	5.99 E+0	5.1	80.6	90	25.00
5.15 E+3	1.15 E+1	7.42 E+0	4.5	91.5	115	27.50
7.45 E+3	1.66 E+1	1.07 E+1	3.6	114	160	32.00
1.16 E+4	2.58 E+1	1.66 E+1	2.8	154	240	38.75
1.67 E+4	3.71 E+1	2.40 E+1	2.3	210	350	46.00
2.26 E+4	5.03 E+1	3.25 E+1	1.9	274	500	53.00
2.95 E+4	6.58 E+1	4.35 E+1	1.6	347	625	59.50
3.73 E+4	8.32 E+1	5.38 E+1	1.4	438	760	66.25

[a] 1회 라이닝 두께. 2회 라이닝한 경우 같은 유량을 송수하기 위해서는 유속 2%, 손실수두 6%가 증가된다.
[b] 공식 (1-9 a)를 사용하여 계산한 것으로 다른 유속 또는 C값을 사용할 경우 손실수두를 $[(v/2)(120/C)]^{1.85}$로 곱한다.
[c] 금속재료인 경우에 한한다.
[d] 배관 제작사가 배관 몸통에 나사로 플랜지를 체결한 경우이다.
[e] 취득이 불가능할 수 있다.

■ 표 B.3 ■ 강관[3] 표준중량(ANSI B36.10), 하젠-윌리엄 공식 C=120, 국제단위. 사전 검토 용도로 사용. 정확한 수치는 다르시 공식과 정확한 단위를 사용하여 구한다.

공칭 구경 (mm)	바깥지름 O.D (mm)	관두께(mm)		안지름	
		관	플라스틱 라이닝[a]	지름(mm)	단면적(m^2)
3	10.3	1.73	None	6.8	3.67E−5
6	13.7	2.24	None	9.2	6.71E−4
9	17.1	2.31	None	12.5	1.23E−4
12	21.3	2.77	None	15.8	1.96E−4
18	26.7	2.87	None	20.9	3.44E−4
25	33.4	3.38	0.305	26.0	5.32E−4
32	42.2	3.56	0.305	34.4	9.32E−4
38	48.3	3.68	0.305	4.03	1.28E−3
50	60.3	3.91	0.305	51.9	2.12E−3
63	73.0	5.16	0.305	62.1	3.03E−3
75	88.9	5.49	0.305	77.3	4.70E−3
88	102	5.74	0.305	89.5	6.29E−3
100	114	6.02	0.305	102	8.12E−3
125	141	6.55	0.305	128	1.28E−2
150	168	7.11	0.305	153	1.85E−2
200	219	8.17	0.305	202	3.21E−2
250	273	9.27	0.305	254	5.06E−2
300	324	9.53	0.305	304	7.27E−2
350	356	9.53	0.305	336	8.86E−2
400	406	9.53	0.305	387	1.17E−1
450	457	9.53	0.305	438	1.50E−1
500	508	9.53	0.305	488	1.87E−1
600	610	9.53	0.305	590	2.73E−1
750	762	9.53	0.305	742	4.33E−1

상기보다 대형관도 있으며 제작사와 상의해야 한다.

표 B.3 강관[3] 표준중량(ANSI B36.10), 하젠-윌리엄 공식 C=120, 국제단위. 사전 검토 용도로 사용. 정확한 수치는 다르시 공식과 정확한 단위를 사용하여 구한다.(계속)

유속이 2m/s일 경우				중 량		플랜지 또는 flare 바깥지름, mm(실제)
유 량, Q			손실수두,[b] hf	배관	플랜지,[d]	
(m^3/s)	(m^3/h)	(ML/d)	(m/1000m)	(kg/m)	1개(kg)	
7.33 E−5	2.64 E−1	6.34 E−3	1900c	0.36	NA	NA
1.34 E−4	4.83 E−1	1.16 E−2	1200c	0.63	NA	NA
2.46 E−4	8.87 E−1	2.13 E−2	800c	0.85	NA	NA
3.92 E−4	1.41 E+0	3.39 E−2	570c	1.19	0.5	89
6.88 E−4	2.48 E+0	5.95 E−2	400c	1.68	0.7	99
1.07 E−3	3.83 E+0	9.20 E−2	300c	2.50	0.9	108
1.86 E−3	6.71 E+0	1.61 E−1	200c	3.38	1.1	117
2.55 E−3	9.18 E+0	2.20 E−1	170c	4.05	1.4	127
4.23 E−3	1.52 E+1	3.66 E−1	120c	5.44	2.3	152
6.06 E−3	2.18 E+1	5.23 E−1	95c	8.62	3.6	178
9.39 E−3	3.38 E+1	8.11 E−1	71c	11.3	4.1	191
1.26 E−2	4.53 E+1	1.09 E+0	59	13.6	5	216
1.62 E−2	5.84 E+1	1.40 E+0	51	16.1	6	229
2.56 E−2	9.20 E+1	2.21 E+0	40	21.7	7	254
3.70 E−2	1.33 E+2	3.20 E+0	31	28.3	8	279
6.42 E−2	2.31 E+2	5.54 E+0	23	42.6	13	343
1.01 E−1	3.65 E+2	8.75 E+0	17	60.3	18	406
1.45 E−1	5.23 E+2	1.26 E+1	14	73.8	28	483
1.77 E−1	6.38 E+2	1.53 E+1	13	81.3	38	533
2.35 E−1	8.46 E+2	2.03 E+1	11	97.6	48	597
3.01 E−1	1.08 E+3	2.60 E+1	9.2	105	49	635
3.75 E−1	1.35 E+3	3.24 E+1	8.1	117	67	699
5.47 E−1	1.97 E+3	4.72 E+1	6.5	141	93	813
8.66 E−1	3.12 E+3	7.48 E+1	5.0	177	136	984

[a] 100mm 이상의 배관의 경우 모르타르 라이닝으로 대체할 수 있다. 공장 라이닝할 경우 라이닝 두께는 100~250mm 배관일 경우 6.4mm, 300~550mm 배관일 경우 7.9mm, 600~900mm 배관일 경우 9.5mm이다.

[b] 다른 유속 또는 다른 C값일 경우 손실수두를 $[(v/2)(120/C)]^{1.85}$ 곱한다.

[c] 다르시 공식과 무디 선도에서 $\epsilon=0.23$mm, 온도 $T=15$℃이다(표 B.5 참조).

[d] slip-on 용접형식이다.

■ 표 B.4 ■ 강관[3] 표준중량(ANSI B36.10), 하젠-윌리엄 공식 C=120, 미국 상용단위. 사전검토 용도로 사용. 정확한 수치는 다르시 공식과 정확한 단위를 사용하여 구한다.

공칭구경 (in.)	바깥지름 OD (in.)	관두께(in.)		안지름	
		관	플라스틱 라이닝[a]	지름(in.)	단면적(ft^2)
1/8	0.405	0.068	None	0.269	3.95E−4
1/4	0.540	0.088	None	0.364	7.22E−4
3/8	0.675	0.091	None	0.493	1.32E−3
1/2	0.840	0.109	None	0.622	2.11E−3
3/4	1.050	0.113	None	0.824	3.70E−3
1	1.315	0.133	0.012	1.03	5.79E−3
1 1/4	1.660	0.140	0.012	1.36	1.01E−2
1 1/2	1.900	0.145	0.012	1.57	1.34E−2
2	2.375	0.154	0.012	2.04	2.27E−2
2 1/2	2.875	0.203	0.012	2.45	3.27E−2
3	3.500	0.216	0.012	3.04	5.04E−2
31.2 1/2	4.000	0.226	0.012	3.52	6.77E−2
4	4.500	0.237	0.012	4.00	8.74E−2
5	5.563	0.258	0.012	5.02	1.37E−1
6	6.625	0.280	0.012	6.04	1.99E−1
8	8.625	0.322	0.012	7.96	3.45E−1
10	10.75	0.365	0.012	10.0	5.45E−1
12	12.75	0.375	0.012	12.0	7.82E−1
14	14.00	0.375	0.012	13.2	9.54E−1
16	16.00	0.375	0.012	15.2	1.26E+0
18	18.00	0.375	0.012	17.2	1.62E+0
20	20.00	0.375	0.012	19.2	2.02E+0
24	24.00	0.375	0.012	23.2	2.94E+0
30	30.00	0.375	0.012	29.2	4.66E+0
상기보다 대형관도 있으며 제작사와 상의해야 한다.					

표 B.4 강관 [3] 표준중량(ANSI B36.10), 하젠-윌리엄 공식 C=120, 미국 상용단위. 사전검토 용도로 사용. 정확한 수치는 다르시 공식과 정확한 단위를 사용하여 구한다.(계속)

유속이 5ft/s일 경우				중량[d]		플랜지 또는 flare 바깥지름 OD, (in.)
유량, Q			손실수두,[b] (ft/1000ft)	배관 (lb/ft)	플랜지,[e] 1개 (lb)	
(gal/min)	(ft^3/s)	(Mgal/d)				
8.88 E−1	1.98 E−3	1.28 E−3	1120c	0.24	NA	NA
1.62 E+0	3.61 E−3	2.33 E−3	750c	0.42	NA	NA
2.96 E+0	6.60 E−3	4.27 E−3	450c	0.57	NA	NA
4.76 E+0	1.06 E−2	6.85 E−3	340c	0.80	1	3.50
8.31 E+0	1.85 E−2	1.20 E−2	240c	1.13	1.5	3.88
1.29 E+1	2.87 E−2	1.85 E−2	180c	1.68	2	4.25
2.27 E+1	5.05 E−2	3.26 E−2	120c	2.27	2.5	4.62
3.01 E+1	6.70 E−2	4.33 E−2	100c	2.72	3	5.00
5.10 E+1	1.14 E−1	7.37 E−2	73c	3.65	5	6.00
7.36 E+1	1.64 E−1	1.06 E−1	57c	5.79	8	7.00
1.13 E+2	2.52 E−1	1.63 E−1	43c	7.58	9	7.50
1.52 E+2	3.39 E−1	2.19 E−1	36	9.11	11	8.50
1.96 E+2	4.37 E−1	2.82 E−1	30	10.8	13	9.00
3.09 E+2	6.88 E−1	4.45 E−1	23	14.6	15	10.00
4.47 E+2	9.95 E−1	6.43 E−1	19	19.0	17	11.00
7.75 E+2	1.73 E+0	1.12 E+0	14	28.6	28	13.50
1.22 E+3	2.72 E+0	1.76 E+0	10	40.5	40	16.00
1.76 E+3	3.91 E+0	2.53 E+0	8.4	49.6	61	18.00
2.14 E+3	4.77 E+0	3.88 E+0	7.5	54.6	83	21.00
2.84 E+3	6.32 E+0	4.09 E+0	6.4	65.6	106	23.50
3.63 E+3	8.09 E+0	5.23 E+0	5.6	70.6	109	25.00
4.52 E+3	1.01 E+1	6.51 E+0	4.8	78.6	148	27.50
6.60 E+3	1.47 E+1	9.51 E+0	3.9	94.6	204	32.00
1.04 E+4	2.33 E+1	1.51 E+1	3.0	119.0	300	38.75

[a] 4inch 이상의 배관의 경우 모르타르 라이닝으로 대체할 수 있다. 공장 라이닝할 경우 라이닝 두께는 4~10inch 배관일 경우 1/4inch, 12~20inch 배관일 경우 5/16inch, 24~30inch 배관일 경우 3/8inch이다.

[b] 다른 유속 또는 다른 C값일 경우 손실수두를 $[(v/s)(120/C)]^{1.85}$ 곱한다.

[c] 다르시 공식과 무디 선도에서 $\epsilon = 0.0035$mm, 온도 $T = 60°$F이다(표 B.5 참조).

[d] 금속재료인 경우에 한한다.

[e] slip-on 용접형식이다.

표 B.5 관로의 관리상태가 양호하고 부식성이 없는 물이 관에 만수하여 흐를 경우의 배관설계시 예상되는 배관 마찰계수. 정확한 수치가 필요한 경우 문헌[4, 5, 6] 참조.

주석 : 모든 가능한 조도수치를 포함하는 광범위한 관로손실수두 곡선을 갖는 최대 및 최소 수치를 얻기 위해 표에 기재된 모든 수치는 수정해야 한다.

재 질	하젠 윌리엄 C	만닝 nc	무디 선도 ϵ mm	무디 선도 ϵ in.
예상되는 계수의 범위				
플라스틱, FRP, & 에폭시[a]				
≤400 mm(16 in.)	140~130	0.010~0.010	Smooth−0.20	Smooth−0.008
=600 mm(24 in.)	145~135	0.009~0.010	Smooth−0.20	Smooth−0.008
≥900 mm(36 in.)	150~140	0.009~0.010	Smooth−0.20	Smooth−0.008
시멘트 모르타르 라이닝[a]				
Centrifugally spun				
≤400 mm(16 in.)	135~125	0.010~0.011	0.13~0.33	0.005~0.013
=600 mm(24 in.)	140~130	0.010~0.010	0.13~0.33	0.005~0.013
≥900 mm(36 in.)	145~135	0.009~0.010	0.13~0.33	0.005~0.013
Trowled in placea				
≤400 mm(16 in.)	130~120	0.010~0.011	0.20~0.50	0.008~0.020
=600 mm(24 in.)	135~125	0.010~0.011	0.20~0.50	0.008~0.020
≥900 mm(36 in.)	140~130	0.010~0.010	0.20~0.50	0.008~0.020
다음 수치는 일반적인 문헌에서 발췌한 것임.[b]				
Ten-State 기준[1]				
시멘트 모르타르 또는 플라스틱	120	0.011	0.41	0.016
라이닝이 없는 강관 또는 주철관	100	0.013	1.5	0.060
구관 또는 라이닝한 관을 부식성이 없는 물에서 20년 이상 사용한 경우[b]				
Smooth glass or plastic	135	0.010	0.13	0.005
시멘트 모르타르				
centrifugally spun	130	0.010	0.19	0.0075
troweled	125	0.011	0.28	0.011
석면 시멘트	125	0.011	0.28	0.011
Centrifugally cast CPP	130	0.010	0.19	0.0075
Wood stave	110	0.012	0.89	0.035
Riveted steel	80	0.016	5.6	0.22
콘크리트, formed	80	0.016	5.6	0.22
Clay, not pressurized	100	0.013	1.5	0.060
Wrought iron	100	0.013	1.5	0.060
Galvanized iron	90	0.014	3.0	0.12

a 실제 안지름을 사용

[b] 하젠 윌리엄 공식의 C는 배관의 공칭구경을 사용한다. 하젠 윌리엄 공식을 사용하여 예측한 손실수두는 유속이 느리거나 지름이 작은 배관의 경우보다 훨씬 작다.

[c] 만닝 공식은 관이 만수가 아닐 경우에는 부정확하다(그림 B-5 참조).

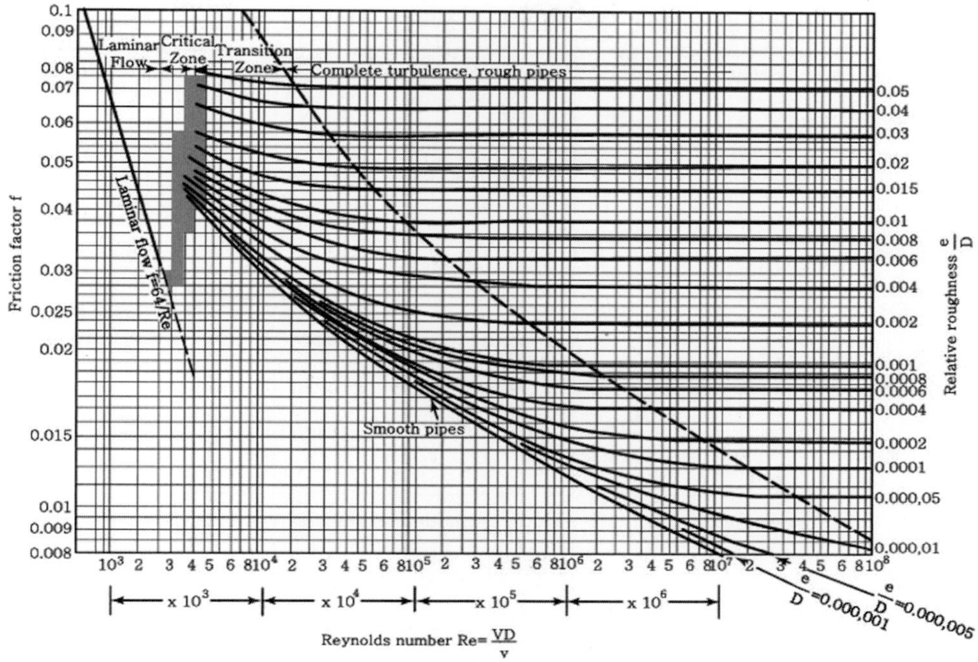

그림 B.1 다르시 공식에서 f값을 결정하기 위한 무디 선도. Colebrook 공식(1.12)로부터 구한 그래프 Moody[7].

표 B.6 플랜지 접속 피팅의 추천되는 에너지 손실계수 K_a

피팅		K	피팅		K
Entrance			Forged or cast 피팅		
Bellmouth		0.05	Return bend, $r=1.4D$		0.40
Rounded		0.25	Tee, line flow		0.30
Sharp-edged		0.5	Tee, branch flow		0.75
Projecting		0.8	Cross, line flow		0.50
Exits All of the above		1.0	Cross, branch flow		0.75
Bends, mitered			Wye, 45°		0.50

표 B.6 플랜지 접속 피팅의 추천되는 에너지 손실계수 K_a(계속)

피팅		K	피팅		K
$\theta=15°$		0.05	Increase Conical Conical (approximate)	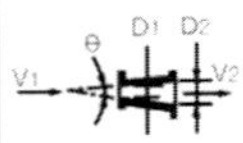	$h=K\left[1-\left(\frac{D_1}{D_2}\right)^2\right]v_2^2/2g$ $K=3.5(\tan\theta)^{1.22}$ $h=0.25(v_1^2-v_2^2)/2g$
$\theta=22.5°$		0.075			
$\theta=30°$		0.10			
$\theta=45°$		0.20			
$\theta=60°$		0.35			
$\theta=90°$		0.80			
90° bend 3×30°=90° 4×22.5°=90°		0.30			
Forged or cast fittings			Sudden Reducers Conical Sudden	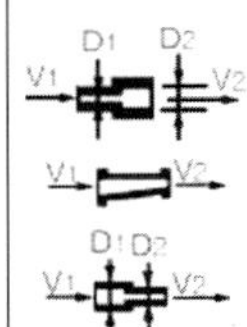	$h=\dfrac{v^2{}_{-v^2_{22g}1} \quad =\left[\left(\frac{A_2}{A_1}\right)^2-1\right]\frac{v^2}{22g}}{}$ $h=Kv_2^2/2g$ $K=0.03\pm0.01$ $h=\frac{1}{2}\left[1-\left(\frac{D_2}{D_1}\right)^2\right]\frac{v^2}{22g}$
90° elbow, standard		0.25			
90° elbow long radius		0.18			
45° elbow		0.18			

[a] $h=Kv^2/2g$, 여기서 v는 각주가 아닌 fitting에서 최대 유속이다. 지름이 300mm(12in.) 이하인 경우 지름 25mm(1in.) 감소마다 K값을 5% 증가시킨다. K값은 −20%에서 +30% 또는 그 이상 차이가 발생할 수 있다.

표 B.7 밸브가 완전 개방되었을 때 추천되는 에너지 손실계수[a, b, c]

밸브형식	K
앵글	1.8~2.9
볼	0.04
버터플라이	
25-1b Class	0.16
75-1b Class	0.27
150-1b Class	0.35
역지변	
Ball	0.9~1.7 특정한 크기 및 유량에서는 Mfr's 자료 참조

표 B.7 밸브가 완전 개방되었을 때 추천되는 에너지 손실계수[a, b, c](계속)

밸브형식	K
Center-guided globe style	2.6
Double door	
8 in. or smaller	2.5
10 to 16 in.	1.2
Foot	
Hinged disc	1~1.4
Poppet	5~14
Rubber flapper	
v〉6 ft/s	2.0
v〈6 ft/s	1.1
Slanting discd	0.25~2.0
Swingd	0.6~2.2 그림 B.2 and 그림 B.3 참조
Cone	0.04
Diaphragm or pinch	0.2~0.75
게이트	
Double disc	0.1~0.2
Resilient seat	0.3
글로브	4.0~6.0
나이프 게이트	
Metal seat	0.2
Resilient seat	0.3
Plug	
Lubricated	0.5~1.0
Eccentric	
Rectangular(80%) opening	1.0
Full bore opening	0.5

[a] $h = Kv^2/2g$, 여기서 v는 유입배관에서의 유속

[b] 지름 300mm(12-in.) 밸브이고 유속이 대략 2m/s(6ft/s)인 경우. 배관지름이 작으면 K값은 상당히 증가한다는 것을 유의해야 한다. 이 경우에는 제작사와 상의한다.

[c] K값은 −20%에서 +50% 또는 그 이상 차이가 발생할 수 있다.

[d] 폐쇄기구의 조정에 따라 좌우되며, 밸브를 완전 개방하려면 유속이 4m/s(12ft/s)를 초과할 수 있다. 밸브의 slam 방지는 조정에 좌우된다.

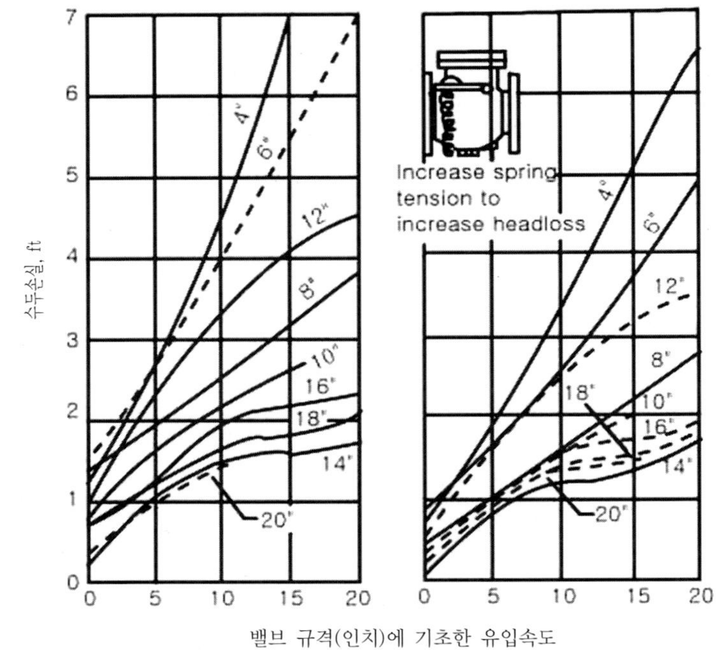

그림 B.2 스프링 레버 장착된 Mueller swing 역지밸브의 손실수두

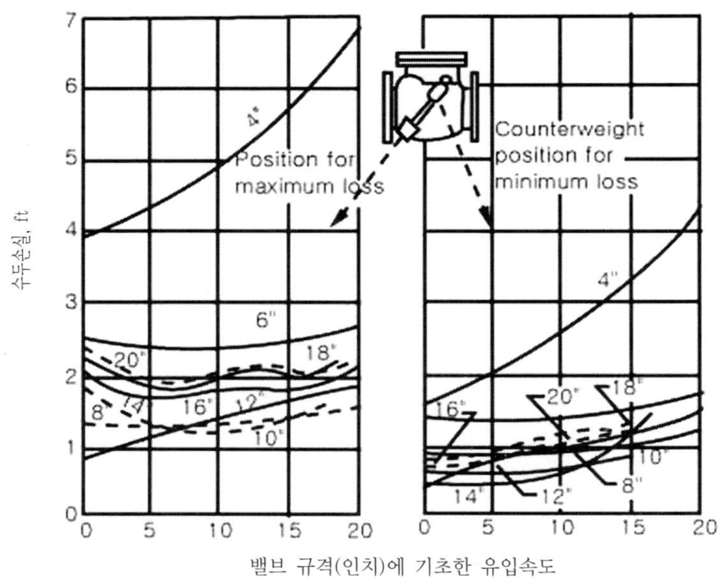

그림 B.3 균형추가 달린 Mueller 스윙 역지밸브의 손실수두

원분절(circular segment)의 기하학적 특성은 그림 B.4에 나타내었다. 1.5절에서 설명한 것처럼 만닝 공식은 배관이 만수될 경우에는 정확하지만 부분적으로 물이 차 있을 경우에는 25%까지 오차가 발생할 수 있다. 만닝의 자료와 광범위한 현장자료와의 비교는 그림 B.5에 나타낸 것과 같이 Camp[8]에 의해 기술된다.

Camp의 현장자료 곡선을 오차가 2% 이내로 만족시켜 주는 실험공식을 Wheeler[9]가 전개하였으며, 만닝 자료와 Wheeler가 실제 관측한 자료를 표 B.8에 비교하여 나타내었다.

배관이 하향으로 설치된 경우 에어 포켓을 청소 또는 세정하기 위해 필요한 유속은 표 B.9에 나타내었으며, 이 유속은 Wisner, Mohsen, 그리고 Kouwen[11]에 의해 전개되었고 다음과 같이 재정리할 수 있는 Wheeler[10] 공식에 의해 계산된다.

$$v = \sqrt{gD}\,(0.825 + 0.25\sqrt{\sin\theta}) \tag{B.1}$$

여기서 v는 요구되는 유속이며, D는 배관의 안지름, θ는 하향 배관의 각도이다. 공기방울을 제거하기 위해 유속을 사용하는 방법은 1996년에는 보편화가 되어 있지 않았다. 현재까지 이것은 실용적인 방법이 되어 왔다. 사용자가 사용방법에 있어 확신을 얻기 위해 최소한 문헌 Edmunds[12], Walski et al.[13], 그리고 Falvey[14]를 연구할 것을 권고한다.

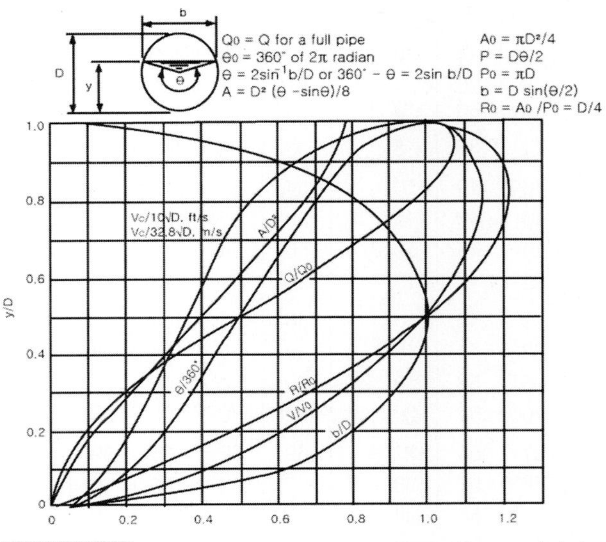

그림 B.4 관에 물이 부분적으로 차 있을 경우 수정되지 않은 만닝 공식을 기초로 작성한 속도, 유량의 기하학적 특성

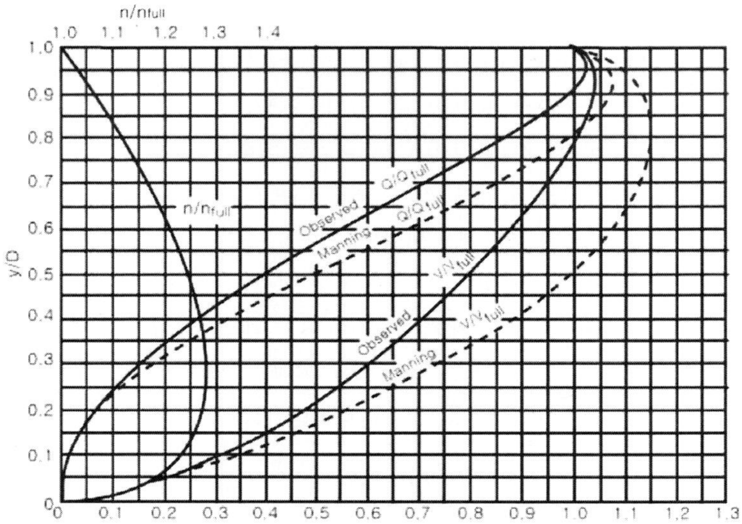

그림 B.5 원형 개방수로의 수력요소. 만닝 공식의 수치와 실제 관치수치. After Camp[2].

표 B.8 **개방수로에서 만닝 공식을 이용하여 구한 수치와 실제 관측된 수치의 비교(유속, 깊이, 면적, 유량). After Wheeler[10]. Q=유량, y=깊이, V=유속, A=접수길이로서 만수된 배관의 퍼센트로 명시하였다.**

Q	Manning			Observed			Q	Manning			Observed		
	y	V	A	y	V	A		y	V	A	y	V	A
0	0	0	0	0	0	0	50	50	100	50	57	86	58
1	7	32	3	8	26	4	51	51	101	51	57	86	59
2	10	40	5	11	32	6	52	51	101	52	58	87	60
3	12	45	7	14	36	8	53	52	102	52	59	87	61
4	14	49	8	16	40	10	54	52	102	53	59	88	62
5	15	52	10	18	42	12	55	53	102	54	60	88	62
6	17	55	11	19	45	13	56	54	103	55	60	89	63
7	18	58	12	21	47	15	57	54	103	55	61	89	64
8	19	60	13	22	49	16	58	55	104	56	62	90	65
9	20	62	15	23	51	18	59	55	104	57	62	90	66
10	21	64	16	25	52	19	60	56	105	57	63	91	66
11	22	66	17	26	54	20	61	56	105	58	64	91	67
12	23	67	18	27	55	22	62	57	105	59	64	92	68
13	24	69	19	28	57	23	63	58	106	60	65	92	69
14	25	71	20	29	58	24	64	58	106	60	65	92	69
15	26	72	21	30	59	25	65	59	107	61	66	93	70

표 B.8 개방수로에서 만닝 공식을 이용하여 구한 수치와 실제 관측된 수치의 비교(유속, 깊이, 면적, 유량). After Wheeler[10]. Q=유량, y=깊이, V=유속, A=접수길이로서 만수된 배관의 퍼센트로 명시하였다.(계속)

Q	Manning			Observed			Q	Manning			Observed		
	y	V	A	y	V	A		y	V	A	y	V	A
16	27	73	22	31	61	26	66	59	107	62	67	93	71
17	28	75	23	32	62	28	67	60	107	63	67	94	72
18	29	76	24	33	63	29	68	61	108	63	68	94	72
19	30	77	25	34	64	30	69	61	108	64	69	94	73
20	30	78	26	35	65	31	70	62	108	65	69	95	74
21	31	79	27	36	66	32	71	62	109	65	70	95	75
22	32	80	27	36	67	33	72	63	109	66	71	96	75
23	33	81	28	37	68	34	73	63	109	67	71	96	76
24	33	82	29	38	69	35	74	64	110	68	72	96	77
25	34	83	30	39	69	36	75	65	110	68	72	97	78
26	35	84	31	40	70	37	76	65	110	69	73	97	78
27	36	85	32	41	71	38	77	66	110	70	74	97	79
28	36	86	33	41	72	39	78	66	111	71	74	98	80
29	37	87	34	42	73	40	79	67	111	71	75	98	81
30	38	87	34	43	73	41	80	68	111	72	76	99	81
31	38	88	35	44	74	42	81	68	111	73	76	99	82
32	39	89	36	44	75	43	82	69	112	74	77	99	83
33	40	90	37	45	76	44	83	70	112	74	78	100	83
34	40	90	38	46	76	45	84	70	112	75	78	100	84
35	41	91	38	46	77	46	85	71	112	76	79	100	85
36	42	92	39	47	78	46	86	72	113	77	80	101	86
37	42	93	40	48	78	47	87	72	113	77	81	101	86
38	43	93	41	49	79	48	88	73	113	78	81	101	87
39	43	94	42	49	80	49	89	74	113	79	82	101	88
40	44	94	42	50	80	50	90	74	113	80	83	102	89
41	45	95	43	51	81	51	91	75	113	80	84	102	89
42	45	96	44	51	81	52	92	76	114	81	84	102	90
43	46	96	45	52	82	53	93	76	114	82	85	103	91
44	46	97	46	53	83	53	94	77	114	83	86	103	92
45	47	97	46	53	83	54	95	78	114	84	87	103	92
46	48	98	47	54	84	55	96	79	114	84	88	103	93
47	48	99	48	55	84	56	97	79	114	85	89	104	94
48	49	99	49	55	85	57	98	80	114	86	90	104	95
49	49	100	49	56	85	58	99	81	114	87	91	104	95
50	50	100	50	57	86	58	100	82	114	88	92	104	96

표 B.9 관로에서 에어 포켓을 제거하기 위해 필요한 세정유속[a]. Wisner, Mohsen 및 Kouwen[5]에 의해 전개된 Wheeler[4] 공식 (B.1)을 이용해 계산된 수치들임

배관지름 mm	유속, m/s					유속, ft/s					배관지름 in.
	구배					구배					
	0%	5%	25%	45°	90°	0%	5%	25%	45°	90°	
25	0.4	0.4	0.5	0.5	0.5	1.4	1.4	1.6	1.7	1.8	1
50	0.6	0.6	0.7	0.7	0.8	1.9	2.0	2.2	2.4	2.5	2
75	0.7	0.8	0.8	0.9	0.9	2.3	2.5	2.7	2.9	3.1	3
100	0.8	0.9	0.9	1.0	1.1	2.7	2.9	3.1	3.4	3.5	4
150	1.0	1.1	1.2	1.3	1.3	3.3	3.5	3.8	4.2	4.3	6
200	1.2	1.2	1.3	1.5	1.5	3.8	4.1	4.4	4.8	5.0	8
250	1.3	1.4	1.5	1.6	1.7	4.3	4.6	4.9	5.4	5.6	10
300	1.4	1.5	1.6	1.8	1.9	4.7	5.0	5.4	5.9	6.1	12
350	1.6	1.6	1.8	1.9	2.0	5.1	5.4	5.8	6.3	6.6	14
375	1.6	1.7	1.8	2.0	2.1	5.2	5.6	6.0	6.6	6.8	15
400	1.6	1.8	1.9	2.1	2.1	5.4	5.8	6.2	6.8	7.0	16
450	1.7	1.9	2.0	2.2	2.3	5.7	6.1	6.6	7.2	7.5	18
500	1.8	2.0	2.1	2.3	2.4	6.0	6.5	6.9	7.6	7.9	20
525	1.9	2.0	2.2	2.4	2.5	6.2	6.6	7.1	7.8	8.1	21
600	2.0	2.2	2.3	2.5	2.6	6.6	7.1	7.6	8.3	8.6	24
675	2.1	2.3	2.5	2.7	2.8	7.0	7.5	8.1	8.8	9.2	27
750	2.3	2.4	2.6	2.8	2.9	7.4	7.9	8.5	9.3	9.6	30
825	2.4	2.5	2.7	3.0	3.1	7.8	8.3	8.9	9.7	10.1	33
900	2.5	2.7	2.8	3.1	3.2	8.1	8.7	9.3	10.2	10.6	36
1050	2.7	2.9	3.1	3.4	3.5	8.8	9.4	10.1	11.0	11.4	42
1200	2.9	3.0	3.3	3.6	3.7	9.4	10.0	10.8	11.8	12.2	48
1500	3.2	3.4	3.7	4.0	4.1	10.5	11.2	12.0	13.1	13.6	60
1800	3.5	3.7	4.0	4.4	4.5	11.5	12.2	13.2	14.4	14.9	72

[a] 부록 B 첫쪽 참조

실제 고려할 사항들

- 하향 관로일 경우 에러로 인한 문제는 발생하지 않는다[5].
- 관로의 경사가 완만하거나 하향 배관일 경우 높은 유속을 얻기 위해 작은 지름의 배관을 사용함으로써 과도한 손실수두가 발생하는 것은 피해야 한다.
- 효율적인 에어제거를 위해서는 상기 표 유속이 1일 1회 또는 더욱 빈번하게 발생한다.
- 지름이 작은 배관에 설치된 공기밸브의 효과는 거의 없다.
- 대형 배관에서 에어제거시 역류가 발생되면 평가가 불가능한 서지가 발생한다. Weisner, Mohsen, and Kouwen [5] 참조.
- 관로 시스템의 공기 세정을 설계하기 전에 Edmunds[6]의 "Air binding in pipes", Falvey[14]의 폐쇄 관로 부분, Walski et al.[13]의 "Hydraulics of corrosive gas pockets in force mains"를 검토할 것을 권장한다.

표 B.10 유입배관에서의 허용 최대유량, 국제단위

Slope=2%, Manning's n=0.010,[a] sequent depth=60% pipe diameter, D_p.									
True Pipe		Flowrate		Before Jump				After jump y/D_p, %	Jump energy loss, %
D_p (mm)	Area (m^2)	m^3/h	L/s	y/D_p[b] %	Velocity m/s	A_e/A[c] %	Froude No.		
254	0.051	71	20	32	1.4	72	1.6	59	17
304	0.073	110	31	32	1.6	72	1.6	59	18
381	0.114	190	53	31	1.8	74	1.7	60	18
457	0.164	290	81	30	2.0	75	1.7	60	18
533	0.223	420	120	29	2.2	76	1.7	60	19
610	0.292	580	160	29	2.3	76	1.8	60	19
686	0.370	770	210	28	2.5	77	1.8	60	20
762	0.456	990	270	28	2.6	78	1.8	60	20
838	0.552	1200	340	27	2.8	78	1.9	60	20
914	0.657	1500	420	27	2.9	78	1.9	60	21
1067	0.894	2200	610	27	3.2	78	1.9	60	21
1219	1.17	3000	840	26	3.5	79	2.0	60	22
1372	1.48	4000	1100	26	3.7	79	2.0	60	22
1524	1.82	5100	1400	25	4.0	79	2.0	60	23
1676	2.21	6500	1800	25	4.2	81	2.1	60	23
1829	2.63	7900	2200	25	4.4	81	2.1	60	24

[a] For $n=0.009$, multiply flowrates by 92%
For $n=0.011$, multiply flowrates by 108%
For $n=0.012$, multiply flowrates by 115%
For $n=0.013$, multiply flowrates by 122%
[b] Depth divided by pipe diameter
[c] Empty area divided by total area

표 B.11 펌프장 유입배관에서의 허용 최대유량, 미국 상용단위

경사=2%, Manning's n=0.010,[a] sequent depth=60% pipe diameter, D_p.									
True Pipe		Flowrate		Before Jump				After jump y/D_p, %	Jump energy loss, %
D_p (in)	Area (ft^2)	gal/d	ft^3/s	y/D_p[b] %	Velocity m/s	A_e/A[c] %	Froude No.		
10	0.545	0.5	0.7	32	4.6	72	1.6	59	17
12	0.785	0.7	1.1	32	5.1	72	1.6	59	18
15	1.23	1.2	1.9	31	5.8	74	1.7	60	18
18	1.77	1.9	2.9	30	6.5	75	1.7	60	18
21	2.41	2.7	4.1	29	7.1	76	1.7	60	19

표 B.11 펌프장 유입배관에서의 허용 최대유량, 미국 상용단위(계속)

경사=2%, Manning's n=0.010,[a] sequent depth=60% pipe diameter, D_p.									
True Pipe		Flowrate		Before Jump				After jump y/D_p, %	Jump energy loss, %
D_p (in)	Area (ft^2)	gal/d	ft^3/s	y/D_p[b] %	Velocity m/s	A_e/A[c] %	Froude No.		
24	3.14	3.7	5.7	29	7.7	76	1.8	60	19
27	3.98	4.9	7.5	28	8.2	77	1.8	60	20
30	4.91	6.3	9.7	28	8.7	77	1.8	60	20
33	5.94	7.8	12.1	27	9.2	78	1.9	60	20
36	7.07	9.7	14.9	27	9.7	78	1.9	60	21
42	9.62	14.0	21.6	27	10.6	78	1.9	60	21
48	12.6	19.1	29.6	26	11.4	79	2.0	60	22
54	15.9	25.3	39.1	26	12.2	79	2.0	60	22
60	19.6	32.5	50.3	25	13.0	79	2.0	60	23
66	23.8	40.9	63.3	25	13.7	81	2.1	60	23
72	28.3	50.3	77.8	25	14.4	81	2.1	60	24

[a] For $n=0.009$, multiply flowrates by 92%
For $n=0.011$, multiply flowrates by 108%
For $n=0.012$, multiply flowrates by 115%
For $n=0.013$, multiply flowrates by 122%
[b] Depth divided by pipe diameter
[c] Empty area divided by total area

[참고문헌]

(1) Ten-State Standards. Recommended Standards for Sewage Works. Great Lakes-Upper Mississippi Board of Sanitary Engineers, Health Education Service, Inc., Albany, NY(1978).

(2) DIPRA. Handbook of ductile Iron Pipe, 6th ed. Ductile Iron Pipe Research Association, Birmimgham, AL(1984).

(3) ANSI B36.10. "Welded and Seamless Wrought Steel Pipe". American National Standards Institute, New York(updated periodically).

(4) Lamont, P. A. "Common pipe flow formulas compared with the theory of roughness". Journal of the American Water Works Association, 73, 274-280(May, 1981).

(5) Peggs, L. A. Underground Piping Handbook. Rebert E. Krieger Publishing Company, Malabar, FL(1985).

(6) Miller, W. T. "Durability of cement-mortar linings in cast-iron pipe". Journal of the American Water Works Association, 57, 773-782(June, 1965).

(7) Moody, L. F. "Friction factors for pipe flow". Transactions of the American Society of Mechanical Engineers, 66, 671-684(November, 1944).

(8) Camp, T. R. Discussion of "Determinations of Kutter's n for sewers partly filled", Transactions of the American Society of Civil Engineers, 71(3) Part 2 : 240- 245(1944).

(9) Wheeler, W. PARTFULL®. For a free copy of this computer program with instructions, send a formatted 1.4 MB, 3 1/2 in. diskette and a stamped self- addressed mailer to 683 Limekiln Road, Doylestown, PA 18906-233.
(10) Wheeler, W., Consulting Engineer, Doylestown, PA. Private communication (Noveber, 1995).
(11) Wisner, P.E.F.N. Mohsen, and N. Kouwen. "REmoval of air from waterlines by hydraulic means". Proceedings of the American Society of Civil Engineers, Journal Hydraulic Div. HY2 101, 243-257(February, 1975).
(12) Edmunds, R. C. "Air binding in pipes". Jourmal of the American Water Works Association 71(5), 272-277(May, 1979).
(13) Walski, T.M.T.S. Barnhart, J. M. Driscoll, and R. M. Yencha. "Hydraulics of corrosive gas pockets in force mains". Water Environment Research 60(6) : 772- 778(September/October, 1994).
(14) Falvey. H. T. Air-Water Flow in Hydraulic Structures(Chapter on Closed Conduit Flow). U.S. Dept. of Interior, Bureau of Reclamation Engineering Monograph 41. Superintendent of Documents, Washington, D.C.(1980).

• Supplementary Reading

(1) Benedict, R. P. Fundamentals of Pipe Flow. John Wiley, New York(1980).
(2) Culp/Wesner/Culp. Handbook of Public Water Systems, 834-870. Van Nostrand Reinhold, New York(1986).
(3) Flow of Fluids Through Valves, Fittings, and Pipe, Technical Paper No. 410. Crane Co., New York(1981).
(4) Hydraulics and Useful Information. FMC Bulleting 9900, Clow Corp., Melrose Park, IL(1973).
(5) Hydraulic Institute Engineering Data Book, 2nd ed. Hydraulic Institute, Parsippany, NJ(1990).
(6) Idel'Chik, I. E. Handbook of Hydraulic Resistance. Gosudarstvennoe, Ltd., U.S. Department of Commerce, Springfield, VA(1966).
(7) Miller, D.S. "Internal flow systems", BHRA Fluid Engineering Series, Vol. 5, British Hydromechanics Research Association, Cranfield, Bedford, United Kingdom (1978).
(8) Chow, V. T. Open-Channel Hydraulics. McGraw-Hill, New York(1959, reissued 1988).

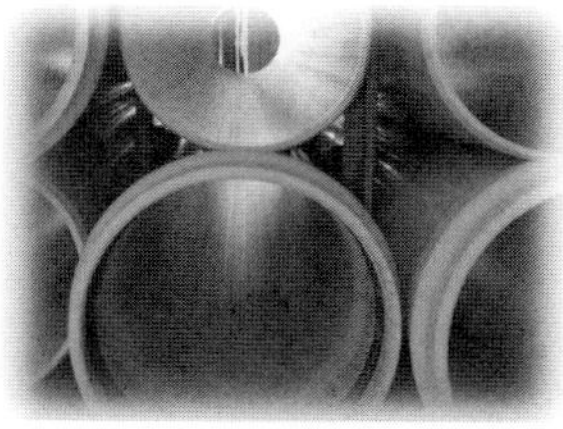

찾아보기

I

J

K

L

M

N

T

U

V

W

ㄱ

ㄴ

ㄷ

ㄹ

ㅁ

ㅂ

ㅅ

ㅇ

ㅋ

ㅌ

ㅍ

ㅎ

[저자약력]

■ 박한영

- 경희대학교 기계공학과 졸업
- Texas Tech University 유체기계 석사학위 취득
- 충남대학교 대학원 기계공학과 공학박사수료
- 유체기계기술사 취득(1995)
- 펌프토출유량 조정방법에 따른 소요동력 비교분석 프로그램 APEDCOM 개발(1996)
- 『펌프핸드북』 저술(2002)
- University of Wisconsin_Madison 방문연구원(2003)
- 『그림으로 푸는 수충격해석』 저술(2004)
- 『전산기로 푸는 수충격해석 입문』, 『전산기로 푸는 수충격해석 완성』 저술(2005)
- 『밸브핸드북』 저술(2005)
- 『펌프장설계』 저술(2007)
- 『상하수도 관망해석설계』 저술(2007)
- 『Pipe2008을 이용한 관망해석·설계』 저술(2008)
- 『정수설비핸드북』 저술(2008)
- 현 한국수자원공사 수도시설진단팀장

■ 신동훈

- 홍익대학교 대학원 토목공학과 졸업(공학박사)
- 일본 항만기술연구소 객원연구관(1995.2~1996.3)
- University of Washington 방문연구원(2005)
- 『실내토질시험법의 기초』 저술(2001)
- (사)한국지반공학회 댐·제방기술위원회 위원장(2009~현재)
- (사)한국토목섬유학회 이사(2008~현재)
- 현 한국수자원공사 K-water 연구원 댐조사진단 팀장

■ 신언호

- 한양대학교 토목공학과 졸업
- 충북대학교 환경공학 석사 졸업
- 상하수도 기술사 취득(2003)
- 상수도 기술진단분야 K-water 교육원 강사
- 정수시설 기술진단 가이드북(2007, 집필위원)
- 고도정수시설 기술진단 가이드북(2009, 집필위원)

정가 39,000원

배관핸드북

2010년 5월 10일 초판 인쇄
2010년 5월 25일 초판 발행

저 자 : A.P. Moser and Steven Folkman
역 자 : 박 한 영 · 신 동 훈 · 신 언 호
발행자 : 우 명 찬 · 송 준
발행처 : 홍릉과학출판사
주 소 : ㊐ 142-885 서울시 강북구 인수동 455-60
등 록 : 1976년 10월 21일 제5-66호
전 화 : 999－2274~5, 996－8341, 903－7037
팩 스 : 905-6729
ISBN : 978-89-7283-864-7

hongpub@hongpub.co.kr
www.hongpub.co.kr